*D. Starck*

*Ontogenie und Entwicklungsphysiologie der Säugetiere*

# Ontogenie und Entwicklungsphysiologie der Säugetiere

*Von*

**Dietrich Starck**

*o. ö. Professor der Anatomie an der Universität Frankfurt am Main, Direktor des Dr. Senckenbergischen Anatomischen Institutes der Johann-Wolfgang-Goethe-Universität*

*Mit 161 Abbildungen im Text*

**Walter de Gruyter & Co.**

*vormals G. J. Göschen'sche Verlagshandlung — J. Guttentag Verlagsbuchhandlung*
*Georg Reimer — Karl J. Trübner — Veit & Comp.*

**Berlin 1959**

*Aus: Handbuch der Zoologie. Begründet von Willy Kükenthal, fortgeführt von Thilo Krumbach, herausgegeben von J. G. Helmcke, H. v. Lengerken, D. Starck*

*Band VIII — Teil 9*

 — Archiv-Nummer 52 28 59 — Satz: Walter de Gruyter & Co., Berlin W 35 — Druck: Buchdruckerei Günther & Sohn, Berlin

# Vorwort

Die Erkenntnis, daß durch gezielte experimentelle Eingriffe in einen Entwicklungsablauf eine kausale Analyse der Vorgänge in der Embryonalentwicklung möglich wird, hat der embryologischen Forschung in unseren Tagen neuen Antrieb gegeben. Da die klassischen Untersuchungen zur Entwicklungsphysiologie an Amphibien oder Wirbellosen erfolgten, trat zeitweise das Interesse an Fragen der vergleichenden Embryologie der Säugetiere etwas in den Hintergrund. Die Entwicklung neuer Methoden, die experimentelle Eingriffe auch am Amniotenkeim gestatten, hat aber ebenso wie der Ausbau der Histochemie und der Elektronenmikroskopie auch das Interesse an der Ontogenese der Säugetiere neu belebt. Manche Probleme, wie etwa das der Beziehungen zwischen Embryo und mütterlichem Organismus, können nur am Säugetier erforscht werden. Die Fortschritte in der Methodik und die Änderung der Betrachtungsweise lassen alte Fragestellungen heute in einem neuen Licht erscheinen. Außerdem ist hervorzuheben, daß in den vergangenen 25 Jahren unsere Tatsachenkenntnis in ungeahnter Weise verbreitert wurde. Wir sind heute über den Ontogeneseablauf von rund 250 Säugerarten mehr oder weniger vollständig informiert. Diese Zahl ist zwar gering, wenn wir berücksichtigen, daß es etwa 5000 rezente Mammalia-Arten gibt. Wesentlich ist jedoch, daß ungefähr die Hälfte der überhaupt untersuchten Ontogeneseabläufe erst in den letzten 25 Jahren genauer bekannt geworden ist. Heute liegen zumindest Stichproben aus allen Säugerordnungen vor, so daß wir einen halbwegs gesicherten Überblick über die Ontogenesetypen in den einzelnen Gruppen haben. Allgemeine Aussagen über viele Fragen — wie etwa über Implantationsmechanismen, Placentation, Blastocystenbildung und über evolutive Zusammenhänge der Ontogenesephänomene — sind nur berechtigt, wenn das ganze Tatsachenmaterial ausgewertet wird. So ist die alte Vorstellung vom streng gruppenspezifischen Verhalten des Placentationstyps überholt. Die Ausweitung unserer Kenntnisse hat ergeben, daß es sowohl Gruppen mit streng spezifisch gebundenem Placentationsverhalten gibt als auch taxonomische Einheiten, in denen der Ontogenesetyp stark wechselt. Gerade die interessanten Primitivgruppen (Insectivora) zeigen ein derartiges variables Verhalten der einzelnen Genera. Das Studium dieser Formenmannigfaltigkeit ist an sich von besonderem Reiz. Wir sind aber auch gezwungen, diese Varianten zu beachten, wenn wir Aussagen allgemeiner Natur über Ontogenesephänomene machen wollen. Es geht nicht mehr an, solche Schlußfolgerungen ausschließlich auf den Untersuchungen an einigen Haus- und Laboratoriumstieren und am Menschen zu begründen.

Der Verfasser hat mit Dankbarkeit die Möglichkeit zu vorliegender Publikation ergriffen, da seit über 30 Jahren eine zusammenfassende Darstellung über die Säugerentwicklung im deutschen Sprachbereich fehlt und da eine Behandlung des Stoffes, die alle Ordnungen gleichwertig und ohne Bevorzugung einer einzelnen Gruppe berücksichtigt, überhaupt vermißt wird. Sind doch die meisten Sammelwerke, selbst wenn sie einen Gesamtüberblick geben, mit spezieller Zielsetzung auf die Deutung der Verhältnisse beim Menschen oder bei den Haustieren ausgerichtet. So liegt in der vorliegenden Bearbeitung der Nachdruck auf einer möglichst vollständigen, daneben aber knapp gefaßten Darlegung der heute bekannten Tatsachen im systematischen Teil und auf dem Versuch, diese in einer Synthese zusammenzufassen und unter

Einbeziehung taxonomischer, paläontologischer, vergleichend morphologischer und phylogenetischer Erkenntnisse auf möglichst breiter Basis evolutiv zu deuten.

Das Schrifttum wurde bis Dezember 1958 berücksichtigt. Einige, bis Frühjahr 1959 erschienene Publikationen konnten noch herangezogen werden. Das Buch wendet sich an alle, denen an einer raschen und zeitgemäßen Information über Fragen der Säugerontogenese gelegen ist.

Die vorliegende Arbeit erscheint als Beitrag zum »Handbuch der Zoologie« (begründet von W. Kükenthal, fortgeführt von T. Krumbach, herausgegeben von J. G. Helmcke, H. von Lengerken und D. Starck). Dem Verlag Walter de Gruyter & Co. bin ich zu besonderem Dank verpflichtet, daß er sich entschlossen hat, diese durch Inhaltsübersicht und Register ergänzte Buchausgabe der Arbeit zu veranstalten. Ich habe dem Verleger gleichzeitig für alle Mühe und Sorgfalt, die er auf die Ausstattung des Buches verwandt hat und für die Bereitwilligkeit, mit der er auf alle Wünsche des Autors einging, zu danken. Mein Dank gilt weiterhin allen Fachkollegen und Freunden, die mich mit Material unterstützt haben und allen Verlagsunternehmen, die mir die Erlaubnis zum Abdruck von Illustrationen gestattet haben. Schließlich habe ich meinem Mitarbeiter, Herrn Professor Dr. Hans Frick, für manche Diskussion und für Hilfe beim Lesen der Korrekturen zu danken.

Frankfurt am Main, im Juni 1959 *D. Starck*

# Inhaltsübersicht

Seite

**1. Die Ontogenese der Prototheria (Monotremata)** . . . 1

Einleitung, Eizelle . . . 1
Oogenese der Monotremata . . . 2
Eireifung und Befruchtung bei Prototheria . . . 4
Das Corpus luteum der Monotremen . . . 4
Furchung und Keimblasenbildung . . . 6
Entodermbildung . . . 8
Embryobildung und spätere Phasen der Embryonalentwicklung . . . 10

**2. Die Ontogenese der Metatheria (Marsupialia)** . . . 13

Einleitung, Eizelle . . . 13
Das Corpus luteum der Metatheria . . . 14
Dotterelimination . . . 14
Furchung, Keimblasenbildung, Entodermbildung . . . 15
Die Embryonalkörperbildung bei *Didelphis* . . . 19
Die Ausbildung der äußeren Körperform bei *Didelphis* . . . 23
Eihäute und Placentation der Metatheria . . . 25
Tabellarische Übersicht über den Ablauf der Embryonalentwicklung von *Didelphis virginiana* KERR . . 30

**3. Keimzellen und Keimzellenbildung** . . . 31

Die Spermien der Mammalia . . . 31
Spermiogenese . . . 36
Spermiohistogenese . . . 38
Die Eizelle der Mammalia-Eutheria . . . 38
Dotterbildung bei Eutheria, Albumenschicht . . . 41
Zona pellucida . . . 42
Oogenese der Säugetiere . . . 44
Ovulation . . . 46
Bau und Lebensgeschichte des Corpus luteum . . . 48
Übersicht über die Charakteristika der Bildung und Struktur des Corpus luteum bei den verschiedenen Gruppen der Eutheria . . . 51

**4. Entwicklung der Eutheria** . . . 56

a) Imprägnation und Befruchtung . . . 56

Ablauf von Besamung und Befruchtung . . . 56
Entwicklungsanregung und Parthenogenese . . . 58
Eitransplantation bei Säugetieren . . . 59
Zerstreuung der Corona radiata und Auflösung der Zona pellucida . . . 60
Zeit und Ort der Befruchtung des Säugetiereies . . . 61
Mechanismus des Eitransportes . . . 62
Überwanderung des Eies . . . 63

b) Die Furchung und Determination bei den Eutheria . . . 64

Formaler Ablauf der Furchung . . . 64
Determination der Furchungszellen . . . 66
Zeitlicher Ablauf und stoffliche Beeinflussung der Furchung der Eutheria . . . 69

c) Frühentwicklung der Eutheria . . . 71

Blastocyste, Bildung der Embryonalanlage, Fetalanhänge . . . 71
Typ I. (Carnivora, Soricidae, *Oryctolagus*) . . . 73
Typ II. (*Talpa*, *Tupaia*, Prosimiae, Ungulata) . . . 74
Typ III. (Rodentia mit Keimblattumkehr) . . . 75
Typ IV. (*Erinaceus*, Pteropodidae) . . . 75

Seite
Typ V. (Microchiroptera) . . . . . 76
Typ VI. (Macroscelididae) . . . . . 76
Typ VII. (Simiae einschließlich Hominoidae) . . . . . 76
Funktionelle und evolutive Deutung des Amnions . . . . . 79
Histologischer Bau des Amnions . . . . . 81
Weitere Entwicklung der Embryonalanlage bei den Eutheria . . . . . 81
Darm und Dottersack . . . . . 85
Die Ausbildung der Allantois . . . . . 85
Nabelstrang . . . . . 86
Variabilität in der Embryonalkörperbildung . . . . . 88
Determination in der Primitiventwicklung der Eutheria . . . . . 89
Zur Chemodifferenzierung des Säugerembryos . . . . . 90

d) Allgemeine Mißbildungslehre . . . . . 91

Entstehung von eineiigen Mehrlingen und von Doppelbildungen. Physiologische Polyembryonie . . 92
Kopfmißbildungen . . . . . 94
Mißbildungen des kaudalen Körperendes . . . . . 96
Spaltbildungen . . . . . 97
Ursachen von Mißbildungen und experimentelle Erzeugung von Mißbildungen . . . . . 97

e) Die weitere Ausbildung der äußeren Körperform . . . . . 101

Körperformbildung einschließlich Extremitäten . . . . . 101
Gesichts- und Gaumenbildung . . . . . 104
Entwicklungsstörungen und Mißbildungen im Bereich des Gesichtes und des Gaumens . . . . . 106
Die Ausbildung der Ostien der Fernsinnesorgane . . . . . 107

f) Mesenchymdifferenzierung, Keimblattlehre . . . . . 108

g) Der Ausbau der feto-maternellen Beziehungen bei Eutheria;

Allgemeine Placentationslehre . . . . . 111
Allgemeines . . . . . 111
Implantation . . . . . 112
Implantationsmechanismen . . . . . 115
Morphologische Charakterisierung der prägraviden und der präimplantativen Schleimhautphase . . 117
Deciduale Umformung des Stromas, Deciduazellen, histochemische Veränderungen am Endometrium während der Implantation . . . . . 118
Placentartypen . . . . . 119
Chorion- und Allantochorion-Placenta . . . . . 122
Elektronenmikroskopische Untersuchungen der Struktur der feto-maternellen Grenzschicht . . . . 124
Äußere Form der Placenta . . . . . 128
Riesenzellen . . . . . 131
Kreislauf in der Placenta . . . . . 133
Die Placenta als Ernährungsorgan, Embryotrophe . . . . . 136
Exkretion durch die Placenta . . . . . 140
Die Placenta als Hormonbildungsstätte . . . . . 140

5. **Systematischer Teil. Die Eihautbildung und Placentation in den einzelnen Gruppen der Eutheria** . . . . . 142

A. Insectivora . . . . . 142

Tenrecidae (Centetidae) . . . . . 143
Solenodontidae . . . . . 148
Potamogalidae . . . . . 148
Chrysochloridae . . . . . 149
Erinaceidae . . . . . 149
Soricidae . . . . . 150
Talpidae . . . . . 154
Macroscelididae . . . . . 155

B. Dermoptera . . . . . 159

C. Chiroptera . . . . . 160

Megachiroptera . . . . . 160
Microchiroptera . . . . . 163

D. Primates . . . . . 170

Tupaiiformes . . . . . 170
Lemuriformes und Lorisiformes . . . . . 171
Tarsiiformes . . . . . 172
Simiae . . . . . 175
Ceboidea und Cercopithecoidea (Cynomorpha) . . . . . 175
Hominoidea . . . . . 181

Seite

E. Xenarthra . . . 188
Bradypodidae . . . 188
Myrmecophagidae . . . 189
Dasypodidae . . . 190

F. Pholidota . . . 192

G. Lagomorpha . . . 194

H. Rodentia . . . 198
Sciuromorpha . . . 198
Geomyoidea . . . 200
Heteromyidae . . . 202
Myomorpha . . . 203
Hystricomorpha . . . 206

I. Cetacea . . . 211

K. Carnivora . . . 212

L. Tubulidentata . . . 215

M. Proboscidea . . . 216

N. Hyracoidea . . . 216

O. Sirenia . . . 219

P. Mesaxonia . . . 220

Q. Paraxonia (Artiodactyla) . . . 222
Suiformes . . . 222
Tylopoda . . . 225
Ruminantia . . . 225
Traguloidea . . . 225
Pecora . . . 225
Giraffoidea . . . 226
Cervoidea . . . 226
Bovoidea . . . 229

6. **Evolution der Placentarbildungen und Bedeutung der fetalen Anhangsorgane für die Phylogenese der Säugetiere** 234

Allgemeines . . . 234
Die Abstammung der Säugetiere und die embryologischen Argumente . . . 236
Die Phylogenese der Placenta . . . 238

Literatur . . . 251
Sachregister . . . 277
Register der Tiernamen . . . 280

# Ontogenie und Entwicklungsphysiologie der Säugetiere

## 1. Die Ontogenese der Prototheria (Monotremata)

### Einleitung, Eizelle.

Seit W. H. Caldwell [228] 1884 an die Versammlung der British association telegraphierte »Monotremes oviparous, ovum meroblastic«, ist die Tatsache, daß es eierlegende Säugetiere gibt, die sich in ihrer Embryonalentwicklung ähnlich wie die Sauropsiden verhalten, allgemein bekannt. Trotz der Arbeiten von Caldwell 1887 [229, 230], Semon 1894 [1154], J. T. Wilson und J. P. Hill 1907 [1422], wurde über die Biologie der Fortpflanzung und die Embryonalentwicklung dieser interessanten Formen nur wenig bekannt. Die bedeutsamste Vermehrung unserer Kenntnisse verdanken wir vor allem den neueren Arbeiten von J. P. Hill [597, 598, 599, 614] und seinen Mitarbeitern [386—389, 598, 611], auf die sich die folgenden Ausführungen in erster Linie stützen,

Die Fortpflanzungsperiode fällt bei *Ornithorhynchus* in die Zeit vom August bis Oktober, bei *Tachyglossus* Juli bis September (in Tasmanien bereits ab Juni). Bei *Ornithorhynchus* funktioniert nur das linke Ovar, bei *Tachyglossus* jedoch, entgegen der Annahme von Semon, sowohl das rechte wie das linke. *Tachyglossus* legt in der Regel nur ein Ei [387] ab (136 von 140 Fällen). Werden zwei Eier gelegt, so ist das eine gewöhnlich abnorm. Doch fand Semon [1154] als seltene Ausnahme einmal zwei Jungtiere von 69 mm in einem Beutel. *Ornithorhynchus* legt in der Regel zwei Eier. Die Dauer der intrauterinen Entwicklungsperiode ist nicht sicher bestimmt. Für *Tachyglossus* werden 12 bis 28 ? Tage angegeben [217]. An die intrauterine-Phase schließt sich eine Brutperiode an, deren Dauer ebenfalls nicht bekannt ist. *Ornithorhynchus* wurde neuerdings erstmalig in Gefangenschaft gezüchtet. Fleay [374] gibt an, daß die Zeit von der Begattung bis zur Eiablage 13 bis 14 Tage betrug. Die Brutdauer beträgt zwölf Tage und weniger. Das Schnabeltier bringt die Eier in einem Nest unter, während *Tachyglossus* das Ei in der Bruttasche trägt.

Die Eizelle hat zur Zeit der Ovulation bei *Ornithorhynchus* einen Durchmesser von 4 bis 4,5 mm und ist rundlich. In Tube und Uterus werden Eiweißschicht und häutige Schale gebildet (Durchmesser 5 bis 6 mm). Das Ei wächst nach der Befruchtung durch Flüssigkeitsaufnahme schnell bis zu einem Durchmesser von 17:15 mm und wird oval.

Die Farbe des sehr weichen Dotters ist bei *Ornithorhynchus* gelb, bei *Tachyglossus* grauweiß-gelblich.

| | Brunstperiode | aktives Ovar | Eizahl | Durchmesser des Eies bei Ovulation | Durchmesser des Eier bei Ablage |
|---|---|---|---|---|---|
| *Tachyglossus* | VI.—IX. | re. li. | 1 | 4—4,75 mm | 13:12 mm |
| *Ornithorhynchus* | VIII.—X. | li. | 2 | 4,3 mm | 17:15 mm |

Zur Zeit der Ovulation wird das Ovar vom Infundibulum der Tube umfaßt. Zwischen Eierstock und Tubenostium findet sich reichlich visköse Flüssigkeit, die von Drüsenzellen des Infundibularepithels sezerniert wird. Sie soll den Übertritt des Eies in den Oviduct erleichtern [597]. Die Tubenpassage erfolgt außergewöhnlich rasch, denn Flynn und Hill [387] konnten in ihrem großen Material nie normale Eier in der Tube finden. Während der Tubenwanderung findet die Befruchtung statt, doch ist unbekannt, ob das Spermium vor oder nach der Abscheidung der Eiweißhülle in die Eizelle eindringt. Im Uterus wurden normale Befruchtungsstadien gefunden, hier beginnt die Furchung.

Die Zona pellucida ist am eben ovulierten Ei sehr dünn und läßt sich später schwer gegen die tiefe Albumenschicht abgrenzen. Flynn und Hill [387] finden, daß die Abscheidung der Eiweißschicht wie beim Vogelei in zwei Phasen erfolgt. Die Hauptmasse des Albumens ist relativ dicht und wird nach der Fixation lamellär. Diese Schicht wird in den beiden oberen Dritteln des Eileiters abgeschieden. Sie liegt der Zona dicht an (»zona-albumen layer«). Im unteren Drittel der Tube wird eine zweite, dünnflüssigere Substanz abgeschieden, die eine recht schmale Zone zwischen der Hauptmasse des Albumens und der Schalenhaut einnimmt. Diese Schicht läßt sich nur unvollständig konservieren. Die äußere Hülle des Eies im Uterus wird von der Schalenhaut gebildet. Die Sekretion der Albumenschicht erfolgt bereits vor dem Eintritt des Eies in die Tube. Während seines Aufenthaltes in utero kann das Ei Aufbaustoffe resorbieren. Die Abscheidung der definitiven Eischale, die bei *Tachyglossus* hornig ist, bei *Ornithorhynchus* Kalkeinlagerungen enthält, erfolgt kurz vor der Eiablage.

**Oogenese der Monotremen.** Das Wachstum der Ovarialoocyte wurde von Flynn und Hill [387] untersucht. In jungen Oocyten (bis etwa 0,15 mm Durchmesser) liegt der Kern exzentrisch. Das Cytoplasma läßt eine breite Randzone mit Fetteinlagerungen und eine zentrale Zone, die Mitochondrien und den Dotterkern enthält, unterscheiden. Das Follikelepithel ist platt bis kubisch. Die Zona pellucida tritt am Ende dieser Phase auf. In der Folge (Oocyten von 0,2 bis 0,5 mm Durchmesser) findet sich eine periphere Plasmazone, darunter eine Zone mit groben Fetteinlagerungen und schließlich eine fettfreie Zentralzone. Das Follikelepithel ist kubisch, die Zona pellucida wird deutlich. Schließlich beginnt die Bildung definitiver Dotterschollen in der cortikalen fettreichen Schicht. In der Endphase der Oogenese (0,6 bis 4,3 mm *Ornithorhynchus*, 3,9 mm *Tachyglossus*) kommt es zur Bildung der Keimscheibe. Die cortikale Zone enthält statt der Fettpartikel jetzt definitive Dotterkörperchen. Die zentrale Zone ist in ihren äußeren Bezirken vakuolisiert. Die zentrale dotterfreie Zone formt sich nun zur Latebra um. Die periphere Dotterzone vereinigt sich zu einer dicken Dotterlage mit der Latebra-Dotterzone, einer Schicht feiner Dotterschollen, die von der Latebra aus gebildet werden. Die Dotterbildung läuft also zuerst zentripetal, sodann (Stadien von 1 mm Durchmesser an) umgekehrt, zentrifugal ab. Die Latebra wird zum Zentrum der Dottersynthese. Die Vakuolen des zentralen Plasmas unter der Keimscheibe (Dotterbett) sind der Ort, an dem die ersten feinen Dotterpartikel abgelagert werden. Der Dotterkern (Centrosphaere) wird, wie bei Sauropsiden, sehr früh aufgelöst; die Mitochondrien werden gleichmäßig über das ganze Cytoplasma verteilt. Dabei kommt es in späteren Phasen der Oogenese (0,4 mm Durchmesser) zur Bildung einer oberflächlichen Mitochondrienzone. Die enge kausale Verknüpfung zwischen dem Auftreten von Mitochondrien und der Dottersynthese ist nicht zu bezweifeln, wenn auch die Vorgänge im einzelnen noch unklar sind. Vieles spricht dafür, daß die Mitochondrien direkt in Dotterpartikel umgewandelt werden. In der Latebra der Monotremen bilden sich feine eosinophile Körperchen als Vorstufen der Dotterpartikel. Diese liegen bei *Ornithorhynchus* in Gruppen (Dotterbläschen) zusammen. Durch Auflösung einer Matrix werden die Dotterschollen befreit. Bei *Tachyglossus* scheint das Bläschenstadium übersprungen zu werden.

Charakteristische Veränderungen erfährt der Eikern während der Oogenese. Die primäre exzentrische Lage des Kernes wird während der ganzen Oogenese beibehalten. Die engen lokalen Beziehungen zwischen Kern, Bildungsplasma und Latebra deuten darauf hin, daß die Organisation der Eizelle durch den Kern induziert wird. Eine bestimmte oberflächlich zum Kern gelegene Plasmazone wird zur Keimscheibe und der Plasmastrang der vom Kern zentralwärts herabreicht, zum Dotterbett sowie zur Latebra. Der Kern ist in jungen Oocyten rundlich, plattet sich aber ab und nimmt schließlich plan-konvexe Gestalt an, derart, daß die flache Kernfläche gegen die Eioberfläche blickt. Dieser Formwandel des Kernes ist zeitlich koordiniert mit der Bildung der Keimscheibe. Die Keimscheibe wächst etwa synchron mit dem Gesamtwachstum der Oocyte in der Flächen- und Tiefenausdehnung. Bei Oocyten von 3,5 mm Durchmesser differenziert sich die oberflächliche Schicht der Keimscheibe als Bildungsplasma im engeren Sinne (feingranulär) gegen die tieferen Zonen (vakuoläres Plasma). Der Eikern liegt nun vollständig in der oberflächlichen Zone. Am Kern selbst kommt es zu einer eigenartigen Umgestaltung. Die linsenähnliche Form geht in eine, zur Oberfläche konkave Napfform über. Gleichzeitig wächst der Kern in der Längsrichtung, während er an Dicke etwas abnimmt. Zu dieser Zeit werden die Nucleolen des Kerns größer und vermehren sich. Gewöhnlich finden sich zwei sehr große runde Nucleolen, die zuerst eosinophil sind, später aber basophil werden. An diesen Nucleolen wurden Bilder beschrieben, die an eine Stoffabscheidung oder an einen Abschnürungsprozeß denken lassen. Daneben finden sich zahlreich kleinere Kernkörperchen, die sich vorwiegend acidophil färben. Untersuchungen an frischem Material mit modernen histochemischen Methoden liegen leider noch nicht vor. Chromosomen waren in den Wachstumsphasen der Oocyte nicht darstellbar.

Gestaltwandel und Struktur des Follikelepithels [386, 387] zeigen interessante Verhältnisse, wenn man sie in Beziehung zu den Wachstumsphasen der Oocyte bringt. Das anfangs platte Follikelepithel (0,003 bis 0,005 mm dick) wächst schnell heran, und die Oocyte erreicht einen Durchmesser von 1,00 mm. Während die Oocyte auf 2,0 mm heranwächst, nimmt die Dicke des Follikelepithels etwas ab. In der Phase, die nun zum definitiven Abschluß des Oocytenwachstums führt (4,3 mm *Ornithorhynchus*, 3,9 mm *Tachyglossus*), verdickt sich das Follikelepithel erheblich (Abb. 1). Diese Verdickung ist in der Endphase nur zum geringen Teil durch Zellvermehrung, hauptsächlich aber durch Zellwachstum bedingt. Das ursprünglich einschichtige Follikelepithel wird schließlich mehrschichtig. Die beiden Gipfel der Wachstumskurve des Follikelepithels sind mit der Aktivität des Epithels (Bildung der Zona pellucida, schließlich Bildung von Follikelflüssigkeit) gekoppelt.

Während die Nichtsäuger solide Reiffollikel besitzen, kommen bei den Eutheria mit einigen Ausnahmen (S. 47) Bläschenfollikel vor. Bei den Monotremen beschreibt bereits Caldwell [229] eine homogene Flüssigkeit zwischen Zona und Follikelepithel, die der Autor als Proalbumen deutet. Durch die zuvor besprochenen Befunde von C. J. Hill [597] wurde sichergestellt, daß auch bei Prototheria das Albumen im Ovidukt gebildet wird. Die Beobachtung jedoch ist von Flynn und Hill [387] bestätigt worden. Es handelt sich offenbar um ein Homologon des Liquor folliculi. Die flüssigkeitsreichen Bläschenfollikel sind offenbar erst im Säugerstamm entstanden und zwar im Zusammenhang mit der Größenabnahme der Eizelle oder dem Übergang vom telolecithalen zum alecithalen Zustand. Die Bildung der Follikelflüssigkeit ist als Anpassung an die Besonderheiten des Ovulationsvorganges bei sehr kleinen Eizellen zu verstehen.

Außer der typischen Zona pellucida, die bei Prototheria homogen erscheint und wahrscheinlich ausschließlich vom Follikelepithel her gebildet wird, findet sich eine innere radiär gestreifte Schicht (»striate layer« [387]). Plasmatische Fortsätze der Follikelzellen in der Zona lassen sich nicht nachweisen. Die Herkunft und Bedeutung der gestreiften Schicht ist unbekannt. Nach FLYNN und HILL [387] dürfte es sich bei den fibrillären Strukturen nicht um cytoplasmatische Bildungen handeln. Diese Schicht verdünnt sich mit zunehmendem Wachstum der Oocyte, ist aber bis zu den Reifungsteilungen nachweisbar. Eine entsprechende Schicht kommt bei Sauropsiden, nicht aber bei anderen Säugern vor.

**Eireifung und Befruchtung bei Prototheria:** Über Eireifung und Befruchtung ist wenig bekannt, doch gleichen die Vorgänge, wie aus den Beobachtungen von FLYNN [386] und J. P. HILL [387] geschlossen werden kann, weitgehend denen bei Sauropsiden. Die erste Reifungsteilung läuft noch im Ovar ab (Oocyte von 3,5 bis 4 mm *Tachyglossus*). Die Spindel der ersten Reifungsteilung ist klein. Ihre Längsachse steht senkrecht zur Oberfläche der Eizelle. In einem Uterinei (*Tachyglossus*) war die zweite Polocyte gebildet, ein männlicher Vorkern fand sich jedoch nicht. Ob hieraus geschlossen werden darf, daß die zweite Reifungsteilung regelmäßig ohne Imprägnation abläuft, bleibt zweifelhaft. Die Polocyten wurden bisher nur bei *Tachyglossus* beobachtet. Sie liegen frei im Vitellinspalt in der Nähe des Zentrums der Keimscheibe. Über den Befruchtungsort ist nichts bekannt. Die von FLYNN und HILL [387] untersuchten Befruchtungsstadien fanden sich alle im Uterus. Offenbar erfolgt die Tubenwanderung, bei der es wahrscheinlich schon zur Imprägnation der Eizelle kommt, sehr schnell. Wie bei Sauropsiden hat die Befruchtung wesentliche Umbildungen an der Keimscheibe zur Folge. Diese ist ursprünglich rund, wird durch den Imprägnationsvorgang elliptisch. Ihre Längsachse entspricht einer Symmetrieebene bei den ersten Furchungsteilungen (S. 7). Männlicher und weiblicher Vorkern liegen im zentralen Feld der Keimscheibe übereinander. Der männliche Vorkern liegt dabei unter dem weiblichen Pronucleus. Er soll an seiner geringeren Größe und intensiveren Färbbarkeit kenntlich sein.

**Das Corpus luteum der Monotremen.** Die Monotremen besitzen, wie wir seit 1887 [229] sicher wissen, ein voll funktionsfähiges Corpus luteum, das nach dem Typus der höheren Säugetiere gebaut ist, aber manche Eigentümlichkeiten aufweist. Die auf Grund der besonderen Fortpflanzungsverhältnisse hypothetisch erschlossene Ansicht [396a], daß Monotremen und Marsupialier keinen funktionsfähigen Gelbkörper besitzen, entbehrt jeder Grundlage. Eine gründliche Bearbeitung der ganzen Frage verdanken wir vor allem J. P. HILL und J. B. GATENBY [611]. Nach den Angaben dieser Autoren stammen die Luteinzellen ausschließlich von Follikelepithel ab. Die Wand des Reiffollikels (Abb. 1) besteht aus großen polygonalen Zellen, in ein- bis zweischichtiger Lage. Zellgrenzen sind sehr deutlich. Zwischen Follikelepithel und Theca interna findet sich eine Membrana propria (verdickte Basalmembran?). Die Theca interna besteht aus einer von Lücken durchbrochenen zelligen Schicht, die maximal die Dicke des Follikelepithels erreicht. Sie führt Kapillaren, aber keine Bindegewebsfasern. Die Zellen sind klein, ovoid. Ihr Plasma ist schaumig, vakuolär. Untersuchung jüngerer Stadien ergab, daß die Theca interna wie die Th. externa aus dem Stroma ovarii entsteht. Sehr eigenartig verhält sich das Mark des Eierstockes. Riesige endothel-ausgekleidete Lymphsinus drängen das Markgewebe bis auf schmale gefäßführende Trabekel zurück und umhüllen die Follikel bis dicht an die Oberfläche. Die Ausbildung dieser Lymphsinus steht im Zusammenhang mit einer eigenartigen Form der Follikelatresie bei diesen dotterreichen Formen. Kleinere atresierende Follikel können, wie bei Eutheria, in situ resorbiert werden. Kommt es aber zur Atresie größerer Follikel, bei denen die Vitellogenese bereits im Gange ist, so erfolgt ein direkter Einbruch des Follikels in den Lymphsinus. Der geplatzte Follikel stülpt sich lippenartig in den Sinus ein und gibt geformtes Material direkt in die Lymphbahn ab.

Während der Ovulation kommt es bei *Ornithorhynchus* regelmäßig zu einer Blutung. Die Follikelwand faltet sich ein. Die großen dunklen Follikelepithelzellen (2 bis 12-schichtig) zeigen nie Mitosen. Stets sind die Follikelzellen gut gegenüber den kleinen hellen Theca interna-Zellen abgrenzbar. Das Bindegewebe in den Falten des eingefallenen Follikels scheint aktiv zu proliferieren. Doch obliterieren diese Bindegewebseinwüchse später, so daß das Corpus luteum solide wird. Die Größenzunahme des Organs erfolgt in erster Linie durch Vergrößerung der Luteinzellen. Auch die zentrale Höhle wird völlig von Luteingewebe ausgefüllt. Diese sind groß, polygonal und lassen eine zentrale perinucleäre Zone mit dicht gelegenen Granula (Golgifeld) und eine periphere Mitochondrienzone erkennen. Am Zellkern finden sich ein bis zwei größere Körperchen mit basophiler Membran und mehrere kleine ringförmige Nucleolen. Neutralfett- und Lipoid-Einlagerungen fehlen den Luteinzellen völlig, im Gegensatz zu Meta- und Eutheria. Während der Regression des Corpus luteum treten »Kolloid«-Einlagerungen in den Luteinzellen auf. Die Zelle schrumpft, die Kern-Einlagerungen quellen auf und drängen den übrigen Kerninhalt an die Kernmembran. Die Theca interna-Zellen haben das Maximum ihrer Differenzierung etwa gleichzeitig mit den Luteinzellen erreicht (späte Furchungsstadien). Sie liegen meist peripher, auch entlang den bindegewebigen Septen. Zellgrenzen sind kaum nachweisbar. Die Zellen zeigen vakuoläre Einschlüsse. Die Rückbildung der Theca interna-Zellen erfolgt unter Schrumpfung des Zelleibes und Verlust der vakuolären Einschlüsse. Umwandlung in Fibrozyten scheint nicht vorzukommen. Die Rückbildung des Gelbkörpers geht mit einer Einwanderung von Granulocyten in das interstitielle Gewebe parallel. Die Theca externa liefert allein die bindegewebigen Elemente des reifen Gelbkörpers.

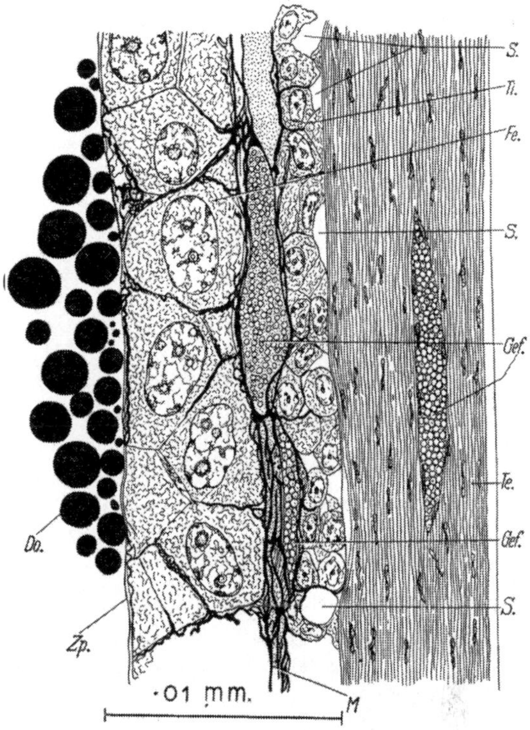


Abb. 1. Follikelwand eines reifen Ovarialfollikels von *Ornithorhynchus anatinus* Shaw und Nodder.
Aus Hill und Gatenby, Proc. zool. soc. London 1926

| | | | |
|---|---|---|---|
| *Do* | Dotterkugeln | *S* | Spalten in Theca interna |
| *Fe* | Follikelepithel | *Te* | Theca externa |
| *Gef* | Blutgefäße | *Ti* | Theca interna |
| *M* | Membrana propria | *Zp* | Zona pellucida |

Die Keimesentwicklung der Monotremen läßt drei Hauptphasen erkennen. Während der intrauterinen Phase läuft die Furchung ab. Der Embryo von *Ornithorhynchus* hat zur Zeit der Eiablage ein Entwicklungsstadium erreicht, daß etwa dem eines Hühnerkeimlings von 38 bis 40 Stdn. entspricht. Die Brutdauer — bei *Ornithorhynchus* im Nest, bei *Tachyglossus* in der Bruttasche —, ist unbekannt. Der Embryo hat zur Zeit des Schlüpfens eine Länge von 16,5 mm *Tachyglossus* und von 12,5 mm *Ornithorhynchus.*

Das Corpus luteum erreicht während der intrauterinen Entwicklungsperiode das Blütestadium und beginnt bereits zur Zeit der Eiablage mit der Rückbildung. Bei höheren Säugern ist im allgemeinen das Blütestadium des Corpus luteum erreicht, wenn der Keim die Blastocyste gebildet hat. Dieses Aktivitätsstadium erhält sich gewöhnlich bis über die Mitte der Gravidität hinaus. Die Rückbildung ist zur Zeit der Geburt in vollem Gang. Insofern bestehen also keine prinzipiellen Abweichungen im Verhalten des Gelbkörpers der Monotremen und Eutheria. Entsprechend den andersartigen Fortpflanzungsverhältnissen ist die Aktivitätsperiode des Gelbkörpers bei Monotremen außerordentlich kurz, die Rückbildung setzt sehr früh ein. Auffallend ist die frühe Aktivität der Theca interna-Zellen (kurz nach Ovulation). Hill und Gatenby [611] sind geneigt, anzunehmen, daß diese Zellen die Drüsen von Tuben und Uterus aktivieren und die Ausbildung der Eiweißhülle bestimmen.

Tabelle 1

Corpus luteum-Bildung bei Monotremata (nach Hill-Gatenby [611])

| Junge Oocyte | voll erwachsene Oocyte | funktionierendes Corpus luteum | Corpus luteum in Rückbildung |
|---|---|---|---|
| Follikelepithel einschichtig | Follikelepithel zweischichtig. Maximale Dicke. | Luteinzellen ohne Neutralfettgranula | Degeneration mit Auftreten von Kolloidtropfen |
| primäre Theca | Theca interna | vakuoläre Theca interna-Zellen in synzytiumartigen Gruppen | noch vorhanden aber in Regression und nicht mehr vakuolär. keine Umwandlung in Fibroblasten |
| | Theca externa | bindegewebige Balken und pericelluläres Bindegewebe. | vermehrt |
| | Membrana propria | nicht mehr nachweisbar | |

**Die Keimscheibe des unbefruchteten Monotremen-Eies** ist radiär-symmetrisch, rundlich. Nach Flynn und J. P. Hill [387] wird durch die Befruchtung eine bilaterale Symmetrie der Keimscheibe induziert. Die Gesamtform wird elliptisch; an dem einen Ende der Längsachse dringen feine Dotterpartikelchen in das Plasma der Keimscheibe ein. Die Vorkerne liegen in der Nähe dieser Zone. Die Polocyten, die ursprünglich zentral liegen, sollen regelmäßig an das entgegengesetzte Ende der Längsachse wandern.

An der ungefurchten Keimscheibe sind definitiv zwei Schichten, eine oberflächliche feingranuläre Plasmazone und eine tiefere vakuoläre Zone mit Dottereinlagerungen erkennbar (Dicke beider Schichten zusammen 0,13 mm). An diese Schichten schließt sich nach der Tiefe zu kontinuierlich das Dotterbett mit groben Dotterschollen an. Im peripheren Bereich der Keimscheibe erreicht die dotterreiche Plasmazone die Oberfläche (Marginalzone) und geht in die vakuoläre Schicht über. Die Vorkerne sollen kurz vor ihrer Vereinigung deutlich verschieden sein. Der tiefer gelegene Kern ist etwas kleiner und färbt sich dunkler, er wird als männlicher Pronucleus gedeutet. Die Bildung der ersten Polocyte erfolgt im Ovar. Die zweite wird im Oviduct abgeschieden. Sie ist stets kleiner als die erste. Teilung der ersten Polzelle kommt nicht vor. Beide Polocyten erscheinen über dem zentralen Teil der Keimscheibe und wandern aktiv durch den Perivitellinspalt randwärts [vgl. 768, *Mus*]. Physiologischerweise kommt bei Monotremen im Gegensatz zu den Sauropsiden keine Polyspermie vor.

**Furchung und Keimblasenbildung.** Das Vorkommen des meroblastischen Furchungstyps bei Monotremen wurde bereits von Caldwell [228] erkannt. Prinzipiell besteht also eine sehr große Ähnlichkeit im Ablauf der ersten Entwicklungsvorgänge zwischen Monotremen und Sauropsiden. Weitere Angaben über den Furchungsablauf verdanken wir Semon [1154], Wilson und Hill [1422] und vor allem Flynn und Hill [387, 388, 389]. Die Furchung beginnt erst, wenn das Ei im Uterus angekommen ist. Die erste Furche verläuft quer und teilt die Keimscheibe in zwei ungleich große Bezirke. Diese Beobachtung von Caldwell konnte gegen die Angabe von Semon durch Flynn und Hill eindeutig bestätigt werden. Beide Blastomeren unterscheiden sich auch strukturell; die größere ist frei von feingranulärem oberflächlichen

Dottermaterial. Die zweite Furche fällt mit der Längsachse der elliptischen Keimscheibe zusammen, steht also auf der ersten senkrecht (Abb. 2, 3g, h). Als Resultat der dritten Furchungsteilung, deren Ebene parallel zur ersten Furche — und zwar vor und hinter dieser

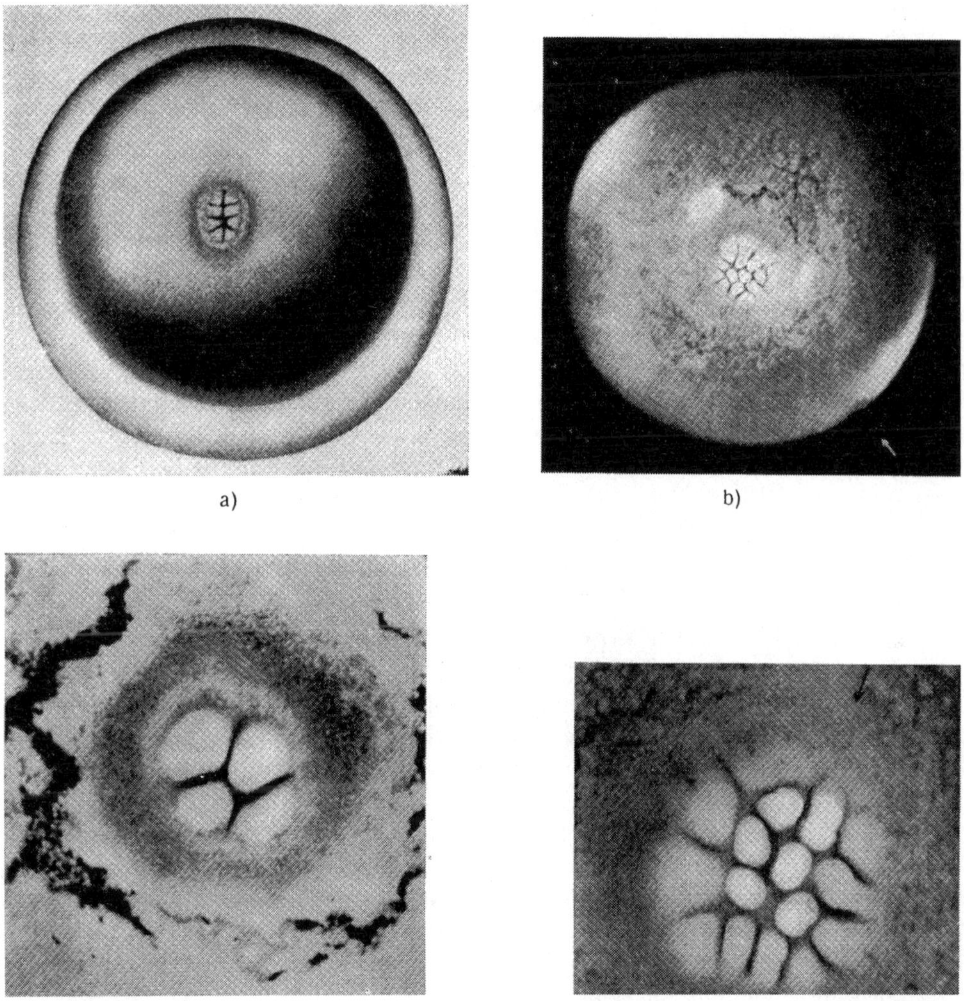

a) b) c) d)

Abb. 2. Furchungsstadien von Monotremen aus FLYNN-HILL, Trans. zool. soc. London 24, 1939. a) *Ornithorhynchus anatinus* SHAW und NODDER. Ganzes Ei mit Schale, Furchungsstadium, 8 Blastomeren. Bilaterale Anordnung. b) *Tachyglossus aculeatus* SHAW, Schale entfernt, Keimscheibe, Furchung. c) *Tachyglossus aculeatus* SHAW, 4 Blastomerenstadium, stärker vergrößert. d) *Tachyglossus aculeatus* SHAW, Keimscheibe eines älteren Furchungsstadiums

Furche — liegt, entsteht ein 8-Zellenstadium (Abb. 2a). Die Zellen sind bilateralsymmetrisch in zwei Gruppen jederseits der Längsachse angeordnet (Abb. 2a, 3h). Von der fünften Furchungsteilung an wird die Anordnung der Blastomeren unregelmäßig. Schließlich lassen sich kleinere, zentral gelegene von großen marginalen Blastomeren unterscheiden (Abb. 2b. d). Die Keimscheibe beginnt damit durch Einbeziehung der Marginalzone in den Furchungsprozeß zu wachsen und nimmt in den späteren Phasen der Furchung wieder rundliche Kontur an.

Bereits vom 32-Zellenstadium an ist die bilaterale Symmetrie, die an der ungefurchten, befruchteten Keimscheibe und im 4 bis 8-Zellenstadium sehr deutlich war, nicht mehr erkennbar. Polocyten wurden nur bis zum 32-Zellenstadium beobachtet. Ob Beziehungen zwischen der Determination der Achsen des Embryonalkörpers und der Lage der ersten Furchungsebenen bestehen, ist unbekannt. Der Furchungsablauf gleicht in allen Einzelheiten dem der Sauropsiden. Exzentrische Lage der ersten Furchungsebene und Unterschiede der Plasmastruktur bei den ersten Blastomeren sind auch bei Reptilien und Vögeln beobachtet worden. Hingegen ist bei Sauropsiden physiologische Polyspermie offenbar die Regel.

Die Blastomeren sind zunächst lange gegen den Dotter offen und grenzen sich spät durch Abrundung und Separierung, nicht durch horizontale Furchungsteilungen ab. Aus den Randbezirken der Keimscheibe wandern Zellen (Vitellocyten, Periblastzellen) in den Dotter ab. Derartige Vitellocyten verschmelzen später zu einem Syncytium (germ ring), das die Keimscheibe umgibt. Schließlich grenzt sich eine Keimscheibe, die im Zentrum etwa vier Zellagen dick ist (Abb. 3a, b, c), gegen den Dotter ab. Von einer bilateralen Symmetrie ist nichts mehr zu bemerken. Der Furchungsablauf der Prototheria gleicht also weitgehend den analogen Prozessen bei Sauropsiden. Bemerkenswert ist das relativ späte Auftreten einer Subgerminalhöhle, die geringe Nachfurchung und das Fehlen eines echten Keimwalles. In den folgenden Phasen verdickt sich die Keimscheibe im zentralen Feld auf sieben bis acht Zellagen ohne gleichzeitiges Flächenwachstum. Der zunächst unvollständige Keimring schließt sich schnell zu einem syncytialen Plasmaband, das die Keimscheibe rings umgibt. Ist der Keimring konstituiert (Abb. 3b, c), so verdünnt sich die Keimscheibe rasch unter gleichzeitigem Auswachsen in die Fläche. Die Dimensionen je einer Keimscheibe von *Tachyglossus* vor und nach Ablauf dieses Prozesses mögen die Formänderung illustrieren [389]:

| | | | |
|---|---|---|---|
| Keimscheibe *Tachyglossus* VVH 35 | Durchmesser 0,56 | Dicke 0,136 mm |
| *Tachyglossus* VVH 6 | 1,37 | 0,032 mm |

Diese Umformung einer Keimscheibe (blastodisc) in eine Keimhaut (blastoderm) geht parallel einem Abwandern des Keimringes nach peripherwärts. Flynn und Hill [389] sind der Ansicht, daß die Fähigkeit zur aktiven Wanderung dem Keimring ebenso zukäme, wie seinen Stammzellen, den Vitellocyten. Die Formumwandlung der Keimscheibe wird vom Keimring her induziert. Die aktive Wanderung des Keimringes führt bei Prototheria zu einer außergewöhnlich raschen Dotterumwachsung. Dieser Vorgang ist, ähnlich wie bei *Chamaeleo* [991 a] bereits vor Bildung des Primitivstreifens abgeschlossen. Die Bildung einer dünnwandigen Blastocyste ermöglicht Resorption von Aufbaumaterial aus dem Uterus und schnelles Wachstum. Der Keimring staut sich als kernhaltige Plasmamasse um den Dotternabel auf. Ungeklärt ist vorläufig noch die Frage, ob eine Homologie des Keimringes mit der Marginalzone des Sauropsidenblastodermes möglich ist. Während H. Virchow [1359a, b] Randsaumzellen und Periblast der Sauropsiden als Abkömmlinge der Keimscheibe auffaßt, neigt Hill [615a] auf Grund neuer Untersuchungen an *Passer* dazu, auch hier den Merocyten (Vitellocyten) eine besondere Rolle zuzuschreiben.

**Entodermbildung.** Wenn die dünne Keimhaut gebildet ist, sind zwei regellos im Blastoderm durchmischte Zellarten zu unterscheiden. Große ovoide Zellen mit großem, blassem Kern und deutlichem Nucleolus werden als prospektive Ektodermzellen gedeutet (Abb. 3b, c). Kleinere, dunkel färbbare Zellen mit kleinem, stark basophilem Kern werden als prospektive Entodermzellen aufgefaßt. Sie sind zunächst etwas spärlicher als die Ektodermzellen. Die Teilungsrate in beiden Zellarten ist gleich. Die nächste, wesentliche Etappe in der Entwicklung besteht darin, daß alle tiefliegenden Zellen in die Oberflächenschicht eingereiht werden, daß also ein unilaminäres Blastoderm entsteht (Abb. 3b). Das Vorkommen eines derartigen Stadiums war bereits SEMON [1154] bekannt. Die prospektiven Ektodermzellen haben ihre definitive Lage damit erreicht. Nun schließt sich die Bildung einer bilaminären Keimscheibe an. Hierbei verhalten sich die Ektodermzellen mehr oder weniger passiv, während die Entoderm-

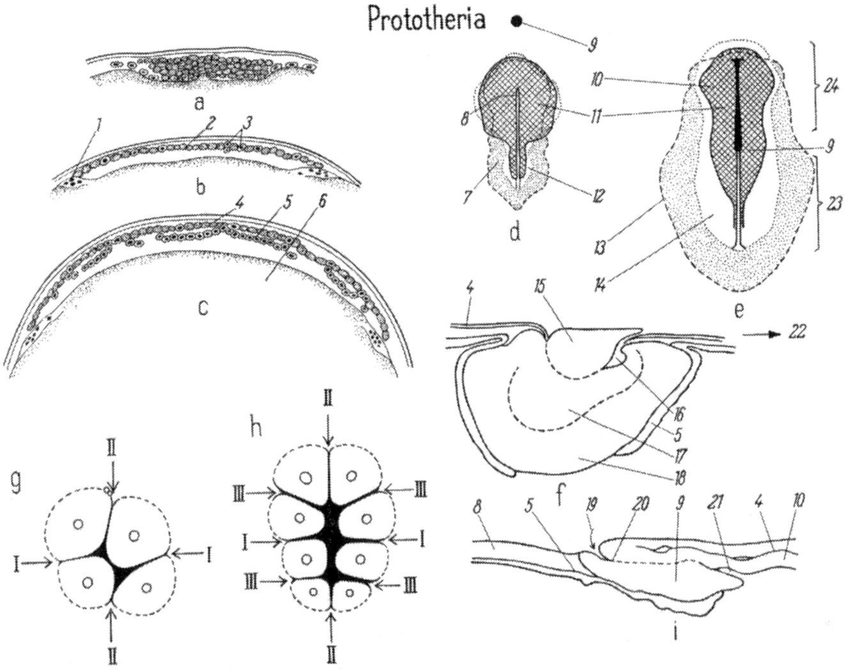


Abb. 3a, b, c. Junge Blastodermstadien, *Tachyglossus aculeatus* SHAW. Schematisch aus NELSEN 1953 auf Grund der Befunde von FLYNN und HILL. a) Frühes Stadium, zentrale Zellanhäufung, peripher Vitellocyten. b) Spätes einschichtiges Blastoderm. Zwei Zellarten im Blastoderm: prospektive Ekto- und Entodermzellen. Die Keimhaut hat sich stark gestreckt. c) Die Entodermzellen verlassen die oberflächliche Blastodermschicht und sammeln sich zu einer geschlossenen Hypoblastschicht. d) Primitivknoten und Primitivstreifenbezirk von *Ornithorhynchus anatinus* SHAW. Verändert nach WILSON und HILL 1907 fig. 7. e) Embryonalbezirk von Ornithorhynchus (Stad. P) verändert nach WILSON und HILL 1907 fig. 8. f) *Ornithorhynchus anatinus* SHAW, Medianschnittrekonstruktion des Primitivknotens (Stad. Y). Nach WILSON und HILL 1907 fig. 5. g) *Tachyglossus aculeatus* SHAW, Furchung, 4-Zellenstadium. Nach FLYNN und HILL 1939 I, II bezeichnen die Lage der Furchungsebenen. h) *Ornithorhynchus anatinus* SHAW, Furchung, 8-Zellenstadium. Aus FLYNN und HILL 1939 fig. 4. Die römischen Ziffern bezeichnen die Furchungsebenen. i) *Ornithorhynchus anatinus* SHAW. Schematische Längsschnittrekonstruktion durch das Gebiet des Primitivknotens (Archenteron). Aus WILSON und HILL 1907 fig. 10 (Stad. P)

*1* Vitellocyten
*2* Prospektives Ektoderm
*3* Prospektives Entoderm
*4* Ektoderm
*5* Entoderm
*6* Dotter
*7* Primitivstreifenmesoderm
*8* Primitivstreifen
*9* Primitivknoten
*10* Urdarmplatte
*11* Verdicktes Ektoderm
*12* Area pellucida
*13* Äußere Mesodermgrenze
*14* Area pellucida
*15* Zellpfropf
*16* Spalt (beginnende Urdarmbildung?)
*17* Mittlere, kernreiche Zone des Knotens
*18* Marginale Zone des Knotens
*19* Blastoporus
*20* Urdarmhöhle
*21* Öffnung des Urdarmes in Keimblasenhöhle
*22* Rostral
*23* Primitivstreifengebiet
*24* Chordafortsatz (= Kopffortsatz)

zellen in die Tiefe gelangen. Hierfür lassen sich drei Mechanismen nachweisen: a) aktive amöboide Wanderung, b) passive Verschiebung durch Druck der Nachbarzellen, c) Mitosen. Die amöboiden Entodermzellen verankern sich durch cytoplasmatische Fortsätze rasch aneinander und bilden ein zelliges Reticulum, das sich sofort zum Epithelverband zusammenschließt (Abb. 3c). Diese Beobachtungen der Entodermbildung durch eine Art Segregation determinierter und in diesem Spezialfall auch früh differenzierter Zellen sind nun von allergrößter Bedeutung für die Deutung der Vorgänge bei Sauropsiden, Metatheria und Eutheria. Der besondere Glücksumstand, der es ermöglichte, Licht in die unklaren Vorgänge bei der

Entodermbildung zu bringen, liegt eben darin, daß die beiden Zellarten sich bei Prototheria unterscheiden lassen, bevor sie sich topographisch in zwei Keimblätter gesondert haben. Auch bei Vögeln kommen ähnliche Vorgänge vor. Bei den verschiedenen Arten sind Entodermbildung durch Delamination und durch Segregation von Einzelzellen in wechselndem Ausmaß an der Keimblattbildung beteiligt. Der Begriff der Polyinvagination [977a] oder die Entodermbildung durch multiple Invagination [464a] dürfte kaum geeignet sein, den Tatsachen gerecht zu werden. Die Subsummierung der Abwanderung einzelner Oberflächenzellen in tiefe Keimlagen unter den Invaginationsbegriff ist nicht möglich, wenn wir den Invaginationsbegriff nicht völlig auflösen und mit neuem Inhalt erfüllen wollen. Bein Vogel ist die Einwanderung von Einzelzellen bei der Entodermbildung von Peter nachgewiesen worden. Hill und Woodger [615a] haben bei *Passer* Delamination und Segregation von Einzelzellen beschrieben Die Verhältnisse bei Reptilien sind noch umstritten (Delamination [992a, 496a]; massive Einwanderung am seitlichen und hinteren Keimscheibenrand bei *Clemmys* [977a]). Immerhin lassen sich die Befunde an Monotremen einerseits gut an die Verhältnisse beim Vogelkeim anschließen und leiten andererseits in idealer Weise zu den Verhältnissen bei Metatheria über, so daß sich hieraus eine gewichtige Stütze für die Auffassung ergibt, daß die Didelphier einem Stamm entsprossen sind, der im Ablauf der Ontogenese sich etwa so verhielt, wie es die rezenten Prototheria zeigen (Merkmalsphylogenie, womit keine direkte Deszendenz angenommen wird). Für Einzelheiten der Entodermbildung bei niederen Tetrapoden verweise ich auf meine Zusammenfassung [1198, 1199].

**Embryobildung und spätere Phasen der Embryonalentwicklung.** Die späteren Phasen der Embryonalentwicklung der Monotremen sind unzureichend bekannt. Wesentlich ist vor allem die Publikation von Wilson und Hill [1422] über *Ornithorhynchus*, die viele wichtige Befunde enthält. Allerdings sind unter dem Einfluß der inzwischen angesammelten Einzelkenntnisse die Deutungen in einigen Punkten zu modifizieren.

Diese Befunde zeigen mit aller Klarheit, daß die Prototheria in Hinblick auf die Vorgänge der Embryonalentwicklung sich eng an die Sauropsiden anschließen, aber in vielen Einzelheiten bereits zu Metatheria und Eutheria überleiten.

Bei *Ornithorhynchus* treten Primitivstreifen und Primitivknoten räumlich getrennt und völlig unabhängig voneinander auf. Der Knoten liegt zentral im Bereiche des Embryonalschildes (Abb. 3d, e). Der Primitivstreifen liegt zunächst 2 bis 3 mm weiter kaudalwärts. Zwischen beiden Gebilden findet sich normales zweischichtiges Blastoderm. Der Primitivstreifen ist ein längsgerichteter Bezirk in dem Mesodermproliferation vorkommt. Im Schrifttum wird oft der Primitivknoten als verdicktes Vorderende des Primitivstreifens bezeichnet. Im Grunde genommen handelt es sich aber um zwei verschiedene Bildungen, die sekundär sehr nahe aufeinander zuwandern und bei vielen Eutheria früh vereinigt sein können (Abbreviation). Die verschiedene Natur beider Gebilde war von Bonnet [155a] und Mitrophanow [881a] erkannt worden. Der Primitivknoten (»archenteric knot«) besteht zunächst aus einer etwas unregelmäßig geformten verdickten Gewebsmasse, die von zweischichtigem Blastoderm umgeben ist und sich in die Keimblasenhöhle vorwölbt. Die anteroposteriore Achse ist etwas kürzer als die Querachse.

Das Knotengewebe selbst läßt eine Schichtung erkennen. Das Ektoderm der Keimblase geht kontinuierlich in die mittlere Zellmasse des Knotens über. Abbildung 3f zeigt an einem Längsschnitt dessen Aufbau. Im zentralen Bereich liegt ein Zellpfropf an der Oberfläche, der sich gegen das tiefere Knotengewebe durch eine feine Demarkationslinie abhebt.

Wilson und Hill [1422] deuten den Zellpfropf als vorgetriebene Zellmasse des Primitivknotens, die hinten mit der Urmundlippe in Zusammenhang bleibt, vorn und seitlich aber durch die sich schließenden Urmundränder überlappt wird. Tatsächlich bildet sich im Knotenbereich nun eine Urmundeinstülpung. Die Wände dieses Urdarmes, der ein dorsoventral abgeplattetes Lumen besitzt, bilden im medial dorsalen Bereich die Chordaplatte und den Kopffortsatz (Abb. 3e, i) Rostral schließt sich die Protochordalplatte an. Die seitlichen Partien bilden gastrales Mesoderm. Die Ventralwand des Urdarmes schwindet im vorderen Bereich, so daß der Urdarm hier in die Keimblasenhöhle mündet. Der Primitivknoten wird nach rostral stark verlängert und bildet die Urdarmplatte (»archenteric plate«). Das Vorderende des Primitivstreifens legt sich von hinten her eng an den Primitivknoten an, doch kommt es nicht zu einer wirklichen Verschmelzung. Ob dabei der Primitivstreifen nach vorn oder ob der Knoten nach hinten wächst oder ob beide Gebilde aufeinander zurücken, ist nicht geklärt. Die Autoren schließen aus vergleichenden Messungen, daß sich der Primitivstreifen nicht nach vorn ausdehnt. Die Platte würde sich also von vorn nach hinten differenzieren.

Die Dinge gewinnen an Klarheit, wenn wir versuchen, sie in einen größeren Rahmen einzuordnen.

Bei *Ornithorhynchus* ist nun vor dem Blastoporus für eine kurze Strecke ein echter Urdarm vorhanden, der sich direkt in den Kopffortsatz (Chorda) fortsetzt. Dieser entspricht einer stark verlängerten Urdarmplatte, die rostral mit der Protochordalplatte endet. So ergibt sich folgende Homologie:

| Urdarm | = | Primitivknoten | + | Kopffortsatz |
|---|---|---|---|---|
| (Archenteron) | | (hinten) | | (vorn) |

Die Protochordalplatte gehört [1422] unbedingt zum Archenterongebiet. Aus ihr geht wahrscheinlich Mesenchym hervor. Der Vergleich mit den Befunden an Reptilien ergibt, daß der Primitivknoten der Monotremen weitgehend der Primitivplatte der Reptilien [1408] entspricht. Bei Monotremen ist jedoch die Unterlagerung dieses Knotens durch Entoderm sehr viel früher erreicht als bei Reptilien. Dagegen entsteht bei Reptilien stets sehr früh vor der Primitivplatte eine Zone verdickten Ektoderms, der Embryonalschild. Dieser erscheint bei Monotremen erst spät nach Ausbildung des Archenterons. Während Will [1408] den Primitivstreifen der Säuger von der Primitivplatte der Reptilien ableitet, kann nach den Befunden an Prototheria von einer derartigen Homologie keine Rede sein. Der Primitivstreifen der Monotremen entspricht völlig dem Primitivstreifen höherer Säuger. Der Primitivstreifen der Reptilien ist jedoch nichts anderes als der hintere, etwas verlängerte Abschnitt der Primitivplatte.

| | Urdarm | Mesodermbildungszone |
|---|---|---|
| Reptilia | Primitivplatte + Primitivstreifen | |
| Prototheria | Primitivknoten | Primitivstreifen |
| Eutheria | Hensenscher Knoten | Primitivstreifen |

In der Seitenwand des Archenterons finden sich bei *Ornithorhynchus* [1422] bilaterale segmentale Gruppierung von Zellmassen als Protosomiten. Ähnliches kommt bei *Cavia* [1185] vor. Diese Zellmassen enthalten divertikelartige Lumina, die vom Urdarm herzuleiten sind. Im Ganzen fanden sich bei *Ornithorhynchus* fünf, bei *Cavia* drei Paar Protosomite. Ihre Anordnung ist nicht streng segmental, entspricht auch nicht exakt der Somitengliederung. Möglicherweise handelt es sich um primäre, echte gastrale Mesodermbildung, also um ein phylogenetisch zu deutendes Relikt, wie etwa die rudimentäre Urdarminvagination der Säuger an die primäre Entodermbildung erinnert. Die Mesodermbildung erfolgt auch bei Prototheria im wesentlichen unabhängig vom Urdarm.

Haben sich Primitivknoten und Primitivstreifenbezirk bis zur Berührung genähert, so spricht man zweckmäßig von einem »Embryonalbezirk«. Dieser tritt als Area pellucida in Erscheinung (Abb. 3d, e) (Area opaca = extraembryonales Gebiet, dotterbeladene Zellen). Das vom Primitivstreifen aus gebildete Mesoderm gliedert sich in paraxiales (Stammplatte) und parietales (Seitenplatten) Mesoderm. In einem hufeisenförmigen Bezirk um das Kaudalende des Embryonalbezirkes im Bereich der Area opaca treten die ersten Blut- und Gefäßanlagen als Verdickungen des Mesoderms in engem Kontakt mit dem Dotterentoderm auf.

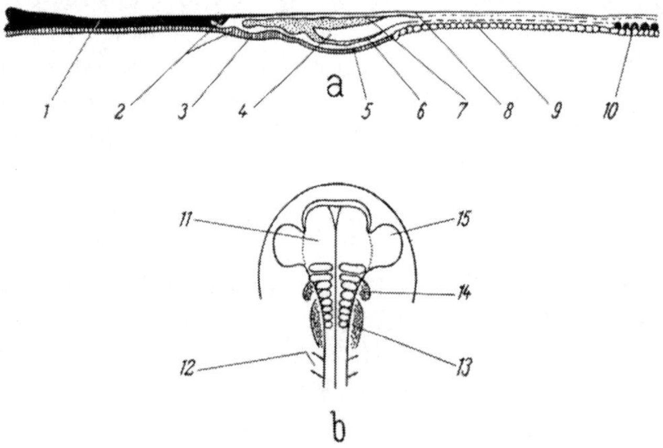


Abb. 4. a) *Ornithorhynchus anatinus* Shaw (Stad. H). Längsschnitt durch das Caudalende des Embryonalbezirkes einer älteren Embryonalanlage. Aus Wilson und Hill 1907 fig. 14. b) Kopfbezirk einer älteren Embryonalanlage von *Ornithorhynchus anatinus* Shaw. Schematisch (Stad. ZZ) aus Wilson und Hill 1907, fig. 15

*1* Primitivstreifen
*2* Analmembran
*3* Allantoisentoderm
*4* Coelomspalt
*5* Entoderm der Area pellucida
*6* Splanchnopleura
*7* Somatopleura
*8* Ektoderm
*9* Entoderm der Area opaca
*10* Blutbildungszellen
*11* Hirnanlage
*12* I. Somit
*13* IX-X-Neuralleiste
*14* VII-Neuralleiste
*15* Trigeminusneuralleiste (Mesektoderm?)

Die weitere Differenzierung des Monotremenkeimes zeigt nur geringe Abweichungen von den Befunden bei anderen Meroblastiern. Die relative Unabhängigkeit des Primitivstreifens und des Primitivknotens bleibt gewahrt. Keineswegs kommt es zu einer Umwandlung des Primitivstreifens in Urdarm. Der Urdarm selbst liefert fortlaufend Zellmaterial für Chorda und Darmdach. Der Primitivstreifen ist mesodermbildendes Primitivorgan. Er verkürzt sich mit fortschreitender Entwicklung.

Somato- und Splanchnopleura differenzieren sich in bekannter Weise. Der Coelomspalt ist sehr eng, die Splanchnopleura sehr dünn. Die Somatopleura besitzt im Bereich der späteren Abgrenzungszone des Embryonalkörpers eine Verdickung. Das unmittelbar kaudal an den Primitivstreifen anschließende Gebiet (Abb. 4a) ist dünn und durchscheinend. Hier findet sich die Anlage der Analmembran, dahinter die Allantoisanlage. Der Coelomspalt fehlt im Bereich der Allantoisanlage. Die Differenzierung des Nervensystems erfolgt in der für Wirbeltiere typischen Weise. Wilson und Hill [1422] beschreiben bei *Ornithorhynchus* eine ausgesprochen deutliche Neuromerengliederung, die als primär aufgefaßt wird. Ob es sich tatsächlich um fundamentale Bildungsprozesse handelt, bleibt abzuwarten. Die Medullarplatte verbreitert sich vor der Somitenzone zur Hirnanlage. Eine scharfe Festlegung einer Hirn-Rückenmarksgrenze ist nicht möglich. Hervorgehoben sei die außerordentlich starke Ausbildung der Neuralleiste im Kopfbereich von *Ornithorhynchus* (Abb. 4b). Die Abbildungen und Beschreibungen lassen daran denken, daß bei Monotremen in ausgedehntem Maße Mesektodermbildung vorkommen dürfte. Neue Untersuchungen zu dieser Frage sind sehr erwünscht. Ebenso bedarf das Problem der Plakoden bei Monotremen (Schnabelinnervation von *Ornithorhynchus*) dringend einer Neuuntersuchung. Eine Ophthalmicusplakode wurde beim Schnabeltier bisher nicht gefunden.

## 2. Die Ontogenese der Metatheria (Marsupialia)

**Einleitung.** Die Frühentwicklung der Beuteltiere zeigt in vieler Hinsicht eine Zwischenstellung zwischen Prototheria und Eutheria. Damit ist keineswegs gesagt, daß eine direkte Evolutionsreihe von den Monotremen über die Marsupialia zu den Eutheria führen muß. Die evolutiven Beziehungen der drei Säugerstämme werden derzeit noch recht verschieden beurteilt (S. 236). Möglicherweise sind die Monotremen, deren Stammesgeschichte noch im Dunklen liegt, ein früher Seitenzweig der Marsupialierahnen. Auch die phylogenetischen Beziehungen zwischen Marsupialia und Eutheria sind unklar. Viele Sonderspezialisierungen (doppelte Vagina) lassen es nicht annehmbar erscheinen, daß die Beutler als Ahnen der Eutheria aufzufassen sind. Vieles spricht dafür, daß die Pantotheria Ahnenformen der Eutheria sind. Ontogenie und vergleichende Anatomie weisen aber eindeutig darauf hin, daß die Eutheria von reptilähnlichen Formen abstammen, die dotterreiche, meroblastische Eier mit Eischale besaßen, wie wir sie heute noch bei Monotremen finden. Die Ontogenese der Monotremen kann so als gutes Modell für die Ontogenese der unbekannten Eutheria-Ahnen dienen. Suchen wir nun nach einem Ontogenesetyp, der die Befunde an Monotremen mit denen bei Eutheria verbindet, so läßt sich kein günstigeres Modell ausdenken, als es die Ontogenese der Marsupialia bietet. In diesem Sinn mögen die folgenden Ausführungen verstanden werden. Direkte evolutive Beziehungen von den Prototheria über Metatheria zu Eutheria müssen nicht bestehen. Dennoch muß der Ontogenesetyp der Vorfahrenformen der Eutheria ein Stadium durchlaufen haben, das dem der Monotremen-Ontogenese ähnlich war. Hieran muß sich ein „Metatheria-Stadium" angeschlossen haben.

Die Frühentwicklung der Metatheria ist nur bei *Dasyurus* und *Didelphis* genauer bekannt. CALDWELLS frühe Untersuchungen brachten den Nachweis einer Schalenhaut am Ei von *Phascolarctus cinereus* (GOLDFUSS.) [229]. SELENKAS Bearbeitung der Furchung und Frühentwicklung von *Didelphis marsupialis virginiana* (KERR.) [1142b] ist jetzt in vielen Punkten überholt. Die eingehende Untersuchung von J. P. HILL [602a] über *Dasyurus viverrinus* SHAW ist auch heute noch grundlegend. Der gleiche Autor berichtet [603] über die Frühentwicklung von *Didelphis aurita* WIED. Am besten bekannt ist die Ontogenese von *Didelphis marsupialis virginiana* KERR. [544, 545, 854].

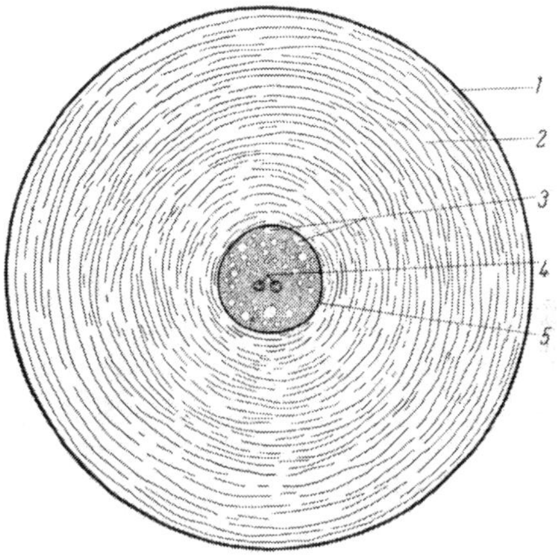


Abb. 5. *Didelphis marsupialis virginiana* KERR. Eizelle mit Albumen und Schalenhaut. Die Vorkerne sind zum Centrum gewandert. Die Dimensionen der Albumenschicht sind nach einem frischen Objekt gezeichnet. Aus MCCRADY, 1938

*1* Schalenhaut *2* Albumenschicht *3* Dottervakuolen *4* Vorkerne *5* Zona pellucida

**Eizelle.** Das unbefruchtete Ei der Marsupialia ist relativ groß im Vergleich mit dem Eutheria-Ei: Durchmesser *Dasyurus quoll* ZIMMERMANN = *D. viverrinus* SHAW: 250 $\mu$, *Didelphis*: 140—160 $\mu$ (Eutheria-Ei Durchmesser gewöhnlich kleiner als 150 $\mu$). Wesentlich ist der Nachweis einer Schalenhaut bei allen daraufhin untersuchten Beutlern. Sie wird ebenso wie die Albumenschicht in der Tube abgeschieden und umgibt die lamellär abgelagerte Eiweißhülle. Die Schalenhaut hat primär bei *Didelphis* eine Dicke von etwa 1 $\mu$, verdickt sich aber im Uterus. Die Albumenschicht ist bei *Didelphis* deutlich mächtiger als bei *Dasyurus* (Abb. 5). Gelegentlich kommt es zur Abscheidung einer Eiweißhülle um abgestoßene Tubenepithelien. Das Ei von *Dasyurus* besitzt eine deutliche Polarität durch den Einschluß einer großen Dottervakuole, die als Homologon der soliden Dottermasse der Prototheria aufgefaßt werden darf. Die Ansammlung des Dotters in der Nähe des animalen Poles (Abb. 6) erfolgt zur Zeit der ersten Reifungsteilung im Ovar. Das Verhältnis Deutoplasma zu formativem Cytoplasma beträgt etwa 1:2. Die bei *Dasyurus* beobachtete strukturelle Polarität der Eizelle fehlt bei *Didelphis*. Im Eiplasma sind bei *Didelphis* drei Zonen zu unterscheiden: a) homogene, feingranuläre Marginalzone ohne Deutoplasmapartikel, b) breite Zwischenzone mit retikulärem Cytoplasma und reichlich Deutoplasmavakuolen, c) dotterarme zentrale Zone. Eine Dotterpolarität kommt bei *Didelphis* nie zustande.

Die Besamung erfolgt wahrscheinlich im Ovidukt. Die Ovulation erfolgt bei *Didelphis marsupialis virginiana* KERR. spontan. Das Tier ist polyöstrisch (*D. aurita* meist zwei Würfe, *D. virginiana* nur ein Wurf im Jahr). Die Tubenwanderung läuft außerordentlich rasch ab (weniger als 24 Stdn.). In der Regel werden bei einer Ovulation ± 22 Eier ausgestoßen (Zahl der Jungen pro Wurf ± 10). Die Dauer der Gravidität beträgt 12½ Tage.

**Das Corpus luteum der Metatheria.** Bei *Dasyurus viverrinus* SHAW [1105a] kommt es zu einer geringen Blutung in den Follikel beim Ovulationsvorgang. Das Corpus luteum ist drei Tage nach der Ovulation voll entwickelt. Zwei – bis drei – kernige Luteinzellen kommen vor. Die Theca interna bildet offenbar nur gefäßführendes Bindegewebe, keine Luteinzellen. Am fünften Tage sind die Gelbkörperzellen vakuolisiert. Das Organ bleibt mindestens acht Wochen aktiv, persistiert aber während der Laktationsperiode. Die Rückbildung geht mit Verfettung der Lutein-

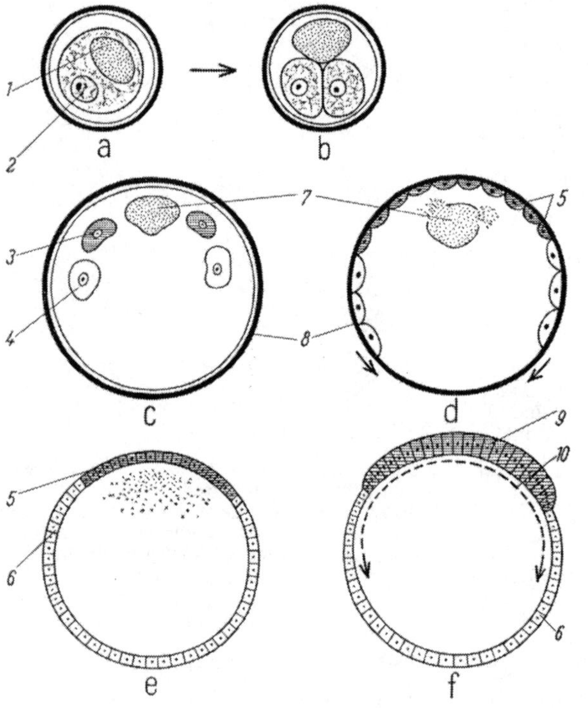


Abb. 6

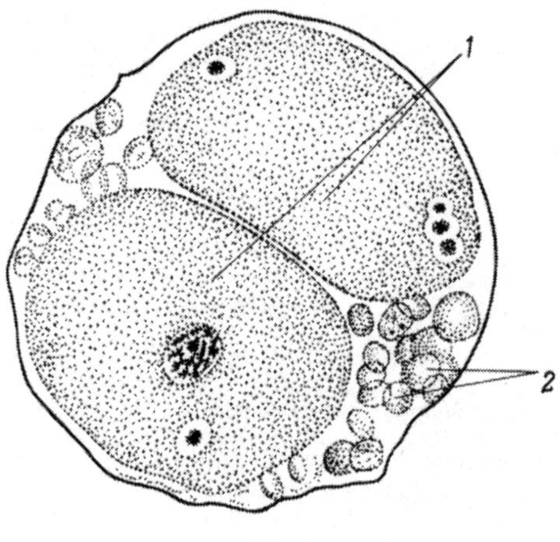


Abb. 7

Abb. 7. Dotterelimination bei *Didelphis marsupialis aurita* WIED, nach HILL 1917

*1* Blastomeren
*2* Dotterpartikel

Abb. 6. Schema der Furchung, Dotterelimination und Keimblattbildung bei *Dasyurus quoll* ZIMMERMANN im Anschluß an die Befunde von HILL 1910. a, b) Furchung und Dotterelimination. c) Bildung von zwei Zellringen. d) Bildung der Keimblase und Resorption der zerfallenden Dottermasse. e) Keimblase gebildet. Formatives und extraembryonales Areal unterscheidbar. f) Abhebung der Embryonalanlage und Entodermunterwachsung

*1* Deutoplasma
*2* Zellkern
*3* Obere Blastomeren
*4* Untere Blastomeren
*5* Formative Zellen
*6* Extraembryonales Ektoderm
*7* Dotterkörper
*8* Schalenhaut
*9* Embryonalbezirk
*10* Entoderm

zellen und Leukocyteninfiltration einher. Schließlich resultiert ein bindegewebiger Narbenkörper. Bei *Perameles* wurden Mitosen in Granulosazellen während der Luteinisierung beobachtet [946a, b]. Bei *Phascolarctos* persistiert das *Cavum* auch im reifen Gelbkörper. *Didelphis virginiana* ist das Säugetier mit der kürzesten Tubenwanderung (24 Stdn.). Das Corpus luteum ist noch hohl, wenn der Keim in den Uterus gelangt, wird aber dann sehr rasch solide [843a]. Mitosen wurden nur in den frühesten Phasen beobachtet. Geringe Ovulationsblutung kommt bei *Didelphis* vor. Die Theca interna beteiligt sich nicht an der Bildung der Drüse. Rückbildung erfolgt zur Zeit der Geburt.

**Dotterelimination.** Bei den Metatheria kommt Ausstoßung von Deutoplasma (Dotterelimination, Deutoplasmolyse) vor. Die untersuchten Gattungen zeigen aber deutliche Unterschiede. Bei *Dasyurus* ist die Dottervakuole bereits vor der Ovulation am animalen Pol lokalisiert [602a]. Diese Dottermasse wird während der ersten Furchungsteilung im ganzen ausgestoßen (Abb. 6a—d). Der eliminierte Dotterkörper ist neben den beiden Blastomeren deutlich erkennbar. Während der Blastocystenbildung wird er ins Innere der Keimblase aufgenommen, zerfällt und wird resorbiert. Das Ei von *Dasyurus* ist also telolecithal und wird sekundär homolecithal. Da der Dotter als Ganzes ausgestoßen wird, läuft die Furchung holoblastisch ab. Da aber der Dotter nicht in den Furchungsprozeß einbezogen wird, kann man mit gutem Recht die Furchung von *Dasyurus* auch als rudimentäre meroblastische Furchung auffassen. Jedenfalls weist dieser wichtige Befund eindeutig darauf hin, daß die Metatheria von oviparen Formen mit meroblastischem Furchungstyp abstammen müssen. Bei *Didelphis marsupialis virginiana* Kerr. und *D. m. aurita* Wied. [603] erfolgt die Dotterelimination nicht en bloc, sondern diffus an der Peripherie der Blastomeren (Abb. 7). Dabei kommt es auch zu einer Abstoßung von Cytoplasmateilen, die eine Reduktion des Zellvolumens um etwa 10% verursachen.

Offenbar sind die Stellen der Zelloberfläche, an denen die Ausschleusung von Dotterpartikeln erfolgt, nicht determiniert. Die Dotterelimination ist nie vollständig. Das ausgestoßene Dottermaterial wird langsam, aber vollständig resorbiert.

**Furchung, Keimblasenbildung, Entodermbildung.** Bei *Dasyurus* sind die beiden ersten Furchungsteilungen meridional, die Anordnung der Blastomeren des 4-Zellstadiums ist also radiär [602a]. Auch die dritte Teilung ist noch meridional. Die acht Furchungszellen sind ringförmig angeordnet und liegen etwas oberhalb des Äquators des Eies. Jede Blastomere zeigt eine deutliche Dotterpolarität. Die vierte Furchungsteilung erfolgt horizontal. Sie führt zur Bildung von zwei Zellringen zu je acht Zellen. Die Blastomeren des unteren Ringes sind dunkler und größer, als die des oberen Ringes (Abb. 6). Die Blastomeren legen sich von vornherein von innen her gegen die Schalenhaut. Beide Zellringe sind streng determiniert. Beide liegen oberhalb des Äquators. Aus dem oberen Zellring geht der Embryonalbezirk (= Formativer Bezirk = Embryonalektoderm + Gesamtentoderm) hervor. Die Blastocyste wird in der Weise gebildet, daß die Zellen des oberen Zellringes proliferieren und ihre Derivate sich allmählich zum oberen Pol hin ausbreiten. Ebenso schieben sich die Derivate des unteren Zellringes zum unteren Pol hin zusammen. Bei *Dasyurs* fehlt also ein Morulastadium vollständig. Die unilaminäre Blastocyste wächst zunächst heran, ohne daß es zur Entodermbildung käme. Dabei wird die Polarität der Keimblase vorübergehend undeutlich. Erst wenn die Blastocyste einen Durchmesser von 3 mm erreicht hat, tritt sie wieder klar hervor, indem die Zellen des formativen Areales sich zu differenzieren beginnen. Die Entodermbildung setzt anschließend ein. Formatives und extraembryonales Areal sind durch eine »sutural line« scharf gegeneinander abgegrenzt. Es ist zu beachten, daß bei *Dasyurus*, — und dieser Befund gilt auch für *Didelphis*, wahrscheinlich für alle Metatheria, — die Anlage des Embryonalkörpers von Anfang an frei in der Oberfläche der Blastocyste liegt, während sie bei Eutheria wenigstens primär von Trophoblast überdeckt ist. Es gibt bei Beuteltieren also keine Entypie des Keimes. Die Rauber-sche Deckschicht (Trophoblastlage über dem Embryonalknoten bei Eutheria) fehlt primär (Abb. 6).

Die Furchung beginnt bei *Didelphis* in der Tube und ist total, fast äqual. Die beiden Vorkerne liegen nach Bildung der zweiten Polocyte in einer relativ dotterfreien Plasmazone nahe der Eioberfläche. Das Ei erreicht das Cavum uteri noch im Vorkernstadium. Die erste Furchungsteilung wird etwa 30 Stdn. nach Eintritt in den Uterus (= 54 Stdn. post cohabit.) beendet. Die Deutung der Furchung von *Didelphis* ist nicht einheitlich. Geringe Größenunterschiede kommen bei den beiden ersten Blastomeren vor. MacCrady gibt für zwei Blastomeren folgende Durchmesser an A = 0,099 : 0,07 mm, B = 0,082 : 0,061 mm [854], das entspricht einer Volumendifferenz von 26%. Die beiden ersten Furchungsteilungen laufen meridional ab, die Spindeln stehen senkrecht zueinander. Die größere Blastomere teilt sich früher, so daß ein 3-Zellenstadium ($A_1$, $A_2$, B) resultiert. Als Folge hiervon kommt es zu einer kreuzförmigen Anordnung der Blastomeren auf dem 4-Zellstadium wie bei Eutheria. Radiäre Furchung ist sicher abnorm. Die Zellen des 4-Zellstadiums sind durch Dotterelimination stark verkleinert, so daß sie den Raum innerhalb der Zona pellucida nicht mehr ausfüllen. Nach MacCrady lassen sich die individuellen Zellen bis zum 12-Zellstadium mit Sicherheit identifizieren. Im 16-Zellstadium ist jedoch eine morphologische Polarität nicht mehr nachweisbar.

Die bei *Dasyurus* während der vierten Furchungsteilung deutliche morphologische Differenzierung der Blastomeren fehlt. Bei *Didelphis* wird die Anordnung der Furchungszellen nun unregelmäßig. Die Zellen rücken auf dem 16-Zellstadium bereits an die Peripherie, legen sich von innen an die Albumenschicht an und platten sich ab. So entsteht früh eine Blastocyste, ohne daß ein Stadium der Zellringe durchlaufen wird. Die Bildung des Blastocystenstadiums kann also nicht durch Flüssigkeitsansammlung und Dehnung innerhalb einer Morula verursacht sein, wenn ein Morulastadium nicht durchlaufen wird. Die Befunde weisen darauf hin, daß amoeboide Eigenbewegungen der Furchungszellen, vielleicht Stereotropismus, eine große Rolle spielen. Möglicherweise hat die Zona eine wichtige Bedeutung in diesem Geschehen.

Die Albumenschicht bleibt im Gegensatz zu *Dasyurus* bei *Didelphis* sehr lange erhalten und ist im 16-Zellstadium noch kaum angegriffen. Die Resorption erfolgt praktisch erst im Stadium der bilaminären Blastocyste. Eine polare Differenzierung der Keimblase wird bei *Didelphis* frühestens auf dem 40-Zellstadium morphologisch faßbar. Da die Blastomeren sofort an die Peripherie rücken und sich von innen gegen das Albumen pressen und hierbei abplatten, ist das Stadium der geschlossenen unilaminären Keimblase viel früher erreicht als bei *Dasyurus*. Die Blastocyste ist bei *Didelphis*-Keimen von 40 Zellen stets geschlossen, während eine 130-zellige Blastocyste von *Dasyurus* erst kurz vor dem Schluß steht. Die Blastocysten von *Didelphis* zeigen nun alsbald Einschlüsse einzelner großer Zellen. Selenka [1142b] hatte diese als »Urentodermzellen« aufgefaßt. Diese Auffassung ist von Hartman und J. P. Hill [544, 603] zurückgewiesen worden. Doch haben Hartman später und vor allem MacCrady [545, 854] die Richtigkeit der Deutung von Selenka anerkennen müssen. Die große primäre Entodermzelle rückt aus dem Verband der einschichtigen Blastocystenwand in die Höhle. Sie ist größer als die übrigen Zellen, nicht weil sie bei der Furchung zurückgeblieben wäre, sondern weil sie sekundär herangewachsen ist. Eine gewisse Polarität ist durch die Tatsache gegeben, daß die gesamten Entodermzellen in einer Hälfte der Blastocyste entstehen. Hartman hatte angenommen, daß die größere Blastomere des 2-Zellstadiums sich langsamer teilt und den Embryonalpol bildet aus dem das gesamte Entoderm entstehen soll., MacCrady [854] gibt demgegenüber an, daß die größere der beiden Blastomeren sich rascher teilt und vermutlich den abembryonalen Pol bildet. Nach Hartmans Angabe enthält der Embryonalbezirk einschließlich des Entoderms um 30% mehr Zellen als der Trophoblast, ein Befund, der schwer verständlich ist, wenn man annimmt, daß die prospektiven Zellen des Embryonalpols sich langsamer teilen. Die Frage, ob die beiden ersten Furchungszellen überhaupt determiniert sind, ist morphologisch nicht entscheidbar. Die experimentellen Befunde an niederen Wirbeltieren und an Eutheria zeigen eindeutig, welch enge Grenzen der morphologischen Methode hier gezogen sind (S. 67).

Die Befunde über die Entodermbildung bei *Dasyurus* [602a] sind von besonderem Interesse, weil sie geeignet erscheinen, zwischen den Vorgängen bei Prototheria und Eutheria zu vermitteln. Einzelbeobachtungen an *Macropus* und *Perameles* fügen sich ebenfalls in dieses Bild ein. Die Bildung des Entoderms erfolgt durch Proliferation spezialisierter Zellen aus der Wand der unilaminären Keimblase im Bereich des formativen Bezirkes. Zu diesem Zeitpunkt hebt sich der Embryonalbezirk durch seine höher kubischen Zellen scharf gegen das plattzellige extraembryonale Areal (Trophoblast) ab (Abb. 6f). Im Bereich des Embryonalbezirkes erscheinen an verschiedenen Stellen dunkle Zellen. Diese lösen sich aus dem Verband der Oberflächenschicht unter lebhafter Mitosetätigkeit und gelangen in tiefere Lagen. Wenn der Embryonalbezirk dreischichtig geworden ist, besteht die untere Zellage bereits ausschließschließlich aus Entodermzellen. Besonders deutlich wird die Entodermproliferation in den Randbezirken des Embryonalfeldes, das jetzt etwa $^1/_5$ bis $^1/_3$ der Oberfläche der Blastocyste einnimmt. Diese primären Entodermzellen, die sich ausschließlich durch Segregation und Migration aus dem Embryonalfeld aussondern, bilden das gesamte Entoderm. Die Zellen unterwandern die Keimblasenwand und bilden zunächst eine dünne retikuläre Membran, deren Elemente durch pseudopodienartige Fortsätze in Verbindung treten und sich schließlich zu einer lückenlosen Epithelmembran zusammenfügen. Nach der Auffassung von Hill verläuft also die Furchung bei *Dasyurus* streng determiniert [602a]. Aus den Zellen des oberen Zellringes auf dem 8-Zellstadium entsteht der Embryonalbezirk (= Embryoektoderm + gesamtes Entoderm), aus dem unteren Zellring dagegen das extraembryonale Areal (Homologon des Trophoblasten). Hartman war ursprünglich geneigt, ähnliche Entwicklungsabläufe für *Didelphis* anzunehmen. Allerdings sollte nach seiner Auffassung die Polarität bei *Didelphis* erstmalig bei Blastocysten von 40 bis 50 Zellen deutlich werden, indem die Zellen des einen Poles (Embryonalbezirk) größer werden. Demgegenüber kommt MacCrady [854] für *Didelphis* zu einer völlig abweichenden Deutung auf Grund eines sehr umfangreichen Materials. Danach entsteht das Entoderm über die Urentodermzelle ohne nähere Beziehung zum Embryonalbezirk. Ausbreitung und Zusammenschluß der Entodermzellen zu einer geschlossenen Membran erfolgt in ähnlicher Weise wie bei *Dasyurus*. Nun findet MacCrady jedoch, daß die im Ver-

Tabelle II

Vergleich der Primitiventwicklung von *Dasyurus* (J. P. Hill) und *Didelphis marsupialis virginiana* (MacCrady)

| | *Dasyurus quoll* Zimmermann = D. *viverrinus* Shaw J. P. Hill 1910 | *Didelphis marsupialis virginiana* Kerr. Hartman 1916—1919, MacCrady 1938 |
|---|---|---|
| Größe der Eizelle | 250 μ | 150 μ |
| Dotter | Dotterpolarität | keine Dotterpolarität |
| Albumendicke | 0,015—0,022 mm | 0,25 mm |
| Eidurchmesser (Ei + Albumen + Schale) | 0,35 mm | 0,6 mm |
| Schalenhaut | vorhanden, Dicke: 1,6—2 μ | vorhanden, Dicke: 1 μ |
| Albumenresorption | früh beendet | spät, auf Stadium der bilaminären Blastocyste |
| Dotterelimination | »en bloc« | diffus, peripher |
| Furchung | total, aequal, radiär, streng determiniert nach Hill | total, nicht völlig aequal, Anordnung der Blastomeren des 4-Zellstadiums, über Kreuz. Vermutlich nicht determiniert |
| Morulastadium | fehlt | fehlt |
| Blastocyste | spät gebildet. Abgeschlossen auf 130-Zellen Stadium | früh, 16-Zellstadium; auf 40-Zellstadium beendet |
| Entodermbildung | durch Segregation und Migration von Zellen des Embryonalbezirkes | durch Urentodermzelle |
| Entypie | fehlt | fehlt |
| Polarität der Keimblase | von vorneherein vorhanden | tritt verzögert auf |

gleich mit den Befunden an *Dasyurus* als Embryonalbezirk gedeutete Zone verdickter Blastocystenwand nicht dem gesamten Ektoderm des Embryonalkörpers entspricht, sondern ausschließlich Medullarplatte aus sich hervorgehen läßt. Bei *Didelphis* gibt es demnach also keine Differenzierung in Embryonalbezirk und indifferentes extraembryonales Gebiet (Trophoblast). Die ganze Wand der unilaminären Blastocyste ist pluripotent. Die eingewanderten Protentodermzellen sollen die Bildung der Medullarplatte induzieren. Die Epidermis des Embryonalkörpers entsteht ausschließlich aus dem plattzelligen Material, das von Hill und Hartman als extraembryonales Areal gedeutet wurde.

Die Möglichkeit, aus der Aneinanderreihung von Einzelstadien Rückschlüsse auf das dynamische Geschehen zu ziehen, hat hier offensichtlich ihre Grenze erreicht. Eine Klärung der strittigen Probleme ist nur noch mit experimentellen Untersuchungen, wie sie für Eutheria begonnen wurden, zu erwarten. Für die Auffassung von MacCrady spricht einmal, daß seine

Tabelle III

Vergleich der Frühentwicklung der drei Stämme der Mammalia

| | Prototheria | Metatheria | Eutheria |
|---|---|---|---|
| Eizelle | sehr groß, polylecithal, Durchmesser: 4—4,5 mm. Dotterpolarität. | klein aber meist größer als bei Eutheria, Durchmesser: 150 bis 250 $\mu$ oligolecithal. Dotterpolarität bei *Dasyurus* vorhanden. | kleiner als 150 $\mu$, oligo-alecithal, keine Polarität, Schalenhaut fehlt stets. Albumen gelegentlich vorhanden (z.B. *Oryctolagus*). |
| | Albumen und Schalenhaut vorhanden. | Albumen und Schalenhaut vorhanden. | — — — |
| Furchung | meroblastisch, diskoidal | total, äqual oder adäqual | total, äqual |
| Dotterelimination | — — — | Bei *Dasyurus* Dotterelimination »en bloc«, bei *Didelphis* diffus, peripher (Rudimentäre meroblastische Furchung). | In Spuren gelegentlich nachweisbar (*Nyctalus, Cavia, Canis, Felis, Sus, Equus*). |
| Blastocystenbildung | Durch Ausbreitung u. Wachstum des extraembryonalen Areales gebildet. Blastocystenhöhle = Subgerminalhöhle. Embryonalbezirk der unilaminären Blastocyste frei und superfiziell. Keine Entypie. Entodermbildung durch Segregation vom Embryonalbezirk bevor die Keimblase vollständig ist. | Durch Ausbreitung der Blastomeren in Kontakt mit der inneren Oberfläche der Zona gebildet. Bei *Didelphis* bereits sehr früh gebildet (16-Zellstadium). Morulastadium fehlt. Formativer und extraembryonaler Bezirk bei *Dasyurus* früh determiniert, bei *Didelphis* zweifelhaft. Blastocystenhöhle = persistierende Furchungshöhle. Embryonalbezirk superfiziell, keine Entypie. Embryonalbezirk bildet bei *Dasyurus*: embryonales Ektoderm + gesamtes Entoderm. Extraembryonalbezirk bildet: Außenschicht des Chorions und der Omphalopleura, ist homolog dem extraembryonalen Ektoderm der Eutheria. Bei *Didelphis* Entodermbildung durch Urentodermzelle. Der »Embryonalbezirk« bildet bei *Didelphis* nur Neuralplatte. | Morulastadium meist vorhanden. Embryonalanlage völlig von den nicht formativen Zellen (= Trophoblast) umhüllt: Entypie des Keimfeldes. Blastocystenhöhle entsteht meist durch Konfluenz intra- und intercellulärer Spalten. Wand der unilaminären Blastocyste primär nur von Trophoblast gebildet. Der Embryonalknoten bildet in der Regel embryonales Ektoderm und gesamtes Entoderm (entspricht der formativen Region der Metatheria). Der Trophoblast ist dem nicht formativen Areal der Metatheria und dem extraembryonalen Ektoderm der Prototheria homolog. |

Untersuchung an einem wirklich umfangreichen Untersuchungsgut durchgeführt wurde. Wenn der Autor aber geneigt ist, die ganze Keimblase der Beutelratte dem ganzen Ovum der Fische oder Amphibien zu homologisieren, so darf doch nicht übersehen werden, daß extraembryonales Material (prospektives Amnion und Chorion) in der Blastocystenwand enthalten ist, in der Amphibienblastula aber nicht. Die formale Ähnlichkeit der Befunde an *Didelphis* mit denen an *Dasyurus* läßt weitere Untersuchungen als dringend wünschenswert erscheinen.

Ist die bilaminäre Blastocyste gebildet, so rückt sie sehr schnell in eine exzentrische Lage, da das Albumen am animalen Pol rascher resorbiert wird. Der Durchmesser der Keimblase beträgt in diesem Stadium 0,75 mm. Zu diesem Zeitpunkt setzt die Sekretion von Uterinmilch durch die Drüsen des Uterus ein.

**Die Embryonalkörperbildung bei** *Didelphis*: Wenn die Bildung einer zweischichtigen Blastocyste erfolgt ist, beginnt die Embryobildung. Dieser geht eine Resorption der Albumenschicht voraus (siebenter Tag). Gleichzeitig wächst die Blastocyste auf etwa 1mm Durchmesser heran. Der künftige Embryonalbezirk (nach McCrady »Medullarplattenbezirk«), der an der Verdickung der Ektodermzellen kenntlich ist, liegt in unmittelbarem Kontakt mit der Schalenhaut. Bis zum Ende des siebenten Tages wird die Albumenschicht vollständig resorbiert, die Blastocyste hat nun einen Durchmesser von $\pm$ 1,8 mm erreicht. Jetzt erscheint im Bereich des Embryonalfeldes der Primitivstreifen. Die Herkunft der ersten Mesenchymzellen ist für *Didelphis* nicht geklärt. Jedenfalls treten die ersten Zellen zwischen Ekto- und Entoderm im hinteren peripheren Bereich des Embryonalbezirkes auf. Der Primitivstreifen verlängert sich. Er ist die einzige Zone des Keimes, in der alle drei Keimblätter vorhanden sind. Vom Primitivstreifenbezirk proliferiert Mesenchym in zwei halbmondförmigen Flügeln nach lateral. Nach der Auffassung von McCrady [854] würde also der Primitivstreifen im Bereich der Medullarplatte entstehen. Wir ziehen es vor, auch weiterhin das in Frage stehende Gebiet der Keimblasenwand als Embryonalbezirk zu bezeichnen, da es sich auch im Sinne von McCrady nicht um die Medullarplatte im morphologischen Sinne, sondern wohl eher um das präsumptive Neuralmaterial handeln dürfte. Solange aber eine Analyse der Gestaltungsbewegungen und der Induktionsphänomene nicht durchgeführt ist, kann eine Darstellung der Ontogenese des Embryonalkörpers sich nur auf die morphologischen Erscheinungen beschränken.

Am Vorderende des Primitivstreifens tritt der Hensensche Knoten als Verdickung auf. Von hier aus besteht, wie im ganzen Primitivstreifenbereich, intensive Mesenchymproliferation. Als Besonderheit sei hervorgehoben, daß vor dem Hensenschen Knoten eine Querkommissur des Mesoderms vorkommt. Der Proliferationsprozeß des Mesenchyms läuft recht träge ab. Die Bildung der Primitivrinne und der Primitivgrube erfolgt in der für Säuger typischen Weise. Im vorderen Bereich des Primitivstreifens setzt nun die Umbildung zur Chorda ein (Chordafortsatz). Gleichzeitig wölben sich die Medullarfalten auf. In dem Maße, als die Chorda deutlich wird, verkürzt sich der Primitivstreifen an seinem vorderen Ende, während er kaudal weiterwächst. Im Embryonalbezirk erscheint nun die Stammplatte als verdickte paraxiale Zone des Mesodermes, die im Oberflächenbild durch eine opake Linie gegen das Seitenplattenmesoderm abgegrenzt erscheint. Die Abgliederung der Somiten erfolgt sofort. Der Coelomspalt wird auf dem 4-Somitenstadium sichtbar. Zu diesem Zeitpunkt besteht auch eine kontinuierliche Mesodermverbindung über die Mittelebene hinweg vor dem Kopfende, es existiert also noch kein Proamnion. Die Weiterdifferenzierung der Chorda dorsalis erfolgt kaudal vom Primitivstreifen aus. Im kranialen Bereich ist die Chorda jedoch in das Darmdach eingeschaltet. Sie geht an ihrem Rostralende in eine prächordale Platte über.

Das Gefäßsystem ist bei einem Embryo vom Anfang des neunten Tages (9 Somite) bereits in wichtigen Anteilen gebildet (Abb. 8a). Die paarigen endothelialen Herzschläuche gehen rostral in einen mandibularen Kapillarplexus über, aus dem die paarigen dorsalen Aorten hervorgehen. Diese lassen sich nach lateral und ventral bis in das Kapillargeflecht der Area vasculosa verfolgen. Auch der zweite Aortenbogen ist bereits ausgebildet (Abb. 8). Am Kaudalende des Herzschlauches treten die kapillären Anlagen der Vv. omphalomesentericae auf. Gleichzeitig sind die Anlagen der Allantoisvenen (Umbilikalvene, diese zunächst nur Sammelvene der seitlichen Rumpfwand und der Armanlage) und die Vena capitis lateralis nachweisbar.

Die Augenanlagen werden in diesem Stadium als Einsenkungen in der weit offenen Hirnplatte (Abb. 8A) sichtbar. Auffallend früh sind auch neben der Medullarplatte im Bereich des Rhombencephalon Ohrplakoden vorhanden (Abb. 8a, m, B). Diese schieben sich kaudal etwas unter die Medullarplatte. Besonders früh tritt das uropoetische System in Form einer verdickten Mesenchymleiste auf. Pronephros, Mesonephros und Wolffscher Gang gehen aus einer einheitlichen, bei *Didelphis* niemals segmental gegliederten Anlage hervor. Ob es sich hierbei um einen primären Zustand oder um eine Kainogenese handelt, läßt sich kaum entscheiden, da für beide Auffassungen Argumente vorhanden sind (S. 23). Von großem Interesse ist die Entwicklung des Branchialapparates (Abb. 8f—l). Ekto- und Entoderm im Kopfbereich sind früh vollständig durch Mesenchym getrennt, so daß alle Schlundtaschen sekundär Kontakt mit der Epidermis gewinnen. Die Bildung der Schlundtaschen (im ganzen 6) erfolgt nun aber im Gegensatz zu den Eutheria vorzeitig vor Bildung eines geschlossenen Darmrohres in der Richtung von kranial nach kaudal. Auch die Lungenanlage erscheint außerordentlich früh und zwar als zweifellos typische (6.) Schlundtasche (Abb. 9). Die entodermale Lungenanlage unterscheidet sich in keinem Punkt von der der übrigen Schlundtaschen. Abweichend ist allein, daß die Lungenanlage nicht zum Kontakt mit dem Ektoderm kommt, weil

Abb. 8. Die Entwicklung und Embryonalkörperbildung von *Didelphis marsupialis virginiana* Kerr. (Nach McCrady. 1938). a) Totalpräparat der Embryonalanlage vom Anfang des 9. Tages. *A B C* Querschnitte des gleichen Keimes. Die Lage der Schnitte ist in a) angegeben. *A* Augenanlage bei offener Neuralanlage, *B* erste Schlundtasche bei fehlendem Darmboden, *C* Schnitt durch kaudales Körperende dicht vor Primitivstreifen. (Nach McCrady Abb. 20.) b) Rekonstruktion der Embryonalanlage vom Ende des 9. Tages. Kopfkappe des Amnions, Kopfkrümmung. (Nach McCrady Abb. 28.) c) Rekonstruktion des Vorderendes des Embryonalkörpers vom 10. Tag (Mitte). Ohrblase geschlossen, vorderer Neuroporus vor dem Schluß. Kopfbeuge. Augenblase, Riechplakode, Cardinalvenen, Schlundtaschen und Kiemenbogenarterien. (Nach McCrady Abb. 36.) d) Rekonstruktion der vorderen Körperhälfte der Embryonalanlage vom Ende des 10. Tages. (Nach McCrady Abb. 39.) e) Rekonstruktion der Embryonalanlage aus der ersten Hälfte des 11. Tages. Starke Krümmung nach dorsal konvex. Kopfganglien. (Nach McCrady Abb. 42.) f—i) Entwicklung des Kiemendarmes mit Schlundtaschen, Rekonstruktionen, Ansicht von links her. f) Ende des 9. Tages, 2 Schlundtaschen, die kaudalen Schlundtaschen als Komplex der Branchialleiste angelegt. g) Anfang des 10. Tages, Lungenanlagen. h) 10. Tag 3 Schlundtaschen, Thyreoidea. i) Ende des 10. Tages 5 Schlundtaschen, Thyreoidea, Lungen und Trachea, Bursa pharyngica. (Nach McCrady Abb. 33.) k) Querschnitt in der Höhe Lungenanlage, Mitte des 9. Tages. (Nach McCrady Abb. 31.) l) Querschnitt durch die Lungenanlage, Anfang des 10. Tages. (Nach McCrady Abb. 31.) m) Querschnitt durch das Hinterkopfgebiet der Embryonalanlage vom Anfang des 9. Tages. Labyrinthplakoden, Medullarplatte, Neuralleiste. (Nach McCrady Abb. 21.) n—q) Ausbildung der Herzanlage, Entwicklung der Hemicardia, Vergleich zwischen Hühnchen 25—28 Stdn. Brutdauer (n) und *Didelphis marsupialis virginiana* (9. Tag, o, p, q). (Nach McCrady Abb. 26)

*1* Augenanlage, Augenblase
*2* Labyrinthplakode, Ohrgrube, Labyrinthorgan
*3* Medullarplatte
*4* Neuralleiste
*5* Telencephalon
*6* Mesencephalon
*7* Rhombencephalon
*8* Neuroporus anterior
*9* Primitivstreifen
*10* Chorda dorsalis
*11* Proamnion
*12* Amnionhöhle
*13* Allantois
*14* Stammplatte
*15* Somite
*16* Exocoel
*17* Vordere Extremität
*18* Herzanlage, Herzschlauch
*19* Endokardschlauch
*20* Perikard
*21* Dottersackwand
*22* Darmrinne
*23* Darm
*24* Leber
*25* 1. Schlundtasche
*26* 2. Schlundtasche
*27* 3. Schlundtasche
*28* 4. Schlundtasche
*29* 5. Schlundtasche
*30* Lungenanlage
*31* Aorta
*32* Arteria umbilicalis
*33* Arteria omphalomesenterica
*34* Vena capitis lateralis
*35* Vena cardinalis anterior
*36* Plexus paracardinalis
*37* Vena cardinalis posterior
*38* Ductus Cuvieri
*39* Vena umbilicalis
*40* Spinalganglien
*41* Vaskularisiertes Omphalochorion
*42* Mesonephros
*43* Wolffscher Gang
*44* Kloake
*45* Thyreoidea
*46* Bursa pharyngica
*47* Branchialleiste
*48* Rachenmembran
*49* Seesselsche Tasche
*50* Erste Kiemenbogenarterie
*51* Zweite Kiemenbogenarterie
*52* Vena omphalomesenterica
*53* Riechplakode
*V, VII, IX, X, XI, XIII* Hirnnerven
*1—7* Kiemenbogenarterien

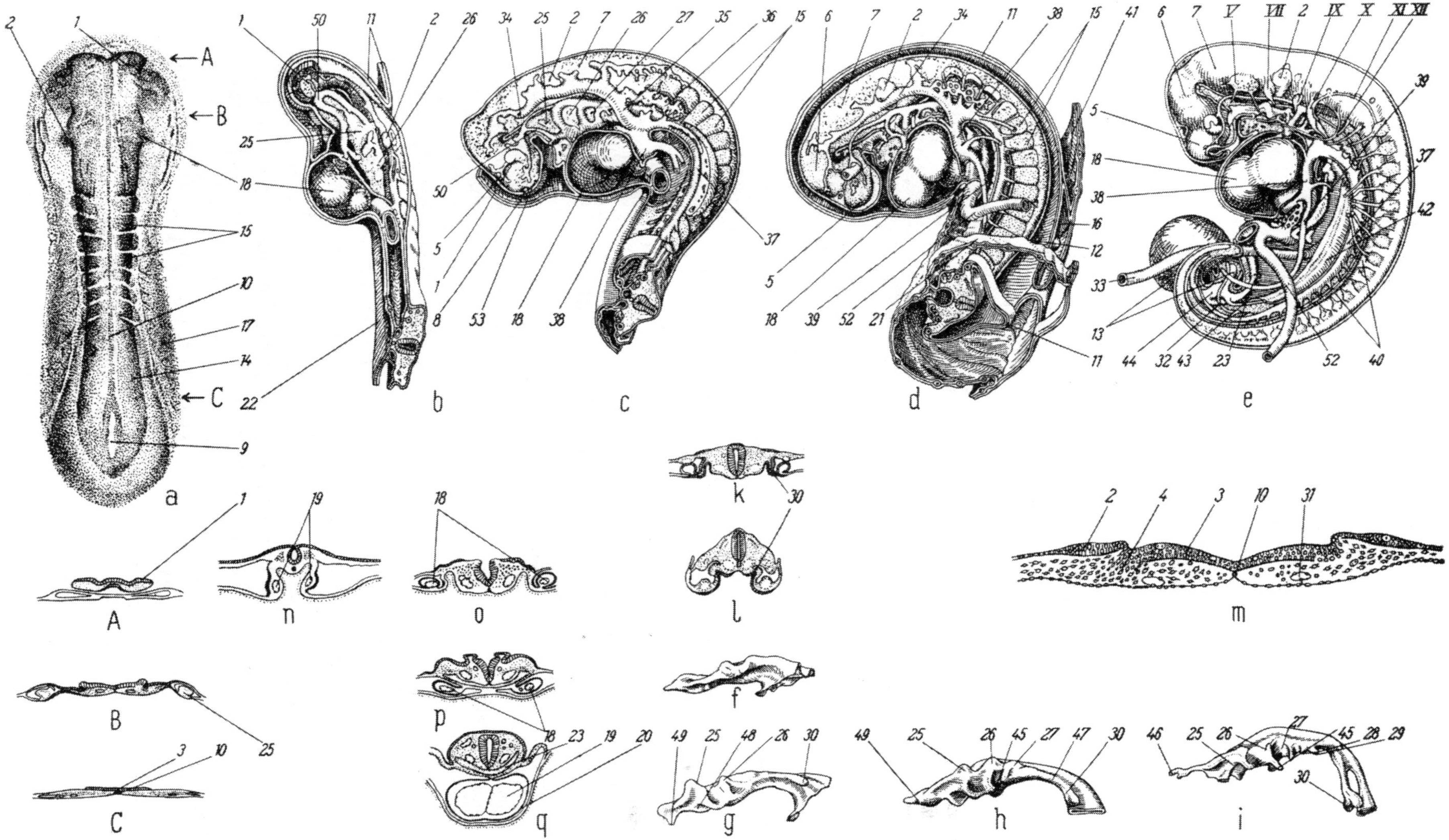

Abb. 8

primär die mesenchymale Lungenanlage eingeschoben ist. Hier sei darauf hingewiesen, daß die wesentlichen Merkmale, in denen sich die Ontogenese von *Didelphis* gegenüber der anderer Landwirbeltiere unterscheidet, die Ausbildung der Organe der Branchialregion betreffen. Es ist dies wohl kein Zufall, wenn wir bedenken, daß die Atmungsorgane bei Beuteltieren besonders früh funktionstüchtig werden müssen. Die Atmung beginnt beim Hühnchen am 18. Tag, beim Kaninchen am 30. Tag, bei *Didelphis* aber bereits am 13. Tag. Im allgemeinen Entwicklungsgrad entspricht aber ein geburtsreifer *Didelphis*keim einem Hühnchen vom 7. Tag oder einem Kaninchenembryo vom 15. Tag [854]. Die überstürzte Entwicklung der Lungen macht sich

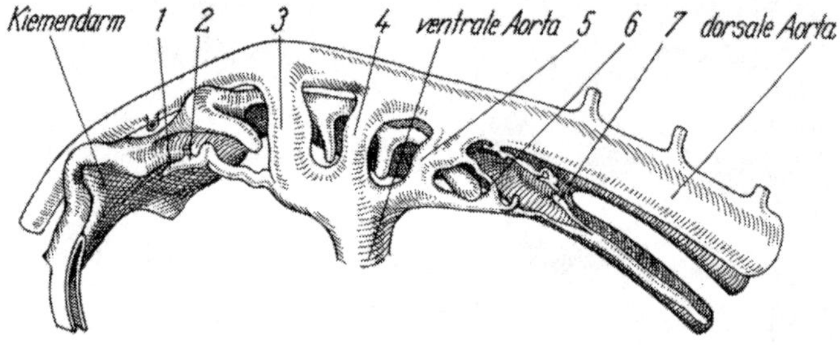


Abb. 9. *Didelphis marsupialis virginiana* Kerr. Seitenansicht des Kiemendarmes und der Kiemenbogenarterien, Embryo vom 11. Tag. Der 7. Arterienbogen hat Plexuscharakter. Aus McCrady, 1938

nun aber gleichzeitig auch am übrigen Branchialapparat und im Entwicklungstempo der ganzen Hinterkopfregion bemerkbar. Dies ist verständlich, da auch Zungenbein und Larynx (Schluck- und Saugakt) früh funktionsfähig sein müssen. Hinzu kommt, daß auch die entsprechenden nervösen Apparate (Rhombencephalon, X/XII-Gebiet, Cervikalmark, N. phrenicus) gleichzeitig ihre Funktion aufnehmen müssen. Im Zusammenhang hiermit ist schließlich auch die vorzeitige Ausbildung der vorderen Gliedmaßen (Heterochronie) zu verstehen, zumal auch diese unmittelbar im Anschluß an die Geburt als Lokomotionsorgan beim Aufsuchen des Marsupiums (S. 27) funktionieren müssen. So kann es kaum verwundern, wenn wir zugleich eine frühe Ausbildung der Labyrinthanlage feststellen müssen. Diese ist zwar biologisch nicht frühzeitig notwendig, nachweislich auch nicht vor dem 41. Tag nach der Geburt ausgereift. Doch sind zweifellos mit der vorzeitigen Ausbildung der Organe des Hinterkopfes auch die primären und sekundären Induktoren (hyales Mesoderm, Rautenhirn, Neuralleiste) frühzeitig aktiv und bestimmen die Morphogenese des Labyrinthorganes.

Auf die weitere Ontogenese der Beuteltiere, insbesondere die Organentwicklung, kann in diesem Rahmen nur insoweit eingegangen werden, als wirkliche gruppenspezifische Besonderheiten vorliegen. Im übrigen sei auf die Tabelle IV verwiesen (S. 30). Die Vorgänge der Embryonalentwicklung bei Metatheria werden völlig durch die eigenartigen Methoden der Brutpflege und die dadurch bedingte außerordentliche Geschwindigkeit des Ablaufes jener Prozesse, die den Embryonalkörper aufbauen, beherrscht. Die Graviditätsdauer bei *Didelphis m. virginiana* Kerr. beträgt nur $12^3/_4$ Tage (Schwankungsbreite sehr gering, allenfalls wenige Stunden). Man mache sich klar, daß von dieser Zeitspanne ein Viertel auf den Ablauf der Furchung fällt. Wenn die Hälfte der Gravidität abgelaufen ist, befindet sich der Keim auf dem Stadium der späten bilaminären Blastocyste, die Primitivstreifenbildung beginnt. Die Abhebung der Kopfanlage und damit die Abschnürung der Embryonalanlage erfolgt nach $7^1/_2$ Tagen. Das Herz wird am 9. bis 10. Tag funktionsfähig. Für die weitere Ausgestaltung der Organanlagen bleiben $3^1/_2$ Tage übrig. Im Vergleich zu den Eutheria wird der Embryo also auf einem sehr unreifen Stadium geboren.

Dennoch läßt sich eine neugeborene Beutelratte nicht ohne weiteres einem Kaninchenkeimling von 13 Tagen im Reifegrad vergleichen. Wesentliche Mechanismen, die für das extrauterine Leben unerläßlich sind, müssen am 13. Tag funktionieren, die entsprechenden morphologischen Korrelate müssen ausgebildet sein (Branchialapparat, Lungen, Darm, Kreislauf, primitive protopathische nervöse Regulationsmechanismen, Lokomotionsapparat des Rumpfes und der Arme). Demgegenüber sind andere Mechanismen zur Zeit der Geburt noch nicht ausgereift (Auge und optische Systeme, Labyrinthfunktionen, Wärmeregulation, Lokomotionsapparat der hinteren Körperhälfte, Genitalapparat). Die Besonderheiten der Ontogenese der Marsupialia sind also im wesentlichen als Heterochronien und somit als Anpassungserscheinungen an die besonderen Bedingungen des Ontogeneseablaufes und der Brutpflegeeinrichtungen zu verstehen. In diesem Zusammenhang sei auch darauf hingewiesen, daß das Skeletsystem der neugeborenen Beutelratte noch sehr unentwickelt ist. Die Ossifikation beginnt am 12. Tag in der Clavicula, es folgen Dentale und Maxillare. Zur Zeit der Geburt ist das primäre Kiefergelenk (Quadrato-Articulargelenk = Hammer-Amboßgelenk) noch als »Kaugelenk« in Funktion. Das sekundäre Kiefergelenk (Squamoso-Dentalgelenk) wird erst in der dritten postnatalen Woche funktionsbereit.

**Die Ausbildung der äußeren Körperform bei** *Didelphis* (Abb. 8, 10). Die Abhebung der Embryonalanlage beginnt mit dem freien Vorwachsen des Kopfendes am achten Tage. Das Neuralrohr beginnt sich am Ende des neunten Tages im Bereich des Rhombencephalon, hinter den Labyrinthblasen, zu schließen. Jetzt (Ende des neunten Tages) wird eine scharfe, etwa rechtwinklige Abknickung des Kopfendes im Gebiet des Mesencephalon nach ventral deutlich (Abb. 8b). Lineare Messungen der Keime sind nun nicht mehr möglich. Diese erste Kopfbeuge ist offenbar eine Folge intensiven, im Mittelhirnbereich lokalisierten Wachstums. Am zehnten Tag tritt eine Nackenbeuge auf (Abb. 8c), bedingt durch Wachstum des Cervikalmarkes. Gleichzeitig wird hierdurch das Mittelhirngebiet gehoben und der Hirnboden von der Rachenwand gelöst. Vorderer Neuroporus und Labyrinthbläschen schließen sich in der Mitte des zehnten Tages. Regelmäßig wird zu dieser Zeit eine transitorische nach dorsal konkave Krümmung im Lendenbereich sichtbar (Abb. 8c), die [854] sicher nicht durch den Zug des Dottersackes oder artifiziell bedingt ist, sondern vermutlich auf lokalisiertes Längenwachstum (Urniere) zurückgeführt werden muß. Die Schwanzknospe tritt am Ende des zehnten Tages auf. Stark verzögert ist die Allantoisbildung im Vergleich mit Sauropsiden und Eutheria. Sie erreicht das Maximum ihrer Ausbildung am zwölften Tag. Die Bildung der Gesichtswülste erfolgt am elften Tag, der Abschluß des sekundären Gaumens kommt kurz vor der Geburt (13. Tag) zustande. Gegen Ende des zwölften Tages sind die beiden Augenlidfalten gebildet. Die Lider sind bei jungen Beutelstadien verschlossen. Das Auge selbst ist zur Zeit der Geburt noch sehr unreif (Zellkerne in primären Linsenfasern, Pigmentbildung beginnt gerade, Retina noch weitgehend undifferenziert). Der physiologische Nabelbruch tritt am zwölften Tage auf und wird am 13. Tag reponiert. Bei der Entwicklung der Extremitäten fällt das starke Vorauseilen der Armanlagen gegenüber den Beinen auf (Abb. 10).

| Tag | Armanlage | Beinanlage |
|---|---|---|
| 9. | Platte | Leiste |
| 10. Anfang | Verlängerung | noch keine Knospe |
| 11. Anfang | Paddel, Plexus brach. vorhanden | Knospe, noch kein Plexus lumbosacralis |
| 11. Ende | Fingerleisten | Platte |
| 12. | Finger | Paddel |
| 13. | Finger<br>Krallen | Fingerleisten<br>Fingerknospen |

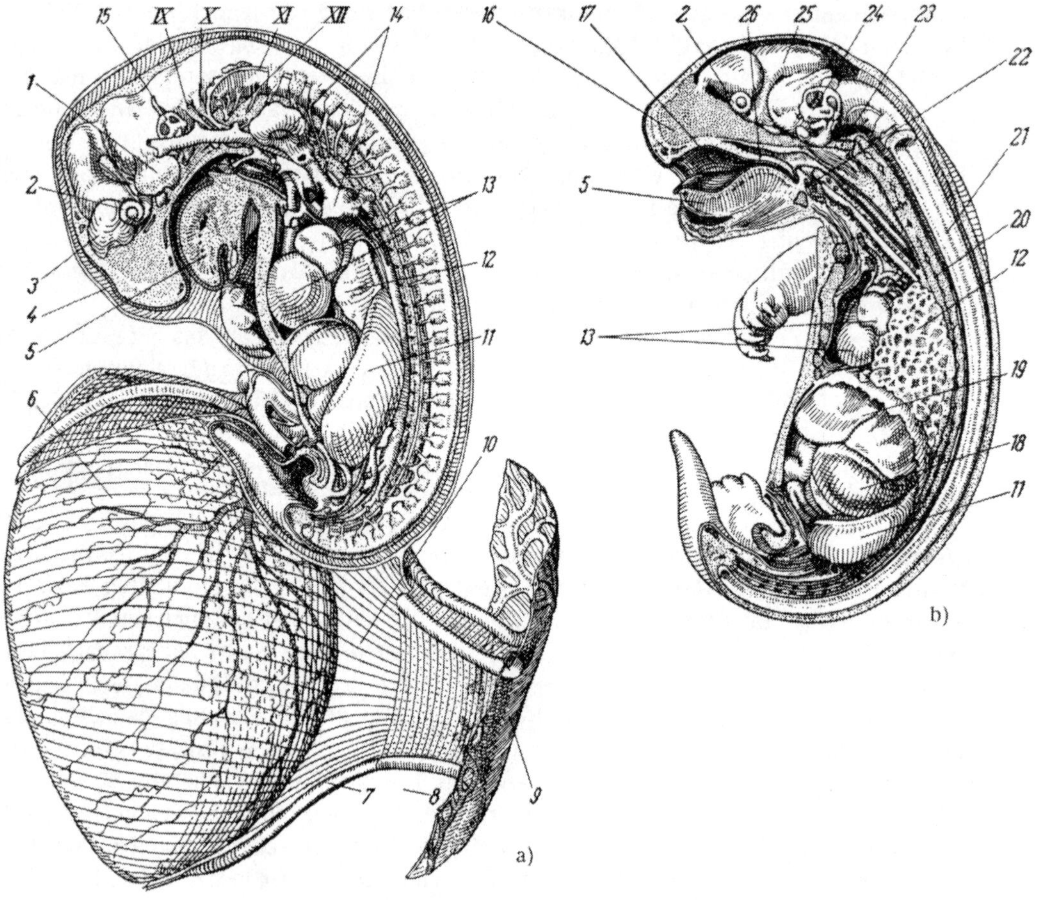


Abb. 10. a) *Didelphis marsupialis virginiana* Kerr. Stadium vom Ende des 12. Tages, Beziehungen der Eihäute. Nach McCrady, 1938 (pg. 159, Abb. 52). b) *Didelphis marsupialis virginiana* Kerr, geburtsreif, Ende des 13. Tages. Präparation der wichtigsten Organsysteme. Nach McCrady, 1938 (pg. 177, Abb. 56)

*1* Ganglion trigemini
*2* Auge
*3* Telencephalon
*4* Proamnion
*5* Zunge
*6* Allantois
*7* Dottersackwand
*8* Dottersacklumen
*9* Chorion
*10* Exocoel
*11* Mesonephros
*12* Lunge
*13* Herz
*14* Jugularer Lymphsack
*15* Labyrinthorgan
*16* Septum nasi
*17* Cavum oris
*18* Magen
*19* Leber
*20* Wirbelsäule
*21* Rückenmark
*22* Epiglottis
*23* Basis cranii
*24* Häutiges Labyrinth
*25* Tectum mesencephali
*26* Gaumen
*IX, X, XI, XII* Hirnnerven

Kurz vor der Geburt tritt eine eigenartige Bildung auf, die bisher nicht mit Sicherheit gedeutet werden kann, offenbar auch nicht funktionell deutbar ist. Es handelt sich um die Entwicklung eines stark verhornten Oralschildes um die Mundöffnung herum, der zur Zeit der Geburt bereits wieder rückgebildet ist. Man hat hierbei an ein Homologon des Hornschnabels von *Ornithorhynchus* gedacht, eine Meinung, die nur mit Reserve wiedergegeben wird [1142 b]. Unmittelbar nach der Geburt ändert sich die Rumpfform der Beuteljungen erheblich, da durch Luftaufnahme in die Lungen und durch Milchaufnahme in den Magen die Rumpfwand gebläht wird. Während die Darmzotten am 13. Tag funktionsfähig sind und das Pankreas auffallend früh ausdifferenziert ist, sollen die Magendrüsen noch ganz unreif sein, der Magen soll also zunächst nur als Vorratssack dienen. Von besonderem Interesse ist die funktionelle Ausgestaltung der Lunge bei diesen physiologischen Frühgeburten. Es ist keine Frage, daß der Ausbau des Bronchialbaumes im wesentlichen postnatal erfolgt. Die neugeborene Beutelratte atmet gewissermaßen mit dem Bronchialbaum. BREMER [199a] hat nachgewiesen, daß die respiratorischen Luftkammern des Neugeborenen keine echten Alveoli sind, sondern daß es sich um spezifisch abgeänderte Bronchiolen handelt, die von einem relativ hohen Epithel ausgekleidet werden. Sie bilden sich mit dem Ausbau eines definitiven Alveolensystems zu typischen Bronchiolen um. Der Abschluß des Foramen ovale im Herzen erfolgt nach dem von Vögeln bekannten Modus, d. h. es sind kein typisches Foramen ovale und keine Valvula foraminis ovalis ausgebildet. Das Vorhofseptum bildet eine Siebplatte, deren einzelne Öffnungen durch Endokardwucherung geschlossen werden. Dementsprechend fehlen bei *Didelphis* auch Limbus und Fossa ovalis. Die Entwicklung der branchiogenen Organe ist dadurch gekennzeichnet, daß die Epithelkörperchen nicht in der Nachbarschaft der Thyreoidea liegen bleiben, sondern daß beide Paare mit dem Thymus ins Mediastinum verlagert werden.

**Eihäute und Placentation bei Metatheria.** Der Ontogeneseablauf der Metatheria ist durch die außerordentlich kurze Tragzeitdauer, durch den unvollkommenen Reifegrad des Neugeborenen und durch den Brutpflegemechanismus im Marsupium gekennzeichnet. Wir hatten zuvor darauf hingewiesen, daß wesentliche Merkmale in der Embryonalkörperbildung und der Organentwicklung als Anpassungen an diese Besonderheiten (Heterochronien) zu werten sind. Ausbildung der fetalen Anhangsorgane und intrauterine Ernährungseinrichtungen sind ebenfalls im Zusammenhang mit diesen Gegebenheiten zu betrachten. In einem Alter, in dem das junge Opossum geboren wird ($12^3/_4$ Tage), ist beispielsweise beim Kaninchen die Placenta noch nicht aufgebaut. So wird es nicht wundernehmen, wenn wir finden, daß die fetomaternellen Beziehungen bei Beuteltieren recht einfach und wenig leistungsfähig sind. Eine echte Placenta fehlt, soweit wir heute wissen, den Beutlern mit Ausnahme der Peramelidae. Die *Perameles*-Placenta ist eigenartig gebaut, wahrscheinlich unabhängig in der Familie der Peramelidae entstanden und ohne Bedeutung für die Evolution der Placenta bei Eutheria.

Unsere Kenntnisse der Eihaut- und Placentabildung bei Marsupialia sind lückenhaft. Genauere Angaben liegen für *Didelphis* [854], *Dasyurus* und *Perameles* vor [383, 384, 385, 600, 601, 602, 607]. Außerdem gibt es einige Befunde an *Phascolarctos, Aepyprymnus* und *Hypsiprymnus* [599, 383, 385].

Wir beginnen mit einer Beschreibung der Verhältnisse bei *Didelphis virginiana* KERR. Während des Anoestrus finden sich im Endometrium der Beutelratte einfache gestreckte, wenig aufgeteilte Drüsen. Diese wachsen während der Prooestrusphase in die Länge und schlängeln sich. Die Zone der Aufknäuelung nimmt ziemlich genau die äußere Hälfte der Schleimhautdicke ein [854], so daß die Mucosa aus einer peripheren Spongiosa und einer oberflächennahen Compacta aufgebaut ist. Während des Oestrus erweitern sich die Drüsenlumina; in den Epithelzellen finden sich Mitosen; Cilien kommen vor. Während der Gravidität steigern sich diese Veränderungen, die Spongiosa greift auf die innere Hälfte des Endometriums über. Die Cilien verschwinden jetzt. Die Uterindrüsen sondern ein helles, klares Sekret ab. Da die Albumenschicht am sechsten Tage über der Keimanlage resorbiert ist, beginnt nun die Ernährung des Keimes durch Embryotrophe.

Die Anlage des Embryonalkörpers ist bei Beuteltieren von vorneherein oberflächlich in die Keimblasenwand eingeschaltet (Abb. 6). Eine RAUBERsche Deckschicht fehlt. Ein Implantationsvorgang kommt nicht vor. Bei *Didelphis* erreicht die Mesodermunterwachsung der Keimblasenwand nur das obere Drittel, allenfalls die obere Hälfte der Keimblase. Diese bleibt im ventralen Bereich also bilaminär (Ektoderm und Dottersackentoderm). Der Coelomspalt schiebt sich in das extraembryonale Mesoderm vor, doch bleibt im peripheren Bereich eine Zone ungespaltenen Mesoderms (Area vasculosa) erhalten (Abb. 11a, b). Die Embryonalanlage liegt etwa zentral im Bereich der Area vasculosa. Der Coelomspalt findet sich in einer elliptischen Zone in der Umgebung des Embryos. Bei *Didelphis*-Keimen mit vier Somiten umfaßt das Mesoderm als ununterbrochene Schicht das Vorderende der Embryonalanlage. Es besteht also zunächst kein Proamnion. Die Coelomverbindung vor der Embryonalanlage dehnt sich aber nicht wie bei den Eutheria aus, sondern rückt beim Vorwachsen des Kopfendes an den Rumpf heran und wird schließlich in das Pericard aufgenommen. Vor dem Embryo existiert

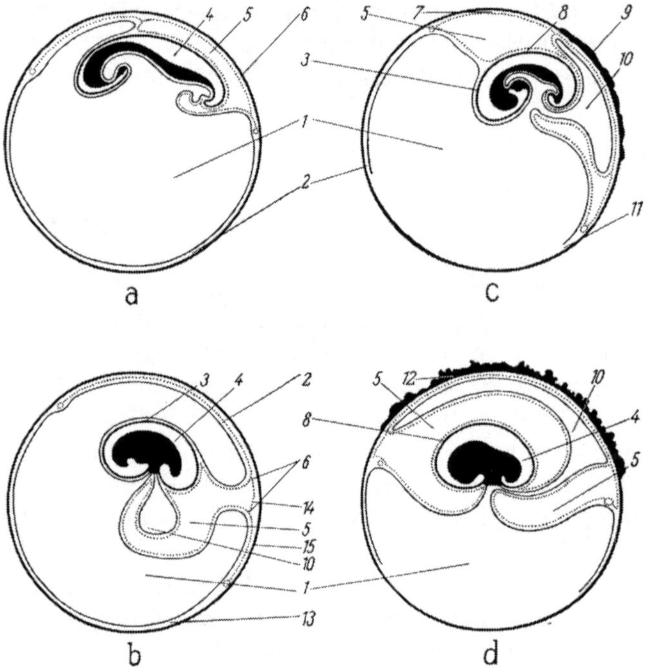


Abb. 11. Schema der Embryonalanhänge bei *Didelphis* (a, b), zum Vergleich *Oryctolagus cuniculus* (c. d). a) Entspricht *Didelphis* 10. Tag, b) 12. Tag, c) *Oryctolagus* 10. Tag, d) *Oryctolagus* 13. Tag. Nach McCrady, 1938, verändert

*1* Dottersack
*2* Nicht vaskularisiertes Omphalochorion
*3* Proamnion
*4* Amnionhöhle
*5* Exocoel
*6* Chorion
*7* Vaskularisiertes Chorion
*8* Amnion
*9* Placenta
*10* Allantois
*11* Trophoblast
*12* Allantoid vaskularisierte Placenta
*13* Bilaminäre Keimblasenwand (nicht vaskularisierte Omphalopleura)
*14* Somatopleura
*15* Ektoderm

dann also kein extraembryonales Coelom mehr. Das Proamnion bildet zunächst einen halbmondförmigen Bezirk vor der Embryonalanlage. Es wird nicht durch den Coelomspalt aufgetrennt und persistiert dauernd; schließlich bildet es sogar den weitaus größten Teil des definitiven Amnions (Abb. 11b). Das Amnion entsteht als typisches Faltamnion aus zwei genetisch differenten Anteilen, dem Kopfamnion (Kopfkappe) = Proamnion und dem Rumpfamnion. Beide sind zunächst (neunter Tag) gleich groß (Abb. 12). Am Ende des elften Tages ist der ganze Embryo von Proamnion umkleidet, das Rumpfamnion hat sich hinter das Schwanzende zurückgezogen. Bei Eutheria tritt das Amnion im allgemeinen verfrüht auf. Beim Schwein bilden sich Kopf- und Schwanzkappe etwa gleichzeitig, bei *Oryctolagus* ist die kaudale Amnionfalte vorzeitig ausgebildet. Bei *Didelphis* eilt die Kopfkappe wie bei Sauropsiden voraus. Die Allantois ist bei *Didelphis* früh stark vaskularisiert. Sie bleibt im Wachstum zurück und erreicht nie die Keimblasenoberfläche (Abb. 11, 13), sondern liegt in einer Bucht des großen Dottersackes. Im

Gegensatz zu den Eutheria, bei denen sich der Coelomspalt bis zum Sinus terminalis ausdehnt und damit die Dottersackzirkulation vollständig von der Keimblasenoberfläche abdrängt, bleibt bei *Didelphis* in einem großen Bezirk der Dottersack Bestandteil der Außenwand der Keimblase (Abb. 10a, 11).

Das definitive Chorion läßt bei *Didelphis* also drei Zonen erkennen:

a) Serosa (echtes Chorion) = Ektoderm + Somatopleura (Abb. 11b).

b) Vaskularisiertes Omphalochorion = Ektoderm + nichtgespaltenes Mesoderm + Dottersackentoderm.

c) Nicht vaskularisiertes Omphalochorion = Ektoderm + Dottersackentoderm.

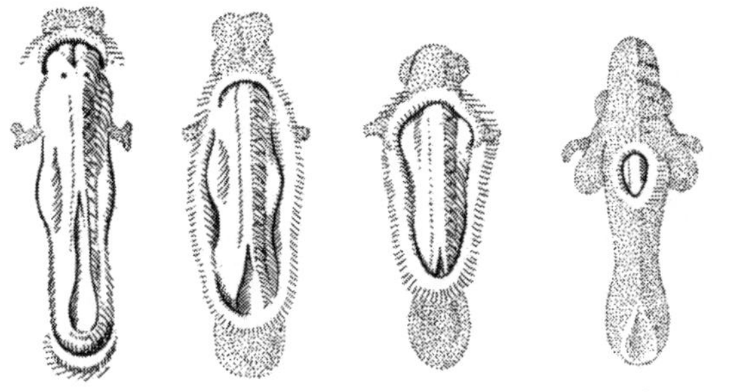


Abb. 12

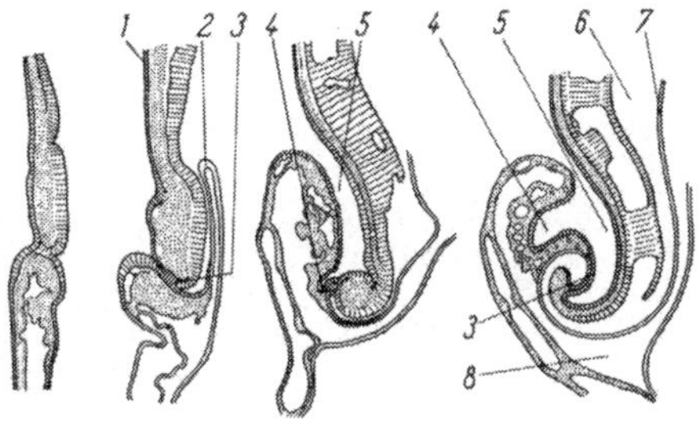


Abb. 13

Abb. 12. *Didelphis marsupialis virginiana* Kerr. Bildung der Amnionfalten und Schluß des Amnioporus, a) am Ende des 9. Tages, b) Anfang des 10. Tages, c) 10. Tag, d) Mitte des 10. Tages. Nach McCrady, 1938

Abb. 13. Sagittalschnitte durch das Caudalende von Embryonen von *Didelphis marsupialis virginiana* Kerr. Kloakenmembran, caudale Amnionfalte, Exocoel, Enddarm, Allantoisanlage. Kein Canalis neurentericus. a) Ende 9. Tag, b) Anfang 10. Tag, c) Mitte 10. Tag, d) Ende 10. Tag. Nach McCrady, 1938

*1* Entoderm
*2* Caudale Amnionfalte
*3* Kloakenmembran
*4* Allantoisanlage
*5* Enddarm
*6* Amnionhöhle
*7* Amnion
*8* Exocoel

Wir können also zusammenfassen: Bei *Didelphis* verdrängt der Dottersack, umgekehrt wie bei Eutheria, das Exocoel, so daß das Amnion im ganzen zu Proamnion wird. Dottersackgefäße persistieren im Chorion. Da die Allantois völlig vom Dottersack umhüllt wird und nicht die Keimblasenoberfläche erreicht, kann sie nicht an den nutritiven und respiratorischen Aufgaben beteiligt sein. Sie dient ausschließlich als Harnsack. Der Gasaustausch ist nur über den Dottersack möglich. Kurz vor der Geburt bricht die Kloakenmembran (Abb. 13) durch. Jetzt erfolgt die Harnentleerung in den Amnionsack, die Allantois kollabiert. Die Keimblasenoberfläche bildet im Bereich des vaskularisierten Omphalochorions Falten, die sich eng in korrespondierende Buchten des Endometriums einfügen. Die Ernährung des Keimes erfolgt durch Resorption von Histiotrophe. Bei der Geburt verbleibt das Chorion in utero und wird resorbiert (kontradeciduater Typ). Amnion und Allantois werden mit dem Embryo durch die mediane unpaare Vagina (Sinus vaginalis), die kurz vor der Geburt in den Urogenitalkanal durchbricht, geboren.

Hier sei kurz auf die Methode, wie das Neugeborene in das Marsupium gelangt, eingegangen, da dieses Problem von Bedeutung für die Beurteilung des physiologischen Reifegrades des Neugeborenen und damit indirekt auch für den zeitlichen Ablauf der Organogenese ist (überstürzte Ausbildung der Vordergliedmaßen, zentralnervöse Mechanismen). Nach älterer, nicht bestätigter Ansicht bringt das Muttertier die Jungen mit ihren Lippen in den Brustbeutel [868b, 598a]. Diese Angabe wird neuerdings von Hediger [566a] für *Macropus* als Ausnahmefall bestätigt. Bereits 1913 hatte Goerling beobachtet [448b], daß das Junge von *Macropus rufus* Desmarest mit den Vorderextremitäten aktiv in den Brustbeutel klettert. Hartmann [545a] und McCrady [854] konnten diese Art des Transportes für *Didelphis* bestätigen. Die Dauer der Wanderung beträgt 30 Minuten. Die Mutter leckt während der Geburt eine Speichelspur von der Vulva zum Marsupium, die offenbar notwendige Voraussetzung für Wegfindung und Wanderung ist. Setzt man neugeborene Beutelratten in den trockenen Pelz der Mutter, so können sie sich nicht fortbewegen. Die Neugeborenen sind negativ geotropisch (Vestibularis funktioniert noch nicht). Haben sie das Marsupium erreicht, so finden sie mit Sicherheit die Zitze (Orientierungsmechanismus unbekannt, sicher nicht optisch). Die ergriffene Zitze schwillt mit ihrem, im Maul des Jungen befindlichen Teil an, so daß das Junge durch eine Art Druckknopfmechanismus fixiert ist. Eine organische Verbindung von Mutter und Kind kommt nicht zustande. Entgegen einer verbreiteten Meinung wird, jedenfalls bei *Didelphis*, die Milch nicht dem Jungen ins Maul gespritzt, sondern das Neugeborene ist bereits fähig, zu saugen (s. Beitrag Hediger: Verhalten der Marsupialier [854] **10**, 9).

Die Verhältnisse bei *Dasyurus* (Abb. 14) ähneln weitgehend denen bei *Didelphis*, was Anordnung und Struktur der Eihüllen betrifft. Hingegen leiten die Befunde am Trophoblasten bereits zu den Zuständen, wie wir sie bei *Perameles* finden, über, ohne daß damit

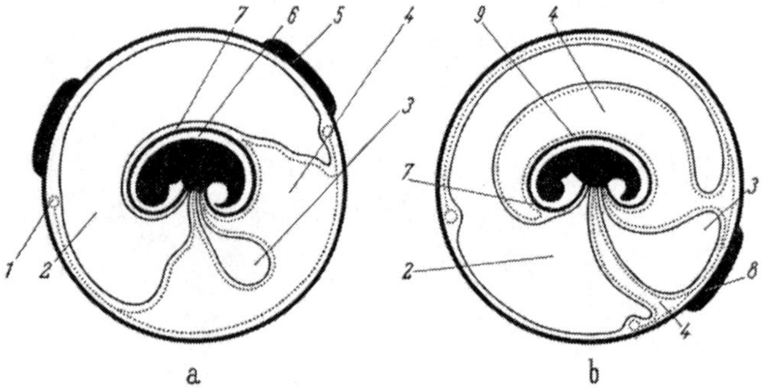


Abb. 14. Schema der Anordnung der Eihäute bei *Dasyurus* quoll ZIM. = D. *viverrinus* Shaw. (a) und *Isoodon obesulus* Shaw und Nodder (*Perameles*) im Vergleich

*1* Sinus terminalis
*2* Dottersack
*3* Allantois
*4* Exocoel
*5* Anheftung
*6* Amnionhöhle
*7* Proamnion
*8* Placenta
*9* Amnion

etwas über die Richtung des Evolutionsablaufs ausgesagt sein soll. Am unteren Pol der Keimblase persistiert die bilaminäre Omphalopleura; hier besteht der Trophoblast aus flachen, indifferenten Zellen. An diese Zone schließt sich ein gürtelförmiger Abschnitt der bilaminären Omphalopleura an, der bis an den Sinus terminalis heranreicht und durch hohes Trophoblastepithel (Abb. 14) ausgezeichnet ist. Dieser Trophoblast besitzt invasive Fähigkeiten. Er zersprengt die Kontinuität des uterinen Epithels und schiebt sich bis an die mütterlichen Blutkapillaren vor. Materne und fetale Epithelmassen bilden eine Art Mischgewebe (Diploplasma Flynn), in dem die einzelnen Bestandteile schwer unterscheidbar sind. In dem beschriebenen Bezirk der Keimblasenwand erfolgt die Resorption von Nahrungsstoffen, die offenbar in den Dottersack sezerniert und hier vom Embryo nutzbar gemacht werden. Angeblich kommt es stellenweise zur Eröffnung materner Bluträume durch den Trophoblasten. Im Bereich der Area vasculosa ist eine Art primitiver epitheliochorialer Placenta ausgebildet. Die fetalen Kapillaren liegen basal dem Trophoblastepithel, die maternen Kapillaren dem Uterusepithel an, so daß keine nennenswerten Bindegewebsschichten sich trennend zwischen Gefäßnetze und Epithel einschieben. Diese Zone dürfte vor allem dem Gasaustausch dienen. Doch ist die Dichte des Kapillarnetzes im Endometrium am größten im Bereich der Anheftungszone, die in erster Linie die Austauschvorgänge ermöglicht. Die Allantois erreicht vorübergehend das Chorion ohne mit diesem zu verkleben. Sie bildet sich relativ schnell zurück. Bei *Phascolarctos* finden sich ähnliche Verhältnisse. Hier erfolgt die Anheftung jedoch im unteren gefäß- und mesodermfreien Bezirk der Keimblasenwand. Die Allantois verwächst mit dem Chorion, jedoch erfolgt in diesem Bereich keine Anheftung. Hypertrophie des Trophoblasten wird im Bereich unterhalb des Sinus terminalis beobachtet.

Die Verhältnisse bei *Perameles* bedürfen einer eingehenderen Betrachtung, da es bei dieser Form zu einer echten allantoiden Placentarbildung kommt (Abb. 14b). Allerdings ist die Natur dieser Placenta lange Zeit hindurch umstritten gewesen. Die Formation der Eihäute erfolgt in ähnlicher Weise wie bei *Didelphis*. Die Allantois ist ziemlich ausgedehnt und verklebt mit dem Chorion. In diesem Feld kommt es auch zur Anheftung der Keimblase. Das Epithel des graviden Uterus transformiert sich zu einem maternen Syncytium, das nach basal hin lappenartige Vorsprünge bildet. In die Falten zwischen den Läppchen dringen materne Kapillaren ein. Diese werden schließlich in das Syncytium aufgenommen. Die Epithelkerne sammeln sich in den basalen Partien des Syncytiums an. In einem scheibenförmigen Bezirk der Keimblasenwand verklebt die Allantois mit dem Chorion (Abb. 14b). Dieses Allantochorion wird von der Allantois her vaskularisiert und zeigt eine Trophoblastverdickung. Hier erfolgt die Anheftung. Wir können also drei Zonen der Keimblasenwand unterscheiden:

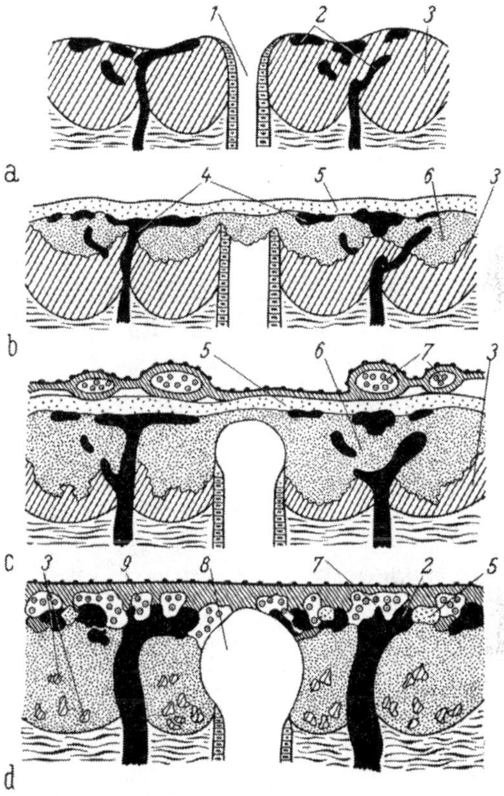


Abb. 15. *Perameles* (*Isoodon*?). Schematische Darstellung der Ausbildung der allantoiden Placenta. a) Bildung eines maternen Symplasmas. Drüsen und materne Kapillaren durchsetzen das Symplasma. Die Kapillaren verzweigen sich in oberflächlichen Schichten. b) Anlagerung des Chorions an das Endometrium. Differenzierung von Cyto- und Syncytiotrophoblast. Materne Drüsenmündungen von Trophoblast verschlossen. Materne Kapillaren reichen bis an den Cytotrophoblast heran. c) Vaskularisation des Chorions. Materne Kapillaren verzweigen sich unter dem Trophoblasten. Bildung des feto-maternen Mischgewebes. d) Cytotrophoblast und maternes Symplasma sind als selbständige Schichten verschwunden. Fetale und materne Kapillaren kommen in engen Kontakt (Placenta endothelio-endothelialis).

Nach Flynn (Quart. J. micr. sci. 67, 1923)

*1* Drüse
*2* Materne Kapillaren
*3* Maternes Symplasma
*4* Materne Kapillaren
*5* Cytotrophoblast
*6* Syncytiotrophoblast
*7* Allantoiskapillaren
*8* Krypte
*9* Allantoismesenchym

1. Allantochorion-Bezirk . . . . . . . . . . . . . . angeheftet
2. Area vasculosa . . . . . . . . . . . . . . . . . . nicht angeheftet
3. bilaminäre Omphalopleura, nicht vaskularisiert . . nicht angeheftet

Das materne Syncytium ist am dicksten im Bereich der allantoiden Zone und am niedrigsten im Bereich der nicht vaskularisierten Zone. In diesem (3.) Bezirk ist Resorption von Histiotrophe in das Lumen des Dottersackes möglich. Hill hatte nun ursprünglich angenommen [600], daß der Trophablast im Bereich des Allantochorions degeneriere und verschwinde. Allantoiskapillaren sollten in das materne Syncytium vordringen und sich unmittelbar an die materne Kapillarwand anlagern. Da die Endothelien der beiden Kapillargebiete erhalten bleiben, würde die *Perameles*-Placenta einen endothelio-endothelialen Charakter haben. Diese Auffassung wurde auf Grund eines reicheren Materiales revidiert [384, 607]. Tatsächlich schwindet im Bereich der Allantoplacenta der Trophoblast nicht, sondern es kommt zur Bildung eines feto-maternen Mischgewebes (Abb. 15). Der Trophoblast läßt eine tiefe Cytotrophoblastschicht und eine oberflächliche Syncytiumlage erkennen. Den Cytotrophoblasten allein

Tabelle IV. Tabellarische Übersicht über den Ablauf der Embryonalentwicklung von *Didelphis marsupialis virginiana* KERR. (nach MACCRADY 1938 [854]).

| | |
|---|---|
| 12.—36. Stunde post coit. | Befruchtung, 2. Reifungsteilung, Tubenwanderung, Ablagerung der Albumenschicht, Schalenbildung |
| 2. Tag | Ei erreicht den Uterus im Vorkernstadium, 1. Furchungsteilung, Dotterelimination |
| 3. Tag | Die erste Furchungsteilung ist 30 Stdn. nach Eintritt des Eies in den Uterus beendet (= 54 Stdn. post coit.). 2.—4. Furchungsteilung, Drei-vier Zellenstadium. |
| 4. Tag | unilaminäre Blastocyste, Entodermbildung. Schildbildung (Medullarplatte nach MACCRADY). Ausdehnung der Keimblase. |
| 5.—6. Tag | Bildung des definitiven Entoderms, bilaminäre Blastocyste. Am Ende des 6. Tages bekommt die Medullarplatte Kontakt mit der Schalenhaut, die Entodermumwachsung wird abgeschlossen. Durchmesser der Blastocyste jetzt 0,75 mm. Aktivierung der Uterindrüsen, Uterinmilchbildung beginnt. |
| 7. Tag | Späte bilaminäre Blastocyste, Primitivstreifen, mesodermaler Halbmond. |
| 8. Tag | Primitivknoten, Primitivgrube, Verlängerung der Medullarplatte, Chordabildung, Medullarrinne, Abhebung des Kopfendes, Coelomspalt, Somitenbildung beginnt. |
| 9. Tag, erstes Drittel | Auftreten der Herzschläuche, erste Gefäßanlagen, erste Anlage der Sinnesorgane. Nephrogene Leiste, erste Schlundtaschen. Hypophysenplatte und Rachenmembran. Proamnion. Medullarrinne und Neuralleiste. |
| zweites Drittel | Neuralrohrschluß beginnt. Fusion der Herzschläuche in Bulbusgegend, Entstehung des Sinus venosus. Lungenanlage noch vor Bildung eines Pharynxbodens. Sclerotome. Tiefe Ohrgrube. Plattenförmige Vorderextremität. |
| letztes Drittel | Kopfbeuge. Beginn der Amnionbildung. Fusion der Herzschläuche im Ventrikelabschnitt. Auftreten der Vena cardinalis post. Durchmesser der Keimblase 9—10 mm. Embryo 6 mm lang. |
| 10. Tag, erstes Drittel | Nackenbeuge. Lungenknospen. Schwanzfalte des Amnions. Umbildungen im Gefäßsystem. Beginn des Kreislaufes. |
| zweites Drittel | Ventral konvexe Lumbalkrümmung. Urnierentubuli. Leberdivertikel. Plexus venosus paracardinalis. Venen der Extremitätenknospe. Allantois. Schluß der Ohrblase und des vorderen Neuroporus. Riechplakode. Im Zentralnervensystem beginnt die Differenzierung der Neurone (Mantelschicht). Aortenbogen I—IV gebildet, V in Bildung. |
| letztes Drittel | Bursa pharyngica. Thyreoideadivertikel. Dorsale Pankreasanlage abgrenzbar, bevor der Magen erkennbar wird. Schwanzknospe. Verlängerung der Vorderextremität, hintere Extremität bildet noch kein Knospenstadium. Durchbruch der Rachenmembran. Abgliederung der Trachea. Ductus endolymphaticus. Aortenbogen I in Rückbildung. |
| 11. Tag, erste Hälfte | Sekundäre (konvexe) Lendenkrümmung. Paddelform der Armanlage. Vorwölbung der Allantois über die Körperkontur. Deutliche Schwanzbildung. Nasengrube. Bronchialknospen. Auftreten der Aa. pulmonales als Aortenäste (nicht = 6. Kiemenbogenarterie). 7. Arterienbogen als Kapillargeflecht angelegt. Auftreten von Leberzellsträngen. Bildung von Septum transversum und Pleuropericardialmembran. Kopfnerven (außer III, IV, VI) gebildet. Beginn der Differenzierung in der Retina. Brachialplexus gebildet. Im Lumbalbereich Bildung von Spinalganglien aus der Neuralleiste im Gange. Genitalleiste. |
| 11. Tag, zweite Hälfte | Gesichtswülste und Aurikularhöcker. Fingerleisten an der Hand. Beinanlage knospenförmig. Anlagerung des Chorions mit Area vasculosa an das Endometrium. Bildung einer einzigen großen V. omphalomesenterica. Auftreten der ersten Lymphgefäßanlagen (Jugulare Lymphsäcke und Duct. thoracicus unabhängig voneinander angelegt). Ureterknospe und metanephrogenes Blastem. Auftreten der Augenmuskelnerven. Grenzstrang im Brustbereich gebildet. Mesenchymatische Ohrkapsel. WOLFFscher Gang öffnet sich in die Kloake. Urnierensekretion beginnt. Herzohren. |
| 12. Tag, erste Hälfte | Allantois stark vergrößert (auf $^2/_3$ Körperlänge). Fingerknospen an der Hand. Paddelform der Fußanlage. Obere Lidfalte fehlt noch. Leber stark vergrößert. Beginn der Bildung der Vena cava caudalis. Nebennierenanlage. Septum primum im Vorhof, mehrfach perforiert. Thyroidea in Höhe der 5. Schlundtasche. Epithelkörperchen gebildet. Caecum. Als erster Deckknochen tritt die Clavicula auf. |
| 12. Tag, zweite Hälfte | Beide Augenlidfalten vorhanden. Freie Finger an der Hand. Mundöffnung meist offen. Maximale Ausdehnung der Allantois. Bildung der V. cava caudalis. Kein Septum secundum. Epithelkörperchen werden ins Mediastinum verlagert. Nabelbruch. Gaumenfortsätze. Kopfnerven erreichen Blasteme der Endorgane. Bildung des hinteren Bogenganges. |
| 13. Tag, erste Hälfte | Verschluß von Lidspalten und Ohröffnungen. Oralschild. Krallen an Hand, Fingerleisten am Fuß. Nabelbruch reponiert. Mammaranlagen (keine einheitliche Milchleiste). Muskularisierung des Zwerchfells. Schwanzdarm verschwunden. Urogenitalöffnung und Anus getrennt (keine echte Kloake!). Schluß des sekundären Gaumens. Bildung des Plexus chorioideus im 4. Ventrikel. Ausbildung des lateralen Bogenganges und des JACOBSONschen Organes. Chondrifikation der Ohrkapsel. Bildung der Trachealknorpel. |
| 13. Tag, zweite Hälfte | Oralschild resorbiert. Partus. Wanderung ins Marsupium, Anheftung an die Zitze. Aufblähung des Rumpfes durch Füllung von Lungen und Magen. Nabelbildung. |

hatte HILL ursprünglich als vollständigen Trophoblasten gedeutet. Die Syncytiotrophoblastlage verschmilzt mit dem maternen Syncytium. Schließlich wird der ganze Cytotrophoblast der Placentarzone bei der Syncytiumbildung aufgebraucht. Die Kerne des Syncytiotrophoblasten gelangen in das materne Syncytium; die mütterlichen Syncytiumkerne bilden sich allmählich zurück. Schließlich dringen auch die allantoiden Kapillaren in das syncytiale Mischgewebe ein, die maternen Kerne verschwinden fast vollständig. Damit kommt der zuvor beschriebene endothelio-endotheliale Placentartyp zustande, allerdings auf dem Wege über ein fetomaternes Mischgewebe, nicht — wie ursprünglich angenommen wurde — durch Degeneration des Trophoblasten. Maternes Bindegewebe oder materne Gefäßwände werden vom Trophoblasten nie angegriffen. Die völlig differenten Eigenschaften des Trophoblasten lassen vermuten, daß die *Perameles*-Placenta eine eigene Spezialisation darstellt, die nicht mit der Placenta der Eutheria verglichen werden darf.

## 3. Keimzellen und Keimzellenbildung

**Die Spermien der Mammalia.** Die männlichen Gameten sind strukturell gegenüber typischen Somazellen außerordentlich stark abgewandelt [1212]. Sie müssen die Eizelle aktiv aufsuchen können. Ihre Gestalt ist daher weitgehend durch die Fähigkeit zur aktiven Bewegung geprägt. Die Spermien sind außerordentlich klein, kaum mit Ballast- und Nährstoffen beladen. Das Volumen der Rinder-Spermie beträgt $^1/_{20000}$ des Eizellvolumens [124]. Im Vergleich mit anderen Zellen ist ihr Wassergehalt sehr niedrig (50% gegen ± 90%, Bos).

An der reifen Spermie (Abb. 16) unterscheidet man Kopf, Mittelstück und Schwanz. Der Kopf enthält das Kernmaterial, doch ist es bisher auch elektronenoptisch nicht gelungen, Chromosomen im Spermienkopf nachzuweisen. Köpfe von Rinderspermien enthalten Desoxyribonucleinsäure (43%) und Protein (57%). Etwa die Hälfte des Proteins besteht aus Arginin [124]. Der DNS-Gehalt soll annähernd 50% der gleichen Substanz der diploiden Zellen betragen. Da die Hälfte aller Säugerspermien eines Ejaculates 1 x-Chromosom, die andere Hälfte 1 y-Chromosom enthalten, hat man versucht, durch Kernvolumenbestimmungen zwei Größenklassen zu differenzieren. Diese Versuche haben kein überzeugendes Ergebnis erbracht. Das Cytoplasma ist bis auf geringe Reste rückgebildet.

Das Mittelstück (Abb. 16) gliedert sich in den Hals mit dem vorderen Centriol (= Kopfscheibe) und das Verbindungsstück. Die zarte plasmatische Hülle des Verbindungsstückes setzt sich auf den Schwanzfaden fort. Verbindungsstück und Schwanz sind von einem Fibrillensystem durchzogen, das sich als Achsenfaden bis zur Schwanzspitze fortsetzt. Das Endstück des Schwanzfadens besteht scheinbar aus dem freien Achsenfaden, ist aber tatsächlich von einer sehr dünnen Cytoplasmaschicht umschlossen.

Die Spermien der Säuger sind in ihrem Grundbauplan sehr ähnlich, so daß wir eine allgemeine Schilderung des Baues vorausschicken können. Dennoch ist die Formenmannigfaltigkeit so groß, daß es möglich ist, aus dem morphologischen Befund eine Gruppendiagnose zu stellen. Stärkere Abweichungen vom generellen Typ zeigen die Prototheria, deren Spermien denen der Sauropsiden ähneln (*Tachyglossus*, Abb. 16f). Auch die Metatheria zeigen spezifische Gruppenmerkmale. Gesetzmäßige Beziehungen zwischen Spermienlänge und Körpergröße der Art bestehen nicht. Die lichtmikroskopische Untersuchung der Spermien war relativ früh zu einem Abschluß gelangt, da die geringe Größe der Feinbauanalyse Schwierigkeiten bereitete. Untersuchungen mittels Ultraviolettphotographie [835a] führten weiter und erbrachten den Nachweis der Becherhülse. Elektronenoptische Untersuchungen der Spermien von *Bos, Ovis, Equus, Canis* und *Homo* [22, 201, 203, 867, 1203, 204, 1035] haben viele lichtmikroskopisch nachweisbare Strukturen aufklären können und darüber hinaus Einzelheiten des submikroskopischen Baues erkennen lassen, andererseits aber auch neue Fragen aufgeworfen. Eine Einigung über die Deutung der elektronenoptischen Befunde ist in vielen Punkten noch nicht erzielt.

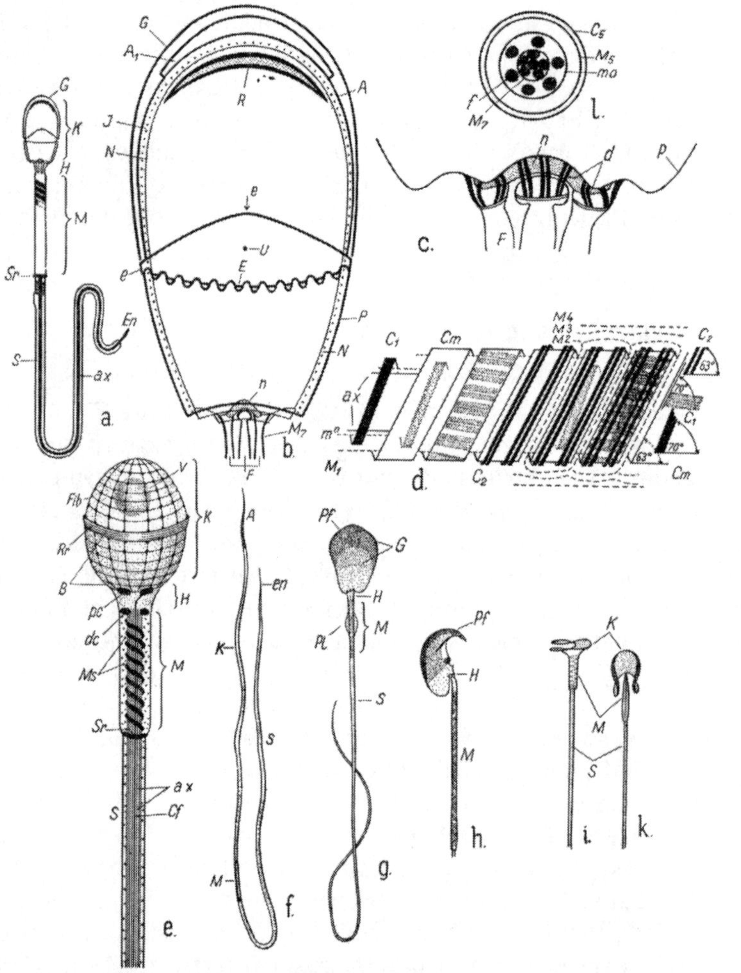

*A* Akrosom
$A_1$ Akrosomkappe
*ax* Achsenfaden
$C_1$ Fibrilläre Hülle außen von $m_0$.
$C_2$ Umwickelungen (doppelspiralig) um $C_m$.
*cf* Centralfibrille
$C_m$ Membranöses Band
*d* Zwillingsfibrillen
*dc* Distales Centriol
*E* Kernring
*e* Äquatoriales Segment
*en* Endstück des Schwanzes
*F* Fibrillenbündel
*f* Einzelfibrille
*Fib* Fibrillen der Kopfkappe
*G* Galea
*n* Halsspalt (ist möglicherweise keine reale Spaltbildung)
*H* Hals
*I* Zwischenmembran am Kopf
*K* Kopf
*M* Mittelstück
$m_0$ Membran um Achsenfaden
*M 1, 2, 3, 4* Membranen
*M 7* Membran um jedes *F*
*Ms* Mikrosomen
*N* Kernmembran
*P* Hintere Kopfhülle
*pC* Proximales Centriol
*Pf* Perforatorium
*Pl* Plasmarest
*R* Bogenförmige Verdickung im Kopf
*S* Schwanz
*Sr* Schlußring
*U* Initialstelle des Ultraschalleffekts
*V* Vakuole

Abb. 16. Form und Struktur der Spermien von Säugetieren. a) *Ovis aries* L. Schema nach RANDALL und FRIEDLAENDER. b) *Ovis aries* L. Schema der Kopfstruktur auf Grund elektronenoptischer Untersuchungen nach RANDALL und FRIEDLÄNDER. c) *Ovis aries* L. Fibrillär membranöse Verbindungen des Halses, auf Grund elektronenoptischer Untersuchungen nach RANDALL und FRIEDLÄNDER. d) *Ovis aries* L. Mittelstück, Längsschnitt, auf Grund elektronenoptischer Untersuchungen von RANDALL und FRIEDLÄNDER. e) Mensch, Schema des Baues eines Spermiums nach STIEVE auf Grund lichtmikroskopischer Untersuchungen. f) *Tachyglossus*, Spermium nach RETZIUS. g) *Cavia porcellus* L. Gesamtbild eines Spermiums nach MEVES. h) *Mus musculus* L. Spermium nach NELSEN. i, k) *Metachirus opossum quica Temm.* Spermium in Seitenansicht (l) und Flächenansicht (k) nach FÜRST. l) *Ovis aries* L. Schematischer Querschnitt durch das Hauptstück des Spermienschwanzes, auf Grund elektronenoptischer Untersuchungen nach RANDALL und FRIEDLÄNDER

Wir legen unserer Darstellung die Befunde an *Bos*, *Ovis* und *Homo* zugrunde. Besonderheiten der einzelnen taxonomischen Gruppen werden anschließend tabellarisch zusammengestellt (cf. pg. 34).

Der Kopf des Spermiums ist von einer sehr zarten Cytoplasmahülle (100 m$\mu$ bei *Capra*) überzogen. Diese kann zweischichtig sein (*Homo* [22]). Der Kopf ist platt, oval oder birnförmig. Die Schwanzinsertion erfolgt meist exzentrisch (*Bos*, *Primates*). Der hintere Kopfabschnitt enthält das Chromatin (positive FEULGEN-Reaktion) und wird von einer argentophilen Becherhülse umfaßt (Abb. 16e). Diese schließt vorne mit einem Randreifen ab. Der apikale Teil des Kopfes ist von einer Kopfkappe überkleidet, die bis zum Äquator reicht. Durch hypotonisches Medium kann die Kopfkappe zur Quellung gebracht und dadurch deutlich gemacht werden. Außer der transparenten Grundmembran sind fibrilläre und globuläre Bestandteile in der Kopfkappe nachgewiesen. Mißbildungen, Verformungen, auch Verlust der Kopfkappe sind bei *Bos* häufig und verursachen Sterilität.

Form und Größe der Spermienköpfe zeigen eine beträchtliche intraspezifische Variabilität, jedoch ist die Variabilität bei den Spermien eines Individuums gering. Beim Stier kommen Individuen mit kurzen breiten, andere mit langen schmalen Spermienköpfen vor. Ausgesprochene Zwerg- und Riesenformen sind als pathologisch zu bewerten.

Am vorderen Kopfende liegt das Akrosom (Akroblast) (Abb. 16b). Es entsteht aus dem Idiozom (= Nebenkern, wahrscheinlich mit dem GOLGI-Apparat identisch). Elektronenoptisch läßt sich die nur apikal ausgebildete Akrosomkappe vom eigentlichen Akrosom, das bis zum Äquator reicht, unterscheiden. Fluoreszenzmikroskopisch (Akridinorange) [124] läßt sich an lebenden Spermien das Akrosom besonders gut differenzieren. Es erscheint in seinem freien Anteil leuchtend rot, während der Rest des Kopfes gelbgrün gefärbt ist. Die Bedeutung dieser Reaktion ist unbekannt. Die Fluoreszenz ist außerordentlich labil und verschwindet auch im weiblichen Genitalschlauch, bevor das Spermium abstirbt.

Die Gestalt des Akrosoms kann bei verschiedenen Arten außerordentlich wechseln. Diese Formeigenarten ermöglichen vor allem die Artdiagnose aus der Spermienform. Sehr große, haken- und schaufelförmige Akrosome finden sich vor allem bei Rodentia (Abb. 16g, h). Diese Befunde hatten zur der Annahme geführt, daß dem Akrosom eine mechanische Bedeutung im Sinne eines Perforatoriums bei der Imprägnation der Eizelle zukommt. Diese Auffassung hat sich nicht bestätigt. In den verschiedenen Formen des Akrosoms kann man keinerlei Anpassungserscheinung erkennen. Offenbar hat das Akrosom eine wichtige stoffliche Aufgabe bei der Bildung der Befruchtungsmembran (S. 56) und trägt Fermente. Das Akrosom gibt eine positive Perjodsäure-SCHIFF-Reaktion (Mucopolysaccharide).

Elektronenoptisch zeigt sich im hinteren Kopfbereich eine hintere Kopfkappe, die der Becherhülse entsprechen dürfte. Sie endet mit einer gezackten Grenzlinie über dem Randreifen, den sie mit der oberen Hälfte jeder Zacke übergreift (Abb. 16, 17). Die hintere Kopfkappe enthält reichlich feine Fibrillen (60 bis 80 m$\mu$).

Zwischen Akrosom und Kernoberfläche ist mit Sicherheit eine Zwischenmembran (Abb. 16b. J) nachweisbar. Ihre Struktur ist nicht bekannt. Innen von ihr folgt schließlich eine weitere Schicht, die als Kernmembran gedeutet wird (Abb. 16b, 17). Lichtmikroskopisch kann im vorderen Kopfabschnitt eine Vakuole nachgewiesen werden. Der Feinbau des Inneren des Spermienkopfes ist auch elektronenoptisch bisher kaum aufgeklärt. Er wird teilweise als homogen, teilweise als granulär beschrieben. Chromosomennachweise sind bisher jedenfalls bei keiner Säuger-Art gelungen.

Der Hals des Spermiums ist flach. Er enthält das vordere Centriol. Im Halsbereich kann der Kopf gegenüber dem Mittelstück-Schwanz wie in einem Gelenk abgebogen werden. Dieser Abschnitt ist mechanisch wenig widerstandsfähig, zeigt aber einen höchst komplizierten Bau (Abb. 16c), der möglicherweise artlich different ist. Der Zusammenhang zwischen Kopf und Hals wird durch fibrilläre Strukturen gewährleistet, die im Inneren des Kopfes verankert sind und bis in den Schwanz ziehen. BRETSCHNEIDER [203] gibt an, daß bei *Bos* die Schwanzfibrillen mittels einer Kittsubstanz in Eindellungen der Kopfbasis verankert seien. Tatsache ist, daß an diesen Stellen leicht eine artefizielle Loslösung des Kopfes vom Mittelstück erfolgen kann und daß beim Stier oft in großer Zahl schwanzlose Köpfe als pathologischer Befund festzustellen sind (Sterilitätsursache).

Auch das Mittelstück ist komplex gebaut. Es besitzt runden Querschnitt und ist dicker als der Schwanz (*Ovis* 800 m$\mu$ Durchm.). Lichtmikroskopisch beginnt das Verbindungsstück mit der Querscheibe (Abb. 16e).

Zentral liegt der Achsenfaden mit der Zentralfibrille. Gegenüber dem Schwanz ist das Mittelstück durch den Schlußring (Jensenscher Ring) abgeschlossen. Querscheibe und Schlußring gehen aus dem distalen Centriol hervor. Um den Achsenfaden windet sich der Spiralfaden, der aus den verschmolzenen Mitochondrien entsteht (Mitochondrienscheide) (Abb. 16d, e). Die Mitochondrienspirale ist jetzt auch elektronenoptisch nachgewiesen [124]. Im übrigen sind elektronenoptisch gerade im Mittelstück sehr komplizierte Strukturen beschrieben worden, deren Einzelheiten schwer zu deuten sind. Der Achsenfaden ist von einer Membran (Abb. 16d, $m^0$) umgeben. Außen folgt eine fibrilläre Hülle (Abb. 16d, $C_1$), die ihrerseits von membranösen Bändern umhüllt wird. In diesen ist eine Querstreifung nachweisbar.

Am Schwanz unterscheidet man Haupt- und Endstück. Das Hauptstück hat elliptischen Querschnitt, der Achsenfaden selbst ist rund (Dicke des Hauptstückes *Ovis* 500 bis 530 m$\mu$). Die Angaben über den fibrillären Aufbau des Achsenfadens sind nicht übereinstimmend, doch geben die meisten elektronenoptischen Untersucher an, daß zwei Zentralfibrillen von neun peripheren Fibrillen umgeben werden. Um diese liegt nochmals eine Mantelschicht von neun weiteren Fibrillen, so daß im ganzen 20 Feinfibrillen vorhanden sind (Abb. 17b). Die gleiche Zahl findet Ånberg für *Homo* [22]. Nach Randall und Friedländer [1035] enthält der Achsenfaden eng gepackt sechs Doppelfibrillen, um die sich weitere sechs Doppelfibrillen in loser Anordnung gruppieren sollen. Dies ganze System wird von einer Membran umhüllt (Abb. 16 l, $m^0$). Danach sollen also 24 Primitivfibrillen im Achsenfaden vorhanden sein. Die Dicke der Filamente beträgt 5 bis 10 m$\mu$. Der Achsenfaden ist kontraktil (vielleicht Kontraktion von Eiweißketten analog Myosin, Sicheres über den Kontraktionsmechanismus ist nicht bekannt). Das Hauptstück des Schwanzes besitzt eine protoplasmatische Scheide, die auf dem Terminalstück sehr verdünnt ist.

Übersicht über die Morphologie der Spermien in den einzelnen Ordnungen der Mammalia:

Prototheria:

Die Spermien von *Tachyglossus* [1047a] sind lang und zugespitzt (Abb. 167). Der Kopf ist kaum dicker als das Mittelstück und trägt ein spitzes Akrosom. Das Mittelstück hebt sich deutlich ab. Die Spermien ähneln denen vieler Amphibien und Sauropsiden.

Metatheria:

Untersucht sind *Metachirus opossum quica* (Abb. 16 i, k [410]), *Didelphis marsupialis virginiana* Kerr [324a, 854, 1142b], *Sminthropsis murina albipes* Waterhouse = *Phascologale albipes* [410], *Dasyurops maculatus* Kerr, *Perameles nasuta* Geoffroy [124]. Die Spermien weichen stark von dem Typ der Prototheria und Eutheria ab. Als Beispiel sei auf *Metachirus* hingewiesen (Abb. 16f). Der Kopf ist scheibenförmig, hinten konkav. Er läuft seitlich in zwei Fortsätze aus, die um ihre Achse verwunden sind. Vorderer Rand des Kopfes und Fortsätze sind stark lichtbrechend. Das Mittelstück geht vorn in einen sehr fein zugespitzten Hals über; *Didelphis* und *Perameles* verhalten sich hierin ähnlich. Bei *Didelphis* ist das Verbindungsstück aus zwei Hälften zusammengesetzt, zwischen die sich das Hauptstück des Schwanzfadens einfügt. Das Endstück des Schwanzes ist sehr kurz und dünn. Länge des Spermiums von *Phascologale* 263 $\mu$. Bei *Dasyurops* soll der Kopf stabförmig sein.

Während der Spermiohistogenese bei *Didelphis* [324a] ist der Spermienkopf mit den beiden Schenkeln quer zum Mittelstück gestellt, so auch bei *Dasyurops*. Schließlich dreht sich der Kopf so, daß das Mittelstück zwischen die Schenkel zu liegen kommt. Die reifen Spermien legen sich mit den Köpfen zu Doppelspermien zusammen. Die Bedeutung dieser Zusammenlagerung, die auch bei einigen Evertebraten vorkommt, ist unbekannt. Im Ovidukt kommt es jedenfalls vor der Befruchtung stets zu einer Trennung der Paarlinge.

Eutheria:

Insectivora. *Talpa, Erinaceus, Centetes, Setifer* [1047a]. Ohne spezialisiertes Akrosom, Länge des Spermiums von *Erinaceus* 85 $\mu$, Kopf 5 $\mu$. Relativ langes Verbindungsstück.

Chiroptera. Spermien meist klein, Kopf abgeplattet, kurz, bei *Rhinolophus* länglich oval. Verbindungsstück lang und dick, mit deutlichem Spiralfaden [1053, 65].

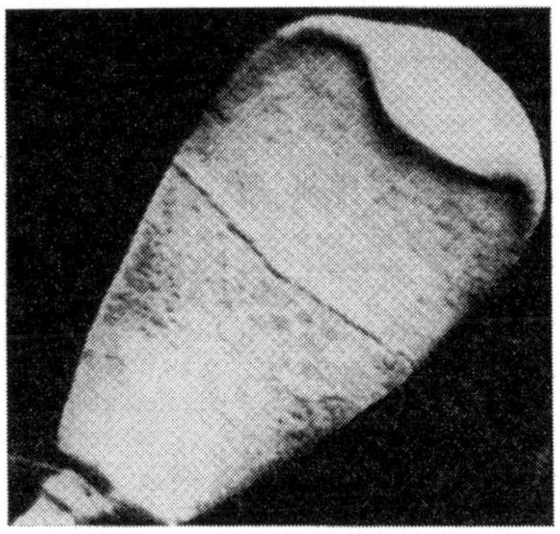

a)

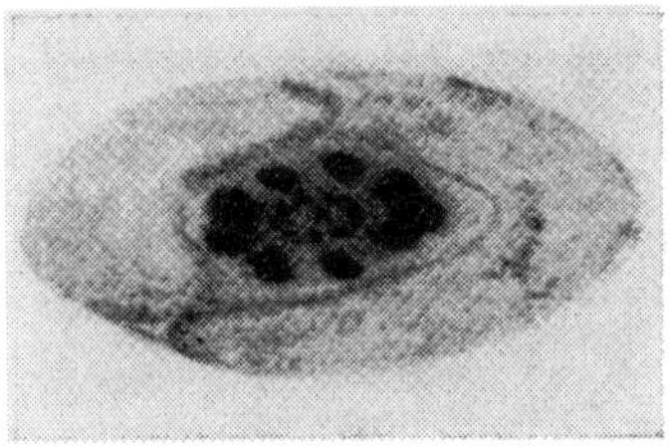

b)

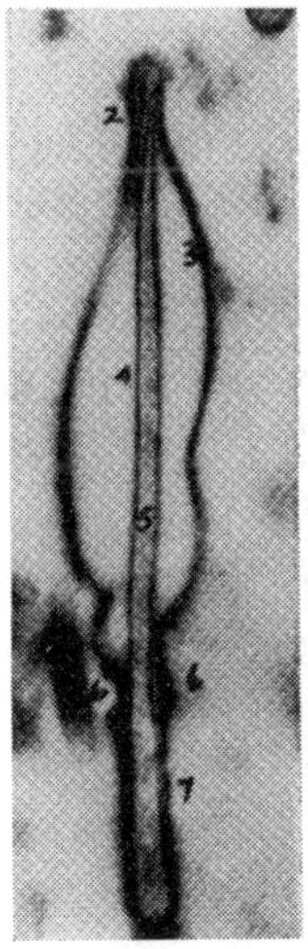

c)

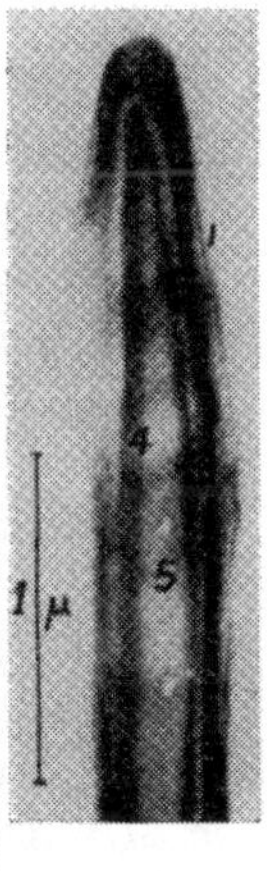

d)

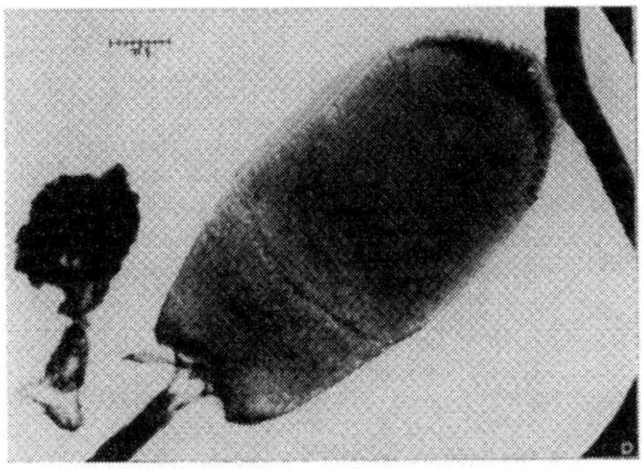

e)

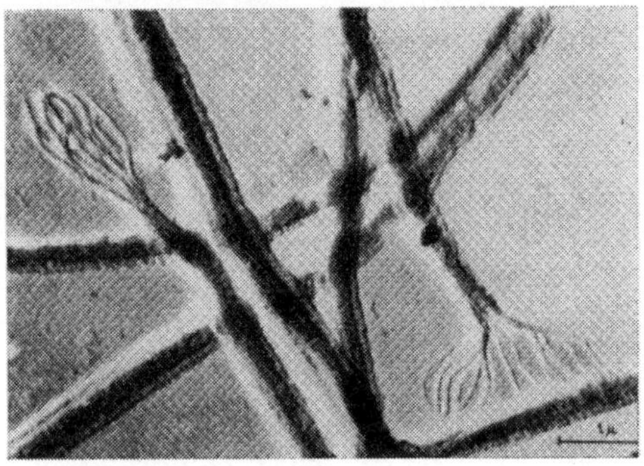

f)

Abb. 17. Elektronenoptische Befunde an Säugerspermien. a) *Bos taurus* L. Spermienkopf mit hereditärem Defekt des Akrosoms (Gold Palladium Beschattung, Orig. 9000:1). b) *Ovis aries* L. Querschnitt durch das Mittelstück des Spermiums. Innerer und äußerer Ring mit je 9 Fibrillen und 2 Centralfibrillen. (Orig. 60000:1). c) *Sus scrofa* L. Längsschnitt durch Spermienkopf (Orig. 13000:1). d) *Ovis aries* L. Längsschnitt durch Spermienkopf (Orig. 38000:1). *1* Äußere Akrosomhülle, *2, 3* Innere Akrosomhülle, *4* Kernmembran, *5* Kern, *6* Zusammentreffen von Akrosom und Becherhülse, *7* Becherhülse, Akrosom künstlich abgehoben. (Abb. 17a—d aus Bishop und Austin Endeavour 16, 1957). e) *Ovis aries* L. Spermienkopf, Akrosomkappe, darunter verdickte Zone *R*, Halsfibrillen, vgl. hierzu das Schema Abb. 16b (Orig. 13300:1). f) *Ovis aries* L. Fibrillenbündel und Einzelfibrillen des Schwanzfadens. (Abb. 17e, f aus Randall und Friedländer Exp. Cell. Res. 1, 1950)

Primates [65, 864, 865, 1046, 1047, 1048, 1049, 1050, 1051, 1052, 1053, 1054, 1055, 1200, 1212): Prosimiae (untersucht sind *Lemur, Lepilemur, Microcebus, Daubentonia, Galago*) Kopf breit, besonders im hinteren Abschnitt. Mittelstück sehr lang, Kopfkappe sehr deutlich. Schwanzinsertion asymmetrisch. Becherhülse bei *Lemur*. Die Spermien von *Microcebus* sind aberrant durch großes Akrosom. *Galago*-Spermien sind deutlich von denen der Lemuriden verschieden. Allgemein große Ähnlichkeit mit den Spermien der Insectivora.

Simiae-Spermien sind stets wenig spezialisiert wie bei Insectivora. Becherhülse nachgewiesen bei *Callithrix, Hylobates, Pan, Homo*. Variationen in den Dimensionen, Kopfform, Kopfkappe. Kopf meist elliptisch. Kopfkappe schwach ausgebildet; Akrosom ist im Vergleich mit Prosimiern rudimentär. Bei niederen Catarrhina sind die Spermien größer (Kopffläche, Schwanzlänge) als bei Pongidae. *Pongo pygmaeus* Hoppius steht aber den Cercopitheciden in der Form der Spermien näher als den übrigen Pongiden. Kopf bei *Pongo* vorn dick, hinten abgeflacht. Bei *Pan, Gorilla*, und *Homo* ist der Kopf vorn abgeflacht. Verbindungsstück bei *Pan* und *Gorilla* deutlich länger als bei *Homo*. Länge des ganzen Spermiums (Kopflänge in Klammern): *Lemur* spec. 55,3 (5,8) $\mu$, *Tarsius* 52 (10—30) $\mu$, *Pan troglodytes* Blumenbach 33 (3, 7—4, 3) $\mu$, *Homo* 60 (5) $\mu$.

Lagomorpha: *Oryctolagus cuniculus* L., Spermienkopf eiförmig, ähnlich *Bos*.

Rodentia [255, 864, 866, 1047a]: Die Form des Kopfes ist kompliziert und artlich verschieden. Bei *Rattus* hakenförmig, bei *Mus* (Abb. 16h) ebenfalls kompliziert gebogen. Bei *Cavia porcellus* L. vorn breite abgerundete Scheibe, in Kantenansicht doppelt gebogen (Abb. 16g). Länge des ganzen Spermiums (Kopflänge): *Rattus* 170—200 (10) $\mu$, *Mus* 100 (7) $\mu$, *Sciurus* 140 (8) $\mu$, *Cavia* 93 (13) $\mu$. Die Rodentia besitzen ein sehr vollkommenes Akrosom (besonders *Cavia*). Beim Meerschweinchen ist das schneidenartige Akrosom in entgegengesetztem Sinne gekrümmt wie der Kopf.

Carnivora [1047a, 1053]: *Canis, Felis*. Kopf oval. Bei *Felis* deutlich schmäler als bei *Canis*. Schneidenartiges Akrosom ohne Sonderbildungen. Mittelstück lang. Länge des Spermiums *Canis* 66 (6) $\mu$, *Felis* 54 (4) $\mu$.

Proboscidea: Bei *Loxodonta africana* Blumenbach sind die Spermien in Form und Größe denen des Menschen ähnlich.

Artiodactyla: *Bos, Ovis, Capra, Sus* [1047a]. Da wir die Spermien von Stier und Schaf unserer allgemeinen Schilderung zu Grunde gelegt hatten, können wir uns kurz fassen. Hingewiesen sei auf die starke Formvariabilität der Spermien beim Bullen. Auch pathologische Formen sind eingehend untersucht [201—204]. Kopfkappe deutlich. Insertion des Mittelstückes asymmetrisch.

Cetacea [1047a]: ähnlich wie Artiodactyla.

**Spermiogenese.** Die Urkeimzellen (Gonocyten) gelangen aus primär außerhalb der Gonade gelegenen Regionen (Primitivstreifengebiet) sekundär in die medial der Urniere entstehenden Hodenanlage. Inwieweit die Urkeimzellen bei Säugetieren im Sinne der Keimbahnlehre auf bestimmte Furchungszellen zurückgeführt werden dürfen, kann derzeit nicht gesagt werden. Alle experimentellen Ergebnisse haben jedenfalls immer wieder bestätigt, daß die Urkeimzellen ein sehr früh selbständiger Zellstamm sind, und daß bei Wirbeltieren eine Umwandlung von Somazellen zu Gonocyten nicht mehr möglich ist. Die bei Evertebraten nachgewiesene späte Bildung von Keimzellen aus undifferenzierten Blastemzellen (Turbellaria, Ascidiaceae) kommt bei Vertebraten nicht vor. Bei Säugetieren werden die Urkeimzellen morphologisch relativ spät faßbar. Es handelt sich um große amöboide Zellen mit blaß färbbarem Plasma. Beim Menschen konnten sie in der Nähe der Allantoisanlage im Dottersackepithel bei Stadien von 12 bis 13 Somiten zuerst identifiziert werden [1479]. Sie sind also sicher primär extragonadal gelegen und wandern innerhalb kurzer Zeit (*Homo*, fünfte Woche) in die Gonadenanlage ein. Ihre Zahl variiert etwas, ist aber recht begrenzt (*Homo* 30 bis 50). Die Frage, ob die Gonocyten mit der Gefäßbahn zum Ort ihrer definitiven Ansiedlung befördert werden, oder ob sie aktiv wandern, ist umstritten (S. 91).

Die Gonadenanlage besteht aus modifiziertem Serosaepithel und einer unterlagernden Mesenchymschicht, die zeitweise nicht gegen das Blastem der Nebennierenrinde abgrenzbar ist. Die Urkeimzellen siedeln sich zunächst zwischen den Epithelzellen der Gonadenanlage (sog. »Keimepithel«) an. Im männlichen Geschlecht differenziert sich die Medulla der Gonadenanlage aus, während die Rinde inaktiv bleibt. In Form radiärer Stränge wird indifferentes Oberflächenepithel der Gonadenanlage in die Tiefe verlagert. Sämtliche Urkeimzellen sind in diese primären Samenkanälchen eingeschlossen. Die Epithelstränge verlieren schnell den Zusammenhang mit dem Keimepithel. Hierbei spielt offensichtlich das Mesenchym der Rindenschicht, das zur Tunica albuginea wird, eine aktive Rolle. Die primären Zellstränge verbinden sich untereinander und nehmen die Verbindung zu den Abführwegen (Mesonephros-Epididymis) auf. Die Lumenbildung in den Samenkanälchen erfogt erst vor der Geschlechtsreife.

Die Gonocyten machen während dieser Zeit eine lebhafte Vermehrung durch und werden als Spermiocyten bezeichnet. Aus dem indifferenten Epithel der Keimstränge gehen die Sertoli-Zellen hervor, die einen dünnen Belag auf der Basalmembran der Samenkanälchen bilden. Während den Sertoli-Zellen eine zeitlang syncytiale Struktur zugesprochen wurde [1074b], mehren sich die Stimmen, die sie überall als getrennte Elemente betrachten [1077, 1078, 1079]. Im reifen Hoden sind die Sertoli-Zellen stets an ihrem deutlichen Arbeitskern (deutlicher Nucleolus, chromatinarm) kenntlich. Die Spermiogonien bilden im Tubulus eine basale

Schicht kleiner Zellen mit chromatinreichem Kern. Nachdem die Spermiogonien eine Reihe von Teilungen durchgemacht haben, folgt eine Wachstumsphase. Die herangewachsenen Zellen (Abb. 18) werden als Spermiocyten (= Spermiocyten I. Ordnung) bezeichnet. Durch erneute Teilung gehen aus ihnen die Praespermiden (= Spermiocyten II. Ordnung) hervor. Durch einen weiteren Teilungsschritt werden aus ihnen die Spermiden. Die Reifungsteilungen laufen mit der Praespermidenteilung und der folgenden Teilung ab. Die Spermiden

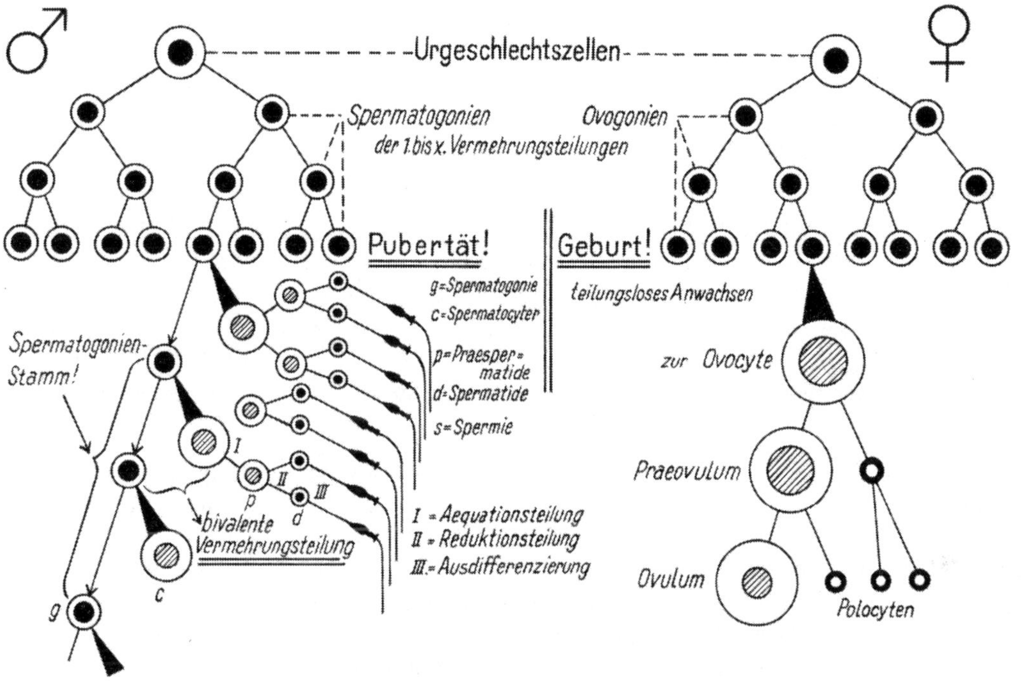


Abb. 18. Schema der Spermiogenese im Vergleich zur Oogenese. Nach Rolshoven

sind jedenfalls im Sinne der Genetik reife Keimzellen, d. h. sie haben den haploiden Chromosomenbestand. Bezüglich ihrer cytologischen Ausprägung sind hingegen diese Zellen keineswegs reif. Sie machen in einem Umwandlungsprozeß, der Spermiohistogenese (S. 38), die ohne weitere Teilungsvorgänge abläuft, die Umgestaltung zur Spermie durch. Die Spermiden setzen sich in Plasmafortsätze der Sertoli-Zellen, die weit ins Lumen vorragen, fest. Die Sertoli-Zellen selbst zeigen eine funktionell bedingte Polymorphie. Plasmafortsätze finden sich nur dann, wenn Spermiden in Umwandlung zu Spermien begriffen sind. Die Fortsätze ziehen sich nach basalwärts zurück, wenn die Spermien frei werden.

Der Vorgang der Spermiogenese läuft bei verschiedenen Eutheria in wechselnder Weise ab. Bei vielen Arten (*Rattus, Erinaceus*) erfolgt die Spermiogenese rhythmisch (Spermiogenesewelle), d. h. in einem begrenzten Tubulusabschnitt teilen sich alle Spermiogonien gleichzeitig. Eine derartige Häufung gleichwertiger Teilungsphasen in einem Kanälchenabschnitt war der Anlaß, die Vorgänge bei der Spermiogenese weiter zu analysieren. Dabei fand Rolshoven [1074c], daß die Zahl der Spermiogonienteilungen nicht unbegrenzt ist und daß bei den Spermiogonienteilungen ungleichwertige Teilungsprodukte entstehen. Die eine Tochterzelle behält den Charakter der Mutterzelle, bleibt also Spermiogonie, während die andere Tochterzelle zur Spermiocyte wird. Die Spermiogonienteilungen sollen nach dieser Vorstellung bivalente

Teilungen sein. Auf diese Weise würde gesichert, daß stets ein Stamm von Spermiogonien erhalten bleibt (Abb. 18), der nicht überaltert ist. Diese Vorstellung erklärt befriedigend, daß im männlichen Geschlecht über eine relativ lange Zeit hinweg reife Geschlechtszellen in praktisch unbegrenzter Menge gebildet werden können. Allerdings sind die mathematisch exakten Zahlenverhältnisse, die ROLSHOVEN während der Spermiogenese zu finden glaubte, nicht bestätigt worden. An Totalpräparaten der Samenkanälchen des Rattenhodens konnte gezeigt werden [1077, 1078, 1079], daß ein beträchtlicher Teil der generativen Elemente physiologischerweise während der Gesamtdauer der Spermiogenese zugrunde geht (Zellverlust von ± 22%). Immerhin hat sich bestätigen lassen, daß ein Stamm von Spermatogonien reserviert bleibt, der einen Weiterbestand der Spermiogenese sichert. Nach CLERMONT und LEBLOND [256] läßt eine Stammzelle 24 Spermiocyten und eine neue Spermiogonie aus sich hervorgehen. Die Stammzellen sind aber unregelmäßig verteilt, so daß mit erheblichen zahlenmäßigen Abweichungen im normalen Spermiogeneseablauf gerechnet werden muß.

Die klassische Auffassung der Spermiogenese der Säugetiere, nach der stets zwei Reifeteilungen, eine Reduktions- und eine Äquationsteilung vorkommen, muß möglicherweise auch noch in anderer Hinsicht modifiziert werden. Auf Grund von Kern-Volumenmessungen kommt G. HERTWIG [585] zu der Vorstellung, daß bei einigen Arten (*Felis, Homo*) eine dritte Reifungsteilung existiert, daß also in drei Teilungsschritten aus einer Spermiocyte acht Spermien hervorgehen. Während das Verhältnis der Kernvolumina zwischen Spermiocyten und Spermiden nämlich bei *Rattus, Mus, Cavia* 4:1 beträgt, findet HERTWIG bei *Homo* eine Proportion von 8:1. Das ist aber nur möglich, wenn drei Kernteilungen ohne Zwischenwachstum zwischen Spermiocyten- und Spermidenkern liegen. SPÜHLER [1190] hat entsprechende Untersuchungen an *Microcebus murinus* J. F. MILLER durchgeführt und kommt sogar zur Annahme von vier Reifeteilungen. *Microcebus* zeigt ebenfalls eine Spermiogenesewelle. Diese Befunde können zunächst nur mit Vorbehalt aufgenommen werden, da die als Praespermiden IV. Ordnung gedeuteten Zellen derart selten vorkommen, daß an abortive Elemente gedacht werden muß [vgl. 1200].

**Spermiohistogenese.** Die Umänderungen, die Kern, Cytoplasma und Centriolenapparat der Spermiden bei der Spermiohistogenese erfahren, verlaufen bei allen Eutheria in ähnlicher Weise [586, 864, 865, 866, 896, 1212, 1373]. Die Umformung beginnt mit einer Streckung der Zelle. Der Kern nimmt gleichfalls ovoide Form an und rückt an die Peripherie. Die beiden Centriolen rücken an den einen Pol der Zelle und reihen sich hintereinander. Aus dem distalen Centriol wächst der Achsenfaden aus. Der Kern verändert auch anschließend seine Form, er flacht sich ab und drängt das Cytoplasma am späteren apikalen Pol der Spermie hernienartig vor. Die feinere Kernstruktur wird undeutlicher und scheint mehr und mehr homogene Beschaffenheit anzunehmen. Das distale Centriol teilt sich nun in zwei Körperchen. Das distale Teilstück wird zum Schlußring, während im proximalen Teilstück der Schwanzfaden verankert bleibt. Beide Derivate des distalen Centrioles entfernen sich voneinander. Dadurch kommt es zur Abgrenzung des Mittelstückes. Der Cytoplasmaleib zeigt keine deutlichen strukturellen Änderungen, streckt sich aber immer stärker. Hierfür dürfte das Auswachsen des Schwanzfadens verantwortlich sein. Die Mitochondrien gruppieren sich um den Achsenfaden und formen die Spiralscheide. Schließlich schwindet das Cytoplasma mehr und mehr, bis auf eine sehr zarte Scheide um Hals und Mittelstück. Ist ein Perforatorium vorhanden, so nimmt dieses seinen Ursprung vom Akrosom, einem Gebilde, daß ebenfalls als Derivat der Centriolen betrachtet wird. Nach anderer Auffassung entsteht das Akrosom als zentrales Körnchen im Idiozom (Nebenkern), einem Gebilde, das mit dem GOLGI-Apparat identifiziert wird.

**Die Eizelle der Mammalia-Eutheria.** Die Eizelle der Eutheria ist relativ groß und zeigt in ihrer Struktur kaum Differenzierungen, so daß sie als Prototyp der tierischen Zelle dienen kann. Die Zelle hat einen großen runden Kern (Keimbläschen) mit deutlichem Nucleolus. Die Größe [548] ist weitgehend unabhängig von der Körpergröße; ihr Durchmesser schwankt zwischen 60 und 150 $\mu$ (Tab. VM). Das Ovarialei der Maus und des Elefanten sind etwa gleich groß (Abb. 19). Der Kern liegt leicht exzentrisch. Durch die Abschnürung der Polocyten im Reifungsprozeß kommt es zu einer merklichen Größenverringerung. Im Cytoplasma der reifen

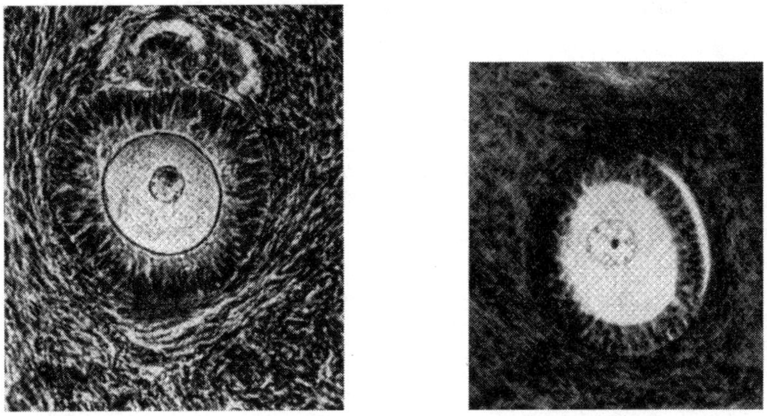

a) b)

Abb. 19. Oocyten im Sekundärfollikel, links *Loxodonta africana* (Blumenbach), rechts *Canis familiaris* L. Beide Aufnahmen bei gleicher Vergrößerung. Die linke Abbildung zeigt die von Dalcq beschriebene Basophilie eines Bezirkes der Eiperipherie

Tabelle V

| Größe der Säugereizelle (Durchmesser in μ) gemessen an lebenden Eizellen oder korrigiert [19, 45, 51, 52, 182, 523, 548, 1023] | | Durchmesser reifer Bläschenfollikel in μ | Durchmesser des aktiven Corpus luteum in μ |
|---|---|---|---|
| *Gattung*: | | | |
| *Ornithorhynchus* | 4300 | 4750 | 4000 |
| *Tachyglossus* | 4000—4750 | | |
| *Dasyurus* | 240 | | |
| *Didelphis* | 140—160 | 1250—2000 | |
| *Talpa* | 125 | | |
| *Erinaceus* | 100 | 1250 | 1300 |
| *Neomys* | 70—90 | 400 | |
| Microchiroptera | 95—105 | | 500 *Rhinolophus* |
| *Tarsius* | 90—100 | | |
| *Loris* | 90—110 | | |
| *Callithrix* | 80—100 | | |
| *Macaca mulatta* Zimm. | 110—120 | | |
| *Hyloblates* | 110—120 | | |
| *Gorilla* | 130—140 | | |
| *Homo* | 130—150 | 15—20000 | |
| *Oryctolagus* | 120—130 | 1800 | 2500—3000 |
| *Cavia* | 75—85 | | |
| *Mus* | 70—75 | 550 | 1000 |
| *Microtus agrestis* | 60 | | |
| *Rattus* | 70—75 | 900 | 1900 |
| *Mesocricetus* | 80 | | 700—1000 |
| *Tatusia* | 80 | | |
| Cetacea | 140 | | |
| Megaptera | 100—130 | 10000—50000 | |
| Globiocephala | | | 45000 |
| *Felis* | 120—130 | | |
| *Canis* | 140 | | |
| *Putorius* | 120 | 1400 | 2000 |
| *Sus* | 120—140 | 8500—10000 | 10000—11000 |
| *Ovis* | 153 | | |
| *Capra* | 140 | | |
| *Capreolus* | 115 | | |
| *Bos* | 140 | 10000—15000 | 22000 |
| *Equus* | 135 | 10000—30000 | |

Eizelle, dem Ooplasma, findet sich oft ein basophiles Körperchen, das aufgequollene und degenerierende Centriol; es wird oft als Balbianischer Dotterkern bezeichnet. Inwieweit dieses Gebilde dem echten Dotterkern entspricht, der bei dem Crinoiden *Antedon*, vielen Spinnen usw. ein bedeutendes Organ des Zellstoffwechsels ist und bei der Dottersynthese eine Rolle spielt [1342], bleibt dahingestellt. Selbst bei sehr nahe verwandten Arten finden sich feinere Strukturunterschiede der Eizellen, die besonders am überlebenden Tubenei zu beobachten sind [503, 522, 523]. Bei vielen Formen ist das Plasma mit stark lichtbrechenden, fetthaltigen Dotterpartikeln beladen (Pferd, Frettchen, Hund). Das Ei erscheint dunkel, der Kern ist bei Lebendbeobachtung verdeckt. Bei Rind, Schaf und Ziege kommen ebenfalls lipoidhaltige Einschlüsse, aber in geringerer Menge, vor. Beim Meerschweinchen sind fetthaltige Partikel im Plasma spärlich verteilt. Lebende Eier von Maus und Goldhamster enthalten gelbliche Granula, die den Kern verdecken. Diese sind aber frei von Fett [475, 476, 477]. Unter den Primaten enthalten die Eizellen der Halbaffen (*Loris*, *Tarsius*) reichlich Fettgranula verschiedener Größe in einer submarginalen Schicht (Eierstocksoocyte, [605]). Die perinucleäre Zone bleibt fettfrei. Bei Platyrrhinen kommen noch in geringer Menge diffus verteilte Fettgranula vor, bei Catarrhina fehlen auch diese. *Macaca mulatta* und *Homo* besitzen keine groben Deutoplasmaeinlagerungen. Feine granuläre Einlagerungen finden sich im unbefruchteten und befruchteten Ei von *Macaca* [11]. Mitochondrien sind beim Meerschweinchen im Eiplasma diffus verteilt. Bei Katze, Hund und Microchiropteren liegen sie peripher, bei *Homo* in Kernnähe. Bei diesen Angaben ist aber zu beachten, daß in verschiedenen Reife- und Funktionszuständen offenbar mit einem Formwandel dieser Feinstrukturen zu rechnen ist. Bei Kaninchen, Maus und Goldhamster liegen die Mitochondrien zunächst marginal, wandern aber nach der Befruchtung auf die Vorkerne zu [935].

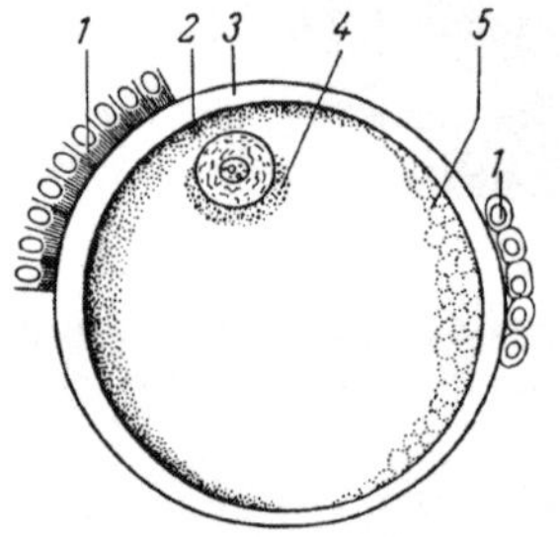


Abb. 20. Schema einer Oocyte von *Cavia porcellus* L. nach De Geeter 1954. Struktur der Eizelle in der Deutung von Dalcq

*1* Follikelepithel, in der linken Bildhälfte basophil
*2* Basophile Plasmakappe
*3* Verdickung der Zona pellucida
*4* Juxtanucleäre Granula
*5* Vakuoläre Zone

Durch Ultrazentrifugierung der Eierstöcke läßt sich eine Schichtung der Materialien in den Eizellen erzielen. Auf diese Weise sind bei der Maus vier Zonen abtrennbar: 1. hellgefärbte zentripetale Plasmaschicht, 2. Dotter, 3. Golgi-Substanz, 4. zentrifugal, Kern und Mitochondrien [476].

Die Frage, ob beim Säugerei eine Polarität nachweisbar ist, ist umstritten. Mit Sicherheit läßt sich aus der Verteilung des Deutoplasmas keine Polarität ableiten. In letzter Zeit ist von Dalcq und Mitarbeitern [278, 279, 280, 282, 283, 286, 711] eine Polarität (Abb. 20) auf Grund der Kernform und -lage und eine bipolare Struktur auf Grund von lokalisierter Plasma-Basophilie behauptet worden. Eine halbmondförmige, basophile Kappe soll sich subcortikal gegen den Kernpol und seitlich davon ausbreiten. Die gegenüberliegende Seite ist locker, vakuolär und lipoidreich. Die Basophilie beruht auf der Anwesenheit von Ribonucleinsäuren, die an Mitochondrien gebunden sind. Auch die Zona pellucida soll in dem der basophilen Zone anliegenden Bereich eine Verdickung besitzen. Moricard hat die Angaben von Dalcq an Eizellen in vitro nicht bestätigen können. Hedberg [566] kommt auf Grund von Untersuchungen des menschlichen Ovarialeies (Röntgen-Mikroradiographie mit Absorptionsmessungen) zu der Feststellung, daß dieses Objekt im Eiplasma eine einheitlich diffuse, granuläre Struktur besitzt ohne jedes Anzeichen einer polaren Verteilung oder einer Gradientenstruktur.

Nun ist allerdings die menschliche Eizelle sehr arm an Ribonucleinsäuren, die bei *Mus*, *Rattus*, *Cavia* die Bilateralsymmetrie deutlich machen. Es bleiben weitere Untersuchungen zur

Klärung der Frage abzuwarten, inwieweit die differenten Angaben auf realen Strukturunterschieden beruhen, und inwieweit Unterschiede der Methodik verantwortlich sind.

**Dotterbildung bei Eutheria, Albumenschicht.** Das erste Auftreten von lipoiden Substanzen im Ei der Eutheria ist [1285a] an das Auftreten einer dem Nucleus seitlich anliegenden Mitochondrienanhäufung (Dotterbildungszone, couche vitellogène) gebunden. Derartige Bilder finden sich an jungen Oocyten in Primärfollikeln. Mit zunehmendem Wachstum der Oocyte nimmt der Fettreichtum zu, die vitellogene Zone löst sich auf. Ortmann [958] hat mit spezifischer Darstellung der Gesamtlipoide (Sudanschwarz) Fettsubstanzen bereits auf jüngeren Stadien beim Hund nachweisen können. Deutliche Lipoideinlagerungen lassen sich bereits in den Zellen der Pflügerschen Schläuche, besonders an jenen, die von der Ovarialoberfläche abgewandt sind (Abb. 21a) beobachten. Niemals finden sich Lipoideinlagerungen in Zellen des Keimepithels. Ganz junge Oocyten enthalten bereits analoge Lipoideinschlüsse, obgleich der Kern noch zentral liegt und eine typische vitellogene Zone noch nicht ausgebildet ist (Abb. 21a). Während diese primären Fetteinschlüsse relativ grobgranulär sind und ein helles Zentrum erkennen lassen, besitzen etwas ältere Oocyten eine Dotterbildungszone (Abb. 21b) mit feingranulärer Lipoideinlagerung. Erst in älteren Oocyten (Übergang vom Primär- zum Sekundärfollikel) findet sich echte Dotterbildung, die sich im Auftreten grober Lipoidpartikel im Zentrum und in der Peripherie der Dotterbildungszone manifestiert. Im typischen Sekundärfollikel liegt der Kern wieder zentral (Abb. 21c); das Plasma ist nun mit grobem lipoidem Dottermaterial beladen. In den Follikelzellen kommen zu keiner Zeit Fetteinlagerungen mehr

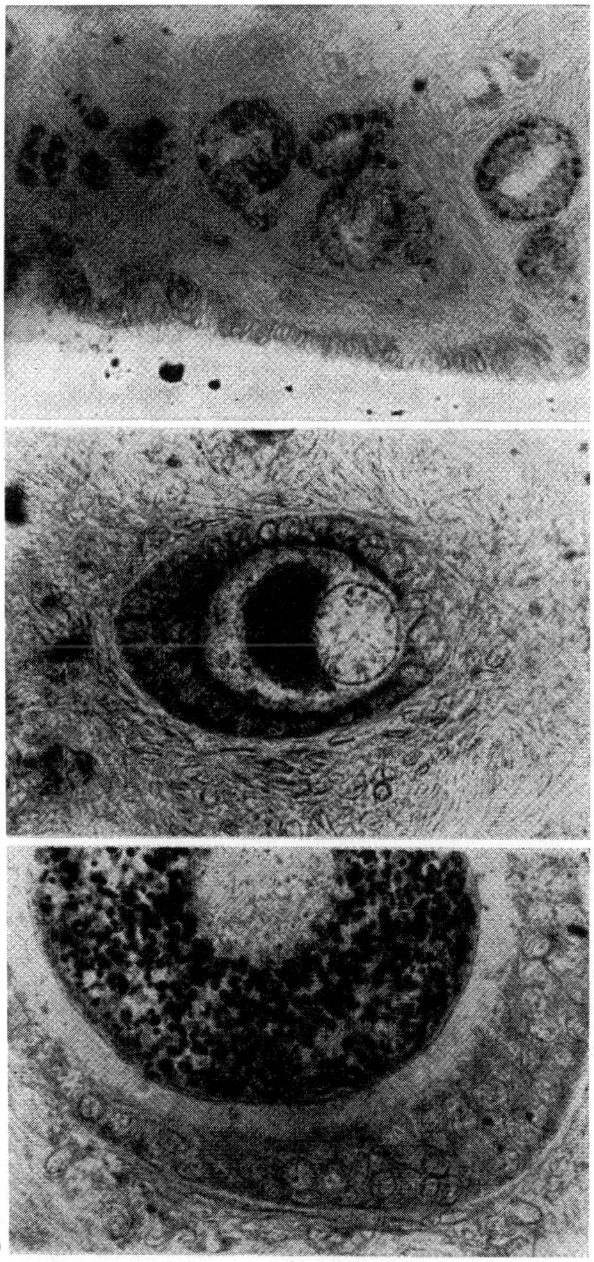


Abb. 21. *Canis familiaris* L., Dotterbildung (Sudan-Schwarz-Reaktion). a) I. Phase, grobe Lipoidpartikel in den Epithelzellen der Pflügerschen Schläuche, b) Sekundärfollikel. Feingranuläres Material in Form einer vitellogenen Zone, Kern excentrisch. c) Deutoplasmabildung, grobe Lipoidschollen peripher und central, Kern liegt wieder central. Präparat und Photo Prof. Ortmann

vor. Die Deutoplasmabildung läuft also offensichtlich als mehrphasiger Prozeß ab. — Inwieweit die aufgefundenen Phasen der Dotterbildung kausal miteinander verknüpft sind, läßt sich zur Zeit noch nicht sagen. Vergleichende histochemische Untersuchungen an anderen Formen bleiben abzuwarten. Die allerdings noch höchst problematischen Golgi-Strukturen in Oocyten lassen sich teilweise in Parallele zu den referierten Befunden setzen. Auch mit der Golgi-Darstellung läßt sich ein mehrphasischer Prozeß nachweisen. Hingegen findet sich auch in Keimepithel und Follikelzellen, in denen die Sudanschwarzfärbung fehlt, ein Golgi-Apparat.

| I. Stadium der Pflügerschen Schläuche — Primärfollikel mit flachem Epithel | II. ältere Primär-, junge Sekundaerfollikel | III. ältere Sekundärfollikel |
|---|---|---|
| Grobgranuläre Lipoideinschlüsse im Plasma. Kern zentral oder wenig exzentrisch | Vitellogene Zone mit fein granulärem Lipoidmaterial, an Mitochondrien gebunden. Kern exzentrisch | Auflösung der vitellogenen Zone, Deutoplasmabildung. Kern wieder zentral |

Unter den Eutheria ist vielfach, wenn auch in rudimentärer Form, Ausstoßung von lipoidreichen Dottergranula (Dotterelimination, Deutoplasmolyse) beobachtet worden. Diese erfolgt nie massiv, wie bei *Dasyurus* [602a], sondern stets in der Weise, daß Einzelgranula eliminiert werden. Der Vorgang ist meist nicht streng lokalisiert. Bei *Nyctalus noctula* Schreber beginnt der Prozeß bereits während der Eireifung. Im allgemeinen ist er aber erst nach der Ovulation und während der ersten Furchungsteilungen deutlich.

Bisher ist Dotterelimination nachgewiesen bei *Nyctalus noctula* Schreber [1285a], *Cavia porcellus* L. [772a], *Canis familiaris* L. [1285a], *Felis catus* L. [615, 1285a], *Sus scrofa* L. [593a], *Putorius putorius furo* L. [513], *Equus caballus* L. [520].

Offensichtlich besteht ein Zusammenhang zwischen Reichtum der Eizelle an lipoidhaltigen Granula und Vorkommen der Dotterausstoßung. Bei den fettarmen Eiern von *Mus* fehlt die Dotterelimination. Van der Stricht [1285a] meint, daß das an sich dotterarme Säugerei noch mehr Nährsubstanzen enthält als für die Entwicklung des Keimes nötig sind. Die Befunde an Metatheria machen es wahrscheinlicher, daß der Prozeß als rudimentäre meroblastische Furchung gedeutet werden muß.

Einige Eutheria besitzen eine sogenannte »Albumen«-Schicht, die vom Eileiter gebildet wird (*Oryctolagus*). Nach histochemischen Untersuchungen [173] besteht diese Schicht zum weitaus größten Teil aus neutralen oder schwach sauren Mucopolysacchariden; ihr Gehalt an Protein ist sehr gering. Die Bezeichnung »Albumen«-Schicht ist also irreführend, mag aber — da sie gebräuchlich ist — als deskriptiv morphologischer Terminus erhalten bleiben (Tab. VI).

**Zona pellucida.** Die Oocyte der Metatheria und Eutheria wird von einer Zona pellucida (Abb. 19, 20) umgeben. Diese bildet sich während des Stadiums des Sekundär- oder Tertiärfollikels aus und erscheint als relativ starre, quellungsfähige Membran. In älteren Follikeln des Rinderovars gibt die Zona pellucida im Gegensatz zur Granulosa eine starke Reaktion auf alkalische Phosphatase und PAS-positive Substanzen. Im sprungreifen Follikel schwindet die positive Fermentreaktion, die jetzt auf die Eizelle übergeht. Gelegentlich läßt sich eine radiäre Streifung der Zona nachweisen, die wahrscheinlich Ausdruck einer Durchsetzung mit radiär verlaufenden Kanälen ist. Ihre Dicke beträgt bei der menschlichen Eizelle 6 bis 8 $\mu$. Die Funktion der Zona pellucida dürfte einmal in ihrer Eigenschaft als primäres Stoffwechselorgan, gleichzeitig aber auch in ihrer Bedeutung als Schutzhülle des Eies und der frühesten Embryonalphasen zu sehen sein. Ihr Verhalten bei der Implantation und ihre Auflösung bei der Anheftung sind Seite 60 besprochen. Stets ist die Zona deutlich gegen die Dotterhaut

(Membrana vitellina) abgegrenzt. Nach der Besamung wird zwischen Zona und Eioberfläche meist ein perivitelliner Spaltraum deutlich sichtbar (Abb. 27).

Die Bildung der Zona pellucida ist oft diskutiert worden. Drei Möglichkeiten sind denkbar. Einige Autoren vertreten die Ansicht, daß die Zona pellucida wie die Dottermembran von der Oocyte abgeschieden würde [107, 544]. Die Mehrzahl der Autoren hat sich für die Vorstellung ausgesprochen, daß die Zona von den Follikelepithelzellen gebildet wird [560, 1285a, 1131, 1369]. Danach entsenden die Epithelzellen der Corona radiata plasmatische Fortsätze gegen die Oberfläche des Eies. In dem Geflecht dieser Fortsätze kommt es zunächst innen zur Abscheidung einer Substanz, die sich verfestigt. Schließlich konsolidiert sich die äußere Schicht. Die radiären Kanälchen sind in der inneren Zone sehr viel feiner, als in der äußeren Schicht. Sie enthalten wahrscheinlich plasmatische Fortsätze der Follikelzellen. Als Modifikation dieser Auffassung muß schließlich erwähnt werden, daß bei der Bildung der Zona auch an eine Gemeinschaftsleistung von Follikelepithel und Oocyte gedacht werden muß, eine Anschauung, die bereits von Waldeyer [1369] vertreten wurde. Wir denken dabei allerdings weniger an eine differente Herkunft der inneren und äußeren Zonaschicht als vielmehr an eine Art Induktionswirkung, die vom Ei ausgeht und die Follikelzellen aktiviert. Befunde an Fischen und Sauropsiden machen es sehr wahrscheinlich, daß die Hauptbildungsstätte der Zona in den Follikelepithelien zu suchen ist.

Histochemische Untersuchungen an der Zona pellucida des Eies von Ratte und Kaninchen führte Braden [173] durch. Danach ergibt sich folgendes Bild. Die Zona pellucida beider Arten gibt stark positive Perjodsäure-Schiff-Reaktion, enthält also reichlich Mucopolysaccharide (Lipoiddarstellung mit Sudan-Schwarz negativ). Die Zona der Ratte gibt keine Reaktion auf Arginin und Xanthoprotein, wohl aber ist die Diazo-Reaktion positiv. Alle drei Reaktionen fallen beim Kaninchen positiv aus. Zwischen befruchteten und frisch ovulierten Eiern besteht kein Unterschied. Die Zona der Ratte zeigt keine Toluidinblau-Metachromasie, während am Kaninchen eine schwache Metachromasie nachweisbar ist. Die Mucopolysaccharide in der Zona pellucida beider Arten sind neutral oder schwach sauer. Die Metachromasie ist um so deutlicher, je sauerer die Polysaccharide sind. Durch Fermentbehandlung lassen sich in der Zona Proteine nachweisen, doch bestehen Unterschiede zwischen Ratte und Kaninchen (Zona der Ratte wird durch Trypsin, Chymotrypsin und Schimmel-Protease angegriffen, die Kaninchen-Zona nur durch Trypsin). Die Sonderstellung des Eies von *Oryctolagus* gegenüber den Muriden wird also auch bei Anwendung histochemischer Reaktionen sehr deutlich.

Tabelle VI (nach Braden 1952 [173])

| Methode | Ratte Zona pellucida | Kaninchen | |
|---|---|---|---|
| | | Zona | »Albumen« |
| Toluidinblau | | | |
| vor Alkoholbehandlung | — | m + | m + + + |
| nach Alkoholbehandlung | — | — | m + + + |
| Thionin | — | — | m + + + |
| Safranin | + | + | m + + |
| Mucikarmin | + | + | + + + |
| Bismarck-Braun | + | + + | + + + |
| PAS | + + + | + + + | + + + |
| Hale | — + | — + | + |
| Sudan-Schwarz | — | — | — |
| Arginin | — | + + + | — |
| Xanthoprotein-Reakt. | — | + + | — |
| Biuret-Reaktion | — + | + + | — |
| Diazo-Reaktion | + + | + + | — + |
| Millon | — | + + | — |

(m = Metachromasie)

**Oogenese der Säugetiere.** Die Anlage der zunächst indifferenten Gonade liegt medial der Urnieren in der dorsalen Wand der Leibeshöhle beiderseits der Mesenterialwurzel. Sie besteht aus dem Gonadenepithel (= »Keimepithel«), in das die extragonadal entstandenen Gonocyten (S. 36) eingewandert sind. Unter dem Epithel der Gonadenanlage ist eine Mesenchymverdichtung nachweisbar, deren Herkunft vom Epithel oder vom Mesenchym der Leibeswand umstritten ist [1386]. Sehr früh setzt nun allgemein die Bildung von Keimsträngen ein. Derartige Epithelstränge bestehen aus indifferentem Keimepithel, das in die Oberflächenschichten der Gonadenanlage einwandert und Urkeimzellen umschließt. Im weiblichen Geschlecht zerfallen diese Keimstränge sehr bald zu Eiballen, die neben wenig Mesenchym die Rindenschicht der Ovaranlage aufbauen. Die Bildung von Keimsträngen erfolgt also in gleicher Weise wie im männlichen Geschlecht. Im Ovar erfolgt die weitere Differenzierung der Keimzellen ausschließlich in den Rindenschichten. Bei vielen Säugern (*Macropus, Petrogale, Phascogale, Didelphis, Talpa*, Chiroptera, *Ursus, Meles, Procavia*) erreichen aber Keimstränge auch die medullären Anteile der Gonadenanlage und bilden hier Kanälchen (Testoid, bisexuelle Anlage der Gonade), die wahrscheinlich in beträchtlichem Ausmaß an der Bildung von Zwischenzellen beteiligt sind [1386]. Sekundäre Keimstränge treten in späteren Phasen der Ovarentwicklung bei vielen Arten (*Sus, Equus*) auf. Während dieser Entwicklungsprozesse sind noch Urkeimzellen im Keimepithel vorhanden. Die unter der Bezeichnung »Pflügersche Schläuche« beschriebenen Bildungen sind mit den Keimsträngen identisch. Sind die Keimstränge gebildet, so zerfallen sie alsbald in zahlreiche Zellhaufen, die Eiballen. Diese bestehen aus indifferentem Epithel und umschließen gewöhnlich mehrere Ureizellen. Die Eiballen zerfallen in so viele Primärfollikel, wie Ureizellen in ihnen enthalten sind. Ein Primärfollikel besteht in der Regel aus einer Oogonie die von flachem, später kubischem indifferenten Follikelepithel umgeben ist. Der zeitliche Ablauf der Proliferation von Keimsträngen erfolgt bei verschiedenen Arten in sehr wechselnder Weise. So wird für *Canis familiaris* L. angegeben [1386], daß eine erste Proliferationsphase, die allerdings nur zur Bildung keimzellfreier Markstränge führt, um den 35. Tag der Gravidität beginnt. Die zweite Wucherung dauert vom 40. Tag des Embryonallebens bis zum 10. Tag des postnatalen Lebens. Diese Phase allein läßt Eizellen und Follikel aus sich hervorgehen. Die dritte Wucherungsphase erstreckt sich über die Zeit vom zweiten postnatalen Monat bis zum Ende der Geschlechtsreife. Ovulatorische Follikel gehen aus diesem Prozeß nicht hervor. Bei *Bos* ist die Bildung von eihaltigen Strängen kurz nach der Geburt beendet. Auch die Befunde an anderen Säugern (*Didelphis, Talpa, Mus, Rattus, Cavia, Sus, Equus, Homo*) zeigen, daß ausschließlich vom Keimepithel her eihaltige Follikel gebildet werden können. Eine Bildung von Urkeimzellen aus dem Stroma des Ovars ist oft behauptet, nie bewiesen worden. Neuere Untersuchungen an *Homo* machen es wahrscheinlich, daß ein Teil der Urkeimzellen bereits von vorneherein im Mesenchym der Ovaranlage festgehalten werden und hier die Entwicklung zu Oogonien durchmachen, ohne je in den Verband des Keimepithels eingeschaltet gewesen zu sein [948].

Ist die Tunica albuginea gebildet, so ist eine weitere Einwanderung von Zellen aus dem Epithelverband in die Rindenschicht der Gonade nicht mehr möglich.

Im Schrifttum spielt das Problem der »postnatalen Oogenese« eine große Rolle. Tatsächlich ist nun etwa zum Zeitpunkt der Geburt bei vielen Säugern die Bildung von Eiballen oder Primärfollikeln abgeschlossen. Es ist keine Frage, daß der exakte Zeitpunkt der Geburt kein einschneidender Termin ist, der etwa den Ablauf der Oogenese entscheidend beeinflußt. So scheint bei vielen Formen der Prozeß zum Zeitpunkt der Geburt nicht unbedingt beendet zu sein (*Rattus* bis 11. Tag, *Cavia* bis 50. Tag, *Homo* bis zu einem Jahre?), ohne daß dieser Vorgang sich grundsätzlich von der pränatalen Oogenese unterscheidet. Das Problem ist besser derart zu formulieren, ob bei geschlechtsreifen Säugern aus indifferenten Epithel- oder Stromazellen Oogonien gebildet werden können. Derartige Behauptungen sind für Muriden, *Cavia*, *Canis*, *Felis*, *Macaca* und *Homo* mehrfach aufgestellt worden [224, 348, 869, 981, 980a, 1293a, b, c]. Nach STIEVE sollen die in einer ersten Proliferationsphase gebildeten Urkeimzellen zugrunde gehen, eine zweite Generation von definitiven Oogonien soll noch in der Fetalzeit aus dem Keimepithel gebildet werden. Allerdings hat bisher niemand die postulierten Degenerationsprozesse nachweisen können. Zahlreiche kompetente Forscher haben die Angaben über Bildung von Keimzellen aus indifferentem Gewebe zurückgewiesen (letzte Zusammenfassung des Problems [1386]). Auch die experimentellen [828, 829, 830, 831] Untersuchungen bestätigen nur die klassische Auffassung. Verätzung des Keimepithels bei geschlechtsreifen Tieren (*Didelphis*, *Rattus*, *Cavia*, *Felis*) ergab, daß die Ovarien die gleiche Anzahl von Oocyten enthielten, wie unbehandelte Kontrolltiere. Eine Neubildung der Eizellen und Follikel aus dem Keimepithel kann also nicht erfolgt sein. Auch verpflanzte Ovarien enthalten reichlich Follikel, wenn das Keimepithel im Anschluß an die Transplantation zugrunde geht. Die Hypothese einer Oogenese aus indifferenten Zellen während der Reifeperiode ist bisher in keiner Weise bewiesen. WATZKA [1385, 1386] findet, daß bei *Mustela erminea* L. in den Wintermonaten keinerlei Follikel oder Eizellen erkennbar seien. Ähnliches wird für *Meles*, *Canis vulpes* L. und *Equus* berichtet.

Die enge Symbiose der sich entwickelnden Oocyten mit dem Follikelepithel bleibt nun für die ganze intraovarielle Lebensperiode des Eies charakteristisch. Im allgemeinen bergen die Follikel eine einzige Eizelle. Zwei- oder mehreiige Follikel (bis zu zehn Oocyten in einem Follikel) kommen häufig vor (*Didelphis*, *Carnivora*). Bei *Saimiri sciureus* L. fanden sich 12% zweieiige und 3% dreieiige Follikel, bei *Homo* im Durchschnitt in $^1/_4$% zweieiige Follikel. Gewöhnlich dürften mehreiige Follikel durch unvollständigen Zerfall von Eiballen entstehen. Auch Inkorporation von unreifen Follikeln in einen wachsenden Follikel wird angenommen. Die Ovulation mehreiiger Follikel kommt vor, doch muß auch damit gerechnet werden, daß diese noch nachträglich in Einzelfollikel zerfallen können. Ein beträchtlicher Teil dürfte auch atresieren. Die Angaben über die Anzahl der Follikel bei den verschiedenen Säugern sind derart schwankend, daß sie nur mit Vorbehalt zur Kenntnis genommen werden können. Für *Homo* (neugeboren) werden für beide Ovarien Zahlen von 35000 bis 730000 angegeben, für die geschlechtsreife Ratte 2000 bis 10000. Einflüsse verschiedenster Art spielen offenbar eine Rolle. Bei *Oryctolagus* ist die Bedeutung der Domestikation hervorgehoben worden (Wildform hat mehr Follikel als domestizierte Form), ebenso der Einfluß der Körpergröße und des Zuchtstammes. Sind die Primärfollikel gebildet, so schließt sich eine erste Ruheperiode an, in der die Follikel lange Zeit über verbleiben können. Eine anschließende Wachstumsperiode ist durch die Vermehrung der Follikelepithelschichten gekennzeichnet (Sekundärfollikel, Eizelle erreicht das Stadium der Oocyte). Bei den meisten Säugern bildet sich durch Zusammenfließen von zunächst intracellulären, dann intercellulären Flüssigkeitsbläschen ein Antrum folliculi. Der Follikel wird nun als Tertiärfollikel (: de GRAAFscher Follikel) bezeichnet. Bei jungen Tertiärfollikeln bildet sich zwischen dem Epithel und der Oberfläche der Oocyte die Zona pellucida (S. 42). Die Bläschenfollikel machen eine zweite Ruheperiode von wechselnder Dauer durch. Einige Centetiden bilden nie Bläschenfollikel aus. Die reifen Follikel behalten einen soliden Bau. Doch lockert sich das Gefüge der Follikelepithelzellen zur Zeit der Ovulation auf. Die Imprägnation erfolgt bei diesen Arten noch im Follikel (S. 61).

Bei jungen Bläschenfollikeln bleibt die Eizelle vom Antrum folliculi durch eine ein- bis zweischichtige Zellage getrennt. Bei älteren de GRAAFschen Follikeln dehnt sich das Follikelcavum erheblich aus und umgreift den Eihügel (Cumulus oophorus), der sich selbst inzwischen erheblich vergrößert hat. Auch für die Follikelepithelzellen dieser späten Stadien ist wiederholt die Herkunft aus mesenchymalen Elementen behauptet worden, ohne daß schlüssige Beweise für diese Angabe beigebracht werden konnten. Neuere Untersuchungen an verschiedenen Eutheria [322a, 303] bestätigen so auch wieder die ausschließliche Herkunft der Follikelepithelien vom Keimepithel. Das Wachstum der Bläschenfollikel erfolgt nicht immer in gleichmäßigem Tempo. So machen bei *Homo* die Bläschenfollikel, bevor sie ihre definitive Größe erreicht haben, eine Ruheperiode von mehreren Monaten durch [1212a]. Die letzte Wachstumsphase bringt den Follikel zur Ovulationsreife (*Homo* Follikeldurchmesser 15 bis 20 mm). Diese Phase soll außerordentlich rasch, innerhalb weniger Tage ablaufen. Kurz vor dem Follikelsprung lockert sich der Cumulus oophorus auf. Die Orientierung des Cumulus im sprungreifen Follikel scheint nicht streng determiniert zu sein, doch liegt der Eihügel häufig lateral der Sprungstelle. Durch den Druck des wachsenden Follikels ordnet sich das umgebende Bindegewebe in konzentrischen Schichten. Hierbei ist eine mehrzellige Theca interna von der fibrösen Theca externa zu unterscheiden. Die Epithel-Bindegewebsgrenze bleibt vor dem Follikelsprung stets scharf. Gefäße dringen nicht in die Granulosa (= Follikelepithel) ein. Doch ist der Follikel von einem Netz von Blutgefäßen umsponnen und hat am allgemeinen Stoffwechsel des Soma teil. Die alte Annahme, daß die Eizelle durch das Follikelepithel gegen das Soma isoliert würde, besteht nicht zu Recht. Stofftransport durch das Follikelepithel in den Liquorraum und über die Zona pellucida in die Eizelle ist mit histochemischen Methoden (S. 43) und mit Isotopenmarkierung nachgewiesen worden. Der Mechanismus der Liquorbildung ist noch recht wenig bekannt. Letzten Endes stammt das Rohmaterial aus dem Blut. Doch darf der Liquor deshalb nicht als Transsudat aufgefaßt werden. Eine aktive Rolle der Follikelepithelzellen bei der Liquorbildung ist sehr wahrscheinlich. So wurde bei Nagern im Liquor ein Mukoidkörper nachgewiesen, der offenbar bei der Viskositätserhöhung der Follikelflüssigkeit kurz vor der Ovulation eine Rolle spielt (S. 47). Morphologische Befunde an Follikelzellen, die auf Sekretionsphänomene hindeuten, sind kaum zu finden (Kernschwellung während der Zeit stärkerer Liquorvermehrung). Während der letzten Phase des Follikelwachstums kommt es noch zu lebhafter Zellvermehrung im Epithel, so daß bei *Homo* die Zahl der Zellschichten von etwa fünf im ruhenden Bläschenfollikel bis auf 16 bis 20 im reifen Follikel ansteigt. Sie kann derart überstürzt ablaufen (*Canidae*), daß bereits vor der Ovulation eine Granulosafaltung auftritt [346, 348]. Bei polyovulatorischen Säugern tritt eine größere Zahl von Bläschenfollikeln gleichzeitig in die terminale Wachstumsperiode ein. Bei *Oryctolagus* [531] hat der de Graafsche Follikel zur Zeit des Coitus (provozierte Ovulation nach 10 Stdn.) einen Durchmesser von 1,5 mm. Er wächst während der 3. bis 6. Stunde post coitum auf 1,8 mm an. Bei *Rattus norvegicus* Berkenhout (viertägiger Zyklus) beginnt die endgültige Wachstumsphase der Bläschenfollikel während der der entsprechenden Ovulation vorausgehenden Hitze. Die stärkste Mitosenhäufung findet man im Intervall. Der reife Follikel hat einen Durchmesser von 0,9 mm. Bei *Mus musculus* L. wächst der Follikel innerhalb zwei Tagen von 0,4 auf 0,7 mm Durchmesser. Bei *Cavia* hat der sprungreife Follikel einen Durchmesser von 0,8 mm, bei *Mesocricetus auratus* Waterhouse von 690 bis 780 $\mu$ (10 bis 13 Follikel reifen gleichzeitig). Der reife Follikel des Haushundes mißt 6 mm. Extreme Polyovulation kommt bei Centetiden und vor allem bei Macroscelididen [655] vor. Bei *Elephantulus* werden während einer Ovulation 120 Eier (aus zwei Ovarien) ausgestoßen.

**Ovulation.** Während der letzten Phase des Follikelwachstums machen sich bereits strukturelle Veränderungen bemerkbar. Die Zellen des Cumulus oophorus lockern sich, die Eizelle liegt, umgeben von der Corona radiata, frei im Cavum folliculi. Die Orientierung des Cumulus zur Eioberfläche ist nicht streng determiniert. Bei *Homo* findet sich der Eihügel meist an der lateralen Seite. Das Follikelepithel vermehrt sich, beim Menschen von 3 bis 5 auf 10 bis

12 Zellschichten (Vorbereitung der Corpus luteum-Bildung). Die Follikelflüssigkeit vermehrt sich, der Bläschenfollikel erreicht sein maximales Volumen (*Didelphis* 1,25 bis 2 mm, *Papio hamadryas* 6,3 mm, *Bos* 10 bis 13, *Equus* 10 bis 30 mm, *Homo* 15 bis 20 mm). Zu dieser Zeit ist die erste Reifungsteilung bei den meisten Säugern bereits im Gange. Der Follikel wölbt sich über die Oberfläche des Ovars vor und öffnet sich gegen die freie Bauchhöhle (Follikelsprung).

Über den Mechanismus des Follikelsprunges sind wir durch Filmanalyse des Vorganges beim Kaninchen [615b] informiert. Wichtig ist, daß es sich nicht um einen plötzlichen, explosiven Vorgang handelt. Entgegen der Lehrmeinung kommt es nicht zu einem Platzen des Follikels durch Binnendrucksteigerung. Kurz vor der Ruptur des Follikels wird die Follikelflüssigkeit durch Wasserresorption eingedickt, der Follikel schrumpft etwas. Bei *Myotis lucifugus* LE CONTE [1425a] verschwindet das Antrum folliculi fast völlig. Auch für den Chacma-Pavian wird angegeben, daß nicht die größten Follikel ovulieren. Die Lebendbeobachtungen am Kaninchen haben gezeigt, daß die austretende Flüssigkeit sehr viskös ist [615b]. Man beobachtet, daß der Follikel, der sich zum Sprung anschickt, sich über die Oberfläche vorwölbt und im Zentrum der Vorwölbung einen sekundären Spitzenkonus bildet. Dieser öffnet sich, nachdem zunächst wenig Blut vor der Sprungstelle sichtbar wurde. Mit dem zähflüssigen Liquor wird das Ei, umgeben von Zellen der Zona radiata ausgeschwemmt. Der Vorgang dauert bei *Oryctolagus* 30 bis 60 Sekunden. Die ausgetretene Eizelle wird vom Fimbrienende der Tube aufgenommen.

Das Verständnis für den Ovulationsvorgang ist wesentlich abhängig von der Kenntnis der bindegewebigen Strukturen im Eierstock. Diese sind bisher nur für *Homo* genauer studiert [727, 998]. Im Bindegewebsgerüst des Ovars lassen sich Grundbügelsysteme nachweisen, die senkrecht zur Oberfläche des Organs aufsteigen und hier in eine tangentiale Faserschicht (Albuginea) umbiegen. In der Rinde bildet das Bindegewebe ein dreidimensionales Maschenwerk, in das die Follikel eingelagert sind. Wenn der Follikel heranwächst, so wird er automatisch gegen die Oberfläche gehoben, da die Umwickelungen in der Tunica albuginea verankert sind. Die Wanderung des Follikels gegen die Oberfläche läuft also automatisch ab und ist durch ein sinnvolles Zusammenspiel von Follikelwachstum und konstruktiver Gestaltung des Bindegewebsgerüstes gerichtet. Die mechanischen Bedingungen (Wachstum, Binnendrucksteigerung, Aufsteigen gegen die Oberfläche) genügen nicht, um die Ruptur hervorzurufen. In pathologischen Fällen können Follikel zu riesenhaften Cysten heranwachsen, ohne das diese platzen. Vielmehr reagiert in derartigen Fällen das Bindegewebe auf die Drucksteigerung mit einer Verdickung. Notwendig ist, daß die Zerreißfestigkeit des Bindegewebes vor der Ovulation herabgesetzt wird. Dies wird durch proteolytische Fermente erreicht, die im sprungreifen Follikel des Menschen nachgewiesen sind [998], im Liquor der Ovarialcysten aber fehlen. Die Angabe von CORNER, daß bei *Sus* glatte Muskulatur im Ovar vorkommt und bei der Ovulation tätig wird, wird von SEIFERLE bestritten [1141a].

Bei Centetidae [1261a, 1262] besitzen die reifen Follikel kein Cavum. Die Follikelzellen quellen durch intrazelluläre Flüssigkeitsvermehrung auf. Der ganze Follikel wölbt sich vor und durchbricht das Keimepithel. Die Eizelle wird mit den vorquellenden Granulosazellen vorgedrängt und in die Bursa ovarica entleert (Abb. 23). Die Masse der Granulosazellen, die sich nun unmittelbar in Luteinzellen umwandeln, wölbt sich pilzartig über die Oberfläche vor. Es entsteht ein gestieltes Corpus luteum (Corpus luteum-Eversion).

Die aus dem Ovar ausgestoßene Eizelle wird in die Tube aufgenommen. Bei Formen, die eine Bursa ovarica besitzen, ist dieser Vorgang weitgehend gesichert (viele Insectivora, Rodentia, einige Affen, Carnivora, Elefant, weniger deutlich Pferd und Rind, Schwein usw.). Die Tube zeigt zur Zeit der Ovulation eine gesteigerte Motilität und saugt mit der Follikelflüssigkeit die Eizelle ein. Bei Formen ohne Bursa (*Didelphis*, viele Nager, *Homo*) kommt ein Eiabnahmemechanismus vor [339]. Das abdominale Tubenende ist zur Zeit der Ovulation hyperämisch und gleitet periodisch über den Eierstock. Auch der Eierstock führt während dieser Zeit periodische Bewegungen um seine Längsachse aus (Verkürzung und Erschlaffung seiner Ligamente, Rhythmus bei *Homo* etwa 2 Minuten). Eine freie Wegstrecke zwischen Ovar und Tubenostium existiert in diesen Fällen nicht.

**Bau- und Lebensgeschichte** des Corpus luteum [535]a. Bereits vor Eintritt der Ovulation gehen am Follikel tiefgreifende Veränderungen vor, die als Vorbereitung auf die Bildung eines Corpus luteum aufgefaßt werden dürfen. Wesentlich ist die Vermehrung der Follikelepithelzellen (bei *Homo* von 3 bis 5 auf 10 bis 12 Schichten) die Auflockerung des Cumulus oophorus und der Beginn der Reifeteilungen. Stets bildet sich der Follikel, der seine Oocyte entlassen hat, zu einer endokrinen Drüse, dem Gelbkörper oder Corpus luteum, um. Dies Organ sondert während seiner Aktivitätsphase Progesteron und Oestrogen ab und verursacht auf hormonalem Wege die Auslösung der Sekretionsphase am Endometrium (Diöstrus). Kommt es zur Befruchtung und zur Einnistung eines Keimes, so persistiert das Corpus luteum in der Regel längere Zeit. Fällt das Corpus luteum in der frühen Gravidität aus, so geht der Keim gewöhnlich zugrunde. In späteren Phasen der Gravidität übernimmt die Placenta die hormonale Sicherung, das Corpus luteum wird überflüssig und degeneriert. Im Einzelfall variieren das Verhalten und die Lebens- bzw. Funktionsdauer des Gelbkörpers erheblich. Bei *Nycteris* geht es sehr früh zugrunde. Auch bei *Cricetulus* soll früh eine endokrine Funktion des Endometriums [31] die Tätigkeit des Corpus luteum ersetzen. Operative Entfernung des Corpus luteum hat Resorption des Keimes oder Ausstoßung der Frucht zur Folge, wenn der Eingriff frühzeitig vorgenommen wird (Maus, Kaninchen, Rind, Ziege, Hund). Bei *Homo*, *Macaca*, *Cavia* und *Sus* kann das Corpus luteum relativ früh entfernt werden, ohne daß die Gravidität unterbrochen wird. Die Ratte verhält sich intermediär. Beim Pferd geht das Corpus luteum graviditatis am 35. Tag der Schwangerschaft spontan zugrunde. Zu dieser Zeit steigt der Blutspiegel an gonadotropem Hormon an. Hierdurch werden zahlreiche Follikel luteinisiert (Luteinisierung der Theca interna-Zellen), offenbar kommt es aber auch zu Ovulationen. Diese sekundären Gelbkörper degenerieren um den 150. Tag wieder. Die Eierstöcke bleiben während der restlichen Zeit der Gravidität inaktiv. Exstirpation der Ovarien hat nach diesem Zeitpunkt keinen Einfluß auf den Ablauf der Schwangerschaft. Bildung und Differenzierung des Corpus luteum kann in sehr verschiedener Weise vor sich gehen. Um die Fülle der Erscheinungen überblicken zu können, ordnen wir die Vorgänge in drei Gruppen ein:

1. Große Bläschenfollikel mit reichlichem Liquor: Corpus luteum-Bildung durch Granulosafaltung (z. B. *Canis*, *Bos*, viele Primaten, *Homo*).
2. Liquorarme Follikel: ohne Faltung der Granulosawand (*Sorex*, viele Chiroptera, Corpus luteum menstruationis bei *Macaca*).
3. Solide Reiffollikel: Corpus luteum-Eversion (C. lut.-Prolaps): *Setifer* und andere Centetidae, *Geomys bursarius* Shaw. Nicht hiermit identisch ist abnormer Corpus luteum-Prolaps, wie er nicht selten bei Affen und Mensch beobachtet wird.

Corpus luteum-Bildung mit Granulosafaltung (Abb. 22). Es handelt sich um den Modus der Gelbkörperbildung, der bei Eutheria wahrscheinlich am häufigsten vorkommt. Ist der Follikel gesprungen, so kollabiert er. Seine Wand faltet sich in charakteristischer Weise ein. Doch dürfte nicht in allen Fällen die Entleerung des Liquors die Faltung verursachen, denn bei Fuchs und Hund ist eine sehr ausgeprägte Faltung bereits lange vor dem Follikelsprung an

GRAAFschen Follikeln nachweisbar [346]. Das Ausmaß der Faltung ist bei verschiedenen Arten sehr wechselnd (relativ gering beim Kaninchen). Im Inneren des Follikelcavums findet sich häufig Blut (Corpus rubrum). Im Lebenszyklus des Gelbkörpers unterscheidet man gewöhnlich ein Proliferationsstadium, daran anschließend das Stadium der Vascularisation, das Blütestadium und das Rückbildungsstadium [867 a]. Heftig umstritten ist die Frage, ob während der Bildung des Corpus luteum die Granulosazellen sich vermehren. Eine Vermehrung der Granulosazellen durch Mitose vor dem Follikelsprung ist als Vorbereitung der Corpus luteum-Bildung vielfach zu beobachten (*Homo*). Nach dem Follikelsprung jedoch spielt eine echte Proliferation bei sehr vielen Formen offenbar keine Rolle (Centetidae [1261 a], *Homo* [59 a], *Macaca* [268, 80, 549], *Oryctolagus* 269 a, b, 531]). Die Vergrößerung der Gelbkörper beruht also in diesen Fällen auf Hypertrophie der Epithelzellen, nicht auf Hyperplasie. Beim Kaninchen erreichen die Luteinzellen am achten Tage nach der Ovulation den achtfachen Durchmesser der Follikelzellen. Die Grenze zwischen Follikelepithel und Bindegewebszellen der Theca interna wird bei der Gelbkörperbildung sehr schnell verwischt, da auch die Bindegewebszellen epitheloiden Charakter annehmen können (»Paraluteinzellen« *Macaca*, *Homo*). Bindegewebe und Gefäße dringen von außen her in das Granulosaepithel ein. Lipoides, gelbliches Pigment (Lutein) wird in den Granulosazellen abgelagert; das Gebilde nimmt den Charakter einer Hormondrüse an. Das Blütestadium des Gelbkörpers ist erreicht. Beim Kaninchen wird am dritten Tage nach der Ovulation die Luteinablagerung deutlich. Am achten Tage ist das volle Blütestadium erreicht. Das Restcavum des Follikels persistiert ungefähr bis zum 15. Tage. Im Corpus luteum bildet das Bindegewebe ein interepitheliales Netz, das als Leitweg für die Gefäße dient. Beim Menschen wird das Blütestadium am 7. bis 12. Tag (nach STIEVE bereits am zweiten Tage) nach dem Follikelsprung erreicht. Das weitere Schicksal des Corpus luteum hängt davon ab, ob eine Befruchtung erfolgt und ob ein Keim zur Implantation gelangt. Tritt keine Befruchtung ein, so bildet sich beim Menschen der Gelbkörper zurück. Lebens- und Funktionsdauer sind starken individuellen und artlichen Schwankungen unterworfen. Das Corpus luteum menstruationis wird beim Menschen gewöhnlich nach 12 Tagen funktionslos. Zusammenbruch des Gelbkörpers hat innerhalb von drei Tagen Desquamation des Endometriums (Menstruation) zur Folge. Bei vielen Formen kann Ausbleiben einer Befruchtung nach eingetretener Ovulation die sogenannte Pseudogravidität (Scheinschwangerschaft) zur Folge haben. Somatische und psychische Graviditätsveränderungen treten dann, ohne daß ein Keim vorhanden ist, unter dem Einfluß des Corpus luteum auf. Bei Maus und Ratte bedarf das Corpus luteum der Aktivierung durch den

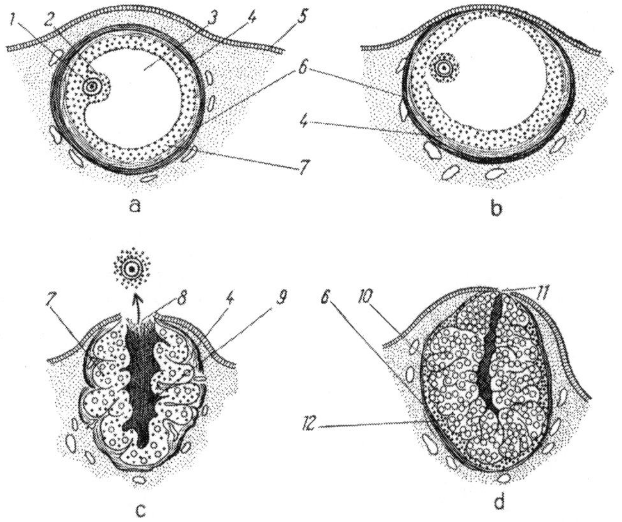


Abb. 22. Schema der Corpus luteum-Bildung mit Granulosafaltung. a) Reifer de GRAAFscher Follikel. b) Follikel kurz vor dem Sprung, c) Ovulation. d) Corpus luteum gebildet

*1* Oocyte
*2* Cumulus oophorus
*3* Cavum folliculi
*4* Theca interna
*5* Keimepithel
*6* Theca externa
*7* Granulosa
*8* Blut
*9* Gerinnsel
*10* Granulosaluteinzellen
*11* Stigma
*12* Thecaluteinzellen

Deckakt. Diese kann experimentell durch Cervixreizung ersetzt werden. Aktivation des Corpus luteum ohne Befruchtung hat Pseudogravidität zur Folge. Beim Meerschweinchen bildet sich das Corpus luteum in der zweiten Woche nach der Brunst zurück.

Im Schrifttum findet sich häufig die Angabe, daß außer den Follikelepithelzellen auch die Zellen der Theca interna an der Bildung von Luteinzellen beteiligt sind oder daß die Follikelzellen degenerieren und die Thecazellen ausschließliche Quelle der Luteinzellbildung sind. Offenbar liegen die Dinge nicht einheitlich. Mit großer Wahrscheinlichkeit darf heute gesagt werden, daß in erster Linie die Granulosazellen Mutterzellen der Luteinzellen sind. *(Oryctolagus)* (a) Luteinzellen stammen nur vom Follikelepithel [264b, 531, 867a, 868, 1068, 1176a, 1261a], b) Luteinzellen stammen nur von Thecazellen ab [254a, 319a], c) Granulosa- und Thecazellen sind an der Luteinzellbildung beteiligt [1284a, b] Microchiroptera.) Nach Schafer [1112a] soll bei Maus und Frettchen der Modus a, bei *Homo* und *Oryctolagus* der Modus b vorkommen. Die Schwierigkeiten der Deutung dieser histogenetischen Vorgänge werden erheblich vergrößert durch die Tatsache, daß von bestehenden Gelbkörpern ein hormonaler Luteinisierungseffekt ausgehen und verschiedenartige Gewebselemente des Eierstockes ergreifen kann. So können akzessorische Gelbkörper durch Luteinisierung nicht ovulierter Follikel entstehen (Affen). Dasselbe ist für *Homo*, wenn auch in geringerem Umfang, und für *Equus* [258a] gefunden worden. Sehr eindrucksvoll sind die Befunde von Mossman und Judas an *Erethizon dorsatus* L. [906a]. Bei dieser Art ergreift der Luteinisierungsprozeß auch indifferente Stromazellen, die dann noch dem Corpus luteum einverleibt werden können. Epitheliale wie mesenchymale Zellen haben also bei dieser Art die Fähigkeit zur Bildung der hochspezialisierten Luteinzelle bewahrt. So ist auch bei anderen Formen die Beteiligung von Thecaelementen an der Luteinzellbildung vorstellbar. Ein großer Teil der als »Zwischenzellen des Ovars« bezeichneten Elemente — es handelt sich hierbei um genetisch und funktionell sehr verschiedenwertige Zellen — besteht wahrscheinlich aus luteinisierten Zellen der Theca atresierender Follikel (Kaninchen u. a. Nager). Beim Menschen sind derartige Zellen nur in der frühen Kindheit häufig. Die genetische und funktionelle Deutung stationärer Zellbilder wird wesentlich dadurch erschwert, daß der Formwandel der Zellen außerordentlich rasch abläuft und recht erheblich sein kann. Nur engseriierte Stadien, die zeitlich exakt determiniert sind, lassen Aussagen zu.

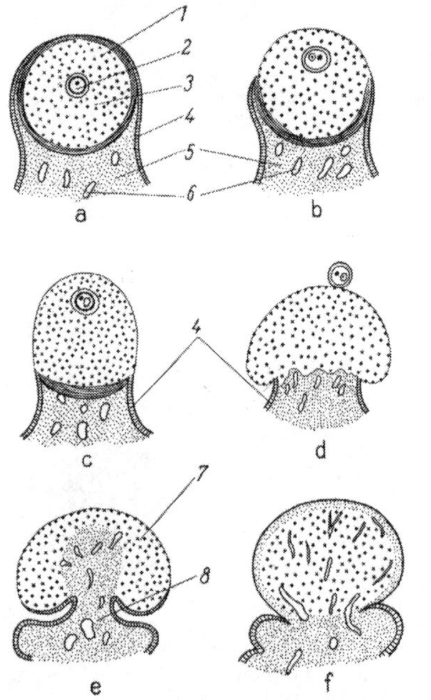


Abb. 23. Corpus luteum-Bildung bei soliden Follikeln ohne Cavum. (Nach F. Strauss.) a) Solider Reiffollikel. b) Beginnende Eversion. c) Der Follikel wölbt sich über die Oberfläche des Ovars vor. d) Ausstoßung der Eizelle. e) Bildung des gestielten Corpus luteum. f) Neue epitheliale Bedeckung des Corpus luteum in Bildung

*1* Solider Reiffollikel *5* Stroma
*2* Oocyte *6* Gefäße
*3* Follikelepithel *7* Corpus luteum-Eversion
*4* Keimepithel *8* Stiel des Corpus luteum

Corpus luteum-Bildung bei liquorarmen Follikeln ohne Granulosafaltung (*Sorex*, einige Microchiroptera) unterscheidet sich nur graduell von dem soeben beschriebenen Modus. Die feinstrukturellen Vorgänge sind die gleichen. Hingegen muß auf die Gelbkörperbildung bei soliden Reiffollikeln ausführlicher eingegangen werden. Am ausgeprägtesten findet sich dieser Modus bei *Setifer* und *Hemicentetes* [1261a] (Abb. 23). Der Ovulationsvorgang (S. 47) verläuft nicht abrupt. Intrazelluläre Flüssigkeitsaufnahme führt zur Quellung der Granulosazellen. Der Follikel wölbt sich vor und zerreißt die deckende Schicht des Keimepithels (Abb. 23). Das Ei wird mit den vorquellenden Granulosazellen an die Oberfläche befördert und in den Ovarialbeutel entleert. Die Luteinisierung der Granulosaepithelzellen schreitet von der Basis zur Oberfläche vor und führt zu einer pilzhutartigen Ausstülpung des Gelbkörpers, der an einem aus gefäßführendem Bindegewebe bestehenden Stiel sitzt. Dieser Stiel bildet einen zentralen Bindegewebszapfen, der schließlich die Oberfläche erreicht (Abb. 23e, f) und eine neue Bedeckung des Corpus luteum schafft.

## Übersicht über die Charakteristika der Bildung und Struktur des Corpus luteum bei den verschiedenen Gruppen der Eutheria [cf. 535a]

### 1. Insectivora:

*Blarina brevicauda* Say. [984]. Luteinisierung beginnt oft vor der Ovulation; gelegentlich auch Imprägnation der Eizelle intrafollikulär. Reiffollikel 0,5 bis 0,55 mm Durchmesser; Corpus luteum maximal 0,75 mm; Luteinisierung schreitet von peripher nach zentral vor. Maximale Ausbildung des Corpus luteum, wenn Embryo 3 mm lang, Rückbildung, wenn Embryo 7 mm. Starke Luteinisierung des Zwischengewebes.

Keine Granulosafaltung bei *Sorex araneus* L.

*Neomys fodiens bicolor* Shaw. [1023]. Durchmesser des sprungreifen Follikels 400 $\mu$, Antrum klein. Frisches Corpus luteum 395 $\mu$ Maximum 1000 $\mu$. Starke Luteinisierung des Stroma, keine Abgrenzung zwischen Corpus luteum und luteinisiertem Stroma, wenn 4 bis 8-Zellstadium erreicht. Luteinisierung beginnt mit der Theca interna und ergreift dann die Granulosa. Keine Granulosafaltung (?).

*Erinaceus europaeus* L. [306b]. Granulosazellen sollen nach Ovulation keine Luteinzellen bilden, wenn keine Gravidität oder Pseudogravidität eintritt. Rückbildung während der Laktationsperiode.

*Talpa europaea* L .[1014a, 844a]. Luteinisierung beginnt vor der Ovulation, Theca interna-Zellen vielleicht beteiligt. Starke Vaskularisation kurz vor der Geburt, Rückbildung während der Laktation.

*Elephantulus rupestris jamesoni* Chubb (= *E. myurus jamesoni*) [655a, b, 658b, 661a]. Echte Menstruation kommt vor. Extreme Polyovulation spontan (120 Eier, von denen nur zwei zur Entwicklung gelangen). Luteinisierung beginnt vor der Ovulation und führt zur Obliteration des Follikelcavums. Luteinzellwucherung führt zur Ausstoßung der Eizelle. Corpus luteum-Eversion. Theca interna vor der Ovulation am stärksten entwickelt, bildet vaskularisiertes Bindegewebekissen unter dem Corp. luteum-Polypen. Keine Thecaluteinzellen. Später partielle Inversion, trabekulärer Bau des Corpus luteum. Corpus luteum graviditatis bildet sich in gleicher Weise. Luteinzellen schwellen an und erreichen maximale Größe, wenn Embryo 10 mm Länge hat. Zwei Typen von Luteinzellen (acidophile Einschlüsse und vakuolisierte Luteinzellen). Spätere Fetteinlagerung in Luteinzellen und anschließend deren Schwund. Im letzten Drittel der Gravidität erneutes Auftreten feiner Vakuolen in den Luteinzellen, schließlich fein granuläre Cytoplasmastruktur. Rückbildung sofort nach Partus. Die zweite Phase der Aktivität der Luteinzellen steht möglicherweise mit der Stabilisierung der Placentarbildung in Zusammenhang.

*Setifer* und *Hemicentetes* [1261a, 1262] haben solide Reiffollikel und evertierte gestielte Corpora lutea (S. 50).

### 2. Chiroptera:

Bei *Nyctalus* und *Plecotus* ist das Follikelcavum zur Zeit der Ovulation sehr klein. Keine Granulosafaltung. Theca interna wird luteinisiert. Später schwindet die Theca externa und die Luteinisierung greift aufs Stroma über. Bei *Rhinolophus hipposideros* (Bechstein) [844b] hat das Corpus luteum einen Durchmesser von 500 bis 550 $\mu$. Wenn die Blastocyste zur Anheftung kommt, ist es fast so groß, wie der Rest des Ovars. Corpus luteum-Eversion und Stielbildung kommen vor.

Bei *Rhinolophus ferrum equinum* (Schreber) bleibt das Corpus luteum unter der Oberfläche des Ovars. Eversion kommt gelegentlich vor. Rückbildung des Corpus luteum während der Laktation.

Bei *Nycteris luteola* Thomas [844c] wird das Corpus luteum sehr frühzeitig rückgebildet (S. 48). Die Differenzierung in äußere und innere Thecaschicht fehlt bei *Myotis lucifugus* Le Conte [1425a] und *Eptesicus fuscus* Pal. de Beauv. Keine Granulosafaltung. Cavum fehlt bei *Eptesicus* regelmäßig, bei *Myotis* oft.

### 3. Primaten (Abb. 24):

Bei *Alouatta* kommt Granulosafaltung vor. Die Theca interna-Zellen hypertrophieren (Fettspeicherung), bleiben aber auch in Spätphasen der Gravidität von den Granulosaluteinzellen unterscheidbar [1200, 307a]. Eingehende Untersuchungen an engseriiertem Material liegen für *Macaca mulatta* Zimm. vor [269a, b, 549, 267a, 267b]. Beim Rhesusaffen (28tägiger Zyklus) erfolgt die Ovulation am 13. (9. bis 17. Tag). Das Corpus luteum von *Macaca mulatta* Zimm. beginnt nicht vor dem 13. und nicht nach dem 15. Tag seiner Existenz zu degenerieren, falls keine Gravidität eintritt. Nach dem Follikelsprung gibt es keine Proliferation mehr. Der Follikel hat vor dem Sprung 4 bis 8 Zellschichten. Granulosafaltung kommt regelmäßig vor. Am zweiten Tag beginnen die Granulosazellen sich zu vergrößern und vakuoläre Einlagerungen zu bekommen. Die Luteinisierung wird am vierten Tag deutlich und schreitet von außen nach innen vor. Die Theca interna-Zellen schwellen an und werden den Granulosazellen immer ähnlicher, so daß nun (4. bis 7. Tag) eine Unterscheidung nicht mehr möglich ist. Dann aber wachsen die Granulosaluteinzellen erheblich stärker, so daß am 10. bis 11. Tag die Thecaluteinzellen wieder deutlich abgrenzbar werden. Dieser Befund verdient hervorgehoben zu werden in Hinblick auf die verschiedenen Angaben über das Schicksal der Thecaluteinzellen, die häufig ohne ausreichendes Material gemacht wurden. Am 10. bis 12. Tag wird das Funktionsstadium des Gelbkörpers erreicht. Bis zu diesem Zeitpunkt ist das Corpus luteum gravider und nicht gravider Tiere identisch gebaut. Am 12. Tag (25. Zyklustag) treten Unterschiede

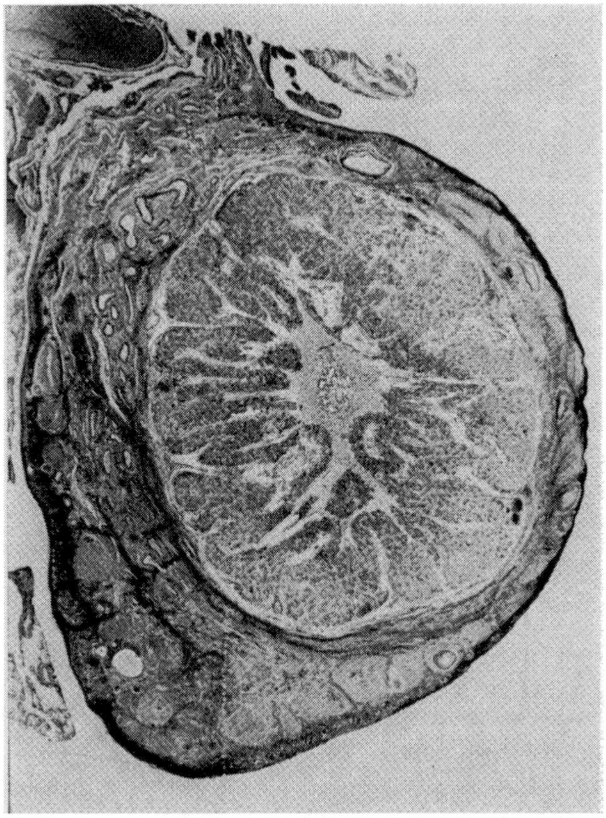

a)

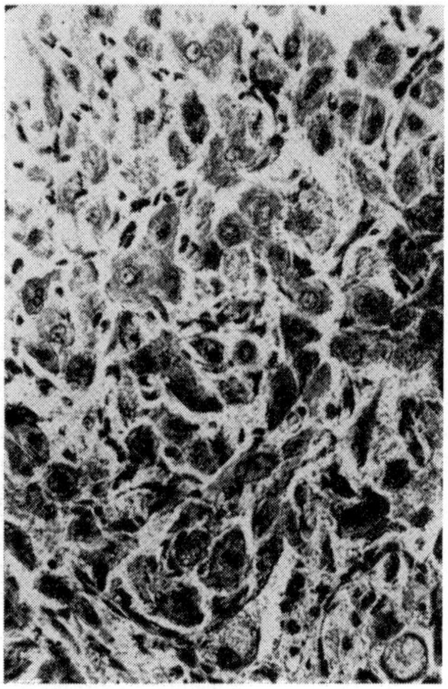

b)

Abb. 24. *Papio doguera doguera* Pucheran. Corpus luteum graviditatis (Muttertier des Embryos der Abb. 108, Somitenstadium). a) Übersichtsbild, Granulosafaltung, zentraler Hohlraum, b) Luteinzellen, starke Vaskularisation, Ausschnitt aus a. (Material Äthiopienexp. d. Verf. 1955/56)

auf. Bei nicht graviden Tieren setzt nun die Rückbildung ein, die zunächst mit einer Vergrößerung des Gelbkörpers (Lipoidanhäufung) verbunden ist. Kernpyknosen und Kernfragmentation werden in der Folge deutlich. Am Tage vor der nächsten Menstruation ist der Zusammenbruch auch morphologisch deutlich. Das Organ verliert an Volumen. Bei graviden Tieren verkleinern sich die Luteinzellen in späteren Phasen der Schwangerschaft (Abb. 24). Rückbildung der intrazellulären Vakuolen und Erweiterung der Blutkapillaren sind zu beobachten. Die Thecaluteinzellen schwinden um den 86. Tag der Gravidität. Die Untersuchungen haben so weitgehende Unterlagen geschaffen, daß eine Altersgruppierung der Gelbkörper des Rhesusaffen nach dem histologischen Bild bis auf wenige Tage möglich ist. Die starken und schnell wechselnden Formänderungen der Thecaluteinzellen (Paraluteinzellen) erklären die Angabe, daß diese Elemente zu echten Luteinzellen werden können. Bei *Alouatta* (Gravidität, Fet 130 mm Scheitel-Steiß-Länge [1200]) fanden sich deutlich differenzierbar beide Arten von Luteinzellen.

Neben der normalen Rückbildung kommen beim Rhesusaffen atypische Gelbkörper vor. So können Corpora lutea lange Zeit, ohne Rückbildung zu zeigen, in einem inaktiven Zustand persistieren (Corpora aberrantia). Sie sind stark gefaltet und haben einen deutlichen Saum von Theca-Luteinzellen. Daneben kommen in etwa 17% der Zyklen akzessorische Gelbkörper durch Luteinisierung von Follikeln vor. Diese bilden Progesteron. Verfasser fand akzessorische Gelbkörper bei einem in freier Wildbahn erlegten *Papio doguera* Pucheran (Somitenstadium der Embryonalanlage).

*Papio comatus* E. Geoff. und *Papio hamadyras L.* [1499a] zeigen starke Granulosafaltung. 7 bis 8 Tage nach der Ovulation ist das Corpus luteum voll ausgebildet. Bald danach beginnt bei nicht trächtigen Tieren die Rückbildung. Am 17. Tag ist die Drüse fibrös. Während der Gravidität erreicht das Corpus luteum seine maximale Entfaltung in der dritten Woche. Rückbildung sehr langsam bis zur 26. Woche, dann rapide Rückbildung. Beteiligung von Theca interna-Zellen an der Luteinzellbildung wird angegeben.

Beim Gorilla [1104] soll der Schwangerschaftsgelbkörper sich ähnlich wie bei *Homo* verhalten. Luteinisierung von Thecazellen kommt beim Gorilla und Schimpansen reichlich vor.

Für *Homo* liegen ebenfalls Untersuchungen an umfangreichem Material vor ([206a]: 97 Ovarien). Bereits 24 Stunden nach der Ovulation sprossen Kapillaren in die Granulosa ein. Die Vaskularisation ist nach 7 bis 8 Tagen beendet. Das Blütenstadium (8. bis 10. Tag) fällt mit dem Stadium der deutlichsten Vaskularisation zusammen. Dann folgt sofort der Zusammenbruch, der histologisch am Rückgang der Durchblutung und an der Zunahme des

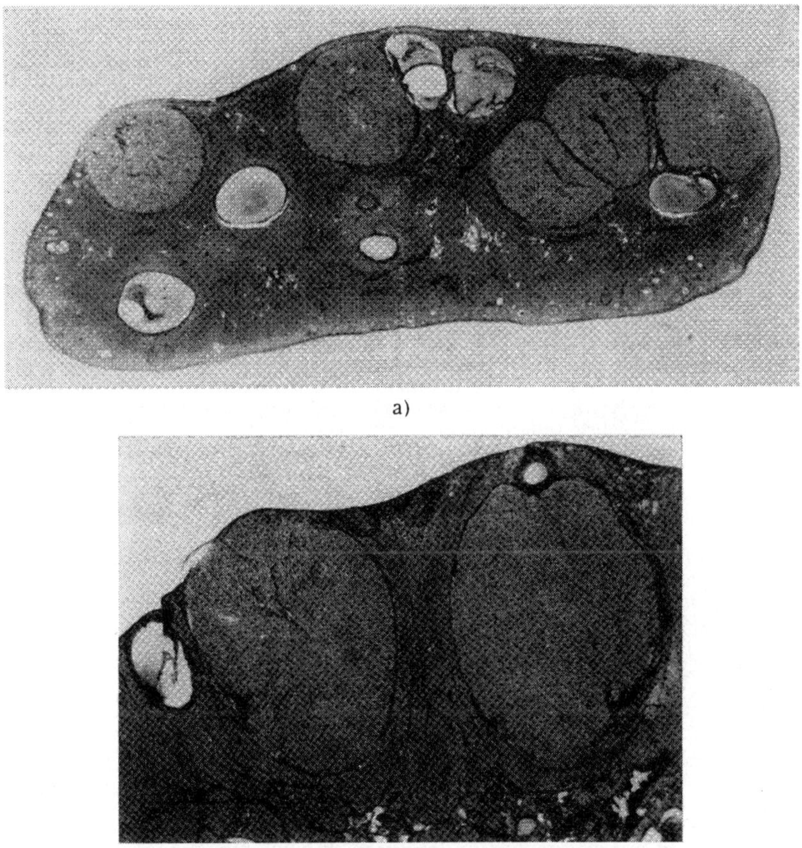

a)

b)

Abb. 25. a) *Oryctolagus cuniculus L.*, Längsschnitt durch ein Ovar mit 5 großen Gelbkörpern, 9. Tag der Gravidität. Kein Cavum folliculi mehr vorhanden. b) Zwei Corpora lutea des gleichen Ovars. Links noch Reste der Follikelhöhle sichtbar

Bindegewebes kenntlich ist. Die Regression beginnt also 4 bis 6 Tage vor der Menstruation und ist am ersten Tage der Blutung in vollem Gange. Auch beim Menschen wird mit dem Eintritt der Rückbildung eine Zunahme der Lipoidspeicherung in den Granulosazellen deutlich. Während der Funktionsphase sind die Lipoidvakuolen klein und regelmäßig. Für diese Phase ist hoher Gehalt an Phosphorlipoiden und geringer Gehalt an Cholesterolestern charakteristisch. In der Rückbildungsphase findet sich umgekehrtes Verhältnis der Lipoidfraktionen. Der Gelbkörper der jungen Gravidität zeigt alle Merkmale der Aktivitätsphase. Bachmann [59a] hat auf Unterschiede im Verhalten der argyrophilen Fasern hingewiesen. Im Vaskularisationsstadium werden Gruppen von Granulosaluteinzellen von diesen Fasern umsponnen, im Blütestadium aber die einzelnen Zellen. Der Blutgehalt des menschlichen Gelbkörpers kann sehr wechseln. In der Regel ist der Blutgehalt zunächst nur gering. Der Bluterguß im Cavum kommt gewöhnlich nicht beim Follikelsprung, sondern erst während der Vaskularisation zu Stande und erfüllt selten den ganzen Gewebekern. Während der Menstruation hingegen findet sich gewöhnlich frisches Blut, das den großen Kern des Gelbkörpers durchsetzt (Rückbildungszeichen).

## 4. Xenarthra:

*Dasypus novemcinctus L.* Inaktivitätsphase des Gelbkörpers vor der Implantation. Rückbildung in der zweiten Hälfte der Gravidität [523a, 524a].

## 5. Lagomorpha:

*Oryctolagus cuniculus* L. [1176c, 639a, 257a, 531, 306a, 1310c]. Ovulation 10 bis 10½ Stunden nach dem Deckakt. Blutung mäßigen Grades. Kein Follikelkollaps. 24 Stunden nach der Kohabitation haben die Theca interna-Zellen Fett gespeichert. 30. Stunde: Ganzer Gelbkörper fettfrei. 55. Stunde: Cavum gegen die Oberfläche abgeschlossen. 3. Tag: Starke Vaskularisation, Vakuolisierung der Luteinzellen. 5. bis 8. Tag: Maximale Größe der Luteinzellen (Abb. 25). 15. Tag: Cavum obliteriert. 31. Tag: Vakuolisierung sehr ausgeprägt. Rückbildung nach der Geburt. Corp. luteum der Pseudogravidität vakuolisiert am 18. Tag, dann Rückbildung.

## 6. Rodentia:

Die große Gruppe der Nagetiere zeigt, wie im Ablauf der Frühentwicklung, auch in der Bildung des Gelbkörpers bei den verschiedenen Gruppen sehr erhebliche Unterschiede. Genaue Daten liegen über relativ wenig Arten vor. So kann das Corpus luteum sehr lange persistieren (bei *Citellus* und *Marmota* mehrere Wochen post partum). Bei *Sciurus carolinensis* Gmelin [306e] erreicht es hingegen sehr schnell seine maximale Ausbildung (1 bis 1,3 mm) und wird vor der Geburt rückgebildet. Bei *Geomys bursarius* (Shaw) [900a] kommt häufig Corpus luteum-Eversion vor. Starke Theca interna-Entfaltung vor der Ovulation, keine Theca-Luteinzellen; trabekulärer Bau; lange Persistenz des Cavum. Rückbildung früh. Bei *Mesocricetus auratus* Waterhouse [306d] ist der Gelbkörper am 3. Tag aktiv. Bau solid. Rückbildung früh. Durchmesser des Corpus luteum ovulationis: ~700 μ, des Corpus luteum pseudograviditatis: 850 μ, des Corpus luteum graviditatis: 900—1000 μ. Rückbildung des Corpus luteum der Pseudogravidität ab 7. Tag, des Corpus luteum graviditatis sofort nach dem Partus. Außerordentlich rasche Rückbildung bei *Cricetulus barabensis griseus* [973a] Milne-Edw. Bei *Microtus agrestis* L. [183, 183a] wächst das Corpus luteum während der ganzen Gravidität und erreicht kurz vor dem Partus die maximale Ausdehnung (1250 μ).

Bei *Clethrionomys glareolus* Schreber [185a] ist ein erstes Maximum (Durchmesser 1300 μ) erreicht, wenn der Keim sich auf dem 8-Zellen-Stadium befindet. Eine zweite Wachstumsphase beginnt zur Zeit der Implantation und dauert bis zur Geburt. Die Angaben über die Gelbkörper-Bildung bei *Mus musculus* L. sind nicht einheitlich [306a, 1176a,b, 1310a,b]. Nach Sobotta kommt sekundäre Aufblähung des kollabierten Follikels vor, nach Deansley sind die Corpora lutea 4½ h post copulationem solid. Sobotta und Allen finden Reste des Cavums bis zum 3. Tag. Die Theca interna-Zellen hypertrophieren früh und sind größer als die Granulosazellen. 16 Stunden post ovulationem ist der Gelbkörper vaskularisiert, die Thecazellen verlieren nun die Lipoideinlagerungen. Maximale Ausdehnung des Corpus luteum am 2. bis 3. Tag (10. bis 14. Tag). Theca interna bildet keine Luteinzellen. Bei der Ratte [8156, 81a] kommt Follikelkollaps und sekundäre Aufblähung nach Verschluß des Stigmas vor. 48 Stunden post ovulationem ist die Luteinisierung weitgehend erreicht. Größte Ausdehnung (800 μ) nach 3 Tagen. Anschließend sofort Rückbildung des Corpus luteum ovulationis.

Während der Gravidität persistieren die Gelbkörper bis zum Ende der Gestation. Maximum des Durchmessers des Graviditäts-Gelbkörpers 2000 μ nach dem 11. Tag.

Bei *Erethizon dorsatum* L. [906a] kommt es zu einer sehr starken Luteinisierung von atretischen Follikeln und Stromazellen (S. 50).

*Cavia porcellus* L. [1177a, 814a,b, 815a] zeigt Persistenz der Follikelsprungstelle für kurze Zeit. Gelegentlich kommt Eversion vor. Nach dem 2. Tag erscheint der Gelbkörper kompakt. Die Thecazellen schwellen an und lassen sich nicht von den Luteinzellen unterscheiden. Maximale Ausdehnung am 10. bis 11. Tag, dann langsam Rückbildung, diese um den 48. Tag abgeschlossen.

## 7. Cetacea [535a, 539, 825a]:

Die Gelbkörper der Wale erreichen enorme Größe (10 cm Durchmesser bei Mystacoceti) und können über viele Jahre in inaktivem Zustand persistieren, so daß bis zu 50 Corpora lutea in zwei Ovarien vorhanden sein können (Methode zur Altersbestimmung).

Harrison fand bei *Globiocephala melaina* Traill junge aktive Gelbkörper von 2 cm Durchmesser, bei gravidem Tier (Fet 42 cm) 4,5 cm Durchmesser. Starke Granulosafaltung. Große vakuolisierte Theca interna-Zellen. Viele mehrkernige Riesenzellen (bis zu 6 Kerne, Durchmesser 45 μ). Rückbildung in später Gravidität.

## 8. Carnivora fissipedia:

Katze [302a,b]. Starke Granulosafaltung, von der auch die Theca interna betroffen wird. Keine Blutung. Am 3. Tag ist die Follikelwand stark verdickt, am 5. Tag ist die Öffnung des Cavums nach der freien Oberfläche verschwunden.

Das Cavum obliteriert bis zum 7. Tag. Falten werden jetzt undeutlich, doch bleiben Bindegewebssepten bis zum 21. Tag erhalten. Maximale Entfaltung des Corpus luteum am 10. bis 16. Tag nach der Begattung. Das Corpus luteum graviditatis beginnt um den 20. Tag sich zurückzubilden, ist aber bis zum 50. Tag der Gravidität notwendig zur Aufrechterhaltung der Trächtigkeit. Lebensdauer 6 bis 8 Monate. Lokalisierte Theca interna-Hypertrophie kommt vor, Aktivität derselben aber nur fibroblastisch. *Felis silvestris grampia* Miller verhält sich ähnlich wie die Hauskatze [844d].

*Vulpes fulva* Desmarest [985a]. Starke Granulosafaltung vor der Ovulation. Zwei Typen der jungen Corpora lutea: a) locker angeordnete Zellen, b) bei überstürzter Luteinisierung kompakte Struktur.

Haushund [346, 913a]. Starke Granulosafaltung vor der Ovulation, Gelbkörper in der ersten Woche sehr locker, ab 8. Tag kompakt. Maximale Größe der Luteinzellen am 10. Tag des Metöstrus (16. Tag post ovulat.) (Abb. 26). Degeneration beginnt am 30. Tag des Metöstrus.

*Mustela putorius furo* L. Schlußkoagulum, keine Follikelblutung, reichliche Bildung tertiären Liquors, dadurch sekundäre Aufblähung des kollabierten Follikels. Größte Ausdehnung des Corpus luteum 3. bis 5. Woche nach der Ovulation. Ovarien bestehen nun fast nur aus Lutealgewebe. Zusammenbruch 3 bis 4 Tage vor dem Partus.

*Mustela erminea* L. Die Gelbkörper der Ovulation sind stark vaskularisiert, die Luteinzellen aber klein und inaktiv. Aktivierung nach der Tragezeitverzögerung (S. 117) [306c, 1383, 1419a]. *Mustela vison* SCHREBER ähnlich [533].

Vor definitiver Implantation »Regeneration« und Neubildung von Gelbkörpern bei *Mustela frenata* LICHTENST., *cicognanii*, BONAP., *Martes americana* TORTON, *caurina* MERRIAM [1419a].

*Crocotta crocuta* ERXLEBEN besitzt Reiffollikel von 1 cm Durchmesser [844d]. Das Cavum ist weit und enthält Blutgerinnsel und Fibrin. Bei einer Gravidität (Embryo 80 mm) war die Vaskularisation vollständig, das Cytoplasma der Luteinzellen vakuolär. Etwa von der Mitte der Gravidität an ist das Cavum obliteriert. Der Gelbkörper der Fleckenhyäne ist dadurch bemerkenswert, daß er außerordentlich lange persistiert. Degenerative Veränderungen setzen zwar während der Laktationsperiode ein, doch ist der Prozeß so träge, daß die Gelbkörper offenbar nie vollständig verschwinden.

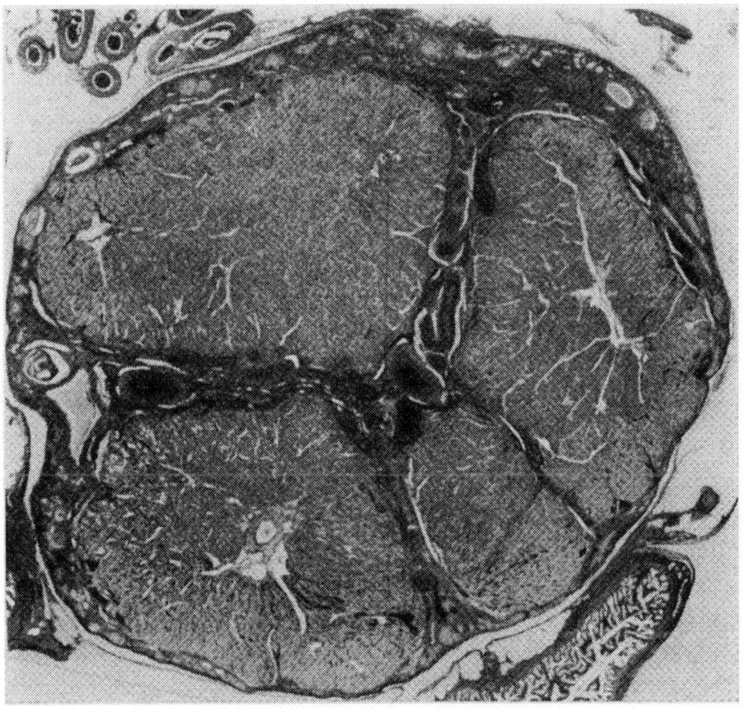

Abb. 26. *Canis familiaris* L. (Whippet), 11 Monate alt, Querschnitt durch das Ovar 2 Wochen nach der Hitze. Virginelles Tier. 4 Gelbkörper mit starker Granulosafaltung und Resten der Follikelhöhle im Schnitt getroffen

## 9. Pinnipedia:

*Callorhinus ursinus* (L.) [342]. Gelbkörper länglich oval, später rund. Persistiert über 1 Jahr, ist nach 1 Jahr größer als mit 2 bis 3 Monaten.

## 10. Proboscidea:

Einige Angaben von PERRY an *Loxodonta africana* BLUMENBACH [986a] erlauben noch keine Aussage über den ganzen Zyklus des Gelbkörpers. Beim Elefanten finden sich wie bei *Equus* viele Gelbkörper während der Gravidität, obgleich sich nur ein Fet entwickelt. Im Gegensatz zu Equiden persistieren aber die Gelbkörper während der ganzen Gestationsperiode. Unklar ist, wie sich das primäre Corpus luteum zu den akzessorischen Gelbkörpern verhält. Bei junger Gravidität (Embryo 12 Gramm) fanden sich fünf aktive Corpora lutea, davon drei mit deutlichen Resten der Rupturstelle. Das histologische Bild aller fünf Gelbkörper war völlig identisch. Wahrscheinlich kommt multiple Ovulation neben sekundärer Luteinisierung von Follikeln vor. Die Corpora lutea werden offenbar während der zweiten Hälfte der Gravidität durch eine weitere Generation von Gelbkörpern ersetzt (Ovulation und außerdem Luteinisierung nicht gesprungener Follikel).

In den Spätphasen der Schwangerschaft wird das Wachstum weiterer Follikel gehemmt. Vorkommen multipler Gelbkörper mit Sprungstelle kann Verfasser auch für *Elephas maximus* L. bestätigen. Die Corpora lutea springen als große Kugeln über die Oberfläche des Eierstockes vor. Eversion und Gelbkörperprolaps sind bisher nicht beschrieben worden.

11. Mesaxonia:

Nur über *Equus caballus* L. liegen Angaben vor [535a, 258a, 840]. Maximale Ausbildung des Gelbkörpers 14 Tage nach der Ovulation (Implantationszeitpunkt). Neben kollabierten Follikeln kommt auch ein früh kompakter Typ der Drüse vor. Vaskularisation am 4. bis 5. Tag. Rückbildung des Gelbkörpers beim nicht trächtigen Tier am 14. bis 17. Tag. Schwangerschaftsgelbkörper degenerieren nach 40 Tagen. Es folgt eine Periode mit starker Luteinisierung atresierender Follikel, vielleicht neue Follikelrupturen. Bildung sekundärer Gelbkörper. Rückbildung nach dem 150. Tag (S. 50).

12. Paraxonia:

Untersuchungen liegen vor über *Sus scrofa* L. (264a, b, c), Rind [856a, 530, 765a, 632a], Schaf [839a, 1375a] und Ziege [537].

Diese Formen verhalten sich ähnlich. Das Cavum persistiert bei *Bos*; bei den übrigen drei Arten ist der Gelbkörper vom 8. Tag an kompakt. Gelbkörperhernien sind beim Rind häufig, seltener bei den anderen Paarhufern. Die Theca interna-Zellen dringen früh (1. bis 3. Tag) in die Granulosa ein. Gleichzeitig beginnt die Vaskularisation, die am 12. Tag abgeschlossen ist. Luteinisierung der Granulosazellen ist am 6. Tag vollständig. Die Theca interna-Zellen sollen nicht fibroblastisch sein (*Sus, Capra*). Das Reticulum stammt angeblich nur von Endothelzellen her. Die Thecazellen sollen sich um den 18. Tag zwischen den Granulosazellen durch ihren Gehalt an Alkalinphosphatase selektiv darstellen lassen. Später enthalten auch Luteinzellen das Ferment. Die cytologischen Rückbildungsvorgänge sind bei den untersuchten Paarhufern ähnlich (Vakuolenbildung, Schrumpfung, Kernfragmentation). Zwischen 35. und 45. Graviditätstag kommt es zu einer Aktivierung (Ziege; 40. Tag *Sus*), die durch Schwund der Vakuolen gekennzeichnet ist. Dieser Zeitpunkt fällt mit der definitiven Ausdifferenzierung der Placenta zusammen.

## 4. Entwicklung der Eutheria

### Imprägnation und Befruchtung

**Ablauf von Besamung und Befruchtung.** Unter Befruchtung versteht man die Vereinigung von zwei haploiden, geschlechtlich differenten Zellen unter Verschmelzung ihrer Zellkerne zur diploiden Zygote. Das Eindringen der Spermie in die Eizelle, die Imprägnation (Besamung) ist die notwendige Voraussetzung der Befruchtung, ist aber mit dieser nicht identisch. Bei Säugetieren wird in der Regel die Eizelle vor Bildung der zweiten Polocyte besamt. An die Imprägnation schließt sich die zweite Reifungsteilung an, erst dann kann die Befruchtung erfolgen. Imprägnation und Befruchtung sind also zeitlich getrennt ablaufende Prozesse.

Die Vorgänge bei der Besamung und Befruchtung wurden zuerst an Evertebraten beobachtet (O. u. R. Hertwig 1875 am Seeigelei). Prinzipiell liegen die Verhältnisse bei Säugetieren gleich. Lebendbeobachtungen wurden vor allem an den Eizellen der Laboratoriumsnager (Maus, Ratte, Goldhamster, Kaninchen) durchgeführt [513, 515, 520, 522, 523, 48, 51, 52, 53, 54]. Die Spermie sucht aktiv die Eizelle auf (Befruchtungsort S. 61) und trifft gewöhnlich derart auf die Zona pellucida, daß der Kopf senkrecht (radiär) oder in wenig geneigtem Winkel die Zona durchbohrt. Diese Penetration erfolgt außerordentlich schnell, denn selbst bei Auswertung eines umfangreichen Beobachtungsmateriales findet man sehr selten Spermien in der Zona pellucida [46]. Das Eindringen der Spermie hat sofort Reaktionen der Eizelle zur Folge, die das Eindringen weiterer Spermien verhindern sollen. Während bei Evertebraten diese Reaktion nur in der Bildung einer Befruchtungsmembran besteht, sind am Säugerei zwei Prozesse zu unterscheiden, eine kortikale Reaktion der Eizelle — der Bildung einer Befruchtungsmembran vergleichbar —, und eine Reaktion der Zona pellucida [46]. Es existieren also zwei Schutzmechanismen, die in spezifisch wechselnder Weise ineinandergreifen können. Die Zona-Reaktion ist sehr deutlich bei Schaf und Hund. Bei *Talpa* und *Oryctolagus* ist sie nur schwach oder fehlt ganz. Bei Maus, Ratte und Goldhamster halten sich beide Prozesse die Waage. Es ist nun die Frage, ob beide Prozesse nebeneinander geordnet sind oder ob es sich um Teilvorgänge eines kausal zusammenhängenden Reaktionsablaufes handelt. Austin und Rothschild [46, 1087] nehmen an, daß der Spermienkontakt mit der Eioberfläche die Bildung einer Substanz verursacht, die durch den Spalt zwischen Eioberfläche und Zona abdiffundiert und einen gerbenden Effekt auf die Zona ausübt. Die Beobachtungen des Vorganges ergeben eine Reihe von Anhaltspunkten für diese Hypothese, wenn auch der direkte Beweis noch aussteht. Ist der Spermienkopf durch die Zona eingedrungen, so findet er sehr schnell Kontakt mit der Eioberfläche und wird hier adhärent (Abb. 27). Der Zonaspalt ist nicht überall gleich weit. Neben dem Gebiet, in dem sich die zweite Reifungsspindel bildet, ist er weiter als im übrigen Bereich. Dringt das Spermium dort ein, wo der Spalt weit ist, so muß ein Teil des Mittelstückes miteindringen, bis der Kontakt zustande kommt. Ist der Spermienkopf nun adhärent geworden, so liegt er tangential der Eioberfläche an (Abb. 27b), dringt aber nicht sofort ein. Bei Maus, Ratte und Goldhamster haftet der Kopf etwa 30 Minuten an der Eioberfläche, bevor er ins Eiplasma aufgenommen wird. Während dieser Zeit kommen die Blokkierungsmechanismen gegen ein weiteres Eindringen in Gang. Die Eizelle rotiert währenddessen, wahrscheinlich infolge von Bewegungen des Schwanzfadens. Schließlich wird der Spermienkopf von dem Cytoplasma der Eizelle umflossen. Die Oberfläche des Plasmas ist in diesem Gebiet leicht vorgewölbt (Homologon des Empfängnishügels der Evertebrata?). Das Ei des Goldhamsters [48, 51] (nicht Maus und Ratte) besitzt kortikale Granula, die in dem Moment verschwinden, in dem der Spermienkopf haftet. Der Schwund der Granula ist offenbar eine sichtbare Manifestation der Rindenreaktion. Granula kommen auch in der Rinde des *Arbacia*-Eies vor und spielen eine wichtige Rolle bei der Bildung der Befruchtungsmembran. Im Cortex des Seeigeleies werden zwei Substanzen, Promembran A und B angenommen, die an Rindengranula gebunden sind. Um beide Substanzen zur Reaktion miteinander zu bringen, muß ein Auslösermechanismus in Gang kommen. Als solcher funktioniert der Eintritt des Spermiums; aber auch verschiedenartige andere Reize können wirksam sein. Die Überführung der Prosubstanzen in die reaktionsbereite Form muß synchron erfolgen und ist an die Anwesenheit gewisser Kationen gebunden.

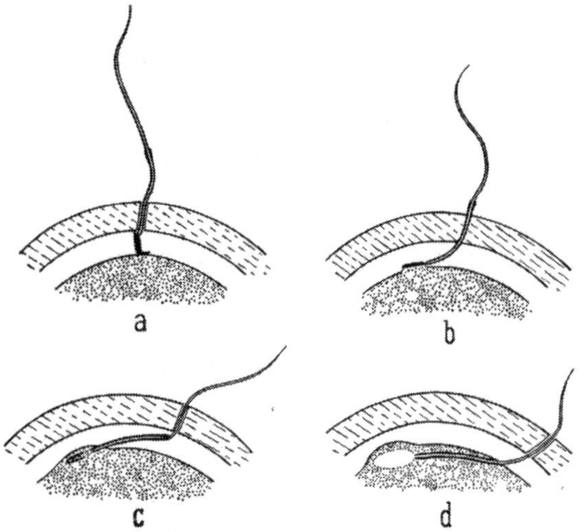


Abb. 27. Vier Stadien der Imprägnation der Eizelle durch das Spermium bei Rodentia nach Austin-Braden (J. exp. Biol. 33, 1956 fig. 1 pg. 360). a) Spermium ist eben durch Zona pellucida gedrungen und bekommt Kontakt zur Eioberfläche. b) Der Spermienkopf liegt tangential der Eioberfläche an. c) Der Kopf ist ins Eiplasma eingedrungen, das Mittelstück ist durch die Zona geschlüpft. Umformung des Spermienkopfes zum männlichen Vorkern beginnt, das hintere Ende des Kopfes ist schwer gegen das Eiplasma abgrenzbar. d) Kopf und Mittelstück sind ins Eiplasma aufgenommen. Umwandlung des Kopfes zum Vorkern ist weiter fortgeschritten. Die Plasmavorwölbung über dem Spermienkopf ist jetzt sehr deutlich

Polyspermie. Im Normalfall dringt nur ein Spermium durch die Zona ein. Dringen gelegentlich mehrere Spermien ein, so kommen sie nicht mehr zur Haftung an der Plasmaoberfläche, wenn die Eizelle bereits besamt ist. Bei Ratte und Maus läuft die Zonareaktion träger ab als beim Goldhamster. Überzählige Spermien beobachtet man beim Goldhamster in 1,6% (von 725 Eiern), bei Ratte 21%, bei der Maus 16% [47, 50]. Eine physiologische Polyspermie kommt beim Eutheria-Ei nicht vor. Gelegentlich werden abnorm hohe Zahlen von Spermien in einzelnen Eizellen festgestellt (echte Polyspermie), so Ratten- und Mäuse-Eier mit bis zu 60 Spermien, *Geomys* mit 65 Spermien. In derartigen Fällen liegt stets eine pathologische Schädigung des Eiplasmas vor. — Experimentell läßt sich bei der Ratte Polyspermie erzeugen, wenn die Tiere nach der Ovulation einer Überhitzung (Steigerung der Rectaltemperatur um $\pm 3^0$) ausgesetzt wurden [50]. Unter 345 Eiern hatten 31% überzählige Spermien, 21% waren polysperm (2 bis 5 Spermien im Eiplasma). Zwischen Höhe und Dauer der Überhitzung und Grad der Polyspermie besteht kein Zusammenhang. Wohl aber ergeben sich Beziehungen zur Körpergröße (Alter). Ratten von 170 bis 200 Gramm Körpergewicht hatten 34% Polyspermie, kleine Tiere (100 bis 130 Gramm Körpergewicht) nur in 13%.

Der perivitelline Spalt ist bei nicht imprägnierten Säugereiern etwas kleiner als bei besamten (Ratte, Maus, Goldhamster usw.). Bei *Mesocricetus* beträgt der Durchmesser der Eizelle vor der Besamung 73,2 $\mu$, nachher 70,9 $\mu$. Dieser Schrumpfungseffekt des Cytoplasmas ist mit einer Dehnung der Zona pellucida kombiniert. Auch in der Weite des Perivitellinspaltes bestehen artliche Differenzen (beim Goldhamster ist er deutlich weiter als bei Ratte und Maus).

Nach dem Eindringen der Spermie ins Ei wird die zweite Polocyte gebildet und ausgestoßen. Beide Polocyten können längere Zeit im perivitellinen Spalt nachweisbar bleiben. Kuhl [768] fand bei der Maus aktive amöboide Beweglichkeit der Polzellen (Wanderung um 180° in 4 Stunden 44 Min.). Sie können bei den Furchungsteilungen passiv in die Furche hineingezogen werden. Die Lage der Polocyte (»Richtungskörperchen«) zeigt also nicht die Lage der ersten Furchungsebene an (Maus). Später degenerieren die Polocyten regelmäßig. Abnormerweise kann eine Wiedervereinigung einer Polzelle mit der unbefruchteten Eizelle vorkommen. Bei vielen Säugern wird das ganze Spermium mit Schwanzfaden ins Eiplasma aufgenommen. Der Schwanzfaden wird zerstört und abgebaut. Vielfach dürfte er schon während der Penetration abgestoßen werden.

Der eingedrungene Spermienkopf wandert auf das Zentrum der Eizelle hin. Gleichzeitig hat er sich vom Mittelstück gelöst, ist aufgeschwollen und dreht sich um 180°. Er wird jetzt als männlicher Vorkern bezeichnet (Pronucleus). Im Schrifttum findet sich häufig die Angabe, daß der männliche Pronucleus deutlich kleiner sei als der weibliche. Bei den mit modernen Methoden untersuchten Säugern (Ratte, Maus, Goldhamster) erreichen beide Vorkerne schnell die gleiche Größe und sind dann kaum noch unterscheidbar [45]. Eine Unterscheidung ist nur während des frühesten Vorkernstadiums möglich, solange der weibliche Vorkern Nachbarbeziehungen zur zweiten Polzelle, der männliche zum Rest des Mittelstückes erkennen läßt. Beide Vorkerne bilden sich gleichzeitig. Bei *Mesocricetus* ist der weibliche Vorkern gelegentlich ein wenig früher gebildet als der männliche.

Mit dem Spermienkopf wird der Eizelle auch das Mittelstück mit dem Centriolenapparat zugeführt. Aus dem proximalen Centriol geht das Centrosom der ersten Teilungsspindel hervor. Nach Ausstoßung der zweiten Polocyte wandert auch der weibliche Vorkern zum Zentrum und die Vereinigung der beiden haploiden Vorkerne kommt schnell zum Abschluß, die Befruchtung ist vollzogen. Das Centrosom teilt sich und beide Tochtercentrosomen rücken an die Pole der künftigen Furchungsspindel. Die Kermembran der Vorkerne verschwindet, die Chromosomen der beiden Vorkerne bilden die Äquatorialplatte der ersten Furchungsteilung. Der Vorgang der Vorkernvereinigung ist bei der Maus (Zeitraffer-Film-Analyse [768]) in 5 Minuten beendet. Damit ist der diploide Zustand hergestellt, die Zygote gebildet und die Embryonalentwicklung in Gang gekommen.

**Entwicklungsanregung, Parthenogenese.** Die Befruchtung der Eizelle hat normalerweise den Beginn der Embryonalentwicklung zur Folge. Entwicklungsanregung ohne Befruchtung (Parthenogenese) ist jedoch möglich. Unter Wirbeltieren gelang die Parthenogenese experimentell erstmalig bei Fröschen (Bataillon, J. Loeb). Aktivierung unbefruchteter Eizellen gelingt auch am Säugetier. Wichtig waren vor allem die Untersuchungen von Pincus [1002, 1003]. Explantation von unbefruchteten Kanincheneiern ergab in 63,8% (136 von 213 Eiern) Anzeichen des Entwicklungsbeginns. Systematische Untersuchungen brachten den Nachweis, daß kurze Behandlung der Eier mit leicht hypotonischen Lösungen den Entwicklungsbeginn induzieren kann. Als Anzeichen der Aktivierung dient die Bildung der zweiten Polocyte. Wirksam ist auch kurze Behandlung mit Hitzeeinwirkung (2 bis 3 Minuten 45 bis 47° C). Reimplantation derartig aktivierter Eier in die Tube ergab, daß die Furchung in Gang kommen kann. Etwa 10% erreichten das Blastocystenstadium. Auch die Furchung aktivierter Kanincheneier in vitro konnte beobachtet werden. Pincus gelang auch die Aufzucht parthenogenetischer Kaninchen. Künstlich aktivierte Eier vom Chinchillakaninchen wurden in die Tuben scheinträchtiger Albinotiere transplantiert. Drei Würfe parthenogenetischer Tiere konnten erzielt werden. Die Jungtiere waren erwartungsgemäß Chinchillatiere weiblichen Geschlechts (y-Chromosom fehlt den Eizellen). Die Tiere sollen diploid sein, doch bedürfen die Chromosomenverhältnisse noch der Nachprüfung. Aktivierung von Eizellen gelang durch Kälteapplikation an die Tuben [54, 55]. Auch an Ratte, Maus und Goldhamster wurden entsprechende Untersuchungen durchgeführt. Austin [50] konnte zeigen, daß eine Aktivierung von Eiern durch Unterkühlung des Tieres möglich ist (Unterkühlung von Ratten bis 0°, Goldhamster bis 6° C Rectaltemperatur). Unterkühlung von Ratten bis zu 4 Stunden vor der Ovulation hat nur einen geringen Effekt, Unterkühlung auf 0 bis 1° nach der Ovulation ergab Aktivierung (Ausstoßung der zweiten Polocyte) in 100% der Fälle. Beim Goldhamster kommt sehr häufig spontane Aktivierung vor (77%). Durchführung von Furchungsteilungen ist jedoch sehr selten. Ratteneier können auch durch Hypoxie des Muttertieres aktiviert werden. Bei *Mesocricetus* bleibt Hypoxie unwirksam.

In diesem Zusammenhang sei auf Methodik und Ergebnisse der

**Eitransplantation bei Säugetieren** im allgemeinen eingegangen. Der klassische Grundversuch wurde von Heape [561] bereits 1890 ausgeführt. Zwei befruchtete Eier eines Angorakaninchens, das 32 Stunden vorher von einem Bock der gleichen Rasse gedeckt war, wurden in das abdominale Tubenende eines belgischen Hasenkaninchens verpflanzt. Das Wirtstier war 3 Stunden vorher von einem Bock homologer Rasse gedeckt. Es warf sechs Junge und zwar vier der eigenen Rasse und zwei typische Angoras. Der Versuch beweist also, daß beim Säugetier Verpflanzung von Eiern in eine Pflegemutter möglich ist und daß diese Eier sich normal entwickeln können, obgleich keine Blutsverwandtschaft besteht. Außerdem bestand eine Altersdifferenz zwischen den Pflegegeschwistern. Der Versuch wurde von Biedl [117a] erfolgreich wiederholt. Am Kaninchen wurde in der Folge die Methodik der Eiverpflanzung weiterentwickelt [930, 931, 932, 933, 934, 1001—1003b, 242, 243]. Die erste Eitransplantation an der Maus gelang Little 1935 [124a, 360a, 92a, 92, 161, 1100]. McLaren und Michie [855, 856] haben an der Maus (Albino Spender, Wirt: homozygot farbige Tiere) sehr eingehend die Faktoren, die die Implantation und das Überleben transplantierter und wirtseigener Eier beeinflussen, untersucht. Praktisch wichtig ist das Ergebnis, daß Eier, die durch induzierte Ovulation juveniler Tiere gewonnen wurden (Stutenharn am 27. bis 28. Lebenstag, Choriongonadotropin am 30. Lebenstag injiziert) sich in der Überlebensfähigkeit nicht von spontan ovulierten Eiern unterscheiden. Gute Resultate werden erhalten, wenn Spender- und Wirtskeime gleich alt sind. Besser sind die Ergebnisse, wenn die transplantierten Keime etwas älter sind als die Wirtskeime (beste Kombination $3^1/_2$ Tage → $2^1/_2$ Tage). Die reziproke Kombination ($2^1/_2$ → $3^1/_2$) ergibt nur selten lebende Embryonen. Die Implantation der früher entwickelten Keime hindert offenbar die Implantation weiterer Keime. Beim Kaninchen gelingt auch die Transplantation von Blastocysten von 3 bis 4 mm Durchmesser (6. Tag). Später ist durch die Implantation und das Wachstum der Keimblase eine Entnahme ohne Schädigung jedoch nicht mehr möglich

[243]. Verpflanzung von Stadien des ersten Tages (2-Zeller) in den Uterus führt zur Degeneration. Stadien vom 2. Tag befinden sich noch in der Tube, können aber mit besserem Erfolg (21%) in den Uterus verpflanzt werden.

Offenbar ist die Überlebensfähigkeit im fremden Uterus um so größer, je älter der überpflanzte Keim ist [243]. Beim Kaninchen wurde geprüft, ob die Eier vor der Reimplantation in vitro aufbewahrt werden können und welche Bedingungen für das Überleben günstig sind. Chang fand, daß eine Temperatur von 10° C für die Dauer von 24 Stunden am günstigsten ist. Als Kulturmedium erwies sich Kaninchenserum brauchbar (große Blastocysten entwickeln sich in unverdünntem Serum besser als in verdünntem). Serum von Huhn, Schaf, Rind und Mensch erwies sich als giftig (Abtötung der Kanincheneier in 10 Minuten). Erhitztes Serum (30 Min. auf 55° C) verliert die schädigende Wirkung.

Die Überlebensfähigkeit der transplantierten Eier ist am besten, wenn das Wirtstier sich in der homologen Lutealphase befindet. Überpflanzung von Eizellen ist auch bei Schaf und Ziege gelungen.

Ob diese Methode praktische Bedeutung bei den großen Haussäugern gewinnt, ist heute noch nicht zu sagen. Beim Rind würde eine Superovulation wirtschaftlich erwünscht sein. Kleine Dosen von Follikelhormon können das Heranwachsen mehrerer Follikel bewirken, anschließend zugeführte hohe Dosen können die Follikel zur Ovulation bringen. Die Schwierigkeit liegt aber darin, daß sich beim Rind, im Gegensatz zum Kaninchen, die Ovulation mehrerer Follikel über einen recht langen Zeitraum hinzieht. Die Überlebensfähigkeit der Eier außerhalb des mütterlichen Organismus ist bei verschiedenen Säugerarten sehr different.

**Zerstreuung der Corona radiata und Auflösung der Zona pellucida.** Die frisch ovulierten Eizellen sind für kurze Zeit von den Epithelzellen des Cumulus oophorus umgeben. Bei den verschiedenen Arten kommen erhebliche Differenzen in der Persistenz der Cumuluszellen vor. Sie sollen bei *Didelphis* und *Ovis* [254] sehr schnell vom Ovum abfallen. Bei *Oryctolagus* und vielen polyovulatorischen Säugern werden die Eizellen nach dem Ovulationsvorgang durch eine pfropfartige Masse von Cumuluszellen zusammengehalten. Beim Kaninchen ist dieser Pfropf noch bis zu 17 Stunden nach dem Deckakt (= 7 Stdn. post ovulationem) im mittleren Teil der Tube nachweisbar. Dann erfolgt sehr rasch die Befreiung der Eizellen von den anhaftenden Follikelzellen. Die letzten Reste verlieren sich bei der Tubenwanderung. Beim Kaninchen sind spätestens 20 Stunden nach der Kopulation die Eizellen befreit und die Bildung der Albumenschicht (S. 42) ist im Gange. 24 Stunden nach der Kopulation ist die Eiweißhülle gebildet.

Bei der Zerstreuung der Cumuluszellen spielt die im Sperma enthaltene Hyaluronidase, die die Hyaluronsäure enthaltende Kittsubstanz der Epithelien fermentativ löst, die Hauptrolle. Möglicherweise ist die große Zahl der Spermien im Ejakulat so zu deuten, daß ein Teil als Fermentträger anzusehen ist (Nebenspermien, J. Hammond). Zwischen Menge und Persistenz der Follikelzellen und Gehalt des Spermas an Hyaluronidase besteht offenbar eine feste Korrelation. Bei Pferd, Hund, Schaf ist das Ei bereits kurz nach der Ovulation frei von Cumuluszellen. Dementsprechend fehlt die Hyaluronidase im Sperma.

Erhebliche artliche Differenzen bestehen auch im Verhalten der Zona pellucida, vor allem im Zeitpunkt und Mechanismus der Auflösung. Solange die Zona erhalten ist, laufen, wie vor allem die Ergebnisse der Explantationsversuche zeigen [1002], die Entwicklungsprozesse am Ei autonom, das heißt ohne Beteiligung materner Milieueinflüsse ab. Erst wenn die Zona aufgelöst ist, werden Wechselwirkungen zwischen Ovum und Schleimhaut wirksam. Der Keim implamtiert sich ins Endometrium. Im allgemeinen wird angenommen, daß für die Auflösung der Zona pellucida materne Einflüsse wesentlich sind. Vor allem spielt die Wasserstoffionenkonzentration eine wesentliche Rolle. Die Auflösung der Zona pellucida erfolgt bei der Ratte bei pH 4,5 bis 5,5 [173], Goldhamster bei pH 2,2 bis 2,8 [48], Kaninchen bei pH 2,0 [173], *Microtus agrestis L.* bei pH 2,4 (Austin 1957 [52]). Doch ist der Mechanismus der Zona-Auflösung unter physiologischen Bedingungen noch keineswegs geklärt. Ältere Angaben des Grafen SPEE [1185] für *Cavia porcellus L.*, daß der Keim aktiv aus der gesprengten Zona auskriecht, werden neuerdings von BLANDAU [129, 131] bestätigt. Die Befreiung des Keimes aus der Zona erfolgt bei *Cavia* sehr spät während des Blastocystenstadiums (6. Tag). Eine Trophoblastzone des abembryonalen Poles bildet amöboide Fortsätze, die die Zona durchsetzen und aufbrechen. Die Zona fällt in Teilstücken ab, wird also nicht aufgelöst. Für die meisten Säugetiere liegen noch keine zuverlässigen Angaben vor. Einige Daten über den Zeitpunkt der Befreiung des Keimes aus der Zona seien zusammengestellt:

| | |
|---|---|
| *Elephantulus* | 4-Zellstadium [641]. |
| *Homo* | bei 58-Zellstadium (5. Tag) noch erhalten, bei 107-zelliger Blastocyste verschwunden (5. Tag) [584]. |
| *Macaca mulatta* ZIMM. | bis zum Blastocystenstadium (8. Tag); schwindet kurz vor der Anheftung [594]. |
| *Tupaia javanica* HORSF. | Zona bei 64-Zellstadium in utero noch erhalten, bei junger Blastocyste verschwunden [782]. |
| *Nycticebus coucang* BODDAERT | Bis zur Implantation (Embryonalknotenstadium) ist die Zona erhalten [605]. |
| *Myotis lucifugus* LE CONTE | Auflösung spät, Blastocystenstadium [1425]. |
| *Procavia* | Auflösung erfolgt spät, Blastocystenstadium. |
| *Eremitalpa granti* BROOM | Späte Blastocyste mit Entodermbildung besitzt noch Zona [648]. |
| *Cavia porcellus* L. | Blastocyste am 6. Tag [129, 131, 1185]. |

**Zeit und Ort der Befruchtung des Säugetiereies.** Im allgemeinen wird heute angenommen, daß männliche und weibliche Gameten im oberen Abschnitt des Oviductes (Ampulla tubae) zusammentreffen und sich vereinigen (Imprägnation). Für Mensch, Katze und viele Nager (Maus, Ratte, Meerschweinchen, Goldhamster, Kaninchen, *Microtus agrestis* L.) trifft diese Annahme auch zu. Doch liegen auffallend wenig exakte Untersuchungen auf vergleichender Basis vor, obgleich die Lösung dieses Problems manchen Aufschluß für Physiologie und Lebensdauer der Gameten wie über die Bedingungen der Implantation und der anschließenden Phasen der Embryonalentwicklung ergeben dürfte. Sicher ist, daß nicht bei allen Säugetieren die Besamung in der Ampulle stattfindet. Für den Hund gibt BISCHOFF [119] das Ovar als Befruchtungsort an. STRAUSS [1268a, b, c] hat nachgewiesen, daß bei *Centetes, Hemicentetes* und *Setifer* die Eizelle noch innerhalb des soliden Reiffollikels befruchtet wird; dasselbe trifft für *Sorex* zu. Intrafollikuläre Befruchtung soll auch bei *Pipistrellus* vorkommen. Bei *Talpa* vereinigen sich Ei und Samenzelle in der Ampulle. Beim Wiesel soll die Befruchtung im Ovarialbeutel erfolgen. Bei anderen Formen (Fuchs) findet die Befruchtung im unteren Abschnitt der Tube (Pars uterina) statt. Von einem einheitlichen Befruchtungsort kann also keine Rede sein. Für den Goldhamster (Abb. 28) hat STRAUSS [1268c] an sehr reichem Material exakte Angaben gemacht. Befruchtungsort ist das mittlere und untere Drittel der Ampulla tubae. Befruchtung kommt zwischen der zweiten und zehnten Stunde post ovulationem vor (91 %). 12 Stunden nach dem Follikelsprung oder später ist eine Befruchtung bei *Mesocricetus* nicht möglich. Ebenso erfolgt uterinwärts von dem Befruchtungsort keine Imprägnation der Eier mehr. Die geringen, bisher vorliegenden Daten erlauben keinen Rückschluß auf Zusammenhänge zwischen Befruchtungsort und systematischer Stellung der Tierform. Beim Kaninchen (provozierte Ovulation) erfolgt der Follikelsprung $9^1/_2$ bis 10 Stunden nach der Kopulation. Die Befruchtung erfolgt bis zu vier Stunden nach dem Follikelsprung, da die Eizelle nur eine sehr beschränkte Lebensdauer hat. Wurde beim Kaninchen Ovulation durch Kopulation mit einem vasektomierten Bock induziert, so blieben Kopulationen mit einem fertilen Bock 2 bis 6 Tage später steril [531]. Beim Menschen ist die Befruchtungsfähigkeit der Eier relativ kurz (maximal 48 Stunden). Da die Ovulation meist auf den Zeitpunkt in der Mitte zwischen zwei Menstruationen fällt, so ist zu erwarten, daß die Konzeption nur zu diesem Zeitpunkt erfolgen kann (etwa 12. bis 18. Tag des Zyklus). Auch die Befruchtungsfähigkeit der Spermien ist zeitlich beschränkt (2 bis 3 Tage). So besteht vor dem 10. und nach dem 18. Tag des Zyklus eine Periode relativer Sterilität. Voraussetzung ist, daß Zyklusdauer und Ovulationstermin konstant sind. Das ist jedoch häufig nicht der Fall. Die individuelle Variabilität der zyklischen Vorgänge ist beträchtlich, so daß die Lehre von der periodischen Unfruchtbarkeit des menschlichen Weibes nur den Wert einer allgemeinen Regel hat. Provozierte Ovulation kann auch beim Menschen gelegentlich vorkommen. Auch das Vorkommen von zwei Ovulationen während eines Zyklus ist beobachtet worden. Stieve [1212a] fand im Ovar einer gesunden Frau einen frisch gesprungenen Follikel neben einem frischem Corpus luteum. Klinische Erfahrung lehrt, daß die Frau zu jedem Tag des Zyklus konzipieren kann, wenn auch ein Konzeptionsoptimum um den 12. bis 18. Tag besteht.

**Mechanismus des Eitransportes.** Das befruchtete Säugerei und die ersten Entwicklungsstadien besitzen keine Eigenbewegung. Der Transport des Eies durch die Tube in den Uterus und, bei polyovulatorischen Arten, die Verteilung der Keime auf die Implantationsorte muß durch Kräfte gewährleistet sein, die außerhalb des Keimes liegen. Cilienbewegungen des Flimmerepithels und Kontraktionen der Wandmuskulatur des Genitalschlauches sind verantwortlich gemacht worden. Cilienbewegung spielt aber sicher keine Rolle, da den meisten Säugern Cilien völlig fehlen. Seit Bischoff [118] ist die Bedeutung der Uterusmotilität für den Eitransport immer wieder bestätigt worden. Markee [837] brachte im Modellversuch Aufschwemmungen von Seeigeleiern in die Tuben des Kaninchens und prüfte später deren Verteilung im Uterus. Die Fremdeier lagen gleichmäßig über den ganzen Uterus verteilt, wenn der Versuch während des Östrus oder bis zu fünf Tagen nach der Ovulation vorgenommen wurde. Die Eier bleiben jedoch in der Nähe der Injektionsstelle liegen, wenn der Versuch zehn Tage post ovulationem ausgeführt wurde. Brachte man die Eier vom cervikalen Ende her in den Uterus, so erfolgt bei Tieren im Östrus die gleiche Verteilung wie bei Injektion vom abdominalen Tubenende her. Der Flimmerstrom kann also nicht für die Verteilung bedeutsam sein, denn er ist streng gerichtet. Die Motilität des Uterus zeigt während der Zeit des Östrus eine Aktivierung (peristaltische Wellen, vom abdominalen Tubenende ausgehend), die im Intervall abklingt. Das gleiche gilt für das Schwein [734].

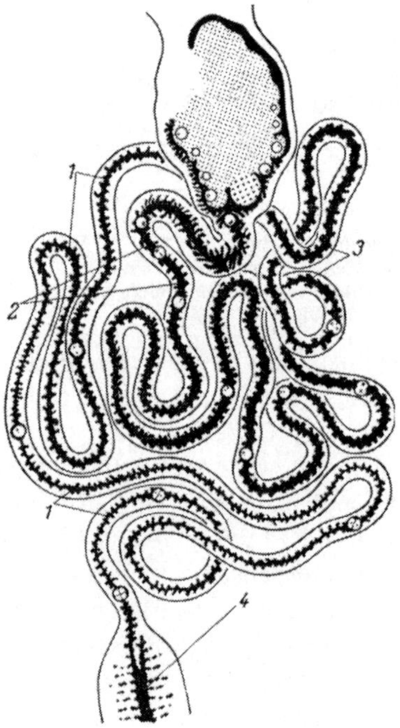


Abb. 28. *Mesocricetus auratus* Waterh. Schematische Darstellung von Ovar und Ovidukt, um die verschiedenen Abschnitte des Genitaltraktes, die als Imprägnationsort in Frage kommen, zu demonstrieren. (Nach F. Strauss J. Embryol. exp. Morph. 4, 1956)

*1* Isthmus *2* Ampulle *3* Übergangszone *4* Uterus

Die Untersuchungen von Markee wurden wesentlich erweitert durch Böving [150]. Dieser Autor konnte zeigen, daß beim Kaninchen die Wanderung der Blastocysten innerhalb des Uterus zwischen 3. und 7. Tag post coitum abläuft und daß es sich um einen langsamen und protrahierten Prozeß handelt. Bis zum 5. Tag erfolgt die Verteilung rein zufällig. In dieser Zeit reagiert der Uterus nicht auf die einzelne Blastocyste, doch werden die Keime langsam in der Längsrichtung vorwärtsbefördert. Diese Bewegung ist rein myogen und entspricht der von

Markee beobachteten. Vom 5. Tage an wird die Bewegung schwächer, langsamer und weniger intensiv. Die Verteilung erfolgt viel langsamer, als die von implantierten Seeigeleiern, die sich als unphysiologisch kleines Modell erwiesen. Die Blastocysten dehnen sich zwischen 5. und 6. Tag stark (Durchm. 5 mm). Der Uterus reagiert nun auf die Einzelblastocyste. Jede Keimblase muß gegenüber ihren Nachbarn und gegen die beiden Enden des Uterus isoliert werden. Untersuchung von Lokalisation und Anordnung in engen Zeitintervallen an 617 Kaninchenkeimblasen (116 Uterushörner) ergab, daß 72 Stdn. post coitum die meisten Blastocysten den Uterus noch nicht erreicht haben. Nach $73^1/_2$ Stunden liegen sie jedoch im Uterus, nahe dem tubalen Ende. Die regelmäßige Verteilung beginnt erst am 6. Tag und ist am 7. Tag durchgeführt. Reizung der Uteruswand durch ballonartige lokalisierte Dehnung durch die wachsende Blastocyste spielt hierbei eine wesentliche Rolle. Die hormonale Vorbereitung des Effektorsystems der Uteruswand ist natürlich eine Voraussetzung des Mechanismus.

Für die Wahl des Implantationsortes in utero kann auch die Unfähigkeit bestimmter Schleimhautareale. einen Keim aufzunehmen, eine Rolle spielen. Formen mit circumscripten Implantationsfeldern (Macroscelidiae, Pteropodidae) ermöglichen nur einer beschränkten Anzahl von Keimen die Implantation in den prädeterminierten Feldern. Bezirke in der unmittelbaren Nähe eines implantierten Keimes verhalten sich offenbar refraktär gegenüber weiteren Keimen.

**Überwanderung des Eies** (letzte Zusammenfassung [169]). Wir verstehen unter äußerer oder transperitonealer Überwanderung die Erscheinung, daß das Ei oder der junge Keim aus dem Ovar ins kontralaterale Tubenostium gelangt. Innere oder transuterine Überwanderung liegt dann vor, wenn das Ei zwar in das korrespondierende Tubenostium aufgenommen wird, dann aber über das Corpus uteri ins kontralaterale Horn überwandert. Dementsprechend ist bei Nagern ohne gemeinsames Corpus eine innere Überwanderung nie mit Sicherheit nachgewiesen worden (Kaninchen, Meerschweinchen). Beim Hund hat bereits Bischoff festgestellt, daß Verteilung der Keimblasen auf die beiden Uterushörner und Anordnung der Corpora lutea in den beiden Eierstöcken nicht korrespondieren müssen, trotz Koinzidenz der Anzahl. Bei vielen Microchiropteren erfolgt die Implantation des einzigen Keimes stets im rechten Uterushorn, obgleich beide Ovarien ovulieren können (*Myotis*, *Rhinolophus*, *Molossus*, *Pipistrellus*). Bei *Lagidium peruanum* Meyen [985] ovuliert nur der rechte Eierstock, das linke Ovar ist völlig inaktiv. Implantation erfolgt meist im korrespondierenden rechten Uterushorn. Für das Frettchen wurde die innere Überwanderung experimentell nachgewiesen [532]. Auch bei *Sus* konnte die transuterine Überwanderung bestätigt werden (Unterbindung einer Tube bei Exstirpation des kontralateralen Ovars). Statistische Befunde beim Schaf [169] machen das gleiche wahrscheinlich.

Unter 78 Graviditäten mit einem Corpus luteum und einem Embryo fand sich der Keim 77 mal im korrespondierenden Horn. Unter 15 Zwillingsgraviditäten (zwei Corpora lutea im gleichen Ovar) fand sich stets ein Embryo in jedem Horn. Bei zwölf Zwillingsgraviditäten (ein Corpus luteum in jedem Ovar) fand sich stets ein Embryo in jedem Uterushorn. Die Verteilung der Keime scheint also beim Schaf nicht zufällig zu sein, sondern durch die Platzfrage bestimmt zu werden. Innere Überwanderung ist bisher regelmäßig beim Schwein und Pferd, weniger häufig bei Ziege und Schaf, seltener beim Rind beobachtet worden. Das häufige Vorkommen der inneren Überwanderung beim monoovulatorischen Pferd zeigt, daß die teleologische Erklärung (Raumfaktoren) nicht zur Erklärung des Phänomens ausreichen. Brambell fand transuterine Überwanderung bei *Sorex araneus* L. [179] und *S. minutus* L. [183]. Transperitoneale Überwanderung kommt beim Kaninchen vor. Bei Formen mit geschlossener Bursa ovarica (*Mus*, *Rattus*, *Microtus*) kann keine äußere Überwanderung eintreten. Beim Menschen werden beide Modi der Überwanderung angenommen. Die transuterine Überwanderung ist durch die Beobachtung von Tubenstumpfschwangerschaft nach Entfernung der entsprechenden Adnexe [318] nachgewiesen worden.

## Die Furchung und Determination bei den Eutheria

**Formaler Ablauf der Furchung.** Die Furchung der dotterarmen Eier der Eutheria ist stets holoblastisch und annähernd äqual. Dieser Zustand ist offenbar phylogenetisch sekundär und muß von einem Verhalten abgeleitet werden, wie wir es bei Monotremen beobachten. Damit soll nicht gesagt sein, daß die rezenten Prototheria als Vorfahren der Eutheria in Frage kommen, doch sprechen viele Befunde aus der Frühentwicklung dafür, daß die Ahnen der Eutheria polylecithale Eier besaßen und daß sie Meroblastier waren. Die Ontogenese der Prototheria kann uns somit ein Bild von der Embryonalentwicklung der Ahnen der höheren Säuger vermitteln [495, 1199]. In dem Augenblick, in dem aus männlichem und weiblichem Vorkern eine einheitliche Äquatorialplatte hervorgeht, ist die diploide Zygote gebildet, die Befruchtung ist vollzogen.

Die Chromosomen dieser Äquatorialplatte teilen sich der Länge nach und werden auf die beiden ersten Furchungszellen derart verteilt, daß jede Blastomere einen Partner aus jedem Chromosomenpaar erhält. Da die Chromosomen zur Hälfte von jedem Elternteil stammen, erhält jede Furchungszelle und damit jede Körperzelle die gleiche Anzahl von väterlichen und mütterlichen Chromosomen.

Die ersten beiden Furchungsteilungen laufen meridional ab. Die Lage der von Dalcq (S. 40) beschriebenen basophilen Zone ist bei *Cavia* in den Blastomeren des 2-Zellstadiums nicht festgelegt [419]. Die zweite Furche steht senkrecht auf der ersten. Auch die dritte Furche steht auf den beiden ersten senkrecht, verläuft also äquatorial. Im allgemeinen runden sich bei Eutheria die Furchungszellen sehr schnell ab, so daß die einzelnen Blastomeren weitgehend selbständig sind und sich nur in einem wenig ausgedehnten Areal berühren (Abb. 29). Auf dem 4-Zellenstadium findet sich sehr regelmäßig die Anordnung der Furchungszellen »über Kreuz« (Abb. 29b). Inwieweit diese Anordnung durch beengte Raumverhältnisse (Zona pellucida) verursacht wird, ist unbekannt. Recht charakteristisch für die Furchung der Eutheria erscheint die Tatsache, daß die Teilungen oft nicht synchron ablaufen, so daß 3-, 5-, 6- und 7-Zellstadien entstehen (*Cavia*, *Mesocricetus*, *Mus*, *Oryctolagus*, *Sus*, *Macaca* [Abb. 30, 31] usw.). Die Furchungsteilungen führen schließlich dazu, daß ein Zellhaufen entsteht. Dieses Stadium wird als Säugermorula bezeichnet. Bereits während des 8 bis 16 Zellenstadiums sind eine oder mehrere Zellen ins Innere des Zellkonglomerates gelangt. Diese Sonderung in äußere Deckschicht und innere Zellmasse entspricht der ersten strukturellen Differenzierung.

Bei einigen Insectivoren (*Hemicentetes* [456, 452], *Elephantulus* [641]) wird das Morulastadium übergangen; es entsteht von vornherein ein bläschenförmiger Keim ohne innere Zellmasse bereits durch den Furchungsprozeß. Die für dieses Stadium im Schrifttum benutzte Bezeichnung »Blastula« sollte vermieden werden, denn der bläschenförmige Säugerkeim (Blastocyste) ist grundsätzlich nicht im Ganzen der Amphibienblastula homolog. Die Blastula liefert ausschließlich Embryonalkörper; die Blastocyste läßt aber außer der Embryonalanlage noch Trophoblast und Amnion aus sich hervorgehen.

Über die Vorgänge bei der Bildung der inneren Zellmasse besteht keine einheitliche Auffassung. Ist die Blastocystenhöhle sehr früh gebildet (*Elephantulus* bereits auf dem 4-Zellenstadium, *Hemicentetes*), so entsteht die innere Zellmasse, der Embryonalknoten, durch Ab-

a) b) c) d)

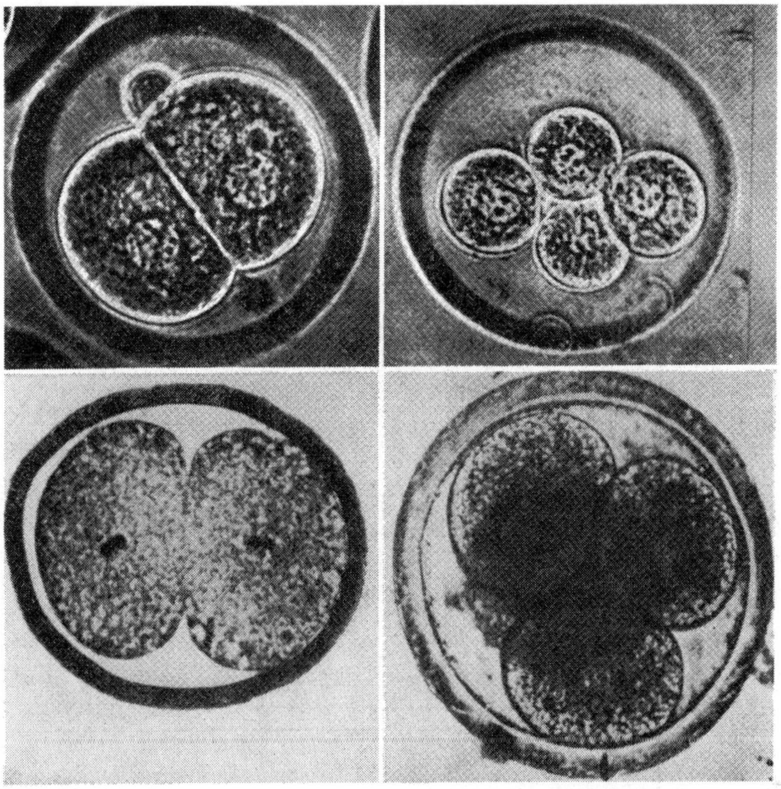

Abb. 29. Frühe Furchungsstadien von Eutheria. a) Zwei-Zellenstadium von *Mesocricetus auratus* Waterh. b) Vier-Zellenstadium von *Mesocricetus auratus* Waterh. c) Zwei-Zellenstadium, von *Bos taurus* L., fixiertes Schnittbild. d) *Bos taurus* L., Vier-Zellenstadium, lebend (a, b nach Austin, J. R. micr. soc. 1956. c, d nach Hamilton und Laing, J. Anat. 80, 1946)

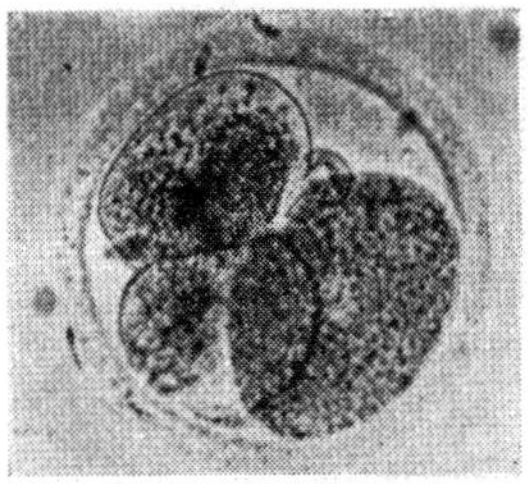

Abb. 30

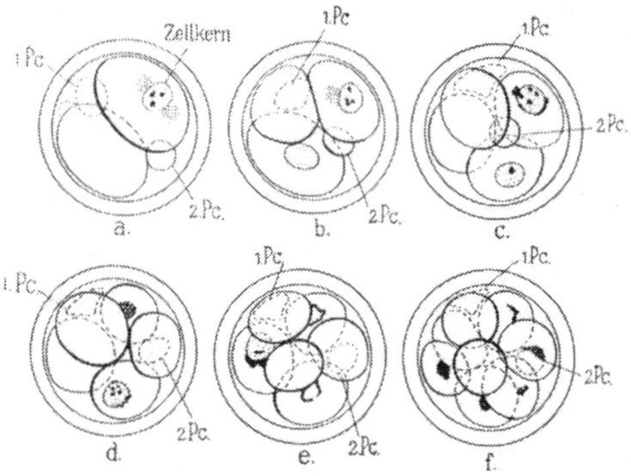


Abb. 31

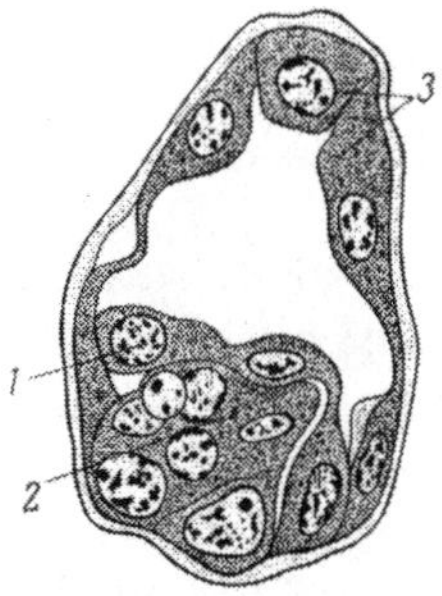


Abb. 32

Abb. 30. *Macaca mulatta* (Zimmermann), Drei-Zellenstadium, lebend nach Lewis und Hartmann 1941

Abb. 31. Furchung bei *Macaca mulatta* (Zimmermann) (nach Lewis und Hartmann 1933, Umzeichnung). Auftreten von Drei- und Fünf-Zellenstadien

*Pc* Polocyten

Abb. 32. *Cavia porcellus* L., Blastocyste im Alter von 6 Tagen und 11 Stunden. Differenzierung von Trophoblast und Embryoblast. Die Entodermbildung hat begonnen. (Nach Graf Spee 1901 aus De Geeter)

*1* Entoderm *2* Embryoblast *3* Trophoblast

wandern von Zellen der äußeren Zellage ins Innere. Bei anderen Formen (*Oryctolagus*) wird eine Art Überwachsung (Epibolie) der Zellen, die zum Embryoblasten werden, durch Trophoblastzellen angegeben. Schließlich besteht eine große Wahrscheinlichkeit für die Annahme, daß die Embryoblastzellen durch tangentiale Teilungen die deckende Trophoblastlage liefern. In allen Fällen ist jedenfalls das Endresultat dieser Entwicklungsprozesse die Bildung eines bläschenförmigen Keimes, dessen Wandzellen als Trophoblast bezeichnet werden (Abb. 32, 34). Die innere Zellmasse, der Embryoblast, liegt exzentrisch, wandständig. Das Innere des

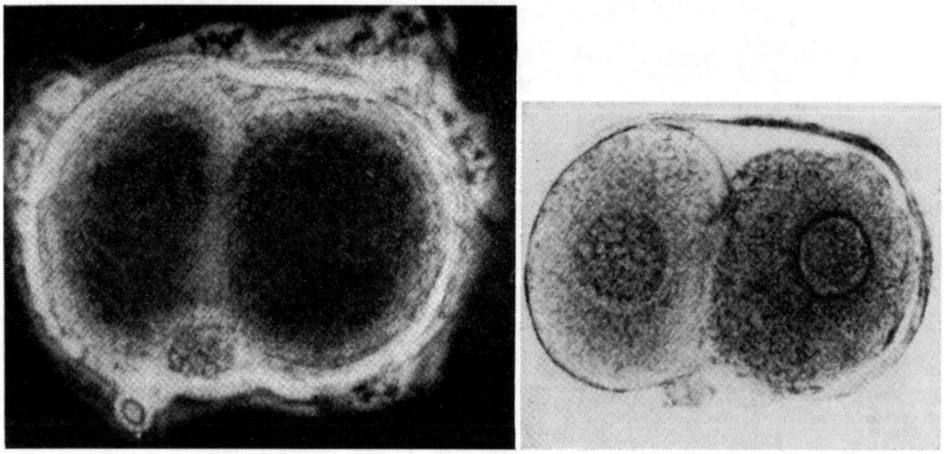

a) b)

Abb. 33. *Homo*, Zwei-Zellenstadium Carnegie 8698) (Nach Hertig, Rock, Adams, Mulligan, Contrib. to Embryol. 35, 1954, pl. I.). a) Phasenkontrastaufnahme des intakten Ovums, Zona pellucida vorhanden. Am unteren Bildrand ist die größere Polocyte sichtbar. b) Dasselbe, im mikroskopischen Totalpräparat. Zona unten defekt. Beachte die Differenzen der beiden Blastomeren in Größe, Färbbarkeit und Kernstruktur

Keimes, die Blastocystenhöhle, ist mit Flüssigkeit gefüllt. Diese Flüssigkeit vermehrt sich rasch, die Blastocyste dehnt sich. Sehr different bei den verschiedenen Arten ist das Wachstum der Keimblase. Als Regel kann man angeben, daß die Blastocyste bei denjenigen Formen relativ klein bleibt, die eine tiefe Implantation aufweisen (Rodentia, Pongidae, *Homo*), daß sie um so größer ist, je oberflächlicher sie sich in utero einnistet (*Sus*, Artiodactyla, Perissodactyla).

**Determination der Furchungszellen.** Im Schrifttum nimmt die Diskussion der Frage, ob bereits bei frühen Furchungsstadien sichtbare Differenzen der einzelnen Blastomeren vorkommen, einen erheblichen Raum ein. Derartige Strukturdifferenzen sind wiederholt für verschiedene Säugetiere beschrieben worden [1176, 107, 110, 111]. Tatsächlich kommen nun Größendifferenzen geringen Grades bei den beiden ersten Furchungszellen häufig vor (Abb. 33), ohne daß von einer Gesetzmäßigkeit gesprochen werden könnte. Daneben wurden auch Unterschiede in der Färbbarkeit, in der Plasmastruktur und im Aussehen der Zellkerne für die Blastomeren des 2-Zellenstadiums angegeben (Abb. 33). Diese Frage ist stark belastet durch hypothetische Erörterungen über die prospektive Bedeutung der Furchungszellen beim Säugetier. So soll etwa die eine Blastomere, nur Trophoblast, die andere nur Embryoblast liefern [593a, 669, 677, 678]. Sobotta [1178] nimmt an, daß bei *Mus* die kleinere dunkle Blastomere nur Delaminationsentoderm liefert, während die andere Trophoblast und Embryoblast aus sich hervorgehen läßt (Abb. 34).

Neuere Untersucher finden keine sicheren Strukturunterschiede zwischen den ersten Blastomeren. GRESSON [477] gibt an, daß die Mitochondrien bei der Maus gleichmäßig auf beide Furchungszellen verteilt seien. HAMILTON [513] und HAMILTON-SAMUEL [523] finden bei Frettchen, Goldhamster usw. keine sicher deutbaren Strukturdifferenzen (Abb. 29). Nach WIMSATT [1425] sind bei *Myotis lucifugus* LE CONTE die Blastomeren bis zum 8-Zellenstadium gleich beschaffen. Bei *Tupaia javanica* HORSFIELD werden die ersten Differenzen im 16-Zellenstadium sichtbar [782]. Bei dem einzigen, bisher bekannt gewordenen 2-Zellenstadium von *Homo* [584] fanden sich Unterschiede in der Kernbeschaffenheit (Abb. 33) bei gleicher Feinstruktur des Cytoplasmas. Ein derartiger Einzelbefund sagt natürlich nichts Wesentliches aus. Selbst HEUSER-STREETER [593a], die auf Grund der geringen Größendifferenz der ersten Blastomeren beim Schwein (Dreizellenstadium) annehmen, daß der Embryoblast aus der größeren, der Trophoblast aus den beiden kleineren Zellen hervorgehe (Abb. 34a—e), können für ihr Objekt keine sicheren Strukturunterschiede finden. Neuere Untersucher, besonders diejenigen, die lebende Keime beobachtet haben, sind daher meist der Ansicht, daß eine frühe sichtbare Differenzierung ebensowenig bei den Säugerblastomeren existiert, wie eine frühzeitige Determination. Die Frage nach dem Determinationszustand der Furchungszellen kann naturgemäß nur experimentell geprüft werden. Solche Untersuchungen liegen heute für *Oryctolagus* vor. SEIDEL [1139, 1140] entnahm 2-Zellenstadien aus der Tube des Kaninchens und tötete in vitro eine Blastomere durch Anstich (Abb. 35). Der Keim wurde reimplantiert und ergab in einem Fall ein lebensfähiges normales Jungtier, in einem zweiten Fall ein Jungtier mit Defekten am kaudalen Körperende (Behinderung durch die abgetötete, aber nicht entfernte Blastomere). Als Wirtstier diente ein homozygot wildfarbiges (AA) Weibchen, als Spender ein einfarbiges Muttertier (aa). Der zur Auslösung der Pseudogravidität benutzte vasektomierte Bock besaß die genetische Konstitution AA. Die Jungtiere waren homozygot aa, sind somit sicher das Resultat des Verpflanzungsexperimentes. SEIDEL [1141] hat diese Versuche auch auf das 4-Zellenstadium ausgedehnt. Da beim Kaninchen in einem hohen Prozentsatz junge Keime zugrunde gehen (beim Wildkaninchen kommen etwa 10% der Keime nicht zur Implantation und etwa 35% werden zwischen dem 11. und 15. Tag resorbiert), wurde die Kontrolle durch Entnahme der Keime vor dem kritischen Resorptionstermin (7. bis 9. Tag) durchgeführt. Das Experiment wurde in zwei Phasen ausgeführt. Auf dem 2-Zellenstadium wurde eine Blastomere zerstört; nach Teilung der überlebenden Furchungszelle wurde abermals eine Blastomere abgetötet, so daß also $\frac{1}{4}$ der Blastomeren des 4-Zellenstadiums überleben konnte. Von 30 reimplantierten Keimen kamen 18 zur Entwicklung. Eine Anzahl von diesen ergab normale Ganzbildungen (Somitenstadien). In anderen Fällen hatte sich eine intakte Keimblase ohne Embryonalanlage entwickelt. Diese bestand aus Trophoblastektoderm, Entoderm und Mesenchym. Es fehlte jegliche organisierte Embryonalachse. Diese Versuche zeigen also ganz eindeutig, daß die Annahme, auf dem 2-Zellenstadium würde die eine Furchungszelle nur Trophoblast, die andere nur Embryoblast liefern, nicht berechtigt ist. Auf dem 2-Zellenstadium (ebenso auf dem 4-Zellenstadium) liefert eine einzige überlebende Blastomere sowohl Trophoblast wie Embryonalanlage. Die Keime ohne Embryonalanlage beweisen aber gleichzeitig, daß die Potenz zur Entwicklung einer Embryonalanlage nicht dem ganzen Ei zukommt. SEIDEL [1141] kommt zu der Auffassung, daß ein bestimmter plasmatischer Bezirk als Embryonalbildungszentrum anzusprechen sei. Dieser unterscheidet sich vom Organisationszentrum des Amphibienkeimes wesentlich dadurch, daß er sich nicht in einer bereits vorhandenen Embryonalkörperanlage auswirkt, sondern die Bildung einer solchen erst veranlaßt. Erst wenn dieser Prozeß durchgeführt ist, kommt die Bildung der embryonalen Achsenorgane durch sekundäre Reaktionen in Gang. Der Nachweis von Keimblasen ohne Embryonalanlage ist von großem Interesse, da beim Menschen recht

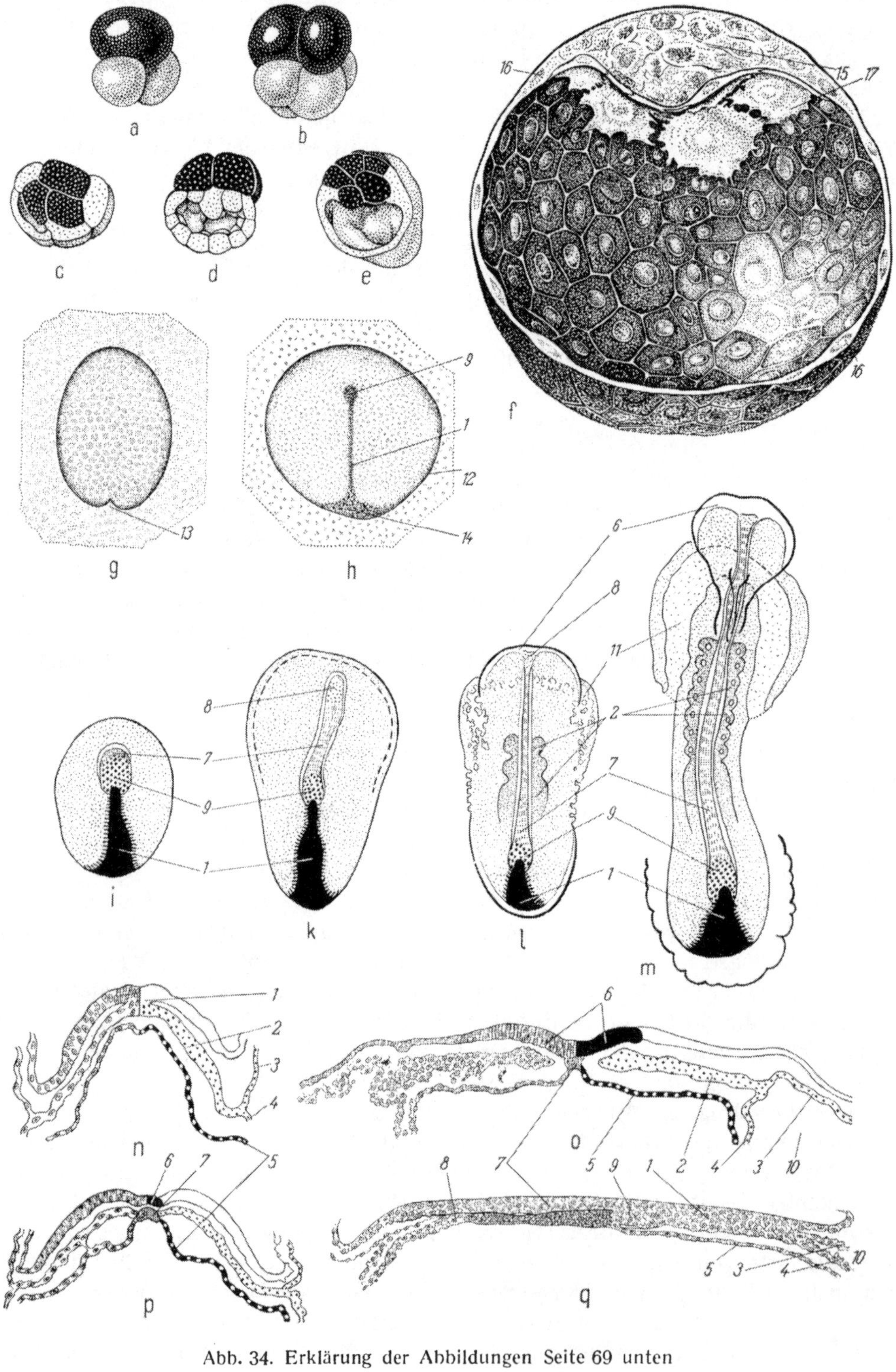


Abb. 34. Erklärung der Abbildungen Seite 69 unten

häufig Keime aus den ersten Schwangerschaftswochen ohne Embryonalanlage mit gut differenziertem Chorion beschrieben wurden [486]. Auch vom Rind [1405] sind Trophoblastschläuche ohne Embryo bekannt. Diese Befunde weisen zumindest darauf hin, daß die experimentellen Befunde von SEIDEL vermutlich allgemeine Gültigkeit für Eutheria haben dürften. Das Vorkommen monozygotischer Mehrlinge (vier Embryonalanlagen auf einer Keimblase bei *Dasypus novemcinctus* L. S. 93) deutet ebenfalls darauf hin, daß eine feste Determination der ersten Blastomeren kaum bestehen dürfte.

Die ersten sichtbaren Differenzierungen am Säugerkeim betreffen die Segregation von Trophoblastzellen und Embryoblastzellen (Abb. 34f). Frühzeitig können auch die Trophoblastzellen über dem Embryonalknoten sich in Form und Struktur von dem wandständigen Trophoblasten unterscheiden. Während bei den meisten Eutheria der Embryonalknoten von vornherein kompakt ist, kommt bei *Elephantulus* [641] ein Stadium vor, bei dem die sich aus dem Trophoblasten lösenden Zellen, die zum Knoten zusammentreten, amöboid beweglich im Inneren der Keimblase wandern.

Das Stadium der Blastocyste kommt bei allen Eutheria vor und ist ,abgesehen von Unterschieden der Größe, prinzipiell gleich gebaut. Lange Zeit hindurch hatte man daran gezweifelt, daß der Mensch eine typische Blastocyste besitzt [882], doch ist eine solche nunmehr auch für *Homo* sicher nachgewiesen worden [584].

a) b) c) d) e)

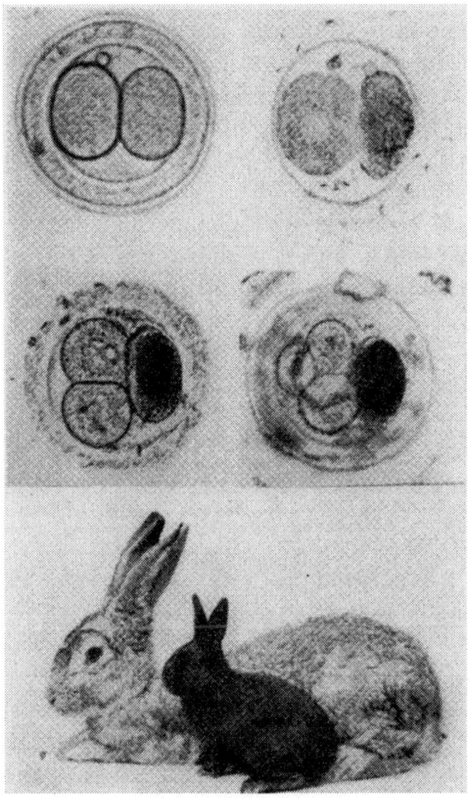

Abb. 35. *Oryctolagus cuniculus* L. a) Zwei-Zellenstadium, b) Isolierung einer Blastomere. 2 Stunden nach dem Anstich ist die abgestorbene Blastomere (rechts) abgeflacht und dunkel. c) Die überlebende (linke) Blastomere hat sich geteilt. d) Vier-Zellenstadium der überlebenden Blastomere. e) Ganzbildung eines Kaninchens aus einer Blastomere des Zwei-Zellenstadiums mit Wirtsmutter. Nach SEIDEL 1953

**Zeitlicher Ablauf und stoffliche Beeinflussung der Furchung bei Eutheria.** Aus den Beobachtungen an Amphibienkeimen ist bekannt, daß die Geschwindigkeit des Furchungsablaufes artlich und individuell festgelegt ist, daß aber auch äußere Einflüsse, vor allem die Temperatur,

Abb. 34. a—e) Furchung von *Sus scrofa* L. Auftreten asynchroner Teilungen (3-Zellenstadium). *Schwarz*: Zellen der Embryoblastanlage, *hell*: Trophoblastmaterial nach der Auffassung von HEUSER und STREETER. f) Blastocyste von *Macaca mulatta* ZIMM., Rekonstruktion. Die Wand ist durch einen Schnitt eröffnet. Reticulärer Charakter der »primären Entodermzellen«. Nach STREETER. g, h) Flächenbilder junger Keimscheiben von *Canis familiaris* L. g: 16 Tage alter Keimschild vor Bildung des Primitivstreifens, h: 18 Tage altes Primitivstreifen-Stadium nach BONNET). i—m) Differenzierung der Embryoanlanlage des Schweines (*Sus scrofa* L.). Beachte die zunehmende Verkürzung des Primitivstreifens (*schwarz*) und die Verlängerung der Chorda dorsalis (*längsgestrichelt*). Bildung von Neuralwülsten, Somiten und Embryocoel. Nach STREETER. n, p) Querschnitte durch Präsomitenstadium von *Homo*. Primitivstreifen, Chorda dorsalis. (Nach HEUSER aus NELSEN.) o) *Sus scrofa* L. Dreiblättriger Keim, Querschnitt. Beachte die Einschaltung der Chorda dorsalis in das Darmdach. Nach STREETER. q) Längsschnitt durch Praesomitenstadium von *Sus scrofa* L. Primitivstreifen, Chorda und praechordale Platte. Nach STREETER

*1* Primitivstreifen
*2* Stammplatte, Somite
*3* Somatopleura
*4* Splanchnopleura
*5* Entoderm
*6* Neuralplatte, -rinne
*7* Chorda dorsalis
*8* Praechordalplatte
*9* Primitivknoten
*10* Exocoel
*11* Embryocoel, Pericard
*12* Rand des Keimschildes
*13* Randkerbe
*14* Randsichel, Mesodermsichel
*15* Embryonalknoten
*16* Trophoblastzellen
*17* Primäres »Entoderm« (Mesenchym)

von Bedeutung sind. Generell läßt sich sagen, daß der zeitliche Ablauf der Furchungsteilungen um so langsamer erfolgt, je dotterreicher das Ei ist (*Branchiostoma* rascher als *Rana*, diese rascher als Vogeleier). Beim Säugetier fällt unter normalen Bedingungen der Einfluß der Umgebungstemperatur weg. Wichtig ist, daß Follikelhormon weder bei Injektion ins Muttertier noch bei Anwendung auf Keime in der Gewebekultur (Kaninchen) die Furchung beeinflußt. Einflüsse stofflicher Art auf die Furchung sind damit aber nicht ausgeschlossen. So sollen Thioaminosäuren die Furchungsrate beim Kaninchen erhöhen [870]. Neue Untersuchungen [1401 a] an Kulturen von Mäuseeiern in vitro ergaben, daß 2-Zellenstadien sich nur dann über einen weiteren Furchungsschritt hinaus entwickeln, wenn das Kulturmedium Laktat enthält. Milchsäure aus der Umgebung spielt offenbar eine Rolle bei der Befruchtung und bei den ersten Furchungsteilungen. Ob es sich um einen direkt stimulierenden Effekt oder um eine indirekte Wirkung handelt, ist unbekannt. Die Milchsäure stammt möglicherweise aus der Spermioglykolyse. Daher liegt die Vermutung nahe, daß Anwesenheit von Sperma in der Tube einen stofflichen Einfluß auf normalen Ablauf der Befruchtung und Furchung hat. 8-Zellenstadien der Maus entwickeln sich in vitro bis zum Blastocystenstadium, wenn die Kulturflüssigkeit (Krebs-Ringer-Lösung) Glucose und Albumin enthält. Albumin kann auch durch Peptide und einfache Aminosäuren ersetzt werden. Die Empfindlichkeit gegen toxische Einflüsse (z. B. Phenolrot) steigt, wenn Albumin fehlt. Die Energiequelle für wachsende Mäuseeier ist Glucose. Diese kann durch Mannose, nicht aber durch Fructose, Galactose, Maltose oder Lactose ersetzt werden. Stickstoffdurchgasung der Kultur ist ohne Effekt, während $O_2$ toxisch wirkt.

Unter den Säugern ist der Furchungsablauf beim Kaninchen auffallend rasch im Vergleich zu anderen Arten (Tab. VII). Große Haussäuger zeigen eine relativ langsame Furchung.

Für *Mesocricetus auratus* Waterhouse liegen Angaben mehrerer Autoren aus letzter Zeit vor [468, 1376, 1377, 48, 523]. Danach beträgt die Dauer des 1-Zellenstadiums 20 Stunden, 2-Zellenstadiums 25 Stunden, 4-Zellenstadiums 12 Stunden, 8-Zellenstadiums 8 Stunden. Erstaunlich ist, daß trotz der kurzen Graviditätsdauer von nur 16 Tagen beim Goldhamster das 2-Zellenstadium 25 Stunden in Anspruch nimmt.

Tabelle VII

| | *Oryctolagus cuniculus* L. nach Chang 1950 [241] | *Macaca mulatta* Zimmermann nach Lewis u. Hartman 1941 [807] | *Homo* nach Hertig-Rock u. a. [584] |
|---|---|---|---|
| Ovulation | 10 Stunden post coitum provoziert | — | — |
| 1. Tag (bis 24 Stunden nach Ovulation) | 2-Zeller | 1-Zeller | — |
| 24.—36. Stunde | — | 2-Zeller | 2-Zeller |
| 36.—48. Stunde | Morula | 3—4 Zellen | — |
| 48.—72. Stunde | Blastocysten z.T. in utero | 5—8 Zeller | 12 Zellen-Morula |
| 72.—96. Stunde | } Blastocyste | 9—16 Zellenstadium | 58-zellige Blastocyste in utero, Zona noch vorhanden |
| 5. Tag | } | — | 107 Zellen, uterine Blastocyste, Embryoblast deutlich, Zona aufgelöst |
| 6. Tag | Blastocyste von 3—4 mm Durchm. Keimscheibe. In utero, aber noch frei | Blastocyste | Blastocyste |
| 6.—7. Tag | Implantation | — | Anheftung in utero |
| 8. 9. Tag | — | Implantation | |

Tabelle VIII
Entwicklungsstadium, Zeitpunkt nach der Kopulation

| | Goldhamster | Maus | Ratte | Meer-schweinchen | Schwein | Rind |
|---|---|---|---|---|---|---|
| Ovulation | 5.—6. h (1—2Uhr nachts) | | 8,5. h nach Kopul. | | | 10.—15,5. h nach Östrus |
| Vorkernstadium | 9.—22. h | bis 24 h | 8,5.—27. h | 3.—30. h | bis 50. h | 23.—52. h |
| 2-Zellenstadium | 23.—50. h | | | | | |
| 3—4-Zellenstadium | 50.—62. h | | 3. Tag | | bis 74. h | |
| 5—8-Zellenstadium | 62.—70. h | | 3,5. Tag | 80. h | | 96. h |
| Morula | 70. h gebildet | | 4,5. Tag | | | |
| Blastocyste | 4. Tag | 74.—82. h | 107. h | 115.—140. h | 114. h | 190. h |
| Ankunft d. Keimes im Uterus | | 72. h Morula | 4. Tag Morula | 80.—85. h 8-Zeller | 44.—74. h 4-Zeller | 96. h 8—16-Zeller |

Für die Ratte gibt Wrba [1485] an, daß Keime des vierten Tages, selbst wenn sie vom gleichen Muttertier stammen, alle Entwicklungsstadien vom 2-Zeller bis zur Blastocyste zeigen können. Am siebenten Tag finden sich jedoch nur Eizylinder. Demnach würden bei der Ratte sehr starke Differenzen in der Rhythmik der Furchungsteilungen bestehen. Alle Keime erreichen aber im Verlaufe von 6 Tagen das gleiche Stadium. Die zeitliche Aufeinanderfolge der Teilungsschritte bei der Furchung wechselt.

Bei *Microtus agrestis* (L.) läuft die erste Furchungsteilung 24 Stunden post coitum ab. Die Keime treten frühestens nach 40—50 Stunden in den Uterus über (meist 4—6-Zeller). Doch finden sich noch 70 Stunden post coitum Furchungsstadien, gelegentlich auch Blastocysten in der Tube [52]. Es ist also auch bei *M. agrestis* L. mit einer großen Variabilität im zeitlichen Ablauf der Furchung zu rechnen.

## Frühentwicklung der Eutheria

**Blastocyste, Bildung der Embryonalanlage, Fetalanhänge.** Als Endresultat der Furchung entsteht bei Eutheria also die Blastocyste (Keimbläschen), die eine äußere Deckschicht (den Trophoblasten) und eine innere Zellmasse (den Embryoblasten) erkennen läßt (Abb. 36). Der Trophoblast hat mit der Bildung des Embryonalkörpers direkt nichts zu tun. Er liefert in erster Linie das Baumaterial für die Placenta. Aus dem Embryoblasten gehen der ganze Embryonalkörper, oft auch das Amnion und der Dottersack hervor.

Die Frühentwicklung der Eutheria ist somit gegenüber den übrigen Vertebraten durch die frühzeitige Absonderung des Chorionektodermes (Trophoblast) gegenüber der Embryonalanlage gekennzeichnet (Heterochronie). Dieser Vorgang steht zweifellos in Beziehung zu der Aufgabe, rasch ein fetomaternelles Stoffwechselorgan aufbauen zu müssen, um dem Keim Nähr- und Aufbaustoffe zuführen zu können. Morphologisch entspricht der Trophoblast dem »nicht formativen« Areal der Metatheria oder dem extraembryonalen Ektoderm der Sauropsiden und Prototheria.

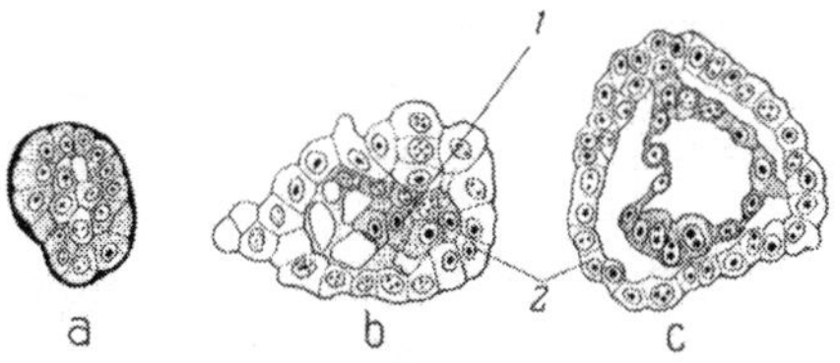

Abb. 36. *Tupaia javanica* Horsf. Furchung und Blastocystenbildung. a) 64-Zellenstadium. b) Beginn der Bildung einer Blastocystenhöhle und des Embryonalknotens. c) Zweischichtige Keimblase ohne deutlichen Embryonalknoten. (Nach De Lange und Nierstrasz, 1932)

*1* Embryoblast
*2* Trophoblast

| Sauropsida, Prototheria | Metatheria | Eutheria |
|---|---|---|
| Keimscheibe<br>Extraembryonales Ektoderm | formatives Areal<br>nicht formatives Areal | Embryoblast<br>Trophoblast |

Der Embryoblast, jetzt auch als Embryonalknoten bezeichnet, bleibt in der Regel an einer Stelle in Verbindung mit der Blastocystenwand. Der Trophoblast überdeckt zunächst stets den Embryoblasten und schließt diesen von der freien Oberfläche aus (Abb. 37). Die Erscheinung, daß der Embryoblast im Inneren der Keimblase liegt, wird als Entypie des Keimfeldes bezeichnet. Diese kommt nur bei Eutheria vor. Sie steht offensichtlich in Be-

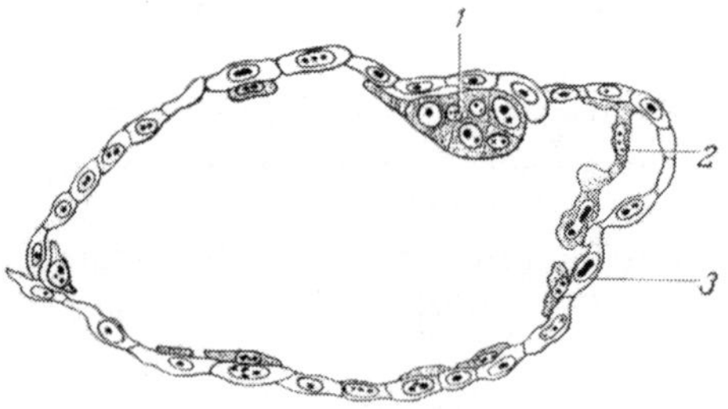


Abb. 37

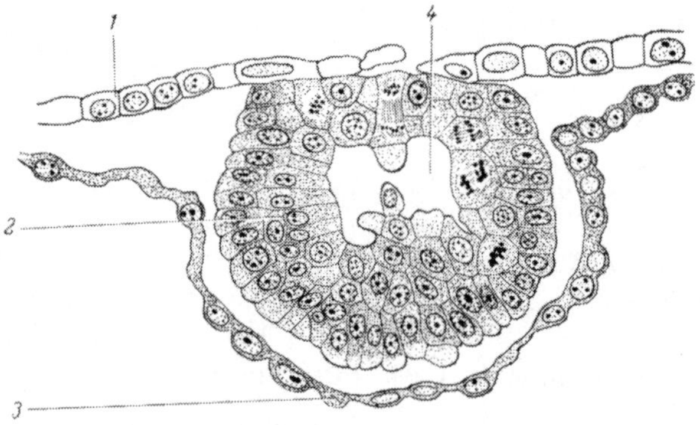


Abb. 38

Abb. 37. *Tupaia javanica* Horsf. Zweischichtige Blastocyste mit deutlichem Embryonalknoten. Entoderm stellenweise eingerissen. (Nach De Lange und Nierstrasz, 1932)

*1* Embryonalknoten
*2* Dottersackentoderm
*3* Trophoblast

Abb. 38. *Tupaia javanica* Horsf. Embryocystisbildung im Embryonalknoten, der vollständig von Trophoblast überdeckt ist. (Nach De Lange und Nierstrasz, 1932)

*1* Trophoblast *3* Dottersackentoderm
*2* Embryoblast *4* Embryocystis

ziehung zur Dotterreduktion und ist vielleicht eine Begleiterscheinung der Differenzierung der Blastocyste in Trophoblast und Embryoblast. Sekundär kann der Embryoblast in den Trophoblasten eingeschaltet werden (S. 74). Zunächst aber differenziert sich an der gegen das Blastocystenlumen gerichteten Seite des Embryonalknotens eine neue Zellschicht, die dem Dottersackepithel (Lecithophor) und dem größten Teil des Darmentodermes entspricht. Diese Entodermschicht entsteht im allgemeinen aus Zellen des Embryonalknotens durch Delamination. Die Zellen breiten sich an der Innenwand der Keimblase aus (Abb. 38), die damit zweischichtig wird (bilaminäre Blastocyste). Das Entoderm hat oft zunächst reticulären Charakter (Abb. 34f.) Bei einigen Eutheria (*Elephantulus, Hemicentetes, Tupaia* [641, 782, 456, 452]) sollen die Entodermzellen einzeln aus der Blastocystenwand abwandern. (Besonderheiten der Entodermbildung bei Primaten S. 76.) Wesentlich aber ist, daß stets ein Dottersack gebildet wird, obgleich die Eutheria dotterarme oder dotterfreie Eier haben. Diese Erscheinung ist zweifellos nur verständlich, wenn wir annehmen, daß die Eutheria von Formen abzuleiten sind, die dotterreiche Eier besaßen. Die Befunde an Monotremen gewinnen in diesem Zusammenhang besondere Bedeutung, zumindest als Modell. Das schließt nicht aus, daß der Dottersack der Eutheria eine wichtige funktionelle Bedeutung in entwicklungsphysiologischer Hinsicht und in Hinblick auf die Betriebsfunktionen des Embryos gewinnen kann (S. 78).

Die folgenden Entwicklungsvorgänge sind in den einzelnen Gruppen der Eutheria stark abgeändert und laufen in gruppenspezifischer Weise ab. Hierbei spielen die räumlichen und ernährungsbiologischen Bedingungen des intrauterinen Milieus (Implantationstiefe, Placentationsmodus) eine entscheidende Rolle neben evolutiv deutbaren Besonderheiten. Vor allem kann auch die Art der Amnionbildung starke Abweichungen gegenüber den primitiven

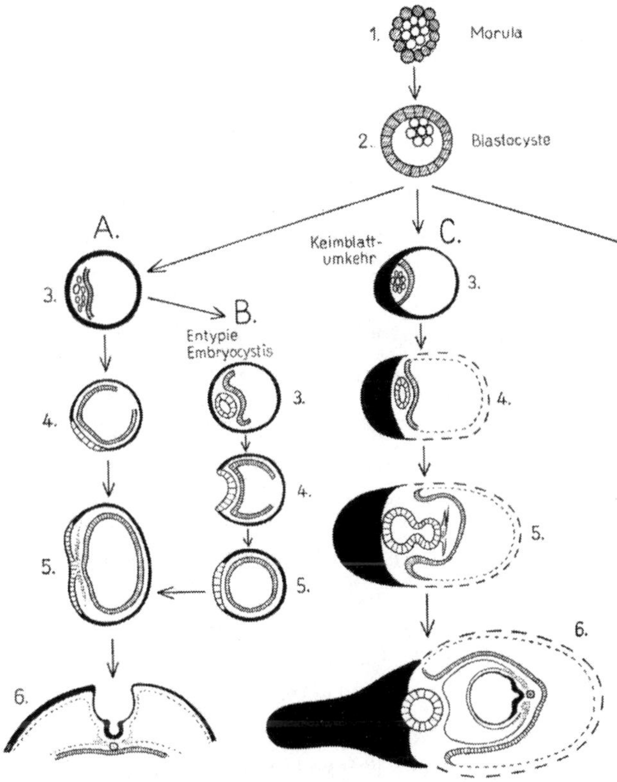


Abb. 39. Schema der Haupttypen der Primitiventwicklung placentaler Säuger. Reihe A: Carnivora, teilweise *Oryctolagus*. Einschaltung des Embryoblasten in den Trophoblasten, Faltamnionbildung. Reihe B: Ungulata, *Tupaia*, *Talpa*, Lemuriformes und Lorisiformes. Bildung einer Embryocystis (B 3); diese bricht durch und schaltet sich sekundär in den Trophoblasten ein (B 4, 5). Reihe C: Entwicklung der Myomorpha und teilweise der Hystricomorpha mit Keimblattumkehr. Reihe D: *Erinaceus*, Spaltamnionbildung, nachträgliche Ausfüllung der Keimblase durch den Dottersack, der ebenfalls durch Dehiszenz in einer soliden Zellmasse entsteht. (Aus Starck, Embryologie, Georg Thieme Verlag, Stuttgart, 1955, S. 191; in Anlehnung an Grosser 1927)

Formen zeigen. Sind aber die großen Organsysteme im Embryonalkörper einmal angelegt, so sind die verschiedenen Arten wieder leicht miteinander vergleichbar. Aus diesem Grunde sollen im Folgenden die ersten Entwicklungsprozesse an der Blastocyste, die zur Bildung des typischen Embryonalkörpers und der Anhangsorgane führen, nach Gruppen getrennt besprochen werden, während die Organisation des Embryokörpers wieder zusammenfassend beschrieben werden kann. Die im Folgenden besprochenen Beispiele sind als Entwicklungstypen zusammengestellt, nicht als evolutive Reihen.

**Frühentwicklung des Keimes der Eutheria. Typ I. (Carnivora, z. T. Soricidae,** ***Oryctolagus*** [486, 975, 1199]). Bei den Vertretern dieser Gruppe wird der Embryoblast früh als solide Zellmasse in den Trophoblasten eingeschaltet und alsbald eingeebnet, so daß, vor Auftreten der Amnionfalten, der Embryoblast schwer gegen den Trophoblasten abgrenzbar ist (Abb. 39 A).

Reste des Trophoblasten können noch längere Zeit über dem Knoten als platte Zellschicht (RAUBERsche Deckschicht) erhalten bleiben (*Oryctolagus*). Der zweischichtige Keim ist also platt, schildförmig ausgebreitet. Die folgenden Entwicklungsprozesse laufen dann ähnlich wie bei Sauropsiden ab. Das Entoderm umwächst innen die Blastocyste und bildet den Dottersack (Entodermumwachsung beim Kaninchen unvollständig). Der Darm entsteht durch Abfaltung vom Dottersack. Die Allantoisblase sproßt aus dem Enddarm aus. Auch die Mesodermbildung aus dem Primitivstreifen und die Aufspaltung des Mesodermes durch den Coelomspalt erfolgt in analoger Weise. Das Mesoderm wächst bis zum unteren Pol vor, doch erreicht der Coelomspalt diesen nicht. Die Bildung des Amnions erfolgt durch Faltung und Bildung einer Grenzrinne.

Die Entypie des Keimfeldes wird also außerordentlich früh wieder aufgehoben. Bei *Oryctolagus* sind einige Besonderheiten zu erwähnen. Die Umwachsung durch Ento- und Mesoderm erfolgt langsam und reicht nur bis zum Äquator (Abb. 39, 124). Mittlerweile ist der Embryo selbst soweit herangewachsen, daß er sich von oben in die bereits gebildete obere Dottersackhälfte vorwölbt. Während der dorsale Teil der Keimblase im wesentlichen bei der Placentarbildung aufgebraucht wird, geht schließlich der untere Teil der Keimblasenwand zugrunde (Abb. 124). Der ausgebildete Teil des Dottersackes wird umgestülpt, sein Epithel blickt nach außen. Der Embryo wird dann von dem Dottersack umhüllt. Damit ist ein Prozeß eingeleitet, der bei kleinen Nagern (*Muriden, Cavia*) bereits viel früher beginnt und ins Extrem gesteigert wird (»Keimblattumkehr«).

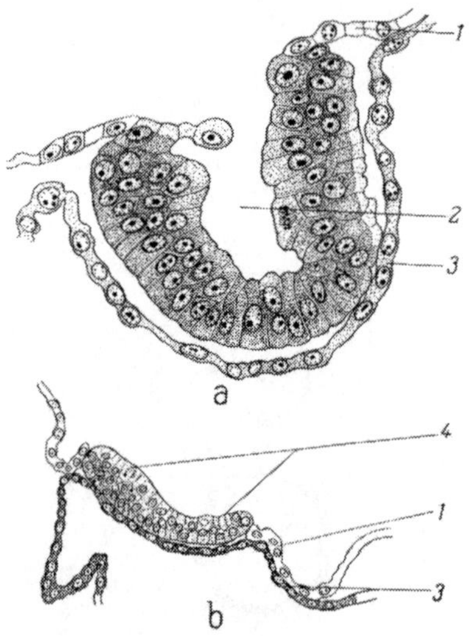


Abb. 40. *Tupaia javanica* HORSF.
a) Weitere Eröffnung der Embryocystis.
b) Streckung des Embryonalknotens zum Embryonalschild (Schrägschnitt).
(Nach DE LANGE und NIERSTRASZ, 1932

*1* Trophoblast
*2* Embryocystis eröffnet
*3* Entoderm
*4* Embryonalschild

**Frühentwicklung des Keimes der Eutheria. Typ II. (Ungulata, Talpa, Tupaia, Prosimae).** Dieser Typ unterscheidet sich vom Typ I nur durch das frühe Auftreten eines Hohlraumes im Embryonalknoten vor dessen Einschaltung in die Keimblasenwand (Embryocystis) (Abb. 38, 39B, 40). Diese Höhle wird dorsal eröffnet (Abb. 40). Dabei streckt sich der zunächst nach dorsal konkave Embryonalbezirk und bildet einen Embryonalschild. Die Entypie des Keimfeldes ist durch die dorsal konkave Einkrümmung stärker betont als bei Typ I. Von manchen Autoren wird nur der vorliegende Fall als Entypie bezeichnet. Die weitere Entwicklung (Amnionfalten, Umwachsung) läuft in der beschriebenen Weise ab. Der Dottersack kann relativ klein bleiben. Der Coelomspalt erreicht stets den abembryonalen Pol der Keimblase, trennt also den Dottersack vom Chorionektoderm. Eine Besonderheit der Ungulaten ist das außerordentlich starke und rasche Längenwachstum der Keimblase, die bei *Sus* recht beträchtliche Ausmaße erreicht (S. 222).

Bei *Tupaia* geht das Entoderm primär auf Furchungszellen zurück (Abb. 36). Der Embryonalknoten ist von vornherein in das Entoderm eingeschaltet und wird, umgekehrt wie bei den meisten Eutheria, sekundär vom Entoderm unterwachsen. Embryocystisbildung, Einschaltung des Embryoblasten in die Keimblasenwand und Streckung der Embryonalanlage erfolgt wie bei Ungulaten. Die Lemuroidea und Tarsioidea verhalten sich im Hinblick auf die Entodermbildung, soweit bekannt, wie die Ungulaten [677, 678, 605].

**Frühentwicklung des Keimes der Eutheria. Typ III. (Rodentia mit Keimblattumkehr)** (Abb. 39C). Die Embryocystis bricht bei den Vertretern dieser Gruppe nicht zur Oberfläche durch, sondern wird in die Bildung der definitiven Amnionhöhle einbezogen. Die Amnionhöhle entsteht also durch Dehiszenz in einer zunächst soliden Zellmasse. Wir sprechen von einer Spaltamnionbildung (Schizamnion) im Gegensatz zu der Bildung des Amnions durch Abfaltung (Faltamnion=Pleuramnion=Plektamnion). Die Entypie ist besonders ausgesprochen und bleibt über längere Zeit erhalten. Im einzelnen finden sich bei den verschiedenen Nagern zahlreiche Besonderheiten. Die Sciuridae [901, 907] (*Sciurus, Tamias, Eutamias, Citellus, Glaucomys, Cynomys*) zeigen Faltamnionbildung, folgen also wie *Oryctolagus*, dem Typ I. Bei Geomyoidea — Heteromyidae (*Dipodomys merriami* MEARNS, *Geomys bursarius* SHAW) kommen rudimentäre Amnionfalten vor. Daneben existiert eine zusätzliche »Epamnionhöhle«, die bei *Geomys* [907] nicht geschlossen ist. Bei *Muriden* (untersucht sind *Mus, Apodemus, Rattus, Cricetus, Neotoma, Microtus, Arvicola*) bildet sich jener Bezirk der Keimblasenwand, der zur Placenta wird, frühzeitig besonders mächtig aus (Träger, Ektoplacentarkonus, Abb. 36c *b*), während die übrige Keimblasenwand eine frühe Rückbildung erfährt. Der Träger wölbt sich bereits von vorneherein in den Dottersack vor und stülpt dessen Wand derart vor, daß diese die Oberfläche des Trägers überzieht (Abb. 130). Die äußere Keimblasenwand (Trophoblast und Entoderm) geht zugrunde. Trophoblastreste können als »Trophoblastriesenzellen« erhalten bleiben und bei der Implantation eine Rolle spielen. An der Grenze von Trophoblast und Dottersack erscheint im Bereich der parietalen Keimblasenwand eine zellfreie Membran (REICHERTsche Membran). Sie wird vom Trophoblasten aus gebildet. Es handelt sich sicher nicht um ein rudimentäres Gebilde. Neuere histochemische Untersuchungen haben gezeigt, daß die REICHERTsche Membran aus Kollagen besteht [1428], ein Befund, der von besonderer Bedeutung ist, da für Insectivoren, Simiae und *Homo* Mesenchymbildung vom Trophoblasten aus behauptet wird, eine Annahme, die durch den Nachweis, daß Trophoblastzellen in der Lage sind, kollagenes Material abzuscheiden, wesentlich gestützt wird. Die REICHERTsche Membran kann bestimmte Stoffe speichern (Fe, Phosphatase) und dürfte daher als wichtiges Stoffwechselorgan der frühen Embryonalphasen betrachtet werden. Bei Muriden tritt im Träger eine große Höhle auf, die Ektodermhöhle = Archamnionhöhle. Diese wird durch Querfalten in eine Resthöhle (Ektoplacentarhöhle = Epamnionhöhle) und die Markamnionhöhle (= definitive Amnionhöhle + präsumptives Ventrikelsystem des CNS) zerlegt. Die definitive Amnionhöhle gliedert sich bei der Abfaltung des Nervenrohres aus der Markamnionhöhle ab. Bei Hystricomorpha (*Cavia porcellus*, L. [1027]) entstehen Ektoplacentarhöhle und Markamnionhöhle von vorneherein getrennt (Abb. 134). Die äußere Keimblasenwand geht beim Meerschweinchen (Abb. 134) bereits so früh zugrunde, daß sie nicht vom Entoderm erreicht wird. Dieses umwächst aber als ektoplacentares Entoderm den Trägerpol der Keimblase (Abb. 134) und bildet später auf der Placenta einen Entodermüberzug (S. 210). Die Bildung der Embryonalanlage erfolgt in typischer Weise an der Kontaktzone von Amnionboden und Entoderm.

Durch die Ausbildung einer relativ großen Ektoplacentarhöhle kommt es bei den genannten Arten zur Ausbildung eines bläschenförmigen Keimes, bei dem das Ektoderm (Archamnionhöhle) innen, das Entoderm (Dottersack) außen liegt (Abb. 130, 134). Da die äußere Blastocystenwand zum großen Teil früh zugrunde geht, hat die Deutung derartiger Stadien zunächst große Schwierigkeiten gemacht. Man bezeichnet diesen Extremzustand der Entypie auch als »Keimblatt-Umkehr«.

**Frühentwicklung des Keimes der Eutheria. Typ IV. (Erinaceus, Pteropodiae)** (Abb. 39D). [82, 889, 891]. Auch diese keineswegs einheitliche Gruppe, umfaßt Formen mit sehr ausgesprochener Entypie. Doch liegt keine Keimblattumkehr vor. Im soliden Embryonalknoten tritt eine Markamnionhöhle durch Dehiszenz auf. Es liegt also echte Spaltamnionbildung vor. Beim Igel entsteht übrigens auch der Dottersack wahrscheinlich durch Spaltbildung in einer soliden Zellmasse. Der Trophoblast ist bei *Erinaceus* sehr früh bereits zu einer mächtigen mehrschichtigen Trophoblastschale ausgebildet (Abb. 39D), wodurch die Einschaltung des Knotens in die Keimblasenwand verhindert wird. Auch *Galeopithecus* zeigt Spaltamnionbildung [775].

**Frühentwicklung des Keimes der Eutheria. Typ V. Microchiroptera.** Die Primitiventwicklung der Kleinfledermäuse ist von großem theoretischen Interesse, da sich in dieser Gruppe wichtige Zwischenformen zwischen den einzelnen Typen finden. Aus dieser sehr umfangreichen Gruppe sind allerdings erst wenige Arten einigermaßen in Hinblick auf ihre Entwicklung untersucht. Die Phyllostomatidae und Desmodontidae [1432a] bilden typisches Schizamnion wie die Megachiroptera (Typ IV.). Bei einigen Arten (*Myotis* [1425, 1426]) entsteht die Amnionhöhle primär im Knoten. Diese verliert aber ihre Decke und wird dann sekundär vom differenzierten Trophoblasten geschlossen (Abb. 96). Nachträglich bildet sich durch Auffaltung der Ränder des Keimschildes von neuem ein Amnionektoderm. Bei anderen Arten entsteht die Amnioncavität von vorneherein durch Dehiszenz zwischen Trophoblast und Knotenmaterial. Auch in diesem Fall bilden sich nachträglich unter einer geschlossenen Trophoblastschicht Amnionfalten aus. Typ V ist also durch die Kombination von früh auftretendem Spaltamnion mit nachträglicher Faltamnionbildung gekennzeichnet.

**Frühentwicklung des Keimes der Eutheria. Typ VI. Macroscelididae** [641, 643, 647, 650]. Die Primitiventwicklung der Macroscelididae ist in vieler Hinsicht sehr eigenartig und offenbar stark spezialisiert. Bei *Elephantulus* besteht extreme Polyovulation (120 Eier), doch kommen regelmäßig nur zwei Keime zur Entwicklung (S. 155). Amöboide Zellen der Keimblasenwand fügen sich zur Bildung des Knotens zusammen (Abb. 90d—h). In diesem Embryonalknoten tritt die Amnionhöhle durch Spaltbildung auf, bevor der Knoten sich dem Trophoblasten anlegt. Die Keimblasenwand bildet weiter amöboide Zellen, die nach Innen abwandern und das Entoderm liefern. Auch Mesenchym entsteht extraembryonal in großem Ausmaß aus Zellen der Blastocystenwand, lange vor Auftreten eines Primitivstreifens (Abb. 90h—l).

**Frühentwicklung des Keimes der Eutheria. Typ VII. Simiae, einschließlich Hominoidea.** Genauer bekannt ist die Frühentwicklung von *Macaca mulatta* Zimmermann und von *Homo* [594, 577—584, 1200, 1199a]. Einzelbefunde weisen darauf hin, daß sich die Platyrrhina und die Pongidae ähnlich verhalten. Wesentliche Unterschiede zwischen Platyrrhinen, Catarrhinen und Pongiden bestehen in der Implantationstiefe und in der Art der Placentarbildung (S. 175). Der Keim bildet eine typische Blastocyste. Die Amnionhöhle entsteht durch Dehiszenz. Bei *Macaca* und *Homo* wurde beobachtet, daß zunächst mehrere interzelluläre Spalten im Knoten auftreten, die zu einer einheitlichen Amnionhöhle zusammenfließen. Wesentlich ist, daß der Trophoblast sehr schnell im Bereich des Anheftungspoles, der mit dem Embryonalpol identisch ist, zu wuchern beginnt und syncytiale Umbildung zeigt. Nun werden fortlaufend »amniogene« Zellen vom Trophoblasten abgespalten und dem Amnion zugeschlagen (Abb. 41 [594]). Höchst eigenartig verläuft auch die Entoderm- und Mesenchymbildung. Schon sehr früh (*Macaca* 9. Tag) ist neben Trophoblast- und Knotenzellen eine dritte Zellart nachweisbar, die sich auf der Innenseite der Blastocyste ausbreitet und den Charakter primärer Entodermzellen annimmt (Abb. 34f). Diese Zellen sollen nicht nur vom Knoten abstammen, sondern vorwiegend schon während der Furchung und Keimblasenbildung, vom Trophoblasten ausgesondert werden. Sie bilden schließlich eine mesothelartige, retikuläre Membran (Abb. 34f).

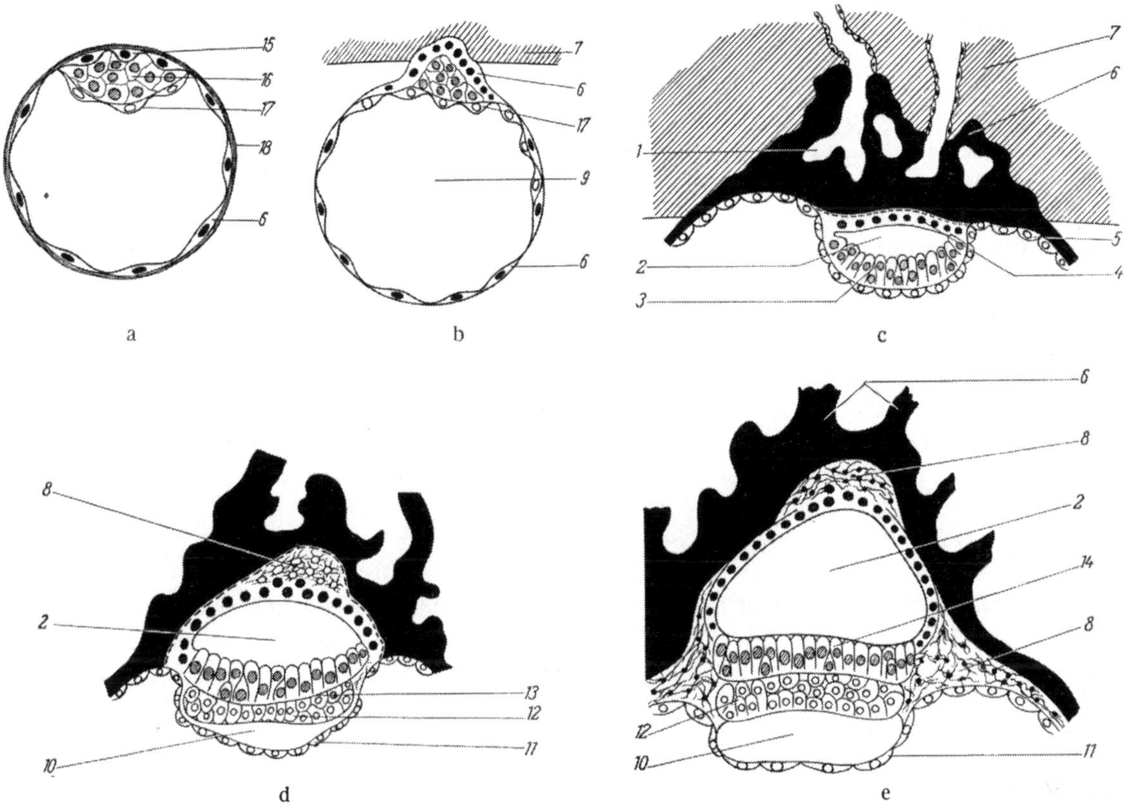


Abb. 41a–e). *Macaca mulatta* ZIMMERMANN, Schematische Übersicht der Frühentwicklung. a) Freie Blastocyste, b) deren Anheftung ans Endometrium, c) Amnionhöhle ist gebildet. Die Trophonblastlakunen kommnizieren mit mütterlichen Blutgefäßen. d) Entodermplatte. Erstes Auftreten des definitiven Dottersackes. Mesenchymbildung zwischen Amnionblasten und Trophoblast. e) Weiterbildung des definitiven Dottersackes. Extraembryonales Mesenchym zwischen HEUSERscher Membran und Trophoblast. (Nach STARCK 1956)

*1* Lakunen
*2* Amnionhöhle
*3* Keimschild
*4* Amniogene Zellen
*5* Primärer Dottersack
*6* Trophoblast
*7* Endometrium
*8* Mesenchym
*9* Blastocystenhöhle
*10* Definitiver Dottersack
*11* Heusersche Membran
*12* Definitives Entoderm
*13* Keimscheibe
*14* Embryo-Ektoderm
*15* Trophoblast des Embryonalpoles
*16* Formative Zellen
*17* Primäres Entoderm
*18* Zona pellucida

Mesenchym tritt ebenfalls früh und ohne Kontakt mit der Embryonalanlage zwischen Trophoblast und Amnion auf (Abb. 41d, e). Dieses Mesenchym stammt vom Trophoblasten ab und isoliert das Amnion völlig gegen den Trophoblasten. Gelegentlich bleibt eine strangartige, epitheliale Verbindung zwischen Trophoblast und Amnion über einen gewissen Zeitraum erhalten. Diese Bildung wurde meist als Rudiment eines Amnionganges und damit als Reminiszenz an die Faltamnionbildung gedeutet. Tatsächlich dürfte es sich aber um eine wachstumsmechanisch wichtige Zuwachszone des Amnionepithels handeln. Am Boden der Amnionhöhle bildet sich eine Platte aus hochprismatischen Zellen, das Keimschildektoderm, aus. Die Bildung des Dottersackes ist noch nicht endgültig klargestellt. Beim Rhesusaffen findet sich nach Bildung der Amnionhöhle unter dem Keimschildektoderm eine mehrschichtige Epithelplatte (Entodermplatte). Sie geht am Rande in das primäre, vom Trophoblasten herstammende »Entoderm« über (Abb. 41e). Die Herkunft dieser Zellen kann aus Schnittbildern nicht eindeutig geklärt werden. Heuser und Streeter [594] sind der Ansicht, daß es sich im wesentlichen um Zellen des primären Entoderms (aus Trophoblast entstehend) handelt, in die durch lokalisierte Proliferation vom Knoten her Zellen eingeschoben werden. Die Möglichkeit, daß die Entodermplatte vollständig vom Knoten herstammt, kann derzeit nicht widerlegt werden. Zwischen Entodermplatte und primärem Dottersack treten nun am 11. bis 12. Tag Spalten auf, die sehr bald zur Bildung des definitiven Dottersackes zusammenfließen. Der definitive Dottersack besteht also dorsal zweifellos aus Zellen der Entodermplatte, aus der auch das Darmentoderm hervorgeht. Seitlich und ventral besteht die Wand des definitiven Dottersackes aus Zellen des primären Entoderms. Der definitive Dottersack dehnt sich rasch aus und drängt den primären Dottersack, der zur Exocoelblase wird, zurück. Nach dieser Anschauung gibt es also bei *Macaca* [1200] zwei Dottersäcke und zwar entsteht der definitive Dottersack ohne Eröffnung des primären Dottersackes. Die Unsicherheit in der Homologisierung der beschriebenen Bildungen hat Anlaß gegeben, die Gebilde mit indifferenten Namen zu benennen. So hat sich für den primären Dottersack auch die Bezeichnung Exocoelblase durchgesetzt. Die dünne Schicht primärer »Entodermzellen« wird dann zweckmäßigerweise als Heusersche Membran bezeichnet. Es soll bei der Erörterung der Dottersackbildung nicht übersehen werden, daß ein Einzelstadium von *Nasalis larvatus* Wurmb, beschrieben wurde, das innerhalb einer dicken, mehrschichtigen Entodermplatte Vakuolen und Spalträume erkennen läßt [605, 1200]. Die Möglichkeit, daß das Dottersacklumen durch Dehiszenz innerhalb einer soliden Zellmasse, also analog der Spaltamnionbildung, entsteht, läßt sich in Hinblick auf diesen Befund nicht ausschließen. Auch die Dottersackbildung des Menschen ist keineswegs restlos aufgeklärt. Bei *Homo* bildet sich zunächst ein primärer Dottersack (Exocoelblase) und eine Heusersche Membran. Der definitive Dottersack entsteht spät (15. Tag). Bei menschlichen Keimen der dritten Woche sind Dottersackcysten beschrieben worden, die als Exocoelblase in Rückbildung gedeutet werden können. Ein einziges Stadium (Ovum Eb. Faber) [357] ist bekannt, das wahrscheinlich die ersten Anfänge der Ausbildung des definitiven Dottersackes zeigt. Dieser Keim besitzt — ähnlich wie *Macaca mulatta* Zimmermann vom 12. Tag — innerhalb einer Entodermplatte die Anfänge eines Spaltraumes. Die seit langem bekannte Exocoelblase des Menschen (Ovum Peters) würde dann einem primären Dottersack homolog sein.

Bei der geschilderten Sachlage erhebt sich die Frage nach der Homologie des primären und sekundären Dottersackes mit entsprechenden Bildungen bei anderen Vertebraten [1197, 1266, 1267, 1200]. Im allgemeinen bestehen wohl keine Zweifel daran, daß der Dottersack der Eutheria, der in typischer Weise gebildet wird, dem Dotterentoderm der übrigen Wirbeltiere, also dem Dottersack der Sauropsida und Prototheria homolog ist. Problematisch ist die Homologie nur bei den Formen, bei denen zwei dottersackartige Gebilde nacheinander entstehen, also bei den Affen. Die meisten Autoren, die sich mit dieser Frage befaßt haben, setzen stillschweigend voraus, daß der primäre Dottersack dem Dottersack niederer Wirbeltiere homolog wäre. Das Hauptargument dürfte meist in der späten Entstehung des definitiven Dottersackes und in der andersartigen Entstehungsweise gesehen werden. Nun ist aber eine zeitliche Verschiebung im Auftreten einer Anlage ebensowenig wie ontogenetisch bedingte Abänderungen im Entstehungsmodus ein Argument gegen eine Homologisierung. Kein Autor bezweifelt die Homologie der Amnionbildung durch Faltung und durch Dehiszenz. Das entscheidende Kriterium für die Klärung von Homologien, Lagegleichheit im Bauplan, scheidet aus, da die beiden zu vergleichenden Gebilde gleiche Lagebeziehungen besitzen. Jedoch sind die Besonderheiten der Dottersackbildung bei Affen und Mensch gut mit speziellen Anpassungen an die Besonderheiten der Embryonalperiode (überstürzte Mesenchym- und Gefäßbildung, Ernährung des Keimes) zu erklären, also als funktionelle Anpassungen und Heterochronien verständlich zu machen, so daß die vom Verfasser geäußerte Auffassung, daß der definitive Dottersack der Affen dem Gebilde niederer Wirbeltiere homolog sei, gut gestützt ist [1197, 1200, 1199]. Es sollte nicht übersehen werden, daß gerade die Frühphasen der Ontogenese besonders häufig tiefgreifenden Abänderungen unterworfen sind und Sonderanpassungen gegenüber ancestralen Zuständen zeigen.

Als weitere Besonderheit der Frühentwicklung der Simiae muß auf die vorzeitige und überstürzte Bildung großer Mengen extraembryonalen Mesenchyms hingewiesen werden. Bereits vor Ausbildung der Embryonalanlage kommt es zu reichlicher Mesenchymbildung (Abb. 41). Die HEUSERsche Membran darf wohl als erster Beginn dieses Prozesses aufgefaßt werden. Lebhafte Mesenchymproliferation vom Cytotrophoblasten aus ist ein Hauptkennzeichen der höheren Primaten, das sich noch bis in späte Phasen der Placentarbildung nachweisen läßt (S. 179). In späteren Stadien kommt Mesenchymbildung im Bereich des Keimschildes hinzu. Am kaudalen Umfang des Schildes behält ein bestimmtes Gebiet primitiven Charakter als Proliferationszentrum und spaltet fortlaufend Mesenchymzellen ab. HEUSER und STREETER deuten diese Zone bereits als Primitivstreifen [594] (Abb. 42). Offenbar handelt es sich beim Sichtbarwerden dieser Struktur um einen fortlaufenden Segregationsprozeß. Das Gebiet des Proliferationsknotens (Primitivstreifen) behält relativ lange pluripotenten Charakter und sondert sich anschließend in Primitivknoten, Chordafortsatz, Mesoderm und Darmentoderm. Das primitive pluripotente Areal persistiert lange Zeit als Schwanzknospe. Diese ist bei geschwänzten Affen deutlich massiger als bei *Homo*.

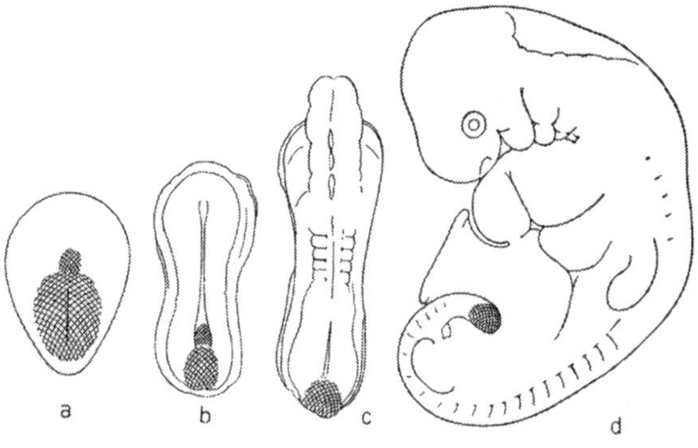

Abb. 42. *Macaca mulatta* (ZIMMERMANN). Körperformbildung. Schraffiert = indifferente Gewebsmasse. a) Primitivstreifenstadium. b) Beginn der Somitenbildung. c) Somitenstadium. d) 6 mm-Embryo.
(Nach HEUSER und STREETER, 1941)

**Funktionelle und evolutive Deutung des Amnions.** Die Deutung der Amnionbildung unter phylogenetischen Gesichtspunkten hat erhebliche Diskussionen verursacht. Sie ist zweifellos abhängig von einem Verständnis der funktionellen Bedeutung. Die älteren Erklärungsversuche gehen stets von dotterreichen Eiern mit meroblastischer diskoidaler Furchung und Keimscheibenbildung aus, eine Annahme, die gut begründet ist, da sie die Zustände bei Sauropsiden und Prototheria als ancestral voraussetzt. Das Amnion würde nach dieser Auffassung stammesgeschichtlich als Faltamnion entstehen [495, 1195a]. Spaltamnionbildung wäre sekundär, im Sinne einer Abbreviation in Anpassung an die Besonderheiten des intrauterinen Entwicklungsmodus und an die Implantationstiefe entstanden. Da auch der Modus der Placentation eng mit der Implantationstiefe zusammenhängt, besteht eine gewisse Korrelation zwischen Amnionbildungstyp und Placentationsart. Demgegenüber hat HUBRECHT [665, 667, 678] betont, daß diese Art der Amnionbildung nicht verständlich wäre, denn der Sinn der Struktur soll in der Schaffung eines Wasserkissens liegen, das den jungen Keim gegen mechanische Insulte und gegen Austrocknung schützt. Ein solcher Schutz kann aber nur von einem geschlossenen Amnion gewährt werden. Die Entstehung über ein Faltamnion würde voraussetzen, daß über lange Evolutionsperioden hin ein offener Wall von Amnionfalten bestehen müßte, der funktionell bedeutungslos wäre. Dementsprechend nimmt HUBRECHT an, daß das Amnion phylogenetisch von vorneherein als geschlossene Blase aufgetreten wäre. Konsequenterweise soll die Keimblase der Eutheria mit Schizamnionbildung den primitiven Zustand darstellen. Dieser Zustand wird von den Verhältnissen bei Amphibien abgeleitet. Der Trophoblast der Eutheria ist danach mit der Deckschicht des Amphibienektoderms homolog. Das Amnion soll sich bei den Protoamnioten von dieser Deckschicht abgespalten haben. Die Eutheria werden dann auch stammesgeschichtlich von Amphibien abgeleitet. Reptilien und Monotremen sollen völlig aus der Stammesreihe der Säuger herausfallen. Der Hypothese haben sich namhafte Forscher angeschlossen [138, 139, 271, 780]. Nun ist gegen diese Auffassung einzuwenden, daß heute die Reptilherkunft der Säuger paläontologisch und vergleichend anatomisch gut gesichert ist, daß aber die Amphibienhypothese längst widerlegt ist. Weiterhin ist die Homologie des Trophoblasten der Säuger mit dem Ektoderm der Amphibienlarven bei Anwendung kritischer Methoden der vergleichenden Anatomie nicht aufrechtzuerhalten. Die Notwendigkeit, Zwischenformen mit offenem Amnion anzunehmen, ist keineswegs gegeben, wenn man an der primären Natur des Faltamnions festhält. Schließlich haben die Untersuchungen über die Ontogenese der Prototheria und Metatheria einen derartig engen Anschluß des Ontogenesetyps an Reptilien nach unten, an Eutheria nach oben dargelegt, daß diese Entwicklungsreihe zumindest als Modell der Evolution des Ontogenesetyps der Eutheria brauchbar ist. So haben zahlreiche Autoren [602a, 495, 993, 1355] sich nicht zu den Vorstellungen von Hubrecht bekennen können.

Veit [1355a] hat auf einen Befund an *Pristiurus*-Keimen aufmerksam gemacht, der für die Frage der Amnionbildung von Interesse ist. Bei *Pristiurus* und *Torpedo* kommen Blastodermwucherungen vor der Embryonalanlage vor, die in diesem Falle eine Folge lokalisierter Dotterverflüssigung sein dürften. Es handelt sich also um Zufallsbildungen, die gewissermaßen zweckfrei sind und nicht in direkte Beziehung zur Entstehung von Amnionfalten gesetzt werden dürfen. Trotzdem können derartige Bildungen wenigstens formal das Entstehen von Amnionfalten verständlich machen.

Mossmann [901] hat betont, daß das Amnion weniger ein Schutzorgan sei, als selbst des Schutzes bedürfe. Schutzeinrichtungen für den Keim sind Eischalen, Albumenschicht und bei intrauteriner Entwicklung die maternen Gewebe. Mossmann weist darauf hin, daß das Amnion dem Embryo der Landwirbeltiere das feuchte Milieu aquatiler Formen schaffe. Die Amnionhöhle schafft für den jungen Keim Raum und isoliert ihn gegen die Umgebung. Derselbe Autor weist darauf hin, daß in der gleichen Gruppe gewöhnlich Typen mit Falt- und mit Spaltamnion vorkommen können.

| | Faltamnion | Übergangstyp | Spaltamnion |
|---|---|---|---|
| Insectivora | *Talpa*, *Sorex*, Chrysochloridae | — | Erinaceidae, Tenrecidae, Macroscelididae |
| Chiroptera | *Nyctinomus* | *Rhinolophus*, *Miniopterus*, *Myotis* | *Pteropus*, *Nyctalus*, Phylostomatidae, *Desmodus* |
| Rodentia | Sciuridae | *Geomys*, *Dipodomys* | Muridae, Hystricomorpha |
| Primates | Tupaiidae, Lorisidae, *Tarsius* | — | Simiae, Hominoidea |

Die Art der Amnionbildung hängt weniger von der phylogenetischen Stellung der Tierform als von der Implantationsart und Implantationstiefe ab. Unter diesen Gesichtspunkten dürften Vorstellungen über die phylogenetische Entstehung des Amnions, die starke Widersprüche gegen wohl begründete Vorstellungen über den Ablauf der Evolution enthalten, von vorn herein wenig begründet sein.

Mit diesen Überlegungen sind gut die Vorstellungen über die Funktion des Amnions vereinbar, die in jüngster Zeit vor allem von Bautzmann [87, 88] entwickelt wurden. Dieser Autor hat besonderen Nachdruck darauf gelegt, daß der Keim engste stoffwechselphysiologische Beziehungen zu seinem flüssigen Medium aufweist. Im Zusammenhang hiermit spielen motorische Leistungen (aktive und passive Embryokinesis) eine wesentliche Rolle. Bei Sauropsiden beschreibt BAUTZMANN eine komplizierte Fruchthüllenmotorik und legt ihr morphologisches Substrat (glatte Muskulatur im Amnion) dar. Über die Verhältnisse bei Prototheria ist bisher leider nichts bekannt. Bei Eutheria ersetzt die Motorik des Uterus die Amnionbewegung. Eine eigene Amnionmuskulatur fehlt dementsprechend. Vorkommen von Placentarbildungen schließt, wie einige vivipare Reptilien zeigen, eine Eigenmotorik des Amnions nicht aus.

Histologischer Bau des Amnions: Das Amnion bei *Ovis aries* L., das hier als Muster für die Eutheria im allgemeinen stehen mag, besitzt innen ein einschichtiges, aus platten, polygonalen Zellen bestehendes Epithel. Die Zellen können sehr verschiedene Funktionsphasen zeigen. Im Epithel kommen (bei Huftieren häufig auf dem Nabelstrang-Amnion, auch für *Homo* nachgewiesen) warzenartige Bezirke vor, die aus mehrschichtigem Epithel aufgebaut sind, das differenten Zellencharakter zeigt. Die Bedeutung dieser Bildungen ist unbekannt. Keinesfalls handelt es sich um regellose Epithelwucherungen. Offenbar liegt ein funktionell wichtiger Konstruktionsteil vor. Auf das Epithel folgt eine gitterfaserige Basalmembran. An diese schließt eine Bindegewebslage an, die zwei, miteinander zusammenhängende Fibrocytennetze und ein grobes kollagenes Fasernetz erkennen läßt. Zur Allantois hin folgt ein gallertiges Stratum intermedium, in dem Gitterfasernetze nachweisbar sind. Diese Lage wird als dehnungsfähige Verschiebeschicht aufgefaßt.

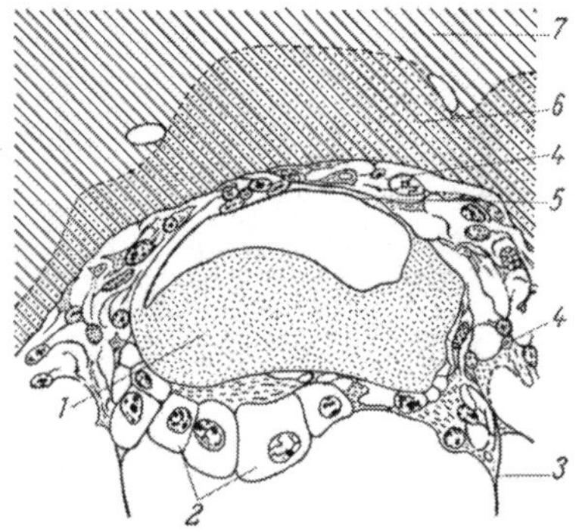


Abb. 43. *Homo*, Embryonalanlage (Graphische Rekonstruktion) eines 11 Tage alten Ovums (CARNEGIE 7699, aus HERTIG-ROCK Contr. Embryol. 29, 1941)

*1* Keimschildektoderm
*2* Entodermplatte
*3* HEUSERsche Membran
*4* Mesenchym
*5* Amnionektoderm
*6* Cytotrophoblast
*7* Syncytiotrophoblast

**Weitere Entwicklung der Embryonalanlage bei den Eutheria.** In jedem Fall durchläuft der Keim der Eutheria das Stadium der Blastocyste. Die Embryonalanlage selbst bildet sich immer als flach ausgebreiteter Keimschild (Keimscheibe) am Boden der Amnionhöhle (Abb. 43), unabhängig davon, ob Faltamnion- oder Spaltamnionbildung vorliegt. Unter dem Keimschildektoderm findet sich der dorsale Teil des Dottersackes. Am Rand geht der Keimschild in die primäre Blastocystenwand über bei jenen Formen, die Faltamnionbildung aufweisen. Entsteht die Amnionhöhle durch Dehiszenz, so geht der Keimschild peripher von vorneherein in das Amnionektoderm über.

Die folgenden Entwicklungsprozesse laufen im Prinzip in analoger Weise wie beim Vogelkeim ab. Die meist ovale Keimscheibe vergrößert sich und streckt sich etwas in die Länge. Am späteren Kaudalende kann eine Randkerbe ausgebildet sein (Abb. 34g). Als erste morphologische Differenzierung tritt nun der Primitivstreifen auf, der am vorderen Ende zum Primitivknoten (HENSENscher Knoten) verdickt ist. Der Primitivstreifen erscheint zuerst am Hinterrand des Keimschildes und hängt mit diesem längere Zeit zusammen (Abb. 34g—m). Histologisch ist der Primitivstreifen gekennzeichnet durch hohes ektodermales Epithel, vor allem aber dadurch, daß in seinem Bereich die beiden Keimblätter (Ektoderm und Entoderm = Epiblast und Hypoblast) zusammenhängen (Abb. 34n, q). Aus diesem Primitivstreifengebiet scheinen nun in großer Menge Zellen zu proliferieren, die sich als Mesoderm zwischen Epi- und Hypoblast einschieben. Über den Mechanismus dieser Mesodermbildung bei Eutheria ist nichts bekannt, da der Vorgang selbst sich mit rein morphologischen Methoden nicht erfassen läßt. Die gleichen Probleme sind aber auch für den Sauropsidenkeim, der experimentellen Eingriffen zugänglich ist, heute noch keineswegs endgültig geklärt. Offenbar spielt der Primitivstreifen nicht die Rolle als aktives Proliferationszentrum, die ihm früher meist zugeschrieben wurde, da die Mitosenrate nicht gegenüber der Umgebung erhöht ist. Inwieweit aktive Gestaltungsbewegungen auch hier im Spiele sind (Konvergenz von oberflächlich gelegenem Material auf den Primitivstreifen hin, Wanderung dieser Zellen in der Tiefe von medial nach lateral), läßt sich noch nicht entscheiden. Am Kaudalende ist der Primitivstreifen oft zum Kaudalknoten verdickt. In der Folge fällt vor allem eine bedeutende Verlängerung des Streifens auf.

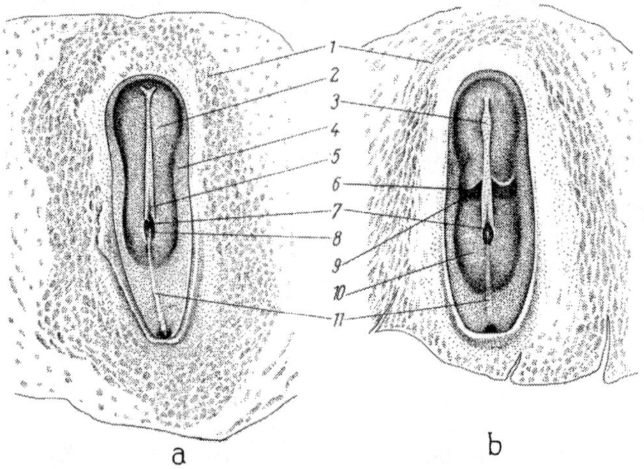


Abb. 44. *Canis familiaris* L., junge Embryonalanlagen. a) Primitivstreifenstadium. b) Differenzierung des ersten Somiten. (Nach Bonnet Anat. H. 1897)

*1* Placentarwulst
*2* Neuralwulst
*3* Medullarrinne
*4* Seitenplatten
*5* Chordafortsatz
*6* Herzanlage
*7* Primitivknoten
*8* Primitivgrube
*9* Erster Somit
*10* Stammplatte
*11* Primitivstreifen

Im Bereich des Primitivstreifens wird oft eine Primitivrinne deutlich, die wohl als Ausdruck von Zellverschiebungen und Materialstauchung gedeutet werden muß. Anders zu bewerten ist die Primitivgrube (Abb. 44), die am Vorderende der Rinne, dicht hinter dem Knoten auftritt. Sie entspricht einer echten Invaginationsgrube, ihre Mündung dem Blastoporus niederer Vertebraten. Vom Hensenschen Knoten erstreckt sich ein Zellstrang, der Chordafortsatz (Kopffortsatz) nach rostral. Die Invaginationsgrube kann sich als Chordakanal in den Chordafortsatz fortsetzen (*Cavia*, Chiroptera, *Homo* usw.). Er kann in das Darmlumen durchbrechen (Abb. 45). Schließt sich das Neuralrohr kaudal über dem Chordakanal, so kommt es zur Bildung eines Canalis neurentericus. Der Chordakanal entspricht völlig dem Urdarmsäckchen der Reptilien, das gleichfalls mit dem Entoderm verschmilzt und in den Subgerminalraum durchbricht.

Die Frage, inwieweit die besprochenen Entwicklungsprozesse bei Eutheria unter den Begriff der Gastrulation zu subsummieren sind, wird sehr verschieden beantwortet. Ältere Autoren verstehen unter Gastrulation allgemein die Entoderm-, Mesoderm- und Chordabildung. Demzufolge zerfällt nach Hubrecht und Keibel [677a, 678, 721a, 722a, 754a] der Gastrulationsvorgang bei Eutheria in zwei räumlich und vor allem zeitlich dissozierte Teilprozesse: a) Bildung primären Entoderms durch Delamination, b) Invagination (Primitivgrube, Chordakanal) mit Bildung von gastralem Mesoderm, Chorda und »sekundärem« Entoderm. Im Interesse einer sauberen Bildung morphologischer Begriffe sollte nur der Invaginationsvorgang mit echter Urdarmbildung als Gastrulation bezeichnet werden. Die Bildung eines Delaminationsentoderms wäre danach ein sekundärer Vorgang, der als embryonale Anpassung an die Notwendigkeit, frühzeitig Dottermaterial zu verarbeiten, im Sauropsidenstamm entstanden ist und sich bei Protomammalia auch nach Verlust der großen Dottermenge erhielt. Unsere Deutung folgt damit der Auffassung von Peter und Veit [991a,b, 992a, 4c, 1199]. Sie hat gegenüber der »Zweiphasentheorie der Gastrulation« den Vorzug, verschiedene Vorgänge nicht mit der gleichen Terminologie zu belasten und zwanglos die Tatsachen einordnen zu können. Bei Eutheria kommt also keine echte Gastrulation vor. Die Primitivgrube ist als Rudiment der Urdarmbildung aufzufassen. Die Gastrulation tritt nur in ganz rudimentärer Form auf.

Das Wachstum des Keimschildes erfolgt nicht gleichmäßig im ganzen Areal. Der Primitivstreifen verlängert sich im wesentlichen vom kaudalen Ende her, so daß hier eine Art Zuwachszone angenommen werden kann. Die ältesten Abschnitte des Streifens liegen also am Vorderende (Abb. 34i—m). Die Chordaanlage geht nach kaudal in das Gewebe des Knotens über. Sie ist in Form eines schmalen Zellbandes in das Darmdach eingeschaltet (Abb. 34o, p). Am Vorderende geht die Chordaanlage in die prächordale Platte über, die strukturell gegen das Entoderm kaum abgrenzbar ist (Abb. 34, 45).

Währenddessen hat sich das Mesoderm vom Primitivstreifen her ausgebreitet und schwenkt in Form von zwei Flügeln nach rostral ein, so daß sich jederseits der Chorda zwei Mesodermstränge vorschieben. Das Mesoderm bei Eutheria ist also in erster Linie peristomales (paraxiales) Mesoderm, das aus dem Primitivstreifengebiet stammt. Gastrale Mesodermbildung aus dem Chordafortsatz spielt daneben nur eine ganz untergeordnete Rolle. Die Mesodermflügel können vor der Embryonalanlage zusammenstoßen und eine kontinuierliche Platte bilden (Schaf, Kaninchen). Diese kann sich zurückbilden (sekundäre Proamnion-Bildung). In wechselndem Ausmaß ist auch die prächordale Platte (Ergänzungsplatte) an der Lieferung von rostralem Mesoderm (Kopfmesenchym) beteiligt. Schließlich sei darauf hingewiesen, daß möglicherweise zusätzliche periphere Mesenchymbildung vom Entoderm des extraembryonalen Bereiches (*Canis*, *Sorex*, *Erinaceus*) vorkommen kann.

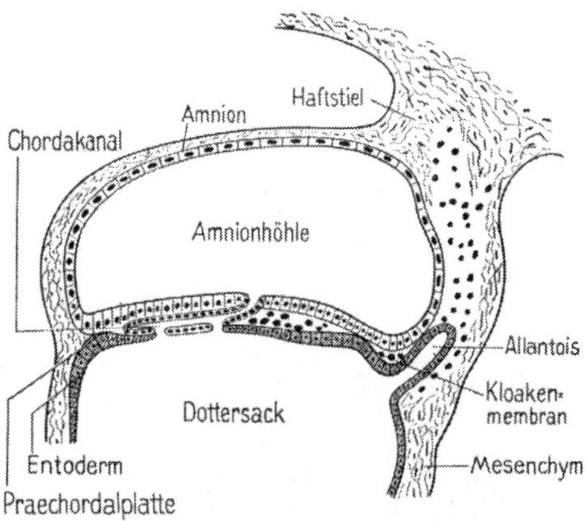


Abb. 45. Schematischer Längsschnitt durch die Embryonalanlage eines menschlichen Praesomitenstadiums. Allantoisdivertikel, Haftstiel, Chordakanal. Darmrinne noch nicht vom Dottersack abgehoben. (Aus Starck, 1955, a. a. O., S. 212)

Die oft benutzte Unterscheidung eines hellen und dunklen Fruchthofes ist beim Säugerkeim nicht eindeutig. Bei sehr jungen Stadien von Schaf und Hund (vor der Mesodermbildung) ist [157] eine klare Differenzierung am Totalobjekt überhaupt nicht sicher möglich. Eine Aufhellung des Embryonalschildes wird vorübergehend bemerkbar, wenn die Keimblase zweischichtig geworden ist. Nun kann durch die sich ausbreitenden Mesodermflügel ein »Mesodermhof« als Trübung in Erscheinung treten. Die erste Trophoblastwucherung der Placentaranlage (Ektoplacenta) muß hiervon scharf unterschieden werden (Abb. 44). Inwieweit der »dunkle Fruchthof« mesodermbedingt ist oder durch eine Ektodermwucherung verursacht wird, kann oft nur im Schnittbild entschieden werden. Der Gefäßhof (Area vasculosa), oft mit dem dunklen Fruchthof verwechselt, tritt beim Hund sehr viel später (12 Somite) in Erscheinung. Der helle Fruchthof erscheint bei Eutheria immer erst nachträglich um die bereits vorhandene Embryonalanlage. Es handelt sich gewöhnlich um eine den Embryonalkörper direkt umgebende hellere, dreiblättrige Zone, die im wesentlichen durch Kontrastwirkung verursacht wird. Von diesem hellen Fruchthof ist wieder die Aufhellungszone im Proamnion-Bezirk (Kaninchen) zu unterscheiden.

Im Ektoderm über und vor dem Chordafortsatz bildet sich in der für alle Wirbeltiere typischen Weise die Anlage des Zentralnervensystems aus. Das Ektoderm verdickt sich in diesem Bereich durch Zellvermehrung und Umformung der Zellen zur Medullarplatte (Abb. 34 l, m, o), deren seitliche Ränder sich zu Medullarwülsten auffalten. Schließlich gliedert sich mit dem Medullarrohrschluß das Zentralnervensystem aus dem Ektodermverband aus. An der Grenze des Medullarrohres gegen den oberflächlich verbleibenden Teil des Ektoderms, jetzt Epidermis genannt, proliferiert eine auf dem Querschnitt keilförmige Zellmasse, die Neuralleiste, die sich in den Winkel zwischen Epidermis, Neuralrohr und Somiten einschiebt. Sie ist ein wichtiges Embryonalorgan mit eigenen Potenzen (S. 110). An der Medullarplatte (= Neuralplatte) ist bereits vor Schluß des Rohres eine regionale Gliederung nachweisbar (Abb. 46). Der deutlich verbreiterte rostrale Anteil läßt sich als Prosencephalon bereits jetzt deutlich gegen das Rhombencephalongebiet abgrenzen. Dieses geht nach kaudal in die Rückenmarksanlage über. Die Gliederung entspricht dem für Vertebraten allgemein gültigen Bauplan. Ein Mesencephalongebiet ist primär beim Säugerkeim nicht abgrenzbar. Das Mittelhirn differenziert sich erst relativ spät sekundär im rostralen Abschnitt des Rautenhirnes aus.

Der Neuralrohrschluß beginnt gewöhnlich in der Mitte des Embryonalkörpers [1199] und schreitet nach rostral und kaudal vor (*Homo* = 3. Woche, 6—8 Somite, Abb. 46). Zunächst bleibt also am vorderen und hinteren Ende der Ventrikel des Zentralnervensystemes durch den vorderen und hinteren Neuroporus in offener Verbindung mit der Amnionhöhle. Der Schluß der Neuropori erfolgt in artlicher wechselnder Weise relativ spät.

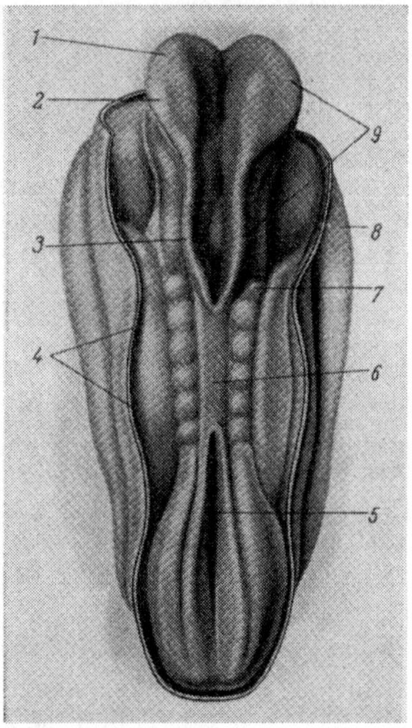

Abb. 46. *Homo*, Embryo vom 19. Tag, 7 Somite-Stadium, (Embryo Payne). Schluß des Neuralrohres hat begonnen. Amnion von dorsal her eröffnet. (Aus Streeter, Scient. Monthly, 1932)

*1* Prosencephalon
*2* Sulcus opticus
*3* Rhombencephalon
*4* Amnion-Schnittrand
*5* Medullarrinne
*6* Medullarrinne geschlossen
*7* Erster Somit
*8* Dottersack
*9* Hirnanlage

Im Mesoderm tritt zunächst die Gliederung in eine paramedian gelegene Stammzone (Stammplatte) und eine peripher anschließende Parietalzone (Seitenplatten) hervor (Abb. 34, 44). Die Abgliederung des ersten Somiten beginnt etwa in der Mitte des Embryonalkörpers. Dicht vor dem ersten Somiten ist an der Grenze von Stamm- und Seitenplatte eine Verdichtungszone im Mesodermbereich sichtbar. Es handelt sich um den Herzwulst (Abb. 44b), die erste Anlage der Pleuropericardialhöhlen-Wand, aus der sich die Herzplatte bildet. Im großen und ganzen dürfte die Abgliederung der Somite und der damit zum Ausdruck kommende Segmentierungsprozeß der Leibeswand in der Richtung von kranial nach kaudal voranschreiten. Da experimentelle Eingriffe kaum durchführbar sind, läßt sich dieses Geschehen beim Säugerkeim nur schwer analysieren.

Bei *Macaca mulatta* Zimmermann beginnt die Somitenbildung am 21. Tag und schreitet von kranial nach kaudal fort. Das 20-Somite-Stadium wird etwa am 26. Tag der Gravidität erreicht [594].

Die Bildung des Coelomspaltes im Seitenplattenmesoderm beginnt gewöhnlich zur Zeit des Auftretens der ersten Somiten, und zwar primär in der späteren Herzgegend (*Homo* 1,5 mm Graf Spee), dann auch im Bereich der künftigen Peritonealhöhle. Der Coelomspalt zerlegt das Seitenplattenmesoderm in eine äußere, dem Ektoderm anliegende Schicht (die Somatopleura), und eine innere, dem Darm anliegende (Splanchnopleura) (Abb. 34 o, q). Der Coelomspalt dehnt sich über die Grenzen des Embryonalkörpers als extraembryonales Coelom (Exocoel) aus. Dieser Prozeß ist bei jenen Formen, die primär Mesenchym im Extraembryonal-Gebiet differenzieren, also besonders bei Affen und Mensch, eigenartig modifiziert. Da bereits auf dem Stadium des Doppelbläschens (Amnionhöhle, Dottersack) eine Mesenchymschicht vorhanden ist und von außen die beiden Bläschen umhüllt, unterbleibt eine Aufspaltung, denn eigentliche Seitenplatten existieren hier nicht. Somato- und Splanchnopleura sind in diesem Falle von vorneherein getrennt. Das Exocoel findet sekundär Anschluß an das Embryocoel. Die Ausdehnung des Coelomspaltes ins extraembryonale Gebiet ist artspezifisch sehr variabel (S. 120: Placentation). Auch das räumliche Auftreten des Coelomspaltes kann sehr wechseln. So tritt beim Hund das Embryocoel vor dem Exocoel auf. Beim Schaf hingegen erscheint primär das Exocoel, das sich zentrifugal und zentripetal ausbreitet.

Wenig erforscht ist das Schicksal der prächordalen Platte (Ergänzungsplatte) bei Eutheria. Es handelt sich um jenen Gewebsstrang, der aus dem Chordafortsatz hervorgehend sich in Richtung auf das Vorderende des Keimschildes erstreckt. Offensichtlich ist dies Gebilde an der Produktion von Mesenchym für das Vorderkopfgebiet und an der Bildung des vorderen Chordaendes beteiligt.

**Darm und Dottersack.** Die Bildung eines geschlossenen Darmrohres läuft in ähnlicher Weise wie bei Sauropsiden ab. Zunächst wächst das Kopfende der Embryonalanlage frei über die Unterlage vor. Damit entsteht ein ventral geschlossener Kopfdarm, der in der vorderen Darmpforte in die Darmrinne übergeht. In analoger Weise bildet sich der Schwanzdarm aus. Die Darmrinne schnürt sich mehr und mehr vom Dottersack ab, wird damit zum Darmrohr und steht nur noch über den Dottergang (Ductus omphaloentericus) mit dem Dottersack (= Nabelbläschen) in Verbindung (Abb. 47). Bei den Formen mit Keimblattumkehr (*Oryctolagus*, Muriden, *Cavia*) kommt es naturgemäß nicht zur Ausbildung eines geschlossenen Dottersackes wie bei Sauropsiden [901]. Der Dottersack wird zu einer Embryonalhülle. Bei vielen Chiroptera (*Pteropus*, *Cynopterus*, *Taphozous*, *Rhinopoma*, *Rhinolophus*) wandelt sich der Dottersack in ein massiges, gefaltetes Organ um, das sein Lumen völlig verlieren kann (*Pteropus*) (Abb. 95 [892]). Das Dottersackentoderm bildet Zotten und proliferiert. Die Zellen hypertrophieren und nehmen das Aussehen von Drüsenzellen an. Über die Funktion dieses eigenartigen Gebildes ist nichts bekannt. Die Annahme einer endokrinen Dottersackdrüse stützt sich vorläufig nur auf den morphologischen Befund. Histochemische und experimentelle Untersuchungen fehlen derzeit noch.

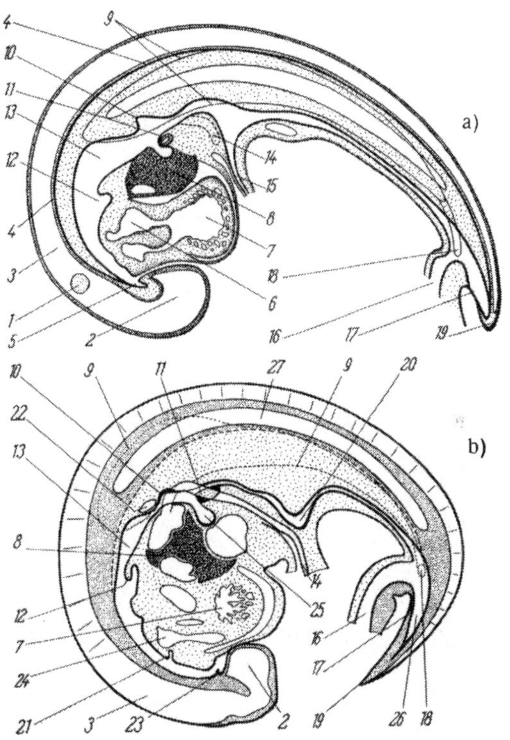


Abb.47 Medianschnitt-Rekonstruktionen von *Bos taurus* L. nach KRÖLLING 1924.
a) Embryo 5 mm Nacken-Steißlänge, 33 Somite
b) Embryo 6,6 mm Nacken-Stlge.

*1* Ohrbläschen
*2* Prosencephalon
*3* Rhombencephalon
*4* Chorda dorsalis
*5* Rest der Rachenmembran
*6* Herz, Atrium
*7* Herz, Ventrikel
*8* Leber
*9* Mesonephros
*10* Pancreas dorsale
*11* Pancreas ventrale
*12* Respirationstrakt
*13* Magen
*14* Vena omphalomesenterica
*15* Ductus omphaloentericus
*16* Allantoisgang
*17* Kloakenmembran
*18* Urnierengang
*19* Schwanzknospe
*20* Nabelschleife
*21* Thyreoidea
*22* Recessus omentalis
*23* Rathkesche Tasche
*24* Truncus arteriosus
*25* Gallenblase
*26* Schwanzdarm
*27* Aorta

**Die Ausbildung der Allantois** bei Eutheria ist außerordentlich wechselnd. Sie kann, ähnlich wie bei Sauropsiden, als mächtiges blasenförmiges Organ ausgebildet sein, oder aber auch, zumindest in ihrem entodermalen Anteil, ganz rudimentär sein. Ihre Funktion als Harnsack steht nicht mehr im Vordergrund. Ihre Bedeutung ist wohl in erster Linie die eines blut- und gefäßbildenden Organs. So kann es nicht wundernehmen, daß ihr mesenchymaler Wandteil dominiert und allein persistieren kann. Wegen der engen Beziehungen der Allantois zur Placentation sei auf S. 111 verwiesen. Bei vielen Formen mit massiger, invasiver Placenta ist die Allantois als entodermales Hohlorgan rudimentär. Ihr Mesenchymbelag persistiert (Haftstiel) und vermittelt die Gefäßverbindung vom Chorion zum Embryo (Abb. 45). Bei gedehnten, oberflächlichen Placentarformen (Huftiere, Lemuren) ist die Allantoisblase meist ausgedehnt. In diesem Fall füllt sie das Exocoel (Chorionhöhle) aus. Hiermit soll nicht gesagt sein, daß der Zustand mit extrem großer Allantois primitiv wäre. Es ist wahrscheinlich richtiger, als Ausgangszustand ein Organ mittlerer Größe anzunehmen (Insectivora) und von diesem sowohl die reduzierten wie die extrem ausgebildeten Formen der Allantois abzuleiten.

| Allantois | |
|---|---|
| mittelgroß, persistierend: | Insectivora, Dermoptera?, Chiroptera, z. T. Rodentia |
| rudimentär oder fehlend (Haftstiel): | *Tarsius*, Simiae, Xenarthra, z. T. Rodentia |
| groß, persistierend: | Carnivora, Cetacea, Tubulidentata, Pholidota, Proboscidea, Sirenia, Hyracoidea, Artiodactyla, Perissodactyla, Lemuroidea. |

Wird das extraembryonale Mesenchym primär gebildet, so kann eine mesenchymale Allantoisanlage in Form eines Haftstieles ausgebildet werden, bevor das Rudiment der entodermalen Allantois erscheint.

Bei einigen Formen kommt eine gelappte Allantois vor (Lorisidae, Lemuridae [605]). In älteren Arbeiten findet sich die Angabe, daß diese gelappte Allantois keine Gefäße führt. Hill [605] konnte nachweisen, daß diese Angabe auf einem Irrtum beruht. Sie gilt nur für die freien Wandabschnitte der Lappen. Die Lappung selbst ist eine Folge der frühen Verankerung der Nabelgefäße am Chorion.

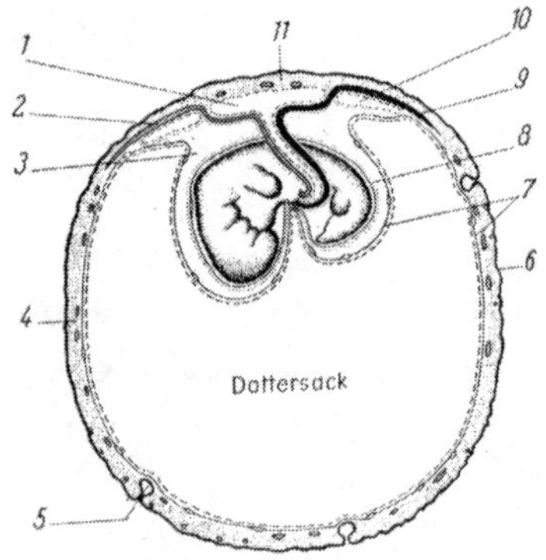


Abb. 48. *Loris tardigradus lydekkerianus* Cabrera; Schema der Eihäute eines Embryos von 5,8 mm Länge, Anheftung der gelappten Allantois ans Chorion. (Nach J. P. Hill. 1932)

1 Allantois-Hauptlappen
2 Art. umbilicalis
3 Exocoel
4 Chorion
5 Chorionblase
6 Trophoblast
7 Dottersacksplanchnopleura
8 Amnion
9 Vena umbilicalis
10 Akzessorischer Allantoislappen
11 Allantochorion

Zwischen den Fußpunkten der Gefäße wölbt sich der Allantoissack vor (Abb. 48). Hill sah in diesem Zustand den Vorläufer einer Haftstielbildung. Diese Vorstellung hat an Überzeugungskraft verloren, da neuerdings auch bei *Procavia* [1289] eine gelappte Allantois nachgewiesen wurde. Die Lappenbildung kann zumindest in diesem Fall auch als progressive Weiterbildung des Organs aufgefaßt werden. Haftstielbildung setzt aber Reduktion der Allantois voraus. Bei *Tarsius* [605] bildet sich ein Haftstiel vom Primitivstreifen aus, im Gegensatz zu Affen und Mensch, bei denen von vorneherein der Haftstiel aus extraembryonalem Mesenchym gebildet wird. Bei *Tarsius* dehnt sich das Exocoel rasch aus und umfaßt den ganzen Dottersack (Abb. 102). Der Haftstiel ist dann ein verdickter Mesenchymstreifen innerhalb des Chorionmesenchyms. Durch einen sehr eigenartigen Prozeß wird der Haftstiel durch Ausbreitung von Exocoelrezessen vom Chorion abgetrennt. Temporäre Haftstielbildung kommt auch bei Dermoptera vor.

**Nabelstrang.** Mit der Abschnürung des Embryonalkörpers vom Extraembryonalbezirk kommt es, ähnlich wie bei Sauropsiden, zur Bildung eines Nabelstranges. Im Nabelstrang sind Dottergang und Allantoisgang (falls dieser rudimentär, der Haftstiel = Bauchstiel) vereinigt. Gelegentlich können die allantoide und die vitelline Portion des Nabelstranges weitgehend selbständig bleiben (*Blarina* [1436]). Die Verbindung des Embryocoels mit dem Exocoel ist zunächst im Nabelstrang erhalten, obliteriert aber gewöhnlich schnell. Mit der Verlängerung des Dotterganges und der zunehmenden Füllung und Ausdehnung des Amnionsackes verlängert sich der Nabelstrang und bekommt eine äußere epitheliale Amnionbedeckung. Der Mesenchymbelag des Dotter- und Allantoisganges und das Amnionmesenchym verschmelzen miteinander und liefern das gallertige Grundgewebe des Nabelstranges (WHARTONsche Sulze). Dottergang und Allantoisgang können im Nabelstrang persistieren. Im wesentlichen ist der Nabelstrang die Verbindungsstraße zwischen Embryo und Placenta für die Umbilikalgefäße (Vasa allantoidea). Das Stroma des Nabelstranges ist völlig gefäßfrei bei *Tapirella*, Simiae und *Homo*, zeigt aber eine reiche Vaskularisation durch Äste der Umbilikalarterien bei Cetacea, *Sus*, *Hippopotamus*, *Bradypus*, *Cynocephalus* (*Galeopithecus*) und *Dasyprocta* [21, 1454, 719]. Über die Bedeutung dieser Unterschiede ist nichts bekannt. Bei den meisten Gruppen sind die Verhältnisse nie untersucht worden.

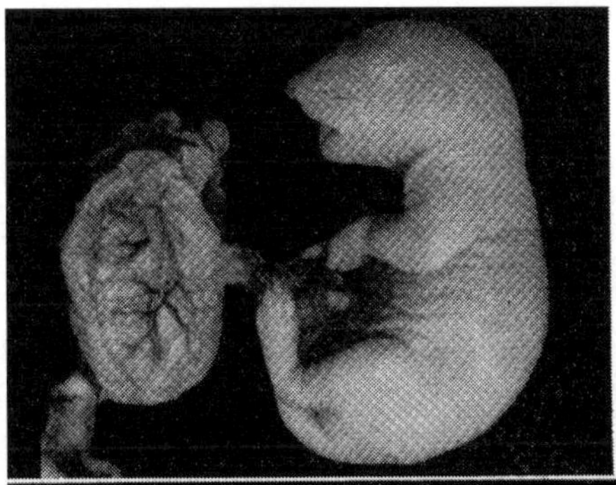

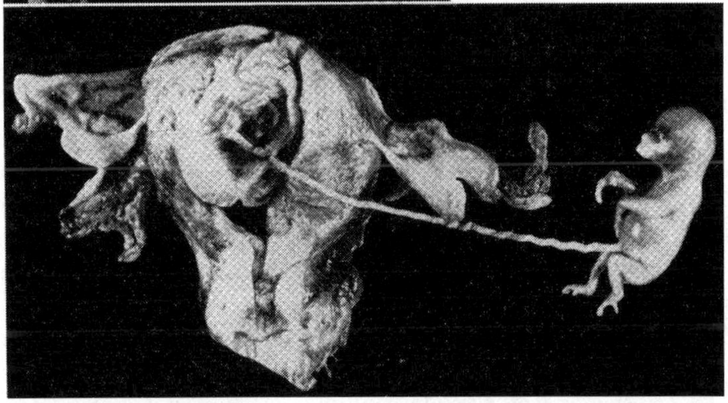

Abb. 49. Nabelschnurlänge bei verschiedenen Eutheria.
a) *Xerus rutilus intensus* THOMAS, Embryo Scheitel-Steißlge. 54 mm, Nabelschnurlänge 30 mm (Mat. d. Äthiopienexp. des Verf.).
b) *Pan troglodytes* (BLUMENBACH), Embryo 75 mm Scheitel-Steißlänge, Nabelschnur 190 mm

Die Länge der Nabelschnur [1201] bei Eutheria ist in den einzelnen Gruppen außerordentlich verschieden. Bekannt ist, daß die Nabelschnur bei Primaten im Vergleich zur Rumpflänge des Feten, relativ lang ist, während bei multiparen Säugern (viele Rodentia, Carnivora) kurze Nabelstränge die Regel sind (Abb. 49). Die Frage ist für die Deutung der Fortpflanzungsverhältnisse, besonders für die Beurteilung des Geburtenmechanismus von Bedeutung, ist aber durch teilweise phantastische Hypothesen stark belastet [1174a]. Da über die relative Wachstumsgeschwindigkeit des Nabelstranges im Vergleich mit dem Wachstum des Feten wenig bekannt ist, sei betont, daß Vergleiche nur sinnvoll sind, wenn vergleichbare Stadien in Beziehung zueinander gesetzt werden. Da Anlaß besteht, anzunehmen, daß noch in der späten Zeit der Gravidität mit einem Längenwachstum des Nabelstranges zu rechnen ist, sollten zweckmäßigerweise nur die Maße geburtsreifer Stränge verglichen werden. Die intraspezifische Variabilität der Nabelstranglänge ist beachtlich, doch läßt sich zweifellos ein artspezifischer Mittelwert statistisch sichern. Bei *Homo* beträgt die Durchschnittslänge des Nabelstranges 500 mm, bei einer Scheitel-Steißlänge des Neugeborenen von 350 mm. Doch variiert die Nabelschnurlänge zwischen 200 und 1000 mm (maximale Länge in einem Einzelfall sogar 3000 mm). Bei der Beurteilung der spezifischen Nabelschnurlänge sollte auch nicht übersehen werden, daß relative Größe und Reifegrad der Neugeborenen sehr wechseln können. Bei Seehunden beträgt die relative Nabelschnurlänge etwa 10% der Neugeborenenlänge. Die Geburtslänge des Neugeborenen ist aber außerordentlich groß (*Phoca vitulina* L.: 800—900 mm). Wenn wir bei *Canis* einen relativen Wert von 40% finden, so ist das in bezug auf die Länge der Geburtswege der Mutter nicht wesentlich mehr, als 10% bei *Phoca* (cf. Tabelle in Beitrag SLIJPER, Geburt).

Die Verhältnisse bei Insectivora und Chiroptera wechseln stark. Recht einheitlich hohe Werte finden wir bei Simiae, offenbar auch bei Xenarthra. Unter den Nagern kommen kurze Nabelstränge bei *Oryctolagus*, *Cavia*, *Cuniculus* vor, während Sciuridae und Muridae mittlere Werte aufweisen. Die Maße für große unipare Huftiere (Abb. 152) und für Carnivora sind relativ niedrig. Die Cetacea zeigen wieder mittellange Nabelschnüre, während sie bei Sirenia sehr kurz sind. Auffallend ist, daß bei *Sus* recht hohe Werte die Regel sind. Eine sinnvolle Deutung dieser Relationen ist mehrfach versucht worden [1201], doch fehlt eine in jeder Hinsicht befriedigende Lösung des Problems bisher noch. Das liegt zweifellos daran, daß wir über die Physiologie der Geburt bei den meisten Gruppen ganz unzureichend informiert sind. Die Länge der Nabelschnur kann gewisse Grenzwerte nach oben und nach unten nicht überschreiten, wenn es nicht zu katastrophalen Folgen kommen soll. Ist sie zu lang, so besteht immer die Gefahr des Nabelschnurvorfalles und damif der Kompression sub partu. Ist die Nabelschnur zu kurz, so ist eine vorzeitige Placentarlösung unter der Geburt und das Risiko der Uterus-Umstülpung zu befürchten.

Nun sollen unter den Eutheria zwei verschiedene Typen der Uterusmotorik vorkommen, aperistaltische (Simiae, *Homo*, Dasypodidae) und peristaltische Kontraktionen [1174a]. Bei peristaltischer Geburtsmotorik soll die Gefahr des Nabelschnurfortfalles um vieles größer sein als bei aperistaltischer Motorik. Da die Affen einen großen Kopf haben, der bereits frühzeitig den Beckenring abschließt, ist die Gefahr des Vorfalls ziemlich gering, die Nabelschnur kann also relativ lang sein. Bei den uniparen Huftieren, die Nestflüchter zur Welt bringen, sind die Extremitäten sehr lang. Die Gliedmaßen werden vor der Geburt gestreckt und bilden mit dem schmalen Kopf die vorangehenden Teile bei der Geburt. Die Nabelschnur ist relativ kurz, zumal die Uterusmotorik peristaltisch abläuft. Bei vielen multiparen Kleinsäugern (Nager, *Talpa*, Carnivora) finden wir kurze Extremitäten kombiniert mit sehr kurzer Nabelschnur und relativ dickem Kopf. Die Nabelschnur ist in Anpassung an Peristaltik und große Zahl der Jungen in einer Gravidität kurz. Allerdings reißt die Nabelschnur, die z. B. beim Kaninchen nicht die Länge der maternen Geburtswege erreicht, bereits sub partu. Sie ist dementsprechend zart und arm an Whartonscher Sulze. Die Geburt erfolgt explosionsartig. Die genannten Faktoren spielen offensichtlich eine Rolle, erklären aber keineswegs alle Zusammenhänge. Besonderheiten bei Cetacea [s. 1454], bei Chiroptera [s. 1201]. Es sei noch betont, daß auch das Milieu, in dem die Geburt erfolgt (im Wasser Cetacea, oft *Hippopotamus*) eine Rolle spielt. Bei Cetaceen kommt dem Mangel eines knöchernen Beckenringes zum Verständnis des Geburtsvorganges eine besondere Wichtigkeit zu. Die Mechanik der Geburt ist naturgemäß auch von der Formung einer Fruchtwalze, die in gruppenspezifischer Weise erfolgt [1201], stark beeinflußt.

**Variabilität in der Embryonalkörperbildung.** Bereits von Baer [62b] hatte auf Grund seiner großen Erfahrungen an Hühnerkeimen die Feststellung gemacht, »je jünger die Embryonen sind, desto bedeutender erscheinen die individuellen Unterschiede«. Schon vor Schluß des Neuralrohres finden sich bei Embryonen gleichen Alters individuelle Unterschiede. Diese betreffen nicht nur die Länge der Embryonalanlage im ganzen, sondern auch die Proportionen der einzelnen Körperabschnitte zueinander (Krümmung, Länge des Chordafortsatzes, Form des Primitivstreifens). Trotz dieser gut begründeten Aussage scheint in der Folgezeit mehr und mehr die Ansicht zum Dogma geworden zu sein, daß die Ontogenese nach einem starren Schema ablaufe und daß die individuellen Unterschiede um so geringer seien, je jünger die Keime sind. Erst Bonnet [155a, 156] berichtet wieder über eine erstaunliche Variabilität bei jungen Schaf- und Pferdeembryonen. Wichtige Aufschlüsse zu dieser Frage verdanken wir A. Fischel [371a]. Er untersuchte junge Entenkeimscheiben und kommt zu der Feststellung, daß »individuelle Variationen in bezug auf die Länge in allen Stadien vorkommen. Ebenso bestehen keine festen Beziehungen zwischen Gesamtlänge und Länge der Teilstrecken«. Auf die gleiche Gesamtstrecke findet er sehr unterschiedliche Somiten-Zahlen. Die Länge der Embryonalanlage bei gleichalten Keimen variiert um mehr als 50%. Auch im Auftreten der Organanlagen bestehen ähnliche zeitliche Differenzen. Speziell auf das Problem der individuellen Variabilität sind die Untersuchungen von Mehnert [857a, c] gerichtet. Dieser Autor findet auf Grund von Untersuchungen an Schildkröten- und Vogelembryonen, daß »in der Entwicklung eines jeden Organs eine oft mächtige Variationsbreite zu Tage tritt und daß auch das zeitliche Auftreten und die Ausbildung der Organe großen Schwankungen unterliegen. Eine strenge Korrelation in dem Entwicklungsgrad der Organe existiert nicht«.

Nun ist zweifellos diese Schlußfolgerung von Mehnert stark übertrieben und heute durch den experimentellen Nachweis der abhängigen Entwicklung und der Hierarchie der Induktionssysteme überholt. Geblieben ist aber die Feststellung einer großen individuellen Variabilität und zwar besonders in den Frühstadien der Ontogenese bei allen Wirbeltierklassen. Für den Menschen hat sich durch die neuen Befunde von Hertig und Rock [577, 578, 579] bestätigen lassen, daß in den ersten drei Wochen der Gravidität vor Etablierung eines Placentarkreislaufes und vor Stabilisierung der feto-maternellen Austauschprozesse eine erstaunliche Variabilität im Entwicklungsablauf vorkommt.

Bei Säugetieren hat vor allem F. Keibel [719a, 720a] sich um eine Klärung des Problems bemüht und seit 1896 die Serie der »Normentafeln« [719b] herausgegeben. Dieser Autor macht berechtigte Einschränkungen gegen die weitgehenden Schlüsse von Mehnert [720a], räumt aber ein, daß die Embryonen einer Tracht beim Schwein oft sehr verschieden entwickelt sind, wobei äußere Faktoren (Ernährungsbedingungen) eine Rolle spielen können. Er weist auch bereits auf die außerordentliche Schwierigkeit der exakten Altersbestimmung von Säugetierembryonen aus Längenangaben hin. Für die späteren Phasen der Gravidität fehlen für die meisten Säugetiere brauchbare Untersuchungen über die Variabilität im zeitlichen Ablauf der Entwicklungsprozesse. Immerhin sind die Normentafeln und ihre Fortsetzung (Ontogenese der Wirbeltiere in Übersichten, Utrecht seit 1932) eine brauchbare Grundlage für die Beurteilung interspezifischer Differenzen im Entwicklungsablauf. Für Metatheria sei verwiesen auf [854], für Primaten auf [1200, 680].

Ausgesprochen deutliche Unterschiede im zeitlichen Ablauf der Entwicklung lassen sich generell zwischen Metatheria und Eutheria nachweisen (S. 18—25). So sei auf die verfrühte Anlage der Organe der Branchialregion, besonders der Lungen, des Rautenhirnes und der vorderen Extremität bei *Didelphis* im Vergleich zu Eutheria hingewiesen [854].

**Determination in der Primitiventwicklung der Eutheria.** Wegen der technischen Schwierigkeiten sind experimentelle Eingriffe an Säugerkeimen nur in geringem Umfang durchgeführt worden. Auf den Nachweis eines Embryonalbildungszentrums und dessen Verschiedenheit gegenüber dem Organisationszentrum der Amphibien war zuvor hingewiesen worden. Ist die Embryonalkörperanlage determiniert, so kommt die Bildung der Achsenorgane in Gang. Hierbei spielen offenbar geordnet ablaufende Induktionsprozesse wie bei niederen Wirbeltieren eine wesentliche Rolle. Beim Vogelkeim ist der Nachweis geführt worden, daß der Primitivstreifen ein Organisationszentrum ist. Werden zwei Keimscheiben mit ihrer Unterseite, nach Entfernung des Entoderms, gegeneinander gelegt, so kann jeder Primitivstreifen im Partner eine Neuralanlage induzieren. Implantation von Primitivstreifenstücken unter die Keimscheibe verursacht Induktion einer sekundären Embryonalanlage. In diesem Zusammenhang ist von Bedeutung, daß Primitivstreifen vom Kaninchen neurale Induktionen in Hühnerkeimscheiben bedingt. Material des Hensenschen Knotens ist beim Vogelkeim nicht zur Erzeugung neuraler Induktionen nötig. Somit kann an der Bedeutung des Primitivstreifens als Organisationszentrum auch bei Säugern kein Zweifel mehr sein. Allerdings erfolgt beim Vogelkeim die Determination außerordentlich früh, so daß die Entwicklung bereits auf dem Primitivstreifenstadium Mosaikarbeit ist.

Auf Grund morphologischer Befunde an *Macaca mulatta* Zimmermann haben Heuser und Streeter eine Theorie der Primitiventwicklung ausgearbeitet, auf die kurz hingewiesen sei [594]. Nach diesen Vorstellungen würde die Entwicklung des Rhesuskeimlings auf einen fortschreitenden Segregationsprozeß hinauslaufen. Die totipotenten Furchungszellen sondern sich in zwei Primitivgewebe, Keimschild und Hilfsgewebe. Der Keimschild läßt Epidermis und Nervensystem aus sich hervorgehen. Im Bereich des Schildes bleibt aber ein Proliferationsknoten (= Primitivstreifen) pluripotenten Charakters erhalten, der über längere Zeit persistiert (Abb. 42). Aus diesem entstehen Primitivknoten, Chordafortsatz, embryonales Mesenchym und vielleicht auch Darmentoderm. Schließlich bildet das pluripotente Material eine Zuwachszone am kaudalen Körperende, aus der noch spät (20-Somite-Stadium) Epidermis und embryonales Mesenchym entstehen (Schwanzknospe). Es ist zweifellos richtig, daß diese Auffassung das sichtbare Geschehen korrekt beschreibt. Es darf aber nicht übersehen werden, daß dabei eben die Differenzierung, also das sichtbare Geschehen, zu stark in den Vordergrund gerückt und daß über den Determinationsablauf nichts Wesentliches ausgesagt wird. Auf einige entwicklungsphysiologische Probleme kommen wir bei der Besprechung der Mißbildungen zurück (S. 97f.).

Besonderheiten in entwicklungsphysiologischer Hinsicht ergeben sich bei Eutheria zweifellos aus der besonderen Ausgestaltung embryonaler Hilfsorgane. Von Wichtigkeit ist, daß die Differenzierung des Trophoblasten weitgehend unabhängig von der Ausbildung einer Embryonalanlage wird (S. 69).

Bei der Ausbildung des kaudalen Körperendes wächst die Schwanzknospe frei vor. Sie enthält lange Zeit hindurch eine undifferenzierte Gewebsmasse (Blastem). Die Frage, ob diese Schwanzknospe als Sprossungszentrum für das kaudale Rumpf-Schwanzgebiet aufgefaßt werden darf, aus dem noch längere Zeit hindurch Organe des Rumpfes und Schwanzes ohne »Zwischenschaltung eines Keimblattstadiums« gebildet werden oder nicht, ist vor allem an Nichtsäugern untersucht worden. Holmdahl und Peter [638a] haben eine Theorie der sekundären Körperbildung entwickelt, nach der aus der Schwanzknospe wesentliche Teile des Rumpfes (Hinterkörper) durch progressive Differenzierung nach rostral gebildet werden. Diese Annahme wird für das Hühnchen von Kopsch [754b] experimentell widerlegt. Auch für Amphibien bringen die Untersuchungen von Chuang eine eindeutige Klärung der Frage im Sinne der Auffassung [1360a], nach der durch Gestaltungsbewegungen analog einer Spätinvagination früh determiniertes Material in die Schwanzknospe gelangt. Das Material der Schwanzknospe wird danach allein zum Aufbau des Schwanzgebietes aufgebraucht. Es besteht kein Grund, anzunehmen, daß die Dinge beim Säuger anders lägen. Da ein gewisser Parallelismus zwischen Ausdehnung der Schwanzknospe und Umfang des Blastemes besteht, dürfte auch bei Eutheria die Schwanzknospe im wesentlichen bei der Bildung des Schwanzes verbraucht werden.

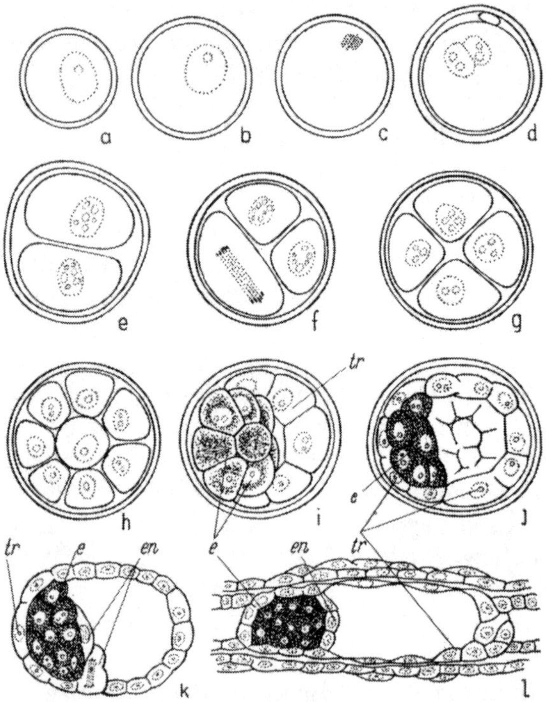


Abb. 50. Auftreten der Alkalin-Phosphatase bei der Ratte während der ersten 8 Tage der Embryonalentwicklung. (Nach Dalcq und Mulnard.) Die Phosphatase wird erst im Stadium i deutlich und zwar im Embryoblasten. a) Junge Oocyte. b) Späte Oocyte. c) Reifungsteilung. d) Befruchtung, Vorkernstadium. e) Zwei-Zellenstadium, 2. Tag. f) 3 Blastomeren. g) 4 Blastomeren. h) 8 Blastomeren, 4. Tag. i) Frühe Blastocystenbildung, 12 Blastomeren, 4.—5. Tag. j) Blastocyste vom 5. Tag. k) Blastocyste vom 6. Tag. Entodermbildung vom Trophoblasten aus. l) Eizylinder vom 8. Tag, Implantationsstadium. a—d von lateral, e—l von oben her gesehen.

*e* Embryoblast
*en* Entoderm
*tr* Trophoblast

**Zur Chemodifferenzierung des Säugerembryos.** Während wir heute bereits über eine beträchtliche Anzahl von histochemischen Untersuchungen über die Placentation verfügen (S. 136), stehen entsprechende Studien an der frühen Embryonalanlage noch im Anfang. Auf diese Untersuchungen sei aber verwiesen, weil von ihnen einmal ein Fortschritt auch in Hinblick auf ein besseres Verständnis entwicklungsphysiologischer Mechanismen zu erwarten ist. Derartige Untersuchungen wurden in erster Linie von Dalcq und Mulnard [281, 912, 913] an Maus und Ratte durchgeführt. Sie erbrachten zunächst für diese Formen eine Art Topogenese jener biologisch wichtigen Substanzen, die mit den derzeitigen Methoden der Histochemie gut erfaßt werden können. Die ganze Forschungsrichtung befindet sich also noch im deskriptiven Stadium. Versuche zu einer Synthese haben zur Zeit noch wenig Aussicht, allgemein befriedigende Resultate zu ergeben.

Auf die histochemischen Untersuchungen an der Eizelle und deren widerspruchsvolle Ergebnisse war zuvor hingewiesen worden [280—284, 711]. Dalcq selbst hat betont [283], daß die Furchung bei Nagern ohne starre Beziehung zu der von ihm festgestellten Symmetrie der Eizelle abläuft. Die beträchtliche Basophilie der Eizelle nimmt während der Furchung ab und verschwindet nahezu. Sie wird erst zur Zeit der Entodermbildung im Embryoblasten wieder deutlich. Die Reaktion auf Proteide (Millonsche Reaktion) verläuft völlig analog der Basophiliereaktion. Bei *Mesocricetus auratus* Waterhouse hat Schenk [1120] das Verhalten der Ribonucleinsäure in jungen Blastocysten und Implantationsstadien mit der Methylgrün-Pyronin-Methode untersucht. Die Reaktion ist während der Furchung und vor Kontaktaufnahme mit dem Endometrium sehr schwach. Nach Auftreten der Blastocystenhöhle findet sich eine leichte Vermehrung des Ribonucleinsäure-Gehaltes in den Trophoblastzellen als Ausdruck ihrer beschleunigten Teilungstätigkeit. Wenn der Kontakt mit dem Uterusepithel zustande kommt, steigt die Ribonucleinsäure-Produktion sprunghaft an. Sie findet sich angehäuft vor allem in der oberflächlichen Cytoplasmazone der Trophoblastzellen, zeigt sich aber auch an den Nucleolen der Embryoblastzellen. Offenbar hängt das Ingangkommen einer intensiven Proteinsynthese mit der Auflösung der Zona pellucida und dem Zustandekommen der Verbindung zwischen Keim und maternem Gewebe zusammen. Die Trophoblastzellen resorbieren bereits jetzt Stoffe, die zum Aufbau der Eiweißkörper nötig sind. Der Nachweis auf Mucopolysaccharide (vitale Methylenblau-Metachromasie) ist im Trophoblasten, im Ectoplacentarkonus und im Entoderm positiv. Genauer sind wir über das Verhalten der alkalischen Phosphatase in der Frühentwicklung informiert [912, 913]. Dieses Enzym ist in der Oocyte nur in geringen Mengen vorhanden und vermehrt sich auch nicht während der Befruchtung und Furchung (Abb. 50). Die Reaktion wird während der Blastocystenbildung deutlich und zwar wird sie positiv ausschließlich im Embryoblasten und in dessen Derivaten (Embryoektoderm, Amnionektoderm). Trophoblast und Entoderm verhalten sich negativ. Hierin ist wohl eine deutliche Bestätigung der auch aus morphologischen Gründen geforderten Herkunft primären Entoderms vom Trophoblasten zu sehen. Eine relativ starke Aktivität ist im Primitivstreifen zu beobachten, doch verliert sich diese schnell, wenn die Zellen als Mesenchym abwandern. Im Gegensatz dazu ist die Phosphataseaktivität in Chordafortsatz und Kopfmesoblast außerordentlich gering. In späteren Phasen läßt sich eine stark elektive Aktivität in der Anlage des Zentralnervensystems, in der Neuralleiste und in den Plakoden (einschließlich Linsenplakode) nachweisen. Von besonderem Interesse ist nun, daß sich diese Phosphataseaktivität auch im branchialen Mesektoderm und der Leptomeninx nachweisen läßt, während das Mesenchym mesodermaler Herkunft frei bleibt. Auf diese Weise ließ sich für das Säugetier auch eine Beteiligung der Prosencephalon-Neuralleiste an der Mesenchymbildung nachweisen.

Schließlich sei noch auf die stark positive Phosphatasereaktion in den Urkeimzellen hingewiesen, die einen nahezu elektiven Nachweis der Gonocyten gestattet und zugleich den Beweis dafür erbrachte, daß die Urkeimzellen extravaskulär zur Gonadenanlage wandern. — Neuere Untersuchungen am Vogelkeim [1168] sprechen allerdings für die Wanderung der Gonocyten auf dem Gefäßwege oder zumindest entlang der Gefäße. Exstirpation der mesodermfreien Sichel ergibt sterile Tiere. Verpflanzt man einen gonocytenfreien Keim in die Nähe eines intakten Embryos, so werden beide Keime von Urkeimzellen besiedelt, falls Gefäßanastomosen (Parabiose) zustande kamen.

Im Zentralnervensystem zeigt die Phospatasereaktion ein Gefälle von kranial nach kaudal und von ventral nach dorsal.

Grundsätzlich läßt sich sagen, daß in der Frühentwicklung die Alkalinphosphatase zunächst zu Beginn der Differenzierung in Organanlagen auftritt. Sie wird deutlich in den induzierten Gebilden. Später macht sich eine neue Aktivitätsphase zur Zeit des Funktionsfähig-Werdens der Organe bemerkbar. Gleichzeitig läßt sich eine progressive Spezifität der Enzyme nachweisen (»épigénèse enzymatique«), denn die Phasphatasen der frühen Blastocyste sind nicht substratspezifisch, während mit der zunehmenden morphologischen Differenzierung eine Differenzierung der Enzymspezifität parallel geht. Weniger klar sind die Befunde über das Auftreten saurer Phosphatase. Das mag daran liegen, daß die technischen Methoden weniger sicher sind. Die Reaktion verstärkt sich bereits während der Befruchtung und wird stark positiv im Embryoblasten, im Zentralnervensystem und in den Plakoden, aber auch in der Chorda.

Die Bedeutung dieser Chemodifferenzierung für Wachstum, Determination und Differenzierung ist noch kaum geklärt. Offensichtlich sind die Beziehungen des Aufbaues von Mucopolysacchariden zu Implantation und Ernährung des Keimes, das Auftreten der Phosphatasen einmal in der Prädifferenzierungsperiode und sodann beim Funktionsfähigwerden der Organe und schließlich die Beziehungen zwischen Basophilie und Proteinsynthese nach Abschluß der Furchung und deren Koppelung an das Auftreten der Alkalinphosphatase. Die weitere Erforschung der histochemischen Phänomene wird auf breiter vergleichender Basis ihre Resultate sichern müssen.

## Allgemeine Mißbildungslehre

Störungen im Ablauf der Embryogenese können zur Entstehung von Individuen führen, die in ihrer Organisation mehr oder weniger von der Norm abweichen. LEHMANN [800] bezeichnet einen Entwicklungsablauf, der zu derartigen Störungen der Morphogenese führt, als Anormogenese. Die praktisch übliche Einteilung der Fehlbildungen nach der Lebensfähigkeit in Abnormitäten und Mißbildungen ist für die entwicklungsphysiologische Analyse von keiner Bedeutung.

Experimentell können an niederen Wirbeltieren Mißbildungen erzeugt werden. Damit ist die Möglichkeit erschlossen, grundsätzlich die Gesetze, die der Teratogenese zugrunde liegen, kausalanalytisch zu erforschen. Das reiche kasuistische Material an Beobachtungen von spontan entstandenen Mißbildungen bei Säugetier und Mensch zeigt nun, daß diese in typische Formreihen eingruppiert werden können und daß diese Mißbildungen trotz aller Variabilität im einzelnen doch den experimentell erzeugten Abweichungen völlig vergleichbar sind.

Als wesentliches Ergebnis der experimentellen Erforschung der Anormogenesen hat sich ergeben, daß die Verursachung einer bestimmten Entwicklungsstörung in der Regel nur während einer bestimmten, meist kurz begrenzten Zeitphase während der Ontogenese möglich ist (phasenspezifische Empfindlichkeit der Reaktionssysteme). Diese kritische Phase kann gewöhnlich nicht aus dem morphologischen Befund erschlossen werden, sondern muß für die einzelnen Anormogenesetypen experimentell festgestellt werden. Analogieschlüsse von den Befunden an niederen Vertebraten auf Säugetiere sind bis zu einem gewissen Grad jedoch möglich. Verständlicherweise liegt die kritische Phase für Mißbildungen des Embryonalkörpers (Doppelbildungen) früher, als die für Mißbildungen einzelner Körperteile. Diese wieder liegt früher als die kritische Phase für einzelne Organe.

Im vorliegenden Rahmen kann nicht die gesamte Teratologie mit ihrer umfangreichen Kasuistik besprochen werden. Es sei besonders auf [800, 1134, 1396] verwiesen.

Die Grundprinzipien sollen an Hand der Mißbildungen des ganzen Körpers und einiger Körperabschnitte erläutert werden.

Die Angaben über die Häufigkeit von Mißbildungen schwanken ganz außerordentlich. Naturgemäß liegen nur Angaben für Mensch und domestizierte Säugetiere vor. Hierbei bleibt zu beachten, daß ein beträchtlicher Teil der mißbildeten Keime frühzeitig abstirbt und resorbiert oder ausgestoßen wird. Für *Homo* wird eine Mißbildungsrate zur Zeit der Geburt von $\pm$ 0,6% angegeben. Aus dem von Weber [1389] veröffentlichten Zahlenmaterial über das Hausrind ergibt sich, daß die Mißbildungsrate bei einer Größenordnung von 1% (einschließlich Fehlgeburten) liegen dürfte, ohne daß wir damit die weitgehenden Schlußfolgerungen des Autors übernehmen wollen.

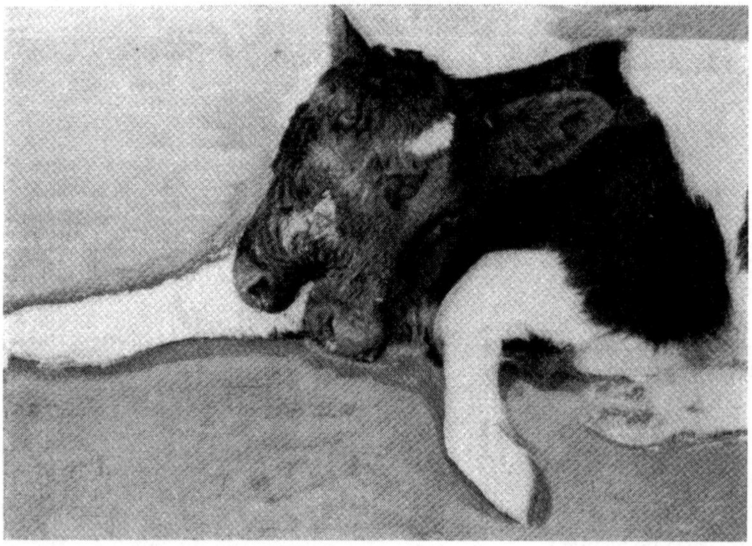

Abb. 51. *Bos taurus* L., lebend. Doppelbildung des Kopfes, Dicephalus.

**Entstehung von eineiigen Mehrlingen und von Doppelbildungen. Physiologische Polyembryonie.** Die Versuche von Driesch am Seeigel und von Spemann an Amphibien hatten gezeigt, daß eine befruchtete Eizelle mehr bilden kann als im Normalfall. Isolierung der beiden Blastomeren des 2-Zellenstadiums kann zur Bildung von zwei normalen Ganzkeimen führen. Die prospektive Potenz jeder einzelnen Blastomere ist also umfassender als ihre prospektive Bedeutung. Beim Amphibienkeim kann Zerlegung des jungen Keimes in sagittaler Richtung bis zum beginnenden Gastrulastadium normal gebildete Zwillingspartner bilden. Voraussetzung hierfür ist, daß beide Teilstücke annähernd gleiche Mengen des Organisatormateriales erhalten. Bei Vogel- und Säugerkeimen liegen die Dinge etwas anders. Wie zuvor gezeigt wurde (S. 67), besitzt der Säugerkeim ein Embryonalbildungszentrum, das die Bildung eines Organisationsfeldes erst veranlaßt. Experimentelle Zerlegung der Keimscheibe beim Vogelkeim ergibt Bildung ganzer Embryonalanlagen in jedem Teilstück.

Unvollständige Zerlegung führt zur Entstehung von Doppelbildungen (Duplicitas anterior, D. post.) (Abb. 51). Fragmente der Keimscheibe besitzen also die Fähigkeit, ein vollständiges Organisationssystem aufzubauen. Auch beim Säugetier können innerhalb einer Keimscheibe (Keimschild) mehrere Embryonalanlagen entstehen. Als Ausnahmefall kommt die Bildung eineiiger Mehrlinge bei allen monoovulatorischen Säugetieren vor (Simiae, *Homo, Equus*). Beim

Menschen [528, 927, 928] werden Zwillingsgeburten in 1% der Fälle (Drillinge 0,01%, Vierlinge 0,0001%) beobachtet. Etwa 20% der Zwillingsfälle sind eineiig. Bei Affen sind im Schrifttum 24 Fälle von Zwillingsgeburten verzeichnet [1132a]. A. H. SCHULTZ [1132a] nimmt mit guten Gründen an, daß die Häufigkeit der Zwillingsgeburten bei Simiae etwa ebenso groß ist wie bei *Homo* (Simiae 1,05%, *Homo* 1,17%). Auch eineiige Zwillinge kommen bei Affen vor, wie sich bereits aus der Tatsache ergibt, daß mehrfach Doppelmißbildungen bei Affen beobachtet wurden [1132a] (vgl. Beitrag WATZKA in diesem Band).

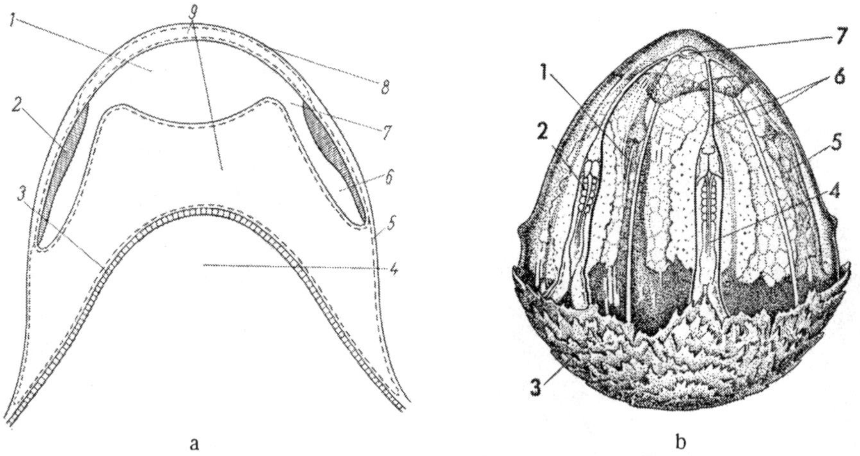


Abb. 52. Physiologische Polyembryonie bei Gürteltieren. *Dasypus novemcinctus* L. Aufteilung der Embryonalanlage in vier Keime, a) gemeinsame Amnionhöhle noch erhalten, zwei Embryonalanlagen im Schnitt getroffen, Dottersackinversion. b) Älteres Stadium, vier Embryonalanlagen (*1, 2, 4, 5*) sichtbar, jeder in eigenem Amnionsack. Diese stehen durch Amnionkanäle mit einem Rest der gemeinsamen Amnionhöhle in Verbindung. (Nach NEWMAN und PATTERSON, 1910)

52a: *1* Gemeinsame Amnionhöhle
*2* Medullarplatte
*3* Trägerepithel
*4* Trägerhöhle
*5* Mesoderm
*6* Amnionhöhle über der Embryonalanlage
*7* Amnionkanal
*8* Entoderm
*9* Exocoel

52b: *1, 2, 4, 5* Vier Embryonalanlagen
*3* Placenta
*6* Amnionkanäle
*7* Rest der gemeinsamen Amnionhöhle

Von Bedeutung in diesem Zusammenhang ist, daß bei einigen Dasypodidae normalerweise eineiige Mehrlinge aus einer Keimblase entstehen [929]. Bei *Dasypus novemcinctus* L. entwickeln sich vier Embryonen aus einer Keimanlage, bei *Dasypus hybridus* DESM. sogar sieben bis zwölf. Sie liegen in einer einzigen Keimblase und sind stets gleichgeschlechtlich. Stets ist nur ein Corpus luteum vorhanden. Am Boden der Amnionhöhle, die durch Dehiszenz entsteht, bildet sich ein Keimschild aus. Der zentrale Bezirk des Schildes verdünnt sich sodann, während die beiden Enden sich zu je einer Embryonalanlage verdicken. Aus diesen Zwillings-Embryonalanlagen gehen durch einen zweiten Sprossungsvorgang bei *D. novemcinctus* vier Keimanlagen hervor, während der Vorgang bei der Mulita (*D. hybridus*) unregelmäßiger abläuft. Die Aufteilung des einheitlichen Keimes in mehrere Embryonalanlagen erfolgt bei Gürteltieren also noch zu einem relativ späten Zeitpunkt, jedenfalls nach Bildung einer Amnionhöhle (Abb. 52). In späteren Entwicklungsstadien stehen die einzelnen Embryonen durch Amnionkanäle mit der gemeinsamen Amnionhöhle in Verbindung. Während die individualeigene Amnionhöhle sich wie bei den übrigen Eutheria verhält, bleibt das gemeinsame Cavum amnii im Wachstum zurück, die Verbindungskanäle werden zu feinen Strängen ausgezogen und können obliterieren.

Gelegentlich sind auch abnormerweise Aufteilungen einheitlicher Embryonalanlagen bei anderen Eutheria beobachtet worden (*Mus musculus* L., *Ovis aries* L.). Bei der Maus ist eine erblich bedingte Tendenz zur Aufspaltung der Embryonalanlagen beschrieben worden [446, 447]. Diese Befunde machen es wahrscheinlich, daß eineiige Mehrlinge und Doppelmonstra auch in anderen Fällen (*Homo*) noch relativ spät entstehen können, wahrscheinlich bis zum Stadium des Embryonalknotens oder sogar des Keimschildes.

Auch unvollkommene Partner eines normalen Embryos (Acardii, Bauchstücke Abb. 53) können auf diese Weise entstehen, wenn eine ungleichmäßige Zuteilung des Organisatorbereiches an beide

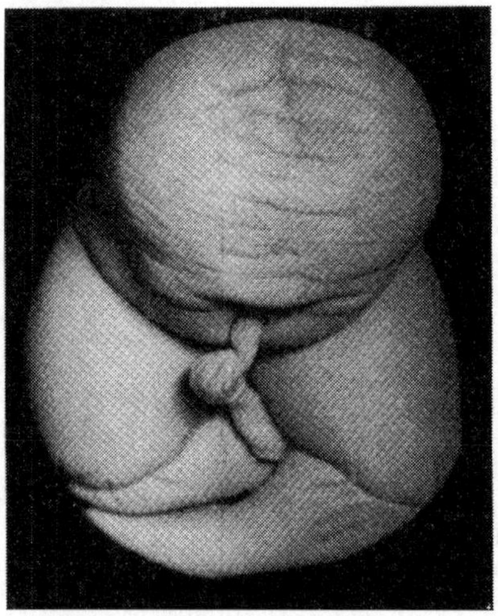

Abb. 53

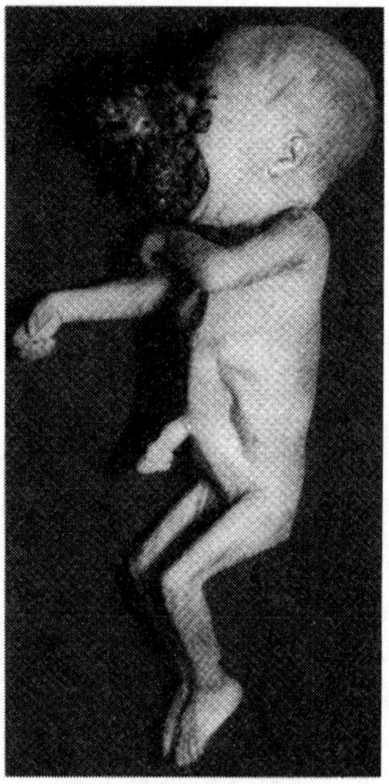

Abb. 54

Abb. 53. Bauchstück (Acardius, Acephalus), menschliche Mißbildung, die als Partner eines normalen Zwillings vorkommt. (Aus Starck, 1955, a. a. O., S. 131)

Abb. 54. Epignathus, geschwulstartige Bildung (Teratom) am Gaumen eines neugeborenen Menschen. Die Geschwulstmasse enthielt die verschiedenartigsten Gewebe und Organteile in chaotischer Anordnung. (Aus Starck, 1955, a. a. O., S. 141)

Partner zustande kommt. Die Erscheinungsbilder der Doppelmonstra sind höchst mannigfach. Aus systematischen Gründen unterscheidet man symmetrische und asymmetrische Doppelmißbildungen. Von den asymmetrischen Monstren führt eine lückenlose Reihe bis zu den Parasitenbildungen (Fetus in feto) und zu den geschwulstartigen Mißbildungen (Teratome, z. B. Epignathus Abb. 54), die nur chaotische, nicht organisierte Massen verschiedener Gewebe enthalten. Die symmetrischen Doppelmißbildungen werden nach der Lokalisation der gemeinsamen Körperpartie und nach dem Ausmaß der Verbindung unterschieden. Wahrscheinlich entstehen Doppelbildungen niemals durch Verwachsung zweier Embryonalanlagen, sondern stets nur durch unvollständige Teilung eines Keimes.

**Kopfmißbildungen.** Die ältere morphologische Forschung hatte bereits wahrscheinlich gemacht, daß die Kopfregion der Wirbeltiere zwei verschiedene Gebiete umfaßt, die jeweils eine Einheit bilden [1198]. Am deutlichsten wird diese Gliederung am Zentralnervensystem, das primär stets eine Dreigliederung aufweist (1. Prosencephalon, 2. Rhombencephalon,

3. Rückenmark), wobei zwei Teilbezirke (1. und 2.) dem Kopfgebiet angehören. Die terminologische Unterscheidung in Archencephalon (=Prosencephalon) und Deuterencephalon (=Rhombencephalon) entspricht dem, doch halten wir diese Bezeichnungen nicht für glücklich, da sie eine phylogenetische Deutung präjudizieren, die nicht nur nicht bewiesen, sondern sogar recht unwahrscheinlich ist. Die Grenze zwischen dem durch das Prosencephalon charakterisierten apikalen Kopfgebiet und dem Hinterkopf liegt am Übergang des Diencephalon zum Tegmentum. Zum Vorderkopfgebiet gehören Nasen und Augen sowie die Derivate des prächordalen Mesenchyms (vordere Schädelbasis). Ventral wird die Grenze beider Kopfregionen durch die Hyomandibulartasche gebildet. Zum Vorderkopfbereich ist also noch das mandibulare Mesoderm und das Mesektoderm des Mandibularbogens zu zählen. Zur Hinterkopfregion rechnen wir außer dem Rhombencephalon die Labyrinthorgane, das ganze hintere Schädelbasisgebiet (Parachordalia) und den restlichen Kiemendarm mit Anhangsgebilden. Entwicklungsgeschichtlich entspricht das Prosencephalongebiet dem Bereich, der von der vorderen prächordalen Platte unterlagert wird. Das Rautenhirn wird hinten von der Chorda, vorn von dem kaudalen Teil der prächordalen Platte unterlagert. Die morphologisch und entwicklungsgeschichtlich postulierte Gliederung des Kopfgebietes ist nun in überraschender Weise durch die Entwicklungsphysiologie bestätigt worden [799a, b]. Bei Urodelen induziert vorderes Urdarmdach regionalspezifisch Vorderkopfgebilde. Der regionalen Ordnung der Vorderkopforgane entspricht im wesentlichen ein vorbereitendes Faktorenmuster im Induktionssystem, also in prächordaler Platte und mandibularem Mesoderm. Isolierte Schädigung der medianen Unterlagerung im Rautenhirnbereich führt zu Störungen im Bereich des Rhombencephalon und der Labyrinthorgane [799a, b].

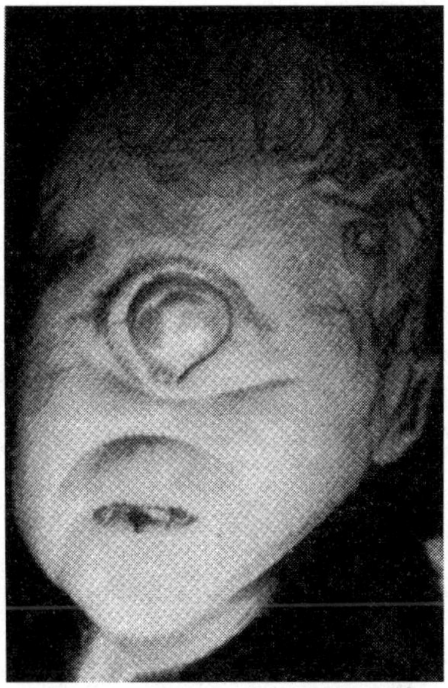

Abb. 55. Menschliches Neugeborenes, Cyklopie kombiniert mit Arhinie. In dem einen Auge sind deutlich zwei Pupillen und zwei Irides zu erkennen. (Aus Starck, 1955, a. a. O., S. 132)

Diese entwicklungsphysiologischen Befunde ermöglichen ein Verständnis der auch beim Säugetier auftretenden Kopfmißbildungen. Diese lassen sich zwanglos in zwei Gruppen einordnen, die im großen und ganzen isolierter Schädigung der beiden Kopfregionen entsprechen.

Mißbildungen des Vorderkopfgebietes sind durch Defekte des prächordalen Schädelabschnittes (vor der Hypophyse), des Vorderhirnes, der Nase, der Mundhöhle und der Augen gekennzeichnet. Die Mißbildung kann sich als Arhinencephalie (Defekt des Riechhirnes, unpaares Telencephalon, Nasendefekte), als Arhinie oder als Cyclopie (Abb. 55) (Großhirn unpaar, ein unpaares Auge in der Stirnregion, schwere Nasendefekte, rüsselartiger Anhang über dem Auge) manifestieren. Im Einzelfall ist das Erscheinungsbild recht variabel. Kombinationen der verschiedenen Typen kommen vor. Bei typischen Mißbildungen der cyclopen Reihe ist das Gebiet kaudal des Hypophysen-Hypothalamus-Gebietes (Rhombencephalon, Ohr, hintere Schädelbasis) normal. Cyklope Mißbildungen sind bei Säugetieren relativ häufig. Sie entsprechen vollständig den experimentell erzeugten Cyklopen bei Amphibien, so daß wir berechtigt sind, auf gleiche entwicklungsphysiologische Mechanismen zu schließen. Das mediane Urdarmdach im Vorderkopfgebiet hat eine wesentliche Bedeutung für die Trennung der beiden Augenanlagen. Ist dieser Streifen zu schmal oder fehlt er, so entstehen mehr oder weniger vollständige

Verschmelzungen der Augen (Synophthalmie, Cyklopie). Derartige Störungen gehen meist auch mit Defekten im mandibularen Mesektoderm einher, so daß die häufige Kombination mit Defekten im Bereich des Craniums, des Vorderhirnes und des Munddarmes (Nase) verständlich wird.

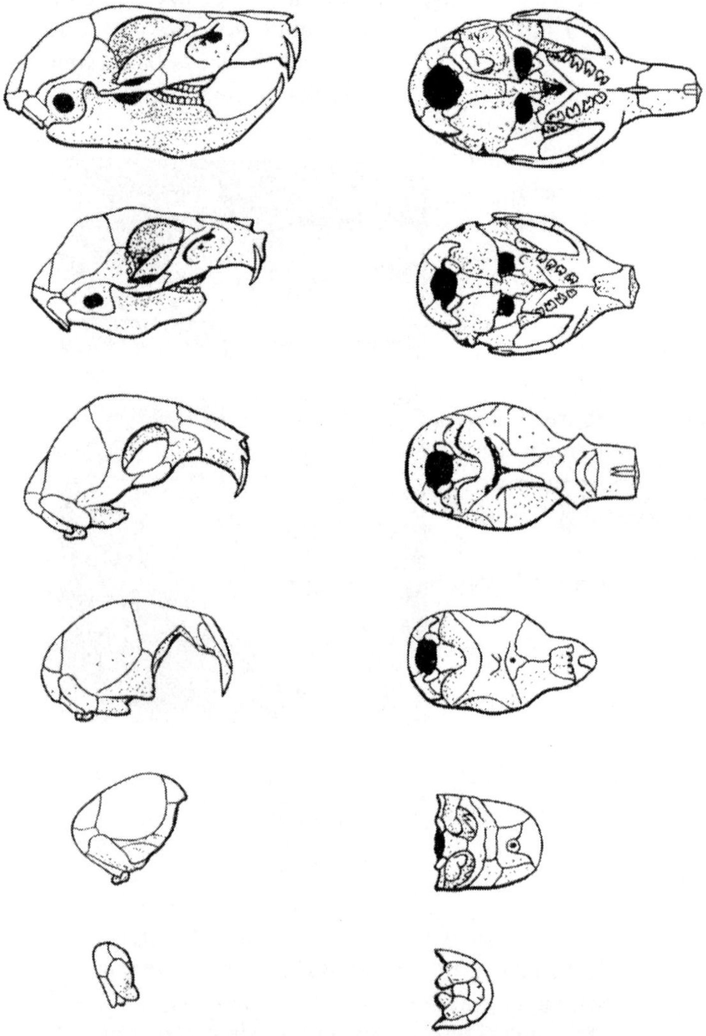

Abb. 56. *Cavia porcellus*. L. Verschiedenstarke Ausprägungsgrade von Kopfmißbildungen in einem Meerschweinchen-Stamm. *Links*: Seitenansicht des Schädels. *Rechts*: Basalansicht des Schädels. *Oben*: Normaler Schädel. *Von oben nach unten*: Zunehmende Ausprägung des Defektes. Otocephale Mißbildungsreihe. (Nach Wright und Wagner)

Bei den Mißbildungen im Hinterkopfgebiet liegen die Dinge etwas komplizierter. Entwicklungsphysiologisch lassen sich durch Li-Behandlung von Amphibiengastrulae Störungen im Rautenhirn, kombiniert mit Medianverschiebung der Labyrinthorgane erzeugen. Der Pharynx und das Vorderkopfgebiet bleiben hierbei normal. Spontan auftretende Mißbildungen des Hinterkopfgebietes unterscheiden sich von den experimentell erzeugten dadurch, daß das Gehirn meist nicht betroffen ist, daß aber dafür Kopfdarm und Kieferbogen oft stark defekt sind. Die Störungen am Ohr betreffen vor allem äußeres Ohr und Mittelohr. Das Labyrinthorgan ist meist intakt. Die spontan auftretende Mißbildungskombination wird als Otokephalie bezeichnet. Leichte Manifestationsformen äußern sich in einer Hypoplasie des Kiefers (Dysostosis mandibularis). Der Terminus Otokephalie sollte für die experimentell erzeugte Mißbildungskombination vermieden werden. Die Differenzen zwischen experimentellem Befund und spontan auftretender Otokephalie beruht vermutlich darin, daß bei letzterer Gruppe der Organisator der Hinterkopfregion offenbar nicht betroffen ist, sondern daß die primäre Schädigung an sekundären Induktionssystemen (Visceraltaschen-Entoderm) angreift. Mißbildungen der otokephalen und der cyclopen Reihe sind an Inzuchtstämmen von *Cavia porcellus* L. [1491] in großer Zahl gewonnen und in allen Graden der Ausprägung eingehend analysiert worden (Abb. 56). Durch Röntgenbestrahlung gravider Mäuse während der empfindlichen Phase (8. bis 13. Tag) können Kopfmißbildungen erzeugt werden [717a, b].

**Mißbildungen des kaudalen Körperendes** [817, 497, 1306]. Die Mißbildungen des kaudalen Körperendes zeigen zahlreiche Analogien zu den Cyklopien. Störungen betreffen Achsenskelet,

Rückenmark, Enddarm und Urogenitalsystem, schließlich die Hinterextremität. Experimentell sind analoge Mißbildungen bei Vogelkeimen durch lokalisierte Strahlenschädigung des Primitivstreifens im kaudalen Bereich zu erzielen. Ist der mediane Defekt ausgedehnt, so rücken die Extremitätenanlagen aufeinander zu und können verschmelzen. Im extremen Fall besteht dann nur eine unpaare mediane Extremität (Sirene, Sympodie, Symmelie). Sirenoide Mißbildungen sind auch als Spontanbildungen beim Tier (*Mus, Homo*) bekannt. Sie sind mit Defekten an Harn- und Geschlechtsorganen und Enddarm kombiniert. Auf genetischer Grundlage kommen die gleichen Mißbildungen bei bestimmten Mutanten der Hausmaus (Kurzschwanzmäuse) vor.

**Spaltbildungen.** Störungen im Verschluß der dorsalen oder ventralen Leibeswand gehören zu den häufigsten Mißbildungen bei Wirbeltieren. Unterbleibt der Schluß des Neuralrohres, so ergibt sich eine dorsale Spaltbildung, die je nach Lokalisation und Ausdehnung als Cranioschisis oder Rhachischisis (Spina bifida) bezeichnet wird. Eigenartig ist, daß das Zentralnervensystem zunächst induziert wird und daß sich typische Neuroblasten differenzieren. Diese degenerieren sekundär, vermutlich weil sie der Einwirkung des Liquor amnii frei exponiert sind. Gestört ist also offenbar nicht der primäre Induktionseffekt, da ausschließlich die weitere Formausstaltung leidet. Inwieweit diese Wirkung ebenfalls von der Unterlagerung abhängt, inwieweit autonome Bildungstendenzen im Zentralnervensystem selbst geschädigt sind, läßt sich zur Zeit noch schwer abgrenzen. In den Fällen, bei denen die Spaltbildung mit Segmentierungsstörungen der Wirbelsäule und Anomalien der Chorda kombiniert ist, dürfte eine primäre Störung im Determinationssystem vorliegen. Störungen in der Abhebung der Embryonalanlage und in der Umwachsung des Dottersackes (nur bei Amnioten möglich) führen zu Defekten in der ventralen Leibeswand. Derartige Mißbildungen sind ebenfalls experimentell beim Hühnchen erzeugt worden. Bleibt die ventrale Leibeswand defekt, so liegen die Brust- und Bauchorgane frei (Ectopia viscerum, Bauchbruch). Bleibt die Einbeziehung des Vorderdarmes in den Embryonalkörper aus, so entsteht eine Omphalocephalie. Entsprechende Defekte im kaudalen Bereich führen zur Strophosomie.

**Ursachen von Mißbildungen und experimentelle Erzeugung von Mißbildungen.** Während man lange Zeit hindurch die Ursache von Mißbildungen in endogenen Faktoren sah und dabei Störungen des Genoms in den Vordergrund rückte, hat sich im Laufe der letzten 15 Jahre mehr und mehr der bedeutende Einfluß exogener Faktoren für die Teratogenese nachweisen lassen. Das verzweigte Problem »Mißbildung und Vererbung« kann in diesem Rahmen nicht erörtert werden. Verwiesen sei auf den Beitrag **9**, 15 Nachtsheim: Vererbung und auf [1396, 1308 bis 1310]. Die große Ähnlichkeit, ja die Identität der erblich verursachten Mißbildungen mit den Phänokopien ist verständlich, wenn wir bedenken, daß in beiden Fällen Reaktionsabläufe und Reaktionsgeschwindigkeiten in gleicher Weise betroffen sind.

Die als kausale Faktoren bei der Entstehung von Mißbildungen bei Säugetieren in Betracht kommenden Mechanismen lassen sich folgenden Hauptgruppen zuordnen:

1. Stoffwechselschäden (Mangelernährung, Insulinwirkung, Gifte), 2. $O_2$-Mangel, 3. Schädigung durch Röntgenstrahlen oder durch radioaktive Strahlen, 4. Schäden durch Virusinfektion und 5. mechanische Schädigung (amniotische Stränge usw.).

1. Stoffwechselschäden. Hale [510c, d, e] hatte bereits 1935 nachgewiesen, daß bei *Sus*, wenn in den ersten 30 Tagen der Gravidität Vitamin-A-frei ernährt wurde, Nachkommen mit Mißbildungen der Augen, der Extremitäten und des Urogenitalsystems zur Welt kamen. Warkany [1379] konnte durch Carotin- und Vitamin-A-freie Ernährung bei Ratten Mißbildungen erzeugen und die kritische Phase auf den 13. bis 14. Tag festlegen. In umfangreichen Untersuchungen haben Giroud, Martinet und Lefebvres ]438—443] den Einfluß der Vitamine auf die Morphogenese der Säugetiere geprüft. Diesen Autoren gelang es, durch Vitamin-A-freie Ernährung der Muttertiere Mißbildungen der Augen, der Urogenital-

organe und des Gefäßsystems zu erzeugen (Ratte). Riboflavin($B_2$)-Mangel ergab vorwiegend Gaumenspalten und Extremitätendefekte. Defekte des Zentralnervensystems und der Augen traten nach Pantothensäure-Mangel auf. Bei Folsäure-Mangel fanden sich neben Mißbildungen des Gehirnes vor allem Gesichtsspalten. Von Wichtigkeit ist, daß nach den bisherigen Feststellungen auch der Vitamin-Mangel sich streng phasenspezifisch auswirkt. $B_2$ beispielsweise ist bei der Ratte nur am 14. Schwangerschaftstag nötig, sein Mangel ergibt nur in dieser Phase Mißbildungen. Außerdem haben dieselben Autoren den Nachweis erbracht, daß auch durch Hypervitaminose Mißbildungen entstehen können. Ein Überangebot von Vitamin A führt bei der Ratte zu Mißbildungen des Zentralnervensystems und der Augen, zu Anencephalie und Hydramnion (Vermehrung der Amnionflüssigkeit auf das Zehnfache des Normalen). Gefäßschädigungen mit schweren Hämorrhagien im Embryonalkörper, besonders in den Extremitätenanlagen mit anschließender Nekrose und Spontanamputation treten nach Linolensäure-freier Ernährung auf. In diesem Zusammenhang sei auf die Untersuchungen von Landauer und Mitarbeitern an Hühnchen und Enten erinnert [773a—f]. Durch Behandlung von Keimen mit Insulin, Borsäure und Pilocarpin konnten Mißbildungen des Rumpfskeletes, der Extremitäten, des Schädels, durch Borsäure auch Pigmentanomalien erzeugt werden. Auch diese experimentell induzierten Mißbildungen erwiesen sich als Phänokopien spontan auftretender erblicher Mißbildungen, auch sie sind phasenspezifisch. Der Insulineffekt kann bis zu einem gewissen Grad durch gleichzeitige Gabe von Nicotinamid unterdrückt werden. Die Insulinempfindlichkeit besteht während einer auffallend langen Periode (64 bis 168 Stdn.). Allerdings ist die Lokalisation je nach dem Zeitpunkt der Einwirkung des schädigenden Agens verschieden (Wirbelsäulendefekte bei früher Einwirkung, später Mikromelie). Über den Angriffspunkt der Insulinschädigung läßt sich derzeit noch wenig sagen. Beim Kaninchen [253] sind Mißbildungen nach zweimaligem Insulinschock (am 6./7. und 9./10. Tag der Gravidität) beobachtet worden. Von zehn Feten waren fünf normal, fünf mißbildet (6. und 7. Tag). Von neun am 9. und 10. Tag behandelten Tieren waren vier normal und fünf defekt. Bei der Beurteilung derartiger Schädigungen ist zu beachten, daß durch das Insulin eine Hypoglykämie der Mutter erzeugt wird, daß also für eine bestimmte Zeitphase das für die energieliefernden Stoffwechselprozesse notwendige Material dem Keim nicht zur Verfügung steht. Weiterhin muß damit gerechnet werden, daß durch direkte Insulinwirkung auf den Keim die Glykogensynthese und der Glukoseabbau gestört werden. Schließlich ist zu berücksichtigen, daß diese Prozesse möglicherweise durch eine $O_2$-Mangelstörung überlagert werden, denn während des Kollapses des Muttertieres ist mit Durchblutungsstörungen im Endometrium zu rechnen.

2. Schäden durch $O_2$-Mangel. Experimentelle Untersuchungen über die Wirkung kurzfristigen $O_2$-Mangels auf den Keim liegen am Hühnchen vor [919, 1093—1095]. Aus diesen Untersuchungen ergab sich ebenfalls, daß die Mißbildungen phasenspezifisch sind (Störungen des Zentralnervensystems bei früher Schädigung, der Extremitäten bei später einsetzendem $O_2$-Mangel). Wichtig ist auch die Beobachtung, daß durch Gewebsuntergang und Austritt von Blutplasma Blasenbildungen im Mesenchym von Hühnerkeimen auftreten können, die zwischen der 84. und 120. Stunde dem $O_2$-Mangel ausgesetzt waren. Auch an Säugetieren sind Versuche mit $O_2$-Mangel ausgeführt worden. Die technischen Schwierigkeiten (einseitige Unterbindung der Arteria uterina, Haltung in der Unterdruckkammer) brachten es mit sich, daß die Ergebnisse weniger eindeutig sind als die am Vogelkeim. Immerhin konnten auf diese Weise Hirn- und Augenmißbildungen, Anencephalie und Gaumenspalten erzeugt werden. Es ist von Interesse, daß die kritische Phase für die Determination der Gaumenspalte bei der Maus auf diese Weise genauso auf den 13. bis 14. Tag festgelegt werden konnte, wie in den Riboflavin-Mangelversuchen von Warkany [1379].

3. Mißbildungen durch Strahlenschäden. Bestrahlung trächtiger Mäuse zwischen 8. und 13. Tag ergab Hirnschädigungen. Bestrahlung zwischen 9. und 14. Tag führte zu Mißbildungen des kaudalen Körperendes [717a, b]. Bestrahlung am 18./19. Tag ergab Kataraktbildung. Analoge Effekte können bei Ratten erzielt werden (Hirndefekte, Hautdefekte, Gaumenspalten, Extremitätenmißbildungen). Für den Menschen liegen Befunde vor, die zeigen, daß durch relativ geringe Bestrahlungsdosen in den ersten Wochen der Gravidität Schädigungen der Frucht eintreten können.

4. Mißbildungen durch Virusinfektion. Im Jahre 1941 wurde im Anschluß an eine Rubeolenepidemie in Australien beobachtet, daß Kinder von Müttern, die in den ersten Monaten der Gravidität erkrankt waren, zu einem großen Teil Augen- und Herzmißbildungen zeigten (78 Kinder, davon 62 mit doppelseitiger Katarakt, 16 einseitig, 44 gleichzeitig angeborene Herzfehler). Über entsprechende Beobachtungen wurde in den folgenden Jahren aus Europa und USA berichtet. Auch Taubstummheit und Zahnanomalien sind nach Rötelninfektion beobachtet worden. Wichtig ist, daß die Erkrankung der Mutter nur dann zu schweren Schädigungen des Keimes führt, wenn sie während der ersten drei Schwangerschaftsmonate auftritt. Die Auswertung dieser Beobachtungen ergab den Nachweis sensitiver Phasen der einzelnen Organanlagen auch für den Menschen [1308—1310]. Neben den Rubeolen spielen möglicherweise auch Masern und Poliomyelitis bei der Entstehung von Mißbildungen eine Rolle. Die Untersuchung einiger Feten aus derartigen Graviditäten ergab, daß die Schädigung offenbar in der Organanlage selbst, nicht im Induktor angreift. Der Übertritt des Erregers durch die Placenta auf das Kind ist bekannt (Geburt eines Kindes mit Rubeolen-Exanthem). Das Virus lokalisiert sich offenbar bevorzugt in stark wachsenden Geweben (hoher Nucleoproteidgehalt).

5. Amniotische Strangbildungen. Im älteren Schrifttum spielt die Abschnürung fetaler Körperteile durch amniotische Strangbildungen eine große Rolle. Es ist keine Frage, daß derartige amniogene Mißbildungen vorkommen. Doch sind sie relativ selten (*Homo* etwa 3% aller Mißbildungen) und sollten nur dann diagnostiziert werden, wenn die Strangbildungen wirklich nachgewiesen sind. Nicht jeder Extremitätendefekt ist eine späte Amputation durch Stränge. Die Strangbildungen selbst entstehen relativ früh bei der Ausdehnung der Amnionhöhle und der Lösung des Amnions vom Keimschild. Auch Nabelschnur-Umschlingungen können zu Defektbildung führen. Allerdings ist es oft nicht leicht, mechanisch bedingte Mißbildungen gegen solche, die durch $O_2$-Mangel entstanden sind, abzugrenzen. »Fetale Entzündung«, eine früher gern angeführte Ursache für Mißbildungen, spielt sicher keine nennenswerte Rolle.

Zusammenfassung. Betrachten wir zusammenfassend die bisherigen Befunde zur Klärung der Kausalgenese der Mißbildungen, so läßt sich feststellen, daß identische Mißbildungen sowohl durch endogene (genetische) als auch durch exogene Faktoren bestimmt sein können. Entscheidend ist hierbei meist nicht eine Spezifität des Agens, sondern die phasenspezifische Empfindlichkeit des Reaktionsystems. Daneben ist aber auch mit einer gewissen Spezifität einiger schädigender Agentien zu rechnen. Riboflavinmangel wirkt sich nur am Skelet aus, ebenso Insulinvergiftung. Pantothensäure-Mangel wirkt sich am Zentralnervensystem und am Auge aus. Vitamin A-Mangel betrifft Gefäße und Urogenitalsystem. Trypaflavin erzeugt Amnionmißbildungen. So räumen auch Landauer und Giroud [773a-e, 438] trotz aller Anerkennung der Bedeutung des Zeitpunktes der Schädigung einer gewissen Spezifität des einwirkenden Stoffes eine Bedeutung ein.

## Die weitere Ausbildung der äußeren Körperform

**Körperformbildung einschließlich Extremitäten.** Die Ausbildung der Hauptorgansysteme erfolgt in stets gleicher Weise und führt bei allen Wirbeltieren zu der gleichen topographischen Anordnung. Dorsal liegt das Zentralnervensystem mit der paarigen Neuralleiste. Unter dem Medullarrohr befindet sich die Chorda dorsalis als Achsenskelet. Ventral, umgeben vom Coelom, ist der Darmtrakt mit den Anhangsorganen angeordnet. In der hinteren Wand der Leibeshöhle bilden sich seitlich der Mittellinie die Gonaden, lateral von diesen die Harnorgane aus. In der dorsalen Leibeswand, seitlich des Zentralnervensystemes, entstehen die Muskelanlagen in Form der segmental gegliederten Somite.

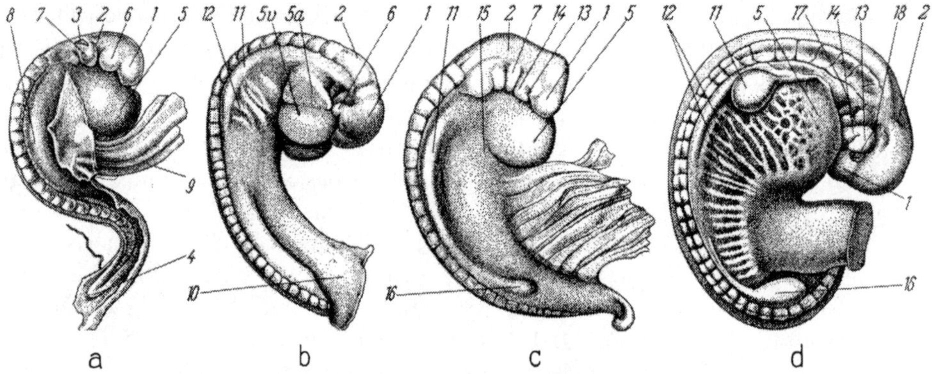


Abb. 57. Körperformbildung bei Rinderembryonen (*Bos taurus* L.), Umzeichnung nach O. Krölling 1924. a) Größte Länge 3,3 mm, 27 Somite. b) Nackenlänge 5 mm, 33 Somite. c) Größte Länge 6 mm, nur 31 Somite abgrenzbar. d) Größte Länge 8 mm, 41 Somite, 28. Tag

| | |
|---|---|
| *1* Prosencephalon | *9* Dottergang |
| *2* Rhombencephalon | *10* Allantois |
| *3* Labyrinthgrübchen | *11* Armanlage |
| *4* Primitivstreifen | *12* Venen der Rumpfwand |
| *5* Herzwulst | *13* Oberkieferwulst |
| *5a* Atrium | *14* Unterkieferwulst |
| *5b* Ventrikel | *15* Leberwulst |
| *6* Kieferbogen | *16* Beinanlage |
| *7* Hyalwulst | *17* Sinus cervicalis |
| *8* Mesonephros | *18* Auge |

Die zunächst flach ausgebreitete Embryonalanlage schnürt sich vom Dottersack ab. Gleichzeitig beginnen sich ein freies Kopf- und Schwanzende abzuheben. In der Regel geht dabei das Kopfende voraus (*Bos*, Abb. 57 [761]). Die weitere Entwicklung der äußeren Körperform wird stark bestimmt durch die Dominanz des Zentralnervensystems. Da das Nervenrohr schon früh besonders stark wächst und excentrisch dorsal im Körper liegt, wölbt sich die Dorsalseite stark konvex vor. Das vorwachsende Kopfende, das massenmäßig zunächst ganz durch die Anlage des Prosencephalon bestimmt wird, biegt scharf ventralwärts um und legt sich der ventralen Rumpffläche an. Diese erste Einbeugung des Kopfendes bezeichnen wir als Nackenbeuge (Abb. 57). Einzelheiten der Reliefgestaltung der Hirnanlage sind im äußeren Erscheinungsbild des Embryos erkennbar (dünne Rhombencephalon-Decke, Mittelhirnhöcker [Abb. 57 d]). Im Bereich des Mittelhirnes ist das Kopfgebiet nochmals ventralwärts eingebogen (Scheitelbeuge). Einzelheiten der Gesichtsentwicklung (Anlage von Auge, Nase, Labyrinthorgan, Weichteilwülste, S. 104) werden äußerlich sichtbar. Zunächst schimmern die Somite im Rumpfbereich durch die transparente Epidermis durch. Die Körperwand glättet sich aus, wenn später die Differenzierung der Leibeswandmuskeln in Gang kommt (Abb. 57). Eine Halsregion ist auf derartigen Embryonalstadien zunächst nicht abgrenzbar. Hals- und Gesichtsformung erfolgt unter Ausnützung von Material der Kiemenbögen. Auf diese Vorgänge wird später einzugehen sein. Die Branchialregion hebt sich zwischen Rhombencephalon und Herzwulst auch äußerlich zunächst deutlich ab (Abb. 57). Im Rumpfbereich wird die Körperform weitgehend durch die Ausbildung der großen Herzanlage bestimmt, deren einzelne Abschnitte im Oberflächenbild sichtbar werden können (Abb. 57). Die Größe der Herzanlage, kranial vor dem Nabelstrang, ist durch die Notwendigkeit eines frühen Funktionsbeginns bedingt. Gleichzeitig bleibt zu beachten, daß die Kreislauf-Peripherie relativ groß ist, da auch das Extraembryonalgebiet versorgt werden muß. Auch die Leberanlage wächst in der Embryonalzeit früh sehr stark

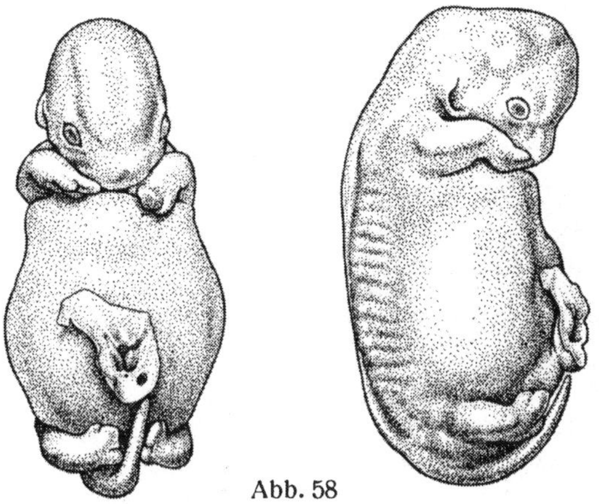

Abb. 58

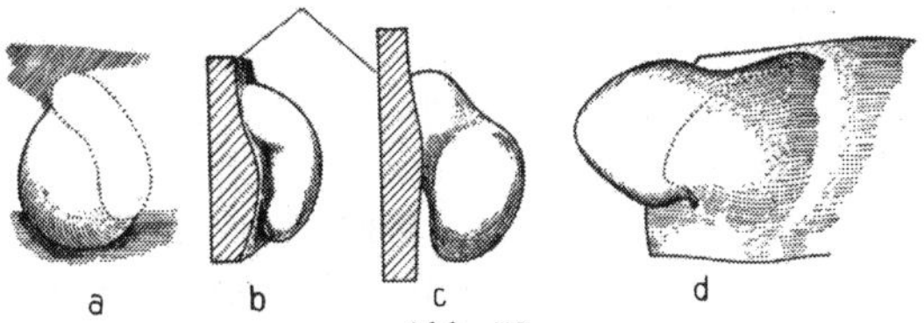


Abb. 59

Abb. 58. *Diceros bicornis* L. afrikan. Nashorn Embryo von 22 mm Länge. Körperformbildung (Umzeichnung nach Davies, 1952)

Abb. 59. *Homo*, Entwicklung der äußeren Form der Extremitäten. a) Linker Arm, Embryo von 7,8 mm. *Punktiert* Umriß der Extremitätenwurzel. b) Gleiches Objekt wie a, Ansicht von ventral. c) Armanlage eines Embryos von 8,22 mm von ventral. d) Anlage des Beines von lateral, Embryo von 8,66 mm. (Nach Hochstetter, 1952)

vor, denn sie hat an Stelle des Dottersackes die Aufgabe der Blutzellbildung zu übernehmen. Erst spät geht diese Funktion an das rote Knochenmark über. Die Auftreibung des Rumpfes durch die Leber schließt sich kaudal an den Herzbuckel an. Zeitlich erscheint die Lebervorwölbung später als der Herzwulst. Schließlich übertrifft das Lebergebiet an Massenentfaltung das Gebiet der Herzanlage. Die stärkere Ausbildung der Organe der Leibeshöhle, besonders also des Herzens und der Leber, führt so allmählich zum Ausgleich der hochgradigen Rückenkrümmung, der Körper streckt sich (Abb. 57, 58).

Gegenüber dem Kopfgebiet bleiben die kaudalen Körperpartien zunächst im Wachstum zurück. Die embryonalen Körperproportionen sind gerade durch die besondere Größe des Kopfes, insbesondere seines Hirnanteiles und durch die Verschmälerung der kaudalen Regionen gekennzeichnet. Dieses Mißverhältnis wird mit zunehmendem Alter des Feten durch stärkeres Auswachsen der Rumpfwand (Wirbelsäule) ausgeglichen. Die geringe Ausdehnung der Bauchhöhle ist dafür verantwortlich zu machen, daß zeitweise der wachsende Darmkanal als physiologischer Nabelbruch in den Nabelstrang verlagert wird. Die relativen Massen- und Raumverhältnisse im Bauchraum (Ausdehnung von Leber und Urnieren) erklären diesen Verlagerungsprozeß vollständig. Der physiologische Nabelbruch findet sich bei allen Säugetieren. Die Reposition des Nabelbruches kommt durch eine Vergrößerung des Bauchraumes, besonders ihres dorsoventralen Durchmessers und durch relative Abnahme des Lebervolumens zustande. Kontraktionen der Längsmuskulatur in der Arteria omphalomesenterica sollen ebenfalls beteiligt sein [734a]. Die weiteren Umgestaltungen der Körperform betreffen im wesentlichen Proportionsänderungen. Auf Unterschiede zwischen verschiedenen Familien und Genera kann in diesem Rahmen nicht eingegangen werden (S. 102). Die Ausbildung der Körpergestalt besonders in späteren Phasen der Gravidität bei verschiedenen Säugern und das Problem der Artdiagnostik an Säugerfeten ist von Toldt jr. [1311—1313] behandelt worden.

Die Extremitäten entstehen in der seitlichen Rumpfwand und zwar eilt die Anlage der Vordergliedmaße stets der des Beines voraus (Abb. 57) [631 a]. Zunächst hat die Armanlage die Form einer bogenförmigen Leiste (Abb. 57, 59), die nach kaudal hin ohne scharfe Grenze in die »Wolffsche Leiste« übergeht, eine transitorische Bildung ohne wesentliche Bedeutung. Die Beinanlage ist oft von vorneherein stärker prominent, aber schmäler als die Armanlage. Die weitere Differenzierung erfolgt bei Arm und Bein in ähnlicher Weise.

Die Proportionsverschiebungen am Embryonalkörper werden besonders eindringlich klar, wenn man die Lage der Extremitätenanlage untersucht. Beziehen wir die Armanlage auf die Gebilde der dorsalen Leibeswand, so finden wir, daß sie den unteren Cervikalsegmenten entspricht. Vergleichen wir die Lage aber mit den Gebilden der ventralen Körperhälfte, so stellen wir fest, daß das Herz zum allergrößten Teil über der Armanlage liegt (Abb. 57c). In der Folge bildet sich diese zu einem zungenförmigen Gebilde um (Abb. 57d, 59), dessen Wurzel stets deutlich dicker als die Randzone ist. Der kraniale Rand dieser Armplatte wird zum Radialrand (am Bein Tibialrand), der untere Rand wird zum Ulnarrand (Fibularrand). Anschließend kommt es zur Gliederung in proximale und distale Extremitätenabschnitte. Der distale Teil grenzt sich als Hand-(Fuß-)Platte gegen den proximalen Teil ab.

Die Stellung der Extremitätenanlagen hängt weitgehend von den Form- und Massenverhältnissen des Rumpfes ab. Zunächst steht der Radialrand etwas weiter von der Rumpfwand ab, als der untere Rand. Später bedingt die Massenentfaltung der Leber ein Divergieren der Armanlagen nach distalwärts. In der Handplatte werden die Fingerstrahlen als verdickte Stränge sichtbar. Nun grenzen sich auch Oberarm, Unterarm und Hand äußerlich gegeneinander ab, die Ellenbogenknickung tritt deutlich hervor (Abb. 58, 59). Die Gesamtrichtung der Armanlage ändert sich, sie gleitet mehr und mehr in die Pronationsstellung hinein (Abb. 58). Dabei gelangt die Seite des ersten Fingerstrahles ganz nach medial. Hand und Arm folgen den Formänderungen des Rumpfes und benutzen die Rumpfwand als Gleitfläche. Schließlich werden die Ellenbogengegend und der Oberarm ganz gegen die Rumpfwand isoliert.

Die Formbildungsprozesse am Bein laufen in gleicher Weise wie am Arm ab, nur folgen sie zeitlich auf jene. Das Knie ist nach lateral gerichtet, die Sohlenfläche blickt gegen den Nabelstrang (extreme Supination, Abb. 59d, 58). Mit einem stärkeren Auswachsen der Extremitäten und dem Zurückweichen der ventralen Rumpfwand werden die Gliedmaßen schließlich frei. Naturgemäß laufen diese Prozesse in den einzelnen Gruppen, je nach der Ausgestaltung der definitiven Gliedmaßenform recht verschieden ab (Reduktion von Fingerstrahlen, Schwimmhautbildung, freie Finger). Als Beispiel einer extremen Form sei hier auf die Ausbildung der Gliedmaßen bei Chiroptera hingewiesen (Abb. 60) [746]. Bei ihnen ist die Handplatte bereits außergewöhnlich groß. Die Flughaut tritt bemerkenswert früh in Erscheinung (Abb. 60), ein Hinweis darauf, daß phylogenetisch spät differenzierte Merkmale ontogenetisch außerordentlich früh manifestiert werden können (Heterochronie).

Schließlich sei noch darauf hingewiesen, daß die Anlage des Schwanzes, entsprechend der späteren Ausbildung dieses Körperabschnittes, bereits in der Anlage deutliche Unterschiede in den Dimensionen erkennen läßt. So ist das Schwanzknospenblastem bei geschwänzten Affen viel massiger als bei *Homo*. Bei *Capreolus* und Microchiroptera ist der Schwanz in der Anlage schon sehr kurz. Zu einer Zeit, als die Kenntnisse über die äußere Form der Säugetierembryonen noch sehr gering waren, nahm man an, daß die Art- und Gattungsunterschiede mehr und mehr verwischt werden, je weiter man in der Ontogenese zu Frühstadien zurückgeht (E. Haeckel [510a]). Tatsächlich gibt es nun Stadien in der Ontogenese der Säugetiere, auf denen die verschiedenen Gruppen sehr ähnlich werden können. Sehr häufig aber sind dies gerade nicht

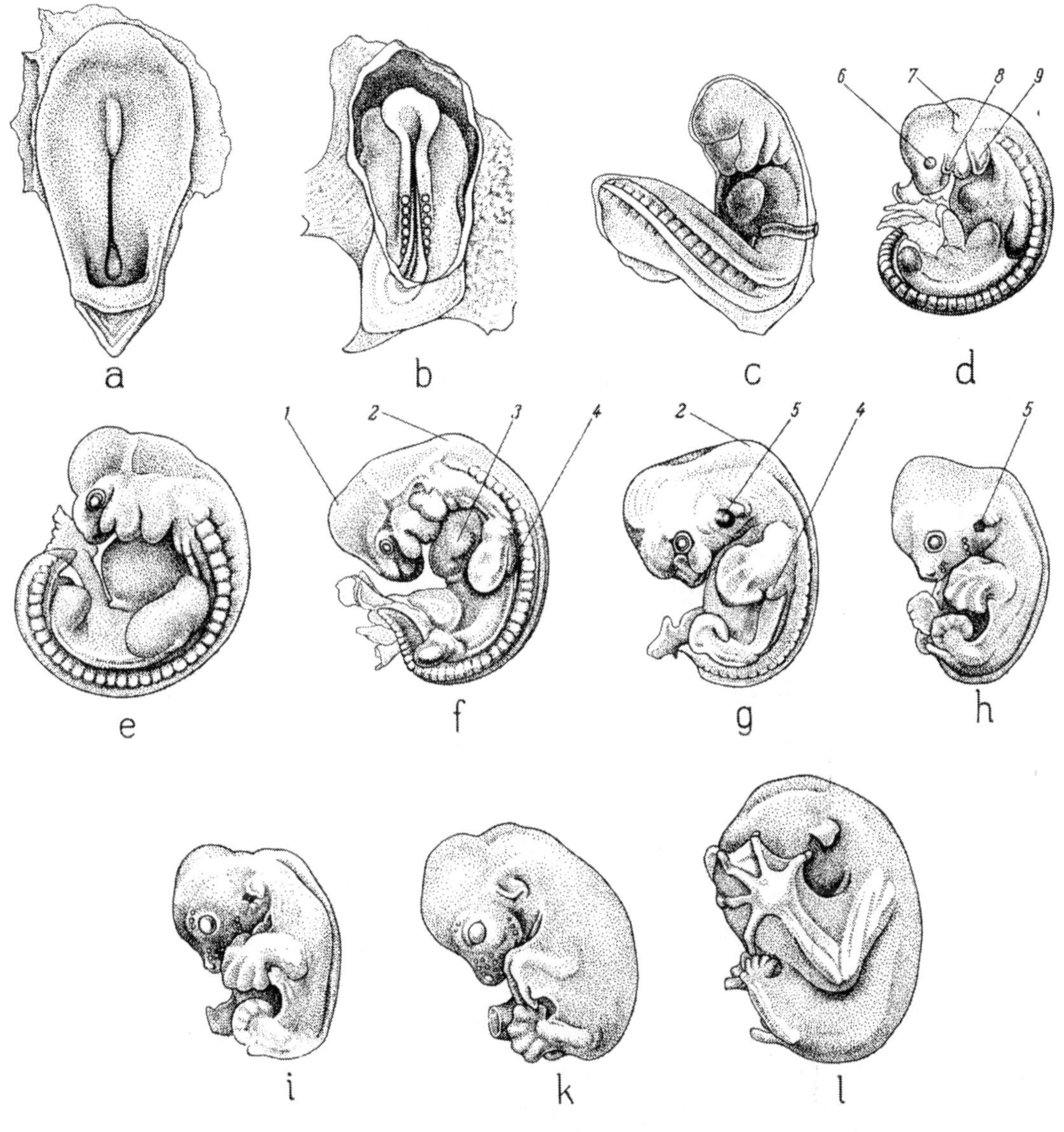


Abb. 60. *Scotophilus temmincki* Horsf. (Microchiroptera). Entwicklung der äußeren Körperform, insbesondere der Extremitäten. (Nach Koike, Z. Anat., 72, 1924)

*1* Scheitelbeuge
*2* Nackenbeuge
*3* Herzwulst
*4* Anlage der Flughaut
*5* Ohranlage
*6* Auge
*7* Rhombencephalon
*8* Kieferbogen
*9* Hyalbogen

die jüngsten Stadien. Man kann als Regel angeben, daß die Formähnlichkeit des Embryos verschiedener Säugergattungen zunächst bis zu einem bestimmten Entwicklungsstadium zunimmt (etwa entsprechend Abb. 60e, f). Hierauf folgt eine Entwicklungsphase, in der die Gattungs- und Artdifferenzen wieder deutlicher werden; die speziellen Eigenarten bilden sich heraus. Nur für den letzten Schritt trifft also die biogenetische Regel zu.

**Gesichts- und Gaumenbildung der Eutheria.** Beim Säugetier ([626—632, 989—990, 991, 995, 1199, 1307] bildet sich durch Abschnürung vom Dottersack ein Darmrohr aus. Dieses endet am oralen und analen Ende zunächst blind (Abb. 47). An beiden Enden entsteht eine grübchenartige Einsenkung der Epidermis, die Mundbucht und die Kloakengrube. Hier legen sich Epidermis und Entoderm eng ohne Zwischenlagerung von Mesenchym aneinander. Diese beiden mesenchymfreien Bezirke werden als Rachenmembran (Membrana buccopharyngica) und als Kloakenmembran bezeichnet. Die Membranen reißen ein und schaffen auf diese Weise die Darmostien, und zwar reißt die Rachenmembran sehr viel früher ein, als die Kloakenmembran. In beiden Fällen wird also ein kurzes ektodermales Ansatzrohr dem Darmtrakt zugeschlagen, das Stomodaeum (Mundbucht) und das Proctodaeum (Afterbucht). Die Lage der Rachenmembran bezeichnet primär die Grenze zwischen Ecto- und Entoderm. Allerdings wird diese Grenze nach Schwund der Rachenhaut sehr bald unkenntlich.

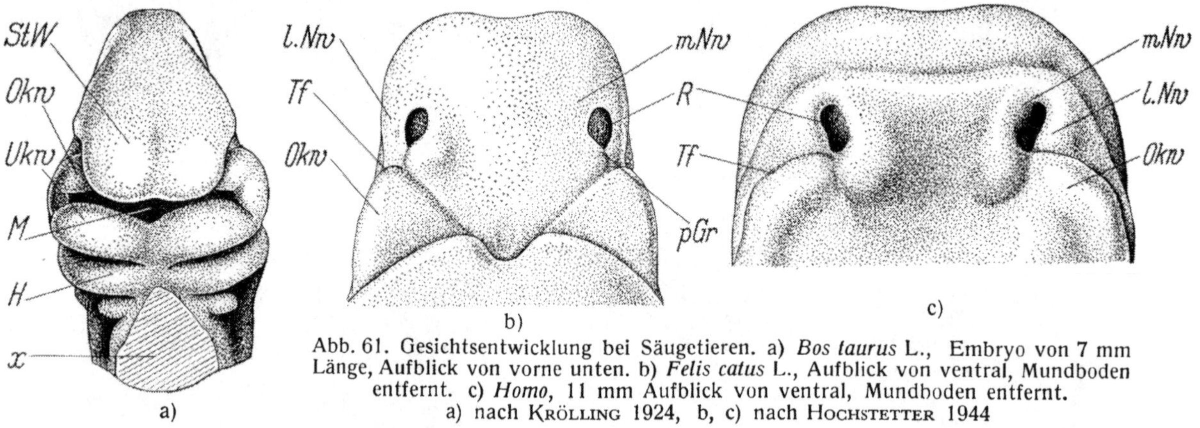


Abb. 61. Gesichtsentwicklung bei Säugetieren. a) *Bos taurus* L., Embryo von 7 mm Länge, Aufblick von vorne unten. b) *Felis catus* L., Aufblick von ventral, Mundboden entfernt. c) *Homo*, 11 mm Aufblick von ventral, Mundboden entfernt.
a) nach Krölling 1924, b, c) nach Hochstetter 1944

| | | | |
|---|---|---|---|
| *H* | Hyalbogen | *p. Gr* | Primitive Gaumenrinne |
| *l. Nw* | Lateraler Nasenwulst | *St* | Stirnwulst |
| *M* | Mundöffnung | *Tf* | Tränenfurche |
| *m. Nw* | Medialer Nasenwulst | *Ukw* | Unterkieferwulst |
| *Okw* | Oberkieferwulst | *x* | Schnittfläche |
| *R* | Riechgrube | | |

Die Umgebung der Mundbucht wird von mehreren Wülsten (lokalisierten Mesenchymanhäufungen unter der Epidermis) umrahmt, die das Ausgangsmaterial für die Bildung der Gesichtsweichteile darstellen. Die Ausbildung dieser Weichteilkulisse läuft beim Säugetier recht kompliziert ab, so daß die Vorgänge lange Zeit unklar waren. Erst eine genaue Analyse der im Bereich des Gesichtes besonders häufigen Mißbildungen hat auch den normalen Entwicklungsablauf klären können. Wir unterscheiden a) den unpaaren Stirnwulst, der vor dem rostralen Hirnende liegt, b) paarige Oberkieferwülste seitlich anschließend und c) Unterkieferwülste (Abb. 61). Die Besonderheiten der Gesichtsentwicklung bei Säugetieren stehen offenbar in Zusammenhang mit der Ausbildung muskularisierter Lippen und Wangen (Saugakt).

Im Bereich des Stirnwulstes treten die Anlagen des Riechorgans zunächst als Epidermisverdickungen (Riechplakoden) hervor. Dadurch wird der Stirnwulst in den medialen Nasenfortsatz zwischen den beiden Riechplakoden und den lateralen Nasenfortsatz seitlich der Nasenanlage (Abb. 61b) zerlegt. Die Nasenanlage senkt sich zunächst zur Riechgrube ein. Diese formt sich zum Riechschlauch um. Nach einer weitverbreiteten, aber heute widerlegten Ansicht soll durch Verwachsung im mittleren Bereich der Nasenrinne zwischen Oberkieferwulst und Nasenfortsätzen ein Riechschlauch gebildet werden. Das vordere und hintere Ende der Rinne sollen danach offen bleiben und zur äußeren Nasenöffnung und zur Apertura nasalis interna werden. Vor allem durch die Untersuchungen von Hochstetter [626—632] wurde nachgewiesen, daß der hintere Abschnitt der Nasenanlage völlig gegen die Mundhöhle abgeschlossen wird. Der Oberkieferwulst ist zu keiner Zeit an der Begrenzung der Nasenanlage beteiligt. Die Nasengrube vertieft sich, indem die Ränder durch Mesenchymvermehrung vorwachsen. Die Ränder werden von medialem und lateralem Nasenfortsatz gebildet. Am hinteren

Rand der Grube legen sich die Ränder aneinander und verwachsen. Die Öffnung der Nasengrube wird also von hinten her zu einem Blindsack geschlossen, bleibt aber vorn offen. Die vordere Öffnung wird zur äußeren Nasenöffnung. Die Verwachsung schreitet nach vorn vor und tritt zunächst in Form einer epithelialen Verklebung (»Epithelmauer«) auf (Abb. 62). Äußerlich entspricht die primitive Gaumenrinne der Lage dieser Epithelmauer. Im hinteren Bereich wird durch seitliche Ausweitung des Nasensackes die Epithelmauer niedrig und formt sich zur Membrana bucconasalis um. Im mittleren Bereich verschwindet die Epithelmauer. Der Rückbildungsprozeß schreitet nach vorne und hinten vor. An die Stelle der Zellplatte tritt Mesenchym. Auch die Membrana bucconasalis reißt früh ein. An ihre Stelle tritt die primäre innere Nasenöffnung (Apertura nasalis interna; — der Terminus »Choane« sollte für die sekundäre innere Nasenöffnung reserviert bleiben). Bei allen daraufhin untersuchten Säugern (Microchiroptera, *Mus, Cavia, Oryctolagus, Felis, Canis, Homo*) laufen die Prozesse in übereinstimmender Form ab. Anders aber liegen die Dinge bei Sauropsiden. Bei diesen entsteht die Apertura nasalis interna wie die äußere Nasenöffnung aus der ursprünglichen einheitlichen Öffnung des Riechsackes. Eine Verklebung kommt nur im mittleren Abschnitt vor.

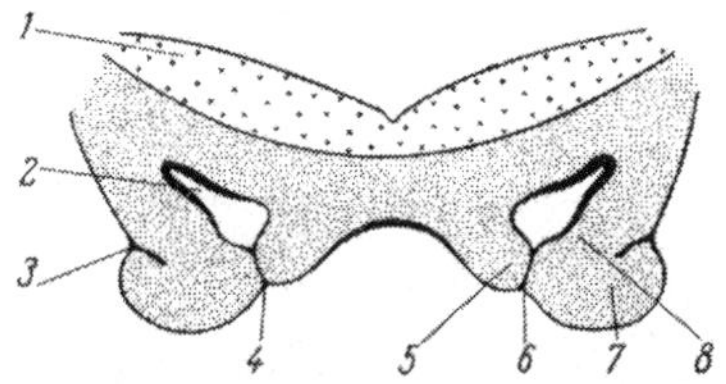


Abb. 62. Schematischer Frontalschnitt durch die Gesichtsregion eines menschlichen Embryos (etwa 11 mm Lge.). Beziehungen der Gesichtswülste, Riechsack, Epithelmauer

1 Hirn
2 Riechsack
3 Sulcus nasolacrimalis
4 Gaumenrinne
5 Medialer Nasenwulst
6 Epithelmauer
7 Oberkieferwulst
8 Lateraler Nasenwulst

Entgegen der älteren Ansicht muß betont werden, daß die »Gesichtsfortsätze«, heute besser als Gesichtswülste bezeichnet, keine selbständigen Gebilde sind. Die Gesichtsformung kommt nicht durch Verwachsen selbständiger Fortsätze zustande. Die Gesichtswülste sind Erhabenheiten des Reliefs, durch Mesenchymanhäufung bedingt. Die zwischen ihnen zutage tretenden Furchen sind keine Spalten, sondern seichte Gräben an Stellen, wo relativ wenig Mesenchym vorhanden ist. Verwachsungsvorgänge spielen tatsächlich nur an einer einzigen Stelle, nämlich am hinteren Rand der Nasengrube, eine Rolle. Durch Mesenchymwucherung und differenziertes Wachstum werden die Furchen ausnivelliert und wird die definitive Gesichtsplastik gestaltet. Die Gesichtswülste entsprechen auch keineswegs bestimmten morphologischen Gebilden (Nerven- und Gefäßversorgung). Ebensowenig haben sie etwas mit der Abgrenzung der späteren Knochenterritorien zu tun.

Gaumenbildung. Die primäre Mundhöhle der Säuger wird durch eine horizontale Platte, den sekundären Gaumen, in zwei Etagen zerlegt. Diese, oberhalb des Gaumens die definitive Nasenhöhle, darunter die definitive Mundhöhle, stehen über die Choanen hinten mit dem Nasopharynx und dadurch miteinander in Verbindung. Die Bildung eines definitiven Gaumens ist vielfach bei Sauropsiden vorbereitet (bei Crocodiliern durchgeführt), spielt aber bei den Mammalia eine ganz besondere Rolle. Der sekundäre Gaumen mit seiner Knocheneinlagerung ist das feste Widerlager für die Aktion der Muskelzunge beim Saugakt. Die Bildung des sekundären Gaumens erfolgt parallel zur Ausbildung des Nasenseptums. Von der Seitenwand der primären Mundhöhle wachsen jederseits Gaumenfortsätze aus. Diese schieben sich zunächst nach abwärts unter die Zunge. Später kommt es durch differente Wachstumsgeschwindigkeit zu einer Umlagerung der Gaumenfortsätze in die horizontale Lage. Die Zunge gleitet dabei zwischen den Fortsätzen nach abwärts. Die beiden Gaumenfortsätze stoßen in der Mittelebene aneinander und verschmelzen untereinander und mit dem Nasenseptum, das gleichzeitig von oben auf die Kontaktstelle herabwächst. An der vorderen Grenze der Gaumenfortsätze gegen den Stirnfortsatz zu bleibt eine Verbindung zwischen Nasenhöhle und Mundhöhle ausgespart, das Foramen incisivum.

**Entwicklungsstörungen und Mißbildungen im Bereich des Gesichtes und des Gaumens.** Mißbildungen im Bereiche des Gesichtes sind bei Säugern außerordentlich häufig. Die Tatsache, daß derartige Störungen meist in Form abnormer Spalten auftreten, hat den Trugschluß verursacht, daß es sich um Hemmungsmißbildungen handelt, bei denen normalerweise vorkommende Verwachsungsprozesse unterbleiben. Am Beispiel der seitlichen Lippenspalte (Cheiloschisis, = Hasenscharte) sei die Genese dieser Mißbildungen erläutert. Die Bezeichnung »Hasenscharte« weist darauf hin, daß bei Lagomorpha (ebenso Camelidae, viele Chiroptera, Felidae) normalerweise eine Spaltung der Oberlippe vorkommt. Die Phänogenese der Mißbildung ist durch umfangreiche Untersuchungen von Steiniger [1203—1209] an der erblichen Hasenscharte der Hausmaus aufgeklärt worden. Die seitliche Lippenspalte liegt im Grenzgebiet zwischen Oberkieferwulst und medialem Nasenfortsatz. Die Manifestation der Mißbildung kann sehr verschiedene Grade erreichen, von einer Einkerbung des Lippenrandes bis zu schweren Substanzdefekten mit Defekt des Kieferknochens. Gelegentlich kommen Substanzbrücken zwischen den Rändern der Spalte vor, ein Hinweis auf den komplizierten Entstehungsmechanismus. Man nahm früher allgemein an, daß die Mißbildung durch Ausbleiben eines Verwachsungsprozesses zwischen den Gesichtswülsten bedingt sei. Die Phänogenese läßt sich naturgemäß nur aufklären, wenn Entwicklungsstadien der Mißbildung zur Untersuchung kommen. Das ist möglich, seit Mäusestämme mit erblicher Hasenscharte zur Verfügung stehen. Auch von Hund und Mensch sind Entwicklungsstadien bekannt. Die Untersuchungen von Steiniger an der Maus haben die überraschende Feststellung erbracht, daß der Bildungsmodus nicht einheitlich ist. Gelegentlich kommt es vor, daß der Verschluß des Riechgrübchens unterbleibt, entsprechend der älteren Theorie. Jedoch gibt es auch Fälle, in denen die erwähnte Epithelmauer gebildet wird; doch unterbleibt stellenweise die Mesenchymdurchwachsung der Zellplatte. Aus derartigen Resten der Epithelmauer können sich Cysten bilden, die sekundär in den Mund oder in die Nasenhöhle durchbrechen. Auch die Brückenbildung wird befriedigend durch diese Beobachtung erklärt. Reste der Cystenwand können als Brücke persistieren. Andere Gesichtsspalten, wie die schräge Gesichtsspalte, treten nur in Form sekundärer Mißbildungen auf, können also nie als Effekt des Ausbleibens von Verwachsungsprozessen erklärt werden. Eine echte Hemmungsbildung liegt bei der Gaumenspalte vor (»Wolfsrachen«, Uranoschisis) (Abb. 63). Diese Mißbildung kann isoliert oder mit Lippenspalten kombiniert vorkommen. Sie ist bei Mensch und Haustier häufig.

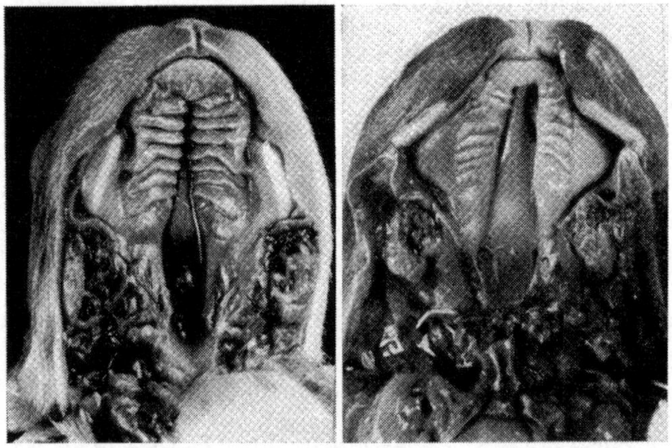

Abb. 63. Verschiedene Ausprägungsformen der Gaumenspalte als Mißbildung bei Haushundwelpen. *Links*: Französischer Bulldog. *Rechts*: Deutscher Boxer. In beiden Fällen bestand keine Hasenscharte. (Aus Starck, 1955, a. a. O., S. 428)

Schwere Formen dieser Spaltbildung sind ein erhebliches Hindernis für den Saugakt. Die Jungen sind daher meist nicht lebensfähig. Liegt eine Kieferspalte vor (kombinierte Hasenscharte mit Wolfsrachen bei Mitbeteiligung des Knochens), so schneidet die Spalte im Bereich des Prämaxillare ein, nie an der Grenze zwischen Prämaxillare und Maxillare. Der Incisivus II wird dann in zwei Teilstücke zerlegt. Die Lage der Mißbildung zeigt, daß das Os prämaxillare sich im Bereich des medialen Nasenwulstes und des Oberkieferwulstes entwickelt. Die Knochengrenze entspricht also nicht der Grenze zwischen den Gesichtswülsten.

**Die Ausbildung der Ostien der Fernsinnesorgane.** Bei den Säugetieren kommen, wie bei Reptilien und Vögeln, transitorische Verschlüsse der Fernsinnesorgane (Nase, Auge, Ohr) vor. Die morphogenetischen Prozesse und ihre Wertung hat WEBER [1388a] eingehend untersucht. Dabei hat sich gezeigt, daß die Vorgänge teilweise anders als bei Sauropsiden zu deuten sind und daß nach Zeitpunkt des Auftretens der Verschlüsse wie nach der Struktur des

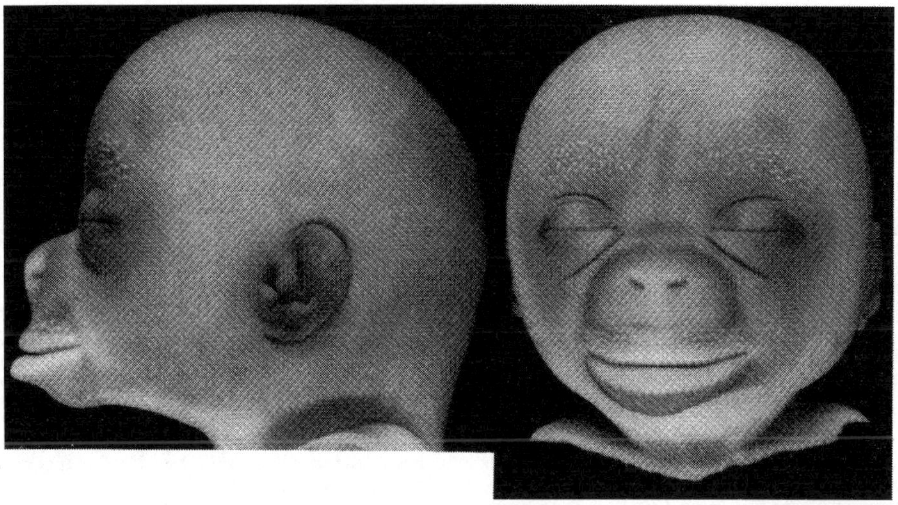

Abb. 64. *Pan troglodytes* BLUMENBACH. Gesichtsbildung eines Feten von 75 mm Scheitel-Steiß-Länge. Gleiches Objekt wie Abb. 49

Füllmateriales Unterschiede zwischen den einzelnen Ostien bestehen. Der Verschluß der Nasenöffnung (*Homo* 2. bis 5. Monat, *Sus* Lösung bei 200 mm Länge, *Bos*) erfolgt relativ früh durch einen Epithelpfropf, der vom Periderm abstammt. Das Füllgewebe findet sich nur im vordersten Abschnitt der Nase. Es kann zeitweise pfropfartig vorspringen. Die Lösung erfolgt stets geraume Zeit vor dem Geburtstermin. Zeitlich fällt die Lösung des Verschlusses mit der Ablösung des Peridermes zusammen.

Die Augenlider entstehen zunächst in Form einer ringförmigen Falte um Cornea und Sclera. Primär ist der Lidspalt demnach weit und rund. Die Lidspalte wird durch Vorwachsen der Falten eingeengt. Durch differentes Wachstumstempo in den verschiedenen Bezirken der Falte kommt es zur Bildung der Lidwinkel. Daraufhin schieben sich die Falten derart vor, daß der Lidspalt zu einem engen Spalt eingeengt wird. Schließlich verwachsen die Augenlider (Abb. 64), bei *Homo* von den Winkeln nach der Mitte vorschreitend (Lidnaht). Der Verschluß der Augenlider erfolgt stets später als der Nasenschluß. Die Verwachsung ist, im Gegensatz zum Nasenverschluß, stets epidermaler Natur. Die Lösung erfolgt über einen typischen Verhornungsprozeß stets später, als das Periderm abgeworfen wird. Bekanntlich bestehen erhebliche gruppenspezifische Unterschiede im zeitlichen Auftreten dieses Lösungsprozesses. Bei Nesthockern erfolgt die Lösung erst nachgeburtlich. Bei *Homo* schließen sich die Lidspalten im 3. Fetalmonat. Der Verschluß löst sich im 6. bis 7. Fetalmonat. Bei *Sus* von 60 mm Länge ist die Lidspalte verschlossen. Die Öffnung erfolgt rund 2 Wochen ante partum (250 mm Länge).

Der Verschluß der äußeren Gehörgänge erfolgt in analoger Weise wie der Lidschluß, also spät und durch einen epidermalen Prozeß. Leider sind wir über diese Vorgänge noch unzureichend orientiert. Bei vielen Formen (Rodentia) legt sich die Ohrmuschel nach vorne um und verwächst mit der Öffnung des äußeren Gehörganges und mit der Epidermis des Kopfes in der benachbarten Region. In anderen Fällen kommt es nur zur Verwachsung der inneren Teile des Gehörganges. Bei der Maus, vielleicht bei allen Nesthockern, bildet sich das definitive Gehörgangslumen durch echte Verhornung. Mit dem sekundären Verschluß des äußeren Ohres darf nicht die Entwicklung des inneren Abschnittes des äußeren Gehörganges verwechselt werden, die primär über ein solides Stadium (Gehörgangsplatte) erfolgt.

| Species | Zeitpunkt des Öffnens d. Augen nach der Geburt | Species | Zeitpunkt des Öffnens d. Augen nach der Geburt |
|---|---|---|---|
| *Erinaceus europaeus.* L. | 14.—18. Tag | *Apodemus sylvaticus.* L. | 12.—14. Tag |
| *Sorex araneus.* L. | 15.—18. Tag | *Rattus norvegicus* (Berkenhout). | 14.—16. Tag |
| *Rhinolophus hipposideros* Bechstein. | 7. Tag | *Mus musculus* L. | 13. Tag |
| *Myotis myotis* Borkhausen. | 7. Tag | Haushund | 10.—12. Tag |
| *Oryctolagus cuniculus* L. | 10. Tag | *Canis vulpes.* L. | 12.—14. Tag |
| *Sciurus vulgaris* L. | 31. Tag | *Martes martes.* L. | 34.—38. Tag |
| *Glis glis* L. | 21.—22. Tag | *Ursus arctos.* L. | 26.—29. Tag |
| *Mesocricetus auratus* Waterhouse. | 12.—13. Tag | *Felis silvestris* Schreber. | 10.—12. Tag |
| *Microtus arvalis* Pallas | 9.—10. Tag | *Panthera leo.* L. | 0.—12. Tag |

Weber [1388a] hat deutlich den Unterschied zwischen embryonalem Nasenverschluß und Verschluß der übrigen Sinnesöffnungen hervorgehoben. Er nimmt an, daß die »Struktur der Verschlüsse bedingt sei durch den Zeitpunkt ihrer Entstehung und die Qualität der daran beteiligten Epidermisschichten«. Der Nasenverschluß wird als afunktionell betrachtet. Die Vorstellung, daß es sich um einen Schutz des Sinnesepithels gegen schädliche Substanzen der Amnionflüssigkeit handeln könnte, kann nicht zutreffen, da der Verschluß sich stets während der späten Fetalzeit löst und da die Amnionflüssigkeit auch bei bestehendem Verschluß über die Choanen an das Riechepithel herankommen könnte. Bei ranghohen Säugern mit langer Tragzeit und vorgeburtlicher Beendigung des Augen-Ohrverschlusses ist auch für diese eine Funktion nicht nachweisbar. Bei Nesthockern kann der Verschluß von Ohr und Auge biologisch bedeutsam sein, weil er den noch unfertigen Sinnesorganen eine Reifungsperiode unabhängig von Einwirkungen der Außenwelt sichert. Partielle Verwachsungen der Lippenränder an den Mundwinkeln sind mehrfach, jedoch nicht immer zu Recht beschrieben worden. So konnte Hochstetter [632] nachweisen, daß bei *Homo* keine Verwachsung der Mundwinkel statthat. Bei einigen Eutheria (*Myotis, Oryctolagus, Cavia, Manis, Bos*) wird hingegen ein großer Teil der Wange durch Verwachsung der Mundränder von den Winkeln her gebildet.

## Mesenchymdifferenzierung, Keimblattlehre

Die frühen Entwicklungsvorgänge, die wir unter dem Begriff der »Embryonalkörperbildung« zusammengefaßt haben, hatten dazu geführt, daß schrittweise Organanlagen aufgebaut werden und daß diese Organanlagen im Körper eine typische Lagerung zueinander einnehmen. Diese gesetzmäßigen topographischen Beziehungen der Organanlagen zueinander kehren bei den verschiedenen taxonomischen Einheiten eines Phylums immer wieder und sind die Grundlage dafür, daß wir ganze Organismengruppen in einer taxonomischen Einheit, z. B. »Wirbeltier«, zusammenfassen können. Derartige Gesetzmäßigkeiten lassen sich für die verschiedenen Körperregionen, Kopf, Rumpf, Extremitäten aufzeigen. Neben den beiden Grundvorgängen, Formbildung und Organisation treten in den späteren Phasen der Ontogenese zwei weitere Prozesse in Erscheinung, Wachstum und Differenzierung.

Differenzierung ist Sichtbarwerden struktureller Verschiedenheiten in den Baumaterialien des Körpers, ist also das Auftreten verschiedenartiger Gewebe. Der junge Keim besteht nur aus Zellen auch zu einem Zeitpunkt, zu dem die Organanlagen bereits gebildet sind. In histologischer Terminologie besteht er also aus Epithelgewebe. Wir sind daher berechtigt, das Epithelgewebe als primäres Gewebe zu betrachten und können von ihm alle übrigen Gewebe, direkt oder indirekt ableiten. Der sichtbaren Differenzierung geht eine unsichtbare Differenzierung, die Determination (S. 89), voraus. Die Analyse der Differenzierungsvorgänge ist Aufgabe der experimentellen Histologie, ihre Methode ist vor allem die Gewebezüchtung.

Die erste wichtige Gewebsdifferenzierung im Embryo ist die Bildung von Mesenchym. Primär epitheliale Zellen verlassen den geschlossenen Zellverband und wandern in die Zwischenräume zwischen den Organanlagen ein. Gleichzeitig bildet sich zwischen den Mesenchymzellen Interzellularflüssigkeit. Die Zellen werden sternförmig, bleiben aber durch plasmatische Fortsätze im Kontakt miteinander. Schließlich vermehrt sich die Interzellularflüssigkeit. In ihr treten Sonderdifferenzierungen auf (Gelbildung, Faserbildung).

Im Embryonalkörper kommt dem Mesenchymgewebe eine ganz besondere Bedeutung auch in funktioneller Hinsicht zu. Es ist kein Zufall, daß die Mesenchymbildung in Gang kommt, wenn der Körper stärker zu wachsen beginnt. Die lockeren Maschenräume des Mesenchyms ermöglichen Stoffbewegung und Stoffaustausch innerhalb des Embryonalkörpers zu einer Zeit, da das Gefäßsystem erst funktionsfähig zu werden beginnt. Mesenchym ist also embryonales Bindegewebe. Der Mesenchymbegriff ist, das sei besonders betont, ein rein histologischer und damit funktioneller Begriff. Er beschreibt keine genetische Einheit.

Mesenchym kann nämlich an den verschiedensten Stellen des Embryokörpers und des extraembryonalen Gebietes gebildet werden. Es kann aus allen drei Keimblättern entstehen. Die oft im Schrifttum zu findende Gleichsetzung von Mesenchym und Mesoderm ist nicht berechtigt und soll im Interesse klarer Begriffsbestimmungen vermieden werden. Das mittlere Keimblatt (Mesoderm) ist keineswegs die einzige Quelle der Mesenchymbildung. Außerdem ist »Mesoderm« kein histologischer sondern ein genetisch topographisch definierter Begriff. Wir wissen heute, daß die Keimblätter keinerlei Spezifität im Hinblick auf ihre gewebsbildenden Potenzen besitzen [990a, 832a, 737a, 635a, 1009, 1194a, 1199, 1265a, 1004a, 1352a].

Die Lehre von einer Spezifität der Keimblätter in Hinblick auf ihre gewebs- oder organbildenden Funktionen ist vor allem durch die Entwicklungsphysiologie längst widerlegt. Da aber die Dreikeimblattlehre nach wie vor die Lehrbuchliteratur beherrscht, sei hier kurz auf die Problematik des ganzen Fragenkomplexes eingegangen. Der Begriff des Keimblattes geht letzten Endes auf K. E. von Baer [62b] und seine Zeitgenossen zurück. In einer Zeit, da die Mikrotomtechnik noch fehlte, suchte man den Bau der Embryonen durch sorgfältige Lupenpräparation mit Schere und Pinzette zu ergründen. Bevorzugtes Untersuchungsobjekt war der Hühnerkeim, also ein flach auf der Dottermasse ausgebreiteter Keim, dessen »Schichten« sich abheben und gleichsam wie die Seiten eines Buches aufblättern ließen. Bereits Pander [972a] unterscheidet zwei Blätter, das seröse Blatt und das Schleimblatt. K. E. von Baer bezeichnet diese Schichten als animales und vegetatives Blatt und teilt jedes wieder in zwei Schichten auf, so daß sich folgende Gliederung ergibt [586a]:

| | | |
|---|---|---|
| animales Blatt | a) Hautschicht | entspricht Ektoderm, Hertwig |
| | b) Fleischschicht | entspricht Somatopleura, |
| vegetatives Blatt | c) Gefäßschicht | entspricht Splanchnopleura, |
| | d) Schleimschicht | entspricht Entoderm. |

Aus den vier Schichten entstehen durch Zusammenfaltung röhrenförmige Primitivorgane. So bildet die Hautschicht das integumentale Rohr und das Nervenrohr, aus der Fleischschicht gehen die Organe der Leibeswand hervor und aus den verbleibenden Schichten Darm- und Gefäßrohr.

Remak hat diese Lehre weiter ausgebaut und den Anteil der Keimblätter an der Bildung von Geweben und Organen mit deskriptiver Methode zu ergründen gesucht. Der wesentliche Fortschritt dieser Arbeiten liegt in der Anwendung der neuen Zellen-Lehre auf embryologische Fragestellungen. So werden äußere und innere Keimschicht jetzt als Hautdrüsen- und Darmdrüsenblatt von einem mittleren Keimblatt abgegrenzt. Dem mittleren Keimblatt wird die Bildung von Muskulatur und Stützsubstanzen, von Blut, Gefäßen und Geschlechtszellen als spezifische Leistung zugewiesen (»motorisch-germinatives Blatt«).

So groß der Fortschritt auch war, so sehr ist zu bedauern, daß diese Lehre alsbald zu einem Dogma erstarrte, das besagte, daß bei allen Metazoen die Keimblätter gleiche histogenetische Bedeutung besitzen (His) [622a, b]. Allerdings machte sich bereits früh ein Widerspruch geltend. Die Brüder O. und R. Hertwig [586b, c] wiesen auf die verschiedenartige Herkunft der Muskelzellen und der Geschlechtszellen bei verschiedenen Formen hin. Kölliker [743a] betonte, daß alle drei Keimblätter die Fähigkeit zur Bildung aller Gewebe haben, wenn sie dieses Vermögen auch nicht immer realisieren. Kleinenberg [740a] kommt bei der Untersuchung der Entwicklung des Annelids *Lopadorhynchus* zu der Feststellung »es gibt gar kein mittleres Keimblatt ([740a], S. 3)«.

Während der Begriff des äußeren und des inneren Keimblattes in deskriptivem Sinn Bestand hat, erwies sich nämlich, daß der Mesodermbegriff nicht scharf zu fassen war. Die Brüder HERTWIG hatten klar definiert, daß unter einem Keimblatt »embryonale Zellen zu verstehen sind, welche untereinander zu einer Epithellamelle verbunden sind, die durch Faltung oder Differenzierung die Grundlage für die mannigfaltigsten Formen abgibt«. Zellen, die aus dem Epithelzusammenhang ausscheiden, sind aber etwas von den Keimblättern völlig Verschiedenes. Derartige Zellen werden nach HERTWIG als Mesenchymkeim oder Urzellen des Mesenchyms bezeichnet. Schwierigkeiten, die auch heute nicht überwunden sind, ergaben sich immer wieder aus der Gleichsetzung der Begriffe »Mesoderm, Mesoblast, mittleres Keimblatt und Mesenchym«. Da für sehr viele Metazoen nun keinesfalls drei Keimblätter nachweisbar sind — bei Vertebraten müßte man sogar von vier epithelialen Blättern sprechen —, da außerdem häufig ein morphologisch vergleichbares (homologes) Organ bei verschiedenen Formen aus verschiedenen Keimblättern entsteht, kann von einer Spezifität der Keimblätter keine Rede sein. Der Streit um die Keimblattfrage ist nicht neu. Während H. E. ZIEGLER wohl in schärfster Formulierung für die Keimblattlehre eintritt: »Es ist ausgeschlossen, daß ein Keimblatt Gewebe erzeuge, welche ihm nicht zukommen (1902)« sagt R. VIRCHOW (1899). »Die Keimblattlehre ist allgemein bekannt, aber die Überzeugung von der Richtigkeit und Bedeutung derselben beruht vielfach auf einer bloß dogmatischen Tradition und nicht auf genauer Kenntnis der Tatsachen und Belege«. O. HERTWIG [586a] weist darauf hin, daß die Bildung der Chorda dorsalis bei Wirbeltieren sich nicht in das Keimblattschema einordnen lasse. Die Bildung von glattem und quergestreiften Muskelgewebe (Haut, a-Drüsen, Iris) aus ektodermalem Bildungsmaterial ist lange bekannt. Auf die Bildung von Stützgeweben verschiedener Art aus differenten Keimblättern wird bei Besprechung der experimentellen Untersuchungen zurückzukommen sein. Nachdem so bereits vielfach Zweifel an der histogenetischen Spezifität der Keimblätter auftauchten, versuchten einige Autoren eine organspezifische Leistung der Keimblätter festzuhalten. Aber auch in diesem Sinne besteht keine Keimblattspezifität. Es sei nur daran erinnert, daß der Thymus bei den meisten Eutheria rein entodermaler Herkunft ist, daß sich aber bei *Sus* und *Cavia* das Ektoderm des Sinus cervicalis an seiner Bildung beteiligt. Bei *Talpa* ist der Thymus sogar rein ektodermal.

Die Ergebnisse der Transplantationsversuche an jungen Amphibienkeimen sind in Hinblick auf eine Klärung der Frage nach der Spezifität der Keimblätter vor allem von O. MANGOLD ausgewertet worden [832a]. Präsumptives Ektoderm bildet bei Transplantation ins vegetative Feld ortsgemäß Darm, Somite, Vorniere, Coelomwand. TER HORST [639b] erzielte Bildung eines Neuralrohres aus Urdarmdach. Einem *Triton cristatus*-Keim wurde die rechte Hälfte des dritten Urdarmdach-Fünftels entnommen. Das Isolat wurde mit *Triton taeniatus*-Ektoderm umhüllt. Am 6. Tage zeigte das Objekt neben Muskelzellen innerhalb einer Epidermisblase ein typisches Neuralrohr, das ausschließlich aus deutlich pigmentfreiem *cristatus*-Material, also aus dem Implantat, stammte. Wir wissen heute, daß die Potenzen der Embryonalzellen im Laufe der Entwicklung eingeschränkt werden, daß sie determiniert werden. Die Determination geht der Differenzierung voraus. Sie tritt zu verschiedenem Zeitpunkt für die verschiedenen Teilbezirke und Gewebe des Keimes ein und hängt vom Ort, an dem sich eine Zellgruppe im Gesamtkeim entwickelt , ab. Eine definitive Determination ist beim Amphibienkeim auf dem Stadium, auf dem Keimblätter gesondert sind, noch nicht vollzogen. Zellen eines jungen Keimes können sich also in fremder Umgebung ortsgemäß einfügen. Ist die Determination vollzogen, so läuft die weitere Entwicklung nach dem Mosaiktyp ab, die Zellen verhalten sich bei Verpflanzung herkunftsgemäß.

Es ist damit eigentlich gesagt, daß unsere Grundvorstellungen über die Entwicklungsabläufe sich geändert haben und daß die Frage nach der Leistungsspezifität der Keimblätter damit nicht mehr zeitgemäß ist. Trotz dieses klaren Tatbestandes findet man heute vielfach noch im Schrifttum die Angabe, »Skelettgewebe und Muskulatur entstehen nur aus Mesoderm« oder man trifft auf tabellarische Zusammenstellungen der spezifischen Leistungen einzelner Keimblätter. Im medizinischen Schrifttum wird bei Erörterung gewisser Systemerkrankungen die Verwendung des Begriffes »Mesodermschwäche« oder »ektodermaler Symptomenkomplex« usw. gebraucht. In der Tat handelt es sich bei dieser »Mesodermschwäche« nicht um eine Erkrankung der Mesodermderivate, sondern um eine Affektion des Mesenchyms und seiner Derivate, also um die Erkrankung eines Gewebssystemes. Wenn umgekehrt kürzlich die Struktur bestimmter Fasern aus ihrer Herkunft vom »Mesoderm« gedeutet werden sollte [1137], so ist festzustellen, daß Genese und Gewebsstruktur nicht derart gekoppelt sind, daß aus dem einen aufs andere geschlossen werden dürfte. Histologische Struktur und funktionelle Eigenschaften gehen stets parallel. Zwischen Genese und Materialbeschaffenheit muß aber keine direkte Koppelung bestehen. Eine Ausnahme macht vielleicht das Nervengewebe, für das bisher nur ektodermale Herkunft im normalen Entwicklungsablauf mit Sicherheit erwiesen ist (vgl. aber den oben, S. 110, erwähnten Befund [639b]). Aber auch beim Nervengewebe finden sich differente Entstehungsorte innerhalb des Ektodermes (Neuralplatte, Neuralleiste, Plakoden).

In diesem Zusammenhang sei zunächst auf die Frage der Bildung von Stützgeweben aus ektodermalem Material (»Mesektodermbildung«) eingegangen. J. PLATT [1004a] hat darauf hingewiesen, daß bei *Necturus* Mesenchym durch lokale Wucherungsprozesse aus Neuralleiste und Plakoden entsteht. Diese Befunde sind experimentell bestätigt worden. VOGT [1360a] hat durch Vitalmarkierung der Neuralleiste die Auswanderung des Mesektodermes bis in die Visceralbögen hinein verfolgen und ihre Beteiligung an der Bildung von branchialen Skeletteilen feststellen können [1194a]). Die Beteiligung von Neuralleistenmaterial an der Bildung von Skelettgeweben (Mesenchym, Knorpel, Knochen, Dentin) ist in der Folge immer wieder bestätigt worden [65a, 100a, 635a, 772a, 1036a, 1039a]. Bei Amphibien ergibt Entfernung der Kopf-Neuralleiste Defekte im Cranium. Ebenso kann Neuralleiste in fremder Umgebung Knorpelgewebe bilden. Bei Urodelen entstehen die vordere Hälfte der Trabekel und das ganze Visceralskelett (außer Basibranchiale 2) aus Neuralleistenmaterial. Verpflanzt man Neuralleiste einer Urodelenart mit langsamem Entwicklungstempo (*Ambystoma punctatum* L.) auf einem Keim mit rascherem Entwicklungstempo (*A. tigrinum* GREEN), so sind die Visceralbögen auf der Operationsseite kleiner, als die auf der normalen Wirtsseite. BALTZER und WAGNER [65a, 1365a] ist der Austausch von Kopfneuralleiste zwischen *Triton* und *Bombinator* gelungen. Da Urodelen und Anuren völlig verschieden gestaltete Skelettelemente im Cranium besitzen, ergaben sich höchst bizarre Chimären; Bombinatorneuralleiste bildet im Tritonkopf typische Anurenskeletteile. Wenn diese Untersuchungen auch in erster Linie an Amphibien durchgeführt wurden, so bestehen doch Anhaltspunkte dafür, daß auch bei Säugetieren aus Ektoderm Mesenchym entsteht. Die deutlichen Unterschiede im Gehalt an alkalischer Phosphatase zwischen Mesenchym ektodermaler und mesodermaler Herkunft (S. 91) dürften in diesem Sinne zu deuten sein. Hier sei auch auf die Herkunft von Pigmentzellen aus Neuralleistenmaterial hingewiesen, die für Amphibien, Vögel und Säugetiere in gleicher Weise nachgewiesen ist. Im Rumpfbereich ist Neuralleiste an der Bildung von Mesenchym für die Leptomeninx beteiligt.

Schließlich sei noch erwähnt, daß auch an ganz anderer Stelle Mesenchymbildung in großem Ausmaß aus Ektoderm vorkommt, nämlich am Trophoblasten. Diese Mesenchymquelle ist vor allem für Simiae und *Homo* genauer erforscht. Bei Rhesusaffe und Mensch entsteht das Amnionmesenchym sicher ohne Zusammenhang mit anderen Mesenchymbildungsquellen, direkt aus dem Trophoblasten [1474, 1265a]. Auch die Bildung von Chorionmesenchym innerhalb der Placentarzotten aus Cytotrophoblast ist für Simiae und *Homo* mehr als wahrscheinlich. Es sei darauf hingewiesen, daß bei Muriden die REICHERTsche Membran, eine Grenzlamelle zwischen ekto- und entodermaler Keimblasenwand, aus Kollagen besteht. Histochemische Untersuchungen [1436] haben die Herkunft dieser Schicht aus dem Trophoblasten erwiesen. Der Nachweis der Bildung einer rein kollagenen Membran aus ektodermalen Zellen ist eine sehr wichtige Stütze der Auffassung, daß eine gewebsspezifische Funktion der Keimblätter nicht existiert.

Die Begriffe »Keimblatt« und besonders »Mesoderm« haben also nur historische Bedeutung und können heute nur in topographischem Sinne verwandt werden. Es gibt keine Spezifität der Keimblätter.

Abschließend stellen wir nochmals die verschiedenen Quellen, aus denen sich erwiesenermaßen Mesenchym bilden kann, zusammen, wobei betont sei, daß nicht bei jeder Säugergruppe jede genannte Quelle auch wirklich als Mesenchymbildungsort in Erscheinung tritt:

1. Mesenchymbildung aus Furchungszellen (besonders Simiae, *Homo*);
2. Mesenchymbildung von Primitivstreifen (peristomal) und Kopffortsatz (gastral);
3. Mesenchymbildung aus Somiten (Sclerotom, Dermatom);
4. Mesenchymbildung aus Somato- und Splanchnopleura (Darmmuskulatur, Cutis);
5. prächordale Mesenchymbildung (Protochordalplatte, Kopfmesenchym);
6. Mesenchymbildung vom Trophoblasten (Cytotrophoblast) bei *Macaca, Homo*, hierzu Kollagenbildung in REICHERTscher Membran vom Trophoblasten bei Muriden;
7. Mesenchymbildung vom Dottersack-Entoderm;
8. Mesenchymbildung aus der Neuralleiste (Leptomeninx am Rumpf, Kopfmesenchym, Knorpel- und Knochengewebe der vorderen Schädelregion und des Branchialapparates, Odontoblasten bei Amphibien);
9. Mesenchymbildung aus Epidermisplakoden (fraglich, niedere Vertebraten).

## Der Ausbau der feto-maternellen Beziehungen bei Eutheria; allgemeine Placentationslehre

**Allgemeines.** Bei allen Eutheria entwickelt sich der Keim im Schutze des mütterlichen Fruchthalters. Die Embryonalentwicklung ist daher durch das Auftreten eines höchst komplizierten Stoffwechselorganes, der Placenta, charakterisiert. Diese führt nicht nur dem Embryo Nähr- und Aufbaustoffe einschließlich der Atemgase zu, sondern eliminiert gleichzeitig die Stoffwechselschlacken des kindlichen Organismus. Sie erfüllt gleichzeitig die Aufgabe einer Hormonbildungsstätte. Intrauterine Entwicklung mit Auftreten einer Placenta kommt gelegentlich auch bei niederen Vertebraten vor (Dottersackplacenta bei *Mustelus laevis* GÜNTHER, echte Placentation bei vielen Reptilien, z. B. *Egernia, Seps, Tiliqua* und vielen Ophidia [234a], Placenta bei einigen Metatheria, z. B. *Perameles* S. 28).

Nur die Eutheria aber haben eine erstaunliche Formenmannigfaltigkeit und Leistungsfähigkeit der Placenta ausgebildet, so daß ihre Embryonalentwicklung durch dieses Organ vollkommen charakterisiert ist (Placentalia). Erwerb der intrauterinen Entwicklung mit Placentation bedeutet aber den Erwerb einer verlängerten Aufbauperiode und Gewinn einer Möglichkeit zur nahezu funktionsfreien Ausgestaltung des Organismus, besonders des Zentralnervensystems. Die bei Eutheria deutlich zunehmende Cerebralisation dürfte zum Teil auch mit diesen entwicklungsphysiologischen Voraussetzungen im Zusammenhang stehen und die evolutive Überlegenheit der Eutheria mitbedingen. Die Vögel erlangen nun zweifellos auch eine sehr hohe Organisationsstufe. Dieses wird dadurch erreicht, daß bei ranghohen Vögeln (besonders Passeriformes) die Embryonalperiode durch den sekundären Erwerb des Nesthockerzustandes gewissermaßen verlängert wird. Das setzt bei Vögeln eine durch angeborene Instinkthandlungen bis ins Feinste geregelte Brutpflege voraus. Die extreme Spezialisierung auf komplizierte Brutpflegemechanismen hat aber den Weg für weitere Entfaltungsmöglichkeiten, wie sie etwa im Primatenstamm vorkommen, verlegt und die Erhebung auf ein höheres Evolutionsniveau blockiert.

Der Aufbau geweblicher Beziehungen zwischen Keim und mütterlichem Organismus beginnt, wenn die Blastocyste im Uterus angekommen ist. Die Ausgestaltung einer Placenta nimmt jedoch längere Zeit in Anspruch und erfolgt über zahlreiche Zwischenstadien. In jedem Falle muß sich der Keim im Uterus anheften (Einbettung, Implantation, Nidation), ein Vorgang, der sehr unterschiedlich ablaufen kann. Verschiedenheiten der Implantation und der Placentation prägen ihrerseits wieder den Frühphasen der Embryonalentwicklung ihre Merkmale auf. Diese Entwicklungsvorgänge unterliegen mannigfachen stofflich hormonalen Steuerungen (s. Beitrag 9, 5: Strauss, Sexualzyklus).

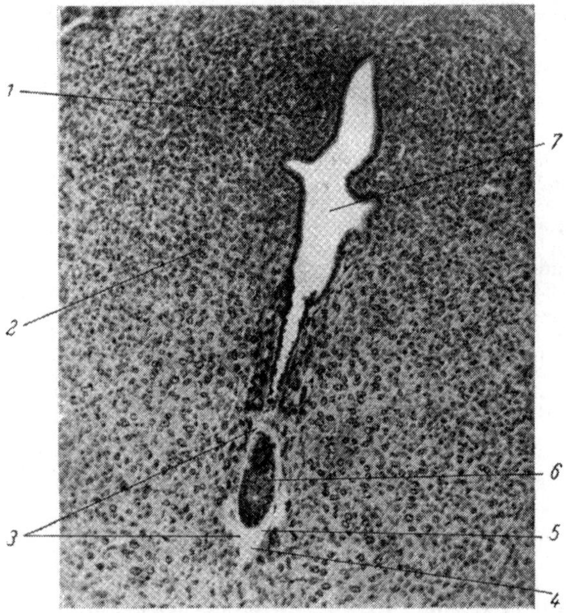


Abb. 65. *Mus musculus L.*. Junge Keimblase, excentrische Implantation in einer Seitentasche des Uteruslumens. Beachte die Ausbildung eines Ectoplacentarconus (Träger). Deciduazellen im Stroma

*1* Endometrium
*2* Deciduazellen
*3* Blastocyste
*4* Uterusdivertikel
*5* Dottersackcavum
*6* Träger
*7* Cavum uteri

**Implantation.** In jedem Falle liegt der Keim zunächst zentral im Cavum uteri. Die Anheftung erfolgt entweder durch einfache Anlagerung an die Oberfläche des Endometriums, ohne daß es zu nennenswerten Destruktionsvorgängen am maternen Gewebe kommt (Superfizielle Implantation). In anderen Fällen aber hat der Keim invasive Potenzen und dringt mehr oder weniger tief ins Endometrium ein. Die Implantationstiefe ist also verschieden.

Zwischen Implantationstiefe und Implantationstopographie muß scharf unterschieden werden. Bei zentraler Implantation (*Oryctolagus* [Abb. 124], viele Ungulata, Carnivora) kann die Implantationstiefe bereits sehr verschieden sein. Bei vielen Eutheria (Muridae) erfolgt die Anheftung des Keimes in einer Seitentasche des Uteruslumens: excentrische Implantation (Abb. 65). Bei *Erinaceus*, Chiroptera und Pongidae dringt der Keim frühzeitig ins Stroma des Endometriums ein: interstitielle Implantation, die stets tief ist (Abb. 66a, b). Primär zentrale und superficielle Implantation kann sekundär zu weitgehender Destruktion des Endometriums führen. Bei Rodentia kommen alle Grade der Implantationstiefe vor. Von oberflächlicher Anheftung bei primitiven Sciuridae über unvollständig interstitielle Implantation bei Geomyidae führt eine Reihe zu vollständig interstitiellem Implantationsmodus bei *Cavia* [901, 906]. Die topographische Orientierung der Keimblase ist gruppenspezifisch fast stets starr fixiert. Man muß die Lage der ersten Anheftungsstelle der Keimblase in Relation zur Uteruswand von der Orientierung des Embryonalknotens unterscheiden. Beide können identisch sein (viele Insectivora und Primates außer *Tarsius*) oder an verschiedenen Polen der Blastocyste liegen (*Tarsius*, Rodentia). Erfolgt die Anheftung der Keimblase am Endometrium diffus über die ganze Oberfläche hin (circumferentiell), so ist die Frage nach der Beziehung der Keimanlage zur Anheftungsstelle sinnlos geworden. Beim Uterus simplex der Simiae und Xenarthra erfolgt die Implantation im Bereich des Fundus oder an der Vorder- oder Hinterwand, sinngemäß also antimesometral. In der Lagebeziehung der ersten Anheftungsstelle oder des Knotens zur Uteruswand ergibt sich die Orientierung nach der Angriffstelle des Mesometriums. Wir sprechen also von mesometraler, antimesometraler oder orthomesometraler (= lateraler) Lage.

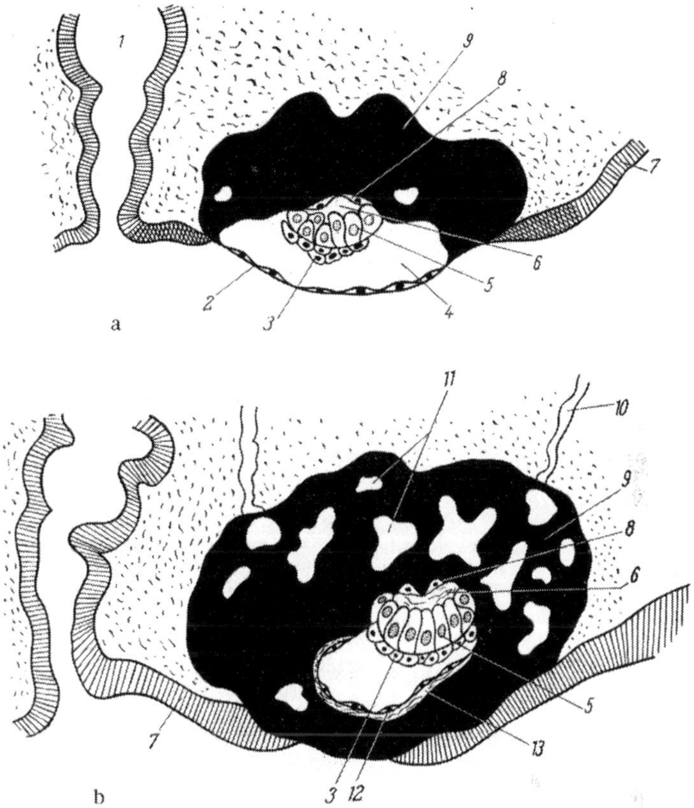


Abb. 66. *Homo*, Implantationsstadien a) Embryo CARNEGIE 8020, 7½ Tage alt, Beginn der Implantation. Die Blastocyste hat sich ans Endometrium angelegt. Das materne Epithel ist im Nidationsfeld bereits zerstört. Mütterliche Bluträume sind noch nicht eröffnet. Der Trophoblast ist dort, wo er mit Endometrium im Kontakt steht (basal, in der Abb. oben) verdickt. Gegen das Cavum uteri hin ist noch primäre dünne Blastocystenwand erhalten. Spaltamnionbildung. b) Embryo CARNEGIE 8171, 9 Tage alt. Trophoblast ringsum verdickt. Der Keim liegt nahezu völlig von mütterlichem Gewebe umschlossen im Endometrium. Primäres Mesenchym gebildet. Im Endometrium erweiterte kapilläre Sinus, die mit dem Trophoblasten in Kontakt stehen, aber noch nicht mit den Trophoblastlakunen kommunizieren

1 Drüse
2 Dünner Trophoblast
3 Primäres Entoderm
4 Blastocystenhöhle
5 Keimschildektoderm
6 Amnionhöhle
7 Uterusepithel
8 Amnioblasten
9 Trophoblast
10 Kapilläre Sinus
11 Lakunen
12 HEUSERsche Membran
13 Primäres, extraembryonales Mesenchym

Tabelle IX

| | Implantations-Verhalten der Eutheria | | | |
|---|---|---|---|---|
| | Orientierung der ersten Anheftungsstelle | Orientierung des Embryonalknotens zur ersten Anheftungsstelle | Orientierung der Embryonalanlage zum Uterus | Implantationstiefe |
| Insectivora | | | | |
| *Solenodon* | antimes. | — | — | excentr. |
| *Tenrec* | orthomes. | identisch | orthomes. | centr. |
| *Hemicentetes* | orthomes. | identisch | orthomes. | centr. |
| *Setifer setosus* SCHREBER | antimes. | identisch | antimes. | excentr. |
| *Chrysochloris* | orthomes. | — | mesom.-lateral | superfic. |
| *Echinosorex* | antimes. | identisch | antimes. | interstit. |
| *Erinaceus* | antimes. | identisch | antimes. | interstit. |
| *Sorex* | bilat. | zwischen beiden | antimes. | centr. |
| *Blarina* | orthomes. | zwischen beiden | antimes. | centr. |
| *Crocidura* | antimes. | identisch | antimes. | excentr. |
| *Talpa* | bilat.-antimes. | identisch | antimes. | centr. |
| *Nasilio, Elephantulus* | mesometr. | identisch | mesometr. | exc.-interstit. |
| Dermoptera | | | | |
| *Galeopithecus* | antimes. | identisch | antimes. | superfic. excentr. |
| Chiroptera | | | | |
| *Pteropus, Cynopterus* | mesometr. | identisch | mesometr. | intermed. |
| *Myotis* | antimes. | identisch | antimes. | superfic. |
| *Scotophilus* | antimes. | identisch | antimes. | superfic. |
| *Miniopterus* | antimes. | identisch | antimes. | superfic. |

Fortsetzung Tabelle IX

| | Implantations-Verhalten der Eutheria | | | |
|---|---|---|---|---|
| | Orientierung der ersten Anheftungsstelle | Orientierung des Embryonalknotens zur ersten Anheftungsstelle | Orientierung der Embryonalanlage zum Uterus | Implantationstiefe |
| Chiroptera | | | | |
| *Nyctalus* | antimes. | identisch | antimes. | superf. excentr. |
| *Tadarida* | circumfer. | — | lateral | superfic. |
| *Molossus* | antimes. | — | lat.-mesometr. | superfic. |
| *Nyctinomus* | circumfer. | — | antimes. | superfic. |
| *Desmodus* | antimes. | identisch | antimes. | interstit. |
| Primates | | | | |
| *Tupaia* | orthomes. | zwischen beiden | antimes. | superfic. |
| *Loris* | circumfer. | — | antimes. | superfic. |
| *Galago demidovii* G. Fischer | antimesom. | identisch | antimes. | interstit.<br>sek. superfic. |
| *Tarsius* | mesometr. | gegensinnig | antimes. | superfic. |
| *Alouatta* | ventr. | identisch? | basal? | superfic. |
| *Saimiri* | ventr. | identisch? | basal? | superfic. |
| *Macaca* | dors. oder ventr. | identisch | basal | superfic. |
| *Presbytis* | dors. oder ventr. | identisch | basal | superfic. |
| Pongidae | dors. oder ventr. | identisch | basal | interstit. |
| *Homo* | dors. oder ventr. | identisch | basal | interstit. |
| Xenarthra | | | | |
| *Bradypus* | dors. oder ventr. | identisch? | antimes.? | superf. |
| *Dasypus* | antimes. | identisch | antimes. | superf. |
| Pholidota | | | | |
| *Manis* | circumfer. | — | antimes. | superfic. |
| Lagomorpha | antimes. | gegensinnig | mesometr. | superfic. |
| Rodentia | | | | |
| *Sciurus* | antimes. | gegensinnig | mesometr. | superf. excentr. |
| *Tamias* | antimes. | gegensinnig | mesometr. | excentr. superf. |
| *Spermophilus* | antimes. | gegensinnig | mesometr. | Conus |
| *Citellus* | antimes. | gegensinnig | mesometr. | Conus |
| *Cynomys* | antimes. | gegensinnig | mesometr. | Conus |
| *Dipodomys* | antimes. | gegensinnig | mesometr. | intermed. |
| *Geomys* | antimes. | gegensinnig | mesometr. | intermed. |
| *Castor* | antimes. | gegensinnig | mesometr. | superfic. |
| Muridae | antimes. | gegensinnig | mesometr. | interstit. |
| *Cavia* | antimes. | gegensinnig | mesometr. | interstit. |
| Carnivora | | | | |
| *Canis* | antimes.<br>dann zonar | — | antimes.<br>oder irregulaer | superfic. |
| *Putorius* | antimes.+mesom.<br>dann zonar | — | antimes. | superfic. |
| *Felis* | antimes.<br>dann zonar | — | antimes.<br>oder irregulaer | superfic. |
| Cetacea | ? | ? | ? | superfic. |
| Tubulidentata | antimes. | gegensinnig | mesometr. | superfic. |
| Sirenia | ? | ? | ? | ? |
| Hyracoidea | circumfer. | mesometr. | mesometr. | zentr. invasiv |
| Perissodactyla | | | | |
| *Equus* | circumfer. | — | — | superfic. |
| *Tapirus* | circumfer. | — | — | superfic. |
| Artiodactyla | | | | |
| Suidae | circumfer. | — | antimes.? | superfic. |
| *Bos* | cotyledon. | — | — | superfic. |
| *Ovis* | cotyledon. | — | — | superfic. |
| *Capra* | cotyledon. | — | — | superfic. |

Wie aus der vorstehenden Tabelle hervorgeht, besteht in vielen Gruppen eine einheitliche Orientierung der Anheftungsstelle und des Embryonalpoles. Außerordentlich starke Differenzen zeigen sich jedoch in Hinblick auf die Implantationstiefe und, wie wir bereits jetzt vermerken wollen, auch in Hinblick auf das Verhalten der Eihäute und der Placenta. Um diese Verhältnisse beurteilen und evolutiv werten zu können, wird jedoch zunächst eine Übersicht des gesamten Ontogeneseablaufes und der Placentation in den einzelnen Gruppen gegeben werden müssen. Wir stellen diese Frage daher bewußt an das das Ende unserer Betrachtungen.

**Implantationsmechanismen.** Im allgemeinen betrachtet man die Implantation als eine spezielle aktive Leistung des Keimes und vergleicht das Verhältnis zwischen Keim und maternem Organismus mit dem zwischen Parasit und Wirt. In grotesker Weise wurde noch kürzlich der Vergleich zwischen den verschiedenen Placentarformen, d. h. den verschiedenen Stufen der Implantationstiefe, mit den verschiedenen Malignitätsgraden von Blastomen gezogen [1073]. Eine genauere Analyse des Geschehens hat jedoch erwiesen, daß im Implantationsgeschehen ein kompliziertes und aufs feinste abgestimmtes Zusammenspiel materner und fetaler Faktoren vorliegt, das art- und gruppenspezifische Differenzen erkennen läßt.

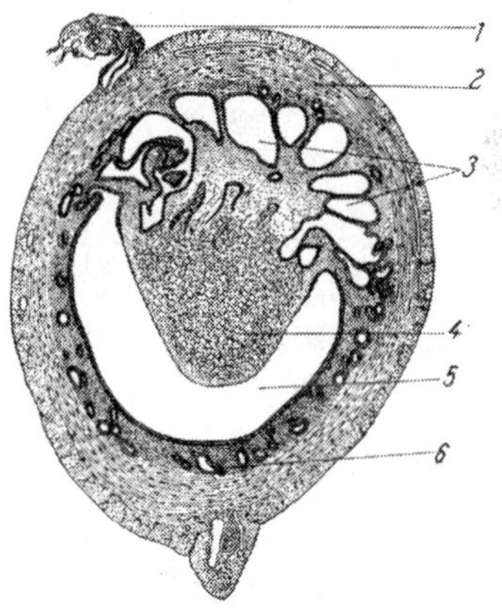


Abb. 67. *Elephantulus rupestris jamesoni* Chubb. Lokalisiertes Menstruationsfeld (Menstruationspolyp). Querschnitt durch den Uterus. (Nach Van der Horst)

*1* Mesometrium
*2* Muscularis
*3* Erweiterte Drüsen
*4* Schleimhautpolyp
*5* Cavum uteri
*6* Endometrium

Der Keim gelangt in einen Fruchthalter, dessen Mucosa durch hormonale Steuerung implantationsreif geworden ist. Diese, den ganzen Genitaltrakt gleichmäßig betreffenden Veränderungen werden durch Progesteron ausgelöst und werden als prägravide Schleimhautphase bezeichnet (1266). Lokale Reaktionen des Endometriums auf das Vorhandensein eines Keimes in utero machen sich daneben bereits früh, vor Anheftung der Blastocyste bemerkbar. Sie müssen als präimplantative Veränderungen deutlich von den prägraviden Veränderungen unterschieden werden. Die Implantation erweist sich damit als komplexer Vorgang, an dem materne und fetale Faktoren beteiligt sind. Der aktive materne Beitrag am Implantationsablauf darf nicht übersehen werden.

Die äußere Schicht der Keimblase, der Trophoblast, ist das aktive Organ des Keimes für die Implantation. Bevor dies Organ in Funktion treten kann, muß die Zona pellucida aufgelöst werden (S. 60). Bis zu diesem Zeitpunkt laufen alle Entwicklungsvorgänge am Keim autonom ab. Aufnahme von Nährstoffen und echtes Wachstum erfolgen erst, wenn der Keim aus der Zona befreit ist. Ist die Blastocyste frei, so verliert sie durch Flüssigkeitsabgabe an Turgor und legt sich flächenhaft der Schleimhautoberfläche an. Taschenbildungen am Epithel und Stromaverdichtungen im Endometrium [1425, 363, 364] sind als präimplantative Veränderungen auf die Anwesenheit eines Keimes zu deuten. Zeitpunkt und Art der Zonaauflösung ist artlich bestimmt. Vorzeitige Auflösung der Zona kann vielleicht durch pathologische Veränderungen am Ovidukt verursacht sein und begünstigt möglicherweise die Implantation am falschen Ort.

Inwieweit der Implantationsort determiniert ist, läßt sich zur Zeit nicht allgemein sagen. Bei *Setifer* [1265, 1266] werden Strukturänderungen an der Wand der Gefäße des Endometriums nach Ablauf einer Gravidität nicht völlig zurückgebildet. Damit soll die Blutversorgung des alten Placentarbezirkes für eine neue Implantation ungeeignet sein. Die Implantationsstelle rückt gegenüber der alten, um eine gewisse Strecke vor. Bei *Elephantulus* ergreifen prägravide Veränderungen zwar die ganze Mucosa, doch findet sich ein eng umschriebenes, polypenartig vorspringendes Menstruationsfeld (Menstruationspolyp, Abb. 67), das zugleich Nidationsfeld ist, in einer beschränkten Stelle der Schleimhautoberfläche [655]. Nur im Bereich dieses Schleimhautzapfens kann eine Einbettung erfolgen. Trotz extremer Polyovulation (120 Eier) und trotz Befruchtung und Furchungsbeginn bei der Mehrzahl dieser Eier kann sich in jedem Uterushorn nur je ein Keim implantieren, da nur je ein umschriebenes Implantationsfeld zur Verfügung steht. Bei Simiae und *Homo* bestehen Anzeichen dafür, daß die ganze Uterusschleimhaut zu einem gegebenen Zeitpunkt nicht gleichwertig im Hinblick auf den Implantationsablauf ist. Im Endometrium des Menschen und der Affen findet sich eine lobuläre Schleimhautgliederung. Jedes Schleimhautfeld wird von einer Knäuelarterie versorgt. Diese treten in einem Abstand von 2 bis 3 mm an die Schleimhaut heran. Die einzelnen Arterien sind in ihrer Reaktion wie durch Verpflanzung von Endometrium in die vordere Augenkammer gezeigt wurde, unabhängig voneinander. Die für die prägravide Schleimhautphase charakteristischen Gefäßveränderungen (Permeabilitätsänderung) ergreifen nun nicht die ganze Schleimhaut gleichzeitig, sondern treten in den einzelnen Bezirken schrittweise in einem Zeitraum von 3 bis 4 Tagen nacheinander auf. Offenbar prädestiniert ein frühes Einsetzen der Gefäßreaktion an der dorsalen Uteruswand dieses Gebiet zum präsumptiven Implantationsareal.

Die Implantation erfolgt in der Regel wenige Tage nach der Befruchtung. Die ersten Entwicklungsvorgänge an der Blastocyste bestehen zunächst in einer Wucherung des Trophoblasten, die offenbar durch materne Faktoren (Luteohormoneffekt über die Mucosa) gesteuert werden [1266]. Die spezielle Art der Trophoblastwucherung wechselt in den verschiedenen Gruppen erheblich (vgl. den systematischen Teil, S. 142f.). Der wuchernde Trophoblast besitzt invasive Fähigkeiten. Er kann mittels proteolytischer Fermente das Epithel des Uterus angreifen. Der verschiedenartige Ablauf des Implantationsprozesses hängt nun von einem abgestimmten Wechselspiel zwischen materner Reaktionsbereitschaft und Aktivität des Trophoblasten ab. In der Regel kann man feststellen, daß einer zunehmenden Invasionskraft des Trophoblasten eine Abnahme der Intensität der Implantationsreaktionen parallel geht, so etwa in der Primatenreihe. Untersuchungen über den Gehalt junger Keime an proteolytischen Fermenten haben erhebliche Unterschiede ergeben. So sind junge Keime von *Cavia porcellus L.* sehr reich, Blastocysten der Ratte aber arm an Fermenten [129, 130]. Allerdings ist bei den Versuchen mit Rattenkeimen nicht ausgeschlossen, daß durch die Behandlung der Keime in vitro eine Schädigung gesetzt war. *Mesocricetus auratus* Waterh. scheint, was den Umfang des maternen und fetalen Anteiles am Implantationsgeschehen anbetrifft, eine Mittelstellung zwischen Ratte und Meerschweinchen einzunehmen [1120]. Bringt man in den implantationsbereiten Uterus der Ratte Fremdkörper (Paraffinkugeln, Glas), so reagiert die Schleimhaut mit einer typischen Schwangerschaftsveränderung (Deciduom). Diese Reaktion fehlt beim Meerschweinchen. Bei der Ratte steht also der materne Anteil, bei *Cavia* der trophoblastische Anteil im Implantationsgeschehen mehr im Vordergrund. Die Versuche, Blastocysten in fremdem Milieu zur Implantation zu bringen, sind nicht geeignet, Rückschlüsse auf das normale Geschehen zuzulassen. Bei der Maus ist es gelungen, Keimblasen in der vorderen Augenkammer zur Anheftung und zur Entwicklung zu bringen [480—482]. Dabei läßt sich das Eindringen von Trophoblastzellen in Cornea und Iris feststellen. Dennoch sollte man aus derartigen Beobachtungen noch keine absolute Autonomie des Keimes bei der Einbettung ableiten, denn die physikochemischen Verhältnisse im fremden Milieu sind unbekannt. Ebenso ist die hormonale Situation im Wirtsorganismus nicht berücksichtigt. Bei *Homo* sind proteolytische Fermente im Cytotrophoblasten und in der Uterusmucosa nachgewiesen worden. Die Fermente der prägraviden Uterusmucosa führen nicht zur Selbstverdauung, sondern unterstützen offenbar die Implantationsarbeit des Trophoblasten. In der prägraviden Uterusmucosa von *Homo* ist ferner eine Anreicherung von

Arsen nachgewiesen worden [504]. Da es wachstumfördernden Effekt hat, ist an eine Wirkung auf den Trophoblasten zu denken [1266].

Bei einigen Eutheria erfolgt die Implantation nicht kurz auf die Ovulation. Der Keim entwickelt sich zwar auch in diesen Fällen bis zum Blastocystenstadium, bleibt aber dann längere Zeit inaktiv und liegt frei im Uteruslumen. Die Implantation vollzieht sich nach Wochen oder Monaten. Bei *Capreolus capreolus* L. erfolgt die Begattung gewöhnlich im Juli bis August, die Implantation aber erst im Dezember. Ähnliches ist bei vielen Mustelidae (*Meles*, *Mustela erminea* L.) [1383—1385] beobachtet worden. Beim Hermelin kommen zwei Brunstzeiten vor. Wird das Tier im Spätwinter befruchtet, so dauert die Gravidität zwei Monate. Erfolgt die Begattung im Sommer, so beträgt die Schwangerschaftsdauer 8 bis 9 Monate, wobei 6 bis 7 Monate auf die Entwicklungsruhe fallen. Die Ursache für die verzögerte Implantation (verlängerte Tragzeit) ist im Verhalten des Corpus luteum zu finden. Dieses bleibt inaktiv, wenn der Luteinisierungsfaktor des Hypophysenvorderlappens fehlt. Dementsprechend verhält sich das Endometrium refrektär gegenüber dem Keim. Die Verzögerung der Implantation ist also nicht keimbedingt sondern hängt von der Aufnahmebereitschaft des Endometriums ab. Bei *Mustela vison* SCHREBER [583] scheint die Aktivierung der Hypophyse von der Dauer der Belichtung (ultraviolette Strahlung) abzuhängen. Verlängerte Tragzeit wurde vielfach auch für Ursidae und Phocidae angenommen. Ein exakter Nachweis wurde aber erst kürzlich für *Halichoerus grypus* FABRICIUS erbracht [59b].

**Morphologische Charakterisierung der prägraviden und der präimplantativen Schleimhautphase** [363, 364, 1266, 450, 1425].

A. Prägravide Veränderungen betreffen das ganze Genitale. Sie werden durch das Gelbkörper-Hormon ausgelöst. Prinzipiell laufen sie bei allen Eutheria ähnlich ab. Sie bestehen in einer Verdickung des Endometriums mit ödematöser Durchtränkung des Stroma sowie in verstärktem Wachstum der Drüsen (Sekretionsphase); schließlich schwindet das Ödem und macht der prädezidualen Umwandlung Platz (Centetidae, Chiroptera, Primates, Carnivora). Diese Phase entspricht der „prämenstruellen Schwellung" bei *Homo*. Das Epithel der Tube zeigt in der Luteinphase ebenfalls einen Höhepunkt der Sekretion. Auch an der Vagina äußert sich die Luteinphase im Sinne einer Auflockerung und Quellung von Bindegewebe und Epithel. Die Auflösung der Zona pellucida scheint nur durch eine prägravide Schleimhaut eingeleitet zu werden. Auf die Induktion des Trophoblastwachstums durch das prägravide Endometrium war zuvor hingewiesen worden. Alles in allem dürfen also die prägraviden Veränderungen als materner Beitrag zur Implantation gedeutet werden. Wenn auch die prägraviden Veränderungen die Schleimhaut des ganzen Genitaltraktus erfassen, können doch im Einzelfall bestimmte Einzelareale von einem gewissen Zeitpunkt an als präsumptive Implantationsfelder eine besondere Reaktionsbereitschaft für die Aufnahme eines Keimes zeigen. Sie sind prädisponiert, als lokalisierte Bezirke des Endometriums, auf die Anwesenheit eines Keimes mit präimplantativen Veränderungen zu reagieren (Menstruationsfelder = Nidationsfelder, *Homo* Läppchengliederung des Endometriums auf Grund des Gefäßverhaltens S. 116, Menstruationspolyp bei Macroscelididae, Implantationsfelder bei Centetidae usw.).

B. Als präimplantative Veränderungen sind die lokalen Reaktionen des Endometriums, die durch den Keim ausgelöst werden, zu bezeichnen. Nur eine Schleimhaut in der Luteinphase kann auf die Anwesenheit eines Keimes derart reagieren. Der Keim spielt die Rolle als Auslöser; die Art der Veränderungen ist eine artspezifische Leistung des Endometriums. Hierher gehören Mulden- und Grubenbildungen am Uterusepithel im Keimbereich (*Hemicentetes*, *Setifer* [450]), Taschenbildung bei *Myotis* [1425], Zelldegeneration am Epithel (*Elephantulus*).

Im Stroma des Endometriums kann eine subepitheliale Verdichtungszone auftreten. Bei *Myotis* hebt sich ein faseriges Dreieck im Keimbereich deutlich vom übrigen Endometrium ab (Abb. 96). Zelluläre Differenzierungen in der Gefäßwand des Keimbezirkes kommen bei vielen Formen vor, besonders ausgeprägt bei Macroscelididae. Die deciduale Umwandlung der Stromazellen ist im Keimbereich besonders ausgeprägt. Die Placentarkissen bei *Tupaia* [651] sind offenbar ebenfalls zu den präimplantativen Veränderungen zu rechnen, ebenso die »falschen Placentarkissen« an der sekundären Placentarstelle bei *Setifer* und *Hemicentetes*. Bei *Homo* und *Macaca* [594, 577, 578] fehlen zur Zeit der Anheftung morphologisch faßbare Veränderungen, die als keimbedingt erscheinen müssen. Sie treten offenbar erst dann in Erscheinung, wenn der Keim das Epithel durchbrochen hat.

**Deciduale Umformung des Stromas, Deciduazellen, histochemische Veränderungen am Endometrium während der Implantation.** Die Uterusmucosa läßt vielfach während der prägraviden Phase eine deutliche Schichtung erkennen. Die basalen Partien verändern sich relativ wenig. Sie enthalten die basalen Drüsenabschnitte und bilden als »Basalis« bei deciduaten Eutheria die Regenerationsschicht für den Wiederaufbau des Endometriums nach der Abstoßung. Die oberflächliche Schichte des Endometriums werden als »Functionalis« der »Basalis« gegenübergestellt. Sie kann wieder in eine subepitheliale »Compacta« und eine tiefer gelegene »Spongiosa« unterteilt werden. Die Spongiosa entspricht der Lage der mittleren Drüsenabschnitte, die durch Schwellung und Sekretstauung das aufgelockerte Bild der Schleimhaut bedingen. Die prägraviden Veränderungen ergreifen nun bei verschiedenen Säugern in wechselndem Ausmaß auch die Bindegewebszellen des Stromas. Diese Zellen quellen auf, zeigen Cytoplasma-Basophilie und nehmen polygonale, epitheloide Gestalt an. Im Cytoplasma speichern sie Lipoide und vor allem Glykogen. Diese Veränderungen steigern sich noch erheblich, wenn es zur Implantation kommt. Die geschwollenen Stromazellen bieten ein recht charakteristisches Bild; sie werden als Deciduazellen bezeichnet. Deciduazellen sind bei Insectivora, Rodentia (Abb. 65), Primates einschließlich *Homo* vorhanden und in mannigfacher Weise differenziert. Sie fehlen bei den meisten Huftieren. Die Zellen der experimentell erzeugten Deciduome (S. 116) gleichen in allen Merkmalen den Schwangerschafts-Deciduazellen. Für Einzelheiten sei auf den systematischen Teil (S. 142 f.) verwiesen. Vielkernige Deciduazellen (*Macroscelides*, *Oryctolagus*) gehen stets aus kleinen einkernigen Deciduazellen hervor. Die Funktion der Deciduazellen ist keineswegs geklärt. Man hat sie als Schutzwall gegen das Vordringen des Trophoblasten gedeutet, eine Vorstellung, die den Implantationsvorgang zu einseitig als aktive Trophoblastleistung betrachtet. Da die Deciduazellen vielen Eutheria fehlen, und da keine Korrelation zwischen Implantationstiefe und Menge der Deciduazellen feststellbar ist, kann die Deutung der Deciduazellen als Abwehrzellen nicht mehr aufrechterhalten werden. Hingegen ist die Vorstellung, daß die Deciduazellen nutritive Aufgaben haben [901, 1120, 1196], gut begründet. Sie speichern Reservematerial und können offenbar leicht zerfallen, so daß die Nährstoffe von der Keimblase nutzbar gemacht werden können. Angaben über spezifische endokrine Leistungen der Deciduazellen haben sich bisher nicht bestätigen lassen. Eine vergleichend histochemische Analyse des Endometriums und des Implantationsvorganges ist noch nicht möglich, da sich die Angaben nur auf relativ wenig Formen beziehen. Alden [6, 7, 8] hat an der Ratte das Verhalten osmophiler Lipoide untersucht. Fettsubstanzen treten in den Uterusepithelzellen zunächst basal im Cytoplasma auf und vermehren sich während des Östrus. Die Zellen nehmen dann prismatische Form an, die Lipoide verteilen sich im ganzen Cytoplasma. Im Diöstrus flacht sich das Epithel ab, das Fett schwindet. In der Gravidität kommt es zu dem Zeitpunkt, zu dem die Blastocysten das untere Tubenende erreichen, zu einer massiven basalen Fettansammlung in den Epithelzellen. Zur Zeit der Implantation (4. Tag) verteilt sich das Fett im Cytoplasma. Am 5. Tag gruppiert sich das Fett in Kernnähe, das Epithel flacht sich ab. Am 6. Tag beginnt die Epithelarrosion, das Fett geht nun in den Trophoblasten über. Die Fettmobilisation ist durch Progesteron beeinflußbar. Gibt man ovarektomierten Ratten Östrogene, so schwindet das Fett. Progesteron führt zur Fettspeicherung. Kombination von Östrogen und Progesteron läßt das Epithelbild der frühen Gravidität mit basaler Fettansammlung hervortreten. Auch im Uterusepithel nichtgravider Ratten ist Fett nachweisbar. Basophilie (Ribonucleoproteine) deutet auf Proteinsynthese und findet sich dementsprechend zur Zeit gesteigerter Wachstums- und Funktionsaktivität. So kommen bei Muridae und *Cavia* starke Basophilie der Oberflächen- und Drüsenepithelien in den Frühphasen der Gravidität vor. Bei *Myotis* [1425, 1427, 1428] beobachtet man Basophilie kurz vor und nach der Implantation in Drüsenepithelien. Die basalen Stromazellen sind im ersten Drittel der Gravidität basophil, die parietalen Stromazellen aber im letzten Drittel. Beim Goldhamster [1120] beginnt die deciduale Reaktion, nachdem der Keim das Epithel durchbrochen hat. Sie greift bald auf das ganze Endometrium über, wobei es zu einer starken Zunahme der Ribonucleinsäure in den Deciduazellen kommt. Auch Schenk [1120] deutet die Ribonucleinsäuresynthese in den Deciduazellen im Sinne einer Bereitstellung von Aufbaustoffen für den Keim. Der Gehalt der Uterusepithelzellen an alkalischer Phosphatase bei der Ratte zeigt ebenfalls Schwankungen nach der Funktionsphase. Auch diese Veränderungen sind hormonal gesteuert (Phosphatasegehalt sinkt nach Ovarektomie oder Progesteronzufuhr). In der Gravidität findet sich bis zum 4. Tag reichlich Phosphatase, dann folgt ein Abfall der ab 12. Tag durch einen neuen Anstieg abgelöst wird.

Während also die Cytoplasmaphosphatase durch östrogene Stoffe beeinflußt und vermutlich auch normalerweise gesteuert wird, ist der Phosphatasegehalt der Zellkerne hiervon unabhängig und steht mit dem Funktionsablauf im Kern (Mitose, Differenzierung) im Zusammenhang. Auf die Anhäufung von Glykogen in der Decidua war zuvor hingewiesen worden. Auch im Glykogengehalt bestehen erhebliche Unterschiede zwischen den einzelnen Gruppen. Da Glykogen sich allgemein an Orten schlechter Vaskularisation und geringer Oxydation findet, besteht vielleicht ein reziprokes Verhältnis zwischen Gefäßreichtum und Bildung von glykogenhaltigen Deciduazellen. Bei Carnivora kommt Glykogen im Endometrium vor, verschwindet aber am Nidationsort sehr schnell. Bei *Myotis* und verschiedenen Rodentia ist Glykogen reichlich vorhanden. Bei Soricidae finden sich Spuren von Glykogen in Drüsenepithelzellen, nie in Oberflächenepithelien. Bei *Homo* (8. bis 16. Woche) ist Glykogen ebenfalls in Drüsenepithelien und in Deciduazellen nachweisbar. Calcium ist in Uterusdrüsen und Oberflächenepithel bei *Sus, Felis, Rattus* (nicht bei *Cavia* und *Homo*) nachgewiesen.

**Placentartypen.** Die außerordentliche Mannigfaltigkeit der fetomaternellen Austauschorgane erschwert eine klare, allgemeingültige Definition des Begriffes Placenta. Mossman [901] bezeichnet als Placenta ein Organ, das durch Anlagerung oder Verschmelzung der fetalen Eihüllen mit der Uterusmucosa zum Zwecke physiologischer Austauschprozesse zustande kommt. In früheren Stadien der Ontogenese kann sich bereits die unilaminäre Blastocyste, deren Wand noch rein trophoblastisch ist, anheften und einen Stoffaustausch ermöglichen (*Cavia, Homo*) (Abb. 68a). Wird die Keimblase durch Entodermumwachsung zweischichtig, so kann diese bilaminäre Blastocystenwand Austauschprozesse ermöglichen. Wir sprechen von einer nicht vaskularisierten Dottersackplacenta, wenn die Omphalopleura (= Trophoblast + Dottersackentoderm) Verbindung mit dem Endometrium aufnimmt (Abb. 68b).

Unilaminäre Placenta: Trophoblast legt sich dem Endometrium an. Frühstadien *Homo* (Abb. 68a)
(Omphalopleura = bilaminäre Blastocystenwand = Trophoblast + Dottersackentoderm)
Bilaminäre Dottersackplacenta: Omphalopleura nimmt Verbindung zum Endometrium auf. Chiroptera, Sciuridae, Muridae, Dasypodidae (Abb. 68b).

Wird die Keimblase vom Mesoderm umwachsen, dringt also die Area vasculosa des Mesoderms zwischen Trophoblast und Entoderm ein, so bildet sich eine trilaminäre Keimblasenwand (Abb. 68c, d). Trophoblast mit einem inneren Mesenchymbelag wird als Chorion bezeichnet.

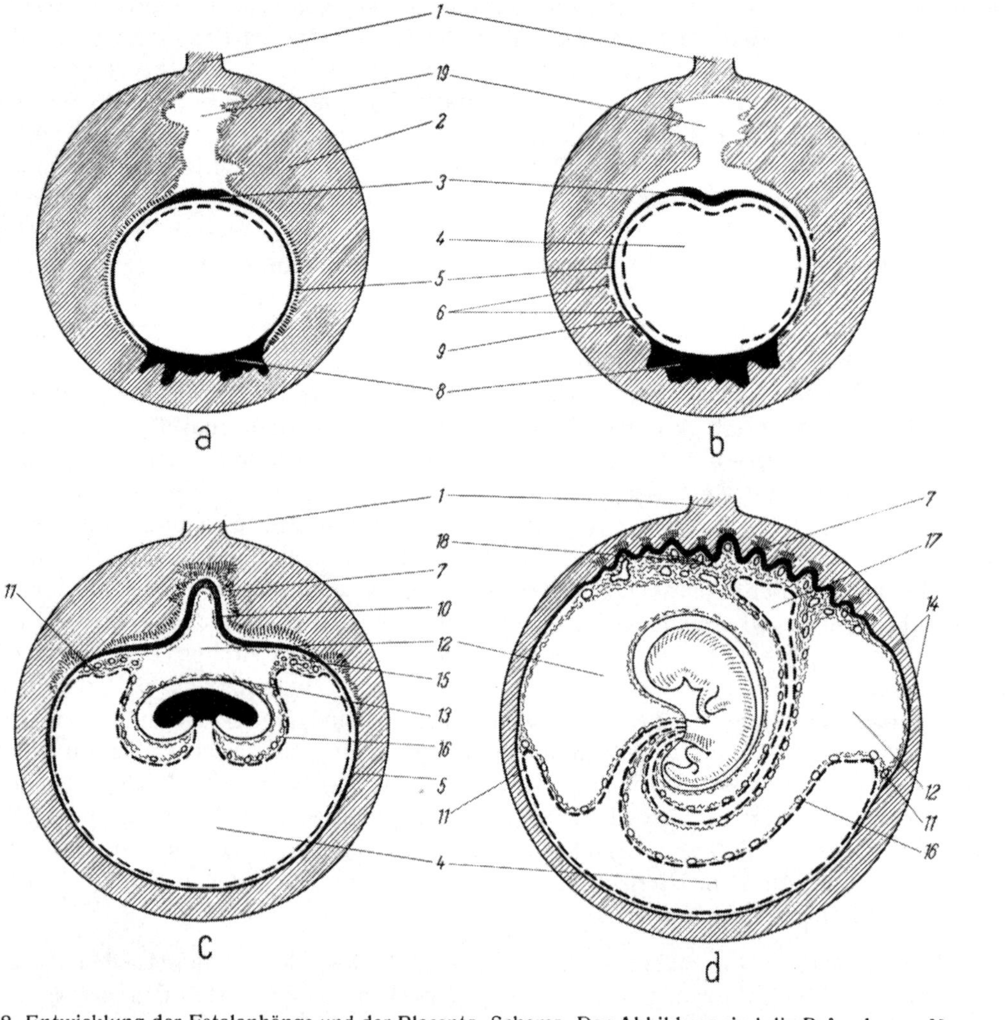


Abb. 68. Entwicklung der Fetalanhänge und der Placenta, Schema. Der Abbildung sind die Befunde von MOSSMAN an *Citellus* zu Grunde gelegt. a) Anheftung der Keimblase, unilaminäre Placentation. b) Bilaminäre Dottersackplacenta. c) Bilaminäre Dottersackplacenta und Choriovitellinplacenta. d) Chorionplacenta und Allantochorionplacenta, Beginn der Dottersackinversion

*1* Mesometrium
*2* Uteruswand
*3* Embryonalanlage
*4* Dottersack
*5* Trophoblast
*6* Degenerierendes Uterusepithel
*7* Materne, glanduläre Symplasmen
*8* Trophoblastanheftung (Anheftungskonus bei Citellus)
*9* Bilaminäre Omphalopleura
*10* Chorion
*11* Sinus terminalis
*12* Exocoel
*13* Amnion
*14* Chorionplacenta
*15* Choriovitellinplacenta
*16* Vaskularisierte Splanchnopleura
*17* Allantoisblase
*18* Allantochorionplacenta
*19* Uteruslumen

Wir können nun von einer Choriovitellin-Placenta (Dottersackplacenta im engeren Sinne) sprechen. Sie findet sich bei Insectivora und vielen Rodentia. Die Vaskularisation erfolgt über den Dottersackkreislauf.

Die Umwachsung der Keimblase durch Mesoderm erreicht nicht bei allen Formen den abembryonalen Pol. Die Keimblase bleibt in einem mehr oder weniger ausgedehnten Bezirk bilaminär (*Sorex*, *Talpa*, *Tupaia*, Phyllostomatidae, Vespertilionidae, Sciuridae).

In der Regel dringt das Exocoel in die Mesodermschicht der trilaminären Keimblasenwand ein und trennt das Chorion vom Dottersack (vaskularisierte Splanchnopleura + Entoderm). Im allgemeinen zieht sich dann der Dottersack vom Chorion vollständig zurück und schrumpft (Umbildung bei Megachiroptera, S. 162). Das nicht vaskularisierte Chorion dient möglicherweise vorübergehend als Austauschorgan (Chorionplacenta, Abb. 68d). Gewöhnlich schiebt sich sehr rasch die Allantois ins Exocoel vor und drängt den Dottersack vom Chorion ab (Carnivora, Ungulata). Die Vaskularisation des Chorions erfolgt nunmehr über den Allantoiskreislauf. Vorzeitige Ausbildung des Allantoiskreislaufes ohne Allantoisblase kommt bei Primates vor (S. 177). *Orycteropus* (S. 215) besitzt eine invasive Dottersackplacenta von endotheliochorialem Typ.

Bei jenen Formen, bei denen die Umwachsung durch Mesoderm unvollständig bleibt, kann naturgemäß das Exocoel nur bis zum Umwachsungsrand des Mesoderms vordringen. Der vaskularisierte Teil des Dottersackes wird durch das sich entfaltende Exocoel gegen den nicht vaskularisierten Abschnitt vorgedrängt, ein Zustand, der bereits zur Keimblattumkehr hinüberleitet.

Histochemische Untersuchungen [308, 310—314, 1461—1465] haben Anhaltspunkte dafür erbracht, daß verschiedene Placentareinrichtungen auch physiologisch ungleichwertig sind. So ist der Dottersack bei Nagern offenbar ein Spezialorgan für die Aufnahme von Fe. In Frühstadien tritt Fe in Oberflächenepithel und Drüsen des Uterus auf. Es erscheint im Labyrinth nur in Spuren, findet sich aber reichlich in der Flüssigkeit im Cavum uteri. Die Fe-Reaktion wird dann in den Dottersackepithelien positiv (in der supranuclearen Zone des visceralen Dottersackblattes). Bei Soricidae [1436] wird Fe aus abgebautem Endometrium und Extravasaten vom Chorion (Trophoblastring) resorbiert. In Drüsenepithelien und Lumen findet sich eine nur schwach positive Fe-Reaktion. Hingegen läßt sich auch in der Reichertschen Membran und im visceralen Dottersackblatt Fe nachweisen. Bei *Myotis* [1426—1428] erfolgt die Fe-Aufnahme über das Labyrinth. Im visceralen Dottersackblatt kommt bei Ratte und Maus reichlich Glykogen vor (nie im parietalen Blatt). Bei *Mus* erscheint das Glykogen ab 10. Tag. Dieser Befund weist auf die anaeroben Bedingungen in der Dottersackplacenta hin. Bei *Myotis* findet sich reichlich Glykogen bis zur Geburt in den prismatischen Mesothelzellen an der Exocoelfläche des Dottersackes. Alkalische Phosphatase kommt in der Dottersackwand bei *Mus* und *Rattus* spärlich, reichlich aber bei *Cavia* vor. Hard [534a] schließt daraus, daß der Dottersack des Meerschweinchens an der Resorption von Fetten und Zuckern beteiligt sei.

Um die Frage zu klären, ob die invertierte Dottersackplacenta der Nager ein funktionsloses Rudiment ist, ob sie ein Hilfsorgan der Allantoisplacenta mit gleicher Funktion oder ob sie ein Spezialorgan mit eigenen Resorptionsaufgaben ist, haben Noer und Mossman [940] bei Ratten 6 Tage vor dem Geburtstermin ohne Eröffnung des Uterus die Dottersackgefäße umstochen. Kontrollen wurden mit Unterbindung der Umbilikalgefäße durchgeführt, die innerhalb von 1 bis 3 Stunden das Absterben des Fetus bewirkte. Die Überlebenszeit ist nur auf die Reserven des Fetus zurückführbar, eine Übernahme der Aufgaben durch die Dottersackplacenta kommt nicht vor. Unterbindung der Dottersackgefäße führt zunächst zu keinen Veränderungen, doch kommt es dann zu einer Nekrose des Dottersackes und sekundär im Verlauf von etwa vier Tagen durch den toten Dottersackkörper zur Kompression und zum Absterben der Feten. Die Versuche berechtigen also zu der Schlußfolgerung, daß die Dottersackplacenta nicht die Funktion der Allantoisplacenta ersetzen kann, daß sie aber auch nicht ein funktionsloses Reliktorgan ist, sondern daß ihr eine Spezialaufgabe (Fe- und vielleicht Vitamin-Resorption) zukommt. Von Interesse ist, daß die Allantoisplacenta nach der Ligatur der Umbilikalgefäße längere Zeit überleben kann und jedenfalls stets später abstirbt als der Fet.

**Chorion- und Allantochorion-Placenta.** Als Chorion-Placenta [901] bezeichnet man eine Anlagerung des echten Chorions an das Endometrium. Chorion besteht aus Trophoblast und Somatopleura, ist also primär nicht vaskularisiert (Abb. 68d). Daher bleibt es fraglich, ob eine derartige Bildung resorbieren kann. Über die Funktion ist nichts bekannt. Eine echte Chorion-Placenta kommt vorübergehend bei Insectivora, Rodentia und anderen Formen vor. Häufig wird eine derartige Chorion-Placenta später in die allantoid vaskularisierte Placenta einbezogen. Die »Chorion-Placenta« bei Frühstadien der Affen und des Menschen ist in Wahrheit bereits eine Allantochorion-Placenta, denn sie ist von vorneherein allantoid vaskularisiert (Abb. 68d). Der Haftstiel mit seinen Gefäßen ist das Homologon der mesenchymalen Allantois.

Bei allen Eutheria kommt es zur Bildung einer echten Allantochorion-Placenta. Bei den Formen mit großer bläschenförmiger Allantois wächst dieses Organ nach Schluß der Amnionfalten aus, schiebt sich durch das Exocoel bis ans Chorion vor und vereinigt sich mit diesem. Die Verhältnisse sind also prinzipiell denen bei Sauropsiden gleich. Progressiv ist die weitere Entfaltung dieses Fusionsbezirkes zu einer echten Placenta und ihre Kontaktaufnahme mit dem Endometrium. Bei vielen Formen bleibt die entodermale Allantois klein und erreicht nicht den Extraembryonalbezirk. Schließlich kann eine bläschenförmige Allantois völlig fehlen (Simiae, *Homo*) [1200]. Die mesenchymale Allantoisanlage ist dann aber als Haftstiel sogar sehr früh ausgebildet und vaskularisiert das Chorion.

| | |
|---|---|
| Große bläschenförmige Allantois | Perissodactyla, Artiodactyla, Pholidota, Cetacea, Proboscidea, Hyracoidea, Sirenia, *Tupaia*, Prosimiae, viele Insectivora, Dermoptera |
| Kleine, rudimentäre Allantois | Chiroptera, viele Rodentia, Xenarthra, *Tarsius* |
| Allantoisblase fehlt | Simiae, *Homo* |

Grundsätzlich erfolgt also der Stoffaustausch stets über Membranflächen, an deren Aufbau das allantoid vaskularisierte Chorion teilnimmt. An der Bildung der Grenzschicht sind materne Gewebsanteile in sehr wechselndem Ausmaß beteiligt. Immer aber bleiben die beiden Kreisläufe getrennt, eine Gefäßkommunikation zwischen maternem und kindlichem Organismus kommt nie vor. Die Grenzschicht hat elektive Fähigkeiten. Neben der Aufnahme von Nährstoffen aus dem mütterlichen Blut und dem Austausch der Atemgase übernimmt die Placenta die Ausscheidung der fetalen Stoffwechselschlacken. Ein Übertritt korpuskulärer Elemente (Blutzellen, Bakterien) von der Mutter auf das Kind auf direktem Wege kommt nicht vor. Mikroorganismen können von der Mutter nur durch den Umweg über eine Placentarinfektion auf das Kind übergehen (Über die Physiologie des Transportes durch die Placenta S. 136). Die Placenta ist ein überaus komplexes Stoffwechselorgan; denn sie hat während der Fetalzeit die Leistungen vieler Organe des geborenen Organismus gleichzeitig zu übernehmen. Sie vertritt als Resorptions- und Atmungsorgan zugleich Darm und Lunge, ersetzt als Exkretionsorgan die Leistung der Niere, hat dabei wichtige Funktionen des intermediären Stoffwechsels zu erfüllen und ist Hormonbildungsstätte. Schließlich sei nochmals auf die Schutzfunktion für den Feten hingewiesen. Der Fet besitzt in seiner Leber ein weiteres Schutzorgan gegen Überladung seines Blutes mit maternen Stoffen. Die relative Größe der Leber beim Feten wird damit teilweise verständlich [493, 490, 491].

Der Kontakt zwischen fetalen und maternen Anteilen in der Placenta kann außerordentlich verschieden intensiv sein. Im einfachsten Falle legt sich die Oberfläche des Allantochorions dem Endometrium an, die Uterusmucosa wird nicht verletzt. Bei der Geburt löst sich der Chorionsack ohne Schwierigkeiten und das Uterusepithel bleibt intakt. Erfolgt eine engere Gewebsverbindung zwischen Endometrium und Chorion, so können materne Gewebsschichten zerstört werden. Beim Geburtsakt kommt es zur Bildung einer mehr oder weniger großen Wundfläche und zur Ausstoßung von Anteilen des Endometriums. Der zugrunde gehende Teil des Endometriums wird als Decidua bezeichnet. Nach der Intensität der fetomaternellen Verbindung unterscheidet man unter den Eutheria Formen, deren Endometrium bei der Geburt intakt bleibt, als Adeciduata von den Deciduata, deren Mucosa teilweise verloren geht. Allerdings sind die Verhältnisse zur Zeit der Geburt kein Maßstab für die in der frühen Gravidität auftretenden Abbauvorgänge; denn auch bei Formen, die zeitweise intensive Abbauvorgänge am maternen Gewebe aufweisen, können bei der Geburt recht geringen maternen Gewebsverlust aufweisen, da die Reparationsvorgänge bereits vor der Lösung der Placenta in Gang kommen können. In seltenen Fällen wird die Placenta nicht mit der Nachgeburt ausgestoßen, sondern in utero resorbiert (*Talpa*, kontradeciduater Typ). Aus dem Gesagten ergibt sich, daß die alte Einteilung der Placentarformen in Semiplacentae (Halbplacenten [1247a]) — bei denen es unter der Geburt nicht zur Eröffnung materner Gefäße kommt — und in Placentae verae (Vollplacenten), bei denen sub partu mütterliche Gefäße eröffnet werden, wenig Bedeutung hat.

Zur Ordnung der Formenmannigfaltigkeit hat sich die Einteilung nach der Natur der trennenden Schichten zwischen fetalem und maternem Kreislauf als wertvoller erwiesen, auch wenn wir heute wissen, daß diese von Grosser [483] eingeführte Terminologie nicht zur Deutung aller Phänomene ausreicht. Von ganz wenigen Ausnahmen abgesehen, bleibt das Chorionepithel als äußere fetale Grenzschicht stets erhalten. Besteht die Oberfläche des Endometriums ebenfalls intakt weiter, so finden wir zwischen beiden Kreisläufen folgende Schichtenfolge:

Maternes Blut

| | |
|---|---|
| 1. Maternes Endothel<br>2. Maternes Bindegewebe<br>3. Maternes Uterusepithel | } Endometrium |
| 4. Chorionepithel<br>5. Chorionmesenchym<br>6. Fetales Gefäßendothel | } Chorion |

Fetales Blut

Eine derartige Placenta wird als epitheliochorial bezeichnet. Durch schrittweisen Abbau mütterlicher Gewebsschichten sind weitere Placentartypen charakterisiert. Kommt es nur zur Zerstörung von mütterlichem Epithel, so grenzt das Chorion an maternes Bindegewebe, die Placenta ist syndesmochorial. Dringt das Chorion bis an die Außenseite des maternen Endothels vor, so ist die Placenta endotheliochorial. Schließlich kann auch das Endothel zerstört werden, das Chorion wird direkt vom strömenden Blut der Mutter umspült, Placenta haemochorialis. Bei Reptilien und bei *Perameles* kommt ein endothelio-endothelialer Placentationstyp vor (S. 242). Im großen und ganzen verteilen sich diese Placentartypen auf die einzelnen Gruppen der Eutheria in folgender Weise (Tab. XVI, S. 240):

1. Epitheliochorial: *Scalopus* (Insectivora), Lemuroidea, Pholidota, Cetacea, viele Ungulata (*Equus*, *Hippopotamus*, Suidae, Bovidae).
2. Syndesmochorial: viele Ruminantia, *Bradypus*.
3. Endotheliochorial: Carnivora, Chiroptera, Soricidae, *Tupaia?*.
4. Haemochorial: *Procavia*, Proboscidea, Sirenia, *Dasypus*, *Orycteropus?*, viele Insectivora, *Galeopithecus*, Lagomorpha, Rodentia, einige Chiroptera?, *Tarsius*, Simiae, *Homo*, *Tupaia?*.

Es sei aber bereits hier bemerkt, daß bei sehr vielen Formen verschieden gebaute Teilbezirke in einer Placenta nebeneinander vorkommen können. So besitzt beispielsweise *Pota-*

*mogale* neben einer kleinen hämochorialen Labyrinthplacenta eine ausgedehnte epitheliochoriale Placenta. *Miniopterus* hat neben einer hämochorialen (?) Hauptplacenta zwei kleine endotheliochoriale Randbezirke. Derartige Differenzierungen in Haupt- und Nebenplacenten (Paraplacentareinrichtungen) verschiedener Feinstruktur finden sich entgegen der älteren Lehrmeinung recht häufig bei Eutheria und dürfen sowohl bei der funktionellen Wertung wie bei der evolutiven Beurteilung des Organs nicht übersehen werden.

**Elektronenmikroskopische Untersuchungen der Struktur der feto-maternellen Grenzschicht.** Die Entwicklung der elektronenoptischen Untersuchungstechnik hat auch für die Placentarforschung eine neue Ära eingeleitet und die Möglichkeit eröffnet, alte Streitfragen einer Klärung zuzuführen und neue Probleme exakt zu erforschen. Verständlicherweise wurde dabei zunächst der funktionell entscheidenden fetomaternellen Grenzstruktur besondere Aufmerksamkeit gewidmet. Die wichtigsten, bisher vorliegenden Untersuchungen befassen sich mit folgenden Formen:

Chiroptera: *Myotus lucifugus* Le Conte Wimsatt 1958 [1433]
Primates: *Homo* Boyd-Hughes 1954, Wislocki-Dempsey 1955 [1467, 170]
Lagomorpha: *Oryctolagus cuniculus* L. Wislocki-Dempsey 1955 [1466]
Rodentia: *Rattus* Wislocki-Dempsey [1466]
Carnivora: *Felis catus* L. Dempsey-Wisloyki 1956 [314]
Artiodactyla: *Sus scrofa dom.* L. Dempsey-Wislocki-Amoroso 1955 [315]
*Bos taurus dom.* L. Björkman-Bloom 1957 [126, 128]

Folgende Befunde von allgemeinem Interesse sollen hier erwähnt werden (für Einzelheiten vgl. den systematischen Teil, S. 142).

Die elektronenmikroskopische Untersuchung der epitheliochorialen Placenta (*Sus*, Abb. 69) ergab, daß materne und fetale Oberfläche aufs engste verzahnt sind. Im Bereich der Leisten und Falten (S. 223) besteht zwischen beiden Epithelien kein Spaltraum. Drüsensekret kann sich also nur im Bereich der Areolae ansammeln. Das Chorionepithel besitzt eine deutliche Basalmembran. Die fetalen Kapillaren bleiben stets außerhalb dieser, auch dann, wenn sie sich gegen das Chorionepithel vorwölben. Die Oberfläche der maternen Zellen hat feine Mikrovilli, die gegen das Lumen vorragen (Drüsen und deren Halsstücke). Die Chorionepithelzellen zeigen im Bereich der Areolae pseudopodienartige Fortsätze, die ins Lumen der Areola hineinragen. Neben den Vorstülpungen (Evaginationen) der Oberfläche finden sich Poren und intraplasmatische Kanäle (Invaginationen). Dort, wo fetale und materne Oberfläche aneinander anliegen, sind die Evaginationen der fetalen Zellen und die Mikrovilli der maternen Zellen in sehr komplexer Weise (Interdigitationes) verzahnt (Abb. 69). Gelegentlich können feine Invaginationen fetaler Plasmamembranen die fetale Zelle über längere Distanz hin durchsetzen.

Das Vorkommen von Mikrovilli an resorbierenden Oberflächen, insbesondere in der Dottersackplacenta und in der allantoiden Placenta wurde als Indikator für die fetomaternelle Grenze bei *Bos taurus* L. (Abb. 157) benutzt und führte zu der Feststellung, daß diese sowohl im Placentom wie im intercotyledonären Gebiet epitheliochorial ist. Von besonderer Wichtigkeit sind elektronenmikroskopische Befunde an Kaninchen und Ratte geworden, da das komplizierte Labyrinth der lichtmikroskopischen Methodik bisher unüberschreitbare Grenzen gesetzt hatte. Nach der älteren Anschauung besitzen die Lagomorpha und Rodentia hämochoriale Labyrinthplacenten. Nach Mossman [901] hingegen soll bei *Oryctolagus*, *Rattus*, *Mus*, *Cavia*, *Geomys* und *Dipodomys* der Syncytiotrophoblast in späteren Phasen völlig verschwinden und die Placentarschranke nur aus fetalem Endothel bestehen. Sinngemäß wäre dieser Placentartyp als hämoendothelial zu bezeichnen. Obgleich diese Auffassung noch problematisch ist und aus grundsätzlichen Erwägungen — der zunächst invasive Trophoblast müßte nun vom maternen Blut vernichtet

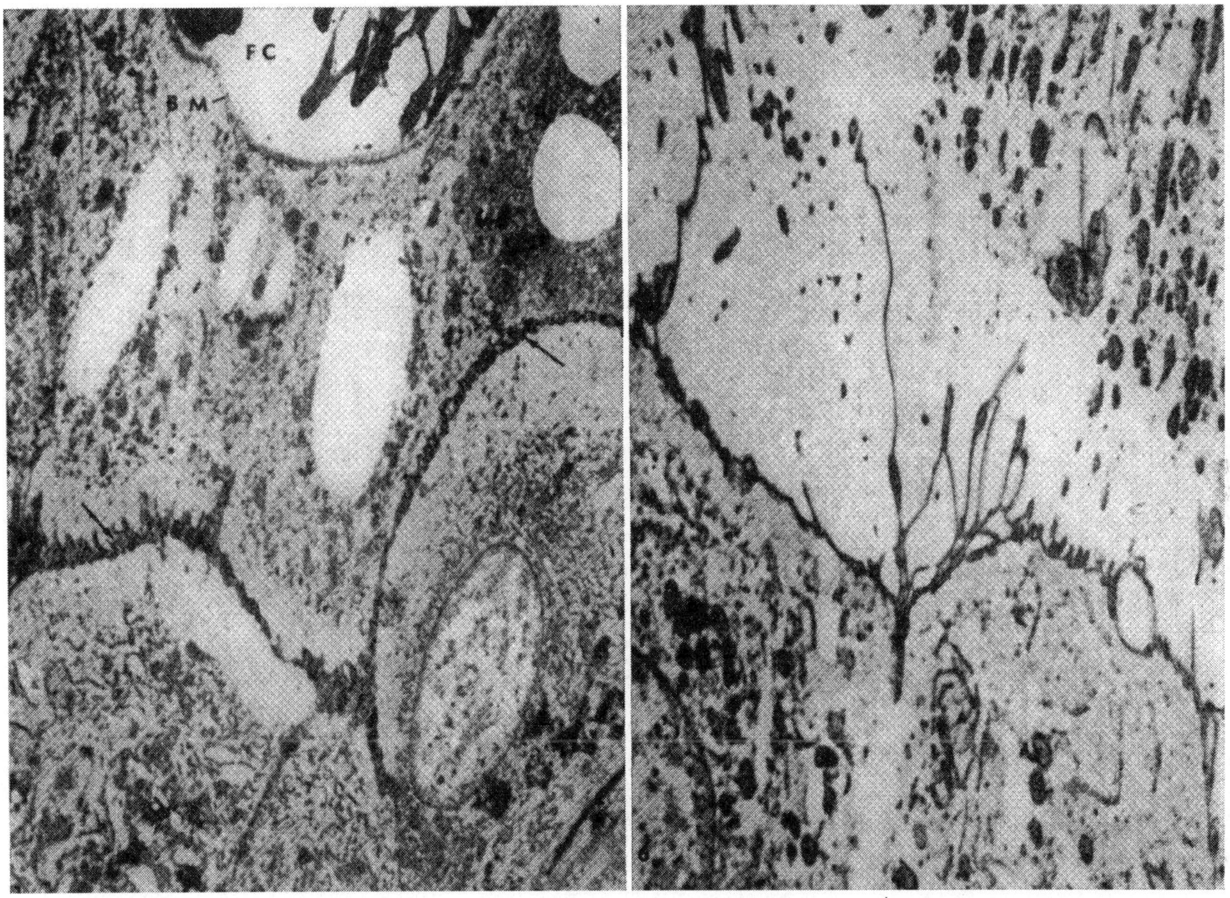


a) b)

Abb. 69. *Sus scrofa* L. Placenta, elektronenoptisch. a) Embryo 95 mm, Chorionleiste. *Basal*: Materne Epithelzellen. *Oben*: Chorionepithel. Die feto-materne Grenze verläuft unregelmäßig (*Pfeil*). *Fc*: Intraepitheliale Kapillare mit Basalmembran (*BM*). Große, unscharf begrenzte Vakuolen in den Chorionepithelzellen. *Rechte untere Ecke*: Stückchen der Basalmembran der Uterusepithelzellen sichtbar. (Orig. 5000:1). b) Embryo 35 mm. Anlagerung der hohen Epithelzellen der Choriongruben an die Uterusepithelzellen (*unten*). Invaginationen der Oberflächenmembran im distalen Teil der fetalen Zellen (Orig. 10000:1). (Aus Dempsey, Wislocki, Amoroso, Americ. J. Anat. 96, 1955, pl. 1 u. 4)

werden —, angezweifelt wurde [618], ist sie in einige zusammenfassende Darstellungen als gesicherte Tatsache aufgenommen worden [15]. Die elektronenmikroskopische Untersuchung von Ratte und Kaninchen (Abb. 70, 71) ergab nun, zunächst natürlich nur für diese Arten und Stadien, daß beide Arten doch hämochoriale Placenten besitzen [1466]. Eine komplette Trophoblastlage bleibt während der ganzen Gravidität erhalten. Diese Schicht besteht aber überraschenderweise nicht aus einem Syncytium sondern aus individuellen Zellen*). Das Cytoplasma von zwei oder drei Trophoblastzellen überlappt sich. Die innerste Cytotrophoblastzelle liegt stets der Basalmembran auf. Die fetale Kapillare besitzt eine eigene Basalmembran. Durch die Überlagerung der Cytotrophoblastzellen entstehen mehrere cytoplasmatische Membranen. Die Zellen selbst hängen untereinander durch verzahnte Fortsätze zusammen (Abb. 70, 71). Im Cytoplasma finden sich Mitochondrien, Lipoidvakuolen und ergastoplasmatische Strukturen. Die Fortsätze der oberflächlichen Cytotrophoblastzellen ragen in die maternen Blutlakunen

*) Nach Schiebler (Verh. Anat. Ges. 1959) besitzt *Rattus* doch Syncytium.

a)

b)

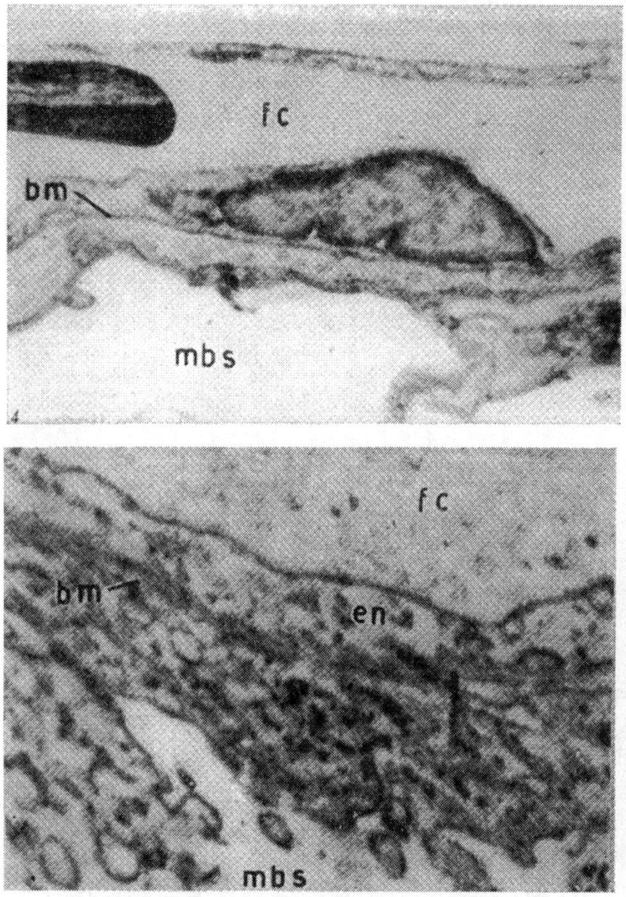


Abb. 70 a) und b).

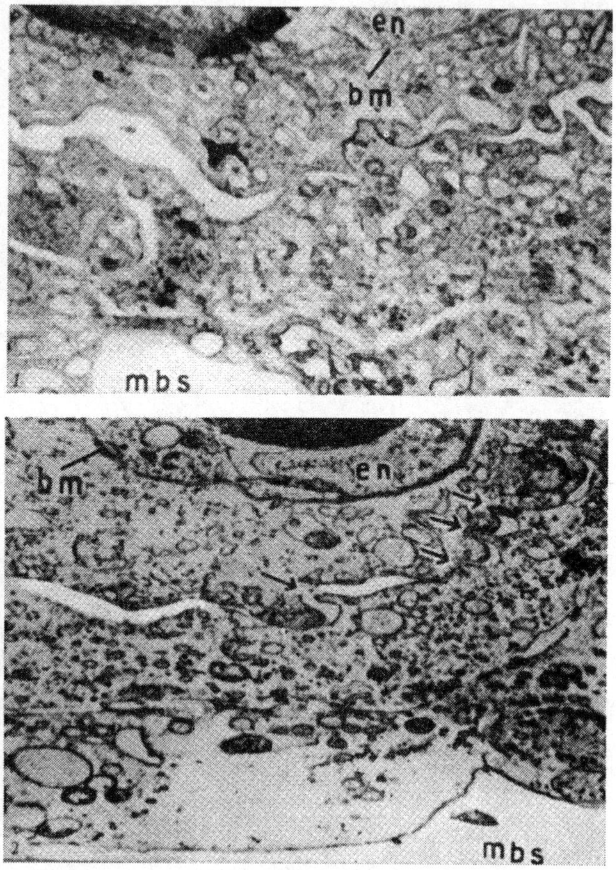


a)

b)

Abb. 71 a) und b).

Abb. 70. *Oryctolagus cuniculus* L. Placenta, elektronenoptisch (28. Tag der Gravidität). a) Aus dem Placentarlabyrinth; materner Blutraum (*mbs*) durch zwei dünne Trophoblastlagen von der Basalmembran (*bm*) und dem Endothel der fetalen Kapillare (*fc*) getrennt. (Orig. 9000:1). b) Stärkere Vergrößerung der feto-maternen Grenzmembran im Labyrinth. *fc*: Fetale Kapillare, *en*: fetales Endothel, *bm*: Basalmembran, darunter Cytoplasma des Trophoblasten. *mbs*: materner Blutraum (Orig. 30000:1). (Aus Wislocki und Dempsey, Anat. Rec. 123, 1955 fig. 14, 15)

Abb. 71. *Rattus norvegicus*, Berkenhout Placenta, elektronenoptisch. a) Aus dem Labyrinth der Allantochorionplacenta (17. Tag der Gravidität). *Oben*: Fetale Kapillare. Die trophoblastischen Cytoplasmaschichten zwischen der fetalen Kapillare und dem maternen Blutraum sind deutlich sichtbar. *en*: Fetales Endothel, *bm*: Basalmembran der fetalen Kapillare, *mbs*: materner Blutraum (Orig. 9000:1). b) Grenzmembran in der Placenta vom 17. Tag. Drei Schichten von Trophoblast liegen zwischen maternen und fetalen Bluträumen. Abkürzungen wie in Abbildung a. Pfeile weisen auf Cytoplasmavorsprünge, die in korrespondierende Taschen der benachbarten Trophoblastlage eingreifen (Orig. 9000:1). (Aus Wislocki und Dempsey, Anat. Rec. 123, 1955, pl. 1)

hinein. Die Schichtenfolge der fetomaternen Grenzschicht wäre danach folgende: 1. zwei bis drei trophoblastische Cytoplasmalagen; 2. Basalmembran; 3. Kapillarwand mit Basalmembran und Endothel. Zwischen beiden Basalmembranen läßt sich eine dünne Schicht kollagenen Materiales nachweisen.

Auch die Untersuchung der menschlichen Placenta [170, 1467] mit dem Elekronenmikroskop erbrachte den Nachweis einer höchst komplexen Struktur der für den Stoffaustausch wichtigen Grenzschranke. Die Chorionzotten sind mit Mikrovilli sehr verschiedener Erscheinungsform besetzt (Abb. 72). Oft tragen sie bulböse Enden (diese können in jungen Stadien bis zu 3 $\mu$ lang

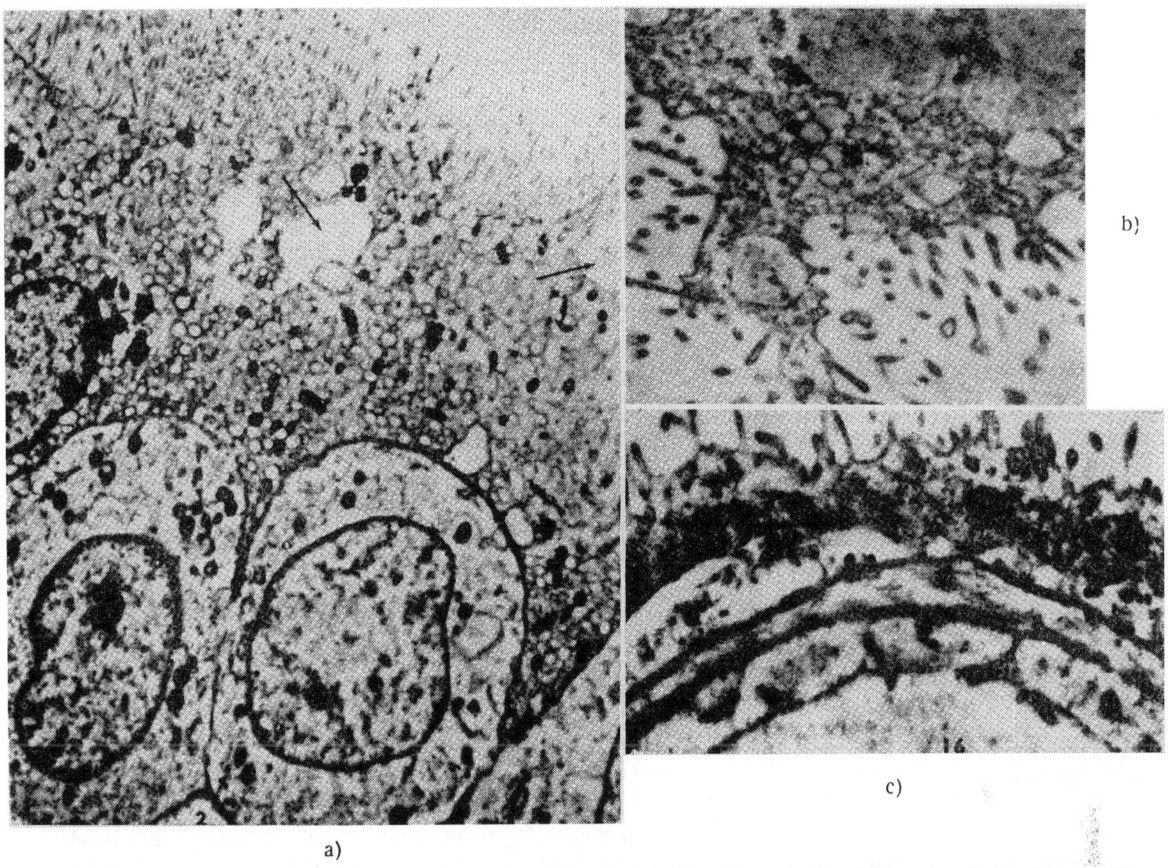

Abb. 72. *Homo*, elektronenoptische Bilder aus der Placenta. a) Schnitt durch Oberfläche einer Zotte (Gravidität 9. Woche) Mikrovilli ragen in den intervillösen Raum vor (oben). Große Vakuolen im apikalen Syncytium (Mitte). Links: Teil eines Syncytiumkernes. Unten: Zwei LANGHANS-Zellen mit Zellkernen. (Orig. 8000:1.) b) Bezirk der Syncytiumoberfläche. Einige große Vakuolen, davon eine in einer groben Plasmavorstülpung (Orig. 16000:1). c) Reife Placenta. Dünne Partie einer Zottenwand. *Oben*: Zahlreiche Mikrovilli, die in den intervillösen Raum vorspringen. Unter dem Syncytium findet sich eine Zone, die Mitochondrien und feine Granula enthält. Sie entspricht wahrscheinlich den Resten von LANGHANS-Zellen (helle Zone unter dem dunklen Syncytium). Darunter Basalmembran des Trophoblasten und der Endothelzelle. Reste von kollagenem Material zwischen beiden Basalmembranen (Orig. 15000:1). (Aus WISLOCKI und DEMPSEY, Anat. Rec. 123, 1955, fig. 2, 5, 16)

sein, sind aber in der reifen Placenta viel kürzer; Durchmesser 40 bis 100 m$\mu$). Gelegentlich finden sich plumpe cytoplasmatische Ausstülpungen gegen den intervillösen Raum (Abb. 72b), die mit Mikrovilli besetzt sind. Im Cytoplasma des Syncytiotrophoblasten, dessen syncytialer Charakter elektronenoptisch bestätigt ist, finden sich verschiedenartige Einschlüsse:

a) Reichlich kleine Vesikel von runder bis ovaler Gestalt. Diese besonders in den basalen zwei Dritteln des Syncytiums.

b) Mitochondrien typischer Form.

c) Fetttröpfchen.

d) Gröbere Vakuolen in der Nähe der Mikrovilli, oberflächlich, mit distinkter Außenmembran. Häufiger in den Randzonen.

Die kleinen Vesikel (a) fehlen in der reifen Placenta. Ergastoplasmabläschen kommen vor. Sie sind in der reifen Placenta stark gebläht. Zwischen licht- und elektronenmikroskopischer Untersuchung besteht also Übereinstimmung im Auftreten der Mikrovilli (= Bürstensaum), der Fetttropfen und der Mitochondrien. Auch die gröberen Vakuolen sind lichtoptisch nachweisbar.

Von Wichtigkeit ist der Hinweis, daß lichtoptisch vergleichbare Strukturen (Bürstensaum in Placenta und Niere) elektronenmikroskopisch höchst different strukturiert sind. Nach Boyd-Hughes [170] sollen die großen Vakuolen aus den kleinen Vesikeln hervorgehen. Dempsey-Wislocki [1467] nehmen aber völlig verschiedene Natur beider Strukturen an. Danach wären die kleinen Vesikel der Basophilie (Ribonucleoprotein) zuzuordnen und entsprechen dem Ergastoplasma. Sie sind nur in der jungen Placenta »bläschenförmig« und werden mit der Synthese fetaler Plasmaproteine in Beziehung gebracht. Später werden die Synthesen von der Leber übernommen; die Basophilie schwindet im zweiten Drittel der Gravidität. Über den tatsächlichen vitalen Zustand der Ribonucleoproteine, der stark fixationsabhängig ist, können keine Aussagen gemacht werden.

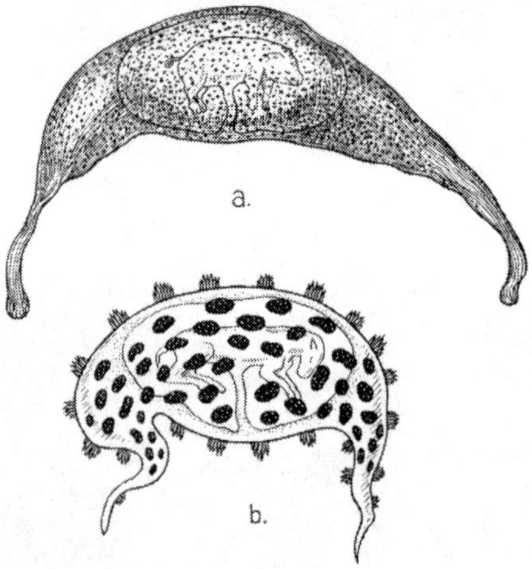


Abb. 73. Äußere Form der Placenta. a) Placenta diffusa, *Sus scrofa* L. b) Placenta cotyledonaria, *Bos taurus* L. (Aus Starck, 1955, a. a. O., S. 259)

Die großen, oberflächlich gelegenen Bläschen sind [1467] das Resultat einer Absorption von maternem Plasma (Pinocytose). Die Langhans-Zellen (Cytotrophoblast) der jungen Placenta unterscheiden sich deutlich vom Syncytiotrophoblasten. Plasma und Kerne erscheinen elektronenmikroskopisch weniger dicht. Mitochondrien sind vorhanden, doch sind diese deutlich größer und weniger zahlreich als im Syncytium. Ergastoplasmatische Membranen und Säcke (im Schnitt fädig) sind reichlich vorhanden (endoplasmatisches Reticulum). Die Zellmembran ist außerordentlich derb. An einzelnen Stellen schiebt sich das Plasma des Syncytiums zwischen benachbarte Cytotrophoblastzellen ein und erreicht gelegentlich die Basalmembran. Diese ist homogen, kontinuierlich, wenn auch dünn. Zwischen benachbarten Langhans-Zellen können Spalten auftreten. Der periphere Cytotrophoblast der Zellsäulen und der Trophoblastschale unterscheidet sich strukturell von den Langhans-Zellen. In Kernnähe sind unregelmäßige glykogenhaltige Bezirke nachweisbar. Das Ergastoplasma ist gleichmäßiger verteilt. Zwischen den Zellen läßt sich eine granuläre, interstitielle Substanz hoher Dichte nachweisen. Neu ist der Befund, daß auch in der reifen Placenta des Menschen recht zahlreiche residuale Langhans-Zellen unter dem Syncytium vorkommen.

**Äußere Form der Placenta.** Die äußere Form der Allantochorionsplacenta kann sehr wechseln. Kommen bei zwei verschiedenen Gruppen äußerlich ähnliche Placenten vor, so ist damit keineswegs gesagt, daß ihre Feinstruktur identisch sein muß. Die äußere Form der Placenta ist für die Beurteilung evolutiver Zusammenhänge nicht ohne Bedeutung, tritt jedoch ganz zurück gegenüber der Feinbauanalyse. Vielfach hat sich die Unterscheidung in »gedehnte« und »massige« Placenten [37, 1015] bewährt. Gedehnte Placenten (Abb. 73) sind ausgedehnt, meist recht dünn und umfassen annähernd die gesamte Chorionoberfläche (diffuse Placenta: Tylopoda, Tragulidae, Perissodactyla, Lemuroidea, Cetacea, Pholidota, *Sus*, *Hippopotamus*). Massige Placenten sind auf ein bestimmtes Areal der Chorionoberfläche lokalisiert und stellen ein dickes massives Organ dar. Bildet die ganze Chorionoberfläche der sehr ausgedehnten Keimblase Placentarfläche (*Sus*, *Hippopotamus* usw.), so spricht man auch von einer Placenta diffusa. Finden sich die Placentarbezirke in mehr oder weniger großer Anzahl auf einer im übrigen glatten Keimblasenwand, so handelt es sich um eine Placenta multiplex oder cotyledonaria (Abb. 74). Die Placentarfelder werden als Placentome bezeichnet. Sie bestehen aus einem fetalen Anteil, dem Cotyledo und einem maternen Feld der Uterusmucosa, der Caruncula. Die Zahl der Placentome kann sehr wechseln. In der Regel sind die einzelnen Placentome um so kleiner, je zahlreicher sie sind.

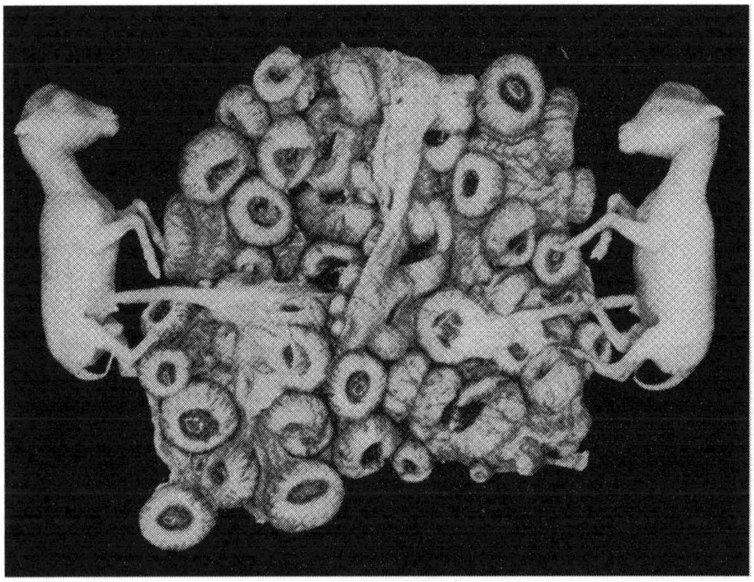

Abb. 74. *Ovis aries* L., Placentome von der fetalen Fläche her gesehen, Amnion entfernt

Anzahl der Placentome bei Artiodactyla

| | | |
|---|---|---|
| Giraffa camelopardalis L. | 180 | ANDRESEN 1927 [26] |
| Capra hircus L | 90—160 | ANDRESEN 1927 [26] |
| Ovis aries L. | 60—100 | ANDRESEN 1927 [26] |
| Bos taurus L. | 40—124 | ANDRESEN 1927 [26] |
| Rhynchotragus kirkii GÜNTHER | 80 | WISLOCKI 1941 [1457] |
| Rhynchotragus guentheri THOMAS | 34, 36 | Eigene Beob.-Verf. |
| Madoqua phillipsi hararensis NEUMANN | 28 | Eigene Beob.-Verf. |
| Limnotragus spekei gratus SCLATER | 14 | Eigene Beob.-Verf. |
| Sylvicapra grimmi abyssinica THOMAS | 6 | Eigene Beob.-Verf. |
| Cervus elaphus L. | 10—12 | ANDRESEN 1927 [26] |
| Elaphurus davidianus MILNE-EDW. | 5 | HARRISON-HAMILTON 1952 [540] |
| Capreolus capreolus L. | 3—5 | ANDRESEN 1927 [26] |

Nach der Anzahl der Placentome wurden oligo- und polykotyledontophore Arten unterschieden [26].

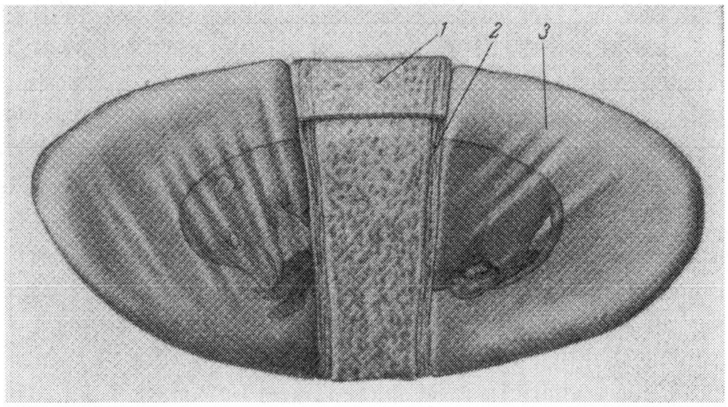


Abb. 75. *Canis familiaris* L., Placenta zonaria (Embryo 60 mm Scheitel-Steiß-Länge, 45 Tage alt)

*1* Placentargürtel
*2* Randhaematom
*3* Chorionsack

Die lokalisierte Placenta kann gürtelförmig (Placenta zonaria) oder scheibenförmig (Placenta discoidalis) sein. Eine vollständige Placenta zonaria (Abb. 75) findet sich bei vielen Carnivora (*Canis familiaris* L., *Vulpes vulpes* L., *Crocuta crocuta* ERXLEBEN, *Felis catus* L., *Panthera tigris* L., hier aber exzentrisch, *Gulo gulo* L., Pinnipedia). Bei *Procyon lotor* L. ist der Placentargürtel oft unvollständig. Der Gürtel kann schließlich in zwei Scheiben aufgelöst werden (*Putorius putorius* L. [Abb. 76], *P. p. furo* L., *Martes martes* L., *M. foina* ERXLEBEN, *Lutra lutra* L.). Eine unvollständige Gürtelplacenta ist von *Paradoxurus hermaphroditus* PALLAS beschrieben. Bei Ursidae bleibt schließlich nur eine Placentarscheibe übrig, die Placenta ist also diskoidal. Evolutiv ist diese Form durch Reduktion einer Placenta zonaria entstanden, also auf völlig andere Weise als bei Rodentia oder Simiae. Gürtelplacenten finden sich ferner bei Sirenia, Hyracoidea, Proboscidea (kombiniert mit Placenta cotyledonaria) und als unvollständiger Gürtel bei *Orycteropus*. Eine einfach diskoidale Placenta bildet sich bei Insectivora (Ausnahme: *Scalopus*), Chiroptera, Dermoptera, Tarsius, Pongidae, einige Simiae (*Papio*, oft bei *Alouatta*), Xenarthra, Lagomorpha, Rodentia (bei *Castor*: nierenförmig). Eine doppelt diskoidale Placenta kommt bei Tupaiidae, Simiae (Abb. 77) (außer *Papio*, Pongidae, *Homo*) vor. Diese Scheibenplacenten entstehen, im Gegensatz zur Ursidenplacenta, ohne je ein Gürtelstadium durchlaufen zu haben. Sie können primär als scheibenförmiger Wucherungsbezirk des Chorions entstehen (viele Insectivora, Chiroptera, Simiae, Rodentia) oder aber sekundär durch Rückbildung eines primär diffus zottentragenden Chorions (*Erinaceus*, Pongidae, *Homo* [Abb. 78]). Bei Bradypodidae entsteht die diskoidale Placenta über eine diffuse, später gelappte Zwischenform.

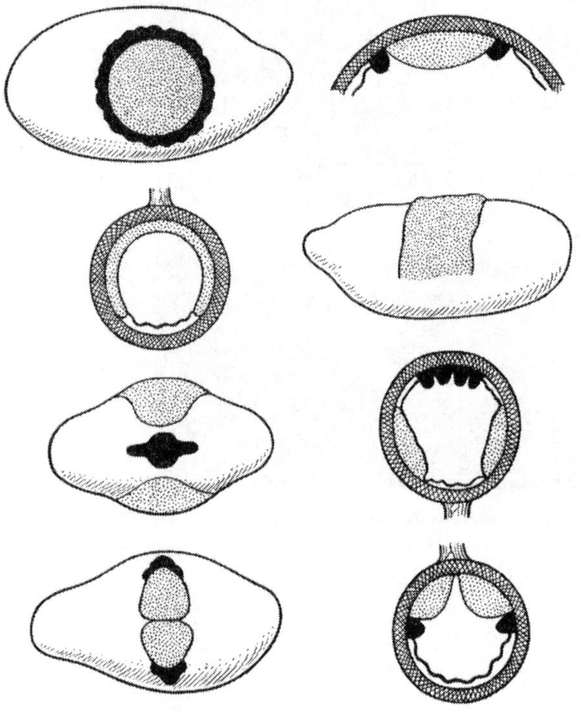

Abb. 76. Placentarformen bei Carnivora. Von oben nach unten *Ursus* (diskoidal), *Procyon* (inkomplette Pl. zonaria). *Mustela putorius* (bidiskoidal), *Zorilla* (bidiskoidal). *Schwarz*: Haematome, Flächenansicht und Querschnitte. (Aus DE LANGE 1933)

Eine strenge Korrelation zwischen äußerer Form und Feinstruktur der Placenta besteht nur in der Weise, daß invasive Placentarformen immer kompakt sein müssen. So finden wir, daß die hämochoriale Placenta im allgemeinen diskoidale Form hat. Aber auch dieser Placentartyp ist weder genetisch noch funktionell einheitlich. Nach der Beschaffenheit der maternen Bluträume kann man unter den hämochorialen Placenten Labyrinthplacenten (Placenta labyrinthica) und Zottenplacenten (Placenta villosa = Topfplacenta, Placenta olliformis) unterscheiden. Bei Labyrinthplacenten fließt das materne Blut in engen kapillären Kanälen innerhalb eines vom Chorion gebildeten Schwammwerkes. Bei Zottenplacenten finden wir große einheitliche, allseits von Trophoblast begrenzte Bluträume. Dieser »intervillöse Raum« enthält mütterliches Blut. Zottenförmige Auswüchse des Chorions ragen in ihn hinein. Zwischenformen zwischen Labyrinth- und Zottenplacenta kommen bei Affen vor.

**Riesenzellen.** Überaus häufig finden sich im graviden Uterus in der Umgebung der Fruchtkammer oder im Zusammenhang mit Fetalanhängen eigenartig hypertrophierte Zellen. Wir bezeichnen alle derartigen Elemente als Riesenzellen, unabhängig von Herkunft oder Funktion

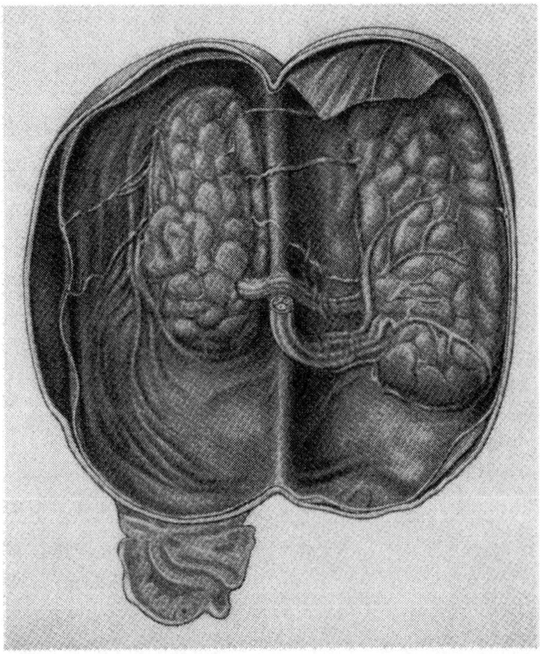
a)

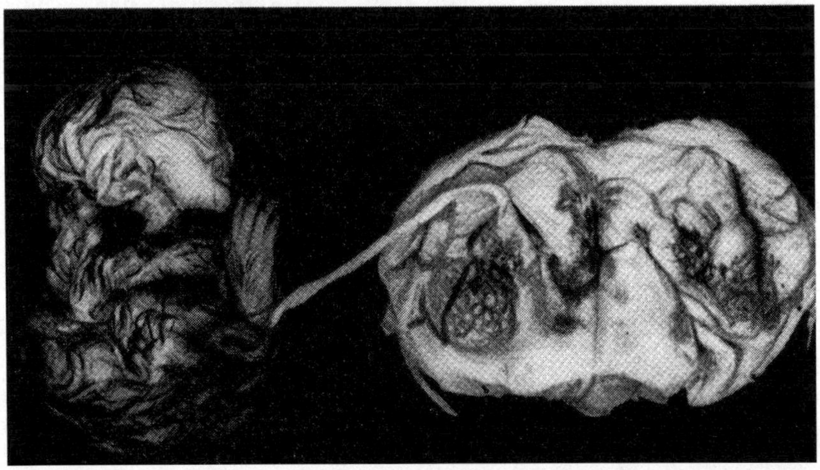
b)

Abb. 77a) u. b). a) *Chiropotes satanas* Hoffmannsegg (Ceboidea), Placenta bidiskoidalis (Fet 100 mm Scheitel-Steiß-Länge). *Rechts* (Insertion der Nabelschnur) Hauptplacenta. (Aus Starck, 1956.) b) *Ceropithecus aethiops* L. (Cercopithecoidea), Placenta bidiskoidalis

(Abb. 128). Das Schrifttum über sie ist sehr umfangreich und widerspruchsvoll. Nur in wenigen Fällen sind wir über die Herkunft, in keinem einzigen Fall aber zuverlässig über die Bedeutung informiert. Um so lebhafter ist die Hypothesenbildung. Der größte Teil dieser Zellen ist offensichtlich trophoblastischer Abkunft (fetal). Daneben spielen möglicherweise mesenchymale materne Elemente (Deciduazellen) eine Rolle. Die Herkunft von maternen Epithelien ist mit Sicherheit nur für die degenerativen Symplasmen im Bereich der uterinen Drüsen bei Sciuridae und Lagomorpha (teilweise auch Paraxonia und Primates) anzunehmen. Mossman [901] unterscheidet:

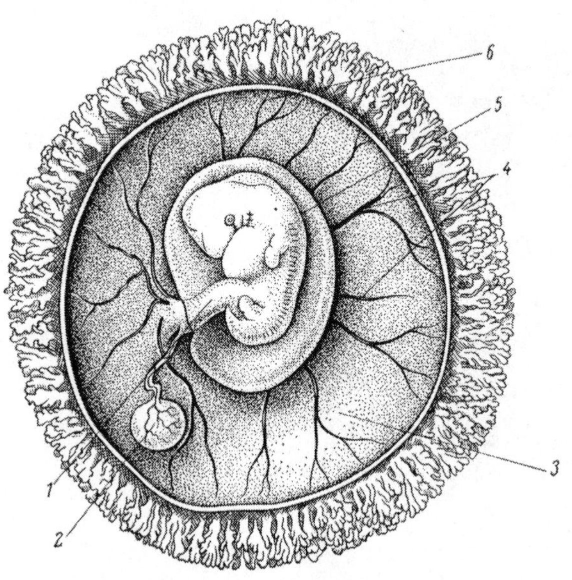


Abb. 78. *Homo*, Keimblase mit Embryo, etwa 10 mm Scheitel-Steiß-Länge. Der gesamte Trophoblast ist noch zottentragend (Chorion frondosum)

*1* Nabelstrang
*2* Dotterbläschen
*3* Chorionhöhle
*4* Vasa umbilicalia
*5* Amnion
*6* Chorion

A. Riesenzellen trophoblastischer Herkunft:
   1. Einkernig: sie dringen in die Decidua ein, können hier eine basale Schicht bilden und persistieren oft nach der Geburt (Rodentia, Carnivora, *Homo*)
   2. Vielkernig: abgelöste Massen des Syncytiotrophoblast (besonders *Oryctolagus*)

B. Riesenzellen epithelialer (materner) Herkunft:
   Nur degenerative Drüsensymplasmen (*Oryctolagus*, Sciuridae, Primates, Paraxonia)

C. Riesenzellen unklarer Herkunft:
   1. Multinucleare Deciduazellen (Insectivora, Rodentia)
   2. «Glande myométriale» von Ancel und Bouin, decidual
   3. Hypertrophierte Endothelzellen (Insectivora, Primates, Rodentia).

Neuerdings hat Ward-Orsini [1378] an engseriierten Stadien von *Mesocricetus auratus* Waterh. das Problem erneut untersucht und die Riesenzellen nach der Lokalisation und dem Entstehungszeitpunkt in vier Gruppen unterteilt. Sie unterscheidet:

A. Primäre Riesenzellen aus Trophoblast vom abembryonalen und lateralen Bereich, später vom unteren lateralen Rand des Trägers.
B. Sekundäre Riesenzellen von oberflächlichen Trägerportionen.
C. Tertiäre Riesenzellen tief im maternen Gewebe in Beziehung zu maternen Gefäßen. Herkunft von abgewanderten Trophoblastzellen.
D. Endovaskuläre Zellen, ähnlich wie C, dringen im Gegensatz zu C aber weiter in die Decidua vor und hypertrophieren nicht so stark wie C.

Auf Grund dieser Befunde ist die Autorin geneigt, alle Riesenzellen als Trophoblastderivate anzusehen. Für den Goldhamster wird diese Abkunft als sicher betrachtet. Alle Riesenzellen haben eine Reihe von Eigenschaften gemeinsam. Sie sind stark hypertrophiert und können sich nicht mehr mitotisch teilen. Alle haben die Neigung, sich an Oberflächen anzuschmiegen. Sie können wandern und zeigen dabei eine Tendenz, gegen den Blutstrom in den Arterien aufzusteigen. Sie neigen dazu, Syncytien zu bilden und sind außerordentlich labil.

Über die Funktion der Riesenzellen ist nichts bekannt. Offenbar spielt eine gewisse Gruppe eine Rolle bei der Invasion ins mütterliche Gewebe. Sie können proteolytische Fermente bilden (nachgewiesen für *Cavia* [129—131]) und können phagocytieren. Hierher gehören vor allem die vielkernigen Riesenzellen der Nager. Wiederholt wurde den Riesenzellen die Funktion einer endokrinen Drüse («Glande myométriale») zugesprochen, ohne daß es indessen gelungen wäre, Nachweise der Sekretbildung zu führen. Für einen Teil der Riesenzellen kann eine stoffliche Leistung in dem Sinne angenommen werden, daß sie Nähr- und Aufbaustoffe für den Keim bereitstellen. Sie können somit als Hilfseinrichtung für die Ernährung des Keimes angesprochen werden. Glykogenspeicherung ist in den »decidualen Riesenzellen« nachgewiesen worden. Eine besondere Stellung nehmen die endovaskulären Riesenzellen ein. Ihre Lokalisation in den Gefäßen und ihre weite Entfernung von fetalen Geweben haben die meisten Autoren veranlaßt, sie als hypertrophierte Endothelzellen anzusprechen. WARD-ORSINI [1378] konnte bei *Mesocricetus* jedoch zeigen, daß sie zunächst auf einem intakten Endothel sitzen. Übergangsformen kommen nicht vor. Das Endothel wird erst sekundär zerstört. Ihre Herkunft vom Trophoblasten

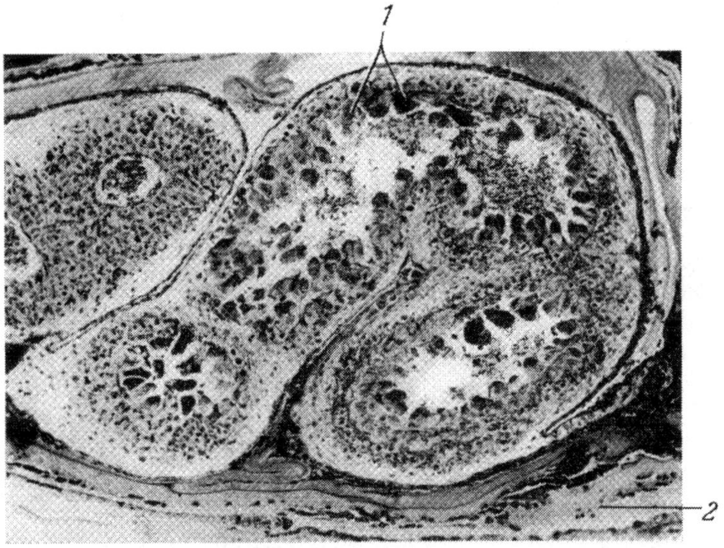


Abb. 79. Endovaskuläre Riesenzellen (hypertrophierte Endothelzellen ?) in den subplacentaren Knäuelarterien von *Macroscelides* spec. (Nach STARCK, 1949)

*1* Mehrkernige hypertrophierte Endothelzellen *2* Histiotrophe

ist wahrscheinlich. Ihre Funktion ist unklar. Bei Macroscelididae wurde ihnen ebenfalls eine stoffliche Leistung zugesprochen [1196] (Abb. 79). Jedoch ist auch daran zu denken, daß sie eine Rolle beim Umbau des Gefäßsystems während der Placentation spielen (*Macaca* [1031 bis 1033]) und daß sie vielleicht einen rechtzeitigen Verschluß materner Gefäße unter der Geburt vorbereiten. Über die Auffassung verschiedener Autoren informiert die Tabelle X (S. 135).

Histochemische Untersuchungen [1121] an den sekundären Riesenzellen der Ratte und der Maus ergaben starke, durch Ribosenucleotide hervorgerufene Basophilie des Cytoplasmas. Die Intensität dieser Basophilie ist bei verschiedenen Reifezuständen sehr konstant, so daß auf anhaltende Aktivität geschlossen wird. Glykogen ist nur spärlich vorhanden, ebenso wenig saure Phosphatase. Im Gegensatz zu WISLOCKI [1462] und GEREBTZOFF [429a] fand der Autor keine alkalische Phosphatase. Hingegen kommen doppelbrechende, acetonlösliche, sudanophile Lipide in diffuser Verteilung vor. Eigenfluoreszenz konnte nicht eindeutig beobachtet werden. Im Cytoplasma der Riesenzellen fallen der BAKER-Test, die Plasmal- und die Pseudoplasmalreaktion positiv aus. Die außerordentlich komplizierte stoffliche Differenzierung erschwert die funktionelle Deutung. Hinweise auf Bildung von Placentarsteroiden in den Riesenzellen ergaben sich nicht aus diesen Untersuchungen.

**Kreislauf in der Placenta.** Über die Zirkulation in der Säugerplacenta liegen bisher wenig exakte Angaben vor. Physiologische Untersuchungen bereiten erhebliche technische Schwierigkeiten und können aus Materialgründen nur an wenigen Formen durchgeführt werden. Verallgemeinerungen aus den Befunden an einer Art, wie sie sich besonders im medizinischen Schrifttum gelegentlich finden, sind nicht zulässig, denn bei den sehr verschieden strukturierten Placentartypen kommen wahrscheinlich auch erhebliche Unterschiede im physiologischen Verhalten vor. Rückschlüsse aus morphologischen Befunden auf die Mechanik der

Zirkulation sind nur bedingt möglich. Hierzu ist zunächst eine subtile Analyse der Strombahnen notwendig, die ebenfalls große technische Schwierigkeiten bereitet und bisher nur für wenige Formen vorliegt. Immerhin haben sich einige allgemeine Gesichtspunkte ergeben.

Mossman [900, 901] hat zuerst darauf hingewiesen, daß der Blutstrom in den maternen und fetalen Gefäßen gegensinnig gerichtet ist. Die uterinen Arterien verzweigen sich an der fetalen Seite der Placenta. Das Blut fließt also in der resorbierenden Gefäßstrecke von der fetalen zur maternen Seite. Umgekehrt strömt das Blut in den fetalen Strombahnen von der Placentarbasis zur fetalen Seite. Diese Mossmansche Regel trifft, soweit bekannt, für fast alle Eutheria zu und gilt sowohl für Semiplacenten (Ungulata) wie für Labyrinthplacenten (*Macroscelides*, Chiroptera, *Oryctolagus*, *Mus*, *Felis*, *Canis* [71, 1196]). Bisher sind nur die Verhältnisse bei *Tenrec* nicht mit dieser Regel in Übereinstimmung zu bringen [449]. Auf die Verhältnisse in der Zottenplacenta (Simiae, *Homo*), die Besonderheiten darbieten, wird unten zurückzukommen sein. Mossman hat bereits darauf hingewiesen, daß die gegensinnige Stromrichtung des Blutes gegenüber einer Parallelströmung erhebliche Vorteile für die Diffusionsleistung bietet. Das zuströmende materne Blut ist reich an Nährstoffen und $O_2$ (Abb. 80). Der Gehalt an diesen Stoffen sinkt zur Vene hin dauernd ab, während sich gleichzeitig das fetale Blut mit den Nährstoffen anreichert, bis ein Gleichgewichtszustand erreicht wird. Das abströmende fetale Blut erreicht schließlich den gleichen Gehalt an Nährstoffen und $O_2$, wie das zuströmende materne Blut. Verlaufen aber die beiden Blutströme parallel, so wird allenfalls ein Ausgleich erreicht. Die zum Feten führende Nabelvene kann aber maximal nur den gleichen $O_2$- und Nährstoffgehalt erreichen, wie er in der ableitenden maternen Vene zu finden ist. Eine Gasanalyse des Blutes der Vena uterina und der Vena umbilicalis zeigt jedoch die tatsächliche Differenz im Gasgehalt. Versuche an Placentarmodellen (Durchströmung langer in Kontakt befindlicher Röhrensysteme mit permeabler Wand [939]) erbrachten die Bestätigung der theoretischen Schlüsse.

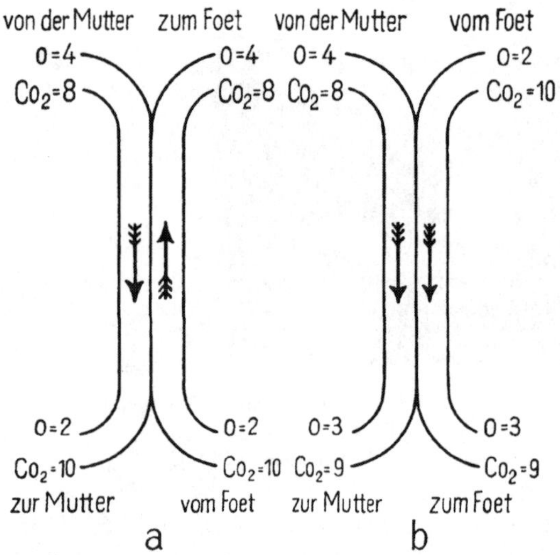


Abb. 80. Gegensinnige Richtung des Blutstromes (a) gewährleistet eine bessere Diffusionsleistung als gleichgerichteter Blutstrom (b) in maternen und fetalen Placentargefäßen, Mossmansche Regel. (Nach Noer)

Funktionen der Placenta. Die Placenta dient als fetomaternelles Austauschorgan. Sie ist, wie alle derartigen Organe (Lunge, Darm, Haut, Niere) durch das Vorhandensein durchlässiger Membranflächen gekennzeichnet. Die Struktur dieser Membran wechselt nach Alter (Entwicklungsstadium) und Species. Ebenso verschieden sind die physikalisch-chemischen und physiologischen Qualitäten. Der diaplacentare Stoffaustausch hängt von der Beschaffenheit der Membran und von der Natur und Molekulargröße der übertretenden Substanzen ab. Daneben ist die Placenta eine bedeutende Hormonbildungsstätte.

Die Analyse der Placentarfunktionen ist nur mit den Methoden der experimentellen Physiologie möglich. Daneben hat die histochemische Untersuchung Bedeutung gewonnen und wichtige Aufklärungen gebracht.

Tabelle X

Vorkommen von Riesenzellen im graviden Uterus der Eutheria und Deutungsversuche über Herkunft und Bedeutung

| Autor und Jahr | Species | Herkunft und vermutete Bedeutung |
|---|---|---|
| MAXIMOW 1898 [851] | *Oryctolagus* — | Mesenchymatische glykogenhaltige Elemente, dringen stellenweise ins Endothel vor. Teilweise endothelial |
| MINOT 1889 [878] | *Oryctolagus* | »Monster cells«, antimesometral. Herkunft unklar |
| GOLDMANN 1912 [454] | *Mus musculus* L. | Endothelial und glykogenhaltige Deciduazellen |
| GÉRARD 1923 [423] | *Nasilio brachyrhynchus* SMITH | Deciduale Riesenzellen (endokrine Funktion) und Endothelzellen |
| GÉRARD 1925 [423, 423a] | *Sorex*, *Rattus* | Periarteriell, decidual |
| MOSSMAN 1926 [900] | *Oryctolagus* | Mesometral. Entstehen matern in Gefäßscheide |
| SANSOM 1927 [1107] | *Oryctolagus* | Trophoblastisch |
| GROSSER 1928 [488] | *Centetes* | Endothelhypertrophie. Vorbereitung des puerperalen Verschlusses |
| FROBOESE 1931 [405a] | *Oryctolagus* | Riesenzellen in der Obplacenta (cf. pg. 194) aus maternem Epithel, myometrale Zellen decidual. |
| SELYE u. MYKEOWN 1935 [1153] | *Rattus* | »Metrial gland« mit nutritiver Funktion. Glykogenhaltig. Herkunft decidual |
| GOETZ 1936 [449] | *Tenrec* | Die endovaskulären Zellen sollen von Muskelzellen herstammen in Analogie zu den epitheloiden Zellen der arterio-venösen Anastomosen. Kontraktilität, Bedeutung für Regulation der Blutzirkulation |
| MOSSMAN 1937 [901] | Allgemein, besonders Rodentia | Zum großen Teil trophoblastisch, teilweise decidual. Endothelhypertrophie sehr problematisch Cf. Übersicht S. 132 |
| WISLOCKI u. STREETER 1938 [1474] | *Macaca mulatta* ZIMMERMANN | Sicher nicht fetal, da sie tief im maternen Gewebe entstehen. Haben nichts mit puerperalem Verschluß zu tun, da sie früh verschwinden. Herkunft endothelial, z. T. aus sekundärer Gefäßwand |
| MOSSMAN 1939 [907] | *Citellus tridecimlineatus*, MITCHELL allgemein bei Sciuridae | Mononucleäre basale Riesenzellen trophoblastischer Herkunft . |
| RAMSAY 1949 [1031] | *Macaca mulatta* ZIMMERMANN | Herkunft der endovaskulären Zellen fraglich. Bedeutung für Umbau der Placentarzirkulation. Gefäßverschluß. Sie ähneln den Cytotrophoblastzellen |
| STARCK 1949 [1196] | *Macroscelides* | 1. Periarterielle Deciduazellen; 2. endovaskuläre Zellen, Endothelhypertrophie? oder trophoblastisch? 3. Deciduazellen in Gefäßwand und Endometrium. Bedeutung nutritiv, bei 2 vielleicht Gefäßverschluß |
| VAN DER HORST 1950 [653] | *Elephantulus rupestris jamesoni* CHUBB | Herkunft matern. Scheidenzellen der Gefäßwand, decidual. Blockieren die Arterie. Endovaskuläre Zellen |
| BRAMBELL 1945, 1955 [179, 185] | Soricidae | Trophoblastisch |
| DAVIES und HALMI 1953 [301] | *Oryctolagus* | Obplacenta-Riesenzellen aus glatten Muskelzellen des Myometriums |
| WARD-ORSINI 1954 [1378] | *Mesocricetus auratus* WATERH. | Primäre, sekundäre, tertiäre Riesenzellen und endovaskuläre Zellen. Alte Zellen sind trophoblastischer Herkunft. Funktion unbekannt cf. pg. 132 |
| MEISTER-DAVIS 1953 [860] | *Echinosorex gymnurus* RAFFLES | Trophoblastisch, im basalen Teil der Placenta. Mononucleär. Funktion unbekannt |

**Die Placenta als Ernährungsorgan. Embryotrophe.** Die Ernährung des Keimes erfolgt durch Aufnahme von Nähr- und Aufbaustoffen (Embryotrophe) aus dem Bestand des mütterlichen Organismus über die Fetalanhänge. Embryotrophe kann aus dem mütterlichen Blut entnommen werden, sie kann aber auch in Form von Gewebsprodukten (Drüsensekret) oder von Zerfallsprodukten materner Gewebe bereitgestellt werden. Bei ausgedehnten epitheliochorialen Placenten steht die Ernährung durch Gewebsprodukte im Vordergrund. Doch kommt auch bei derartigen Formen (S. 224) Entnahme von Nährstoffen aus dem Blut vor. GROSSER unterscheidet daher folgende Gruppen fetaler Nahrung [483, 486]:

| a) Histiotrophe | b) Hämotrophe |
|---|---|
| stammt aus maternem Gewebe<br>1. histiogen (Sekrete usw.)<br>2. histiolytisch (Gewebszerfall, Blutextravasate) | stammt aus strömendem maternem Blut. Aufnahme durch Diffusion oder Resorption |

Der hämotrophen Phase der Ernährung geht häufig eine histiotrophe Phase voraus (*Homo*). Die Aufnahme von Zerfallsprodukten aus Blutergüssen (Randhämatom der Carnivora, zentrale Blutbeutel usw.) fällt naturgemäß unter den Begriff der histiotrophen Ernährung. Die chemische Zusammensetzung der Histiotrophe ist kaum erforscht. Sie enthält Glykogen, Fette, Proteine (bis 10%) und gegebenenfalls Abbauprodukte des Hämoglobins.

**Austausch in der Placenta.** Der Austausch von $H_2O$, kristalloiden Stoffen und niedermolekularen Substanzen erfolgt durch Diffusion. Hochmolekulare Substanzen werden gegebenenfalls durch aktive Zelleistung übertragen. Als allgemeine Regel kann angegeben werden, daß Substanzen bis zu einem Molekulargewicht von 350 durch Diffusion übertreten [689]. Die Permeabilität der Placenta hängt naturgemäß von der Dicke und der Schichtenfolge der Gewebe zwischen mütterlichem und fetalem Blutstrom ab. Daher kommt der GROSSERschen Typenklassifikation der Placenta eine große physiologische Bedeutung zu, wenn sie auch nicht ohne Einschränkung funktionell ausgedeutet werden kann. Hochmolekulare Stoffe, die die menschliche Placentarschranke überwinden (Vitamin A, $\gamma$-Globulin, Antikörper), werden von der epitheliochorialen Placenta der Ungulaten zurückgehalten. Untersuchungen mit Isotopenmarkierung brachten die Bestätigung, daß die Placenta für viele Stoffe ein Speicherungsvermögen besitzt und daß sie aktiv an den Stoffwechselprozessen beteiligt ist. Die elektiven Fähigkeiten der Placenta werden besonders deutlich in jenen Fällen, in denen große Moleküle ohne Schwierigkeiten übertreten, niedermolekulare Stoffe aber zurückgehalten werden. So soll [542a] beim Menschen gereinigtes Diphterie-Antiserum von der Placenta zurückgehalten werden, während rohes Antiserum von der Mutter auf das Kind übertritt (Schleppersubstanzen).

Wesentlich ist die auf Grund von Isotopenmarkierung gewonnene Erkenntnis, daß der Austausch zwischen Mutter und Kind erstaunlich hoch ist und sich nicht auf die Substanzmengen beschränkt, die zum Aufbau des Fetalkörpers notwendig sind. Beim menschlichen Fetus in der 35. Woche treten je Stunde 3,6 Liter $H_2O$ durch die Placentarschranke auf den Fetus über. Das bedeutet, daß die Amnionflüssigkeit innerhalb einer Stunde zweimal gewechselt wird. Gegen Ende der Gravidität sinkt dieser Wert wieder ab (Erneuerung der Amnionflüssigkeit alle drei Stunden). Der Austausch von Na Cl erfolgt wesentlich langsamer. Zwar besteht ein Gleichgewicht zwischen maternem und fetalem Blut in Bezug auf Na und Cl Ionen. Der Austausch von Na und Cl ist jedoch erheblich gedämpft, und zwar bei epitheliochorialen Placenten stärker als bei hämochorialen.

Von besonderem Interesse ist der Mechanismus der Übertragung von Calcium und Phosphor auf den Feten, da der hohe Bedarf der vom Keim aufzubauenden Hartsubstanzen (Skelett, Gebiß) gedeckt werden muß. Es ist seit langem bekannt, daß der Bedarf der graviden

Frau an Ca etwa das Doppelte der Nichtgraviden beträgt. Ist die Zufuhr an Ca mit der Nahrung während der Schwangerschaft unzureichend, so werden Calciumdepots der Mutter mobilisiert. Es besteht also ein dauernder Abstrom von Ca-Ionen zum Feten hin. Dennoch ist der Ca-Gehalt des fetalen Blutes gegenüber dem der Mutter deutlich erhöht. Das gleiche gilt für Phosphor. Histochemisch ist Calcium in der Placenta nachweisbar. Hierbei muß aber unterschieden werden, ob es sich um Ca-Ablagerung in nekrobiotischem Gewebe oder um ausnutzbare Ca-Depots handelt. Häufig findet sich Ca in der Umlagerungszone (reife Placenta Rodentia, *Homo*). Bei Nagern läßt sich Ca im Syncytium, bei *Sus* im Stroma des Allantochorions nachweisen. Da diese Ca-Ablagerungen stets mit Glykogen und Phosphatasevorkommen kombiniert sind, dürfte es sich um physiologisch notwendige Depots handeln. Bei der Katze läßt sich Ca in Riesenzellen (decidual?) nachweisen. Reichliche Ca-Ablagerungen kommen in den Hippomanes vor. Ihre Bedeutung ist unbekannt. Über den Eisen-Stoffwechsel in der Placenta sind wir wegen der leichten histochemischen Nachweisbarkeit von Fe-Ionen gut unterrichtet. In der epitheliochorialen Placenta des Schweines findet sich reichlich Eisen in den maternen Drüsenepithelien und im Uterinsekret. Bei Ungulaten und Prosimiae kommen kleine Blutextravasate vor. Die Zerfallsprodukte sind in der Uterinmilch enthalten und werden mit dieser resorbiert. Wesentlich ausgeprägter sind Extravasate in der Carnivoren-Placenta. Hier scheint die Phagocytose und Resorption von extravasiertem Material die ausschließliche Quelle für Fe zu sein. Das grüne Pigment dieser Placenten (Uteroverdin, grüner Saum der Hundeplacenta) wird durch Abbauprodukte des Hämoglobins hervorgerufen. Frühstadien von Nagern zeigen in maternem Oberflächen- und Drüsenepithel deutliche Eisenreaktion. Das Fe wird aus der Flüssigkeit im Cavum uteri bis in relativ späte Stadien durch den Dottersack resorbiert (S. 121). Es läßt sich in der supranucleären Zone der Epithelzellen des visceralen Dottersackblattes nachweisen. Bei *Myotis* ist Fe im Stroma und Syncytium des tiefen Labyrinthabschnittes nachweisbar. Bei *Sorex* [1476] findet sich etwas Fe im Drüsenepithel und im Lumen. Die spezifische Resorptionszone liegt hier im Trophoblastring (S. 151). Bei *Homo* wird jedenfalls in späteren Stadien, das Fe vom Feten im wesentlichen Fe-haltigen Bestandteilen des Blutplasmas, nicht dem Hämoglobin, entnommen.

Sehr eigenartig sind die Verhältnisse des Kohlehydratstoffwechsels in der Placenta. In der Regel ist der Blutzuckerspiegel bei Feten niedriger als bei den Muttertieren (Ausnahme Artiodactyla).

(Aus Hugett u. Hammond 1952)

| | Blutzucker matern. mg % | Blutzucker fetal mg % |
|---|---|---|
| *Sus scrofa* L. | 100 | 139 |
| *Bos taurus* L. | 100 | 110 |
| *Canis familiaris* L. | 110 | 65 |
| *Oryctolagus* | 140 | 103 |
| *Rattus* | 112 | 69 |
| *Homo* | 120 | 80 |
| *Homo* | 132 | 110 |
| *Homo* | 106 | 75,2 |

Nun ist aber zu beachten, daß das materne Blut fast nur Glucose enthält, während im fetalen Blut vor allem Fructose (70 bis 80%) neben wenig Glucose vorkommt. Glucose kann also die Placentarschranke überwinden, Fructose aber nicht. Nach Hugett [685—690] bestehen zwei Wege der Hexoseübertragung bei *Ovis aries*. Glucose kann durch Diffusion auf den Fet übergehen. Daneben kommt aktive Umwandlung von Glucose in Fructose in der Placenta vor. Die Bedeutung der Umwandlung in Fructose in der Frucht ist unbekannt.

Glykogen ist in verschiedenen Partien der Fetalanhänge bei allen Formen nachgewiesen worden. Wenn die Angaben der Autoren nicht immer miteinander übereinstimmen, so ist zu beachten, daß die Lokalisation der Stoffwechselprodukte in verschiedenen Altersphasen entsprechend dem Umbau der Placenta, stark wechseln muß. Bei *Sus* findet sich Glykogen im Chorion-Epithel und -Stroma. Im Epithel der Chorionblasen erhält es sich länger als an anderen

Stellen. Bei Carnivora findet sich früh Glykogen im Endometrium, schwindet aber am Nidationsort rasch und fehlt der Placenta. Wislocki und Dempsey [1463] nehmen an, daß die Gefäßversorgung bei der Katze so gut ist, daß Glykogendepots überflüssig werden. Bei Rodentia findet sich im allgemeinen Glykogen in gefäßnahen Deciduazellen und im visceralen Dottersackblatt (*Mus* ab 10. Tag), jedoch nie im parietalen Dottersackblatt, im Labyrinth und selten im Syncytium (*Rattus* 12. Tag in Trophoblastriesenzellen [1462]). Bei *Myotis* [1427, 1428] findet sich sehr reichlich Glykogen in der paraplacentaren Decidua und in den prismatischen Zellen an der Exocoelfläche des Dottersackes (hier bis zur Geburt). Spärlich kommt es in der übrigen Decidua im Amnionepithel und Trophoblasten vor. Es fehlt im Syncytium des Labyrinths. Bei *Sorex* [1476] tritt es im Uterinsekret, im Trophoblastring und im Entoderm des visceralen Dottersackblattes auf. Beim Menschen kann Glykogen in der Decidua, in der Choriobasalis und im Trophoblasten, besonders im Cytotrophoblast der Zellsäulen nachgewiesen werden. Allgemein läßt sich feststellen, daß Glykogen sich an Orten geringer Oxydation findet, sei es, daß die Gefäßversorgung schlecht ist, sei es, daß oxydierende Fermente fehlen. Außerdem ist Glykogenvorkommen meist mit der Lokalisation alkalischer Phosphatase gekoppelt. Nach Dempsey und Wislocki [1460—1465, 1476] geht der Glykogensynthese eine Dephosphorylierung von Hexosephosphat voraus. Daher ist die Glykogenbildung an die Anwesenheit eines phosphatspaltenden Fermentes gebunden. Weiterhin ist bemerkenswert, daß der Glykogengehalt der Placenta unabhängig vom Blutzuckerspiegel der Mutter und von der Intensität des Zuckertransportes in der Placenta ist. Das Glykogen in der Placenta hat also offenbar eher mit dem Eigenstoffwechsel des Organs (Wachstum) als mit der Transportfunktion etwas zu tun. Neben der Bedeutung für den Kohlehydratstoffwechsel kommt den Phosphatasen eine wesentliche Rolle bei der Resorption der Fette zu. Phosphatasen finden sich daher regelmäßig in der Placenta und zwar besonders in der Grenzschicht zwischen materner und fetaler Blutbahn. Jedoch ist der Phosphatasegehalt oft (dagegen Wimsatt [1427—1428]) umgekehrt proportional dem Gehalt an Ribosenucleoproteiden. Das Problem ist durch die Tatsache erheblich kompliziert, daß es zahlreiche substratspezifische Phosphatasen gibt. Phosphatasen verschiedener Herkunft zeigen eine ganz unterschiedliche Empfindlichkeit gegen Fermentgifte. Der Syncytiotrophoblast von *Cavia* und *Homo* enthält Phosphatasen, die alle geprüften Phosphate spalten. Über das Vorkommen von Phosphatasen mag Tabelle XI informieren.

Fette und Lipoide sind in den verschiedenen Anteilen der Placenta nachweisbar. Der physiologische Mechanismus des Fetttransportes durch die feto-maternelle Grenzmembran ist unklar. Hofbauer [635b, e] glaubte aus Untersuchungen mit markierten Fetten annehmen zu dürfen, daß Fette als Fettsäuren und Glycerin die Trophoblastmembran passieren und in der Placenta sofort zu Fetten resynthetisiert werden. Die Versuche beweisen jedoch nur, daß die Fettsäuren, die auf der maternen Seite vorhanden, später im Feten erscheinen. Es ist auch nicht möglich, histochemisch nachweisbares Fett zu differenzieren in resorbiertes Fett und in Fett, das aus dem Stoffwechsel der Placentargewebe stammt. Im Syncytium nachweisbare Lipoide stammen zum Teil sicher aus synthetischen Prozessen und werden heute mit dem Aufbau der Steroidhormone in Verbindung gebracht. Histochemisch tritt Fett in Frühstadien in der Regel in maternen Geweben auf. Beim Schwein findet es sich in geringen Mengen im Drüsenepithel und im Trophoblasten. Bei *Ovis* und *Bos* findet sich Fett in der Uterinmilch, in der Decidua und im Epithel. Die Placenta der Carnivora ist sehr fettarm. Bei *Sorex* und *Blarina* findet sich Fett in Drüsenepithelzellen und im Chorionepithel, optisch-doppelbrechendes Fett und grüne Fluoreszenz (Lipoide) im membranösen Chorion und in geringerer Menge in der allantoiden Placenta. Eingehend untersucht ist die Fettlokalisation bei *Myotis* [1427]. Sudanschwarz-positive Lipoide finden sich in fast allen Teilen des Organs, besonders reichlich im endometrialen Stroma. und im subplacentaren membranösen Chorion. Im Labyrinth wird Fett resorbiert und tritt sowohl im Syncytium wie im Mesenchym hervor. Steroide finden sich ausschließlich in den hohen Trophoblastzellen des subplacentalen Chorions. Bei Rodentia tritt Fett gewöhnlich zuerst in den Deciduazellen, später in den trophoblastischen Riesenzellen und im Cytotrophoblasten auf. Doppelbrechende, fluoreszierende Lipoide finden sich im visceralen Dottersackblatt und im Labyrinthsyncytium.

Tab. XI

| Art | Alkalische Phosphatase | Saure Phosphatase |
|---|---|---|
| *Sus scrofa* L. [1464] | Im Chorionstroma, maternen Kapillarendothelien | Im Chorionepithel, Drüsenepithel und Sekret |
| *Felis catus* L. [1463] | In Frühstadien im Endometrium (Epithel und Stroma), Myometrium. Später im Syncytium, Cytotrophoblast (zweite Hälfte der Gravidität) | Früh in basaler Drüsenzone, später im Sekret, nie im fetalen Gewebe |
| Rodentia allgemein | Syncytium, Labyrinth zunehmend mit Graviditätsalter. Fehlt meist im Endometrium | |
| *Mus musculus* L. | Wenig im Dottersack | |
| *Rattus* | Mäßig im Dottersack. Vorhanden in decidualer Schwellung um Eikammer | |
| *Cavia cobaya* L. [1462, 313, 534a] | Reichlich im Dottersack. Im Syncytium der Cotyledonen, fehlt aber der interlobulären Zone. Maximum am 50. bis 55. Tag, schwindet später. Vorhanden in Decidua und Durchdringungszone; fehlt der Subplacenta. | |
| *Oryctolagus cuniculus* L. | In der reifen Placenta vorhanden im feinmaschigen Syncytium des Labyrinthes | |
| *Homo* [1459, 1460, 1461, 1465] | Reichlich im Syncytium der reifen Placenta. Maternes Endothel | |
| *Myotis lucifugus* Le Conte [1427, 1428] | Sehr reichlich im Syncytium, abnehmend mit dem Alter. Früh in der Decidua basalis, spät in Decidua parietalis. Amnionectoderm. Im Myometrium | |
| *Sorex* [1476] | Reichlich im maternen Oberflächen- und Drüsenepithel, im Sekret. Im Trophoblastring, Dottersackepithel. Im Labyrinth in fetalen Geweben, nicht im hypertrophierten maternen Endothel | |

Bei *Homo* erscheint Fett in den Deciduazellen (2. Monat), im Syncytium und in geringer Menge im Cytotrophoblasten und im Zottenmesenchym. Das syncytiale Fett wird heute meist mit der Bildung der Ketosteroide in Beziehung gesetzt [1460, 1465].

Eiweißkörper sind reichlich in der Histiotrophe enthalten und werden durch Phagocytose korpuskularer Partikel aufgenommen. In den späten Phasen der Placentation können Proteine entweder unverändert übertragen werden (Antitoxine bei *Oryctolagus*, *Homo*). In epithelio- und syndesmochorialen Placenten ist ein Übertreten derartiger großmolekularer Substanzen von der Mutter auf den Fet nicht möglich. Aber auch bei der hämochorialen Placenta können nicht alle Proteine die Placentarschranke passieren. Die Ursachen und der Mechanismus dieser selektiven Permeabilität sind nicht bekannt. Proteolytische Fermente lassen sich in den meisten Placentartypen nachweisen, ohne daß damit gesagt wäre, daß sie Bedeutung für den Eiweißaustausch in der Placenta haben müssen. Im allgemeinen wird angenommen, daß die Proteine gespalten werden und die Placentarschranke in Form von Aminosäuren überschreiten. Durch die Erforschung der Agglutinogene des Rh-Systemes (Rhesusfaktor) beim Menschen ist auch das Problem des Proteinübertrittes von der Mutter auf den Feten und umgekehrt in eine neue Phase eingetreten. Derartige Agglutinogene gehen vom Feten auf die Mutter über und erzeugen hier Isoagglutinine. Diese können dann wieder auf den Fetus übergehen. Nun wird aber nur ein kleiner Prozentsatz der Kinder, die nach den Mendelschen Regeln phänotypisch an Erythroblastose erkranken müßten, tatsächlich manifest krank. Die Ursache für dies Phänomen ist noch ungeklärt. Viel Wahrscheinlichkeit hat jene Annahme für sich, die mit einer individuell verschiedenen Permeabilität der Placentarschranke rechnet.

Die Angaben über den Übergang von Vitaminen in der Placenta sind noch widersprechend. Offenbar kann die Ascorbinsäure (Vitamin C) frei übertreten.

**Exkretion durch die Placenta:** Die Ausscheidung von Stoffwechselschlacken des Fetus erfolgt zum großen Teil ebenfalls über die Placenta. $CO_2$ diffundiert entsprechend dem Partialdruck. Die Konzentration der stickstoffhaltigen Schlacken (Harnstoff, Harnsäure, Kreatinin) ist für *Oryctolagus*, *Canis* und *Homo* im fetalen und maternen Blut etwa gleich hoch. Bei vielen Eutheria funktioniert die Urniere während einer mehr oder weniger langen Periode als Ausscheidungsorgan. Die Exkretion durch den Mesonephros ist für *Sus* und *Oryctolagus* (auch *Didelphis*) durch Farbstoffinjektion nachgewiesen worden [430]. Bereits Bremer [200] hatte einen Parallelismus zwischen Placentarstruktur und Urnierenfunktion angenommen in dem Sinne, daß bei Arten mit einer hoch leistungsfähigen hämochorialen Placenta diese allein der Ausscheidungsfunktion dient. Jedoch wird aus der häufigen Kombination einer funktionierenden Urniere und einer großen Allantoisblase mit einer Semiplacenta der Schluß gezogen, daß derartige Placentartypen (*Sus*) nicht nennenswert an der Ausscheidung der Exkrete beteiligt sind. Diese Vorstellung ist in letzter Zeit zweifelhaft geworden, da sich immer mehr herausstellte, daß auch eine Placenta epitheliochorialis ein sehr leistungsfähiges Organ sein kann und da außerdem gelegentlich auch eine extensive epitheliochoriale Placenta mit einer offenbar nicht sezernierenden Urniere kombiniert sein kann (*Microcebus*) [619].

**Die Placenta als Hormonbildungsstätte.** Durch klinische Beobachtungen und experimentelle Untersuchungen ist die Hormonbildung durch die Placenta für den Menschen und einige Säuger nachgewiesen. Bereits Halban [510b] zeigte, daß das menschliche Chorionepithel Stoffe an das Blut abgibt, die das Wachstum von Uterus und Mamma anregen. Placentarextrakte können am virginellen Kaninchen Brunstsymptome hervorrufen und das Wachstum von Mamma und Uterus stimulieren, ein Effekt, der dem der Östrogene entspricht. Philipp [999a—1000a] stellte bei carcinomkranken Frauen fest, daß Placentarimplantation das Wachstum der Brust anregt und unter Umständen Milchsekretion hervorruft. Die Frage der Östrogenbildung in der Placenta konnte in erweitertem Umfang experimentell geprüft werden, nachdem der Nachweis dieser Substanzen durch den Allen-Doisy-Test [9a, 11a, b] möglich wurde. Die Frage, ob die Placenta selbst die Bildungsstätte für Östrogene ist oder ob es hier nur zu einer Speicherung der an anderer Stelle gebildeten Substanzen kommt, wurde entschieden, als sich zeigte, daß bei der graviden Frau nach Entfernung der Ovarien [1000] die Östrogen-Ausscheidung anhält. Am kastrierten Kaninchen kommt es zur Östrogenbildung nach Implantation von Placentargewebe in die vordere Augenkammer. Auch der Nachweis der Bildung von Progesteron in der Placenta ist gelungen. Schließlich ist auch gesichert, daß die Placenta die wichtigste, wenn nicht die einzige Bildungsstätte der Gonadotropine in der Gravidität ist.

Der Nachweis der Gonadotropine (Prolane) erfolgt mit dem Aschheim-Zondek-Test. In Gewebekulturen von menschlichem Trophoblasten, in denen nur die Langhanszellen wachsen, ist Choriongonadotropin enthalten. Auch durch Implantation von Trophoblast in die vordere Augenkammer konnte die Gonadotropinbildung nachgewiesen werden.

Die Bedeutung der Placentarhormone ist in der Tatsache zu sehen, daß die Placenta in der Gravidität alle Aufgaben endokriner Art übernimmt, die beim nichtträchtigen Tier von Hypophysenvorderlappen und Ovar geleistet werden. Die Östrogene stimulieren das Wachstum von Uterus und Mamma, wirken daneben möglicherweise auch auf die Hypophyse im Sinne des Umbaues zur Schwangerschaftshypophyse ein. Das Progesteron bewirkt eine Ruhigstellung und Erschlaffung des Myometriums und macht dieses unempfindlich gegen die Hinterlappenhormone. Unklar ist zur Zeit noch, inwieweit Wegfall des Progesterons in der pränatalen Phase wehenauslösend wirkt und damit den Termin des Geburtsbeginns bestimmt. Beim Menschen scheint jedoch ein Abfall des Progesteronspiegels kurz vor der Geburt nicht nachgewiesen zu sein. Die hormonale Steuerung der Geburtsauslösung ist ein noch offenes Problem. Choriongonadotropine bedingen die Umbildung des Corpus luteum in den Schwangerschaftsgelbkörper und sind damit für die Sicherung der Gravidität von Bedeutung, bevor die Placenta selbst die Progesteronbildung übernimmt.

Die Lokalisation der Hormonbildungsstätten in bestimmten Placentarstrukuren ist bisher nicht mit Sicherheit möglich [74a]. Alle Betrachtungen zu dieser Frage müssen von der Tatsache ausgehen, daß der morphologische Nachweis der Produktionsstätten nicht mit morphologischen oder histochemischen Methoden möglich ist, solange nicht spezifische Reaktionsmethoden zur Verfügung stehen. Dennoch können aus histochemischen Beobachtungen Hinweise gewonnen werden, wenn die experimentellen und biochemischen Befunde sorgfältig berücksichtigt werden. Wir haben in der Placenta also folgende Hormone zu unterscheiden:

Placentarsteroide (Steroidhormone) < a) Östrogene, b) Progesteron

Choriogonadotropine (Proteohormone: Glukoproteid)

Daneben kommen auch Androgene und Nebennierenrindenhormone in der Placenta vor, doch ist über deren Bedeutung und Lokalisation derzeit kaum Sicheres auszusagen.

Als Hormonbildungsstätten sind zahlreiche Strukturelemente der menschlichen Placenta in Anspruch genommen worden. Meist handelt es sich um Gewebsbestandteile, die starke Stoffwechselaktivität aufweisen. So hat sich eine spezifische Hormonproduktion bisher für Deciduazellen und für mesenchymale Elemente der fetalen Placenta (Hofbauer-Zellen) nicht mit Sicherheit beweisen lassen. Wislocki [1459] hat die großen epitheloiden Zellen in der Chorionplatte und in den Placentarsepten als Gonadotropinbildner angesprochen. Diese Zellen ähneln stark den Deciduazellen, unterscheiden sich aber von ihnen durch stärkere Basophilie, positive PAS-Reaktion, Mangel an Neutralfetten und Phosphatase. Über ihre Bedeutung ist derzeit noch nichts Sicheres bekannt. Im allgemeinen besteht die Auffassung, daß der Cytotrophoblast (Langhanszellen) die Choriongonadotropine bildet, während das Syncytium die Placentarsteroide liefert [74a, 1000]. Diese Annahme stützt sich auf die Beobachtung, daß beim Menschen der Cytotrophoblast in der zweiten Hälfte der Gravidität nahezu vollständig schwindet und daß gleichzeitig der Choriongonadotropin-Spiegel stark absinkt. Ebenso kann man an Blasenmolen und Chorionepitheliomen ein Parallelgehen von Ausbildung des Cytotrophoblasten und Maximum der Gonadotropinausscheidung beobachten. Histochemisch weisen die LANGHANSzellen eine starke Basophilie auf, sind aber nahezu frei von Phosphatasen. Sudanophiles Material und doppelbrechende Lipoide fehlen. Die Perjodsäure-SCHIFF-Reaktion ist im 2 bis 3. Graviditätsmonat stark positiv (Mucopolysaccharide).

Die histochemischen Befunde lassen sich also relativ gut mit der Glukoproteidnatur der Gonadotropine in Parallele setzen. Im Syncytium ist die Basophilie gering und nimmt mit zunehmendem Alter ab. Phosphatasen (besonders saure) sind deutlich nachweisbar (Transport- und Resorptionsfunktion?). Optisch doppelbrechende Lipoide und sudanophiles Material lassen sich reichlich nachweisen. Doch sei betont, daß die Reaktionen keineswegs spezifisch für Steroidhormone sind. DEMPSEY und WISLOCKI (1944) [310] weisen darauf hin, daß sich die Lipoide des Syncytiums durch Doppelbrechung, Auslöschen der Eigenfluoreszenz nach Einwirkung von Lipoidlösungsmitteln und Acetonlöslichkeit auszeichnen. Die Autoren halten diese Methode für relativ spezifisch auf Steroidhormone. Schließlich hat ORTMANN [956, 957, 959] darauf aufmerksam gemacht, daß die persistierenden Cytotrophoblastzellen in den Inseln und der Basalzone der Placenta des Menschen zahlreiche Besonderheiten aufweisen, die an eine spezifische stoffliche Leistung denken lassen. Histochemisch sind diese Zellen durch hohen Ribonucleinsäuregehalt gekennzeichnet. Dazu finden sich große Vakuolen mit fettfreiem Inhalt und Anzeichen für Kernsekretion. Die Kernkugeln zeigen deutliche Lipoidreaktion (Sudan-Schwarz). Der Autor hält diese Zellen für mögliche Produktionssätten von Placentarhormonen, speziell der Choriongonadotropine.

Für andere Arten sind die bisherigen Vorstellungen über die Lokalisation der Hormonbildungsstätten noch unsicherer fundiert als für den Menschen.

## 5. Systematischer Teil

## Die Eihautbildung und Placentation in den einzelnen Gruppen der Eutheria

### A. Insectivora

Die Entwicklungsgeschichte, besonders die Placentationsfrage bei Insectivora, ist von erheblichem Interesse, da es sich um eine zentrale Säugergruppe handelt, in der die meisten spezialisierteren Ordnungen der Eutheria wurzeln. Genaue Kenntnis der Verhältnisse bei Insectivora verspricht daher Aufschluß über evolutive Zusammenhänge. Evolutionsprobleme in der Ontogenese können verständlicherweise nur aus einer Analyse rezenter Formen gedeutet werden. So hat die Insectivorenplacenta seit HUBRECHT stets eine wesentliche Rolle in der Placentationsforschung gespielt. Nun darf allerdings nicht übersehen werden, daß unsere Kenntnisse der Insectivorenplacenta im wesentlichen auf der Untersuchung von *Erinaceus, Talpa* und *Sorex* beruhen. Auf dieser äußerst schmalen Befundbasis entstand die allgemeine Lehrmeinung, daß die „Insectivora" eine hämochoriale, diskoidale Placenta besitzen. Diese Meinung, geradezu als Dogma festgelegt, wurde Grund für zahllose Spekulationen über die Evolution der Fetalanhänge der Eutheria. Nun existieren aber tatsächlich über 300 Insektenfresserarten. Von diesen waren bis zum Jahre 1938 nur 8 Arten, zum Teil in Einzelstadien, untersucht. Alle hatten tatsächlich eine hämochoriale Scheibenplacenta. Seit dieser Zeit sind unsere Kenntnisse durch die Untersuchung von 13 weiteren Formen erweitert worden. Dabei ergaben sich derart überraschende Befunde wie das Vorkommen einer epitheliochorialen Placenta bei *Scalopus* und einer Kombination von Placenta epitheliochorialis mit hämochorialer Labyrinthplacenta bei *Potamogale*. Auch die Macroscelididae haben sich als höchst eigenartig und für die Deutung allgemeiner Fragen als wichtig erwiesen. Jedenfalls kann heute mit Sicherheit gesagt werden, daß es einen einheitlichen Placentationstyp bei Insectivora nicht gibt, daß die Placenta haemochorialis zwar in dieser Gruppe verbreitet ist, aber nicht ausschließlich vorkommt. Dadurch wird es notwendig, allgemeine Annahmen über die Evolution der Säugerplacenta zu modifizieren. Die Erfahrungen der letzten Jahre mahnen zur Vorsicht. Es ist dringend notwendig, die Basis der Tatsachenkenntnisse gerade für diese ancestrale Gruppe zu erweitern. In Tabelle XII S. 144 und 145 sei kurz das Wesentliche zusammengestellt.

Die tabellarische Übersicht zeigt eindeutig, daß sich die Insectivoren im Hinblick auf viele Merkmale der Fruchthüllen, die meist als gruppenspezifisch angesehen werden (Orientierung der Keimanlage und der ersten Anheftung, Verhalten von Dottersack und Allantois, feinere Struktur der Placenta) nicht einheitlich verhalten. Gleiches gilt für die Art der Amnionbildung. Faltamnion findet sich bei Soricidae, Talpidae, Chrysochloridae und Tupaiidae. Spaltamnion kommt bei Tenrecidae, Erinaceidae und Macroscelididae vor.

**Tenrecidae (Centetidae).** Die Entwicklung der Frühstadien ist von *Hemicentetes* bekannt. Die erste Anheftung der Blastocyste erfolgt seitlich am Endometrium, also weder meso-noch antimesometral, ein Modus, der von Goetz [450] als orthomesometral bezeichnet wurde. Dabei wechseln die benachbarten Keimblasen gewöhnlich zwischen dorsaler und ventraler Wand. Der Anheftungspol entspricht dem Embryonalpol. Gegenüber der Nidationsstelle bildet sich ein »falsches Placentarkissen« (Abb. 81) aus, das heißt eine schwammige, ödematöse Schleimhautzone, die sich dem Keim anlegt und diesen dabei mit einer glockenförmigen Eindellung umfaßt. Derartige Schleimhautpolster finden sich als Ernährungsbasis einer Choriovitellinplacenta. Funktionell übernehmen sie die Rolle einer Decidua capsularis. Hier kommt es in späteren Stadien vorübergehend zu einer omphaloiden Anheftung mit Destruktion des maternen Epithels. An der Implantationsstelle wachsen solide Trophoblastzapfen ins Endometrium ein. Sie greifen zunächst nur Oberflächen- und Drüsenepithel an. Solide Trophoblaststränge wachsen in die Drüsenlumina vor. Arrosion materner Gefäße erfolgt erst spät. Das Chorion laeve ist primär zottenfrei. Die Allantoisblase ist bei *Hemicentetes* sehr groß und drängt schließlich den Dottersack vollständig vom Chorion ab (Abb. 81). Gleichzeitig bildet sie die Grundlage für die Labyrinthplacenta, die einen zentralen Blutbeutel aufweist. Dieser enthält materne Blutextravasate (Histiotrophe) und ist von hohem Trophoblastepithel ausgekleidet. So stellt die *Hemicentetes*-Placenta offenbar eine Übergangsform zur Topfplacenta dar. Im circumplacentaren Bereich steht das stark vaskularisierte Chorion ebenfalls im Dienste der histiotrophen Ernährung (syndesmochoriale Paraplacenta). Von *Tenrec ecaudatus* Schrèbèr (Abb. 82) sind nur ältere Placentarstadien bekannt. Im Prinzip finden sich die gleichen Verhältnisse wie bei *Hemicentetes*. Abweichungen betreffen vor allem die Sekretblasen im Paraplacentargebiet (nur bei *Tenrec*) und das Vorkommen von Allantoiskrypten bei *Hemicentetes*. Im Gegensatz dazu zeigt *Setifer* (*Ericulus*) erhebliche Abweichungen [1264, 1265, 364] von den genannten beiden Genera, so daß man kaum von einem einheitlichen Centetidentyp der Placenta sprechen kann.

Bei *Setifer setosus* Schrèbèr (Abb. 81) erfolgt die Implantation antimesometral. Die orthomesometrale (laterale) Anheftung bei *Tenrec* und *Hemicentetes* wird mit der außergewöhnlich großen Zahl von Jungen in Zusammenhang gebracht (Goetz), denn dadurch soll die alternierende Nidation an Vorder- und Hinterwand notwendig geworden sein (*Tenrec* und *Hemicentetes* haben bis zu 20, maximal 32 Junge in einem Wurf, *Setifer* höchstens 5). Andeutung einer Decidua capsularis kommt vor (Abb. 81). Ein falsches Placentarkissen ist vorhanden, erreicht aber bei weitem nicht das Ausmaß wie bei *Hemicentetes*. Im Bereich dieser mesometral gelegenen Anlagerungsstelle des Chorion laeve bildet sich zunächst eine nicht vaskularisierte Dottersackplacenta (ähnlich *Talpa*). Später entwickelt sich eine vaskularisierte Choriovitellinplacenta, doch bleibt primäres Chorion laeve in einem kleinen Bezirk der Keimblasenwand erhalten. Auch bei *Setifer* kommt es zum Einwachsen von Trophoblaststrängen in Drüsenschläuche. Das interglanduläre Bindegewebe im Bereich des echten Placentarkissens bildet einen dichten Faserfilz als Reaktion des Endometriums auf das Eindringen des Trophoblasten. Gegen Ende der Gravidität schwindet diese Bindegewebsverdichtung völlig (bei *Hemicentetes* persistent bis zur Geburt). Histiotrophe wird vorübergehend von Drüsen im zentralen Bereich der Placentaranlage am Rande des Placentarkissens gebildet. Dieses zentrale Drüsenfeld wird von einer Cytotrophoblastdecke überspannt und bildet die Anlage des zentralen Blutbeutels. Das Gewebe des Placentarkissens wird im Laufe der Entwicklung selbst zu Histiotrophe und entsprechend der Reduktion des Kissens dringt der Blutbeutel nach allen Seiten vor. Im Bereich des Blutbeutels sind einzelne Zotten dauernd an der Decidua basalis angeheftet (Haftzotten, bei *Hemicentetes* nur eine Zentralzotte [450, 451]). Im Bereich der Basalis und der anschließenden Muscularis finden sich vielkernige Riesenzellen. Strauss [1264] deutet den Blutbeutel, der bei *Setifer* beson-

Tabelle XII. Tabellarische Übersicht über Eihautbildung und

| Art | Autor | Implantation | Lage der ersten Anheftung | Orientierung des Keimes |
|---|---|---|---|---|
| *Solenodon paradoxus* (Brandt) | Wislocki 1940 | Exzentrisch? Interstitiell? | Antimesometrisch | ? |
| *Tenrec* (:*Centetes*) *ecaudatus* (Schreber) | Strahl 1904<br>Grosser 1928<br>Goetz 1936 | Zentral<br>Intraglandulär | Orthomesometral | Orthomesometral |
| *Setifer* (*Ericulus*) *setosus* (Schreber) | Strauss 1943 | Exzentrisch<br>Intraglandulär | Antimesometral | Antimesometral |
| *Hemicentetes semispinosus* (G. Cuvier) | Bluntschli, Goetz 1937 | Zentral<br>Intraglandulär | Orthomesometral | Orthomesometral |
| *Potamogale velox* (Du Chaillu) | J. P. Hill 1939 | ? | ? | ? |
| *Chrysochloris asiatica* (L.) | de Lange 1919 | Zentral | Orthomesometral | Mesometral |
| *Eremitalpa granti* (Broom) | v. d. Horst 1948 | Zentral | Orthomesometral | Mesometral |
| *Echinosorex* (*Gymnura*) *gymnura* (Raffles) | Hubrecht 1898<br>Meister-Davis 1953 | Exzentrisch? | Antimesometral | Antimesometral |
| *Erinaceus europaeus* (L.) | Hubrecht 1889<br>Resink 1903 | Interstitiell | Antimesometral | Antimesometral |
| *Macroscelides spec.* | Starck 1949 | | | |
| *Macroscelides rozeti* (Duvernoy) | de Lange 1949 | Exzentrisch | Mesometral | — |
| *Nasilio brachyrhynchus* (A. Smith) | Gérard 1923 | Exzentrisch | Mesometral | — |
| *Elephantulus myurus* (Chubb) | v. d. Horst 1950 | Exzentrisch | Mesometral | Mesometral |
| *Sorex araneus* (L.) | Hubrecht 1893 | Zentral | Bilateral | Antimesometral |
| *Sorex* (*fumeus*) *cylindricauda* (Milne-Edw.) | Wimsatt-Wislocki 1947 | Zentral | Bilateral | Antimesometral |
| *Blarina brevicaude* (Say) | Wimsatt-Wislocki 1947 | Exzentrisch | Bilateral | Antimesometral |
| *Crocidura russula* (Herman) und *Suncus murinus* L. (*Crocidura coerulea* L.) | Starck, unpubl.<br>Sansom 1937, 1939 | Exzentrisch | Bilateral<br>Antimesometral | Antimesometral |
| *Talpa europaea* (L.) | Strahl 1892<br>Vernhout 1895 | Zentral | Bilateral-antimesometral | Antimesometral |
| *Scalopus aquaticus* (L.) | Mossman 1939 | ? | ? | ? |
| *Tupaia javanica* (Horsfield) | Hubrecht<br>de Lange-Nierstrasz 1932<br>v. d. Horst 1949 | Zentral | Bilateral | Antimesometral<br>(siehe hierzu |
| *Tupaia minor* (Günther) | Meister-Davis 1956 | | | |

Placentation der Insectivora (z.T. nach F. STRAUSS 1942 ergänzt).

| Decidua capsularis | Dottersack | Entoderm. Allantois | Falsches Placentarkissen | Placenta |
|---|---|---|---|---|
| Angedeutet | Groß, persist. Ch.-Vit.-Pl. Inversion | Fehlt? | — | Disk. haemochor. Labyr.-Pl. Trophoblastkissen |
| Fehlt | Groß, temporäre Ch.-Vit.-Pl. | Groß | Sehr groß orthomesometral | Disk. haemochor. Pl. Übergang zu Pl. villosa ; zentr. Blutbeutel, Semiplac.-Ring |
| Angedeutet | Groß, bilamin. D.S. pl., temp. Ch.-Vit.-Pl. Inversion | Groß | Klein, mesometral | Disk. haemochor. Labyr.-Pl. Zentraler Blutbeutel |
| Fehlt | Groß, temporäre Ch.-Vit.-Pl. | Groß | Sehr groß, orthomesometral | Disk. haemochor. Pl. Übergangsform, zentraler Blutbeutel, Semiplacentarring |
| ? | Klein | Groß | ? | Disk. haemochor. Labyr.-Pl. + diffuse epitheliochor. Pl. |
| Fehlt | Groß, temporäre Ch.-Vit.-Pl., unvollständ. Inversion | Mittelgroß | Klein, orthomesometral | Disk. haemochor. Labyr.-Pl. |
| Fehlt | Groß, temporäre Ch.-Vit.-Pl., unvollständ. Inversion | ? | — | — |
| Fehlt | Groß, bilaminäre Omphalopleura, persistiert | Mittelgroß | — | Disk. haemochoriale ? Labyr.-Pl. (haemoendothelial?) |
| Komplett | Mittelgroß, persistier. Ch.-Vit.-Plac., unvollständige Inversion | Mittelgroß | — | Diskoid. haemochor. Labyr.-Pl. |
| Dec. caps. angedeutet. Bildung einer eigenartigen Embryokammer, Pseudocapsularis | Groß, temporäre bilamin. Dottersackpl.; temporäre Ch.-Vit.-Pl. | früh Haftstiel, später mittelgroße All. | — | Disk. haemochor. Labyr.-Pl. und Semiplacenta |
| Angedeutet | Große persistierende Omph.-Pleura, unvollständ. Inversion temporäre Chor.-Vit.-Pl. | Klein | Klein, ringförmig | Disk. haemochor. Labyr.-Pl. n. WIMSATT-WISLOCKI, endotheliochorialer Trophoblastring |
| | Große Ch.-Vit.-Pl., unvollständ. Invers. | | — | Disk. endotheliochor. ? Labyr.-Pl., Trophoblastring |
| Komplett | Große persist. Ch.-Vit.-Pl., unvollständ. Inversion | Sehr klein | — | Disk. haemochor. Labyr.-Pl., Trophoblastscheide |
| Angedeutet | Klein, Bilamin.-D.S.-Pl., persist. Ch.-Vit.-Pl., temporär | Mittel bis groß | Klein, ringförmig | Disk. haemochor.? (endotheliochor.?) Labyr.-Pl. Chorionblasen |
| ? | Klein, persist. Ch.-Vit.-Pl. | Mittel bis groß | — | Diffuse sekundär epitheliochor. Placenta |
| Fehlt | Klein, temporäres Ch.-Vit.-Pl. | Mittel bis groß | Mittelgroß, später echte Kissen | Bidiskoidale Labyr.-Pl., haemochorial? oder endotheliochor.? |
| Kapitel Primates) | | | | |

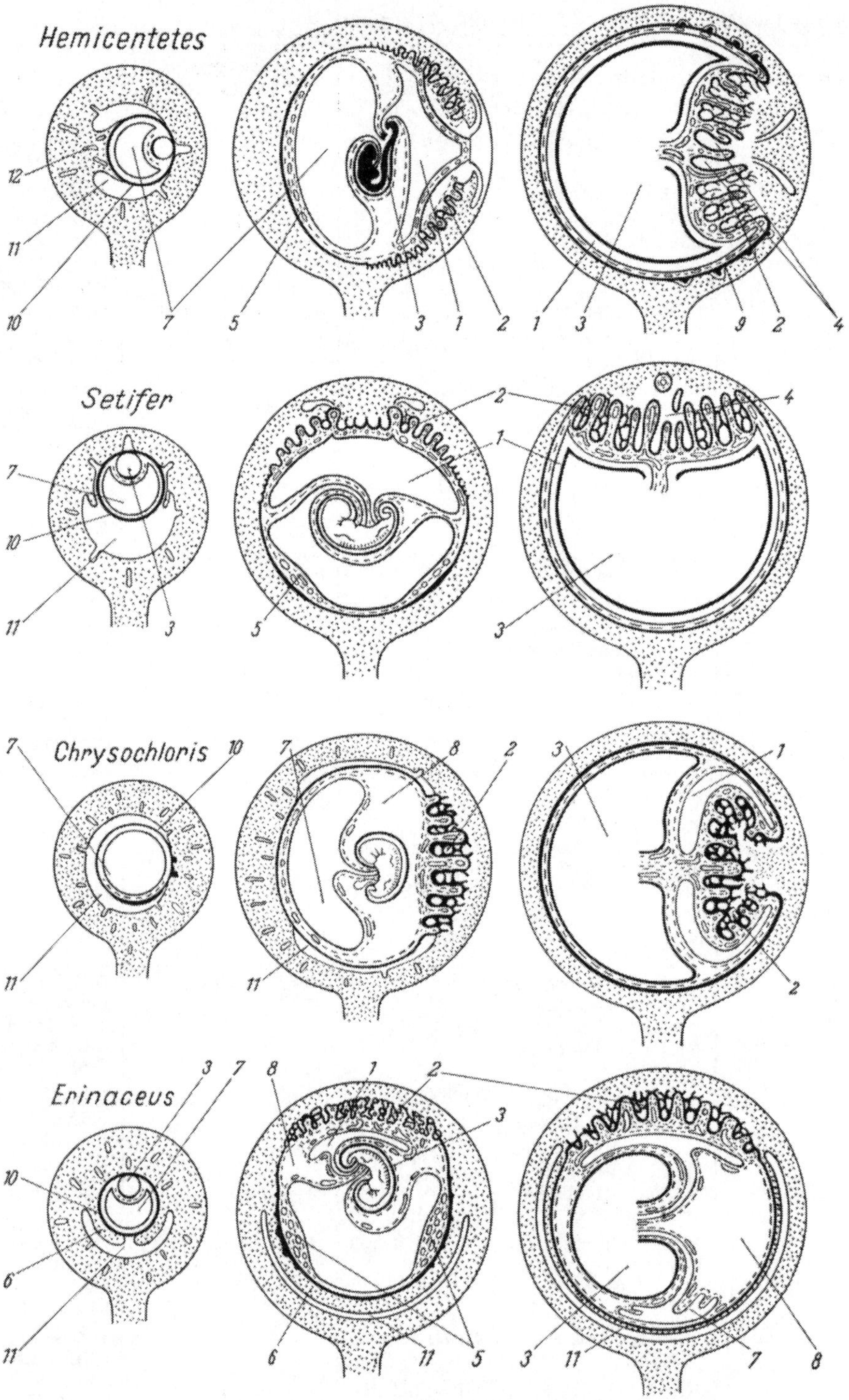


Abb. 81. Schematische Darstellung der Frühentwicklung, Eihautbildung und Placentation bei *Hemicentetes*, *Setifer*, *Chrysochloris* und *Erinaceus*. (Nach Mossman und Strauss)

| | | | |
|---|---|---|---|
| *1* Entodermale Allantois | *4* Blutbeutel | *7* Dottersack | *10* Trophoblast |
| *2* Allantochorionplacenta | *5* Choriovitellinplacenta | *8* Exocoel | *11* Cavum uteri |
| *3* Amnionhöhle | *6* Decidua capsularis | *9* Semiplacenta | *12* Falsches Placentarkissen |

ders starke Vergrößerung der resorbierenden Oberfläche und Vaskularisation zeigt, nicht als Hilfseinrichtung im Sinne von GROSSER, sondern sieht in ihm ein dem Labyrinth gleichwertiges Placentarorgan. Innerhalb des Blutbeutels findet sich zwischen den Zotten des Extravasatsackes ein intervillöser Raum, der funktionell — nicht genetisch — dem intervillösen Raum einer Topfplacenta entspricht. Der Unterschied zwischen den verschiedenen Tenreciden besteht darin, daß der Blutbeutel bei *Tenrec* [449, 488] und *Hemicentetes* sowohl der haemo- wie der histiotrophen Ernährung dient, während bei *Setifer* der haemotrophe Modus ganz im Vordergrund steht und damit die Überleitung zur Topfplacenta für diesen Bereich vollzogen ist. Analoge Verhältnisse werden bei der Carnivorenplacenta zu erwähnen sein.

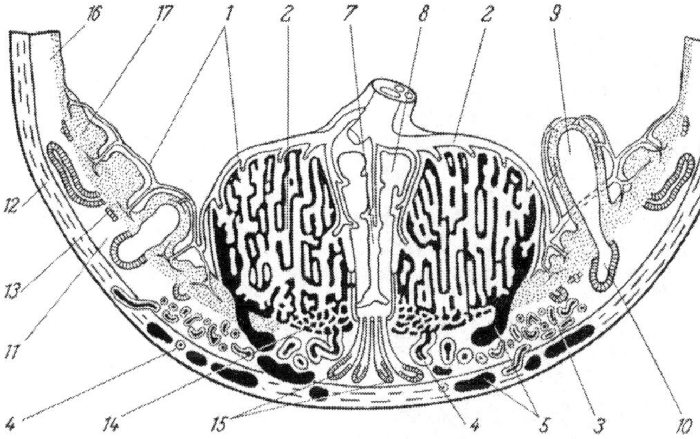


Abb. 82. Schema der Placenta von *Tenrec* (*Centetes*) *ecaudatus* (SCHREBER) (aus GOETZ, 1937). Fein punktiert: Circumplacentares und glattes Chorion

*1* Arteria umbilicalis
*2* Vena umbilicalis
*3* Knäuelarterien
*4* Materne Arterie
*5* Materne Venen
*6* Placentarlabyrinth
*7* Zentralzotte
*8* Blutbeutel
*9* Sekretblase
*10* Krypte
*11* Mucosa
*12* Muscularis uteri
*13* Epithelrest
*14* Syncytiallakunen
*15* Zentrales Drüsenfeld
*16* Chorion laeve
*17* Circumplacentares Chorion

*Setifer* [1265] besitzt zunächst eine mächtige Trophoblastschale, die nur einen kleinen Bezirk frei läßt. Die Scheibenform der Placenta entsteht also sekundär. Die Umwandlung zur diskoidalen Labyrinthplacenta erfolgt erst nach Ablösung des Dottersackkreislaufes durch die allantoide Vaskularisation. Die Ausbildung einer mächtigen Trophoblastschale stellt *Setifer* in die Nähe von *Erinaceus*. Die definitive Placenta läßt peripher eine syncytiale nicht vaskularisierte Ektoplacenta und ein engmaschiges, zentral gelegenes Labyrinth unterscheiden. Übergänge zwischen Labyrinth und Topfplacenta finden sich bei *Tenrec* und *Hemicentetes*, nicht aber bei *Setifer*. Ein wesentlicher Unterschied scheint zwischen den beiden Gruppen der Tenrecidae im Hinblick auf die Zirkulation in der Placenta zu bestehen. Bei *Setifer* gelangt das materne Blut durch weite von Trophoblast begrenzte Bahnen in subchoriale Lakunen und fließt von hier in die kapillarähnlichen Bahnen des Labyrinths. Anschließend durchströmt das Blut die Lakunen der Ektoplacenta und gelangt in materne Venen. Bei *Tenrec* (Abb. 82) und *Hemicentetes* strömt das Blut, soweit bekannt, zuerst durch die syncytialen Lakunen (Ektoplacenta) und dann durch das Labyrinth zum subchorialen Raum. Der Abfluß soll von hier über einen Randsinus erfolgen. *Setifer* würde also allein dem Kreislaufschema der typischen Labyrinthplacenta einzuordnen sein. STRAUSS [1265] weist darauf hin, daß bei *Setifer* primäres Chorion laeve neben einem sekundären Chorion laeve erhalten bleibt. Demgegenüber wird das primäre Chorion laeve bei *Hemicentetes* völlig in die Choriovitellinplacenta einbezogen und verliert damit seine glatte Oberfläche. Das Chorion laeve der reifen Placenta dieser Form ist also ausschließlich sekundär.

**Solenodontidae.** Von *Solenodon paradoxus* BRANDT (Abb. 89) ist bisher nur ein Embryonalstadium bekannt [1456], das etwa aus der Mitte der Gravidität stammt (Kopf-Rumpf-Länge 70 mm, Neugeboren ± 150 mm). Die Placenta hat Zapfenform und ist an der antimesometralen Seite angeheftet. Trotz naher systematischer Beziehungen von *Solenodon* zu den Tenrecidae ist die Placenta völlig verschieden gebaut. Solenodon besitzt komplette Inversion des Dottersackes. Eine entodermale Allantois scheint zu fehlen. Reste einer Decidua capsularis waren noch nachweisbar. Die Placenta besteht aus einem basalen Anteil, einem typischen

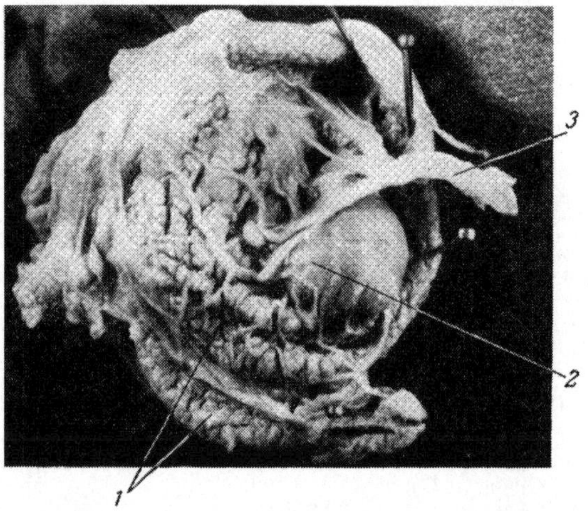


a)

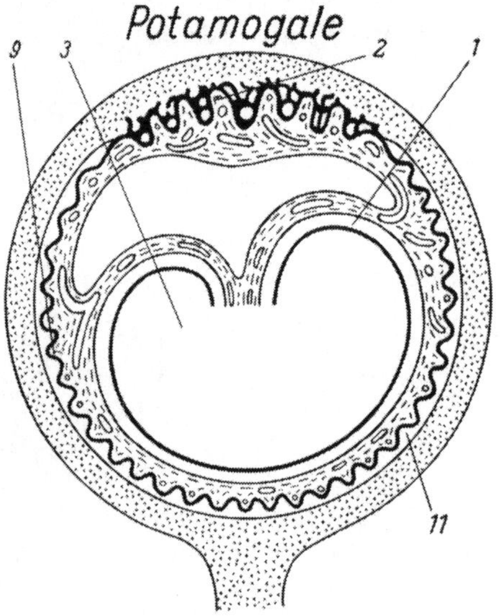


b)

Abb. 83 a) und b). *Potamogale velox* DU CHAILLU. a) Aufsicht auf die Placenta von der fetalen Fläche her. b) Schema. (Nach STRAUSS, 1942.) Ziffernerklärungen für b) wie bei Abbildung 81

a): *1* Epitheliochoriale Semiplacenta *2* Placenta discoidalis *3* Nabelstrang

hämochorialen Placentarlabyrinth, dessen Lakunen maternes Blut enthalten. Die fetalen Trabekel sind von einer dünnen Schicht von Syncytiotrophoblast überkleidet (Abb. 89). Nach der fetalen Seite hin sitzt auf dieser basalen Portion ein dickes Trophoblastkissen, das ausschließlich aus Cytotrophoblast besteht und frei von Mesenchym ist.

Diese Zone umgibt ringförmig die Umbilikalgefäße dort, wo sie an die Placenta herantreten. Sie wird fetal nicht vaskularisiert, enthält aber materne Bluträume, die mit den Lakunen des Labyrinths zusammenhängen. Das Trophoblastpolster ist am ehesten noch der Trophoblastscheide von *Crocidura* vergleichbar. STRAUSS [1264] sieht eine gewisse Ähnlichkeit mit dem stark gefalteten Blutbeutel von *Setifer*. Oberfläche und Randzone der Placenta sind von der Decidua capsularis umgeben. Ebenso (Abb. 89) hat die Anheftung des Nabelstranges auf der Placenta enge Beziehungen zur invertierten Dottersackwand, die in diesem Bereich stark verzweigte Zotten bildet und als Choriovitellinplacenta offenbar bis zur Geburt persistiert. Zwischen den Zotten dieses Bezirkes findet sich reichlich Pabulum, das offenbar aus der degenerierenden Randzone der Decidua capsularis stammt. Auch einige Extravasate finden sich hier.

**Potamogalidae.** *Potamogale velox* DU CHAILLU ist ebenfalls nur in Spätstadien bekannt (Abb. 83 a u. b). Potamogale besitzt eine große, gekammerte Allantois. Die Placentation ist rein allantoid. Neben der kleinen hämochorialen Labyrinthplacenta kommt eine sehr ausgedehnte epitheliochoriale Placenta vor, die im ganzen Umfang der Decidua anliegt.

**Chrysochloridae.** Bei *Chrysochloris* (Abb. 81) und *Eremitalpa* [648, 776, 780] findet sich superficielle, orthomesometrale Implantation. Die Keimanlage ist mesometral orientiert. Ein falsches Placentarkissen ist vorhanden, erreicht aber höchstens die Dimensionen wie bei *Setifer*. Vorübergehend ist eine Choriovitellinplacenta ausgebildet. Die Placenta wird in Form einer vorwiegend syncytialen Placenta angelegt. In diese dringt später Cytotrophoblast und Chorionmesenchym ein. In späten Phasen der Gravidität wird die Ektoplacenta bis auf eine schmale basale Schicht reduziert. Unterhalb der Placenta schiebt sich das Uterusepithel vor, so daß die Placenta gestielt wird. In alten Placentarstadien sind die maternen Blutlakunen des Labyrinths im zentralen Bereich sehr eng. Die Allantois ist nur von mäßiger Größe. Eine Andeutung von Inversion der Eihäute kommt auch den Chrysochloridae zu.

**Erinaceidae** [82, 665, 673, 901, 1041, 1264]. Die Implantation beim Igel erfolgt interstitiell, antimesometral. Ebenso ist die Embryonalanlage antimesometral orientiert. *Erinaceus* besitzt eine komplette Decidua capsularis (Abb. 81). Amnionhöhle und Dottersack entstehen durch Dehiszenz. Der Dottersack ist relativ klein, Inversion ist angedeutet. *Erinaceus* hat eine ringsum verdickte Trophoblastschale (Chorion frondosum) mit stark invasiven Fähigkeiten. Daher finden sich stets reichlich Blutungen. Maternes Blut strömt in die allseits von Trophoblast ausgekleideten Lakunen ein. Zeitweise ist auch eine ringförmige Choriovitellinplacenta vorhanden. Diese erhält sich trotz weitgehender Reduktion, bis zum Ende der Gravidität. Am antimesometralen Pol erreicht die Allantois die Keimblasenoberfläche. Hier bildet sich die allantoid vaskularisierte, scheibenförmige Placenta aus. Im Bereich des Dottersackpoles entsteht sekundär ein Chorion laeve. In der Placenta bleibt der zellige Charakter des Trophoblasten in den peripheren, dem maternen Gewebe benachbarten Bezirken, erhalten, während es in dem zentralen Bereich, soweit fetales Mesenchym eindringt, zur Syncytiumbildung kommt. Das Einwachsen des Mesenchyms erfolgt spät (Embryonen > 5 mm). Die Mesenchymbalken sind sehr schmal und sind von einem zarten Syncytiumbelag überzogen. Auch die maternen Blutlakunen bleiben — mit Ausnahme des nach der fetalen Seite gelegenen Bezirkes — sehr eng. Im peripheren Bereich fehlen fetale Kapillaren und Mesenchym. Es handelt sich also um eine anallantoide Ektoplacenta, bestehend aus Cytotrophoblast und maternen Bluträumen (Abb. 84). Im Grenzbereich zwischen allantoider Placenta und Ektoplacenta findet sich eine schmale Zone nicht fetal vaskularisierten Syncytiums (dunkler Streifen). Hier anastomosieren die mütterlichen Lakunen der beiden Placentarabschnitte. *Erinaceus* besitzt eine typische haemochoriale Labyrinthplacenta ohne Übergänge zur Topfplacenta.

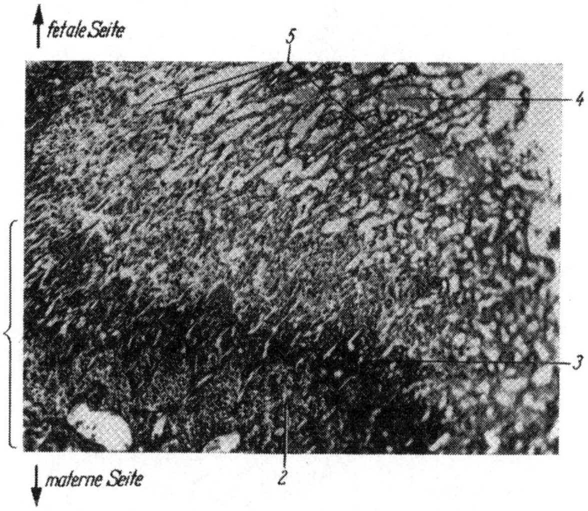


Abb. 84. *Erinaceus europaeus* L. Ausschnitt aus der fast reifen Placenta. Basal vor dem Placentarlabyrinth liegt die nicht allantoid vaskularisierte Ektoplacenta. (Aus STARCK, 1955)

*1* Unterbau-Anallantoide, nicht fetal vaskularisierte Ektoplacenta
*2* Unterbau, äußere Schicht der Ektoplacenta, Cytotrophoblast
*3* Trophoblastwucherung, Grenzschicht
*4* Blutlakunen
*5* Labyrinth

Die Placenta von *Echinosorex* (*Gymnura*) *gymnura* RAFFLES [860] ist nur in einem älteren Stadium bekannt (Scheitel-Steiß-Länge 71 mm). Die Placenta ist antimesometral gelegen. Ana)

b)

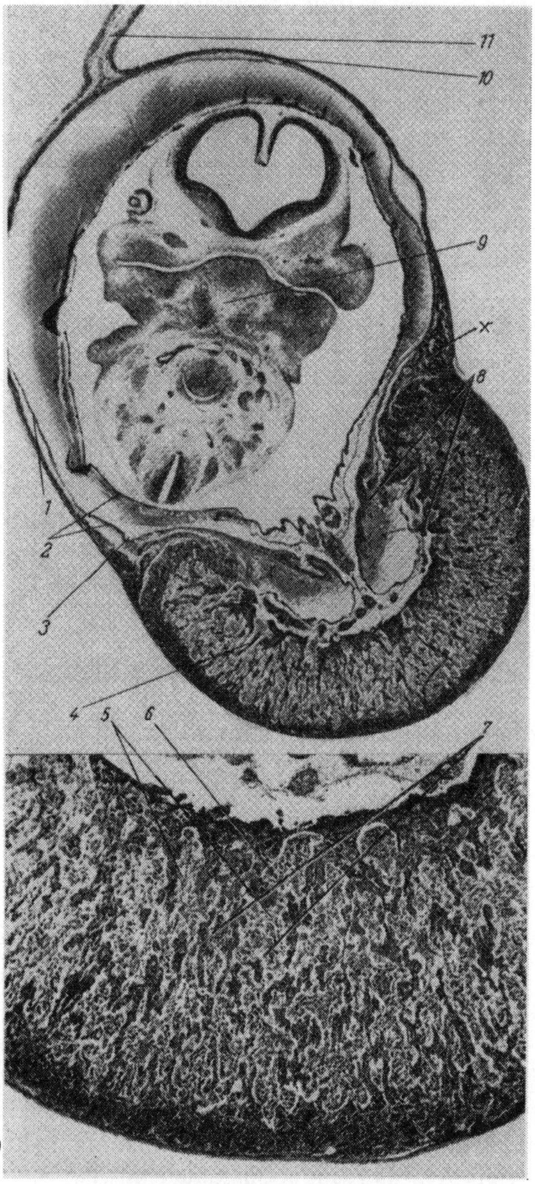

Abb. 85. *Sorex araneus* L. Querschnitt durch einen Uterus gravidus mit Fruchtkammer und Placentarkammer. *Unten*: Ausschnitt aus dem Placentarlabyrinth bei stärkerer Vergrößerung. *Bei x*: Diaphragmaartige Schleimhautfalte an der Grenze von Fruchtkammer und Placentarkammer

*1* Bilaminäre Omphalopleura
*2* Dottersack
*3* Cavum uteri
*4* Allantochorionplacenta
*5* Cytotrophoblast
*6* Fetale Gefäße
*7* Syncytiotrophoblast mit maternen Gefäßen
*8* Trophoblastring
*9* Embryo
*10* Uteruswand
*11* Mesometrium
*x* Diaphragmaartige Schleimhautfalte an der Grenze von Fruchtkammer und Placentarkammer

zeichen einer Decidua capsularis wurden nicht gefunden. Dottersack und Allantois scheinen sich ähnlich wie bei *Erinaceus* zu verhalten. Eine Choriovitellinplacenta wurde nicht mehr aufgefunden. Aus der Bearbeitung und den leider sehr unklaren Abbildungen geht hervor, daß die Placenta von *Echinosorex* der von *Erinaceus* sehr ähnlich ist. Allerdings soll sie bei *Echinosorex* hämoendothelial(?) sein. Offenbar besteht auch hier eine anallantoide Ektoplacenta und eine fetal vaskularisierte Euplacenta. In der Beschreibung wird klar angegeben, daß sowohl der trabekuläre wie der periphere spongiöse Teil der Placenta Trophoblast enthalten. Dieser soll in beiden Teilen syncytial sein. Es ist nicht ersichtlich, wieso die Autoren bei dieser Sachlage dazu kommen, von einer hämoendothelialen Placenta zu sprechen. Nach den Abbildungen zu urteilen, dürfte die Ektoplacenta große Ähnlichkeit mit der des Igels haben. Mononukleäre Riesenzellen trophoblastischen Ursprunges finden sich in großer Zahl im Bereich des basalen Trophoblasten.

**Soricidae.** Von den Spitzmäusen wurden bisher in Hinblick auf Frühentwicklung und Placentation untersucht *Sorex araneus* L. [665], *S. minutus* L. [183, 185], *S. cylindricauda (fumeus)* Miller [1436, 1476], *Blarina brevicauda* Say [1436, 1476], *Suncus murinus* L. 1766 (beschrieben als *Crocidura coerulea* [1109]). Eigene Beobachtungen an *Crocidura russula* Hermann konnten berücksichtigt werden. *Suncus* wird häufig auch als Subgenus von *Crocidura* aufgefaßt. Da sich im Entwicklungsmodus alle untersuchten Formen der *Sorex-Blarina*-Gruppe einerseits, *Crocidura* und *Suncus* andererseits sehr nahe stehen, sollen beide Gruppen nacheinander besprochen werden.

Bei *Sorex* erfolgt die Einnistung zentral. Die primäre Anheftung findet sich bilateral, die Embryonalanlage ist antimesometral orientiert. Der Anheftungsbezirk besteht aus einer ringförmigen äquatorialen Trophoblastpartie. Wenn sich das Amnion gebildet und das Chorion geschlossen hat (Faltamnion), entsteht die definitive Placentaranlage im antimesometralen Bereich (Abb. 85). Eine Decidua capsularis ist angedeutet. Der Dottersack ist groß und bildet eine komplizierte Dottersackplacenta, an der drei Zonen zu unterscheiden sind. Nach der mesometralen

Seite zu ist eine nicht vaskuläre bilaminäre Omphalopleura ausgebildet. An diese schließt sich eine spezialisierte, gleichfalls avaskuläre Zone, der Trophoblastring an. Es handelt sich um den Teil der bilaminären Omphalopleura, der unmittelbar an den Anheftungsbezirk angrenzt. Hier sind die Trophoblastzellen stark vergrößert. Bei der Vergrößerung der Keimblase und infolge des Placentarwachstums verschiebt sich der Trophoblastring auf das Randgebiet der allantoiden Placenta. Dabei vergrößert sich der Ring durch Zellteilungen, jedoch nicht durch Zuschuß vom Rande her. Wenn die Vaskularisation des Chorions erfolgt, wächst gleichzeitig vom antimesometralen Rand des Ringes eine Trophoblastschicht aus, die sich als »trophoblastic curtain« den lateralen Schleimhautpolstern anlegt, aber vom Trophoblastring stets durch einen feinen Spalt getrennt bleibt. Später überkleidet diese Schicht vollständig die fetale Oberfläche der Placenta mit Ausnahme des Insertionsfeldes der Nabelschnur. Die Zellen des »curtain« sind offenbar an der Auflösung und Verarbeitung der Decidua capsularis beteiligt. Die Zellen des Ringes hingegen haben kaum destruktive Fähigkeiten, sondern resorbieren und phagocytieren (vor allem Fe-Resorption).

Während bilaminäre Omphalopleura und Trophoblastring bis zum Ende der Gravidität erhalten bleiben, wird die Choriovitellinplacenta mit der Ausbildung der allantoiden Placenta und der Inversion des Dottersackes rückgebildet.

Zwischen Trophoblast und Entoderm ist in der bilaminären Omphalopleura eine sehr deutliche Reichertsche Membran ausgebildet. Diese wird vom Trophoblasten her gebildet. Sie besteht aus Kollagen [1436, 1476]. Die direkte Bildung von Kollagen vom Trophoblasten her ist von Interesse in Hinblick auf die Tatsache, daß bei Primaten (S. 179) auch Angioblasten und Mesenchymzellen vom Trophoblasten abgespalten werden. Das Mesenchymzellenstadium bei der Kollagenbildung kann also übersprungen werden.

Syncytium differenziert sich zunächst in der äquatorialen Anheftungszone während der Trophoblastring zellig bleibt. Die aus dem Grenzbereich zwischen beiden Zonen sich vorschiebende Trophoblastschicht (»curtain«) bleibt zellig. Die allantoide Placenta findet sich am antimesometralen Pol. Während die älteren Untersucher annahmen, daß diese hämochorialen Charakter hat, konnte nachgewiesen werden [1436], daß *Sorex cylindricauda* M. E. und *Blarina brevicauda* Say sicher eine endotheliochoriale Placenta besitzen. Die maternen Bluträume des Labyrinthes behalten eine Endothelauskleidung. Leichte Endothelhypertrophie kommt vor. Nur im Bereich des »trophoblastic curtain« kommt es zum Zusammenbruch materner Endothelien und damit zu Blutextravasaten in den Spalt zwischen »curtain« und Ring (Ort der Fe-Resorption). Bei beiden amerikanischen Arten persistiert ein Rudiment der entodermalen Allantois bis zum Ende der Gravidität im Nabelstrang. Nach älteren Angaben an *Sorex araneus* L. [665] soll das kleine Allantoisdivertikel sehr früh völlig verschwinden. Erwähnenswert ist, daß bei *Sorex*, — nicht bei *Blarina*, — die Embryokammer von der Placentarkammer (Abb. 85) durch eine diaphragmaartig vorspringende Schleimhautfalte getrennt sind, die nur eine kleine Öffnung für den Durchtritt der Nabelschnur frei läßt. Brammel und Perry [185] fanden zur Zeit der Anheftung des Chorions am antimesometralen Pol zweikernige Riesenzellen trophoblastischen Ursprungs im maternen Gewebe bei *Sorex*. Wimsatt und Wislocki haben diese Beobachtung bei *S. cylindricauda* M. E. und *Blarina* nicht bestätigt. Hingegen kommen trophoblastische Riesenzellen als Derivate des »curtain« in den Randzonen der Placenta vor. Sie zerstören fetales Mesenchym und maternes Endothel.

Bei *Crocidura* (einschl. *Suncus*) (Abb. 86, 87, 88) erfolgt die Nidation antimesometral, exzentrisch [1109]. Dabei kommt es zur vorübergehenden Bildung einer vollständigen Decidua capsularis. Der große Dottersack wird invertiert und bildet eine persistierende Choriovitellinplacenta. In das umgestülpten Dottensacklumen ragen Zotten der Dottersackwand hinein, deren Entodermzellen mit bräunlichen Granula beladen sind.

Auch bei *Suncus* finden wir den undifferenzierten, mesometralen Trophoblasten, den Trophoblastring und das Syncytium der Anheftungszone. Im Bereich der äquatorialen Anheftungszone finden sich zwei Formen der Trophoblastzellen, a) typische hohe phagozytierende Zellen, die nekrotisches Material aufnehmen, und b) destruktive Zellen, die ins Endometrium eindringen.

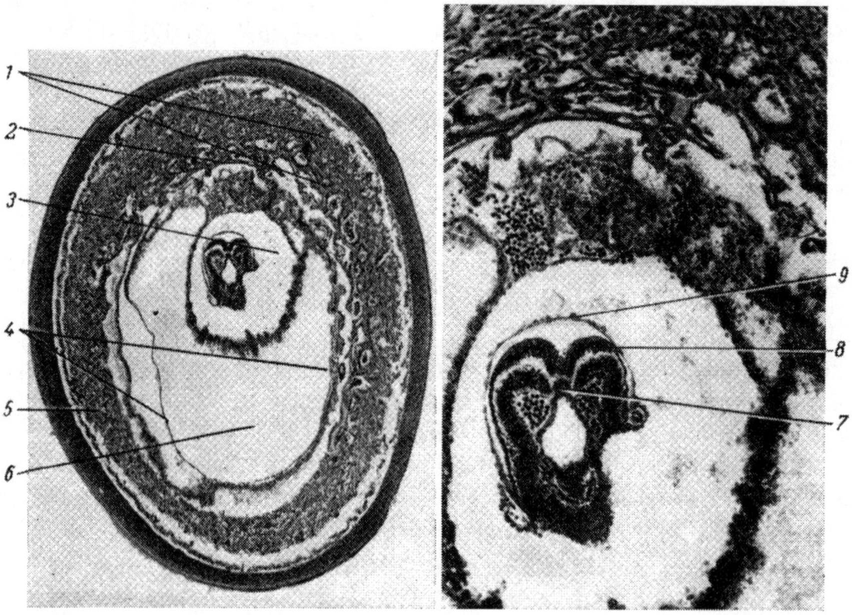


Abb. 86. *Crocidura russula* Hermann. Junge Keimblase mit Embryonalanlage

1 Endometrium
2 Antimesometrale Placentaranlage
3 Exocoel
4 Trophoblast
5 Decidua
6 Dottersack
7 Chorda dorsalis
8 Medullarwulst
9 Amnion

Das Uterusepithel zeigt reichlich Symplasmabildung. In den maternen Krypten der Placentarzone sind Symplasmen und wuchernder Trophoblast schwer gegeneinander abzugrenzen. Die Allantoisanlage soll ganz solide sein. Allantoismesenchym mit fetalen Kapillaren dringt in den Trophoblasten ein und bilden Chorionzotten. In der Folge wächst der Allantoisstiel stark in die Länge; der Embryonalkörper verschiebt sich nach der mesometralen Seite. Dadurch wird der Dottersack stark invertiert. Auch bei *Suncus* ist die Reichertsche Membran ähnlich ausgebildet wie bei *Sorex*. Unmittelbar neben dem Sinus terminalis proliferieren reichlich zweikernige trophoblastische Riesenzellen, die bis in die tiefen Schichten der Placentaranlage gelangen und von Sansom für die Eröffnung materner Gefäße verantwortlich gemacht werden. In der Placentaranlage selbst schwindet das materne Kryptenepithel; Allantoisgewebe dringt tief in die Placentaranlage, die im wesentlichen aus Syncytium besteht, ein. Die Natur des Labyrinths ist noch umstritten. Hubrecht [665] hatte für *Sorex* vermutet, daß das Syncytium sekundär zu Lakunen ausgehöhlt würde. Hierfür finden sich kaum Anhaltspunkte. Neuere Untersucher nehmen an, daß wandernde Trophoblastmassen die maternen Gefäße umscheiden und deren Endothel abbauen. Die Placenta würde demnach ein hämochoriales Labyrinth besitzen. Dieser Deutung ist widersprochen worden [1436, 1476]. Es findet sich eine außerordentliche Ähnlichkeit im Aufbau des Labyrinths von *Sorex* und *Blarina* mit den Befunden an *Suncus* [1109]. Unterschiede ergeben sich nur in der Deutung. Nach WIMSATT-WISLOCKI sind die Syncytiumstränge im Labyrinth von SANSOM nicht als solche erkannt worden, während dieser Autor die hypertrophierten maternen Endothelzellen als Trophoblast gedeutet hat. Eigene Untersuchungen an *Crocidura russula* sprechen für die Auffassung der amerikanischen Autoren. *Crocidura* und *Suncus* besitzen nun eine weitere eigenartige Placentarstruktur, die in ähnlicher Weise als Trophoblastkissen bei *Solenodon* vorkommt (S. 148). Sie besteht aus Cytotrophoblaststrängen, die die Allantoisgefäße am Nabelschnuransatz umgeben (Abb. 87, 88). SANSOM findet teilweise Umwandlung in Syncytium in dieser »Trophoblastscheide«. Bei *Crocidura russula* HERMANN besteht sie hauptsächlich aus Cytotrophoblast. Sie soll bei *Suncus* aus den wandernden zweikernigen Trophoblastzellen entstehen, die in der Gegend des Sinus terminalis auswandern. Die Trophoblastscheide enthält keine maternen Bluträume, wohl aber fetale Kapillaren. Aus dem Cytotrophoblast der Scheide differenziert sich Syncytium, das sich durch die ganze Placenta bis in den maternen Unterbau

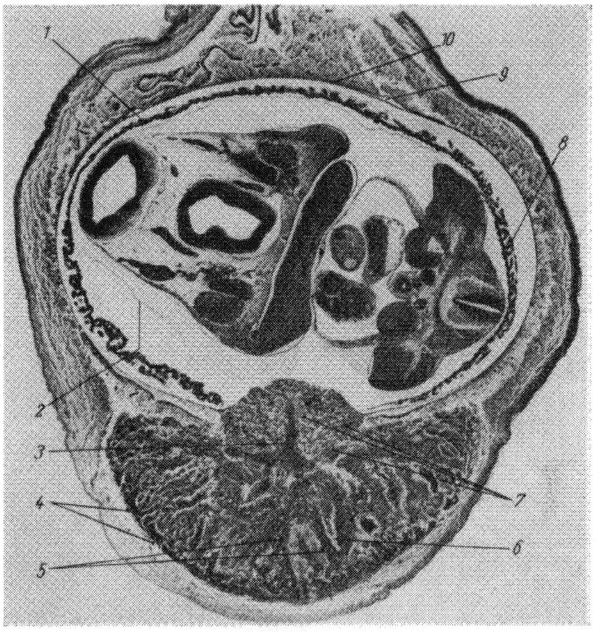

Abb. 87

Abb. 87. *Crocidura russula* HERMANN. Stadium aus der Mitte der Gravidität, Querschnitt durch Uterus mit Eikammer. Placenta ist etabliert. Trophoblastscheide auf dem Placentarkörper, durchbohrt von den Allantoisvenen. Anordnung der Eihüllen

*1* Splanchnopleura
*2* Amnion
*3* Allantoisvenen
*4* Materne Symplasmen
*5* Trophoblaststränge
*6* Placenta
*7* Trophoblastscheide
*8* Dottersack-Splanchnopleura
*9* Uteruslumen
*10* Keimblasenwand

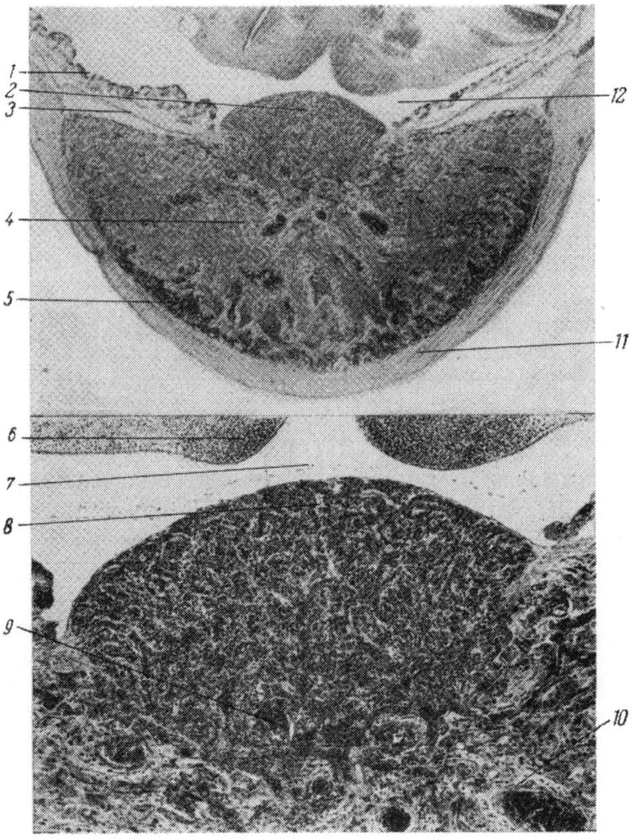

Abb. 88

Abb. 88. *Crocidura russula* HERMANN. Placenta aus der zweiten Hälfte der Gravidität. a) Übersichtsbild, b) Trophoblastscheide, Ausschnitt aus a. (Stadium etwas älter als Abbildung 87)

*1* Dottersacksplanchnopleura
*2* Trophoblastscheide
*3* Keimblasenwand (Bilaminäre Omphalopleura)
*4* Trophoblaststränge
*5* Materne Symplasmen
*6* Embryo
*7* Amnion
*8* Trophoblastzellen der Scheide
*9* Allantoisvene
*10* Labyrinth
*11* Myometrium
*12* Amnionhöhle

ausbreitet. Wislocki und Wimsatt weisen darauf hin, daß Cytotrophoblastmassen in den basalen Teilen des Labyrinths als Homologon der Trophoblastscheide anzusehen sind. Beide Gebilde sind als Bildungsstätten (Matrixzone) für Syncytium zu betrachten. Zusammenfassend sei betont, daß die Soriciden in Frühentwicklung und Placentation eine recht einheitliche Gruppe bilden. Die

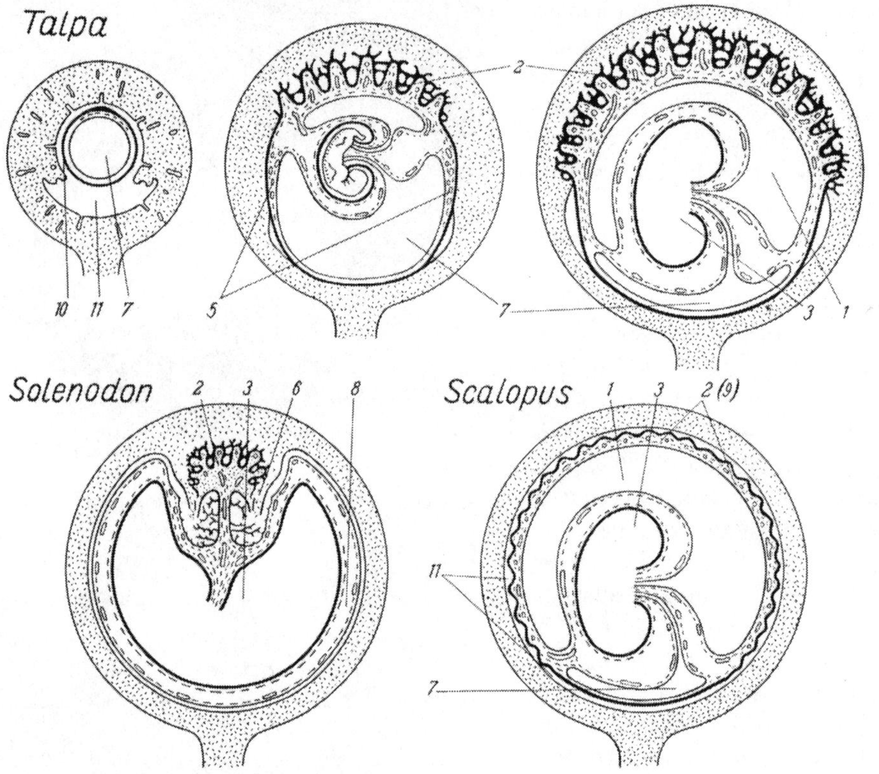


Abb. 89. Schema der Eihautbildung und Placentation bei *Talpa*, *Solenodon* und *Scalopus*. (Nach Mossman und Strauss.) Ziffern wie bei Abbildung 81

| | | |
|---|---|---|
| *1* Entodermale Allantois | *5* Choriovitellinplacenta | *9* Semiplacenta |
| *2* Allantochorionplacenta | *6* Decidua capsularis | *10* Trophoblast |
| *3* Amnionhöhle | *7* Dottersack | *11* Cavum uteri |
| | *8* Exocoel | |

einzelnen Genera zeigen Differenzen geringer Art. Auffallend ist die große Ähnlichkeit in der Placentarstruktur zwischen Crocidurinae und *Solenodon*. Auf Grund morphologischer Kriterien wurde der Schlitzrüßler bisher in die Nähe der Tenrecidae gestellt, eine Auffassung, die möglicherweise der Revision bedarf.

**Talpidae.** Beim Maulwurf (Abb. 89) erfolgt die Einnistung zentral im antimesometralen Bereich. Die erste Anheftung findet sich in einer ringförmigen, äquatorialen Zone der Keimblasenwand (bilateral). Der Keim ist ebenfalls nach der antimesometralen Seite hin orientiert. Das Endometrium zeigt im ganzen Bereich der Eikammer (etwa zwei Drittel des Gesamtumfanges) eine erhebliche Verdickung im oberflächlichen Bereich (Compacta) und eine Hypertrophie der Drüsen. Vorübergehend besteht eine Choriovitellinplacenta. Die hypertrophierte Schleimhaut wölbt sich capsularis-artig über die Eikammer vor (Abb. 89). Der Dottersack ist kleiner als bei Soriciden und besitzt keine Zotten. Im mesometralen Bereich kommt es zur Ausbildung einer persistierenden, nicht vaskularisierten Omphalopleura. Die Allantois ist mittelgroß und bleibt erhalten. Während STRAHL [1235] annahm, daß das materne Epithel erhalten bleibt und die Zotten des Chorions überkleidet, konnten alle späteren Untersucher feststellen, daß das Epithel schwindet und die Zotten nur von Trophoblast überkleidet werden. Die trophoblastische (syncytiale) Auskleidung der maternen Bluträume des Labyrinths wird später sehr dünn und endothelartig. In der Außenzone der Placenta bleibt der Trophoblast höher. Die außerordentliche Verdünnung des Trophoblasten im Labyrinthbereich hat dazu geführt, daß einige Autoren [486, 1359] die Placenta von *Talpa* für endotheliochorial ansprachen. Die Frage bedarf neuer Überprüfung an engseriiertem Material. *Talpa* besitzt, ähnlich wie die Wiederkäuer, Chorionblasen, die in späten Stadien Blutextravasate enthalten. Die von den Blasen überdachten Drüsenmündungen durchsetzen das Placentarlabyrinth bis zur fetalen Seite. In der Umlagerungszone treten massenhaft Riesenzellen auf, die teilweise als trophoblastischen Ursprunges (Deciduofrakten) teilweise als decidualer Herkunft gedeutet werden [235]. Das Amnion entsteht als Faltamnion. Nach der Geburt wird ein Teil des Placentarlabyrinthes nicht ausgestoßen, sondern in loco resorbiert (contradeciduater Typ). Von außerordentlicher Bedeutung sind die Befunde an den amerikanischen Maulwürfen *Scalopus aquaticus* L., *Scapanus*, *Neurotrichus*, *Parascalops* (Abb. 89) [902, 1020a]. Dottersack, Allantois und Amnion verhalten sich wie bei *Talpa europaea* L. Die Placenta ist rein epitheliochorial. Sie nimmt den gesamten lateralen und antimesometralen Bezirk des Fruchtsackes ein und läßt nur ein kleines, mesometrales Areal frei. Die Chorionzotten sind kurz und wenig verzweigt. Sie ragen in Krypten der Uterusmucosa hinein. *Scalopus* besitzt außerdem die für die Semiplacenta charakteristischen Chorionblasen (S. 224).

Nach einer mündlichen Mitteilung von Herrn Dr. PRASAD wird der epitheliochoriale Zustand bei *Scalopus* sekundär erreicht. Ihm geht ein endotheliochoriales Stadium voraus. Die Restitution des Uterusepithels erfolgt in der zweiten Hälfte der Gravidität von den Drüsen her (Unveröffentlichte Befunde von MOSSMAN und PRASAD).

**Macroscelididae.** In Frühentwicklung und Placentation der Macroscelididae finden sich so zahlreiche Besonderheiten, daß diese Gruppe völlig isoliert steht. Es sei betont, daß vor allem in Hinblick auf die Primitiventwicklung auch keinerlei Beziehungen zu den übrigen Menotyphla (Tupaiidae) zu erkennen sind. Die Gruppe ist in letzter Zeit mehrfach bearbeitet worden. Sehr eingehende Untersuchungen liegen vor allem an *Elephantulus rupestris jamesoni* CHUBB (*E. myurus j.*) vor [641, 642, 643, 646, 647, 650, 653, 655, 656, 657, 658, 659, 660, 661]. Dazu kommen Beobachtungen an *E. rozeti* DUV. [781], *Macroscelides* spec. [1196] und *Nasilio brachyrhynchus* A. SMITH [423]*). *Elephantulus* besitzt einen echten Menstruationszyklus. Die endrometrialen Veränderungen sind auf einen streng lokalisierten Bezirk beschränkt, in dem es zur Ausbildung einer Proliferation (Abb. 67) kommt. Im Östruszyklus sind drei Phasen zu unterscheiden: 1. Östrogenphase, Stromaödem, 2. Frühe Luteal-Phase, Stromaverdich tung, Flüssigkeitresorption. 3. Späte Lutealphase: Lokalisiertes Stromaödem, mesometral gelegener Menstruationspolyp. Konstant kommen stets nur zwei Embryonen (einer in jedem Uterushorn) zur Entwicklung, obgleich extreme Polyovulation (120 Eier bei einer Ovulation ausgestoßen) stattfindet. Der größte Teil der Eier wird befruchtet und erreicht im Vierzellenstadium den Uterus. Da in jedem Horn nur ein eng umschriebenes Implantationsfeld besteht, gehen alle Eier bis auf zwei zugrunde.

Die Implantation erfolgt exzentrisch, mesometral (Abb. 90). Die Embryonalanlage ist mesometral orientiert (Embryonalentwicklung, S. 76).

Die Amnionhöhle entsteht durch Spaltbildung im Embryonalknoten. Der Dottersack ist zunächst recht groß. Ein Haftstiel wird primär angelegt. Später bildet sich eine Allantoisblase.

Sehr eigenartig ist die Bildung der Embryokammer. Bevor der Keim im Implantationsbereich eintrifft, weitet sich das Uteruslumen um die Keimblase herum zu einer Embryo-

---

*) GÉRARD hat in seiner Arbeit von 1923 *Nasilio* irrtümlich als Soricide bezeichnet. Daher wurde im embryologischen Schrifttum stets übersehen, daß seit GÉRARDs Untersuchungen bereits Befunde an einem Macroscelididen bekannt waren. Die Arbeit wurde aber meist ignoriert, da sich die Befunde eben nicht in den Rahmen der Soriciden einfügen ließen.

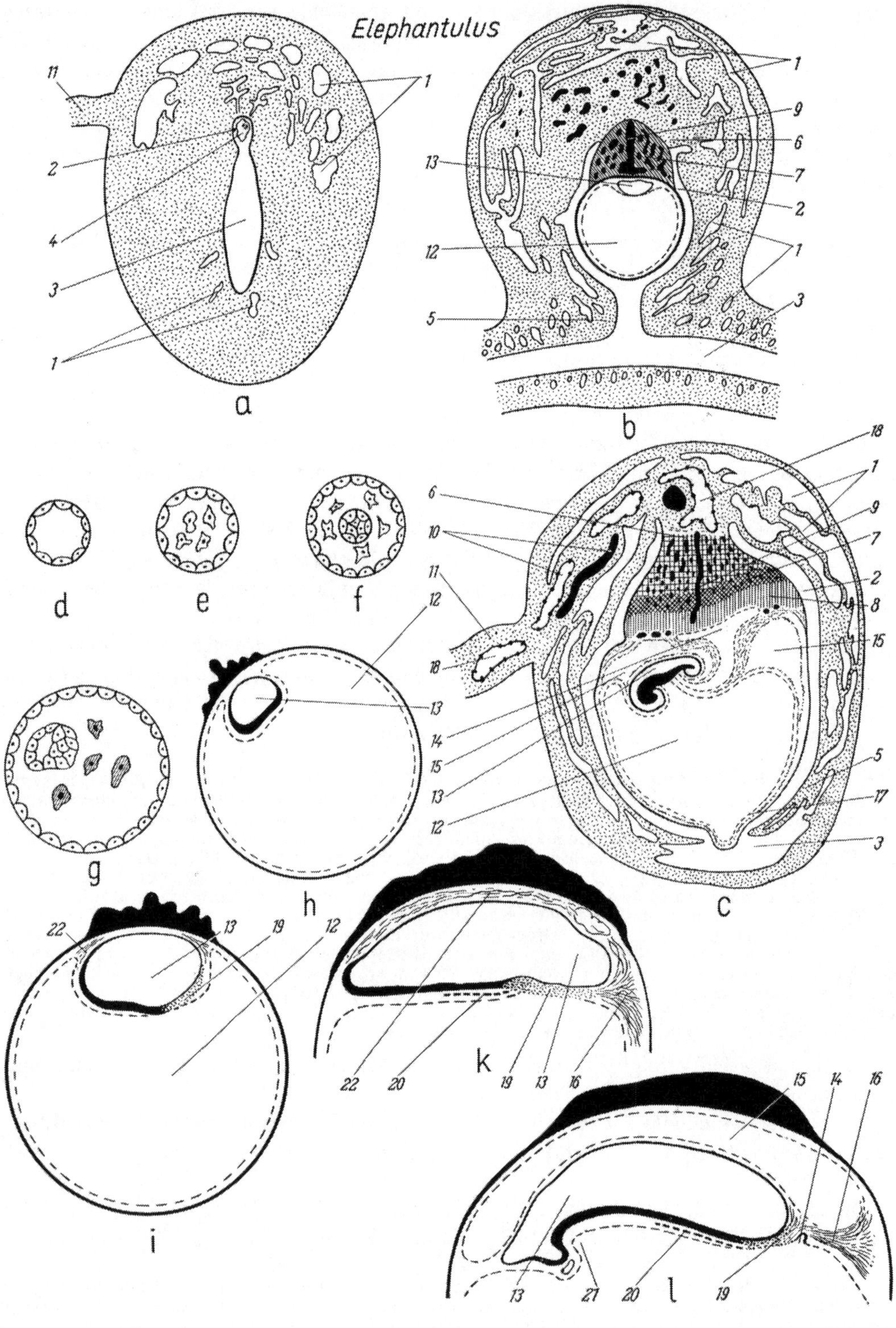


Abb. 90

kammer aus (Abb. 90a—c). Das Endometrium zeigt in diesem Gebiet deutlich deciduale Reaktion. Die Anheftung durch Trophoblastzotten erfolgt erst nach Bildung der Embryokammer. VAN DER HORST vergleicht die Embryokammer von *Elephantulus* mit dem Eibett von *Homo*. Die Ränder der Embryokammer würden den Wundrändern des maternen Epithels bei *Homo* entsprechen.

Der entscheidende Unterschied zwischen *Elephantulus* und *Homo* besteht nun in der Größe des Dottersackes. Bei *Homo* schließen sich die Wundränder über dem Keim und bilden eine echte Decidua capsularis. Bei *Elephantulus* wächst aber der Dottersack, bevor es zur Bildung einer echten Capsularis kommen kann, derart stark, daß er sich ins Cavum uteri vorwölbt (Abb. 90c). Später (Primitivstreifenstadium) schnürt sich die »Bursa embryonica«, die Embryo und Dottersack enthält, vom Hauptcavum des Uterus ab (Bildung einer »Pseudocapsularis«). Die Drüsen in der Umgebung der Embryokammer schwellen enorm an, so daß das interglanduläre Gewebe zu schmalen Septen ausgezogen wird. Dadurch kommt es zu einer Differenzierung der Decidua in eine zentrale Compacta um den Keim und eine periphere Spongiosa. Bei Stadien von 13-Somiten brechen die interglandulären Septen zusammen. Es kommt zur Bildung eines Spaltraumes zwischen Decidua und Muscularis. Drüsenreste auf der Muscularis bleiben während der Graviditätsdauer aktiv. Wenn die Pseudocapsularis zusammenbricht, bleiben nur an der mesometralen Seite durch die uterinen Gefäße und etwas umgebendes Gewebe Verbindungsbrücken zwischen der Uteruswand und der Placenta mit dem Keim erhalten (Mesoplacentarium). Die Bildung eines derartigen Mesoplacentariums bedeutet eine Vorbereitung auf die Ablösung der Placenta post partum im Sinne einer Sicherung gegen stärkere Blutungen, aber gleichzeitig auch eine Einrichtung, die in kurzer Frist eine neue Implantation ermöglicht.

Die Bildung der Placenta [653] beginnt mit dem Aussprossen von langen, fingerförmigen Fortsätzen des Syncytiotrophoblasten, die das materne Epithel durchsetzen und sich weit ins Endometrium vorschieben. Sie umhüllen dabei die Gefäße. Destruktive Eigenschaften fehlen diesem Syncytium offenbar. Es dient im wesentlichen zur Verankerung des Keimes am Endometrium. Ist der Keim durch einige derartige Wurzeln befestigt, so schieben sich kurze Zotten, die aus Cytotrophoblast bestehen, nach. Erst diese entfalten stärkere destruktive Potenzen und eröffnen sehr schnell die maternen Kapillaren. Der Syncytiotrophoblast dient also der ersten Fixation des Keimes und der Penetration des Epithels. Ausbau der Verbindung zwischen Keim und Endometrium erfolgt unter Zerstörung mütterlichen Gewebes im wesentlichen durch den Cytotrophoblasten. Ist die Verankerung erfolgt, so dringt der Trophoblast nicht weiter in die Tiefe ein. Das Stroma reagiert durch Bildung einer fibrösen Grenzschicht. Die Placenta wächst in der Folge im wesentlichen zentripetal. Die tiefen Syncytiumwurzeln atrophieren dann. Mitosen fehlen im Synyctium stets. Der Cytotrophoblast baut nun eine spon-

---

Abb. 90. Frühentwicklung und Placentation der Macroscelididae, schematisch. a) Junge Blastocyste kurz vor der Anheftung. Die Embryokammer deutlich gegen das Cavum uteri abgegrenzt. Mesometrium leicht nach lateral verschoben. b) Primitivstreifenstadium angeheftet. Längsschnitt. Embryokammer schließt sich gegen Hauptcavum ab. Zuwachszone der Ektoplacenta hängt ins Lumen der Embryokammer hinein. c) Älteres Stadium, Allantoide Placenta gebildet. Decidua pseudocapsularis im Zusammenbruch. Choriovitellinplacenta schiebt sich ins Hauptcavum vor. Allantois hat die Placentaranlage erreicht. d—l: Entwicklung der Embryonalanlage. d) Blastocyste, noch ohne Embryonalknoten. e, f) Zellen der Keimblasenwand wandern aus und schließen sich zum Knoten zusammen. g) Amnionhöhle durch Spaltbildung im Knoten entstanden. Freie amoeboide »Entoderm«-Zellen. h) Placentarscheibe am Embryonalpol. Amnionhöhle und Dottersack gebildet. i) Beginn der Mesenchymbildung, erste Anlage des Primitivstreifens. k) Haftstiel, Primitivstreifen und Kopffortsatz. l) Haftstiel, erstes Auftreten des Allantoisdivertikels

*1* Uterindrüsen
*2* Embryokammer
*3* Cavum uteri
*4* Keimblase
*5* Decidua pseudocapsularis
*6* Unterbau
*7* Ektoplacenta
*8* Labyrinth
*9* Zentralarterie
*10* Materne Gefäße
*11* Mesometrium
*12* Dottersack
*13* Amnionhöhle
*14* Allantois
*15* Exocoel
*16* Haftstiel
*17* Choriovitellinplacenta
*18* Materne Vene
*19* Primitivstreifen
*20* Chordafortsatz
*21* Kopfdarm
*22* Mesenchym

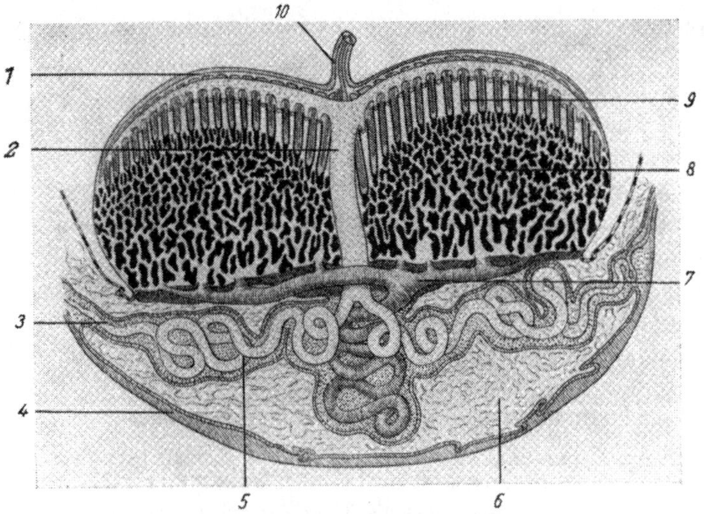


Abb. 91. *Macroscelides* spec. Nahezu reife Placenta, Schema. (Nach STARCK, 1949)

1 Fetale Gefäße
2 Materne Zentralarterie
3 Mesoplacentarium
4 Uteruswand
5 Materne Arterie
6 Histiotrophe
7 Basale materne Vene
8 Ektoplacenta
9 Labyrinth
10 Nabelschnuransatz

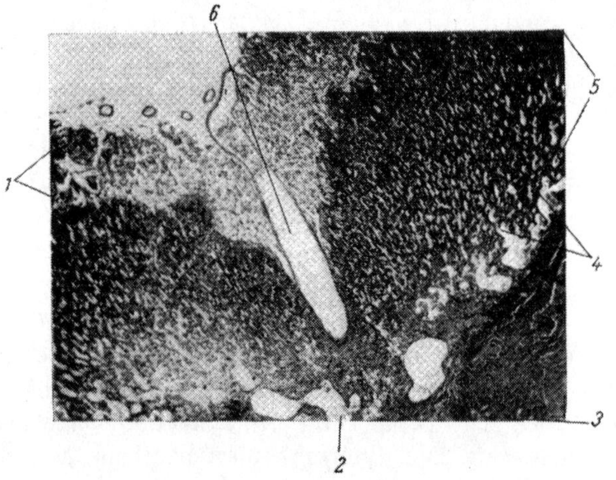


Abb. 92. *Macroscelides* spec. Ausschnitt aus dem Zentrum einer Placenta des Stadiums der Abbildung 91. Beachte zentrale materne Arterie und Ectoplacenta. (Nach STARCK, 1949)

1 Labyrinth
2 Basale Vene
3 Degenerationszone
4 Basale Syncytiallakunen
5 Ektoplacenta
6 Materne Zentralarterie

giöse Ektoplacenta auf, die zu einem mächtigen Zapfen heranwächst. Dieses Gebilde umschließt bei *Elephantulus* zwei, bei *Macroscelides* eine materne Zentralarterie, die die ganze Dicke des Placentarkörpers durchbohrt und sich an der fetalen Seite in radiäre Äste aufspaltet (Abb. 91, 92). Das materne Blut fließt also von der fetalen zur basalen Seite, wie bei fast allen anderen Eutheria. Der Abfluß erfolgt durch basale Venen, die sich dicht vor dem Mesoplacentarium zu einem Stamm vereinigen (Abb. 91) [653].

Noch bei Embryonen von 18-Somiten ist die Ektoplacenta nur durch nicht vaskularisiertes Chorion mit dem Embryo verbunden. Anschließend nimmt die Allantois Kontakt mit der Placenta auf und überzieht bei Stadien von 27 Somiten die fetale Oberfläche der Placenta [653]. Es kommt nun schnell zum Ausbau eines allantoid vaskularisierten Labyrinths. Die mächtige Ektoplacenta bleibt bei Macroscelididen während der ganzen Gravidität erhalten und wird nie fetal vaskularisiert. Sie nimmt etwa $^3/_4$ der Dicke des ganzen Placentarkörpers ein (Abb. 91 [1196]) und läßt eine dunkle Innenzone und eine helle Außenzone unterscheiden, ein Bild, das dem der Igelplacenta sehr nahe kommt. Eingehendere Untersuchung zeigt aber, daß — im Gegensatz zu *Erinaceus* — bei *Macroscelides* die labyrinthnahe, dunkle Zone aus Cytotrophoblast und die periphere Zone aus Syncytium besteht. In späteren Stadien wird die Cytotrophoblastzone vollständig in Syncytium umgewandelt [1196]. VAN DER HORST beschreibt, daß bei *Elephantulus* vorübergehend (Embryonen von 5 bis 8 mm) der Trophoblast des abembryonalen Poles verdickt ist und zwar dann, wenn der Kontakt mit der Allantois zustande kommt und die Pseudocapsularis zusammenbricht. Diese Verdickung betrifft aber stets nur einen kleinen Bezirk und ist sehr unbeständig. Der Autor faßt sie als Rudiment einer Obplacenta (sekundäre Pl.) auf. Die bilaminäre Omphalopleura wird durch eine Choriovitellinplacenta ersetzt, die ebenfalls nicht persistiert. Der Dottersack hat seine größte Ausdehnung während des Primitivstreifenstadiums. Er wird später durch die Allantois vom Chorion abgedrängt und verfällt weitgehender Reduktion.

Die Placenta der Macroscelididen ist also eine typische diskoidale, hämochoriale Labyrinthplacenta mit einer enorm ausgebildeten Ektoplacenta. Daneben besteht ein ausgedehnter Semiplacentarbezirk epitheliochorialer Struktur. Die Frühentwicklung der Macroscelididen ist charakterisiert durch massenhaftes Auftreten hoch spezialisierter Riesenzellen an verschiedenen Stellen des graviden Uterus, wie sie in ähnlicher Vollkommenheit kaum bei einer anderen Form zu beobachten sind.

Es ist immer mißlich, aus statischen Zustandsbildern Herkunft und Funktion bestimmter Zellelemente erschließen zu wollen. Die morphologische Methode kann nie bei der Klärung derartiger Zusammenhänge entscheidend sein, sie kann höchstens mangels anderer Untersuchungsmöglichkeiten Hinweise für Deutungsversuche geben. Das letzte Wort wird in derartigen Fragestellungen stets experimentellen und physiologischen Untersuchungen vorbehalten bleiben. So sind auch alle Deutungen der eigenartigen Riesenzellen in der Macroscelididenplacenta mit Reserve aufzunehmen.

Starck [1196] unterschied drei Spezialformen derartiger Zellen:

a) Vielkernige periarterielle Deciduazellen, die bis in die Intima der Arterien vordringen.

b) Vielkernige syncytiale Elemente, die während der mittleren Gravidität das Lumen der subplacentaren Deciduaarterien in einer determinierten Strecke des Verlaufes auskleiden (Abb. 79).

c) Kleinere, meist zweikernige Deciduazellen mit zentralen Einschlußkörperchen in Gefäßwand und Endometrium.

Genetisch werden a und c als Deciduazellen aufgefaßt, während für die Gruppe b die Deutung offen gelassen wird, wenn auch Entstehung durch Endothelhypertrophie für wahrscheinlich gehalten wird. Die neuen Untersuchungen von Ward-Orsini am *Mesocricetus* [1378] lassen aber auch die trophoblastische Herkunft für die Zellen der Gruppe b bei Macroscelididen nicht völlig ausgeschlossen erscheinen. Funktionell dürfte es sich um Zellen handeln, die in erster Linie spezifische stoffliche Leistungen zu vollbringen haben. Gérard hat ähnliche Zellformen bei *Nasilio* gefunden und sieht in ihnen endokrine Zellen [423]. van der Horst [653] beschreibt bei *Elephantulus* analoge Bilder, wie ich sie für *Macroscelides* angegeben habe [1196]. Dieser Autor ist der Ansicht, daß alle Riesenzellen bei *Elephantulus* sicher maternen Ursprunges sind und daß auch die endovaskulären Zellen modifizierte Deciduaelemente sind. Gleichzeitig hält van der Horst die verschiedenen Riesenzellen für glandulär, glaubt aber, daß die Zellprodukte nicht als Nährstoffe für den Keim verwendet werden. Über die evolutive Bedeutung der Insectivoren-Placenta cf. S. 249.

**Tupaiidae.** Die Frühentwicklung und Placentation der früher meist zu den Insectivora gegerechneten Tupaiidae wird im Zusammenhang mit dem Prosimiae besprochen (S. 170).

## B. Dermoptera

Die Implantation von *Cynocephalus* Boddaert = (*Galeopithecus* Pallas) [775] erfolgt superfiziell und antimesometral. In der Regel besteht der Wurf aus einem Jungen. Die Graviditätsdauer beträgt 60 Tage. Während des Prooestrus soll es zu einer lokalisierten Epitheldesquamation und zu Blutaustritt kommen.

Der Placentarbezirk ist von Anfang an lokalisiert und auf die Anheftungsstelle beschränkt. Diese ist durch Drüsenhypertrophie und Hyperämie gekennzeichnet. Das Entoderm entsteht durch Abspaltung vom Embryoblasten und kleidet sehr früh die ganze Keimblase aus. Die Amnionhöhle entsteht durch Dehiszenz (Spaltamnion, Archamnionhöhle) im Embryonalknoten. Es besteht also Entypie ohne Keimblattumkehr (ähnlich Typ IV, S. 75). Embryonalknoten und Trophoblast stehen von Anfang an in epithelialer Verbindung. Diese Verbindung nimmt später mesenchymatischen Charakter an und wird von der Dottersack-Splanchnopleura her vaskularisiert (Haftstiel). Der Dottersack ist in frühen Entwicklungsstadien relativ groß und bildet eine ausgedehnte bilaminäre Omphalopleura. Vorübergehend soll der Haftstiel verlorengehen. Sehr rasch kommt dann allerdings eine gefäßführende Verbindung zwischen Placentaranlage und Embryo durch die auswachsende Allantois zustande.

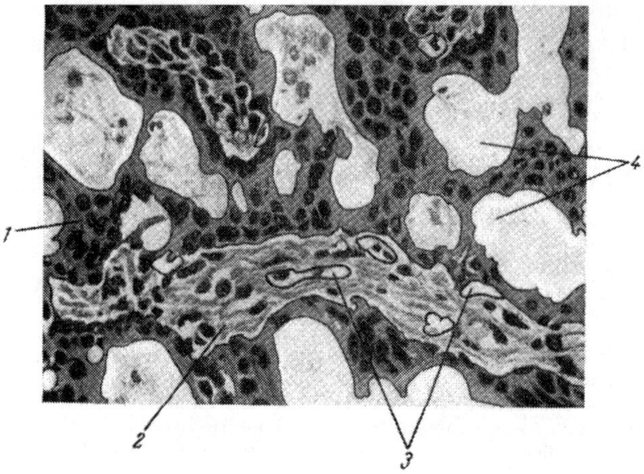


Abb. 93. *Cynocephalus* (*Galeopithecus*) *variegatus* Audebert. Ausschnitt aus dem hämochorialen Labyrinth der reifen Placenta. (Aus Starck, 1955, a. a. O., S. 282)

*1* Syncytiotrophoblast *2* Chorionbindegewebe *3* Fetale Kapillaren im Chorionbindegewebe *4* Lakunäre Räume mit maternem Blut

Die Placenta ist hämochorial, diskoidal und labyrinthär. (Abb. 93). Zunächst wuchert im Anheftungsbereich der Trophoblast und bildet eine mit lakunären Bluträumen durchsetzte Ektoplacenta aus. Das Endometrium zeigt in diesem Bereich Stromaödem und Drüsenhypertrophie. Durch Mesenchymeinwucherung wird die Ektoplacenta zu einer echten allantoiden Placenta umgebaut. Diese hat Labyrinthcharakter. Von dicken trabekelartigen Zottenstämmen gehen verzweigte Bälkchen ab, die ein kompliziertes Raumgitter formen. Die fetalen Kapillaren im Zottenstroma haben häufig subepitheliale Lage. Die Zottenüberkleidung besteht, jedenfalls bei dem dem Verfasser zur Verfügung stehenden Material, aus der letzten Zeit der Gravidität, nur aus Syncytium (Abb. 93). Stellenweise kommt es in der älteren Placenta sekundär zu einer Reduktion der labyrinthären Zwischenwände, so daß lakunäre materne Bluträume zu einem intervillösen Raum zusammen fließen. Gröbere Zottenstämme nehmen in derartigen Bezirken den Charakter von Haftzotten an. Die Placenta von *Cynocephalus* ist also eine theoretisch wichtige Zwischenform zwischen Labyrinth- und Topfplacenta. Der fetomaternelle Austausch erfolgt nur hämotroph. Paraplacentareinrichtungen fehlen.

## C. Chiroptera

Die Ordnung der Chiropteren umfaßt rund 1000 verschiedene Arten von denen etwa 250 auf die Subordo Megachiroptera fallen. Angaben über Frühentwicklung und Placentation besitzen wir über etwa 20 Arten, doch sind diese für die meisten Formen lückenhaft und beschränken sich auf Beschreibung von Einzelstadien. Hierzu kommen allerdings die wichtigen neuen Untersuchungen von Wimsatt [1432, 1433] über die Feinstruktur der Placentarschranke an 23 Arten aus 9 (von 17) Familien beider Unterordnungen. Frühentwicklung, Implantation und Ablauf des Placentationsgeschehens einschließlich der Eihautbildung sind bei höchstens einem Dutzend Arten bekannt. Soweit diese Befunde ein Urteil zulassen, ist trotz der Formenfülle mit einer, im Vergleich zu anderen Säugerordnungen erstaunlichen Einheitlichkeit der Struktur der Placenta zu rechnen. Unterschiede im Implantationsablauf, in der Eihautbildung und in der Ausbildung der Placenta kommen zwar vor, überschreiten jedoch kaum die Grenzen eines einheitlichen Typus. Dieses gilt auch beim Vergleich der beiden Unterordnungen Mega- und Microchiroptera. Der Unterschied zu den Insectivoren mit höchst differenten Placentartypen ist sehr eindrucksvoll. Dies kann allerdings nicht verwundern, wenn wir berücksichtigen, daß die Chiroptera in ihrer Gesamtheit Variationen eines sehr eng gezogenen Bauplanes darstellen, der zwar in eine große Zahl von Familien, Gattungen und Arten aufgesplittert ist, nie aber gesprengt wird. Es handelt sich um eine sehr primitive Eutheria-Gruppe, die den Insectivoren nahesteht, also im Ganzen wenig eleviert ist. Die Gruppe ist durch den Erwerb des Flugvermögens und die damit verbundenen Umkonstruktionen gut gekennzeichnet. Unter den Chiropteren ist beispielsweise kein einziger Fall bekannt, in dem das Flugvermögen sekundär wieder aufgegeben wurde. Diese Geschlossenheit der ganzen Gruppe mag auch die Einheitlichkeit im Ontogeneseablauf erklären.

**Megachiroptera.** Ältere Angaben an *Pteropus melanotus* Blyth = *edulis* [448a], *Rousettus amplexicaudatus* E. Geof. [744] und *Cynopterus sphinx* Wahl [725, 486] wurden neuerdings an *Pteropus giganteus giganteus* Brünnich und *Cynopterus sphinx gangeticus* Andérsen wesentlich erweitert und ergänzt, ohne daß Klarheit über alle Fragen erreicht wäre [889, 891].

*Pteropus giganteus giganteus* Brünnich [889, 891] trägt stets nur ein Junges (Graviditätsdauer 140 bis 150 Tage). Rechtes und linkes Uterushorn sind gleichwertig. Die Implantation erfolgt

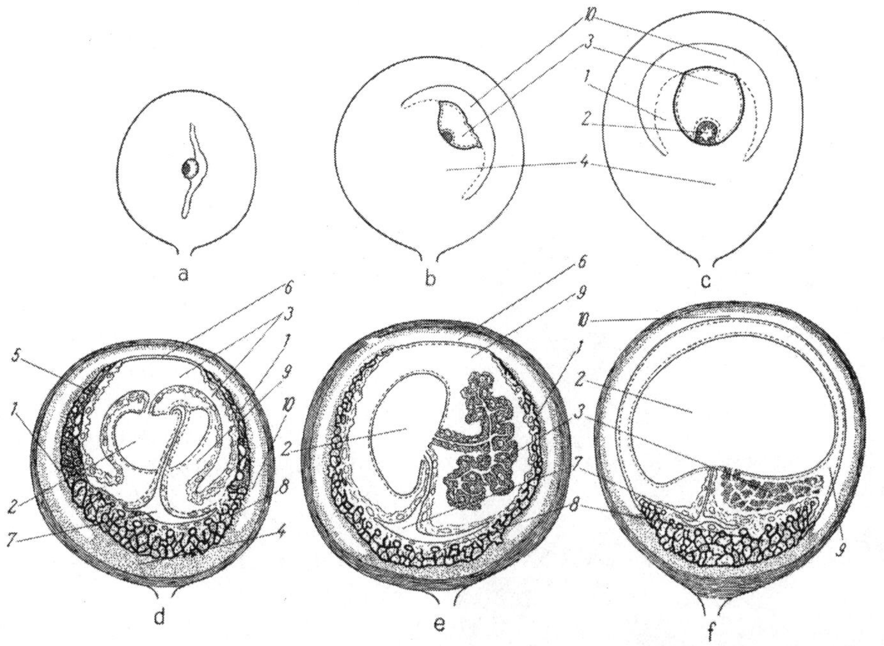


Abb. 94. Implantation und Eihautbildung von *Pteropus giganteus giganteus* Brünnich (nach M. A. Moghe Proc. zool. soc. London 121, 1951)

a—c) Implantation, Decidua capsularis, Bildung eines Placentarsockels im Bereich der Basalis. Das Epithel wird auf der Capsularis nicht restituiert. d) Allantois hat die Placentaranlage erreicht. Dottersack maximal ausgedehnt. Placenta im Querschnitt hufeisenförmig. e) Retraktion und Umbildung des Dottersackes im Gange. Beginn der Rückbildung des Placentarrandes. f) Spätstadium. Placenta scheibenförmig, Capsularis rückgebildet

*1* Decidua capsularis
*2* Amnionhöhle
*3* Dottersack
*4* Decidua basalis, Placentarkissen
*5* Choriovitellinplacenta
*6* Bilaminäre Omphalopleura
*7* Allantoisblase
*8* Allantochorionplacenta
*9* Exocoel
*10* Cavum uteri

ateral, doch verschiebt sich die Embryonalanlage und damit auch die Placentaranlage durch differentes Wachstum der Uteruswand alsbald nach mesometral (Abb. 94a—c). Der Keim dringt unter Destruktion des maternen Epithels ins Stroma des Endometriums ein, ohne allerdings völlig in der Schleimhaut zu versinken. Die Decidua capsularis bleibt also unvollständig. Es liegt ein Übergang von der superficiellen zur interstitiellen Nidation vor. Embryonal- und Anheftungspol sind identisch (Abb. 94). Der Trophoblast wuchert im Invasionsbereich und nimmt hier syncytialen Charakter an. Die Keimblasenwand bleibt gegen das Cavum uteri zu jedoch undifferenziert. Unter dem Keim bildet sich ein Placentarkissen mit stark erweiterten Drüsen und Hyperämie aus. Dieses springt zapfenartig in das Uteruscavum vor und bildet einen Sockel für Placenta und Keimblase. Die basale Decidua wird später vom Rande her durch das sich ausdehnende Uteruslumen unterschnitten, so daß der Placentarsockel nahezu gestielt erscheint (Abb. 94e). Der Keim sitzt wie in einem Becher, die Placenta bekommt im Querschnitt hufeisenförmige Gestalt (Abb. 94e). Erst in der zweiten Hälfte der Gravidität bildet sich die Capsularis mit den Randbezirken der Placenta zurück; die Placenta wird scheibenförmig. Das Amnion entsteht als Spaltamnion im Knoten. Der Dottersack ist groß. Vorübergehend besteht eine bilaminäre Omphalopleura. Auf dem Stadium der offenen Neuralrinne findet man eine trilaminäre Omphalopleura (Choriovitellinplacenta). Nur in einem kleinen antimesometralen Bezirk erhält sich vorübergehend zweischichtige Keimblasenwand. In der zweiten Hälfte der Gravidität zieht sich der Dottersack völlig vom Chorion zurück und liegt nun als stark gefaltetes, vaskularisiertes Gebilde im Exocoel. Dieser Dottersack erfährt nun eine eigenartige Transformation zu einem kompakten drüsenartigen Gebilde, daß sich bis zur Geburt erhält (Abb. 94e,f, 95). Das Dottersackentoderm faltet sich zu Zotten ein und umschließt tubulusartige Räume. Die Zellen schwellen stark an, bilden Zellnester und bieten das Bild einer endokrinen Drüse. Wenn auch eine endokrine Funktion vielfach für diese Gebilde angenommen wurde [194, 1189, 892], so muß doch betont werden, daß sichere Anzeichen für sekretorische Leistung bisher nicht vorliegen, daß histochemische Untersuchungen fehlen und daß über die Funktion dieses eigenartigen Organs nichts bekannt ist. Während man diese Umbildung des Dottersackes bisher nur von Flughunden kannte, ist neuerdings eine ganz analoge Transformation auch bei Microchiroptera (*Taphozous longimanus* Hardwicke und *Rhinopoma kinneari* Wroughton [892]) gefunden worden, ein wichtiges Argument gegen die diphyletische Entstehung der Mega- und Microchiroptera.

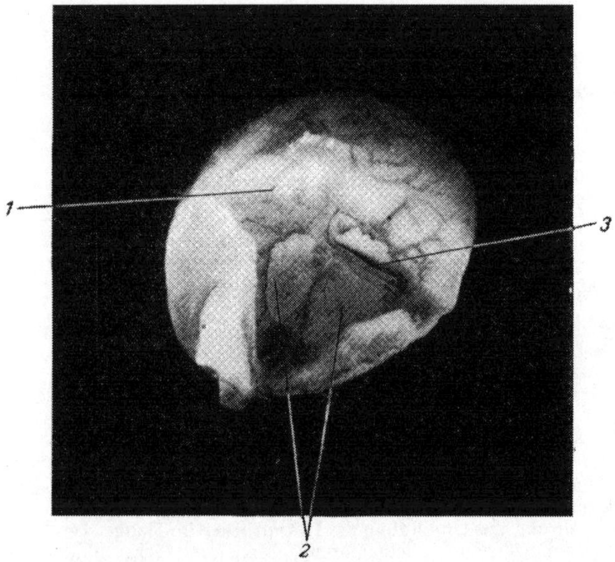


Abb. 95. *Rousettus leschenaulti* Desmarest. Placenta (Fet 15 mm Scheitel-Steiß-Länge) von der fetalen Seite her gesehen. Umwandlung des Dottersackes zu einem drüsigen Gebilde

*1* Placenta *2* Dottersack *3* Nabelstrang

Der ins Endometrium eindringende Trophoblast ist zunächst syncytial. Er umscheidet die maternen Gefäße und bildet eine labyrinthäre Ektoplacenta. In einer zweiten Phase treten Cytotrophoblastbalken auf, die in das Syncytium eindringen. Die entodermale Allantois ist mittelgroß und führt der Placentaranlage Mesenchym und Gefäße zu. Die Placenta besteht jetzt aus einer dicken basalen Syncytiotrophoblastschicht mit maternen Lakunen und aus Cytotrophoblaststrängen, die allantoid vaskularisiert sind. In der Folge verdünnt sich der Trophoblast sehr stark. In der reifen Placenta ist das basale Syncytium nahezu verschwunden. Die Cytotrophoblaststränge haben sich gestreckt und bauen ein typisches Labyrinth auf. Die Frage, ob maternes Endothel erhalten bleibt, wird nicht einheitlich beantwortet. Nach Keibel und Grosser ist die Placenta der Großfledermäuse endotheliochorial [486, 725], während Kohlbrugge [744], Moghe [889, 891] u. a. hämochorialen Charakter annehmen. Die neuen Untersuchungen von Wimsatt [1433] haben jedoch auch für Pteropodidae den endotheliochorialen Charakter der fetomaternellen Grenze erwiesen. Die Megachiroptera besitzen also eine diskoidale, endotheliochoriale Labyrinthplacenta.

*Cynopterus* [725, 889, 891] weicht in einigen Punkten von *Pteropus* ab. Diese Gattung besitzt eine geschlossene Trophoblastschale und ein sekundäres Chorion laeve. Die Implantation erfolgt superfiziell, die Placenta ist mesometral orientiert. Nach den Beschreibungen von Einzelstadien und den unvollkommenen Abbildungen zu urteilen, kommt es, ähnlich wie bei *Macroscelides*, zu einer extremen Hypertrophie der uterinen Drüsen im antimesometralen Gebiet. Durch Schwund interglandulärer Septen entsteht offenbar auch hier eine neue Lichtung. Dabei wird eine zentrale kompakte Decidua pseudocapsularis aus der Uteruswand herausgeschält. Die primäre Amnionhöhle bildet sich als Spaltbildung. Daneben soll eine Epamnionhöhle durch Abfaltung (?) vorkommen. Beide verschmelzen zur Bildung der definitiven

Amnionhöhle. Weiterhin ist die reichliche und überstürzte Bildung extraembryonalen Mesenchyms (vom Entoderm? oder Trophoblasten?) bemerkenswert.

**Microchiroptera.** Während bei den verschiedenen Familien erhebliche Unterschiede in Implantationsablauf, Eihautbildung und Struktur der Fetalmembranen vorkommen, ist der Bau der definitiven Allantois-Placenta sehr einheitlich. Stets finden wir eine diskoidale Labyrinthplacenta. Nach der Struktur der Placentarschranke wurden auf Grund der älteren lichtmikroskopischen Untersuchungen allerdings Unterschiede gefunden. Danach sollen sich folgende Einstufungen der Familien ergeben:

Endotheliochorial: Rhinopomatidae, Noctilionidae, Desmodontidae (524, 525, 1193, 23, 1432a, 1433]

Hämochorial: Megadermatidae, Hipposideridae, Phyllostomatidae, Vespertilionidae [462, 1189, 524, 525, 1433, 1469, 488, 731]

Endothelio- oder Hämochorial: Rhinolophidae, Molossidae [524, 901, 1433, 486, 194].

Nach neuen Untersuchungen (1433) besitzen jedoch alle Microchiroptera mit Ausnahme der Spätstadien der Molossidae eine endotheliochoriale Placenta. Diese wurde inzwischen auch für Emballonuridae gefunden [1433].

Der folgenden Darstellung legen wir die Befunde an *Myotis lucifugus lucifugus* Le Conte [1425, 1426, 1427, 1428, 1433] zugrunde, da diese Art an lückenlosem Material mit modernen Methoden untersucht wurde. Das rechte Horn des Uterus bicornis ist bei nicht graviden Tieren größer als das linke und birgt in den allermeisten Fällen den Embryo. Das Ei kann aus dem rechten oder linken Ovar stammen. Nie aber findet sich ein Ovum aus dem rechten Ovar im linken Horn, wohl aber häufig ein Ei aus dem linken Ovar im rechten Horn (innere = intrauterine Überwanderung). Die Ovulation erfolgt spontan im Frühjahr. Die Tubenwanderung dauert knapp 5 Tage, die Implantation erfolgt am 10. Tag oder später [226, 1425]. Der Implantationsbezirk ist determiniert und kann bereits vor der Einnistung an der starken Hyperämie erkannt werden. Das Endometrium des antimesometralen Nidationsbezirkes ist drüsenarm, während im übrigen Endometrium vor der Implantation ein enormes Drüsenwachstum und Stromaödem zu beobachten ist. Das Stroma im Implantationsbereich zeigt eine fibröse Verdichtung. Diese vergrößert sich und wird keilförmig (Basis lumenwärts gerichtet), wenn der Keim in den Uterus gelangt. In diesem fibrösen Dreieck (Abb. 96a, b) dringt später der Syncytiotrophoblast ein und hier bildet sich die Hauptgefäßstraße für die Placenta. Der ganze Implantationsbezirk wächst stark nach den Seiten und verdrängt die Drüsen völlig. Schließlich münden Drüsen nur noch in einem kleinen mesometralen Feld aus. Kurz vor der Nidation wirkt aber auch der Keim auf das Endometrium ein, indem sich in seiner unmittelbaren Nachbarschaft eine Endometriumabflachung (Tasche) ausbildet; diese wandert mit dem Keim bis zur Implantationsstelle. Die Furchung beginnt in der Tube (4- bis 7-Zellen-Stadien). Strukturelle Unterschiede der Blastomeren lassen sich nicht mit Sicherheit nachweisen. Die Blastocystenbildung beginnt auf dem 35- bis 50-Zell-Stadium durch intrazelluläre Vakuolenbildung. Die Vakuolen wachsen heran, die Zwischenwände zerreißen. Die Blastocystenhöhle entsteht durch Zusammenfließen der Spalten, ohne daß es dabei zum Untergang von Zellen kommt. Der Embryonalknoten ist von vornherein völlig vom Trophoblasten überdeckt. Amnion- und Dottersackhöhle entstehen vor der Anheftung. Das Cavum amnii entsteht durch Spaltbildung im Knoten. Das Dottersackentoderm bildet sich durch Delamination vom Knoten. Die Zellen sind zunächst reticulär. Sie unterwachsen die Keimblasenwand. Die Zona pellucida schwindet sehr spät, erst dann, wenn das Wachstum der Blastocyste beginnt. Die Implantation erfolgt antimesometral in der Mitte des rechten Hornes (Abb. 96a, b). Der Embryonalpol ist mit dem Anheftungspol identisch. Auch die Placenta liegt antimesometral. An der Implantationsstelle schwindet das Epithel rasch, der Trophoblast — der zweischichtig ist, aber noch keine klare Differenzierung in Syncytium und Cytotrophoblast erkennen läßt — dringt in das Stroma vor. Zwischen Trophektoderm und Amnion tritt ein Spaltraum auf, der später völlig

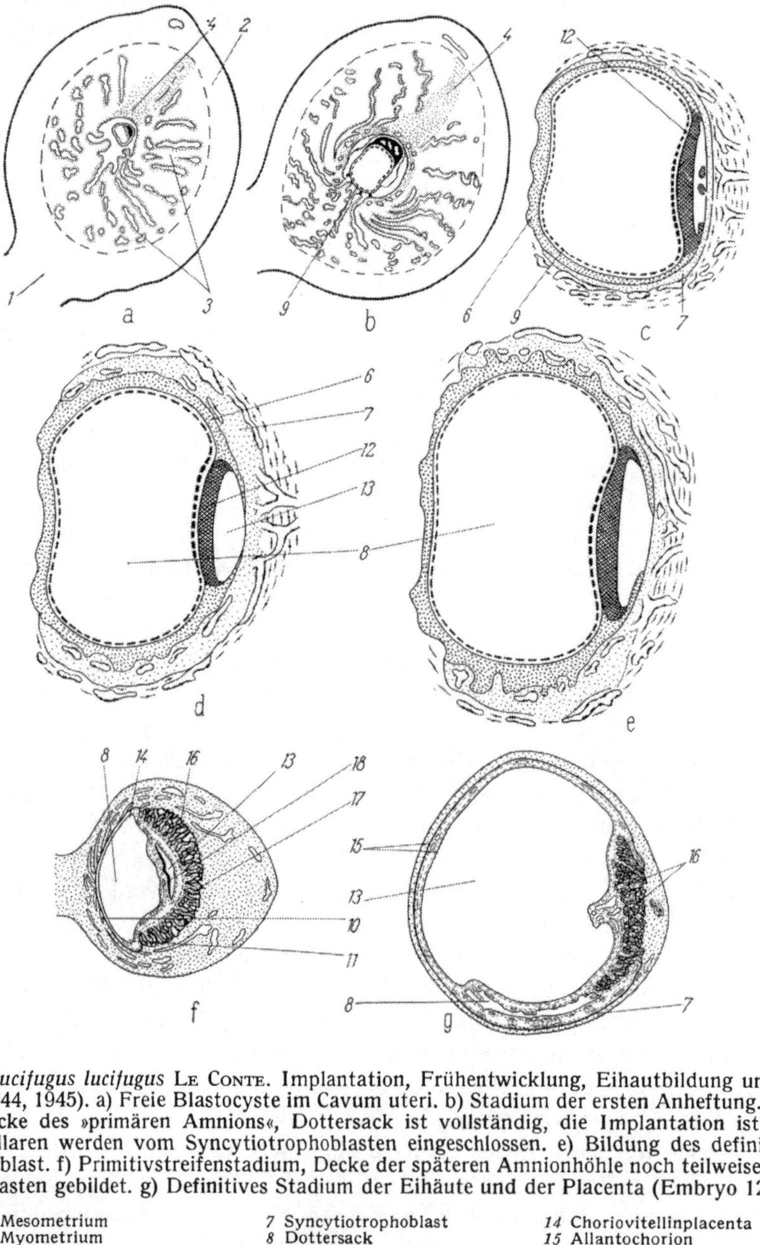


Abb. 96. *Myotis lucifugus lucifugus* Le Conte. Implantation, Frühentwicklung, Eihautbildung und Placentation (nach Wimsatt 1944, 1945). a) Freie Blastocyste im Cavum uteri. b) Stadium der ersten Anheftung. c) Blastocyste, Schwund der Decke des »primären Amnions«, Dottersack ist vollständig, die Implantation ist abgeschlossen. d) Materne Kapillaren werden vom Syncytiotrophoblasten eingeschlossen. e) Bildung des definitiven Amnions durch Cytotrophoblast. f) Primitivstreifenstadium, Decke der späteren Amnionhöhle noch teilweise vom Syncytiotrophoblasten gebildet. g) Definitives Stadium der Eihäute und der Placenta (Embryo 12 mm)

*1* Mesometrium
*2* Myometrium
*3* Endometrium
*4* Fibröses Dreieck, antimesometral
*5* Trophoblast
*6* Cytotrophoblast
*7* Syncytiotrophoblast
*8* Dottersack
*9* Entoderm
*10* Bilaminäre Omphalopleura
*11* Trilaminäre Omphalopleura
*12* Keimschildektoderm
*13* Amnionhöhle
*14* Choriovitellinplacenta
*15* Allantochorion
*16* Allantochorionplacenta
*17* Exocoel
*18* Pericardialcoelom

mit der Amnionhöhle verschmilzt. Das Cavum amnii wird schließlich nach oben nur von Trophoblast bedeckt. Der Trophoblast ist zu dieser Zeit bis zum Äquator hin zweischichtig. Die definitive Amnionhöhle bildet sich dadurch, daß sich die Ränder des Keimschildes an den Seiten der Amnionhöhle hochschieben und sich unter dem Trophoblasten vereinigen (Abb. 96c, d, e). Am Embryonalpol dringt der Trophoblast nun als Syncytium in das Stroma ein und umhüllt die maternen Kapillaren. Die Endothelzellen dieser Gefäße hypertrophieren. Cytotrophoblast ist zunächst überall vorhanden und schiebt sich in Form von Zotten ins Syncytium vor.

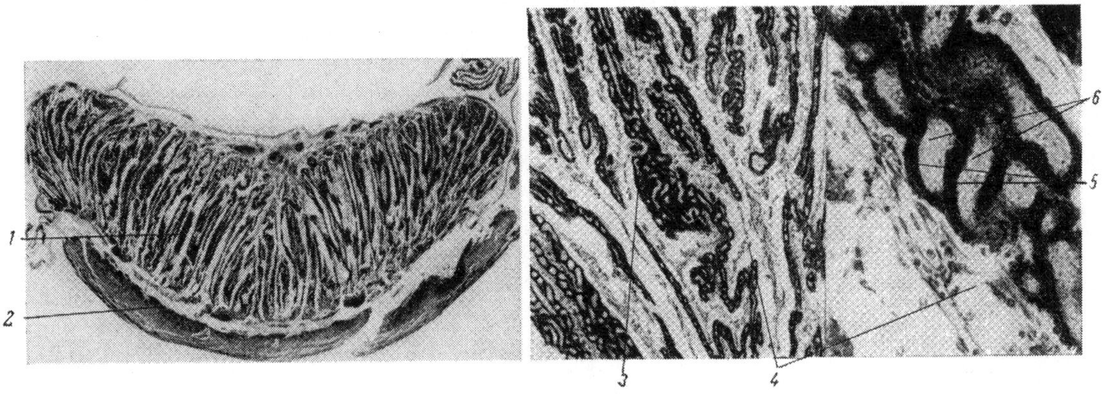


a) b) c)

Abb. 97. *Myotis myotis* Borkhausen. Reife Placenta. a) Übersicht, b) Ausschnitt aus dem Labyrinth bei mittlerer und c) bei starker Vergrößerung

*1* Placentarlabyrinth
*2* Uteruswand
*3* Labyrinth
*4* Fetales Stroma
*5* Trophoblast + Endothel
*6* Materne Bluträume

Mitosen kommen nur im Cytotrophoblasten, der also ein Matrixgewebe darstellt, vor (Mitosestop durch Colchicin [1426]. Später werden diese Cytotrophoblaststränge durch Mesenchym vaskularisiert (Abb. 97). In der reifen Placenta kommen große, penetrierende materne Arterien vor, die sich an der fetalen Fläche aufzweigen. Der Rückfluß des Blutes erfolgt über tubulöse Räume, die untereinander durch Queranastomosen verbunden sind. Diese Lakunen fließen in den basalen Partien der Placenta zu sinusartigen Räumen zusammen, aus denen die mütterlichen Venen hervorgehen. In jüngeren Stadien laufen die maternen Lakunen nahezu parallel, später differenziert sich ein komplizierteres Labyrinth heraus (Abb. 97). Die fetalen Gefäße sind von einer dünnen Stromalage umhüllt. Bei Molossidae drängen sich die fetalen Kapillaren bis in die syncytiale Wand der Lakunen vor und erreichen intraepitheliale Lage.

Die Frage, ob in den maternen Bluträumen Endothel erhalten bleibt oder nicht, ist von Wimsatt [1426] im Sinne der endotheliochorialen Struktur entschieden worden. Allerdings erfährt das materne Endothel erhebliche Strukturumwandlungen. Bei primitiveren Familien hypertrophieren die Endothelzellen und behalten während der ganzen Gravidität ihre Kerne (Megachiroptera, Rhinopomatidae, Noctilionidae, Emballonuridae). Bei Desmodontidae und Vespertilionidae werden die Endothelkerne sehr spärlich und schwinden gegen Ende der Gravidität vollständig. Aber auch bei diesen Formen bleibt die endotheliale Cytoplasmalamelle erhalten (Abb. 98). Die Persistenz einer Cytoplasmastruktur nach Kernverlust ist zweifellos überraschend, findet aber wohl ihre Erklärung in der Tatsache, daß die Placenta im ganzen ein kurzlebiges Organ ist, das seine Funktionen in einer sehr knappen Zeitspanne erfüllt. Die

Persistenz einer »Endothellamelle« mit den charakteristischen Eigenschaften des Cytoplasmas konnte elektronenoptisch verifiziert werden. Bedeutsam ist aber nun der Befund einer weiteren Membran zwischen Endothel und Trophoblast auf Grund histochemischer und elektronenmikroskopischer Untersuchungen. Diese »Interstitialmembran« (Abb. 98) variiert in der Dicke in Abhängigkeit vom Durchmesser des Gefäßlumens. Sie ist nicht völlig homogen, besitzt aber lichtmikroskopisch keinen fibrillären Aufbau. Optische Doppelbrechung beweist, daß im micellaren Bereich eine Längsorganisation vorhanden ist. Die Membran ist stark acidophil und reagiert stark positiv mit dem Perjodsäure-Schiff-Reagens. Diese Färbbarkeit beruht nicht auf der Anwesenheit von Glykogen oder Glykolipiden (unbeeinflußbar durch Vorbehandlung mit Speichelenzymen), ist aber auch nicht durch saure Mucopolysaccharide bedingt (Hale-negativ). So bleibt nur die Möglichkeit, daß neutrale Mucopolysaccharide und Glyco- oder Mucoproteide den histochemischen Charakter der Interstitialmembran bestimmen. Alkalische Phosphormonoesterase ist reichlich in ihr nachweisbar. Sie ähnelt in ihrem Aufbau

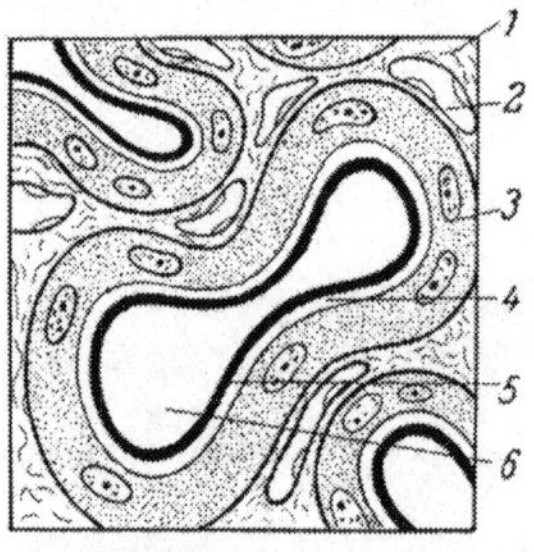

Abb. 98. Schema der Placentarschranke bei Chiroptera (nach Wimsatt 1958)

*1* Fetales Stroma
*2* Fetale Kapillare
*3* Syncytiotrophoblast
*4* Interstitialmembran
*5* Endothelrest
*6* Materne Blutlakune

Tabelle XIII. Tabellarische Übersicht über Verhalten

| Familie | Autor | Implantation | Lage der ersten Anheftung | Orientierung des Keimes |
|---|---|---|---|---|
| Megachiroptera | Göhre, Grosser, Keibel, Kohlbrugge, Moghe, Selenka, Wimsatt 448a, 486, 725, 744, 889, 891, 1433 | Unvollständig, interstitiell | Lateral, später mesometral | Mesometral |
| Rhinopomatidae | Hamlett 524, 525 Srivastava 1193 | Superfiziell | Circumferentiell (Pl. mesometral) | Lateral, später mesometral |
| Emballonuridae | Wimsatt 1433 | — | — | — |
| Noctilionidae | Anderson-Wimsatt 23 | — | — | — |
| Megadermatidae | Gopalakrishna 462 | — | — | — |
| Rhinolophidae | Branca, Grosser, Hamlett 524, 525, 486, 194 | — | — | Antimesometral |
| Hipposideridae | v. d. Sprenkel 1189 | — | — | — |
| Phyllostomatidae | Hamlett, Wimsatt, Wislocki-Fawcett 524, 525, 1433, 1469 | Interstitiell | — | — |
| Desmodontidae | Wimsatt 1432a, 1433 | Interstitiell | Antimesometral | Antimesometral |
| Vespertilionidae | Branca, da Costa, Gopalakrishna, Kempermann Wimsatt 191, 193, 194, 271, 457, 488, 459, 460, 461, 731, 1425, 1426, 1427, 1428, 1433 | Superfiziell (inkl. Nyctalus entgegen irrtümlicher Angabe bei Mossman) | Antimesometral | Antimesometral |
| Molossidae | Hamlett, Mossman, Wimsatt 901, 524 1433 | Superfiziell | Lateral-antimesometral: *Molossus* Circumferentiell: *Nyctinomus* | Lateral-antimesometral: *Molossus* Antimesometral: *Nyctinomus* |

offenbar stark der Bindegewebsgrundsubstanz. Die Herkunft der Membran ist nicht sicher bekannt. Deutung als Rest endometrialen Gewebes ist unwahrscheinlich, da die Membran erst auftritt, nachdem die Gefäße vom Trophoblasten umhüllt sind. So bleiben nur die Möglichkeiten, daß es sich um eine endotheliale oder eine trophoblastische Bildung handelt oder daß sie einer Gemeinschaftsleistung beider Gewebe ihren Ursprung verdankt. Da der Trpohoblast auf Grund seiner histochemischen und funktionellen Eigenschaften an sich zur Synthese befähigt ist, da außerdem eine gewisse Analogie zwischen Interstitialmembran und Reichert-scher Membran (S. 75, 121) besteht, wird wohl mit Recht angenommen, daß der Trophoblast die Hauptquelle des Materials der Membran ist.

Frühentwicklung und Placentation der übrigen Microchiroptera zeigen gewisse Besonderheiten, auf die nunmehr kurz eingegangen sei. Eine Übersicht bietet Tabelle XIII.

*Nyctalus* stimmt im wesentlichen mit *Myotis* überein. Die Implantation erfolgt ebenfalls — entgegen einer irrtümlichen Angabe bei Mossman — superficiell. Eine Decidua capsularis fehlt. Bei *Miniopterus schreibersii* Kuhl [271] bleibt das Epithel an der Implantationsstelle längere Zeit erhalten, der Trophoblast differenziert sich später und die Amnionhöhle ist von vornherein einheitlich. Die Placenta läßt zwei Bezirke erkennen (Abb. 99), von denen der eine

der Eihäute und Placentation bei Chiroptera

| Decidua capsularis | Dottersack | Entodermale Allantois | Amnion | Allantoide Placenta |
|---|---|---|---|---|
| Unvollständig | | Mittelgroß | Spalt | Diskoidale, endotheliochoriale Labyrinthplacenta mit Interstitialmembran; Materne Endothelkerne erhalten |
| Fehlt | *Rhinopoma* *Taphozous* Groß, völlig vom Mesoderm umfaßt, hängt schließlich frei ins Exocoel. Lumen obliteriert, Umwandlung in drüsenartiges Gebilde. Temporäre bilamin. Omphalopleura und Ch.-Vit.-Pl. | Groß | Primäres Spaltamn., dann Falten | |
| Fehlt | | — | — | |
| — | — | — | — | |
| Fehlt | Dottersack groß; kleine bilamin. Omphalo-Pl. | Mittel | — | Endothelkerne verschwinden, Cytoplasmamembran erhalten |
| — | — | — | Primäres Spaltamn., dann Falten | |
| — | Temporäre Ch.-Vit.-Pl. | — | — | |
| Vollständig | Groß. Persistierende ausgedehnte bilam. Omphalo-Pl. Ch.-Vit.-Pl. fehlt. Mesodermumwachs. nicht über Äquator der Keimblase. | Sehr klein | Spalt | |
| Vollständig | Unvollständig invertierte Dottersackplacenta | Fehlt | Spalt | |
| Fehlt | Temporäre bilam. Omphalo-Pl., kleine trilamin. Omphalo-Pl. persistiert. Ecxooel dehnt sich bis nahe an abembryon. Pol. aus. Zellen der Dottersacksplanchnopl. hypertroph. bilamin. Omphalo-Pl. evtl. von Allantoisgefäßen inkompl. Inversion | Klein | Primäres Spaltamn., dann Falten | |
| Fehlt | Kleine bilaminäre Omphalopleura. Schwindet früh. Ch.-Vit.-Plac. persistiert | Klein | Primäres Spaltamn., dann Falten | Diskoidale hämochoriale Labyrinthplacenta |

vormals als hämochoriale Hauptplacenta gedeutet wurde, während zwei kleinere Randzonen bereits früher als endotheliochorial erkannt waren [781].

Eine weitere Gruppe, die die Phyllostomatidae und Desmodontiae umfaßt, unterscheidet sich von den bisher besprochenen Formen durch interstitielle Implantation und dicke, invasive Trophoblastschale. Als Beispiel sei kurz *Desmodus rotundus murinus* Wagner besprochen [1432a] (Abb. 100). Bereits während der Tubenwanderung wird das Blastocystenstadium erreicht. Die

a) 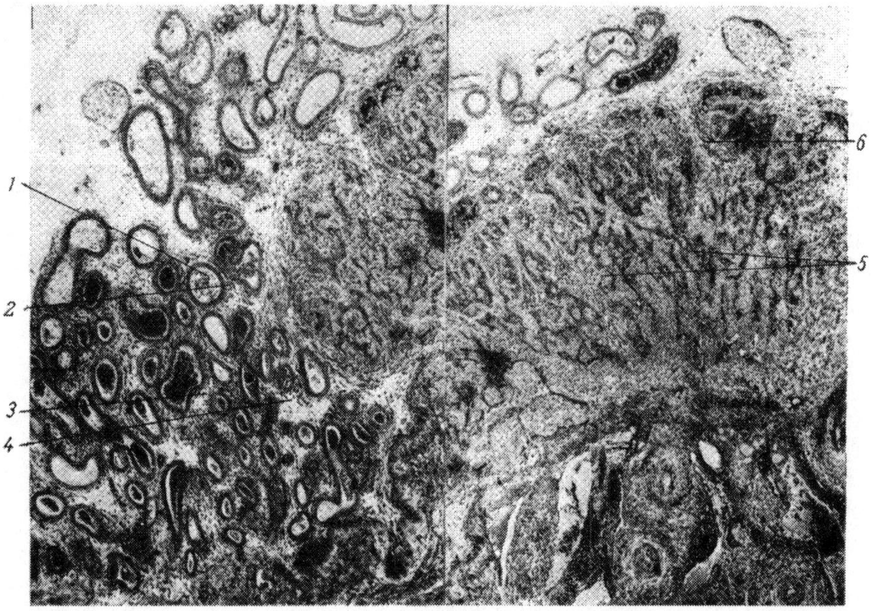 b)



Abb. 99. *Miniopterus schreibersi* Kuhl. Ausschnitte aus der Placenta aus der Mitte der Gravidität. a) *Links* Hauptplacenta mit Übergang, *rechts* zur Nebenplacenta. b) Nebenplacenta, beide Teilbilder bei gleicher Einstellung

*1* Materne Bluträume
*2* Syncytiotrophoblast + Endothel
*3, 4* Fetales Mesenchym mit Kapillaren
*5* Labyrinth der Nebenplacenta
*6* Fetales Mesenchym

Anheftung erfolgt mit dem Embryonalpol antimesometral. Basal findet sich früh eine mächtige Trophoblastverdickung während der abembryonale, nach dem Cavum uteri gerichtete Trophoblast zunächst noch den Charakter der primitiven Blastocystenwand bewahrt (Abb. 100a, b). Derartige Stadien zeigen also ein ähnliches Bild wie *Cavia* oder *Homo*. Unter dem Implantationstrophoblasten findet sich eine nekrotische Zone. Wenn die Keimblase ins Endometrium hineingelangt, verdickt sich ringsum der Trophoblast. Eine Reichertsche Membran ist deutlich nachweisbar. Das Cavum amnii entsteht als Spaltbildung. Mesenchym ist bereits vor Auftreten des Primitivstreifens vorhanden. Amnionmesenchym dürfte sich vom Trophoblasten absondern. *Desmodus* besitzt wie *Glossophaga* und *Artibeus* eine vollständige Decidua capsularis. Eine deciduale Reaktion fehlt in der Capsularis. Das Epithel über der Capsularis fehlt bei *Desmodus* wie in der unvollständigen Capsularis der Pteropodidae. Der Dottersack ist bereits vor der Implantation fast vollständig abgeschlossen. Eine ausgedehnte avaskuläre bilaminäre Omphalopleura persistiert. Die Mesodermumwachsung (Area vasculosa und Exocoel) dehnt sich nicht über den Äquator der Keimblase aus. Der Dottersack wird später weitgehend invertiert. Nur das eingestülpte, vaskularisierte Segment zeigt hypertrophierte Entodermzellen. Die Allantois ist offenbar klein oder fehlt ganz. Bei *Glossophaga* findet sich ein kleines, röhren-

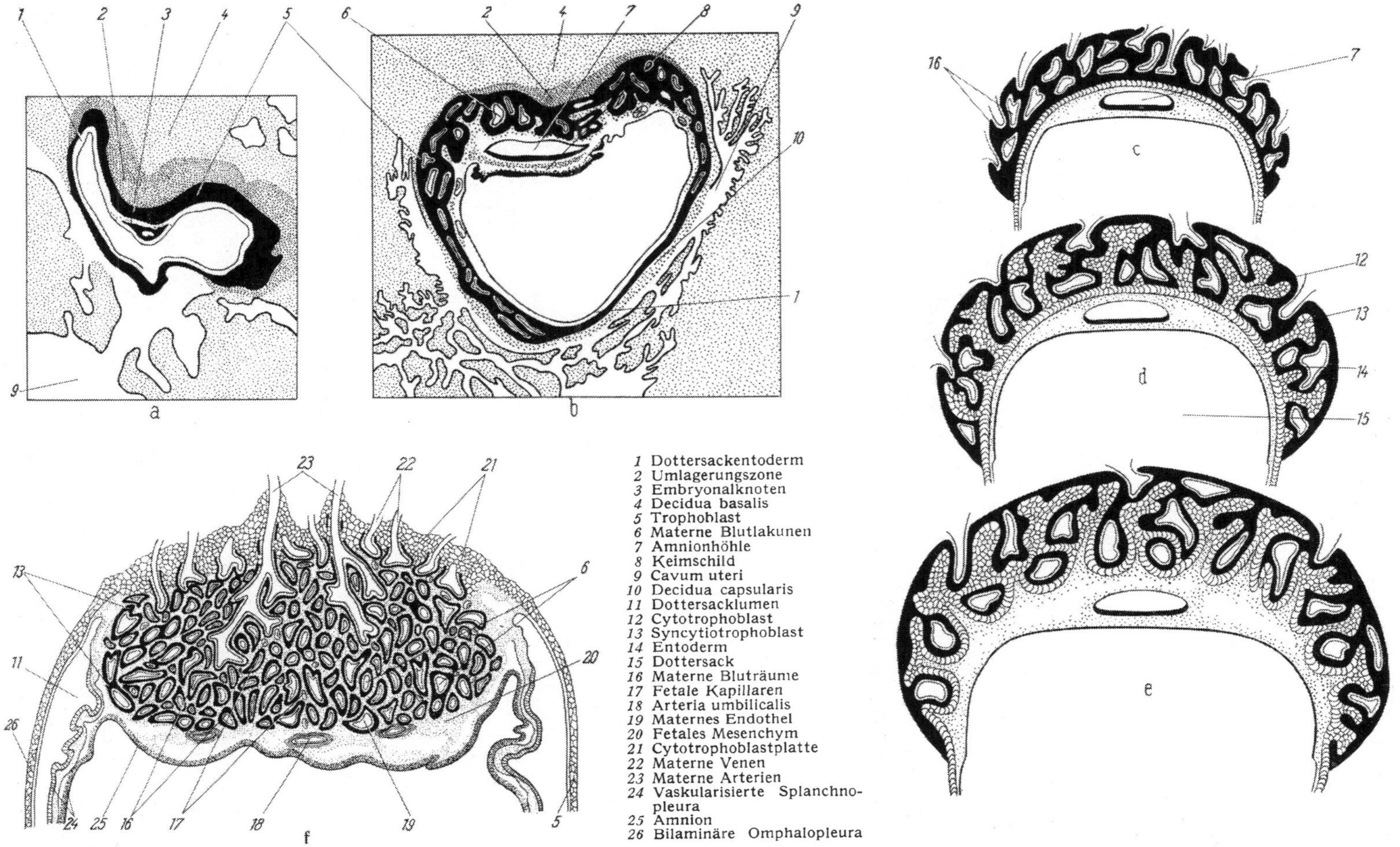

1 Dottersackentoderm
2 Umlagerungszone
3 Embryonalknoten
4 Decidua basalis
5 Trophoblast
6 Materne Blutlakunen
7 Amnionhöhle
8 Keimschild
9 Cavum uteri
10 Decidua capsularis
11 Dottersacklumen
12 Cytotrophoblast
13 Syncytiotrophoblast
14 Entoderm
15 Dottersack
16 Materne Bluträume
17 Fetale Kapillaren
18 Arteria umbilicalis
19 Maternes Endothel
20 Fetales Mesenchym
21 Cytotrophoblastplatte
22 Materne Venen
23 Materne Arterien
24 Vaskularisierte Splanchnopleura
25 Amnion
26 Bilaminäre Omphalopleura

Abb. 100a-f). *Desmodus rotundus murinus* Wagner. Implantation, Eihautbildung und Placentation, schematisch. (Nach Wimsatt, 1954.) a) Implantationsstadium, Embryonalanlage nach antimesometral orientiert. Basal Trophoblastwucherung, nach dem Uteruslumen zu dünne Blastocystenwand. b) Amnionhöhle (Spaltamnion) gebildet. Vollständige Decidua capsularis. c—f) Bildung der Placenta. c) Syncytiotrophoblast umschließt materne Bluträume. d) Cytotrophoblast dringt in das Syncytium ein. e) Allantoide Vaskularisation und Mesenchymeinwucherung in die Placentaranlage. f) Struktur der reifen Allantochorionplacenta

förmiges Divertikel, das sich schnell zurückbildet. Eine Choriovitellinplacenta fehlt bei *Desmodus* stets, da es keine vaskularisierte trilaminäre Omphalopleura gibt. Da aber später durch die Ausdehnung des Amnions der invaginierte Dottersackteil gegen die bilaminäre Omphalopleura gepreßt wird, besitzt *Desmodus* eine unvollständig invertierte Dottersackplacenta. Die Allantoisplacenta ähnelt sehr dem Organ von *Myotis* (Abb. 97). Am Embryonalpol tritt ein Syncytium auf, das die maternen Gefäße umhüllt. Solide Cytotrophoblastmassen dringen in das Syncytium ein. Sie haben zunächst die Form von parallel angeordneten Strängen, anastomosieren aber später vielfach miteinander. Der Cytotrophoblast ist basal nur durch eine sehr dünne Synzytiumlage von der Decidua basalis getrennt. Im Gegensatz zu *Myotis* schwindet diese schließlich ganz, so daß Cytotrophoblast in direkten Kontakt mit der Decidua kommt. Die Invasion der Cytotrophoblaststränge durch Mesenchym erfolgt zugleich mit der allantoiden Vaskularisation. Die basale Cytotrophoblastplatte wird nie von den fetalen Gefäßen erreicht. Mit Ausnahme des basalen Cytotrophoblasten bildet sich der Cytotrophoblast größtenteils zurück oder formt sich zum Syncytium um. Auch der basale zellige Trophoblast, der in dieser Form anderen Chiropteren fehlt, findet eine Parallele bei Simiae. Er hat offenbar histolytische Fähigkeiten und dient zugleich als Matrixgewebe. Die Anordnung des placentaren Gefäßsystems folgt der MOSSMANschen Regel. Die Struktur der fetomaternellen Grenzschranke entspricht dem zuvor für *Myotis* Gesagten.

## D. Primates

**Tupaiiformes.** Frühentwicklung des Keimes: Typ II (Embryocystis, S. 74). Implantation bilateral, superfiziell. Die Placentation ist nur bei den kleinen Arten der Gattung *Tupaia* [651, 666, 675, 777, 782] untersucht. In frühen Stadien kommt eine gut ausgebildete

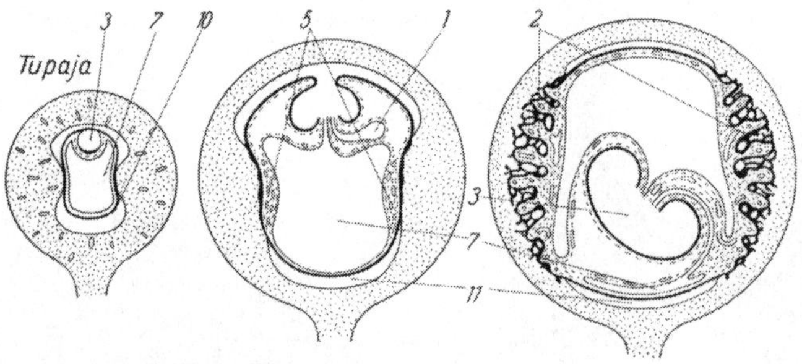


Abb. 101. *Tupaia.* Schema der Eihautbildung und Placentation. (Aus STRAUSS.)

*1* Entodermale Allantois
*2* Allantochorionplacenta
*3* Amnionhöhle
*5* Choriovitellinplacenta
*7* Dottersack
*10* Trophoblast
*11* Cavum uteri

Choriovitellinplacenta vor. Bereits vor der Implantation bilden sich im Endometrium zwei Placentarkissen (präimplantative Bildung) (Abb. 101). In der Regel entstehen Zwillingsgraviditäten (je ein Fet in jedem Uterushorn). Die Embryonalanlage ist antimesometral orientiert, die Kissen liegen lateral (orthomesometral). Die Anheftung erfolgt kurz nach Eröffnung der Embryocystis, wenn der Embryonalschild sich zu strecken beginnt. Im Bereich der Kissen wuchert der Trophoblast und wird invasiv. Das materne Epithel zeigt Symplasmabildung und Degeneration. Die Allantois wächst spät aus (Stadium: 12 Somite) (Abb. 101) und wandelt den gleichen Trophoblastbezirk, der zunächst Choriovitellinplacenta bildet, zur Allantoisplacenta um. Die

Allantois schiebt sich zwischen Dottersack und Trophoblast ein und isoliert beide Gebilde voneinander. Sehr charakteristisch ist die erhebliche Beteiligung des maternen Unterbaues an der Bildung der Placenta. Das Gewebsmaterial der Placentarkissen bildet ein zelliges, kernreiches Substrat, die Trophospongia von HUBRECHT. (Da die Definition der »Trophospongia« nicht klar ist und teilweise materne Gewebe, teilweise sicher fetales Material umfaßt, sollte dieser Begriff am besten fallen gelassen werden.) In den basalen Schichten des Unterbaues finden sich reichlich Mitosen. Es handelt sich um eine Zuwachszone. An der fetalen Seite hingegen kommt es zu Rückbildungsvorgängen. Die Trophoblastsprossen, die bereits vor dem Auswachsen der Allantois vorhanden sind, bekommen einen Mesenchymkern nach Anlagerung der Allantois. Gleichzeitig wird der materne Unterbau dünner. Über die histologische Beschaffenheit besteht keine Einmütigkeit. HUBRECHT fand, daß zu diesem Zeitpunkt der Trophoblast außen einen Syncytiumcharakter besitzt während innen Cytotrophoblast erhalten bleibt. Dagegen betont VAN DER HORST [651] den rein zelligen Charakter des Trophoblasten. Riesenzellen fehlen bei *Tupaia* völlig. Bei Embryonen von 17,4 mm Länge ist der materne Anteil verschwunden, die Placenta besteht fast ausschließlich aus fetalem Material. Der Trophoblast umscheidet die maternen Gefäße. Die persistierenden Lakunenräume bilden die maternen Blutbahnen des Labyrinths. Nach älterer Anschauung nimmt die Placenta den Charakter einer haemochorialen Labyrinthplacenta an, nach der Neuuntersuchung durch VAN DER HORST [651] hingegen bleibt das materne Endothel erhalten (endotheliochoriale Placenta). Die beiden Placentarscheiben (Placenta bidiscoidalis) sind etwa gleich groß, so daß nicht von Haupt- und Nebenplacenta gesprochen werden kann. Die Nabelschnur gabelt sich distal des Embryos in zwei Stränge mit je zwei Gefäßen.

**Lemuriformes und Lorisiformes.** Die frühen Entwicklungsstadien sind noch unbekannt. Untersucht sind Blastocysten und ältere Keime von *Nycticebus* und *Loris* [605, 612, 613]. Die Bildung des zweischichtigen Keimes erfolgt in ähnlicher Weise wie bei Carnivora, *Oryctolagus* und Ungulata (Typ I, II: S. 73, 74). Die Frage, ob eine Embryocystis vorkommt, ist bisher nicht mit Sicherheit zu beantworten. HILL [605] vermutet, daß sie fehlt (Typ I). Die Implantation erfolgt zentral und superfiziell. Völlig abweichende Entwicklungsvorgänge wurden von GÉRARD [426, 428] bei *Galago* (*Galagoides*) *demidovii* (FISCHER) beschrieben. Bei dieser Art, — nicht aber bei anderen Galagidae, soll der Keim sich an der antimesometralen Seite interstitiell implantieren. Es kommt dabei zur Bildung einer echten Decidua capsularis. Diese bildet sich später zurück, der Keim kommt also sekundär in eine oberflächliche Implantationslage, ein Modus, der bisher von keiner anderen Form bekannt ist. Weiterhin soll *Galago demidovii* FISCHER dadurch ausgezeichnet sein, daß die Blastocyste solide ist und in ihrem Inneren Mesenchym enthält. Die Befunde sind so außergewöhnlich, daß eine endgültige Beurteilung ohne Untersuchung neuen Materiales noch nicht möglich ist [1200]. Das Amnion entsteht bei Lemuren und Loris (auch bei *G. demidovii* FISCHER) als Faltamnion. Der Dottersack wird vollständig vom Mesoderm umwachsen. Die bilaminäre Omphalopleura persistiert also nur kurze Zeit. Die Allantois entsteht als Divertikel des Enddarmes mit dickem Mesenchymbelag. Sie wächst zu einer gestielten Blase aus, erreicht die Innenfläche des Chorion und verschmilzt mit ihm. Ist dieser Kontakt hergestellt, so treten auch bereits die ersten Umbilikalgefäße an das Chorion und breiten sich sehr schnell über die ganze Keimblasenwand aus (Abb. 48). Die vier Hauptäste dieser Arterien verankern sich am Chorion an den Kontaktpunkten. Zwischen ihnen wächst die Allantois zu sekundären Divertikeln aus. Diese besitzen in ihrer freien Wand keine Gefäße. Die ältere Angabe im Schrifttum, daß die Allantois bei Lemuren gefäßfrei sei, ist in dieser allgemeinen Formulierung nicht richtig, sie gilt nur für die freie Wand der sekundären Divertikel. HILL [605, 612, 613] hat die Hypothese entwickelt, daß die frühe Verankerung der Arterien des Umbilikalkreislaufes am Chorion bei

Prosimiern als Vorstufe der Haftstielbildung bei Simiae aufzufassen sei (S. 86). Die Allantois füllt die Exocoelhöhle nicht völlig aus. Das Amnion kann stellenweise die Chorioninnenseite erreichen. Allantoislappen sind bekannt von *Loris, Nycticebus, Lemuridae, Daubentonia.* Als wichtige Sondermerkmale der Frühentwicklung der Lemuren und Loris sei hervorgehoben: 1. Früher Aufbau eines kompletten Chorions und frühe Vaskularisation desselben. 2. Frühe Verankerung der Umbilikalgefäße am Chorion und Bildung der Allantoisdivertikel. Demgegenüber sind als deutlich anzestrale Merkmale zu nennen: 1. Zentrale und oberflächliche Implantation, 2. starkes Wachstum der Blastocyste, 3. frühe Einschaltung des Keimschildes in die Keimblasenwand, 4. Faltamnion, 5. bläschenförmige Allantois. Die Placentation der Lemuriformes und Lorisiformes ähnelt sehr stark den Befunden bei Huftieren. Die Placenta ist adeciduat, diffus, epitheliochorial und steht damit in scharfem Kontrast zu der der übrigen Primaten, einschließlich *Tupaia* und *Tarsius.* Auf den Sonderfall von *Galago demidovii* Fischer wird zurückzukommen sein. Alle übrigen Formen stehen sich außerordentlich nahe. Unterschiede bestehen höchstens in Form und Größe der Zotten und ähnlichen nebensächlichen Merkmalen.

Untersucht sind *Nycticebus, Loris, Perodicticus, Galago crassicaudatus* E. Geoff., *G. senegalensis* E. Géoff. *Lemur mongoz* L., *Lepilemur, Daubentonia* und *Propithecus* [605, 609, 1200]. Das Uterusepithel bleibt bei allen diesen Formen während der ganzen Gravidität intakt. Die Uterindrüsen sind hochaktiv und liefern Embryotrophe. Die Chorionzotten ragen in entsprechende Krypten der Mucosa hinein. Der Kontakt zwischen Zotten und Uterusepithel scheint an den Zottenspitzen besonders eng zu sein. Lokale Unterschiede, wie sie an der Schweineplacenta genauer untersucht sind, scheinen auch die Lemuren zu besitzen. Größenunterschiede und Reduktion der Zotten an umschriebenen Bezirken der Keimblasenoberfläche kommen vor. Blutextravasate fehlen. Chorionblasen sind bei allen Lemuren und Loris beschrieben worden (Abb. 48). Sie enthalten gespeichertes Material aus maternen Drüsen. Fraglich ist, ob sie als Orte besonderer Resorptionsleistung aufgefaßt werden dürfen. Es besteht eine engere Beziehung der Lokalisation der Chorionblasen zu den Mündungen der uterinen Drüsen. Im Dottersack von *Lemur macaco fulvus* E. Géoff. und *Phaner furcifer* Blainvillé sind hippomanesartige Bildungen beschrieben worden [526].

Bei *Galago demidovii* Fischer liegen offenbar völlig abweichende Verhältnisse vor [426, 428]. Die Implantation soll interstitiell, vielleicht exzentrisch erfolgen. Die Embryonalanlage liegt gegen das Endometrium gerichtet. Der Embryonalbezirk besitzt keinerlei invasive Fähigkeiten, hingegen zeigt der Trophoblast seitlich des Keimschildes starke Proliferationstendenz. In diesem Bereich bildet sich ein umschriebener endotheliochorialer Placentarbezirk. Die »Capsularis« bricht früh zusammen. Die Keimblase dehnt sich dann rasch aus und bildet eine typische superfizielle, epitheliochoriale Semiplacenta neben dem erwähnten endotheliochorialen Placentarbezirk. Die nahe verwandten Formen *G. crassicaudatus* E. Geoff. und *senegalensis* E. Geoff. verhalten sich wie die übrigen Lemuren und Loris.

**Tarsiiformes.** Eingehende Untersuchungen liegen über *Tarsius* vor [669, 676, 677, 675, 680, 605, 1200]. Primitiventwicklung und Placentation zeigen eine eigenartige Mischung primitiver und progressiver Merkmale. Mit den übrigen Halbaffen hat *Tarsius* zentrale Implantation, frühe Einschaltung des Embryoblasten in die Keimblasenwand, frühe Bildung eines oberflächlich gelegenen Keimschildes und Faltamnion gemeinsam (Abb. 102). Eigenartig ist die überstürzte Mesenchymbildung und das Auftreten eines echten Haftstieles (Allantois-Homologon). Sehr charakteristisch ist ferner die Ausbildung einer lokalisierten allantoiden Placenta von massivem, deciduatem und invasiven Typ am abembryonalen Pol (Placenta discoidalis haemochorialis).

Die Anheftung erfolgt zunächst superfiziell; die Placentaranlage ist mesometral orientiert. Das primäre Entoderm entsteht durch Delamination vom Embryonalknoten. Bemerkenswert ist das Auftreten von extraembryonalem Mesenchym lange vor Bildung des Primitivstreifens. Die Bildungsstätte des Mesenchyms ist nicht mit Sicherheit ermittelt (Proliferationszentrum am kaudalen Ende des Embryonalschildes oder diffus aus Trophoblast?).

Die verfrühte Mesenchymbildung kann als Acceleration aufgefaßt werden [605]. Extraembryonales Coelom und Mesenchym sind bereits bei sehr jungen Blastocysten vorhanden (Abb. 102a). Die Haftstielanlage verbindet das Exocoel mit dem Kaudalende der Embryonalanlage. Im Gegensatz zu den Simiae entsteht der Primitivstreifen von vornherein bei *Tarsius* am Kaudalende des Keimschildes und beteiligt sich offenbar an der Bildung von Haftstiel Mesenchym. Der Entwicklungsablauf wäre, kurz zusammengefaßt folgender: Bei *Tarsius* bildet sich früh extraembryonales Mesenchym. Dann erscheint am Kaudalende des Keimschildes der Primitivstreifen, aus diesem entsteht durch Proliferation die Haftstielanlage. Demgegenüber finden wir bei Simiae (einschließlich *Homo*): Primär extraembryonales Mesenchym, dann Haftstielbildung ausschließlich aus dem extraembryonalen Mesenchym ohne Zusammenhang mit dem Primitivstreifen. Der Primitivstreifen selbst entsteht zunächst zentral im Schildbereich und erreicht erst sekundär den kaudalen Rand des Keimschildes. J. P. Hill [605] faßt das verfrüht auftretende extraembryonale Mesenchym bei *Tarsius* als Homologon des Primitivstreifens auf.

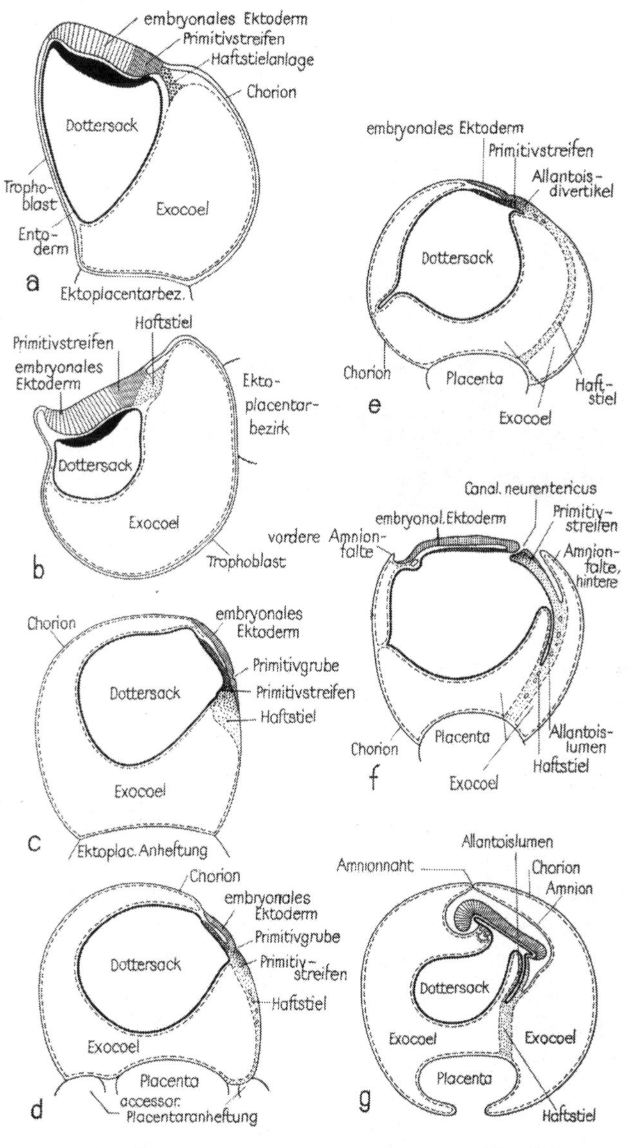


Abb. 102. *Tarsius spectrum* Pallas. Schema der Bildung von Embryonalkörper, Amnion, Dottersack und Haftstiel. (Nach J. P. Hill)

Das Exocoelcavum dehnt sich rasch zwischen Trophoblast und Dottersack aus und umfaßt den Dottersack schließlich vollständig (Abb. 102b, c, d). Der Haftstiel bildet zu diesem Zeitpunkt einen verdickten Mesenchymstrang innerhalb des Chorionmesodermes (Abb. 102d), der das Kaudalende der Embryonalanlage mit der Placenta verbindet. Eine omphaloide Placentation wird also bei *Tarsius* durch die frühe Ausdehnung des Exocoels unmöglich gemacht. Die Haftstielbildung ist verständlich, da durch sie eine rechtzeitige Vaskularisation des Placentarbezirkes erreicht wird. Der Haftstiel wird schließlich (Abb. 102e, f, g) durch Taschenbildung der extrembryonalen Leibeshöhle vom Chorion losgelöst und zieht dann als isolierter Strang durchs Exocoel. Amnionbildung erfolgt in typischer Weise als Faltamnion (Abb. 102f, g). Im Gegensatz zu den Lemuren bildet sich bei *Tarsius*, wiederum als Konsequenz der frühen Exocoelausbreitung, kein Proamnion aus. Ein Allantoisdivertikel sehr mäßigen Umfanges entsteht im Haftstiel zu dem Zeitpunkt, da dieser sich vom Chorion ablöst (Abb. 102f, g). Gleichzeitig schiebt sich die Am-

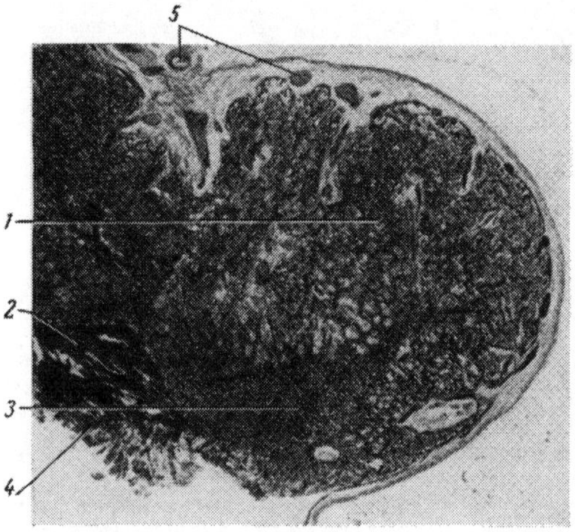


Abb. 103

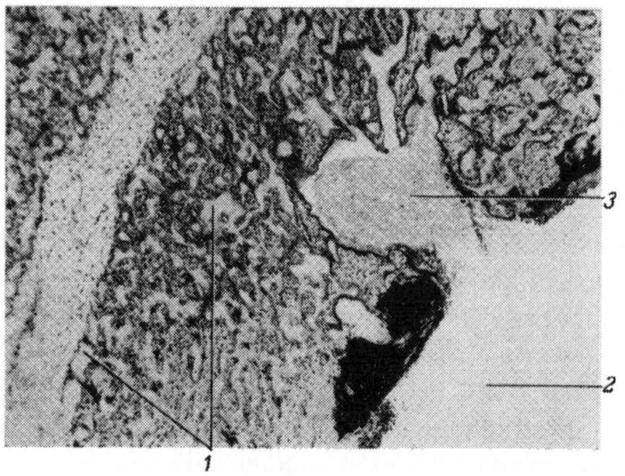


Abb. 104

Abb. 103. *Tarsius spectrum* Pallas, (Hubrecht Lab. Stad. Ke 31) aus der Mitte der Gravidität. Placenta, Randzone, Übersichtsbild über das Labyrinth, syncytialer Unterbau der Ektoplacenta, Degenerationszone. (Nach Starck, 1956)

*1* Vaskularisiertes Labyrinth *2* Degenerationszone *3* Syncytiotrophoblast der Ektoplacenta *4* Decidua basalis *5* Vasa umbilicalia

Abb. 104. *Tarsius spectrum* Pallas, reife Placenta. Randzone. Einmündung der Labyrinthlakunen in den »Randsinus«. (Nach Starck, 1956)

*1* Labyrinth *2* »Randsinus« *3* Abfluß aus Labyrinth

nionhöhle längs des Haftstieles, der sich vom Kaudalende der Embryonalanlage auf die Ventralseite verlagert, vor (Abb. 102f, g) und gibt damit Raum frei für das Auswachsen des kaudalen Körperendes. Diese Vorgänge zeigen deutlich, daß wir im Haftstiel ein Homologon der Allantois der Lemuriden zu sehen haben. Der Mesenchym-Gefäßanteil der Allantois ist in Form des Haftstieles als Gefäßstraße zwischen Embryo und Placenta verfrüht ausgebildet (Heterochronie) und spezialisiert.

Die Placenta von *Tarsius* [605, 675, 1200] ist deciduat, massiv, diskoidal und haemochorial. Sie weicht damit vollständig von dem Organ der übrigen Halbaffen ab. Betrachtet man nur das fertig ausgebildete Organ, so mag es nahe liegen, es eng an die Simier-Placenta anzuschließen. Die Entwicklung der *Tarsius*-Placenta trägt aber so eigenartige Züge, daß unbedingt auf eine lange eigenständige phyletische Entwicklung geschlossen werden muß. Direkte Beziehungen zu irgend einer anderen bekannten Placentarform bestehen nicht.

Die Anheftung erfolgt mesometral, abembryonal und oberflächlich. In diesem streng lokalisierten Bezirk dringen Trophoblastzotten (Cytotrophoblastzellen) unter das Epithel und bilden eine Ektoplacenta. Dieser Bezirk zeigt zunächst eine schwammig, parenchymatöse Struktur. Seine Natur ist nicht bekannt (nach Hubrecht: matern, »Trophospongia«, nach Hill »trophoplacental primordium« = trophoblastisch). Diese Gewebsmasse ist gegen die Umgebung scharf durch degenerierendes maternes Gewebe abgegrenzt. Am meisten Wahrscheinlichkeit hat zur Zeit die Auffassung, die das problematische Gebilde als vorwiegend trophoblastisch (Ektoplacenta) deutet. Zumindest bekommen trophoblastische Elemente schließlich das Übergewicht und bauen eine echte Ektoplacenta auf, die tief im Endometrium liegt. Sie wächst nun stark ohne weiterhin invasive Potenzen zu entfalten und wölbt sich gegen das Uteruslumen vor. Ihre Basis ist stark eingeschnürt (»placental stalk«). In der Ektoplacenta treten höchst eigenartige Riesenzellen auf. Hubrecht, der diese Gebilde formal korrekt beschrieben hat, stützt nicht zuletzt auf sie seine phantastische Lehre von der Bildung materner Erythrocyten in der Placenta, — eine Vorstellung, die heute nicht mehr diskutiert wird. Hill deutet die Riesenzellen wohl richtig als Zwischenstufen bei der Umbildung des primitiven Trophoblasten in Syncytium. Zwischen den Riesenzellen treten lakunäre Bluträume (materne Blutwege) des Labyrinthes auf, die aus Maschen des von den Riesenzellen gebildeten syncytialen Netzes direkt hervorgehen. Gleichzeitig dringt das Chorionmesenchym in die Zotten ein. So wird eine Placenta aufgebaut, deren inneres Drittel aus allantoid vaskularisiertem Anteil besteht. Eine nicht vaskularisierte dicke anallantoide Ektoplacenta lagert sich basal vor diese Schicht. Die Balken des Placentarlabyrinths erfahren noch bis gegen das Ende der Gravidität eine Streckung und Verzweigung. Sie bestehen schließlich aus einem Gefäß-Mesenchym-Stroma mit dünnem Überzug von Syncytiotrophoblast (Abb. 103, 104). Die Ektoplacenta wird fortschreitend in die allantoide Placenta einbezogen. Im Endometrium kommen reichlich Degenerationserscheinungen vor (Drüsenhypertrophie, Symplasma). Die Degenerationszone um den Placentarbezirk wird vielleicht als Embryotrophe resorbiert.

**Simiae.** Unsere Kenntnisse der Primitiventwicklung und der Embryonalkörperbildung der Affen beruhen vorwiegend auf Studien an *Macaca mulatta* Zimmermann [1, 551, 594, 605, 1282, 1279, 1280, 1281]. Von anderen Formen *Cebus, Saimiri, Callithrix, Nasalis, Presbytis, Papio* [605, 136, 435] liegen Einzelbefunde vor, die uns jedenfalls zeigen, daß Ceboidea und Cercopithecoidea dem gleichen Entwicklungstyp folgen. Unsere Kenntnisse über die Frühentwicklung der Pongiden sind sehr gering. Sie weichen in vielen Punkten vom Verhalten der niederen Affen ab und ähneln außerordentlich den entsprechenden Stadien von *Homo.* Wir besprechen demnach getrennt die beiden genannten Gruppen, indem wir einerseits die Ceboidea + Cercopithecoidea zusammenfassen, andererseits die Hominoidea (Hylobatidae, Pongidae, Hominidae) als einheitliche Gruppe behandeln. Die Unterschiede der beiden Gruppen betreffen vor allem Merkmale, die auf die verschiedene Implantationstiefe zurückführbar sind. Sie manifestieren sich dementsprechend vor allem in Strukturunterschieden der Placenta, während die Embryonalkörperbildung sehr ähnlich abläuft. Platyrrhinen und Catarrhinen unterscheiden sich ebenfalls im wesentlichen in der Placentarstruktur.

Ceboidea und Cercopithecoidea (Cynomorpha): Die Primitiventwicklung der Cynomorpha war zuvor (Typ VII S. 76) eingehend besprochen worden, so daß wir uns hier auf eine knappe Charakterisierung beschränken können. Die Blastocyste ist typisch und heftet sich mit dem embryonalen Pol, der zugleich Placentarpol ist, superficiell an (Abb. 105). Eine sekundäre Anheftung kann auf der Gegenseite nach einem Zeitraum von etwa 4 bis 5 Tagen zusätzlich aufgebaut werden. Ist dieses der Fall, so kommt es zur doppelten Scheibenplacenta. Die sekundäre Placenta (Nebenplacenta) ist gewöhnlich kleiner als die Hauptplacenta, aber in Entwicklung und Feinstruktur mit dieser identisch (Abb. 77a, b). Eine einfache Placenta findet sich in der Mehrzahl der Fälle bei *Alouatta* und vor allem bei den Pavianen (bei allen bisher beobachteten Graviditäten, 11 Fälle) [1200]. Die Nabelschnur inseriert leicht exzentrisch oder zentral an der

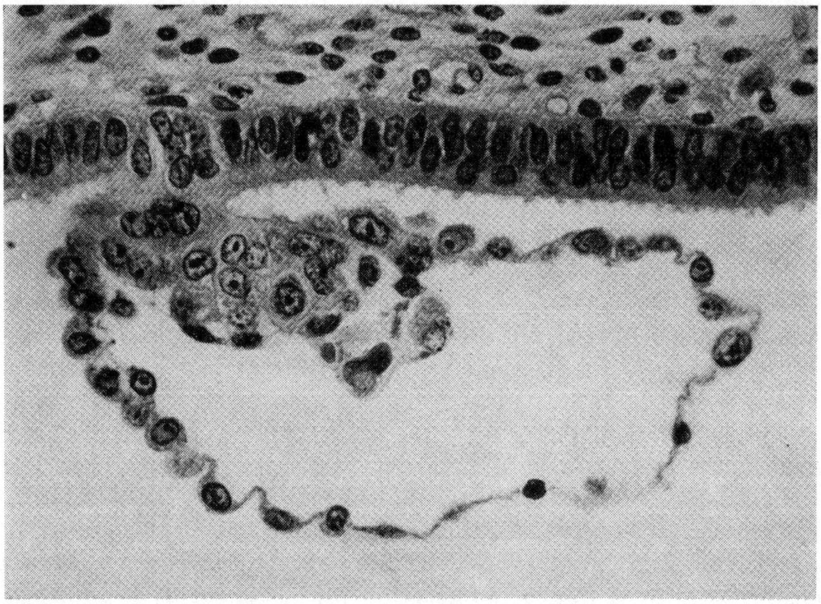

Abb. 105. *Macaca mulatta* Zimmermann. Neun Tage alte Blastocyste hat sich soeben am Uterusepithel (*oben*) angeheftet. Differenzierung in Embryoblast und Trophoblast. Der Syncytiotrophoblast am Anheftungspol hat Kerne des Uterusepithels phagozytiert. Anheftung am Embryonalpol. (Nach Heuser und Streeter, 1941)

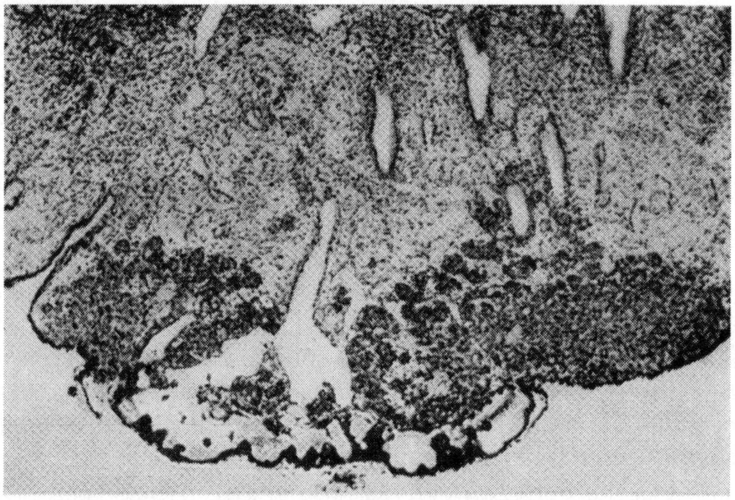

Abb. 106. *Macaca mulatta* Zimmermann. Placentaranlage, 13—14 Tage alt, kurz vor Bildung des Zottenstadiums. Maximale Ausbildung der Lakunen, die frei mit maternen Gefäßen kommunizieren. Blutlakunen sind nur von Syncytium begrenzt. (Nach Wislocki und Streeter, 1938)

Hauptplacenta. Die Nebenplacenta ist mit dieser durch Gefäßbrücken verbunden (in frühen Stadien meist zahlreiche Quergefäße, später in der Regel ein derber Strang). Amnionbildung stets als Spaltamnion. Entoderm-, Dottersack- und Mesenchymbildung sehr eigenartig (S. 76—79). Extraembryonales Mesenchym entsteht sehr früh überstürzt und zwar zu erheblichem Teil vom Trophoblasten her (S. 185). Abspaltung amniogener Zellen erfolgt vom Trophoblasten des Embryonalpoles her. Der »primäre Dottersack« entspricht der Exocoelblase. Der Haftstiel ist eine Bildung des primären extraembryonalen Mesenchymes. Der Primitivstreifen entsteht zentral im Keimschild und dehnt sich bis an das Kaudalende aus. Differenzierung der Keimanlage (Primitivknoten, Chordafortsatz, Medullaranlage, Mesoderm, Darmentoderm) erfolgt in typischer Weise.

Die Anheftung der Blastocyste erfolgt bei *Macaca mulatta* ZIMMERMANN [594] am 9. Tag der Gravidität (bei *Homo* am 6. bis 7. Tag) (Abb. 105). Im Bereich der Anheftungszone bildet sich der Trophoblast sofort zu Syncytium um (*Macaca mulatta* ZIMMERMANN, 10. Tag). Sehr schnell wird in diesem Gebiet das Uterusepithel zerstört. Veränderungen am Uterusepithel des Implantationsfeldes sind vor der Anheftung nicht zu beobachten. Hat der Trophoblast das Stroma erreicht, so beginnt die Proliferation und die Bildung von Trophoblastlakunen (*M. mulatta* ZIMMERMANN, 11. Tag) (Abb. 106). Der Trophoblast arrodiert nun auch bereits die maternen Kapillaren. Der aktive Faktor bei der Eröffnung der maternen Gefäße ist im Cytotrophoblasten zu sehen, der allein zu dieser Zeit proteolytische Fermente enthält [1266]. Das Syncytium hingegen hat vor allem resorptive Aufgaben. Er ist offenbar für die Verankerung und die Invasion des Stromas (amöboide Bewegungen) verantwortlich, hat aber die Fähigkeit zu Kernteilungen verloren.

Trotz vieler Ähnlichkeiten im Typus bestehen deutliche Unterschiede in Entwicklung, Ausbau und Feinstruktur der Placenta zwischen Platyrrhina, Cercopithecoidea und Hominoidea. Wir fassen die wesentlichen Merkmale in Tabelle XIV zusammen.

Wesentliche Unterschiede zwischen den Cynomorpha einerseits, den Hominoidea andererseits ergeben sich aus der verschiedenen Implantationstiefe. Die Platyrrhina unterscheiden sich von den Cercopithecoidea vor allem dadurch, daß der primäre Trophoblast in der erstgenannten Gruppe sehr viel mächtiger ist und in beträchtlichem Ausmaß zum Aufbau der definitiven Placenta herangezogen wird, während bei Cercopithecoidea und Hominoidea die Chorionzotten nicht durch Umbau des primären Trophoblasten, sondern durch Neubildung aus Cytotrophoblastsäulen entstehen. Im definitiven Zustand hat die Placenta in den drei Gruppen ähnlichen Bau. Innerhalb der Gruppe der Hominoidea ist die Struktur der definitiven Placenta derart einheitlich, daß es unmöglich wird, aus dem histologischen Bild die Placenta eines Menschenaffen von der menschlichen Placenta zu unterscheiden.

Im älteren Schrifttum wird angegeben, daß die Neuweltwaffen im Gegensatz zu den Altweltwaffen nur eine Placenta besitzen. Diese Angabe geht auf RUDOLPHI (1828) [1097] zurück, der ein Stadium von *Alouatta* untersuchte. Tatsächlich kommt bei *Alouatta* meist nur eine Placenta vor, während alle anderen Platyrrhinen eine bidiskoidale Placenta aufweisen. Irgend ein Gruppenunterschied zwischen Alt- und Neuweltwaffen in dieser Hinsicht besteht nicht, auch wenn die alte Ansicht von RUDOLPHI heute immer noch nicht völlig aus dem Schrifttum verschwunden ist.

Die Platyrrhina [605, 1200, 1452, 1443] zeigen von vorneherein eine massive Trophoblastwucherung, die lange persistiert. Drüsenreste sind stets nachweisbar und liefern Histiotrophe. Der Syncytiotrophoblast vermehrt sich stark durch Zuschuß vom Cytotrophoblasten her. Schließlich entsteht ein schwammartiges, syncytiales Labyrinth, in dessen Lakunen maternes Blut fließt. Das Syncytium umscheidet vielfach materne Kapillaren, deren Endothel stellenweise erhalten bleibt. In das labyrinthäre Syncytium dringt Mesenchym ein und führt die fetalen Gefäße zu. Aus dem Balkenwerk dieser Labyrinthwände, die ein Raumgitter bilden, wachsen sekundär freie Zotten aus, die nur in seltenen Fällen Anastomosen zu Nachbarzotten bilden. Die zunächst noch vorhandenen primären Zottenverbindungen gehen zugrunde. Die Labyrinthplacenta erfährt also einen Umbau in eine Zottenplacenta. Auch die Zotten sind von Syncytium überkleidet. Dieses ist durch Zuwachs vom zelligen Trophoblasten, der allein Mitosen aufweist, gebildet worden. Infolge zunehmender Ausdehnung und Wachstum des ganzen Organes von innen heraus (Zottenneubildung) wird die Placenta gewissermaßen auseinandergeschoben und das primäre Syncytium tritt an Bedeutung zurück. Von diesem primären Syncytium muß man das basale Syncytium ableiten, das gleichsam durch die sich bildenden Zotten nach peripher vorgeschoben ist. Aus dem verzweigten System materner Blutlakunen wird ein intervillöser Raum. Der Cytotrophoblast bildet sich im Zottenüberzug bei Platyrrhina wesentlich rascher zurück als bei Catarrhina.

Sehr kennzeichnend für die Platyrrhinen-Placenta ist der völlige Mangel an dicken Haftzottenstämmen (Abb. 107). Die Anheftung der Placentarzotten erfolgt an der Basalis diffus durch zahlreiche dünne Balken- und Zottenstämme (Abb. 107).

Bei den Cercopithecoidea [605, 1200, 1471, 1474] wird im Endeffekt ein ganz ähnliches Zustandsbild der reifen Placenta erreicht wie bei Platyrrhina, doch geschieht dieses auf völlig verschiedene Weise. Bei Cercopithecoidea existiert keine massive initiale Trophoblastwucherung.

Tabelle XIV

SIMIAE

| *Platyrrhina* Ceboidea | *Catarrhina* Cercopithecoidea | Hominoidea (Hylobatidae, Pongidae, Hominidae) |
|---|---|---|
| Cynomorpha s. l. | | |
| Implantation zentral, superficiell. Decidua capsularis fehlt | Zentral, superficiell. Fehlt | Interstitiell Vorhanden |
| Primäres und persistierendes Chorion laeve | Primäres und persistierendes Chorion laeve | Primär Chorium frondosum |
| Meist sekundäre Placenta am abembryonalen Pol | Meist sekundäre Placenta am abembryonalen Pol (Ausnahme Paviane) | Keine sekundäre Placenta |
| Hauptplacenta an primärer Anheftungsstelle | Hauptplacenta an primärer Anheftungsstelle | Placenta als persistierender basaler Bezirk des im übrigen rückgebildeten Chorion frondosum |
| Sehr massive, frühe und lange persistierende Trophoblastwucherung. Aus dieser geht ein primäres labyrinthäres Syncytium hervor. Sekundär wächst intervillöses Syncytium mit freien Zottenenden aus. Labyrinth kann lange erhalten bleiben. | Geringe Massenentfaltung des primären Trophoblasten (Labyrinthstadium). Chorionzotten entstehen nicht durch Umbau des primären Trophoblasten, sondern durch Auswachsen der zelligen Trophoblastsäulen. Keine primären Zottenanastomosen | Im Prinzip wie bei Cercopithecoidea |
| Basal erhalten sich Reste des primären Syncytiums als basales Syncytium Choriobasalis besteht aus Syncytium und Decidua | Choriobasalis mit reichlich Cytotrophoblastbeteiligung. Syncytium nur dünn und lokal | Cytotrophoblast-Zellnester im basalen Endometrium. Basales Syncytium nur in geringen Resten |
| Keine Haftzotten | Schlanke Haftzotten kommen vor | Dicke Haftzottenstämme |
| Deciduazellen fehlen | Vorhanden | Vorhanden |
| Drüsen hoch aktiv, können sich lange erhalten | Drüsenaktivität gering | Drüsenaktivität gering |
| Einbau materner Kapillaren ins Syncytium | Intraplacentäre Kapillaren fehlen stets | Intraplacentäre Kapillaren fehlen stets |

Endstadium: Placenta haemochorialis villosa

Das Mesenchym des Chorions dringt also nicht in ein bestehendes Syncytiumgerüst ein. Das primäre Syncytium (»Implantationssyncytium«) ist außerordentlich dünn (Abb. 106). Von vorneherein sprossen sekundäre Zottenstämme aus und schieben den primären Trophoblasten vor sich her. Damit wird das zunächst angelegte lakunäre Labyrinth außerordentlich früh durch einen intervillösen Raum ersetzt. Zottenanastomosen, die in der reifen Catarrhinenplacenta gelegentlich vorkommen, sind nie auf Reste des primären syncytialen Labyrinthes zurückzuführen, sondern entstehen durch sekundäre Verklebung des Zottenüberzuges. Sie sind ohne evolutive

Abb. 107. *Chiropotes satanas.* HOFFMANNSEGG. Ausschnitt aus dem basalen Teil der Placenta (Fet 100 mm). Diffuse Anheftung durch zahlreiche schmale Zottenstämme. Keine groben Haftzotten. (Nach STARCK, 1956)

Bedeutung. Wesentlich ist, daß bei *Macaca mulatta* ZIMMERMANN und anderen Catarrhina die Feststellung gelang, daß Chorionmesenchym in erheblicher Menge aus Cytotrophoblast auch noch während des Zottenstadiums der Placenta entstehen kann (Abb. 108). Cytotrophoblast ist also ein Matrixgewebe, das nach außen hin Syncytium, nach innen hin Mesenchym zu bilden vermag. Die Umwandlung von Cytotrophoblast in Syncytium wird offensichtlich durch Kontakt mit dem flüssigen Medium (Blut) induziert. In Placenten aus dem ersten Drittel der Gravidität lassen sich deutlich drei Zonen an den Chorionzotten unterscheiden (Abb. 108). Ein distaler Teil besteht aus Cytotrophoblast. Auf diesen folgt eine ebenfalls zellige dunkle Zone (Proliferationszone) und schließlich folgt der Mesenchymkern. Die ganze Zotte ist von einer dünnen Syncytiumschicht überkleidet. In der Folge gewinnt der Mesenchymteil der Zotte an Ausdehnung, während gleichzeitig der zellige Anteil kürzer wird. Bei *Macaca mulatta* ZIMMERMANN verhalten sich Mesenchymzone: Cytotrophoblast-Anteil am 19. Tag wie 1 : 2, am 29. Tag wie 2 : 1. Am 35. Tag erreicht die Mesenchymzone bereits die basale Anheftung (Abb. 109, 110). Über die Frühentwicklung der Menschenaffen ist sehr wenig bekannt. Zwei frühe Stadien von *Pan troglodytes* BLUMENBACH [338] zeigen, daß die Entwicklungsvorgänge ganz ähnlich wie bei *Homo* ablaufen. Befunde an Eihäuten und Placenten älterer Entwicklungsstadien von *Hylobates*, *Pongo* und *Gorilla* [1200] weisen ebenfalls auf einen analogen Entwicklungsablauf wie bei *Pan* und *Homo*. Die Entwicklung der Embryonalanlage der Hominoidea zeigt im Prinzipiellen auch Übereinstimmung mit *Macaca*. Unterschiede betreffen Implantations- und Placentations-Geschehen (Tabelle XIV und S. 181).

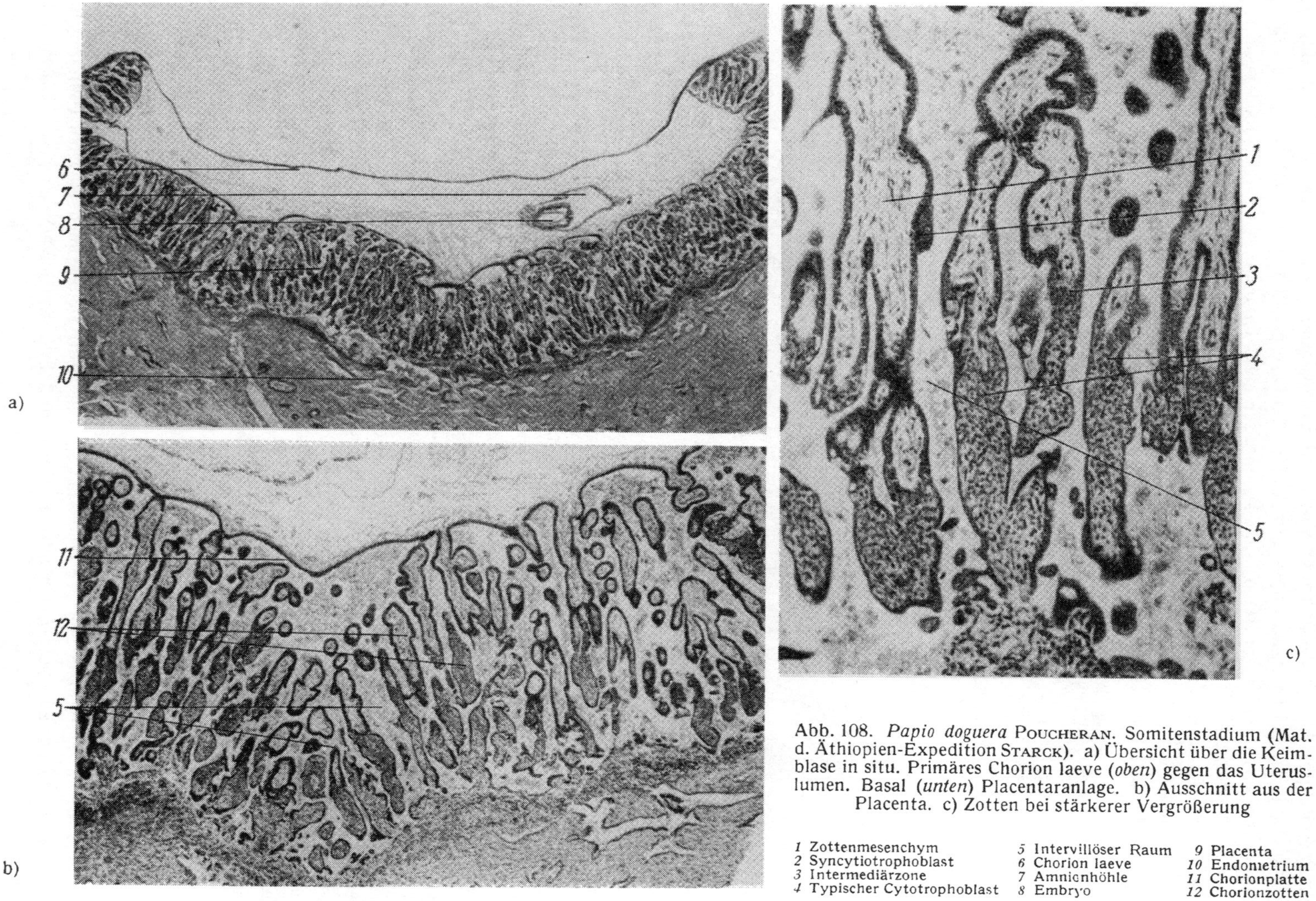


Abb. 108. *Papio doguera* POUCHERAN. Somitenstadium (Mat. d. Äthiopien-Expedition STARCK). a) Übersicht über die Keimblase in situ. Primäres Chorion laeve (*oben*) gegen das Uteruslumen. Basal (*unten*) Placentaranlage. b) Ausschnitt aus der Placenta. c) Zotten bei stärkerer Vergrößerung

*1* Zottenmesenchym
*2* Syncytiotrophoblast
*3* Intermediärzone
*4* Typischer Cytotrophoblast
*5* Intervillöser Raum
*6* Chorion laeve
*7* Amnionhöhle
*8* Embryo
*9* Placenta
*10* Endometrium
*11* Chorionplatte
*12* Chorionzotten

Placentation der Hominoidea [495a, 1266, 1222, 1453, 1200, 955, 605, 1199, 486, 1180]: Über die Entwicklung der Placenta bei Hylobatiden und Pongiden ist kaum etwas bekannt. Zwei junge Placentationsstadien von *Pan* ([1453], 10½ und 12 Tage) gleichen entsprechenden menschlichen Stadien. Das fertig ausgebildete Organ ist bei allen Hominoidea außerordentlich ähnlich. Der Embryonalpol der Blastocyste, die auch für *Homo* nachgewiesen ist [580, 584] (Abb. 66a, 111, 112), ist gegen das Endometrium hin orientiert. Der Keim implantiert sich interstitiell. Die Implantation erfolgt bei *Homo* am 6. bis 7. Tag. Der Trophoblast verdickt sich in dem Bereich, der mit dem Stroma des Endometriums in Kontakt steht, sehr erheblich, während die Keimblasenwand dort, wo sie gegen das freie Cavum uteri blickt, zunächst noch den primitiven, einschichtigen Charakter bewahrt. Bereits in diesen Stadien sind Cyto- und Syncytiotrophoblast differenziert, doch liegen beide noch nicht schichtweise übereinander. Stellenweise steht Cytotrophoblast in Kontakt mit Stroma. Der zellige Trophoblast ist als Träger der proteolytischen Fermente aktiv am

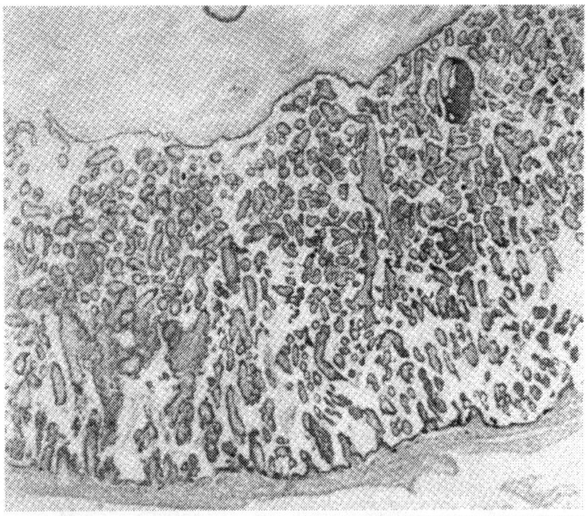

Abb. 109

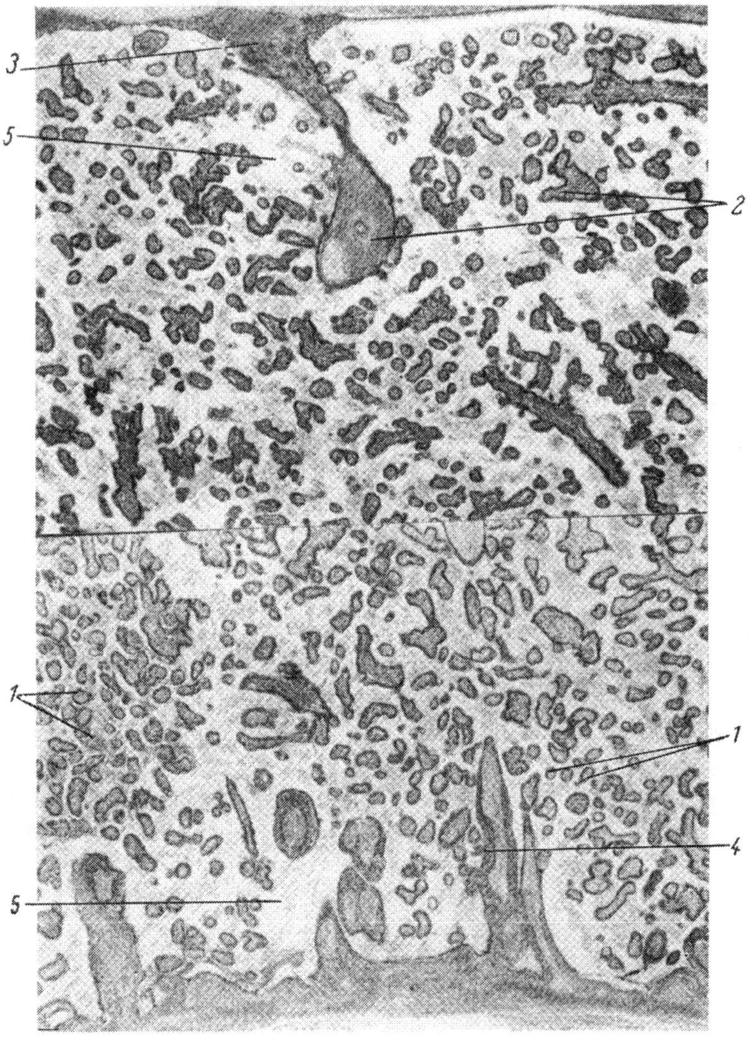


Abb. 110

Abb. 109. *Papio hamadryas* L. (Fet 33 mm Scheitel-Steiß-Länge). Übersicht über die Placentarstruktur. Stärkere Zottenverzweigung

Abb. 110. *Papio hamadryas* L. (Fet 85 mm Scheitel-Steiß-Länge). Ausschnitt aus der Placenta. Zottenverzweigungen im intervillösen Raum. a) Fetale Seite, b) basale Seite der Placenta

*1* Freie Zottenenden *3* Chorionplatte
*2* Große Zottenstämme *4* Haftzotte
*5* Intervillöser Raum

Einbettungsprozeß beteiligt. Bei *Homo* am 9. Tag (*Pan* 10½ Tage ebenfalls) ist die primäre Blastocystenwand bereits ringsum durch verdickten Trophoblasten ersetzt. Der Keim rückt tiefer in das materne Stroma vor. Die ersten Mesenchymzellen erscheinen bei *Homo* auf der Innenseite des Trophoblasten bereits am 8. Tag. Bei 12 Tage alten Keimen (Abb. 111, 112) besteht bereits eine dicke Mesenchymlage. Die Amnionhöhle bildet sich inzwischen durch Dehiszenz

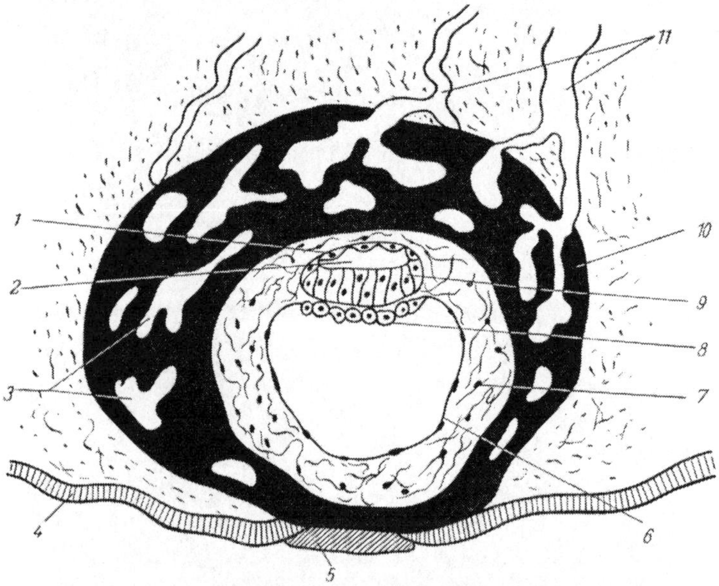


Abb. 111. *Homo*. 12 Tage alter Keim, eben implantiert, schematisch. Die Trophoblastlakunen haben die Verbindung zu maternen Bluträumen aufgenommen. Die Trophoblastschale des Keimes ist basal wesentlich dicker als lumenwärts. Die Implantationsöffnung ist durch ein Schlußkoagulum abgeschlossen. Amnionhöhle gebildet. Bereits jetzt ist eine dicke Lage extraembryonalen Mesenchyms vorhanden. (Umzeichnung nach Hertig und Rock)

*1* Amnion
*2* Amnionhöhle
*3* Blutlakunen
*4* Uterusepithel
*5* Schlußkoagulum
*6* Heusersche Membran
*7* Extraembryonales Mesenchym
*8* Primäres Entoderm
*9* Keimschildektoderm
*10* Trophoblast
*11* Kapilläre Sinus

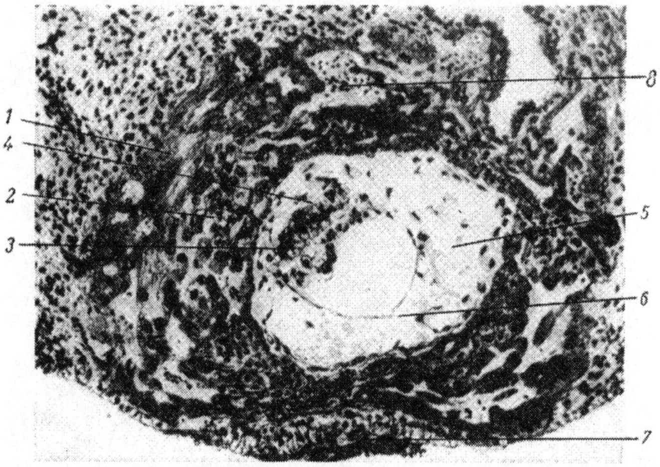


Abb. 112. *Homo*, Ovum vom 11. Tag (Carnegie 7699). (Aus Hertig und Rock Contrib. Embryol. 28, 1941)

*1* Syncytiotrophoblast
*2* Cytotrophoblast
*3* Keimschildektoderm
*4* Amnionhöhle
*5* Extraembryonales Mesenchym
*6* Heusersche Membran
*7* Schlußkoagulum
*8* Übergang der Trophoblastlakunen in materne Blutgefäße

(Zusammenfließen kleiner Spalten) im Embryonalknoten. Der Keim hat das 2-Bläschen-Stadium erreicht. Das größere untere Bläschen entspricht dem Exocoel (primärer Dottersack, S. 78). Die Embryonalanlage wird durch das zweischichtige platte Gebilde an der Berührungszone der beiden Bläschen gebildet (Abb. 111, 112). Eine axiale Gliederung fehlt noch völlig.

Ist der Keim ins Endometrium eingepflanzt, so schließt dieses sich über dem Keimbett. Es bildet sich eine vollständige Decidua capsularis. Der Keim entwickelt sich im Endometrium weiter, das Cavum uteri bleibt zunächst frei. Man unterscheidet am Endometrium nach den topographischen Beziehungen zum Keim folgende Bezirke:

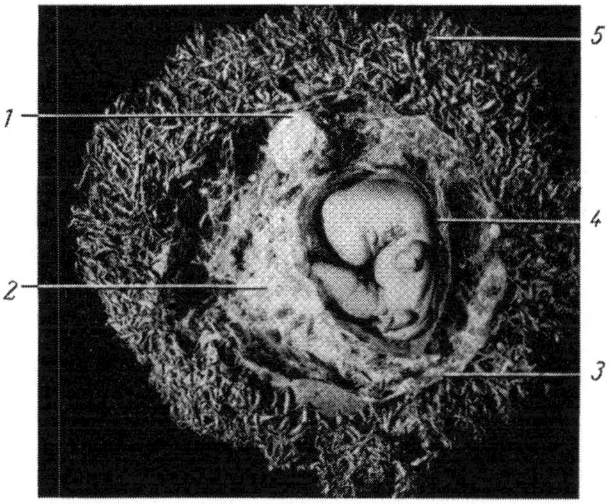


a)

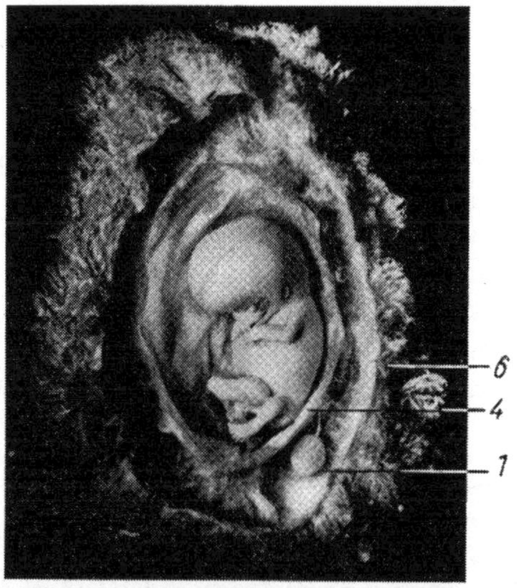


b)

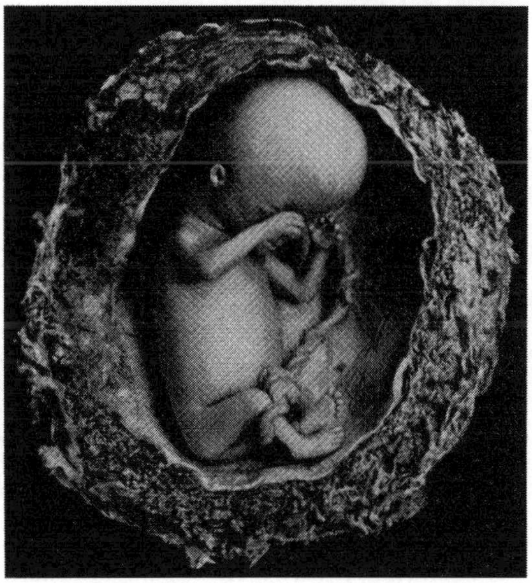

c)

Abb. 113. *Homo*, Embryonen in den Fruchthüllen. a) Embryo Ha 8. 12,88 mm Scheitel-Steiß-Länge. Beachte die Ausdehnung des Magma reticulare noch auf diesem späten Stadium. b) Embryo 25 mm Scheitel-Steiß-Länge. Rechts unten ist zwischen Chorion und Amnion das Dotterbläschen sichtbar. c) Embryo von 58 mm Scheitel-Steiß-Länge. Die Nabelschnur hat den rechten Unterschenkel umschlungen. Das ganze Chorion ist zottentragend (a, b, c), noch kein definitiver Placentarbezirk (Chorion laeve) abgegrenzt. (Orig. Photos von F. Hochstetter)

*1* Dotterbläschen
*2* Magma reticulare
*3* Membrana chorii
*4* Amnion
*5* Chorion frondosum
*6* Chorion

| | |
|---|---|
| Decidua basalis (D. serotina älterer Autoren) | basal unter dem Keim |
| Decidua capsularis (D. reflexa) | über dem Keim |
| Decidua parietalis (D. vera) | außerhalb des Keimbezirkes |
| Decidua marginalis | Grenzbereich in dem D. basalis, capsularis und parietalis aneinandergrenzen. |

Mit dem Wachstum des Eies kommt es zu einer Vorwölbung des Keimbettes einschließlich der Decidua capsularis gegen das Cavum uteri. Schließlich erreicht die Capsularis die Parietalis der gegenüberliegenden Uteruswand und verklebt mit dieser (*Homo*, 4. bis 5. Monat); das Cavum uteri verschwindet. Eröffnet man einen Uterus aus der zweiten Hälfte der Gravidität, so gelangt man in die Amnionhöhle, ein Cavum uteri ist nicht mehr vorhanden (Abb. 113).

Ein primär zottenfreies Chorion fehlt den Hominoidea also im Gegensatz zu den Cynomorpha. Das ganze Chorion trägt Zotten, ist Chorion frondosum. Die Ausbildung eines diskoidalen Placentarbezirkes erfolgt sekundär in der Weise, daß im ganzen Capsularisbereich die Zotten, im wesentlichen durch Druckatrophie, rückgebildet werden, während im Bereich der Basalis eine progressive Ausgestaltung der Chorionzotten stattfindet. Eingemauerte, in Rückbildung begriffene Zottenreste lassen sich lange Zeit noch unter der Decidua capsularis nachweisen (Abb. 114). Es sei in diesem Zusammenhang nochmals betont, daß der Keim der Hominoidea sich wesentlich tiefer implantiert als der aller niederen Affen. Unterschiede in der Placentation zwischen beiden Gruppen sind letzten Endes Folgeerscheinungen der verschiedenen Implantationstiefe. Dabei bleibt es zunächst noch offen, ob die verschiedene Implantationstiefe Ausdruck einer verschiedenen Invasionskraft des Trophoblasten [605] oder einer verschiedenen Placentarwertigkeit des Endometriums [1474] ist.

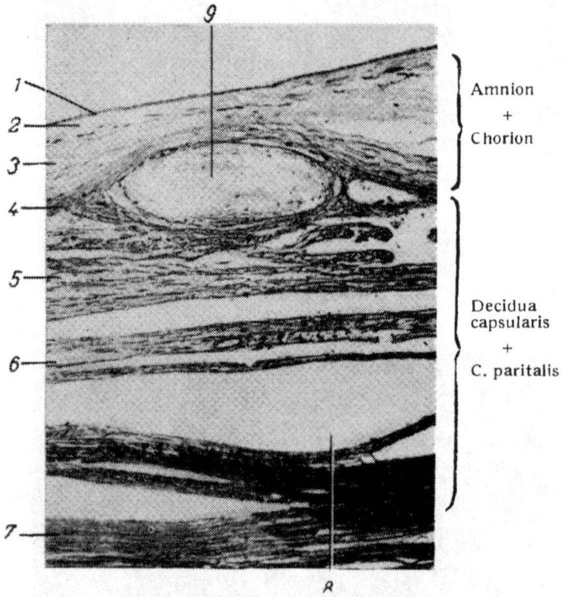


Abb. 114. *Homo.* Schnitt durch Decidua parietalis, capsularis, Chorion und Amnion, 5.–6. Schwangerschaftsmonat. Eingemauerte Chorionzotte. (Aus Starck, 1955, a. a. O., S. 297)

*1* Amnionepithel
*2* Amnionbindegewebe
*3* Magma reticulare
*4* Chorion
*5* Decidua capsularis
*6* Decidua parietalis
*7* Muscularis uteri
*8* Stark erweiterte Drüsen
*9* Eingemauerte Chorionzotte

Die Entwicklung ist bei Hominoidea, mehr noch als bei niederen Primaten, dadurch gekennzeichnet, daß die Differenzierung des Trophoblasten und des extraembryonalen Mesenchyms gegenüber der Embryonalanlage beschleunigt ist. Dieses ist verständlich, denn der Ausbau eines Ernährungsorganes und der Transportwege für die Aufbaustoffe muß notwendigerweise vorausgehen, bevor die weitere Entwicklung des Embryonalkörpers in Gang kommen kann.

Man unterscheidet in der Differenzierung der Hominoidea-Placenta zweckmäßig folgende Stadien:

1. Lakunäres Stadium (noch ohne Zotten): Homo 1. bis 2. Woche.
2. Primärzotten (Trophoblastzotten, noch ohne Mesenchym): Ende 2. bis 3. Woche.
3. Sekundärzotten (Beginn der Bildung eines Mesenchymkernes): Homo Ende 3. bis 4. Woche.
4. Tertiärzotten (freie Zottenverzweigungen, Gefäße im Zottenmesenchym).

1. Lakunäres Stadium: Der Trophoblast bildet eine dicke Schale um den Keim. Die Differenzierung ist auch jetzt noch am embryonalen Pol weiter vorgeschritten als am abembryonalen (Abb. 111, 112). Der Cytotrophoblast bildet eine dünne innere Schicht. Hingegen ist das Syncytium dick und wird von lakunären Bluträumen durchsetzt. Die Wände der Lakunen sind nur von Syncytium begrenzt. Sinusoide Bluträume des Endometriums werden durch den Trophoblasten eröffnet und nehmen Kommunikation mit den Trophoblastlakunen auf. Während dieser Phase hat die Placenta also noch den Charakter einer Labyrinthplacenta.

2. Stadium der Primärzotten: Die Lakunen werden durch das zirkulierende materne Blut ausgeweitet. Die Trophoblastmassen zwischen den Bluträumen werden zu balkenförmigen Gebilden — Primärzotten — ausgewalzt. Diese sind noch frei von Mesenchym. In der Um-

gebung des Eibettes schreiten Degenerationsprozesse und Bildung von Deciduazellen voran. Der Keim dringt weiter in das Endometrium vor.

3. Stadium der Sekundärzotten: Der Trophoblast wächst rasch und intensiv. Gleichzeitig mit dem Zottenwachstum treten die ersten Zottenverzweigungen auf. Im Inneren der Zotten beginnt die Mesenchymbildung. Diese erfolgt zum größten Teil durch Differenzierung vom Cytotrophoblasten her. Einwanderung von Chorion-

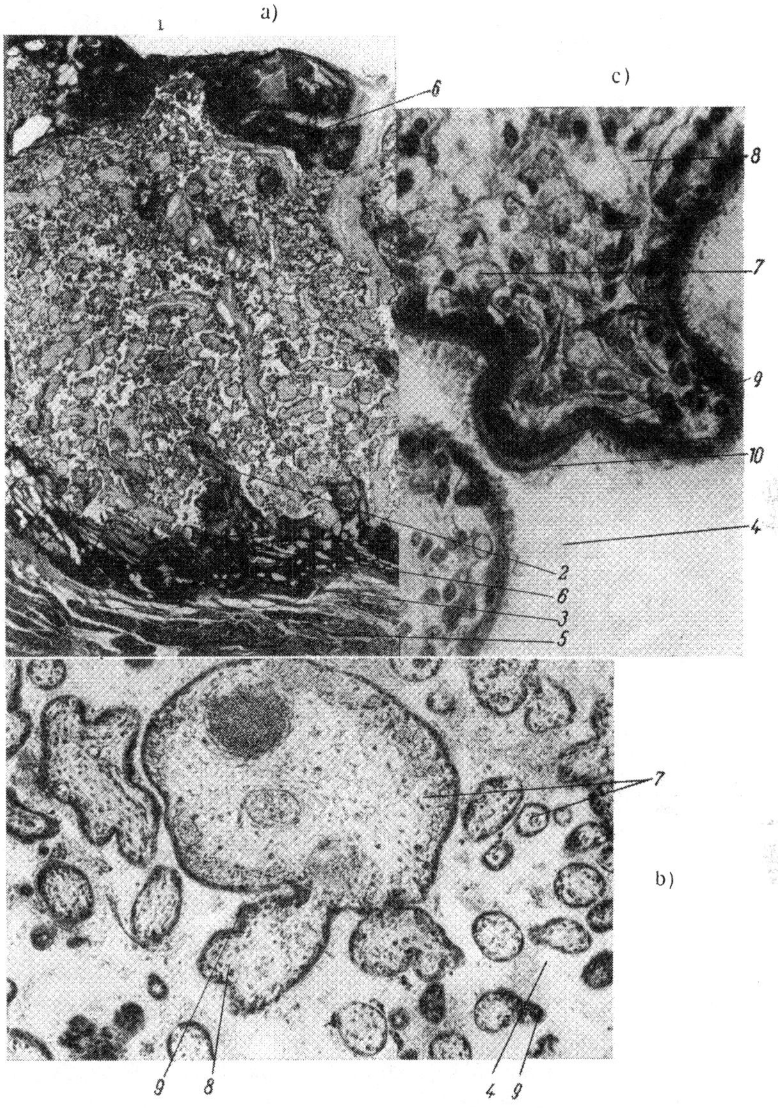


Abb. 115
*Pan troglodytes* BLUMENBACH (Fet 75 mm, gleiches Objekt wie Abbildung 49 und 64). Ausschnitte aus der Placenta.
a) Übersicht b) Zotten im intervillösen Raum c) Zottenstruktur bei starker Vergrößerung

*1* Chorionplatte
*2* Haftzotte
*3* Basalis
*4* Intervillöser Raum
*5* Myometrium
*6* Fibrinoid
*7* Fetale Kapillaren im Zottenstroma
*8* Cytotrophoblast
*9* Syncytiotrophoblast
*10* Bürstensaum

mesenchym in die Zotten scheint keine nennenswerte Rolle zu spielen. Durch das starke Zottenwachstum kommt es nun auch zu einer Entfaltung der Bluträume zwischen den Zotten. Aus dem Lakunensystem entsteht der intervillöse Raum. Mit fortschreitendem Wachstum schieben die Zottenstämme soliden, zelligen Trophoblast vor sich her (peripherer Trophoblast), der die basale Auskleidung des intervillösen Raumes darstellt. Dicke Cytotrophoblastbalken, die Zottenstämme mit peripherem Trophoblasten verbinden, werden als Haftzotten bezeichnet.

4. Am Ende des ersten Monats (*Homo*) werden die Gefäßanlagen in den Zotten deutlich. Man spricht nun von Tertiärzotten. Eine derartige Chorionzotte besteht aus einem Mesenchymkern mit fetalen Gefäßen (Vasa umbilicalia) und einem Trophoblastüberzug (Abb. 115, 116). An diesem sind innen der Cytotrophoblast (LANGHANSsche Zellschicht) und außen das Syncytium zu unterscheiden. Die Syncytiumoberfläche besitzt, als morphologischen Ausdruck der Resorp-

tionsleistung, einen Bürstensaum. Die Syncytiumlage ist nicht überall gleich dick. Die Zellkerne liegen gewöhnlich in bestimmten plasmareicheren Arealen angehäuft (Abb. 116), während das Syncytium sich an anderen Stellen zu einer zarten Membran verdünnt (Ort der Exkretion?). Es bildet aber stets einen lückenlosen Zottenüberzug.

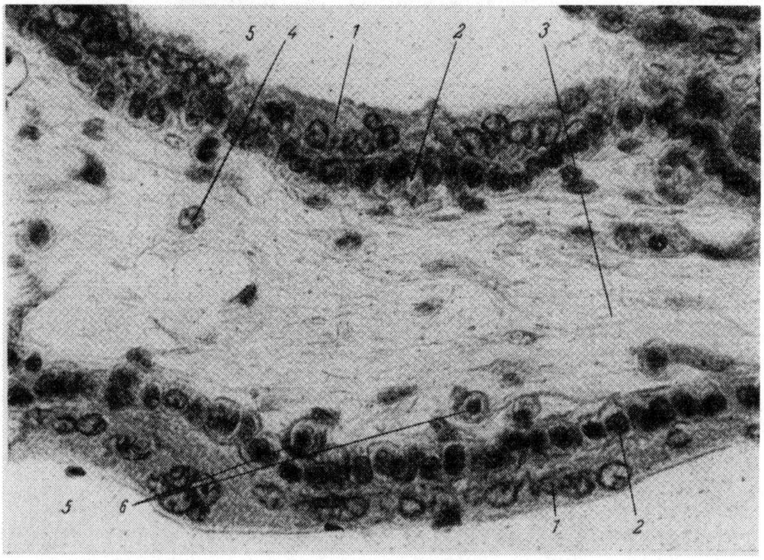


Abb. 116. *Homo*, Placenta aus dem zweiten Schwangerschaftsmonat. Struktur der Placentarzotte, starke Vergrößerung

*1* Syncytiotrophoblast
*2* Cytotrophoblast (Langhans-Zellen)
*3* Zottenmesenchym
*4* Hofbauer-Zelle
*5* Intervillöser Raum
*6* Fetale Kapillare mit kernhaltigen Erythrocyten

Ausbau der Placenta: Beim Menschen schwindet nach dem 4. bis 5. Schwangerschaftsmonat die Schicht der Langhansschen Zellen. Sie braucht sich offenbar in der Syncytiumbildung völlig auf. Die Zotten verzweigen sich stärker und werden schlanker, so daß der ganze intervillöse Raum mit Zottenverzweigungen gefüllt erscheint (Abb. 117). Die Natur der basalen Auskleidung des intervillösen Raumes ist umstritten. Ursprünglich galt als Lehrmeinung, daß der intervillöse Raum sich zwischen fetalem und maternem Gewebe findet, daß also seine basale Grenze von Decidua gebildet sei. Dieser Annahme lag die Vorstellung zugrunde, daß der Trophoblast parasitenartig sich in das materne Gewebe hineinfrißt. Dabei sollen horstartige Reste der Decidua als Placentarsepten stehen bleiben. Eine genauere Kenntnis jüngerer Placentationsstadien führte jedoch zu der Vorstellung, daß die basale Auskleidung des intervillösen Raumes aus basalem Trophoblast besteht, daß also dieser Raum nicht zwischen fetalem und maternen Anteil der Placenta, sondern innerhalb des fetalen Anteiles liegt [1161]. Die Placentarsepten wurden als angestaute Massen von basalem Cytotrophoblasten gedeutet. Es muß anerkannt werden, daß diese Vorstellung sich letzten Endes auf einen Indizienbeweis, nämlich auf die Aneinanderreihung verschieden alter Zustandsbilder, stützt. Ein sicheres Kriterium zur Unterscheidung materner und fetaler Gewebselemente existierte nicht. Neuerdings [742] wird nun die materne Herkunft wenigstens für die Placentarsepten und die großzelligen Inseln der reifen menschlichen Placenta angegeben. An den Placenten männlicher Feten ließ sich zeigen, daß die Zellkerne in den Zellen der Septen und Inseln in 73% der Fälle Sex-

Chromatin enthielten, also damit als Derivate der Placenta materna anzusehen sind. Durch diese Untersuchungen ist jedenfalls die Frage nach der Deutung vieler Placentarstrukturen und das Problem des Umbaues der Placenta während der Gravidität wieder akut geworden und umfassendere Untersuchungen bleiben abzuwarten. Insbesondere muß das Verhalten des basalen Trophoblasten unter Berücksichtigung verschiedener Altersstadien neu überprüft werden.

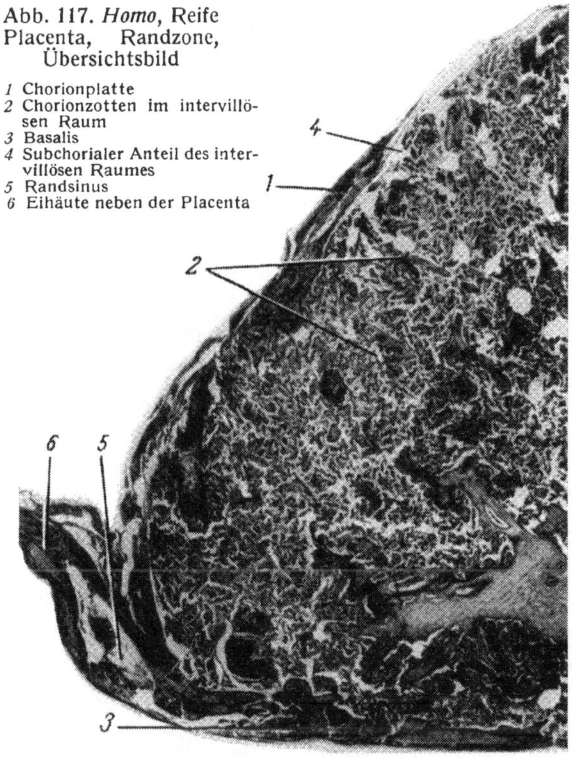


Abb. 117. *Homo*, Reife Placenta, Randzone, Übersichtsbild

*1* Chorionplatte
*2* Chorionzotten im intervillösen Raum
*3* Basalis
*4* Subchorialer Anteil des intervillösen Raumes
*5* Randsinus
*6* Eihäute neben der Placenta

Auch für die Placenta der Hominoidea und des Menschen wurde in neuerer Zeit behauptet, daß die Zottenenden untereinander anastomosieren, daß also eine Labyrinthplacenta vorläge. Nach Stieve sollen nach dem 5. Monat bei *Homo* freie Zottenenden kaum anzutreffen sein. Es konnte jedoch eindeutig demonstriert werden, daß diese Vorstellungen auf groben Fehlern in der Methodik beruhen. Die menschliche Placenta ist keine Labyrinthplacenta, sondern eine Zottenplacenta (Placenta villosa: Topfplacenta, Placenta olliformis) mit einheitlichem intervillösem Raum.

An vielen Stellen der Placenta schwindet mit fortschreitendem Graviditätsalter der zellige Gewebscharakter. Es treten an derartigen Stellen amorphe, degenerative Massen, »Fibrinoid«, auf (Abb. 115a, 117). Bevorzugte Lokalisation des Fibrinoides sind die Septen und der basale Trophoblast. Die Herkunft aus degeneriertem Gewebe wird durch das Vorkommen von Zellresten in den Fibrinoidmassen gesichert. Daneben kommt es zweifellos auch lokal zur Abscheidung von Fibrin aus stagnierendem maternem Blut an den Wänden des intervillösen Raumes (an der Chorionplatte). Mikroskopisch und histochemisch lassen sich Gewebsfibrinoid und Fibrinoid (= homogen ausgefälltes Fibrin) nicht differenzieren. Es wird vermutet, daß das Fibrinoid eine wesentliche Aufgabe als Stützskelett der Placenta (Offenhalten der Bluträume) besitzt. Es ist jedenfalls kaum berechtigt, aus dem Vorkommen von Fibrinoid in der Placenta den Schluß zu ziehen, daß dieses Organ bei Hominoidea physiologisch unvollkommen sei und in eine evolutive Sackgasse hineinführe.

Kreislauf im intervillösen Raum: Auch die Frage der Zirkulation im intervillösen Raum ist in den letzten Jahren verschiedentlich untersucht worden. Da die Methodik derartiger Untersuchungen außerordentlich schwierig ist und nicht durch Befunde an Laboratoriumstieren ersetzt werden kann, da außerdem rein morphologische Untersuchungen keine definitive Klärung erbrachten, ist es nicht verwunderlich, wenn auch dieses Problem heftig umstritten war. Nach älterer Anschauung münden die maternen Gefäße basal recht ungeordnet in den buchtigen intervillösen Raum ein. Der Abfluß erfolgt ebenfalls basal. Die Kreislaufverhältnisse wären also denkbar ungünstig sowohl für die Ausnutzung des maternen Blutes als auch für die Möglichkeit einer wirklichen, geordneten Zirkulation. Demgegenüber hat Spanner [1180,

1182] auf Grund von Injektionsversuchen an der menschlichen Placenta nachweisen können, daß doch ein gerichteter Kreislauf existiert. Die Theorie von Spanner besagt zunächst, daß die reife menschliche Placenta aus etwa 20 bis 30 Cotyledonen besteht, die als Strömungseinheiten anzusehen sind. Der Anteil des intervillösen Raumes, der einen Zottenstamm umgibt, wird durch Placentarsepten abgegrenzt (=Cotyledo). Blut fließt ausschließlich durch basale Arterien von unten in diese Blutkammern des Cotyledo ein und füllt diese von unten her. Nach Spanner fließt das Blut über den Rand der Septen in den subchorialen Spalt ab (Überlaufprinzip) und wird ausschließlich über den Randsinus abgeleitet. Basale materne Venenmündungen sollen fehlen. Der Blutstrom wäre also streng gerichtet. Die freien Zottenenden sollen dabei durch die Haftzottenstämme basal verankert und durch den Blutstrom von basal gegen die Chorionplatte hin gerichtet sein. Diese Auffassung wurde angegriffen, da zwei Voraussetzungen der Theorie nicht zutreffen. Erstens kommen tatsächlich in wechselnder Zahl materne Venenabflüsse basal auch in zentralen Bereichen der Placenta vor [738]. Zweitens ließ sich niemals nachweisen, daß die Placentarsepten wirklich seitlich geschlossene »Bluttöpfe« umgrenzen. Dennoch konnte neuerdings die Grundvorstellung von Spanner, daß nämlich ein gerichteter Kreislauf in der Zottenplacenta vorkommt, bestätigt werden. Ramsey hat das Problem durch sehr sorgfältige Untersuchungen an *Macaca mulatta* Zimmermann und *Homo* weitgehend geklärt [1031, 1032, 1033, 1034]. Aus diesen Untersuchungen geht hervor, daß in der Tat regelmäßig ein Randsinus existiert. Dieser ist nicht die Hauptabflußbahn aus dem intervillösen Raum, sondern ist ein besonders erweiterter Randbezirk desselben, der relativ frei von Zotten bleibt (Abb. 117). Der venöse Abfluß erfolgt tatsächlich basal im peripheren und zentralen Bereich. Die Septen sind keine geschlossenen Trennwände zwischen den Strömungskesseln. Dennoch besteht die Annahme des »Überlaufprinzips« zu Recht. Kurzschlüsse zwischen den basal oft eng benachbart liegenden Arterien und Venen kommen kaum vor. Das materne Blut wird mit erheblichem Druck gegen die subchoriale Seite des intervillösen Raumes gespritzt. Die Zotten selbst wirken als Verteiler, ähnlich wie Grasbüschel in einem Rinnsal. In der Diastole sickert das Blut basal durch die maternen Venenmündungen ab. Der Randsinus funktioniert als Sicherheitsreservoir.

## E. Xenarthra

Unsere Kentnnisse über Frühentwicklung und Placentation der Xenarthra sind lückenhaft. Während wir einigermaßen über die Placentarmorphologie der Bradypodidae und Myrmecophagidae informiert sind, fehlen für diese Formen zuverlässige Angaben über Implantation, Frühentwicklung des Keimes und Eihautbildung. Im Gegensatz dazu sind die Frühstadien einiger Dasypodidae relativ gut untersucht, doch fehlen moderne Arbeiten über die Struktur der reifen Placenta. Jedenfalls unterscheiden sich die drei Familien der Xenarthra recht erheblich. Bradypodidae und Myrmecophagidae zeigen einige Gemeinsamkeiten, doch ist die Placenta der Bradypodidae endotheliochorial, die der Myrmecophagidae und Dasypodidae hämochorial.

**Bradypodidae.** Über den Implantationsmodus, erste Anheftung und Amnionbildung ist nichts bekannt. Der Dottersack ist recht klein und wird offenbar zunächst am Chorion der dem Embryo gegenüberliegenden Seite in einem kleinen Bezirk angeheftet. Später löst er sich und schlüpft ins Exocoel zurück. Hierbei kann, ähnlich wie bei einigen jungen menschlichen Keimen, ein distales Rudiment in Form einer Dottersackcyste dem Chorion angeheftet bleiben. Die entodermale Allantoisanlage ist sehr klein, ein Haftstiel ist vorhanden. Die Placenta wurde mehrfach untersucht [96, 1442, 595, 168a, 778, 779, 233a, 740b, 15, 1322]. In den Frühstadien ist die Placenta diffus und viellappig (Abb. 118).

Während der Entwicklung erfährt diese Placenta eine sehr tiefgreifende Umgestaltung. Zunächst bilden sich die Lobuli in einem streifenförmigen Bezirk an der Ventralfläche zurück. Die Rückbildung der Läppchen ergreift sodann die ganze cervikale Region des Uterus und schließlich kommt es zur Ausbildung einer zweigeteilten Placenta. Die zunächst noch glockenförmig gewölbten Hälften wandeln sich gegen Ende der Gravidität in paarige Scheiben (bidiscoidalis) um. Material der sich rückbildenden Cotyledonen wird offenbar als Histiotrophe verwendet, übernimmt also die Funktion der Extravasate bei Carnivoren. Der Feinstruktur nach ist die *Bradypus*-Placenta typisch labyrinthiform (Abb. 119). Der Trophoblast ist bereits sehr früh rein syncytial. Cytotrophoblast fehlt den bisher untersuchten Stadien bereits völlig. Die fetalen Kapillaren drängen sich eng an das Syncytium heran, das vielfach zu einer dünnen Cytoplasmamembran reduziert werden kann. Maternes Endothel bleibt überall erhalten und zeigt Hypertrophie, so daß eine Verwechslung des Endothels mit Trophoblast möglich wurde [778, 779]. In der Entwicklung wird der endotheliochoriale Zustand allerdings erst nach einer langen syndesmochorialen Periode erreicht. Reste des endometrialen Stromas finden sich auch in Spätstadien häufig gegenüber dem Trophoblasten. Die Placenta ist also in gewisser Weise eine Zwischenform zwischen syndesmochorialem und endotheliochorialem Typ. *Choloepus* scheint sich ganz ähnlich wie *Bradypus* zu verhalten.

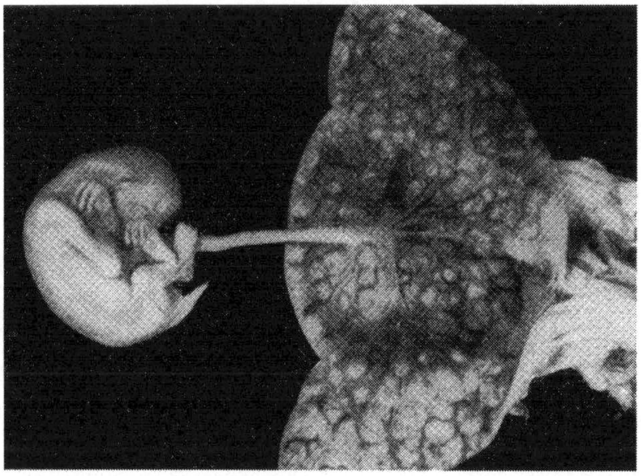

Abb. 118. *Bradypus* spec. (Embryo 64 mm) mit Placenta. Diese ist noch diffus und viellappig

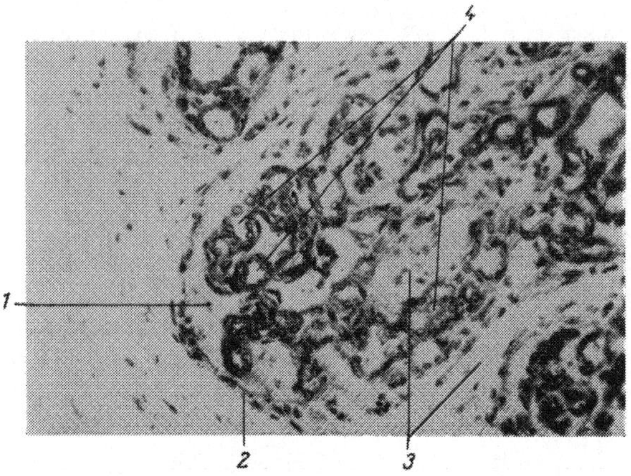


Abb. 119. *Bradypus* spec. jüngeres, noch syndesmochoriales Placentationsstadium

*1* Fetales Gefäß *2* Rand des Allantochorions *3* Chorionlamellen *4* Materne Gefäße

**Myrmecophagidae.** Über die Frühentwicklung der Myrmecophagiden ist nichts bekannt. Die Placentation ist an zehn Stadien von *Tamandua tetradactyla* L. [98] und an *Cyclopes didactylus* L. [1445] untersucht worden. Im Prinzip scheinen beide Arten übereinzustimmen. Wir legen unserer Darstellung in erster Linie die Befunde an *Tamandua* zugrunde. Offenbar erfolgt die Einnistung zentral und superfiziell im Fundus uteri. Der Trophoblast zeigt nur im Bereich der Anheftungsstelle Zottenbildung. Das Uterusepithel reagiert durch intensive Symplasmabildung. *Tamandua* besitzt also ein primär zottenfreies Chorion laeve. Die deciduale Umwandlung des Endometriums ist sehr ausgeprägt. Neben einer drüsenreichen basalen Zone mit weiten kavernösen Bluträumen findet sich eine ausgedehnte Compacta. Im Gebiet der Placentaranheftung dringt der Trophoblast in das Stroma vor, die Compacta verschmälert sich. Die Placenta besteht bei dem jüngsten untersuchten Stadium aus einer mächtigen, dicken Ektoplacenta und allantoid vaskularisierten, fetalen Zottenstämmen. Die Ektoplacenta ist aus Cytotrophoblast aufgebaut. Basal dringt der Trophoblast der Ektoplacenta nach Zerstörung des maternen Epithels in die Decidua ein, wobei sehr rasch materne Blutsinus eröffnet werden. Der Cytotrophoblast zeigt reichlich Mitosen. Die maternen Bluträume der Placenta bilden ein kompliziertes buchtenreiches System, dessen Spalten vielfach untereinander kommunizieren. Becher spricht von einem intervillösen Raum und sieht in der *Tamandua*-Placenta eine Übergangsform zwischen Labyrinth- und Topfplacenta. Während der Placentarbezirk zunächst die Form einer dicken, bikonvexen Linse hat, formt er sich mit dem Wachstum des Uterus zu einem dünnen schalenartig aufgebogenen Scheibe um und erreicht in den Endstadien Glockenform. Der Placentarrand ist verdünnt und liegt im unteren Drittel des Uterus. Der Nabelschnuransatz erfolgt annähernd zentral. Die großen, mesenchymhaltigen Zottenstämme werden von einschichtigem Syncytiotrophoblasten bekleidet. Das Stroma ist gegen die Zottenenden hin epitheloid umgewandelt (Zuwachszone?). Während Wislocki der Ansicht ist, daß eine zunehmende Umwandlung der zelligen Ektoplacentarstränge in mesenchymführende Zotten erfolgt, meint Becher, daß die Cytotrophoblaststränge frei in zentrifugaler Richtung gegen den intervillösen Raum auswachsen. Jedenfalls kommt es in den Spätstadien zur Rückbildung der Ektoplacenta. Während diese sich in mittleren Graviditätsphasen mit breiten Polstern und zarten Strängen der Decidua anlegt, schwindet zunächst die Basalis. Die Ektoplacenta grenzt dann unmittelbar an die Muscularis an. Die Trophoblastzellstränge erfahren nun eine eigenartige, hyaline Umwandlung. Extravasate und Paraplacentareinrichtungen fehlen den Myrmecophygiden. Die Placenta ist hämochorial.

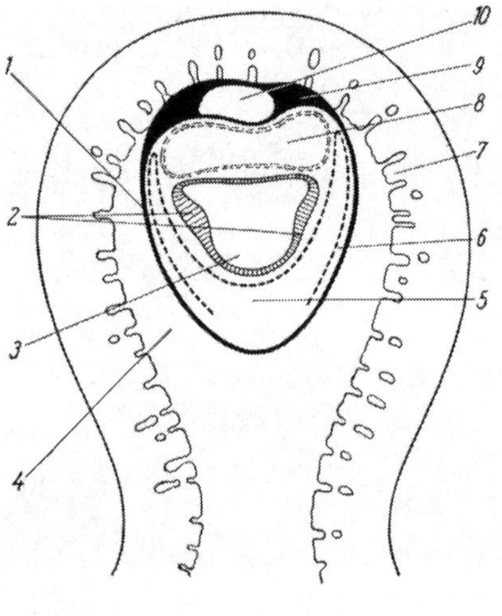

Abb. 120. *Dasypus*, Schema der Anheftung und der Eihautbildung unter Benutzung einer Abbildung von Fernandez

*1* Bilaminäre Keimblasenwand
*2* Embryonalanlagen
*3* Amnionhöhle
*4* Cavum uteri
*5* Dottersack
*6* Entoderm
*7* Endometrium
*8* Exocoel
*9* Trophoblastverdickung
*10* Ektoplacentarhöhle

**Dasypodidae** [365, 366, 367, 368, 369, 1254, 1256, 929]. Die Gürteltiere nehmen in Hinblick auf die Frühentwicklung eine Sonderstellung unter allen Eutheria ein. Polyembryonie kommt bei der Gattung *Dasypus* vor (*D. hybridus* = *Muletia hyb.* Desm. bildet acht [sieben bis zwölf], *D. novemcinctus* L. vier Feten aus einem Ovum), nicht aber bei *Chaetophractus* und *Cabassus*. Die Implantation erfolgt superfiziell im Fundus des Uterus simplex. Die Gürteltiere zeigen Spaltamnionbildung trotz oberflächlicher Einnistung (sonst nur *Cynocephalus*). Die Placenta ist hämochorial mit Anklängen an die Placenta olliformis. Diese Analogien zu den Simiae sind sicher nur Konvergenzen. In Hinblick auf die frühzeitige und vollständige Dottersackinversion (Abb. 120) ähneln die Dasypodiden vielen Nagern, unterscheiden sich aber von diesen durch andersartige Orientierung der ersten Anheftungsstelle und der Keimanlage.

Die Anheftung der Keimblase erfolgt bei *Dasypus hybridus* DESMAREST. mittels eines ringförmigen Trophoblastbezirkes, der die Ektoplacentarhöhle umgibt. Der Dottersack ist zunächst vollständig. Sehr schnell kommt es nun zur Einstülpung der Keimschildanlage in den Dottersack, der dadurch invertiert wird. Seine äußere Wand verschwindet. Die Aufteilung der Keimscheibe in verschiedenen Embryonalanlagen erfolgt im Blastocystenstadium. Die Amnionhöhle ist zunächst weit und für alle Embryonen gemeinsam (Abb. 120, 52) (S. 92). Später gliedern sich die Amnionhöhlen für die Einzelkeime ab, bleiben aber durch Amnionkanäle mit dem Rest eines gemeinsamen Cavum amnii in Zusammenhang (S. 93). Die Embryonalanlagen sind durch Haftstiele mit der Placentaranlage verbunden. Die Ektoplacentarhöhle ist zu diesem Zeitpunkt bereits verschwunden. Sie scheint bei einigen Arten (*D. novemcinctus* L.) überhaupt zu fehlen. Die entodermale Allantois tritt nur in Form eines Divertikels auf. Die äußere, bilaminäre Wand der Keimblase verschwindet, entsprechend der »Keimblattumkehr« vollständig.

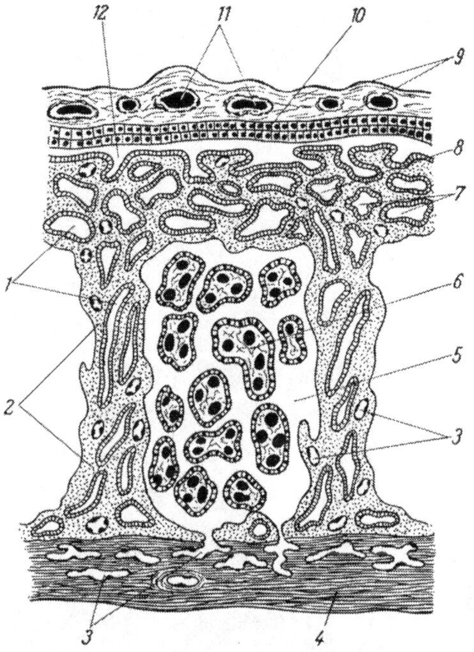


Abb. 121. Schema der Topfplacenta von *Dasypus*. (Nach DE LANGE, 1933)

*1* Drüsen
*2* Endometriumbalken
*3* Materne Gefäße
*4* Myometrium
*5* Intervillöser Raum
*6* Zotten
*7* Materne Drüsen
*8* Endometriale Deckplatte
*9* Chorion
*10* Trophoblast
*11* Fetale Gefäße
*12* Uteruslumen

Die Placentaranlage hat primär Scheibenform und teilt sich bei den Formen, welche Polyembryonie aufweisen, in so viele Einzelplacenten, wie Embryonen vorhanden sind. Später können diese wieder zu einem lappigen, mehr oder weniger unregelmäßigen Gebilde verschmelzen. Ihrem Feinbau nach ist die Gürteltierplacenta eine hämochoriale Zottenplacenta, doch ist sie morphologisch fundamental verschieden von der Simierplacenta, trotz äußerlicher Ähnlichkeiten (Abb. 121, 122).

*Dasypus* besitzt einen großen intervillösen Raum, der für alle vier Placenten — jedenfalls auf mittleren Entwicklungsstadien — ([1254], 25 mm) gemeinsam ist. Während aber der intervillöse Raum bei Simiae unmittelbar unter dem Chorion liegt, breitet er sich bei *Dasypus* in der Tiefe der Uterusschleimhaut aus und grenzt beinahe an die Muscularis (Abb. 121, 122). Offenbar dringen von einem lokalisierten Bezirk (Placentarring) Zotten in das Endometrium vor und unterminieren es. Der intervillöse Raum wird also von einer endometrialen Deckplatte, die weite Drüsen enthält, gedeckt. Über dieser Deckplatte bleibt maternes Epithel erhalten. Trophoblast und Uterusepithel sind also mit Ausnahme des Anheftungsbezirkes nicht miteinander verwachsen. Der intervillöse Raum wird durch persistierende Endometriumbalken, die Drüsenreste enthalten, unterteilt. In späteren Placentarstadien fehlt das materne Placentardach in jenen Bezirken, in denen die Vasa umbilicalia an die Placenta herantreten. Hier wird ähnlich wie bei Simiae, in einem eng begrenzten Bezirk, der intervillöse Raum von Chorionplatte bedeckt. Die Muscularis selbst ist — ähnlich wie bei Myrmecophagidae — von kavernösen Bluträumen durchsetzt, von denen kleine zuführende Arterien zum intervillösen Raum ziehen. Die endometrialen Gewebspfeiler bilden sich in späten Entwicklungsstadien weitgehend zurück.

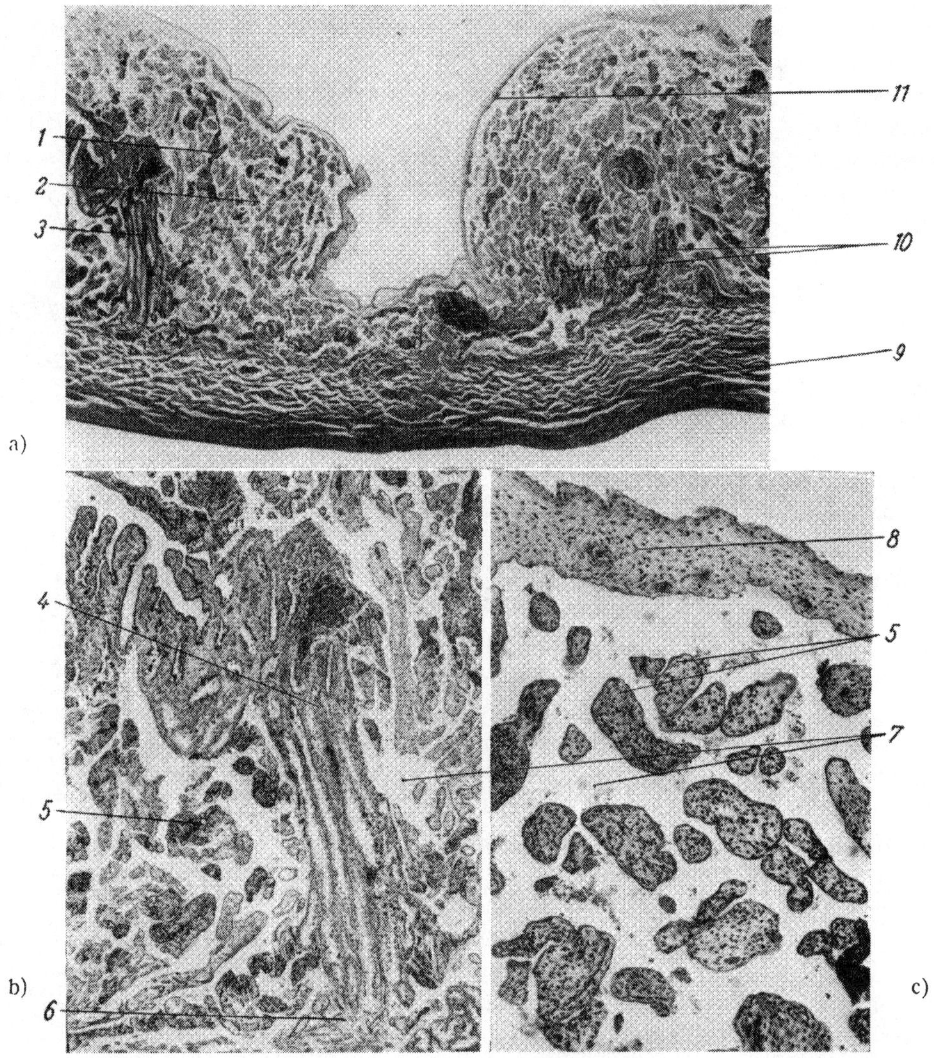


Abb. 122. *Cabassus hispidus* Burmeister (Embryo 29 mm). a) Übersicht über die villöse Placenta. b) c) Ausschnitte aus der Placenta bei stärkererVergrößerung

*1* Reste der maternen Deckplatte
*2* Intervillöser Raum mit Zotten
*3* Endometriumpfeiler
*4* Endometrialer Pfeiler mit Drüsen
*5* Zotten
*6* Basalis
*7* Intervillöser Raum
*8* Chorionplatte
*9* Myometrium
*10* Basales Endometrium
*11* Chorionplatte in Nähe des Nabelstranges

## F. Pholidota Desmarest

Frühstadien der Embryonalentwicklung von *Manis javanica* Desmarest wurden von van Oordt untersucht [951], ältere Stadien unter Berücksichtigung der Placentation bearbeitete Weber [1387]. Eine Übersicht über Placentation und Embryonalhäute ist de Lange jr. zu verdanken [779, 780]. Der gleiche Autor hat gemeinsam mit Huisman eine tabellarische Übersicht über die Embryonalentwicklung nach Art einer Normentafel verfaßt [694].

Die Embryonalanlage wird sekundär in den Trophoblasten eingeschaltet (S. 73, Typ I, vielleicht Andeutung einer Embryocystis). Noch vor Anheftung der Keimblase hat das vom Embryonalknoten abgespaltene Entoderm die Blastocystenwand unterwachsen. Mesodermbildung soll an vier Stellen der Keimscheibe erfolgen: a) Primitivstreifen (peristomal), b) Chordafortsatz (gastral), c) Protochordalplatte, d) am Vorderrand der Keimscheibe (peripherer Mesoblast). Ein Chordakanal fehlt. Die Bildung des Amnions erfolgt spät als Faltamnion, zu einem Zeitpunkt, da das Exocoel relativ weit ausgebildet ist. So erhalten die Amnionfalten von vorneherein Mesoderm, ein Proamnion fehlt. Wenn sich die Amnionfalten im Amnionnabel schließen, ist der Dottersack bereits sehr ausgedehnt. Die Keimblase ist zwischen exocoelhaltigem und Dottersackanteil der Keimblase eingeschnürt. Die kleine Allantoisblase ragt in das Exocoel vor (Abb. 123). In der Folge dehnt sich die Allantoisblase beträchtlich aus und schiebt sich bis zur Kuppel der Keimblase vor. Das Exocoel bildet dann eine ringförmige Zone um die Allantois (Abb. 123). Schließlich drängt die Allantois sich über Exocoel und Dottersack vor und füllt in der zweiten Hälfte der Gravidität nahezu die ganze Keimblase, ähnlich wie bei Ungulaten, aus. Ein kleines zottenfreies Nabelblasenfeld persistiert. Atrophie der terminalen Zipfel der Keimblase kommt nicht vor. Die Placenta ist typisch epitheliochorial, ohne Nebeneinrichtungen, die Anordnung nahezu diffus. Implantation: superfiziell, circumferentiell. Die Manidae tragen gewöhnlich ein Junges, in seltenen Ausnahmefällen zwei.

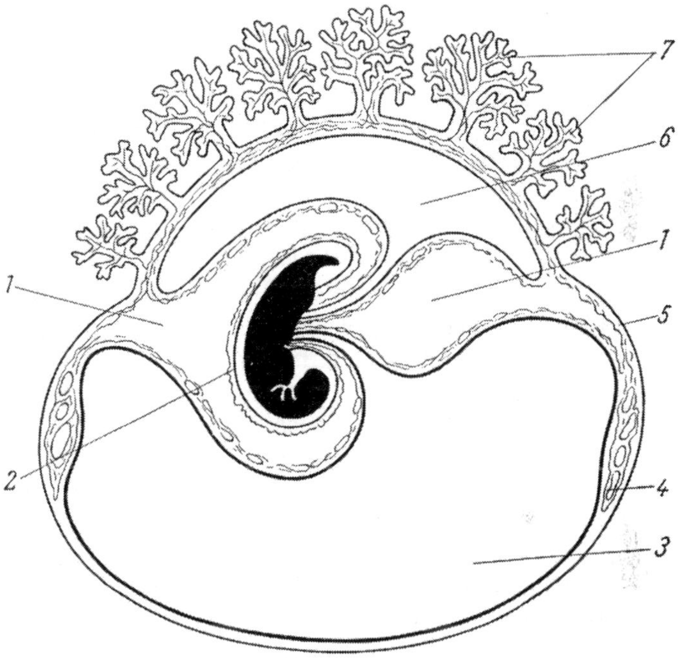


Abb. 123. *Manis javanica* Desm. Jüngeres Stadium der Keimblase, Schema der Anordnung der Eihäute

*1* Exocoel *2* Amnion *3* Dottersack *4* Sinus terminalis *5* Choriovitellinplacenta *6* Allantois *7* Allantochorion

Zur Zeit der Anheftung der Keimblase bilden sich zwei Placentarkissen im Endometrium. Das Uterusepithel zeigt in diesem Bereich Symplasmabildung, doch kommt es nie zur Auflösung des Epithels. Der Trophoblast soll im Bereich des Placentarkissens vorübergehend eine Differenzierung in Syncytio- und Cytotrophoblast aufweisen, doch ist in späteren Entwicklungsstadien nur einschichtiger Trophoblast vorhanden. Die Uteruswand bildet verzweigte Zotten, die mit entsprechenden Chorionzotten alternieren. Die Veränderungen am Endometrium gehen hierbei den Differenzierungen des Chorions zeitlich voraus. Die Anordnung der Zotten ist nicht völlig diffus, sondern zeigt engstehende Zottenbänder. In späten Graviditätsphasen nimmt der Verzweigungsgrad der fetalen und der maternen Zotten zu, doch kommt es nirgend zu Verklebungen. Die Keimblase läßt sich relativ leicht ohne Defekt aus dem Uterus lösen. Die maternen Zotten sind von Syncytium überkleidet und enthalten reichlich Kapillaren in einem dünnen Stroma. Auffallend ist, daß die Uterindrüsen bei *Manis* während der Gravidität offenbar keine Hypertrophie oder Aktivitätssteigerung erkennen lassen. Der Überzug der fetalen Zotte bleibt zellig. Vorübergehend treten vor Bildung der Zotten syncytiale Bezirke auf, die später verschwinden. Areolae und Hippomanes fehlen.

## G. Lagomorpha

Die Aufteilung der alten Ordo »*Rodentia*« durch Simpson in die beiden Ordnungen *Lagomorpha* Brandt 1855 (= Duplicidentata Illiger) und *Rodentia* Bowditch 1821 (= Simplicidentata) erscheint auch vom embryologischen Standpunkt her gerechtfertigt und erwünscht. Die Implantation erfolgt bei Lagomorphen zentral. Das Amnion entsteht als typisches Faltamnion. Bei den hochevoluierten Gruppen der Rodentia (Myomorpha, Hystricomorpha) finden wir mehr oder weniger ausgeprägt interstitielle Implantation und Spaltamnionbildung. Die primitiveren Rodentia (Sciuridae, Geomyoidea) verhalten sich in vieler Hinsicht intermediär. So ist die Implantation superfiziell, exzentrisch bei Sciuridae, teilweise interstitiell bei Geomyoidea. Die Hörnchenartigen besitzen Faltamnion; bei Geomyoidea kommen rudimentäre Amnionfalten vor. Die Lage der ersten Anheftung ist bei allen Glires antimesometral, die Orientierung der Embryonalanlage stets mesometral. Die große Formenmannigfaltigkeit der Glires spiegelt sich auch in der Frühentwicklung und Placentation wieder. Jede Gruppe zeigt Besonderheiten im feineren Verhalten der Eihäute und der Placentarstruktur. Im Gegensatz zu den Insectivoren stehen aber die verschiedenen Typen nicht beziehungslos nebeneinander, sondern lassen sich leicht in eine Evolutionsreihe einordnen, die völlig der von den Systematikern geforderten Klassifikation entspricht.

Unter den Lagomorpha ist *Oryctolagus* wiederholt eingehend untersucht worden [329, 1466, 486, 878, 405a, 900, 901, 252, 1128]. Daneben liegen Angaben über *Lepus europaeus* Pallas [1269] und Einzelbefunde an *L. americanus* Erxleben und *Sylvilagus floridanus* J. A. Allen [901] vor. Über die Ochotonidae ist bisher nichts bekannt. Wir legen unserer Besprechung die Befunde an *Oryctolagus* zugrunde.

Der Uterus des Kaninchens besitzt bereits vor der Implantation sechs Längsfalten (Abb. 124a). Zwei von ihnen liegen mesometral und bilden die materne Grundlage der Placenta (Placentarwülste). Die beiden antimesometralen Wülste werden als »Obplacenta«, die intermediären Wülste als »Periplacenta« [878] bezeichnet.

Die Anheftung der Blastocyste erfolgt am 7. bis 8. Tag nach der Ovulation und zwar mit einer Anlagerung der trophoblastischen Keimblasenwand an das symplasmatisch umgewandelte Uterusepithel im Bereich der antimesometralen Obplacenta. Diese Anheftung geht jedoch rasch mit dem Schwinden der dem Keim gegenüberliegenden Blastocystenwand zugrunde. In der Obplacenta treten außergewöhnlich große Riesenzellen auf [878, 405a], über deren Herkunft und Funktion wenig bekannt ist (S. 135). Sie erreichen das Maximum ihrer Ausbildung am 17. Tag der Gravidität und verschwinden nach dem 26. Tag fast vollständig. Kurz nach der ersten antimesometralen Anheftung erfolgt die Befestigung der Keimblase im Bereich der beiden Placentarkissen (8. Tag, Abb. 124a, 125). Der Anheftungsbezirk der trophoblastischen Keimblasenwand hat Hufeisenform und umfaßt den Embryonalbezirk kaudal und seitlich (Ektodermwulst, ektoplacentares Hufeisen, Abb. 125). In diesem Bezirk wandelt sich der Trophoblast oberflächlich in Syncytium um. Der von dem Hufeisen umfaßte Bezirk enthält die Keimscheibe. Dieses Gebiet entspricht genau der Furche zwischen den beiden Placentarwülsten, so daß Platz für die Entfaltung der Embryonalanlage und die Auffaltung des Amnions frei bleibt. Als Sulcus intercotyledonarius (Abb. 124, 125) erhält sich die Furche, ein vom Hauptcavum des Uterus abgeschnürter Teil, noch längere Zeit. Die Verklebung von Ektodermwulst und Endometrium erfolgt am 8. Tag. Hierbei kommt es zu degenerativen Prozessen am Uterusepithel mit reichlicher Symplasmabildung. Symplasmatische Massen finden sich insbesondere auch in den Halsstücken der Drüsen (Abb. 125). Diese symplasmatischen Massen gehen zugrunde und nur fetales Syncytium dringt in die Decidua ein und baut die Placenta auf. Ältere Anschauungen (Minot, Strahl) über eine Beteiligung materner Syncytien am Aufbau des Labyrinthes haben sich an engseriiertem Untersuchungsgut (Grosser) nicht bestätigen lassen. Zur Zeit der Anheftung finden sich im Stroma der Placentarkissen reichlich glykogenhaltige perivaskuläre Zellen. Die Gefäße sind vermehrt und stark gefüllt. Der Syncytiotrophoblast dringt in diese Decidua vor, zerstört deren Gewebe oder umschließt vorübergehend auch Stromabezirke, die später ebenfalls der Resorption anheimfallen. Die maternen Gefäße werden eröffnet, nachdem mannigfache Veränderungen (Endothelschwellung, Kernvermehrung, perivaskuläre Deciduazellen) vorausgegangen sind. Diese, histologisch schwer analysierbare Durchdringungszone wird nach und nach resorbiert. Das materne Blut gelangt aus den eröffneten Gefäßen in enge netzartig verzweigte Lakunen des Syncytiotrophoblasten. Nunmehr beginnt der Ausbau zum definitiven

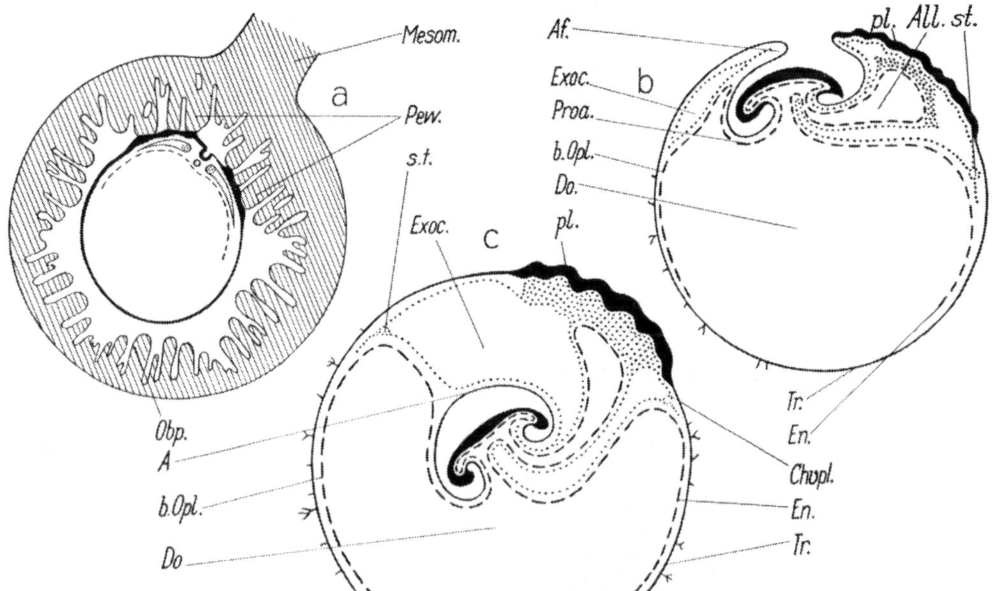


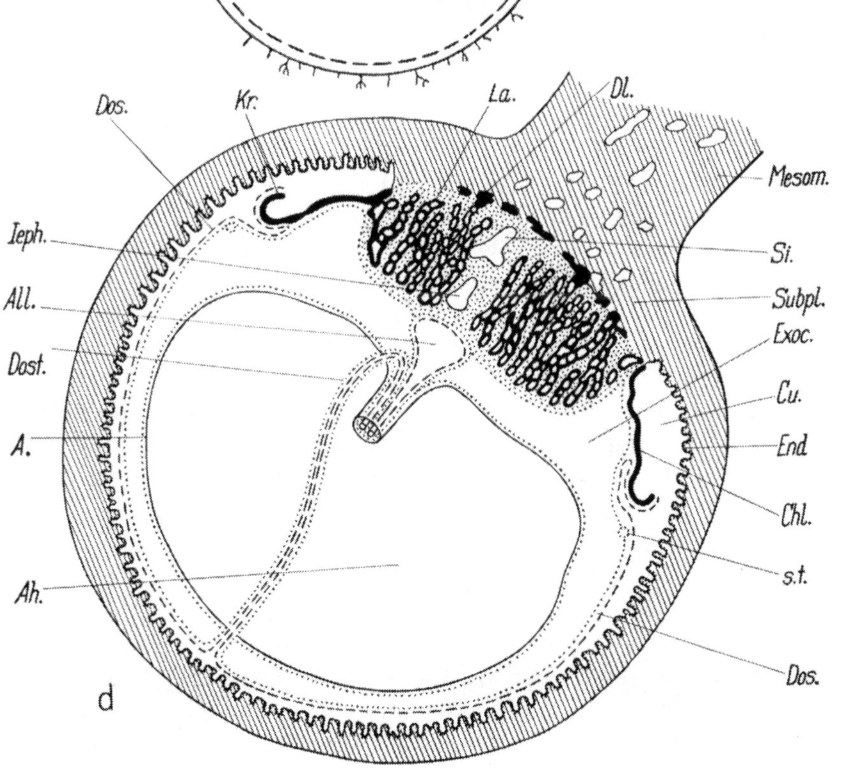


| | |
|---|---|
| *A* | Amnion |
| *Af* | Amnionfalten |
| *Ah* | Amnionhöhle |
| *All* | Entodermale Allantois |
| *bOpl* | Bilaminäre Omphalopleura |
| *Chl* | Chorion laeve |
| *Chvpl* | Choriovitellinplacenta |
| *cu* | Cavum uteri |
| *Dl* | Decidua basalis, Umlagerungszone |
| *Do* | Dottersack |
| *Dos* | Dottersackwand |
| *Dost* | Dottersackstiel |
| *Dz* | Durchdringungszone |
| *En* | Entoderm |
| *End* | Endometrium |
| *Exoc* | Exocoel |
| *Ieph* | Interektoplacentarhöhle |
| *Kr* | Keimblasenrand |
| *La* | Labyrinth |
| *Mesom* | Mesometrium |
| *Obpl* | Obplacenta |
| *Pew* | Placentarwulst |
| *Pl* | Placentaranlage |
| *Proa* | Proamnion |
| *Si* | Sulcus intercotyledonarius |
| *St* | Sinus terminalis |
| *Subpl* | Subplacenta |
| *Tr* | Trophoblast |

Abb. 124. Bildung der Embryonalhüllen und der Placenta bei *Oryctolagus cuniculus* L. schematisch. a) Querschnitt durch den Uterus, Implantationsstadium. b) Keimblase, Amnionfalten noch nicht geschlossen, Allantois hat den Placentarbezirk erreicht. c) Keimblase, Allantoisplacenta gebildet, Amnionfalten geschlossen. Bilaminäre Omphalopleura ausgedehnt. Mesodermumwachsung sehr unvollständig. d) Spätstadium, Querschnitt durch den Uterus, Dottersackinversion, vollständige Rückbildung der antimesometralen Keimblasenwand

Placentarlabyrinth. Chorionmesenchym dringt vom 9. Tag an ins Syncytium ein. Am 10. Tag beginnt das Einwachsen der allantoiden Gefäße. Die gefäßführenden Stromaanteile haben eine typische Lamellenform. Damit ist die Placenta im wesentlichen aufgebaut. In späteren Phasen der Gravidität beginnt von den Drüsen aus bereits die Regeneration des Uterusepithels, das sich dabei vom Rande her unter die Placenta vorschiebt und deren Basis verschmälert. Dabei wird ein Teil des maternen Unterbaues abgeschält und kann eine Capsularis vortäuschen. Das Labyrinth zeigt eine Läppchengliederung durch die gröberen Verzweigungen der Umbilicalgefäße mit dem begleitenden Mesenchym (Abb. 126). Die Chorionlamellen umfassen die relativ weiten maternen Bluträume. Fetale Kapillaren legen sich von basal her eng an das Syncytium an, so daß praktisch kein Chorionmesenchym zwischen Kapillarwand und Syncytiumunterfläche übrig bleibt. Schließlich kann sich auch das Syncytium über den Zotten außerordentlich verdünnen, so daß Mossmann [900] auf Grund lichtmikroskopischer Untersuchungen zu der Annahme eines völligen Schwundes des Syncytiums kam. Die fetomaternelle Grenze würde dann nur von der fetalen Endothelschicht gebildet, die Placenta wäre hämoendothelial. Diese Vorstellung ist von zahlreichen Autoren akzeptiert worden, obgleich Bedenken gegen sie nicht ausblieben [618]. Die elektronenmikroskopischen Untersuchungen [1466] scheinen nun die alte Auffassung von der hämochorialen Struktur der Nager-Placenta zu bestätigen. Allerdings ist bisher nur ein altes Placentarstadium von *Oryctolagus* untersucht worden.

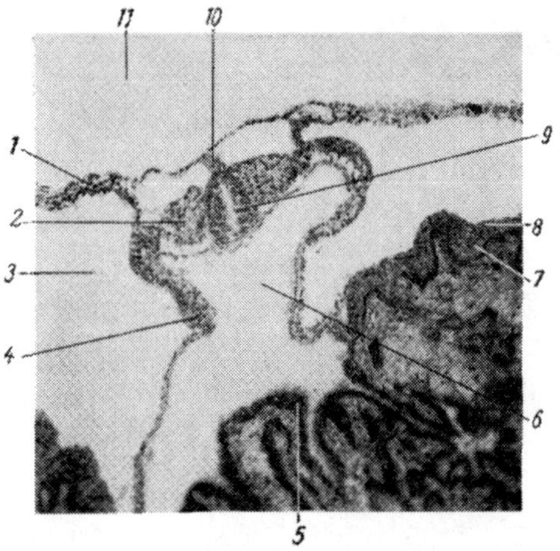


Abb. 125. *Oryctolagus cuniculus*, L. Embryo 10 Tage alt. Der Trophoblast hat sich im Bereich des Ectodermwulstes dem Endometrium angelegt (*rechts im Bild*). Das Uterusepithel zeigt Degenerationserscheinungen (Symplasmabildung). (Aus Starck, 1955, a. a. O., S. 272)

*1* Entoderm + Splanchnopleura
*2* Somit
*3* Exocoel
*4* Amnionfalten
*5* Maternes Symplasma
*6* Cavum uteri
*7* Trophoblast des Ektodermwulstes
*8* Mesenchym
*9* Neuralrohr
*10* Chorda dorsalis
*11* Dottersackhöhle

Die materne Zirkulation in der Kaninchenplacenta ist ebenfalls von Mossmann genauer studiert worden (900). Danach erfolgt von Anfang an die Zirkulation in der Placenta in der Weise, daß sich größere materne Arterien an der fetalen Seite verzweigen und der Rückfluß von hier durch das Labyrinth zu basalen Venen geht, die Stromrichtung ist in maternen und fetalen Bahnen also gegensinnig gerichtet (Mossmannsche Regel, S. 134).

Die Ausbildung der Embryonalhüllen bei *Oryctolagus* zeigt Besonderheiten, die zu den Verhältnissen bei Rodentia überleiten. Die Umwachsung der Keimblase durch Mesoderm bleibt sehr unvollständig. Sie erreicht nicht den Äquator der Keimblase (Abb. 124b, c). Vorübergehend besteht eine von der bilaminären Omphalopleura gebildete Anheftung als Obplacenta (S. 194). Die antimesometrale Partie der Keimblasenwand (Ektoderm + Entoderm) geht jedoch frühzeitig zugrunde. Die großen persistierenden mononucleären Riesenzellen dieser Region sind möglicherweise Reste des Trophoblasten der zugrunde gegangenen Keimblasenwand. Mit dem stärkeren Wachstum des Embryos schiebt diese sich von oben her in den Rest des Dottersackes ein (Abb. 124b, c, d) und buchtet diesen nach unten (antimesometral) konvex vor. Da der untere Teil der Keimblasenwand bereits geschwunden ist, wird also der Dottersack umgestülpt und blickt mit seiner ursprünglich dem Lumen zugewandten Epitheloberfläche nach außen. Wenn man den Uterus aus der zweiten Hälfte der Gravidität von der antimesometralen Seite her eröffnet, trifft man nach Durchtrennung der Uteruswand auf die Epitheloberfläche des invertierten Dottersackes. Dieser zeigt das Verzweigungsbild der Vasa vitellina und besitzt einen Randsinus (Abb. 127). Über den Randsinus hinaus bilden sich Anastomosen zwischen Dottergefäßen und Umbilikalgefäßen aus. Der Sinus terminalis liegt nicht im freien Rand des Dottersackes, sondern an dessen Fläche, etwas vor dem Rand (Abb. 127, 124d); denn die Aufspaltung des Mesoderms durch das Exocoel schiebt sich nachträglich über den Randsinus um eine kurze Strecke vor (Abb. 124d, 127). Die Allantoisblase ist mittelgroß und persistiert. Die reife Placenta ist zweilappig, entsprechend den beiden maternen Placentarwülsten der Implantationsstadien. Doch bleibt der Sulcus intercotyledonarius (Abb. 126) nicht erhalten. Beide Placentarlappen stehen durch eine aus dem kaudal der Embryonalanlage gelegenen unpaaren Teil des Ektoplacentarwulstes hervorgegangenen Brücke in Verbindung. Der Sulcus intercotyledonarius verschwindet vollständig. Durch die Anlagerung der Allantois an den Placentarkörper wird aber die Einsenkung zwischen beiden Placentarlappen nochmals überbrückt und ein Teil des Exocoels als Interektoplacentarhöhle (Abb. 124d) abgeschnitten. Diese darf also nicht mit dem Sulcus intercotyledonarius verwechselt werden. Über das Vorkommen verschiedenartiger Riesenzellen a) im Myometrium, zweite Schwangerschaftshälfte, b) mesometral, decidual?, c) Trophoblast — Riesenzellen, Reste der Keimblasenwand?) (s. S. 131).

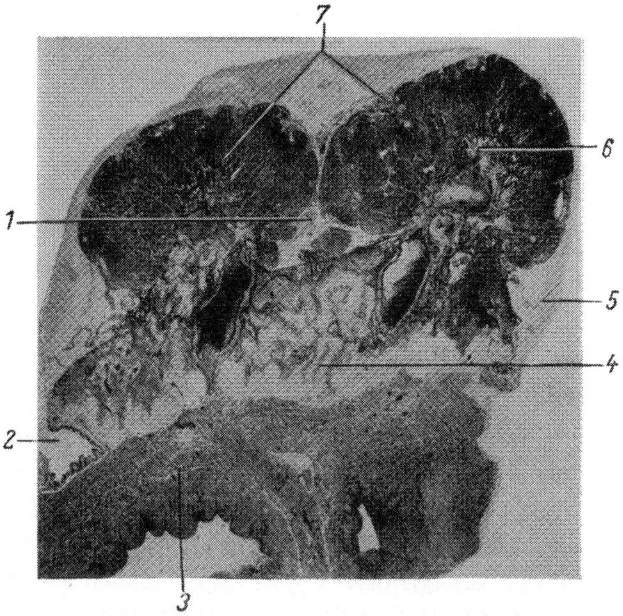


Abb. 126. *Oryctolagus cuniculus*, L. Schnitt durch die reife Placenta. Diese ist zweilappig. (Nach STARCK, 1955, a. a. O., S. 273)

1 Intercotyledonarspalt
2 Cavum uteri
3 Myometrium
4 Materner Unterbau
5 Keimblasenwand
6 Placentarlabyrinth
7 Zwei Placentarlappen mit Labyrinth

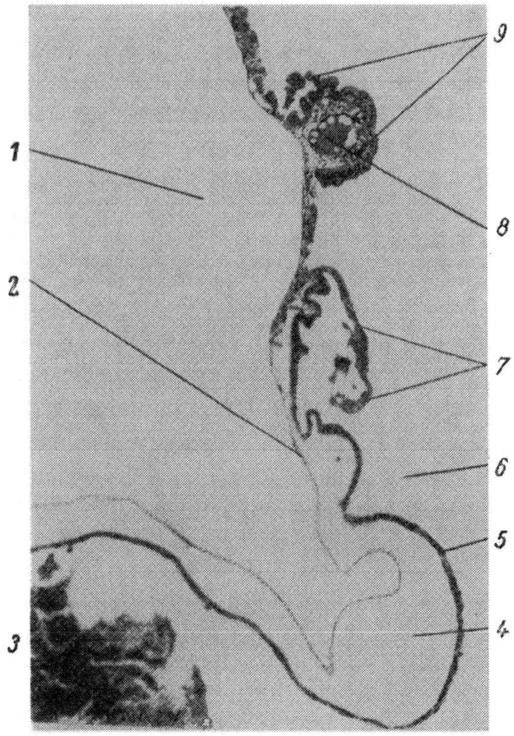


Abb. 127. *Oryctolagus cuniculus*, L. Eihäute neben dem Placentarrand (gleiches Objekt wie Abbildung 126, vergleiche auch die Randzone neben der Placenta in Abbildung 124d zur Erklärung)

1 Exocoel
2 Allantois
3 Placentarrand
4 Allantoishöhle
5 Chorion laeve
6 Cavum uteri
7 Keimblasenrest Ekto – Entoderm)
8 Sinus terminalis
9 Resorbierendes Epithel der Dottersackwand

Die Placenta des Feldhasen [1269] zeigt grundsätzlich gleichen Bau wie die des Kaninchens. Diese Übereinstimmung ist um so erstaunlicher, als beide Genera erhebliche Unterschiede im Ontogeneseablauf aufweisen. Die neugeborenen Feldhasen sind Nestflüchter (Tragzeit 42 Tage), die Kaninchen aber Nesthocker (Tragzeit 31 Tage). Beim Feldhasen bilden sich in den Randbezirken der Cotyledonen erweiterte Bluträume, in denen sich Trophoblaststränge zottenartig aufzweigen. Hier besteht also ein Übergang von der typischen Labyrinthplacenta zur Topfplacenta.

## H. Rodentia

**Sciuromorpha.** Unter den Sciuromorpha ist die Entwicklung der primitiven und unter den rezenten Gruppen isoliert stehenden Gattung *Aplodontia* Richardson (Superfam. Aplodontoidea) kaum bekannt. Mossman [901] erwähnt ein spätes Stadium und findet große Ähnlichkeit zu den Sciuridae. Unter den Sciuridae sind bisher untersucht *Sciurus, Tamasciurus, Xerus, Marmota, Cynomys, Citellus* (= *Spermophilus*), *Tamias, Eutamias, Glaucomys, Castor* [901, 787—796, 908]. Von den meisten Gattungen sind nur Einzelstadien bekannt, doch zeigen diese, daß bei allen im Prinzip die gleichen Entwicklungsmodi vorliegen. Wir legen unserer Besprechung die Befunde an *Citellus tridecimlineatus tridecimlineatus* Mitchell zugrunde, da von dieser Art eine umfassende, moderne Bearbeitung an ausreichendem Material veröffentlicht wurde [907]. Auch sei auf die Untersuchungen von Völker an *Citellus citellus* L. hingewiesen [1361—1364].

Der Keim erreicht das Cavum uteri auf dem 8 bis 16-Zellenstadium. Die Zona pellucida bleibt auf dem späten Morulastadium noch erhalten. Das Uteruslumen ist auf dem Querschnitt T-förmig; der Querbalken des T liegt mesometral und entspricht der Placentarkammer. Der Längsbalken endet antimesometral mit der Implantationskammer. Vor der Anheftung beginnt eine allgemeine Stromareaktion mit Oedem und Erweiterung von Lymphbahnen. Im antimesometralen Implantationsbezirk erfährt diese Reaktion eine deutliche lokale Verstärkung. Am Implantationspol (antimesometral) kommt es zu einer lokalisierten und temporären Trophoblasthypertrophie mit Syncytiumbildung. Dieser differenzierte Trophoblast dringt in einem eng umschriebenen Bezirk als Implantationsconus in das Stroma ein, ohne nennenswerte Epithelzerstörungen zu verursachen. Die syncytialen Massen drängen offenbar die Epithelzellen bei Seite und schieben sich zwischen Epithelunterseite und Stroma vor. Das ganze Gebilde hat dann eine abgeflachte Gestalt. Der Implantationsconus sendet fingerförmige Fortsätze in die Tiefe (Abb. 68). Dieses Stadium entspricht vollständig dem einer typischen unilaminären Placenta (S. 120, Abb. 68) im Sinne von Mossman. Der Implantationsconus persistiert bis zu dem Zeitpunkt, zu dem die Choriovitellinplacenta etabliert ist, bildet sich dann aber rasch zurück (Abb. 68). Die Entodermumwachsung der Keimblase erfolgt langsam und fehlt zunächst im Bereich des Conus (Abb. 68). Seitlich vom Conus heftet sich die hier bereits zweischichtige Blastocystenwand (bilaminäre Dottersackplacenta) ebenfalls an. Dabei kommt es zur Zerstörung von maternem Epithel. Seitlich des Embryonalschildes verdickt sich der Trophoblast ohne syncytiale Umwandlung zu erfahren. Das angrenzende Uterusepithel bildet hingegen Symplasmen und schwindet schließlich. Die Keimblasenwand besteht in dieser Zone aus verdicktem Trophoblasten, aus Mesenchym mit den ersten extraembryonalen Blutanlagen und Entoderm. So wird auf den frühen Somitenstadien eine Choriovitellinplacenta gebildet (Abb. 68c), die bei den Sciuridae offenbar eine viel bedeutendere Rolle spielt als bei anderen Eutheria, bildet sie doch das wesentliche Austauschorgan über einen beträchtlichen Zeitraum des Embryonallebens, denn die Allantochorionplacenta tritt erst spät während des Extremitätenknospen-Stadiums an ihre Stelle. Das vaskuläre Mesenchym bleibt mit dem Trophoblasten in Verbindung bis es durch das sich entfaltende Exocoel abgedrängt wird. Mit Ausdehnung des Exocoels und des Amnions rückt der vaskularisierte Dottersackabschnitt mehr und mehr nach der antimesometralen Seite, doch erfolgt die Aufspaltung des extraembryonalen Mesenchyms erst, wenn die Allantois den Placentarbezirk erreicht hat. Die Rückbildung der Choriovitellinplacenta geht also parallel der Exocoelausdehnung und der Bildung der allantoiden Placenta. Damit wird der

Dottersack offenbar nicht funktionslos. Er bildet jetzt eine invertierte Dottersackplacenta. Durch die Exocoelausdehnung wird das Areal der Choriovitellinplacenta der Gefäßversorgung beraubt. Gleichzeitig wird durch die Volumenzunahme von Exocoel, Amnion und Frucht der embryonahe Teil des Dottersackes umgestülpt und gegen die periphere, bilaminäre Dottersackportion gedrängt (Abb. 68c, d). Der vaskularisierte Abschnitt des Dottersackes wird an seiner inneren Entodermfläche also konvex vorgedrückt und diese Fläche drängt gegen die entodermale Seite des peripheren Sektors. Im Gegensatz zu den Lagomorpha bleibt aber der bilaminäre Teil des Dottersackes dauernd erhalten. Es liegt also noch keine typische Keimblattumkehr vor, wenn auch der Anfang zu diesem Prozeß erkennbar ist. Das Ektoderm der bilaminären Dottersackwand bildet später Riesenzellen, die in die Uteruswand einwandern. Eine dünne Reichert-sche Membran ist vorhanden. Das Entoderm wird zeitweise sehr dünn, erfährt aber bei älteren Keimen (20 mm) wieder eine Verstärkung durch einen Regenerationsvorgang. Mossman unterscheidet weiterhin als besonderes Stadium eine Chorionplacenta, also eine Anlagerung einer nicht vaskularisierten Chorionpartie, die zentral von der ringförmigen Choriovitellinplacenta gelegen ist. Offensichtlich handelt es sich hierbei nur um eine temporäre Etappe bei der Bildung der allantoiden Placenta. Doch ist die Abgrenzung eines derartigen Stadiums voll berechtigt, da die Chorionplacenta für eine Weile selbständig besteht und funktioniert. Die Chorionplacenta (Abb. 68d) bildet sich an der mesometralen Seite, indem sich über den Amnionfalten das Chorion der Uteruswand anlegt. In diesem Bereich hypertrophiert der Trophoblast und differenziert sich in Cyto- und Syncytiotrophoblast. Das materne Epithel bildet Symplasmen, die außerordentlich schnell vom Trophoblasten resorbiert werden. Um die definitive allantoide Placenta bleibt ein funktionsfähiger Abschnitt der Chorionplacenta dauernd erhalten. Die Allantochorionplacenta ist im Prinzip wie bei anderen Rodentia aufgebaut. Es handelt sich um eine diskoidale, hämochoriale Labyrinthplacenta, ohne Läppchengliederung (Abb. 128). In situ sind ihre Ränder becherartig aufgebogen. Die Allantois ist recht ausgedehnt, besitzt aber nur ein kleines Lumen, das erhalten bleibt. Sie legt sich gegen den Placentarbezirk des Trophoblasten und flacht sich ab. Charakteristisch für die *Citellus*-Placenta ist die Tatsache, daß die uterinen Drüsen eine wesentliche Bedeutung für den Aufbau der Placentarstruktur haben. Die Drüsenepithelien degenerieren früh. In diese Massen dringt der Trophoblast unter völliger Umwandlung zu Syncytium ein. Cytotrophoblastreste bleiben nur an der fetalen Placentarfläche zwischen den Drüsenarealen erhalten. Jeder maternen Drüse entspricht also ein massiver Chorionzapfen. Die Symplasmen degenerieren völlig. Völker [1361—64] nahm Beteiligung der glandulären Syncytien am Aufbau des Placentarsyncytium an, eine Annahme die durch die neueren Untersuchungen nicht bestätigt wurde. Mit dem Vordringen des Chorions wird die Decidua mehr und mehr rückgebildet. Kleinere Gewebsinseln, stellenweise einzelne Deciduazellen, werden vom Syncytiotrophoblasten eingemauert. Die maternen Gefäße werden eröffnet, so daß maternes Blut in direkten Kontakt mit dem Trophoblasten kommt. Die durch das Eindringen des Chorions in die Drüsen radiär gerichtete Struktur der Placenta bleibt am fertigen Organ erkennbar, denn die Bluträume des Labyrinths bilden regelmäßige Bluttubuli (Abb. 128). Die Decidua wird bis auf eine sehr dünne basale Schicht unter der Placenta reduziert. Hier wandern vom Rande her mononucleäre Riesenzellen trophoblastischer Herkunft ein, die eine nahezu vollständige Schicht zwischen Syncytiotrophoblast und Decidua basalis bilden (Abb. 128c, d). In dieser Schicht erfolgt die Lösung der Placenta unter der Geburt. Nach den Angaben von Völker (1363) soll die Placenta des Ziesels in situ resorbiert werden, also dem contradeciduaten Typ zugehören. In speziell auf diese Frage gerichteten Untersuchungen an *Citellus tridecimlineatus* Mitchell und anderen Sciuridae konnte Mossman feststellen [907], daß die Placenta in typischer Weise gelöst und ausgestoßen wird. Eine sehr primitive Form einer Decidua capsularis kommt bei *Citellus* vor. Diese wird durch Druck-

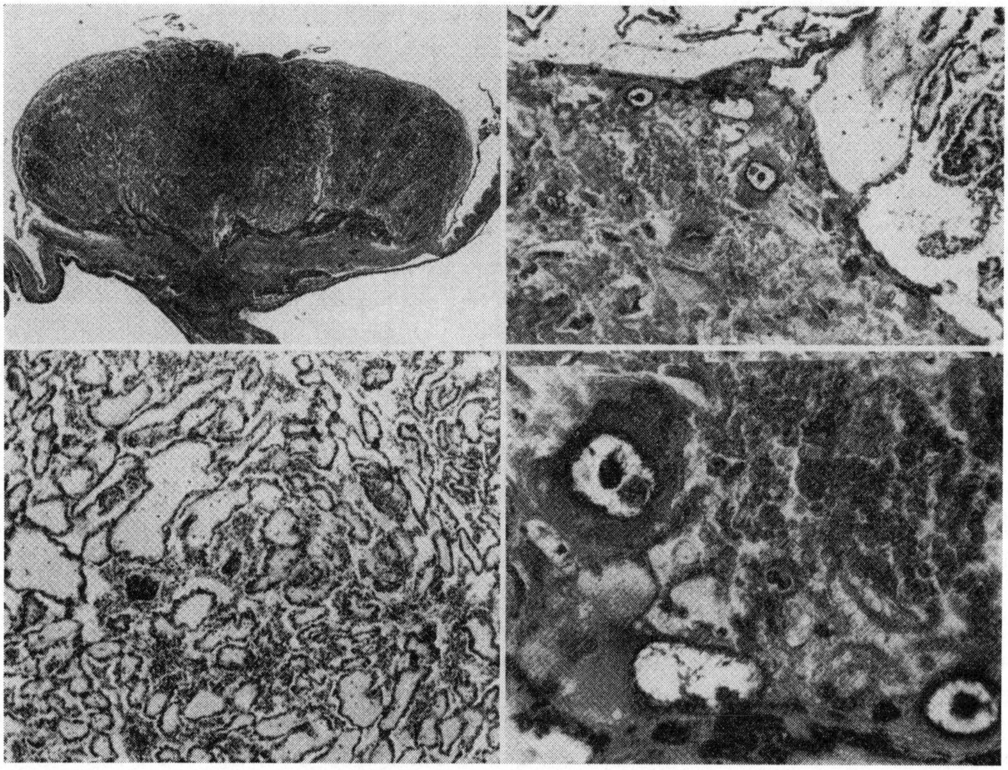


Abb. 128. *Xerus rutilus intensus* THOMAS (Embryo 54 mm Scheitel-Steiß-Länge, Material der Äthiopienexped. STARCK). a) Übersicht über die reife Placenta. b) Ausschnitt aus der Placenta, beachte den villösen Charakter. c, d) Trophoblastische, mononucleäre Riesenzellen in der Decidua basalis

atrophie der wachsenden Frucht und möglicherweise durch Invasion von trophoblastischen Riesenzellen (destruktiv oder nur resorptiv?) rückgebildet. Bei allen Sciuridae erfolgt die Anheftung antimesometral, exzentrisch und oberflächlich interstitiell. Ein typischer Anheftungsconus scheint den Baumhörnchen zu fehlen. Akzessorische Placentarbezirke kommen bei Sciuridae nicht vor. *Castor canadensis* KUHL [901] verhält sich ähnlich wie die Sciuridae. Die hämochoriale Labyrinthplacenta ist nierenförmig und gestielt. Leider ist über die Frühentwicklung der Anomaluroidea sehr wenig bekannt. *Anomalurus pelii* SCHLEGEL und MÜLLER besitzen [195] eine diskoidale Zottenplacenta, die der der Hominoidea ähnlich sein soll.

**Geomyoidea.** Geomyidae. Taxonomisch werden die Geomyoidea an die Sciuroidea angeschlossen (SIMPSON, TULLBERG, WEBER, WINGE, ZITTEL). In ihrer Frühentwicklung, besonders in der Bildung der Embryonalanhänge bilden sie, soweit bekannt, eine interessante Zwischenstufe zwischen den primitiven Verhältnissen der Sciuroidea und den stark abgeänderten der Myomorpha und Hystricomorpha, so daß sie gesondert besprochen werden müssen. Eingehende Untersuchungen an ausreichendem Material liegen von *Geomys bursarius* SHAW vor [906, 790, 791—794]. Einige Angaben über Frühstadien und Implantation von *Thomomys bottae aureus* J. A. ALLEN macht LEE.

Die Befruchtung erfolgt im oberen, ampullären Teil der Tube. Der Keim gelangt auf dem Morulastadium ins Cavum uteri. Eine aus 85 Zellen bestehende Morula war noch von der Zona pellucida umschlossen und lag dem Uterusepithel frei an. Das Endometrium zeigt zu dieser Zeit keine lokale Reaktion. Das Stroma des Endometriums wird zur Zeit der Anheftung diffus von Leukocyten durchsetzt und zeigt beginnende Bildung von Deciduazellen. Die Implantation erfolgt unvollständig interstitiell, antimesometral noch auf dem Morulastadium. Eine aus 128 Zellen bestehende Morula wurde als frühes Implantationsstadium beschrieben [906]. Trophoblast ist morphologisch noch nicht differenziert. Der Keim haftet dem Uterusepithel fest an, doch ist die Grenze zwischen Blastomeren und maternem Epithel ganz scharf. Die Morula wird zur Blastocyste, die sich rasch ausdehnt. Diese ist zweischichtig (Trophoblast und Entoderm) und läßt zunächst keine Keimschildbildung erkennen. Das Epithel des Uterus wird arrodiert, der Keim schiebt sich ins Endometrium vor, bleibt aber mit einem ausgedehnten Bezirk der Blastocystenwand dem freien Cavum uteri zugewandt (Abb. 129). Die Blastocystenhöhle bildet sich primär in den tiefen Bezirken der Keimblase, die dem Endometrium zugewandt sind. Bemerkenswert ist, daß ein Träger als morphologisch differenzierter Trophoblastbezirk, nicht gebildet wird. An den Rändern der Implantationspforte, die nicht durch ein Koagulum verschlossen wird, schiebt sich die Blastocyste um eine geringe Strecke zwischen Uterusepithel und Stroma vor. Der Keimschild entsteht an der dem Cavum zugewandten (mesometralen) Seite der Blasto-

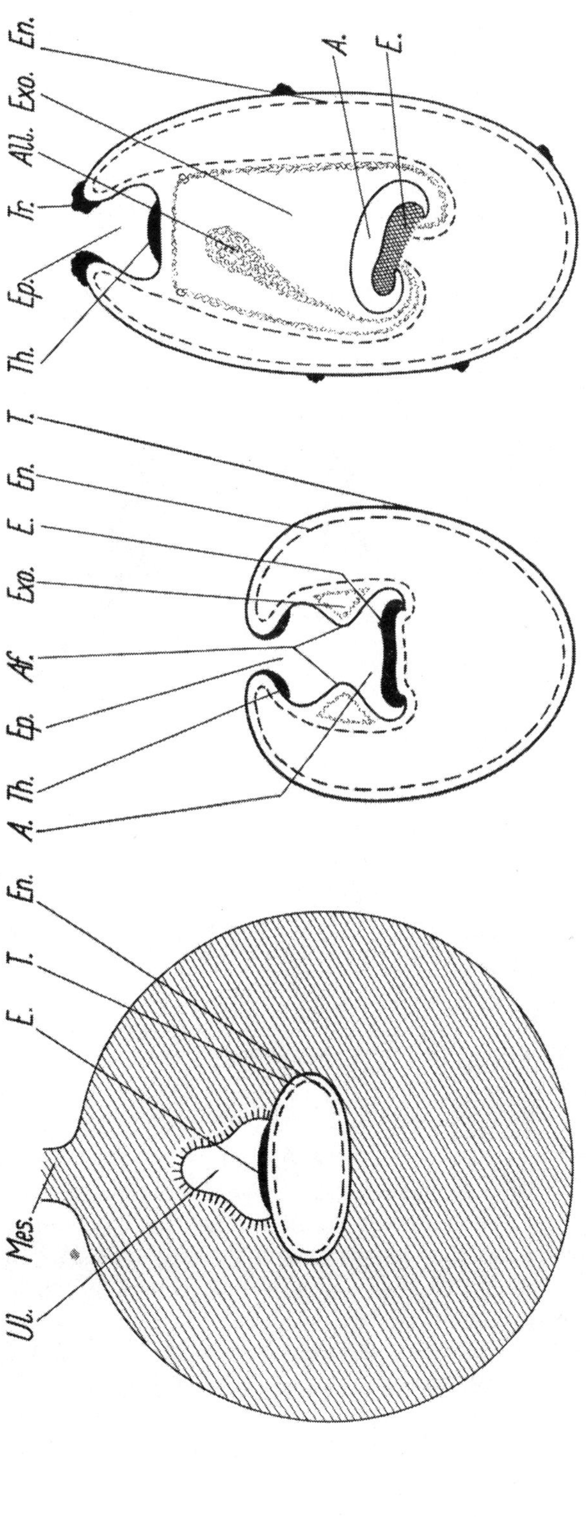


Abb. 129. Schema der Bildung der Eihäute beim intermediären Typ der Rodentia, *Geomys bursarius* Shaw im Anschluß an Mossman

*A* Amnionhöhle, *Af* Amnionfalten, *All* Allantois, *E* Embryonalanlage, *En* Entoderm, Dottersack, *Ep* Offene Epamnionhöhle, *Exo* Exocoel, *Mes* Mesometrium, *T* Trophoblast, *Th* Trophoblasthypertrophie, *Tr* Trophoblastriesenzellen, *Ul* Uteruslumen

cyste (Abb. 129). Zunächst bleibt der Keimblasenbezirk von maternem Gewebe unbedeckt. Vorübergehend kommt es jedoch zur Bildung einer vollständigen Decidua capsularis, die bis zur Mitte der Gravidität wieder schwindet. Das Amnion entsteht durch Faltung. Dabei kommt es vorübergehend zum Auftreten einer Epamnionhöhle, die unvollständig bleibt und mit dem Uteruslumen Verbindung behält (Abb. 129). Die Inversion des Dottersackes setzt früh ein, so daß eine Chorio-

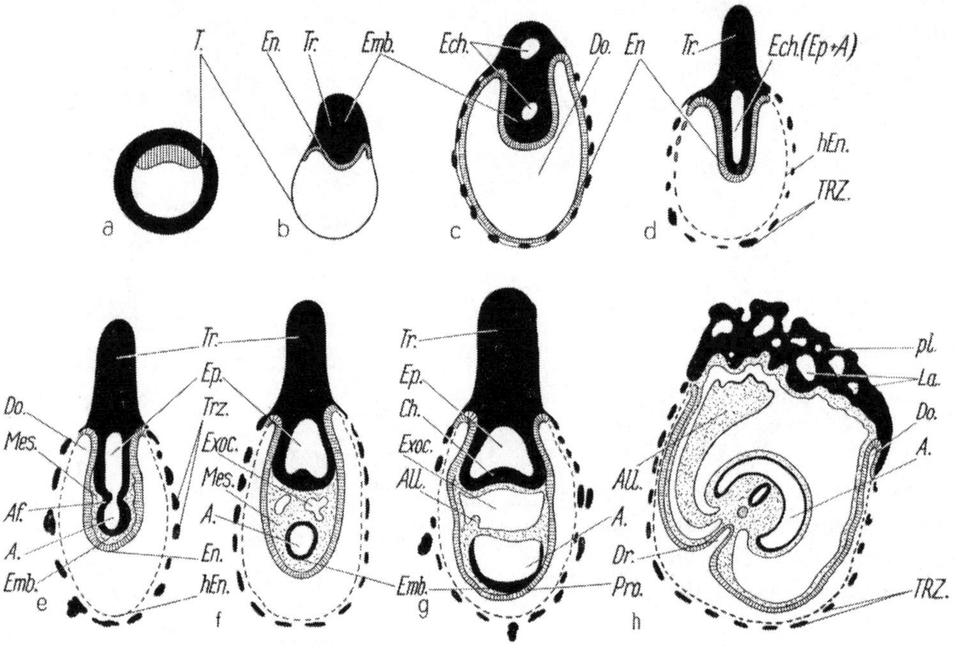


Abb. 130. Schematische Darstellung der frühen Entwicklung der Eihäute bei Muriden im Anschluß an Grosser. a) Blastocyste. b) Bildung des Trägers. c) Auftreten der Ektodermhöhle. Beginn der Rückbildung der äußeren Blastocystenwand. Die Reichertsche Membran ist in den Abbildungen nicht dargestellt. Bildung von Trophoblast-Riesenzellen aus dem hinfälligen Ektoderm. d) Einheitliche Ektodermhöhle gebildet. e) Erstes Auftreten von extraembryonalem Mesenchym. Rudimentäre Amnionfalten sondern die Epamnionhöhle von der Amnionhöhle. f) Beginn der Exocoelbildung im extraembryonalen Mesenchym. Das Trägerektoderm mit der Epamnionhöhle hat sich vollständig vom Amnionectoderm getrennt. g) Ausweitung des Exocoels (:Interamnionhöhle), Auftreten der ersten Anlage der Allantois. h) Differenzierung des Embryonalkörpers, Etablierung der Allantochorionplacenta

*A* Amnionhöhle
*Af* Rudimentäre Amnionfalten
*All* Allantoisanlage
*Ch* Untere Wand der Epamnionhöhle Chorion
*Do* Dottersack
*Dr* Darmrinne
*Ech* Ektodermhöhle
*Emb* Embryoblast, Embryonalanlage
*En* Entoderm
*Ep* Epamnionhöhle
*Exoc* Exocoel
*hEn* Hinfälliges Entoderm
*La* Trophoblastlakunen
*Mes* Extraembryonales Mesenchym
*Pl* Anlage der definitiven Placenta
*Pro* Proamnion
*T* Trophoblast der Keimblasenwand
*Tr* Träger
*TRZ* Trophoblast Riesenzellen

vitellinplacenta nicht gebildet werden kann. Die bilaminäre Omphalopleura wird frühzeitig sehr dünn, scheint dann zu hypertrophieren und schwindet gleichzeitig mit der Decidua capsularis. Ein placentarer Kreislauf fehlt bis zum 5-Somiten-Stadium noch ganz, die Placentation bleibt also über einen beachtlich langen Zeitraum völlig avaskulär. Riesenzellbildung scheint nur spät und in beschränktem Umfang vorzukommen. Eine Allantoisblase fehlt. Die Placenta sitzt mesometral. Sie ist diskoidal mit freien aufgebogenen Rändern (becherförmig), ihrer Struktur nach eine hämochoriale Labyrinthplacenta. Mossman nimmt an, daß sie schließlich hämoendothelial wird. *Thomomys* verhält sich in Anheftung und Implantation wie *Geomys.*

**Heteromyidae:** *Dipodomys merriami* Mearns und verschiedene *Perognathus*-Arten ähneln in ihrer Frühentwicklung den Geomyidae, zeigen aber in einigen Punkten ein etwas spezialisierteres Verhalten [796, 901]. Die erste Anheftung erfolgt antimesometral, die Keimscheibe ist nach der mesometralen Seite hin orientiert. Die Implantationstiefe ist beträchtlicher als bei *Geomys*, doch wird der vollständig interstitielle Typ noch nicht erreicht. Dementsprechend entsteht relativ früh eine vollständige Decidua capsularis. Sie schwindet bis zur Mitte der Schwangerschaft. Die Amnionfalten sind sehr klein. Gleichzeitig mit Schluß der Amnionfalten schnürt sich eine kleine aber vollständig geschlossene Epamnionhöhle ab. Dottersackumkehr und

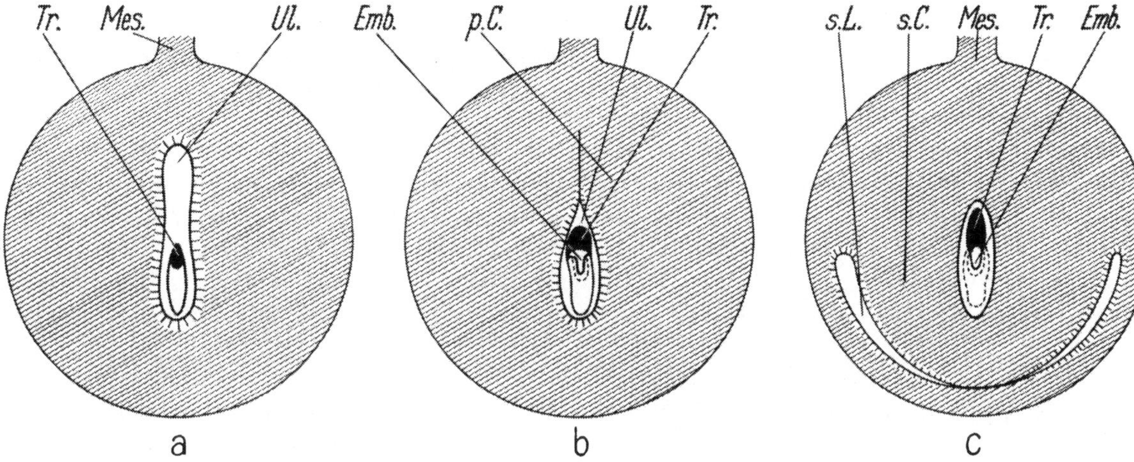


Abb. 131. Schema der Bildung einer Decidua capsularis bei Myomorpha und Hystricomorpha. a) Erste Anheftung der Blastocyste exzentrisch und antimesometral. b) Die Seitenwände der Implantationskrypte schließen sich über dem Träger (Ektoplacentarconus). Das Uteruslumen wird reduziert. Bildung des Eibuckels, der primären Decidua capsularis. Dadurch kontinuierlicher Zusammenhang des Eibuckels mit der mesometralen Uteruswand. c) Neubildung des Uteruslumens an der antimesometralen Seite. Die »Überwanderung« des Eibuckels ist vollzogen, die sekundäre Decidua capsularis gebildet

*pC* Eibuckel, primäre Decidua capsularis
*Emb* Embryoblast, Embryonalanlage
*Mes* Mesometrium
*sC* Sekundäre Decidua capsularis
*sL* Neugebildetes Uteruslumen an der antimesometralen Seite
*Tr* Träger, Ectoplacentarconus
*Ul* Primäres Uteruslumen

Schwund der bilaminären Omphalopleura verhalten sich wie bei Geomyidae. Die Allantoisblase fehlt. Die definitive Allantoisplacenta bildet sich am mesometralen Pol. Die trophoblastische Keimblasenwand über der Epamnionhöhle hypertrophiert und gibt den Ursprung für die Ektoplacenta. Während bei *Geomys* dieser Bezirk die Form eines schmalen Ringes besitzt, nimmt er bei *Dipodomys* die Form eines Zellknotens an. Ihm entspricht der wesentlich massivere und verfrüht gebildete »Träger« der Myomorphen und Hystricomorphen. Die Placenta ähnelt sehr den Verhältnissen bei *Geomys*. An ihr ist eine fetal vaskularisierte Zone von dem ausschließlich matern vaskularisierten Ektoplacentarlabyrinth zu unterscheiden.

**Myomorpha.** Die Frühentwicklung und Placentation der Muriden ist häufig untersucht worden und gut bekannt. Das Bild ist für die ganze Gruppe recht einheitlich. Befunde liegen vor an *Peromyscus* [788, 793], *Cricetus* [946], *Mesocricetus* [1376—1378, 393, 468, 1356, 1357, 171, 4], *Arvicola* [1106, 319], *Ondatra* [901], *Microtus* [901], *Meriones* [328, 330], *Rattus* [483, 901], *Mus* [1145, 1146, 483, 1176, 1177, 901], *Acomys* ]36], *Apodemus* [1145] und einigen weiteren Gattungen. Wir legen unserer Darstellung die Befunde an *Mus*, *Rattus* und *Mesocricetus* zugrunde.

Die erste Anheftung des Keimes ist antimesometral gerichtet, die Embryonalanlage blickt nach mesometral. Die Implantation der Blastocyste (S. 112) erfolgt exzentrisch in einer Seitentasche des Uteruslumens. Die zunächst runde Blastocyste nimmt eine länglich ovoide Gestalt an. Ihre Längsachse steht senkrecht auf der Längsachse des Uterus. Die Blastocyste bildet früh (6. Tag, *Mus*, *Rattus*) einen mächtigen, soliden Trophoblastzapfen, den Träger oder Ektoplacentarconus am mesometralen Pol aus (Abb. 130b, c). Dieser steht nach unten hin mit dem Embryoblasten in kontinuierlichem Zusammenhang. Vom Embryoblasten spaltet sich das

Dotterblatt ab. Das Endometrium um den Keim herum zeigt eine massive Schwellung. Gleichzeitig geht das Epithel der Eikammer unter Symplasmabildung zugrunde. In der Tiefe der Implantationskrypte kann sich vorübergehend ein epithelausgekleidetes Divertikel des Uteruslumens erhalten (Abb. 131). Die Verbindung zwischen Implantationskrypte und Cavum uteri wird durch den Träger verstopft. Nun nähern sich die Seitenwände der Krypte über dem Träger (7. Tag) und verkleben miteinander. Damit wird die Eikammer völlig vom Cavum uteri abgetrennt, der Keim ist von einer primären Decidua umschlossen. Der Bezirk, der den Keim birgt, wird auch als Eibuckel bezeichnet. Mit dem Verschwinden des Uteruslumens kommt eine ununterbrochene Verbindung zwischen Eibuckel und mesometraler Seite der Uteruswand zustande. An dieser Stelle bildet sich später die definitive Placenta. Die primäre Decidua capsularis ist also nach der Seite der späteren Decidua basalis gerichtet. Bereits am 8. bis 9. Tag beginnt die Neubildung eines Uteruslumens durch Gewebsauflösung an der antimesometralen Seite (Abb. 131c). Nach Sobotta [1177] spielen die basalen Drüsenabschnitte bei der Neubildung des Lumens eine Rolle. Der Keim liegt dann interstitiell in der mesometralen Wand des Uterus, umgeben von einer sekundären Capsularis. Der Eibuckel, der zunächst nach mesometral hin gerichtet war, blickt jetzt, nach Abschluß der »Überwanderung« gegen die antimesometrale Seite (Abb. 131c). Es ist keine Frage, daß eine derartige Capsularisbildung in keiner Weise mit der unmittelbar durch interstitielle Implantation bei Igel und Hominoidea entstehenden Decidua capsularis vergleichbar ist. Der Trophoblast der Keimblase läßt sehr früh bereits zwei differente Zonen erkennen: 1. den massiven, nach der mesometralen Seite gerichteten Träger und 2. das »hinfällige Ektoderm« der Keimblasenwand, das der Decidua capsularis anliegt (Abb. 130c, d). Das Entoderm umwächst die Keimblase (Abb. 130c). Der den Embryonalknoten überkleidende Abschnitt des Entoderm bleibt erhalten, während sich der morphologisch abembryonale Abschnitt des Dottersackentodermes, der dem hinfälligen Ektoderm anliegt, sehr schnell zurückbildet (Abb. 130d). Auch das hinfällige Ektoderm verliert frühzeitig seinen Zusammenhang und liefert trophoblastische Riesenzellen (Abb. 130d). In der hinfälligen Keimblasenwand findet sich zwischen Ekto- und Entoderm eine Reichertsche Membran (S. 75), die auch nach Schwund der zelligen Elemente einige Zeit bestehen bleibt. Mit der Decidua capsularis geht auch die Reichertsche Membran zugrunde. Nach Schwund der äußeren Keimblasenwand liegt als äußere Schicht des Keimes die durch Embryonalanlage und Amnionhöhle vorgebuckelte Entodermoberfläche des oberen Dottersacksegmentes vor, die Keimblattumkehr ist durchgeführt (Abb. 130d bis h).

In der massiven Zellmasse, die aus dem Träger und dem Embryonalknoten besteht, kommt es nun zur Höhlenbildung durch Dehiszenz. In der Regel entstehen zwei getrennte Hohlräume (Ektoplacentar- und Amnionhöhle). Gelegentlich können auch drei Spalträume primär auftreten. Bei allen Muriden verschmelzen diese Spalten aber schnell zu einem einheitlichen Cavum (Abb. 130d), der Ektodermhöhle, die entsprechend der zylindrischen Form des Keimes nahezu schlauchförmig ist. Der Boden dieser Höhle, der vom Träger abgewandt ist, enthält das Ektoderm des Keimschildes (Abb. 130d bis h). Hier entwickeln sich in typischer Weise die embryonalen Achsenorgane. Die Ektodermhöhle selbst wird durch seitlich einschneidende, sehr niedrige Falten (rudimentäre Amnionfalten) in die obere Epamnionhöhle und die untere Markamnionhöhle zerlegt. Als Markamnionhöhle wird der untere Hohlraum bezeichnet, da er neben der Amnionhöhle noch das präsumptive Ventrikelsystem des Zentralnervensystems umfaßt. Nunmehr kommt es auch zu einer Sonderung des Trägerektoderms vom Amnionektoderm (Abb. 130f). Zwischen Epamnionhöhle und Amnion breitet sich extraembryonales Mesenchym aus (Abb. 130e, f, g), in dem das Exocoel in Form unregelmäßiger Spalten sichtbar wird (Abb. 130f). Diese Spalträume konfluieren rasch zum einheitlichen Exocoel (Abb. 130g). Die weitere Entwicklung der Keimanlage erfolgt in typischer Weise.

Die Bildung der Placenta geht vom Träger aus. Dieser beginnt (*Mus*, 7. Tag) in die Decidua einzudringen und verliert dabei seine Zapfenform, indem er sich rasch nach den Seiten hin ausbreitet. Gleichzeitig wird auch die Keimblase selbst wieder abgerundet. Im Träger treten jetzt die ersten Lakunen auf (Abb. 130h), materne Gefäße werden arrodiert und ergießen Blut in die Trophoblastlakunen. Zu dieser Zeit wird auch die untere Wand der Epamnionhöhle, das Chorion, gegen den Träger gedrängt (Abb. 130g) und verschmilzt schließlich mit diesem. Das Lumen der Epamnionhöhle verschwindet damit. Die Trophoblastzellen des Chorions sind dann nicht mehr gegen die des Trägers abgrenzbar.

Die Allantois besteht aus einer soliden mesenchymalen Anlage ohne Lumen (Abb. 130h). Sie wächst vom kaudalen Ende des Keimschildes aus (Abb. 130g) und erreicht durch das Exocoel die Placentaranlage (*Mus* 8. Tag, *Rattus* 10. Tag). Sie verschmilzt mit dem Chorionmesenchym, das bereits der Placentaranlage aufliegt (Abb. 130h). Das Mesenchym dringt nunmehr in den lakunären Trophoblasten ein, übernimmt dessen Vaskularisation und durchdringt ihn mit zottenförmigen Strängen. Die strukturelle Differenzierung des Trophoblasten beginnt mit einer Umwandlung der peripheren Bezirke in Riesenzellen. Die Transformation in Syncytiotrophoblast setzt relativ spät ein, nämlich erst dann, wenn die allantoide Vaskularisation begonnen hat. Der Cytotrophoblast bleibt zunächst als Matrixgewebe erhalten, geht aber in späten Phasen der Placentation vollständig in Syncytium auf. Die neuen elektronenmikroskopischen Untersuchungen haben für *Rattus* aber den Nachweis erbracht, daß das, was lichtmikroskopisch als Syncytium erscheint, in der Tat noch eine zellige Gliederung erkennen läßt. Echtes Syncytium würde danach also in der Rattenplacenta fehlen. Die Cytotrophoblastzellen bilden jedoch dünne Cytoplasmalamellen, die sich in mehrfacher Lage überdecken (S. 125). Ein tiefgreifender Formwandel der Cytotrophoblastzelle ist jedenfalls in der Muridenplacenta zu konstatieren. Während der Phase des Umbaues unterscheidet GROSSER [483, 486] an der Muridenplacenta fünf Schichten:

1. Decidua subchorialis (= basalis), typische Deciduazellen mit durchtretenden Gefäßen.
2. Umlagerungszone, eigentliche fetomaterne Grenzschicht, mit nekrotischem maternen Material und Extravasaten. Hier finden sich die trophoblastischen Riesenzellen. Diese sind nicht mit den Trophoblastriesenzellen der Implantations-Periode zu verwechseln. Es handelt sich um sekundäre Riesenzellen (Tab. X).
3. Lakunärer Cytotrophoblast, noch nicht fetal vaskularisiert.
4. Fetal vaskularisiertes Placentarlabyrinth.
5. Chorion-Allantois-Mesenchym.

Die weiteren Umbildungsvorgänge in der Placenta sind dadurch charakterisiert, daß der lakunäre Trophoblast vollständig in das fetal vaskularisierte Labyrinth einbezogen wird. Die Ektoplacenta verschwindet also. Die Umlagerungszone verschmälert sich, so daß schließlich eine schmale Deciduaschicht mit weiten, maternen Venen und trophoblastischen Riesenzellen übrigbleibt (Abb. 132). Vom Rande her schiebt sich das Uterusepithel unter die Placenta vor, so daß diese gestielt wird und die Placentarwunde nach der Geburt möglichst klein bleibt. Ihrem Bau nach ist die Muridenplacenta eine typische diskoidale, hämochoriale Labyrinthplacenta (Abb. 132). Der Placentarkreislauf entspricht völlig der MOSSMANschen Regel (S. 134). Eine starke materne Arterie durchbohrt den Placentarkörper und verzweigt sich an der fetalen Fläche. Die Venenstämme sammeln sich basal. Entsprechend der vollständigen Keimblattumkehr und der frühen Rückbildung der äußeren Keimblasenwand besteht eine bilaminäre Omphalopleura (Abb. 130b, c) nur während einer sehr kurzen Zeit. Eine Choriovitellinplacenta kommt nicht zur Ausbildung. Der vaskularisierte, invertierte Dottersackabschnitt hat hingegen funktionelle Bedeutung. Er bildet gegen das virtuelle Dottersacklumen hin reichlich Zotten und zeigt deutliche Anzeichen von Resorption. Der Dottersackrest inseriert auf der fetalen Fläche der Placenta. In den Spätphasen der Gravidität dringen lateral vom Dottersackansatz von der fetalen Fläche her Dottersackausstülpungen (»entodermale Sinus«) in Begleitung der größeren fetalen Gefäße in die oberflächlichen Schichten des Placentarkörpers vor. Auch diese stehen vermutlich im Dienst resorptiver Funktionen.

**Hystricomorpha.** Die Befunde an hystricomorphen Nagern lassen sich leicht von denen an Muriden her verständlich machen, zeigen aber in Einzelheiten eine erhebliche Weiterbildung in der bei Muriden bereits nachweisbaren Evolutionsrichtung und sind in ihrer Placentarstruktur stärker spezialisiert. Untersucht ist vor allem *Cavia porcellus* L. [331, 131, 825, 826, 901, 1077, 1177a, 1185, 1420], daneben *Dasyprocta azarae* Lichtenstein [95, 97] und *Hydrochoerus* L. (eigene Beobachtungen).

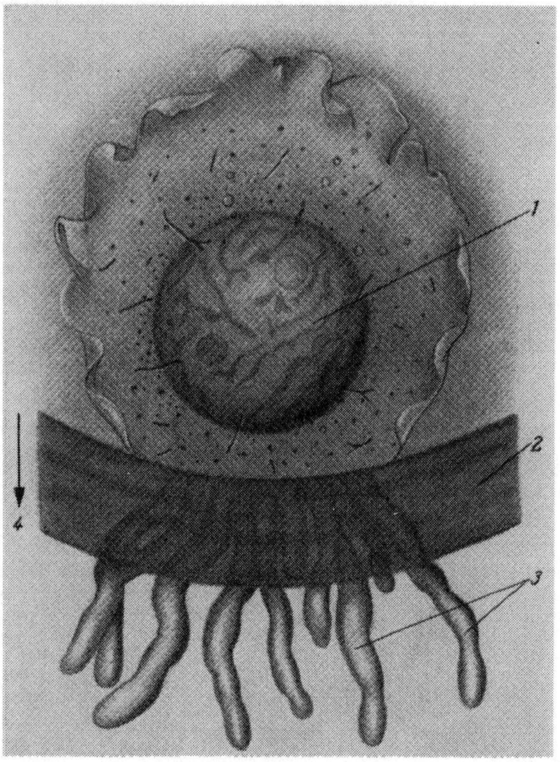


Abb. 133

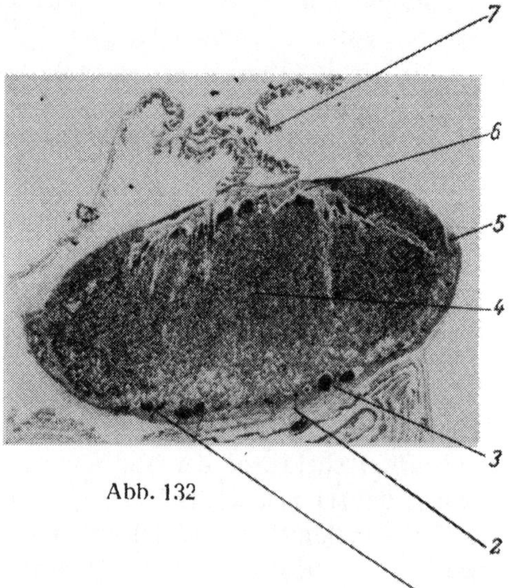


Abb. 132

Abb. 132. *Rattus norvegicus alb.* Reife Placenta, Übersichtsbild

*1* Umlagerungszone mit Riesenzellen
*2* Materner Unterbau
*3* Feto-materne Grenze
*4* Placentarlabyrinth
*5* Decidua capsularis
*6* Chorionplatte
*7* Dottersack

Abb. 133. *Cavia porcellus* L. Schema einer Einzelzelle des Implantationsconus. Fingerförmige Fortsätze haben die Zona pellucida kanalisiert und erstrecken sich über diese hinaus. (Nach Blandau und Rumery, Fertil. Steril. 8, 1957)

*1* Zellkern
*2* Zona pellucida
*3* Cytoplasmafortsätze
*4* Abembryonaler Pol

Die Implantation bei *Cavia* erfolgt (Ende des 6. und Anfang des 7. Tages) interstitiell an der antimesometralen Seite. Zu diesem Zeitpunkt hat der Keim das Stadium der Blastocyste erreicht, ist aber noch von der Zona pelucida umgeben. Am Implantationspol, der in der Regel genau dem embryonalen Pol gegenüber liegt, bildet sich ein mehrschichtiger Implantationsconus aus. Ältere Angaben über das Vorkommen von pseudopodialen Zellfortsätzen, die die Zona pellucida bereits vor der Anheftung durchbohren und die erste Fixation an der Oberfläche des Endometriums übernehmen, sind neuerdings bestätigt worden [131]. *Cavia* ist bisher die einzige Art, bei der die Durchdringung der intakten Zona pellucida durch Plasmafortsätze beobachtet wurde.

Durch Beobachtung an lebenden Blastocysten in vitro (Abb. 133) konnte gezeigt werden, daß die Zellfortsätze erst auftreten, wenn der Conus mindestens vier Zellschichten dick ist. Die feinen Plasmafortsätze benötigen 30 bis 60 Minuten, um die Zona pellucida zu durchsetzen. Die Zona wird in diesem Bereich zunächst cribriform. Die Fortsätze reichen 5 bis 30 $\mu$ weit ins

Kulturmedium hinein und zeigen keine Organellen. Ihre Gesamtzahl beträgt 100 bis 200. Sie verbreitern sich rasch, nachdem sie die Zona durchsetzt haben und bringen diese unmerklich zum Einschmelzen. Durch die Öffnung schlüpft der Keim aktiv aus der Zona [131] (Lebendbeobachtung in vitro). In der Gewebekultur resorbieren die Zellfortsätze nicht. Sie bilden in der Kultur innerhalb von 24 Stunden Syncytium, das zu resorbieren beginnt. Während bisher nicht

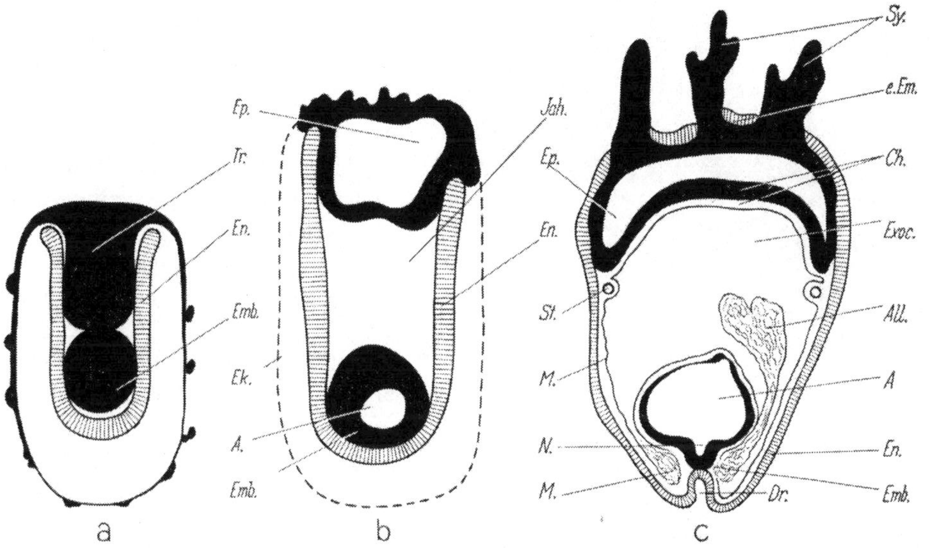


Abb. 134. Schema der Frühentwicklung und Eihautbildung beim Meerschweinchen (*Cavia porcellus* L.), im Anschluß an GROSSER. a) Äußere Blastocystenwand einschichtig, trophoblastisch. Ektoplacentarconus und Embryoblast trennen sich bereits vor Auftreten der Amnion- und Epamnionhöhle. Entodermumwachsung der äußeren Blastocystenwand unterbleibt. b) Bildung von Amnion- und Epamnionhöhle durch Dehiszenz. Auftreten der Interamnionhöhle (Proexocoel). c) Die Embryonalanlage ist ausgebildet. Vollständige »Keimblattumkehr«. Mesenchymbildung ist im Gange. Mesenchymale Allantoisanlage durchwächst das Exocoel. Über dem Placentarpol breitet sich ectoplacentäres Entoderm aus

| | | | | | | | |
|---|---|---|---|---|---|---|---|
| *A* | Amnionhöhle, Markamnionhöhle | *Ek* | Ektodermale Blastocystenwand | *En* | Entoderm | *N* | Neuralrinne |
| *All* | Mesenchymale Allantoisanlage | *eEn* | Ektoplacentares Entoderm | *Ep* | Epamnionhöhle | *St* | Sinus terminalis |
| *Ch* | Chorion | *Emb* | Embryoblast, Embryonalanlage | *Exoc* | Exocoel | *Sy* | Syncytiumsprossen |
| *Dr* | Darmrinne | | | *Iah* | Interamnionhöhle (Proexocoel) | *Tr* | Träger |
| | | | | *M* | Mesoderm | | |

bekannt war, daß die Säugerblastocyste sich aktiv bewegen kann und sich selbst zu orientieren vermag, zeigen die Untersuchungen von BLANDAU und RUMERY [131], daß begrenzte Bewegungsfähigkeit zumindest am abembryonalen Pol vorkommt. Es muß deshalb mit der Möglichkeit gerechnet werden, daß die Blastocyste eine aktive Rolle bei ihrer Orientierung in utero zu spielen vermag und daß die Plasmafortsätze eine Bedeutung für Adhäsion, Fixation, Cytolyse und Phagocytose besitzen.

Die Bildung eines Eibuckels, dessen Verwachsung mit der mesometralen Wand und die Bildung einer sekundären Decidua capsularis mit Neubildung des Uteruslumens an der antimesometralen Seite erfolgt wie bei Muriden (S. 204 Abb. 131).

Die Vorgänge der Frühentwicklung bei *Cavia* sind gegenüber denen bei den Muriden dadurch gekennzeichnet, daß eine bilaminäre Dottersackwand überhaupt nicht mehr gebildet wird. Embryoblast und Träger lösen sich außerordentlich früh voneinander (Abb. 134), bevor irgendeine Höhlenbildung vorhanden ist. Dementsprechend entstehen Epamnionhöhle und

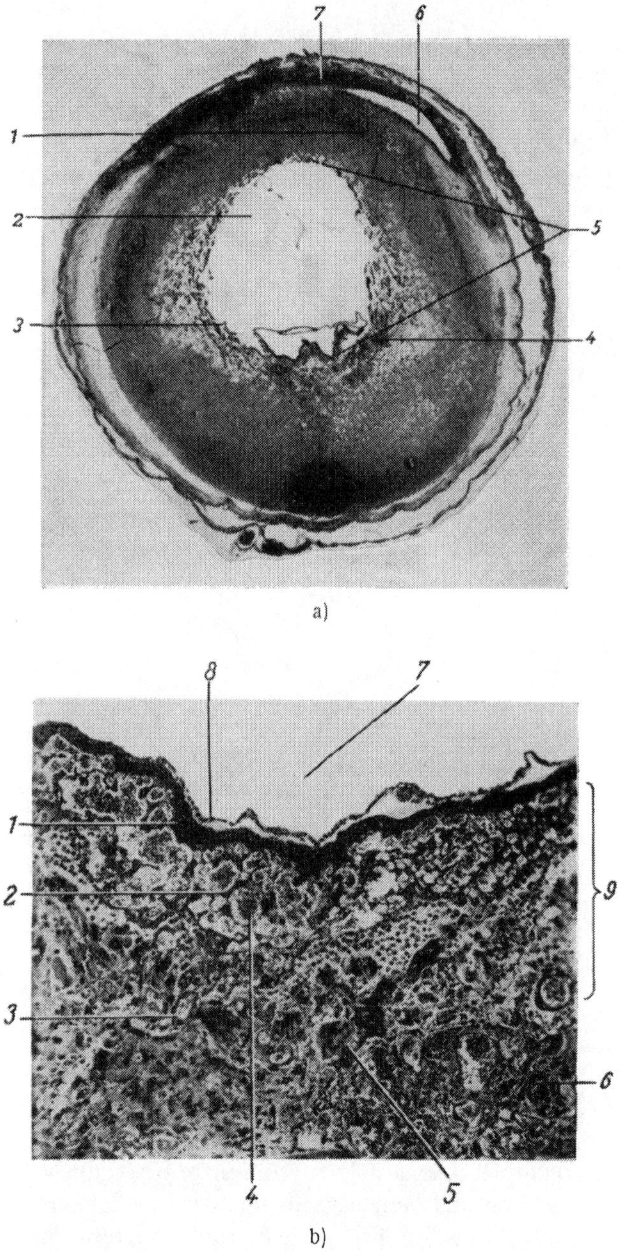


Abb. 135. *Cavia porcellus* L. a) Schnitt durch den Uterus mit junger Keimblase, Decidua capsularis, b) Ausschnitt aus a) bei stärkerer Vergrößerung. Anheftung der Keimblasenwand an das Endometrium, Placentarbezirk. (Aus Starck, 1955, a. a. O., S. 275)

135 a) *1* Decidua capsularis
*2* Chorionhöhle
*3* Chorionplatte
*4* Umlagerungszone
*5* Keimblase
*6* Cavum uteri
*7* Muscularis uteri

135 b) *1* Cytotrophoblast
*2* Fetale Syncytiumsprossen
*3* Maternes Gefäß
*4* Materne Bluträume
*5* Maternes Symplasma
*6* Wenig verändertes Endometrium
*7* Chorionhöhle
*8* Chorionmesenchym
*9* Umlagerungszone

Markamnionhöhle von vornherein getrennt und bleiben dauernd selbständig. Die Trennung von Träger und Embryoblast erfolgt auch früher als die Mesenchymbildung einsetzt. Der zwischen ihnen auftretende Hohlraum (Interamnionhöhle, Proexocoel) bekommt also erst sekundär einen Mesenchymbelag und wird damit zum Exocoel (Abb. 134b, c). Das frühzeitige Verschwinden einer trophoblastischen Blastocystenwand (hinfälliges Ektoderm) bedingt weiterhin, daß das extraembryonale Entoderm auch den Placentarpol umwächst und über diesem eine Schicht ektoplacentären Entodermes bildet (Abb. 134c). Die Allantois wächst als mesenchymale Anlage durch das Exocoel und erreicht die fetale Fläche der Placentaranlage (Abb. 134c). In späteren Stadien tritt bei *Cavia* auch ein entodermales Allantoislumen auf. Die Epamnionhöhle verschwindet wie bei Muriden (S. 204), doch erhält sich ein ringförmiger, peripherer Rest längere Zeit hindurch.

Der Trophoblast des Placentarpoles greift sehr schnell das materne Gewebe an und schiebt syncytiale Zapfen (plasmodiale Wurzeln, Haftwurzeln) durch das ektoplacentare Entoderm hindurch in die Tiefe. Äußere und innere Wand der Epamnionhöhle sind jetzt bereits verschmolzen und nicht mehr gegeneinander abgrenzbar. Das Schicksal des ektoplacentären Entoderms ist nicht genau bekannt. Es soll [1027] die Trophoblastsprossen noch eine Zeitlang überziehen und maßgebend am Abbau maternen Gewebes beteiligt sein. Die Abgrenzung dieses Entoderms gegen den Trophoblasten ist kaum mehr mit Sicherheit durchführbar und zur Zeit der allantoiden Vaskularisation des Placentarbezirkes unmöglich. Die Placentaranlage läßt also zunächst drei Schichten unterscheiden: 1. Ektoplacentäres Entoderm, 2. trophoblastische Wand der Epamnionhöhle, zunächst mit innerem und äußerem

Blatt, 3. Mesenchym. In der Folgezeit (Abb. 134c, 135b) wird die erste Schicht reduziert, die zweite Schicht läßt eine mächtige Cytotrophoblastlage und eine periphere syncytiale Schicht von Trophoblastsprossen erkennen. Unklar ist, ob die Syncytiumsprossen nur dem äußeren, die Cytotrophoblastschicht nur dem inneren Blatt der Epamnionhöhle entstammt oder ob beide Lagen frühzeitig durchmischt sind. Die Sprossen eröffnen materne Gefäße und bilden eine

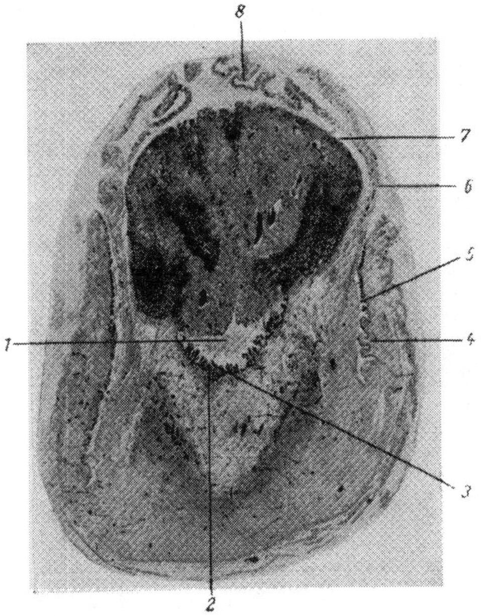

Abb. 136

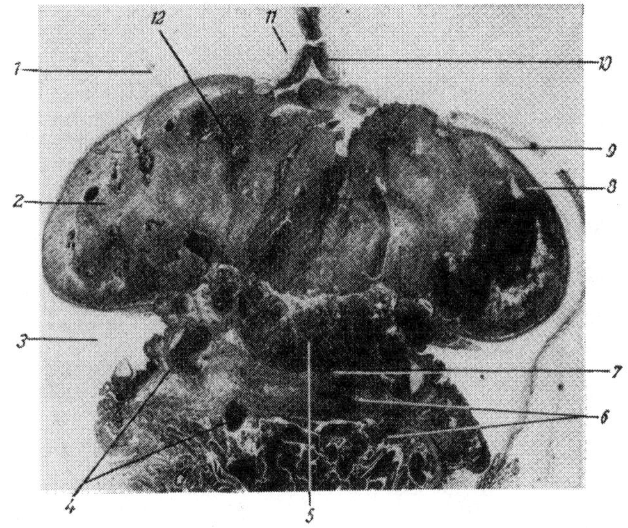

Abb. 137

Abb. 136. *Cavia porcellus* L., Placenta aus der Mitte der Gravidität. Zentrale Excavation und deren Unterbau. (Aus Starck, 1955, a. a. O., S. 276)

*1* Mesenchymachse (zentrale Excavation)
*2* Umlagerungszone
*3* Verbreitertes Ende der Mesenchymachse
*4* Decidua parietalis
*5* Cavum uteri
*6* Decidua capsularis
*7* Dottersackhöhle (ohne eigene Außenwand)
*8* Dottersackwand

Abb. 137. *Cavia porcellus* L. Schnitt durch die reife Placenta mit Uteruswand. Placentarlabyrinth mit interlobulärem Syncytium. (Aus Starck, 1955, a. a. O., S. 277)

*1* Dottersackwand
*2* Placentarlabyrinth
*3* Cavum uteri
*4* Materne Gefäße
*5* Subplacenta
*6* Uteruswand
*7* Umlagerungszone
*8* Randsyncytium
*9* Ektoplacentares Entoderm
*10* Nabelschnuransatz mit Vasa umbilicalia
*11* Amnion
*12* Interlobuläres Syncytium

Umlagerungszone (Durchdringungszone) (Abb. 135), die sich in typischer Weise zu einer mächtigen labyrinthären Ektoplacenta umformt. Materne Symplasmabildung kommt reichlich vor. Die allantoide Vaskularisation erfolgt am 18. Tag in eigenartiger Weise, indem zentral ein massiver Mesenchymzapfen (Zentralconus = zentrale Excavation Duval, Abb. 136) in den Trophoblasten eindringt. Das Ende der Mesenchymachse verbreitert sich und bildet mit dem dünnen Trophoblastüberzug das »Dach der zentralen Excavation« (= Cotyledo placentaris = Subplacenta). Diese Subplacenta wächst zu einem voluminösen Abschnitt heran (Abb. 136), indem sie durch eindringendes, gefäßführendes fetales Mesenchym in schmale Blätter zerlegt wird, die von Cytotrophoblast bedeckt sind und schmale Lamellen der basalen Decidua zwischen sich fassen. Offenbar handelt es sich um eine Paraplacentareinrichtung, die in der Lage ist, noch in späten Schwangerschaftsphasen Histiotrophe aufzunehmen.

Die Placenta läßt von basal nach der fetalen Seite hin nun folgende Schichten erkennen: 1. Decidua basalis, 2. Umlagerungszone, 3. Subplacenta und 4. haemochoriales Placentarlaby-

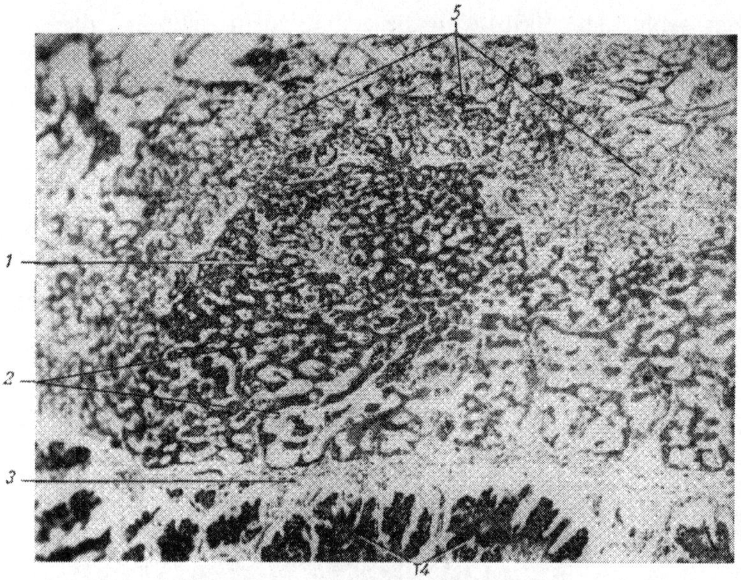

Abb. 138. *Cavia porcellus* L. Ausschnitt aus einer Placenta aus der Mitte der Gravidität. Labyrinth, interlobuläres Syncytium, Dach der zentralen Excavation. (Aus STARCK, 1955, a. a. O., S. 278)

*1* Interlobuläres Syncytium
*2* Materne Bluträume
*3* Zentrale Excavation (Mesenchymkern)
*4* Trophoblast (= Dach der zentralen Excavation)
*5* Placentarlabyrinth

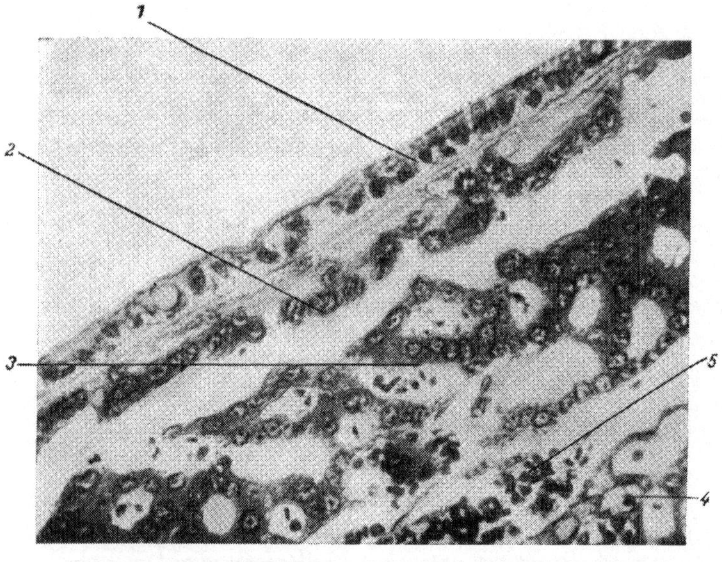

Abb. 139. *Cavia porcellus* L. Randpartie der reifen Placenta bei stärkerer Vergrößerung. Ectoplacentäres Entoderm, darunter ectodermale Riesenzellen, dann Randsyncytium. (Aus STARCK, 1955, a. a. O., S. 277)

*1* Placentares Dottersack-Entoderm
*2* Ektodermale Riesenzellen
*3* Randsyncytium
*4* Placentarlabyrinth
*5* Fetales Gefäß

rinth (Abb. 137). Der eigentliche Placentarkörper besitzt einen sehr eigenartigen Lappenbau, der dadurch zustande kommt, daß die Mesenchym- und Gefäßeinwucherung nur unvollkommen erfolgt. Zwischen den vaskularisierten Bezirken des Labyrinths, den »Lappen«, bleiben streifenartige Zonen des ursprünglichen lakunären Syncytiums erhalten (interlobuläres Syncytium, Abb. 138). Diese Bezirke entsprechen strukturell also vollständig einer Ektoplacenta, wie sie als scharf abgegrenzte Schicht bei Insectivora (Macroscelididae, S. 157) vorkommt. Bei den Hystricomorphen sind also Ektoplacenta und vaskularisierte Allantoisplacenta ineinander geschachtelt. Was die funktionelle Differenzierung betrifft, so gilt das gleiche, was zuvor über die typische Ektoplacenta gesagt wurde. Eine weitere Besonderheit der *Cavia*-Placenta besteht darin, daß der invertierte Dottersack weit auf die fetale Fläche des Placentardiskus vorgeschoben wird und deren Rand und Seitenzone mit einem entodermalen Epithel überkleidet (Abb. 139). Dieser Überzug ist zunächst mehrschichtig, später einschichtig. Unmittelbar unter dem Entodermüberzug erfährt das Syncytium eine Umdifferenzierung. Zellgrenzen treten wieder hervor, die Zellkerne sind stark gebläht (ektodermale Riesenzellen, Abb. 139). Erst auf diese folgt Randsyncytium. Gegen Ende der Gravidität schwindet die Capsularis und die Subplacenta bildet sich allmählich zurück. Das Uterusepithel schiebt sich vom Rande her unter die Placenta vor. Diese pränatale Isolierung geht bei *Dasyprocta* so weit, daß schließlich nur noch eine mesenteriumartige schmale Verbindung zwischen Uteruswand und Placentarkörper bestehen bleibt, das Mesoplacentarium [95, 97]. Damit wird Blutungs- und Infektionsgefahr an der künftigen Wundfläche der Nachgeburt auf ein Minimum herabgesetzt. Bei *Hydrochoerus hydrochoerus* L. findet sich ebenfalls eine komplizierte Subplacenta und eine Läppchengliederung durch interlobuläres Syncytium (eigene Beobachtung). Auch *Dasyprocta* ähnelt im Bau der Placenta sehr den übrigen Hystricomorpha, besitzt aber eine etwas kompliziertere Lobulierung des Placentarkörpers als *Cavia*.

## I. Cetacea

Frühstadien von Cetaceen sind bisher nicht zur Untersuchung gelangt. Über die Eihäute und über die reife Placenta liegen ältere Untersuchungen an *Balaenoptera musculus* L., *Orcinus orca* L., *Monodon monoceros* L. [1320, 1321, 1326], *Delphinus delphis* L., *Stenodelphis blainvillei* Gervais [431], *Platanista*, *Orcella* vor. Brauchbare Untersuchungen unter Berücksichtigung der Feinstruktur existieren nur über *Phocaena phocaena* L. [1468, 234]. Der Fet scheint bei allen bisher untersuchten Walen im linken Uterushorn gelegen zu haben. Das linke Ovar ist, mit wenigen Ausnahmen, größer als das rechte und enthält fast stets das Corpus luteum. Offenbar ist der linke Eierstock funktionell bevorzugt. Nidation scheint nur links vorzukommen. Kopf- und Steißlage sind festgestellt. Stets ist aber die Schwanzflosse eingeschlagen. Der Fruchtsack erstreckt sich bis ins rechte Horn (Abb. 140). *Phocaena* besitzt einen recht großen Allantoissack, doch erreicht dieser nicht die Ausdehnung des Amnionsackes. Die Placenta ist diffus und epitheliochorial. Chorion- und Uterusepithel scheinen bei *Phocaena* dauernd intakt zu bleiben. Syndesmochoriale Bezirke konnten nicht gefunden werden.

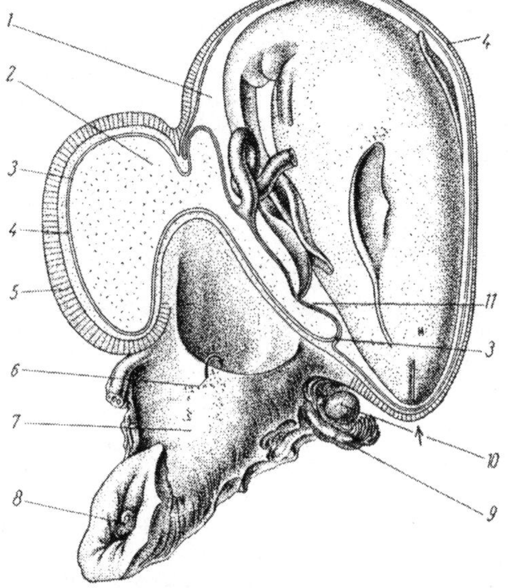


Abb. 140. Halbschematische Darstellung der Fruchthüllen und des graviden Uterus von *Phocaena phocaena* L. (92 cm Schnauzenspitze—Schwanzspitze, nahezu geburtsreif). Der Fet liegt im linken Uterushorn. Die Allantois erstreckt sich ins rechte Horn. Das Allantochorion ist deutlich dicker als das Amniochorion. (Nach G. B. Wislocki 1933)

1 Amnionhöhle
2 Allantoishöhle
3 Allantois
4 Chorion
5 Uteruswand
6 Excavatio vesicouterina
7 Harnblase
8 Clitoris
9 Tuba ovarica
10 Linkes Ovar
11 Amnion

Dennoch bestehen regionale Strukturunterschiede am Chorion. Dort, wo Amnion dem Chorion anliegt, ist das Chorion wenig vaskularisiert und hat nur losen Kontakt mit dem Endometrium. Im Bereich des Kontaktes zwischen Chorion und Allantois besteht stärkere Gefäßversorgung und festerer Kontakt mit dem Endometrium. Beide Zonen gehen unmerklich ineinander über. Ein Chorion laeve kommt nicht vor. Im Bereich des Allantochorion sind die Zotten stark verzweigt und eng mit Endometriumzotten verzahnt. Am Amniochorion sind die Zotten niedrig und plump. Das materne Epithel ist am Grunde der Endometriumkrypten hochkubisch, abgeflacht an den Spitzen der Erhebungen. Das Chorionepithel läßt nicht mit Sicherheit Zellgrenzen erkennen, so daß für das Spätstadium jedenfalls syncytiale Struktur anzunehmen ist. Im Gegensatz zu älteren Angaben konnte Wislocki bei *Phocaena* keine wirklich zottenfreie Bezirke finden. Chorionblasen fehlen völlig. Im Nabelstrang kommen Divertikel des Allantoisganges vor. Erwähnenswert ist die starke Vaskularisation des Stromas im Nabelstrang durch feine Gefäße, die von den Umbilikalarterien ausgehen und in die Umbilikalvenen einmünden. Auch starke selbständige Bündel glatter Muskulatur kommen im Stroma des Nabelstranges vor.

## K. Carnivora

Im Gegensatz zu den meisten bisher besprochenen Ordnungen der Eutheria ist der Aufbau der Placenta bei allen Raubtieren (Fissipedia und Pinnipedia) recht einheitlich, so daß wir uns auf eine Besprechung der am besten untersuchten domestizierten Formen Hund und Katze beschränken können. Die Carnivoren-Placenta ist gekennzeichnet durch den endotheliochorialen Charakter (Ausnahme vielleicht *Crocuta*, die ein hämochoriales Stadium erreichen soll [898a]). Neben dieser hämotrophen Ernährung spielt bei den meisten Formen aber auch histiotropher Stoffaustausch eine sehr bedeutende Rolle. Histiotrophe besteht bei den Raubtieren aus Drüsensekret und vor allem aus maternen Blutextravasaten. In diesen wird das Hämoglobin in ein grünes Pigment (Hämochlorin, Uteroverdin) umgewandelt. Derartige Bildungen sind bereits makroskopisch (grüner Saum der Hundeplacenta, Blutbeutel) sehr auffällig. Differenzen zwischen Familien und Gattungen bestehen in der äußeren Form des Placentarkörpers (S. 130), sowie in Ausdehnung und Anordnung der Extravasate. Untersuchungen liegen vor allem für Fissipedia vor:

| | |
|---|---|
| Familie Canidae: | *Canis familiaris* L. (Marchand, Schönfeld, Bonnet, Heinricius, Strahl, Duval, Mossman [833, 1128, 157, 571, 1234, 1237, 327, 901]) |
| | *Vulpes vulpes* L. (Turner, Heinricius [572, 1324, 1329]) |
| Ursidae: | *Ursus arctos* L. (Subba Rau [1292]) |
| | *Ursus arctos horribilis* Ord. (Verf.) |
| Procynidae: | *Procyon lotor* L. (Watson, Mossman [1380, 901]) |
| Mustelidae: | *Mustela putorius furo* L. (Strahl-Balimann [1257], Robinson [1236, 1233, 1067]) |
| | *Meles meles* L. (Strahl [1237]) |
| | *Martes martes* L., *M. foina* Erxl. (Bischoff [122]) |
| | *Lutra lutra* L. (Bischoff [122], Strahl ]1237]) |
| | *Gulo gulo* L. (Wislocki, Amoroso) |
| | *Ictonyx striatus* Perry (Subba Rau [1292]) |
| | *Mustela vison* Schreber (Enders [341]) |
| Viverridae: | *Viverra civetta* Schreber (Strahl [1246]) |
| | *Paradoxurus hermaphroditus hermaphroditus* Pallas (Moghe [890]) |
| Hyaenidae: | *Crocuta crocuta* Erxl. (Morton [898a]) |
| Felidae: | *Felis catus* L. (Strahl, Heinricius, Bonnet, Grosser, Robinson, Hill-Tribe, Duval, Mossman, Janssen, Dempsey-Wislocki, Amoroso [570, 833, 327, 1237, 1247a, 486, 491, 314, 15, 1463, 700a]) |
| | *Panthera pardus* L. (Robinson [1067]) |
| | *Panthera leo* L. (Mossman [901]) |
| | *Panthera tigris* L. (Srivastava [1193a]) |
| Pinnipedia | |
| Familie Phocidae: | *Phoca vitulina* L. (Van den Broek [212, 214]) |
| | *Halichoerus grypus* Fabricius (Turner [1325]) |

*Canis familiaris* L. und *Felis catus* L.: Die Implantation erfolgt bei Hund und Katze zentral, superficiell und circumferentiell. Die Embryonalanlage wird in der Regel antimesometral orientiert. Die Längsachse des Embryonalkörpers steht dabei senkrecht auf der Längsachse des Uterushornes. Auffallend ist, daß bei beiden Arten sehr regelmäßig beide Uterushörner die gleiche Anzahl von Keimen enthalten. Hierfür ist, wie experimentell erwiesen, innere Überwanderung verantwortlich zu machen (S. 63) [15]. Der regulierende Faktor ist nicht bekannt. Die Anheftung der Keimblase erfolgt außerordentlich spät, bei der Katze am 13. bis 14., beim Hund am 17. Tag nach der Ovulation. Bereits in der präimplantativen Phase kommt es zu einer erheblichen Hypertrophie der Uterindrüsen und einer Schwellung der Mucosa. Die Blutgefäße sind stark gefüllt und kleine Hämorrhagien kommen im Endometrium regelmäßig vor. In der zweiten Woche steigert sich die Drüsenhypertrophie. Dicht unter der Oberfläche (Compacta) findet sich nun eine Zone erweiterter Drüsenkammern (Spongiosa). Auf diese folgt eine vorwiegend bindegewebige Schicht (Drüsendeckschicht) , an die sich nach basal eine tiefe, während der ganzen Gravidität aktive, aber strukturell wenig veränderte Drüsenlage anschließt. Bereits vor der Anheftung der Keimblase differenziert der Trophoblast sich teilweise zum Syncytium. Zwischen Syncytiotrophoblast und Uterusoberfläche beobachtet man eine reichliche Absonderung von Histiotrophe, die außerordentlich viskös ist (»Prochorion«, »Gallertschicht«). Im Oberflächen- und Drüsenepithel lassen sich histochemisch Calciumdepots, alkalische und saure Phosphatase und Cytoplasma-Basophilie nachweisen.

Bei den Carnivora ist primär die gesamte Trophoblastoberfläche invasiv und beteiligt sich am Implantationsprozeß. Mit Fortschreiten der Gravidität verliert aber der Trophoblast an den beiden Enden der Keimblase seine Proliferationsfähigkeit und die definitive Placentarzone wird auf ein gürtel- oder scheibenförmiges zentrales Areal der Keimblasenwand eingeschränkt (Placenta zonaria bei Canidae, *Crocuta*, Felidae, *Gulo*, Pinnipedia, unvollständige Placenta zonaria bei *Procyon* und *Paradoxurus*. Auflösung des Gürtels in zwei scheibenförmige Areale: *Putorius*, *Martes*, *Lutra*, einfach diskoidale Form bei *Ursus* (S. 130, Abb. 75, 76).

Der vorwuchernde Trophoblast heftet sich im Bereich der Drüsenmündungen und in den interglandulären Bezirken aus Uterusepithel an, das bereits vorher Umformung zu Symplasmen und Degeneration erkennen läßt. In älteren Untersuchungen spielt die Annahme, daß sich materne Symplasmen in ausgedehntem Maße an der Bildung des Placentarsyncytiums beteiligen, daß dieses also ein Mischgewebe darstellt, eine sehr große Rolle (Strahl 1237). Neuere Untersuchungen haben demgegenüber nachgewiesen, daß eine Beteiligung maternen Gewebes an der Syncytiumbildung jedenfalls für jüngere Stadien sicher auszuschließen ist [487, 491, 15]. In älteren Stadien kann die Unterscheidung maternen und fetalen Gewebes außerordentlich schwierig werden, da ausgedehnte Rückbildungsvorgänge und Symplasmenbildung die Zellstruktur stark verändern. Ein Beweis für eine Teilnahme mütterlicher Elemente am Aufbau des Placentarsyncytiums ist aber bisher nicht erbracht worden.

Die Amnionbildung erfolgt in typischer Weise durch Faltenbildung (Pleuramnion) über der in die Keimblasenwand eingeschalteten Keimscheibe. Im Bereich dieser Amnionfalten unterbleibt zunächst die Trophoblastproliferation. Nach Schluß der Amnionfalten erstreckt sich aber die Trophoblastwucherung sehr rasch kontinuierlich über der ganzen Oberfläche der Keimblase. Grosser weist darauf hin, daß die Keimblase mit ihrer ganzen Oberfläche schon vor der Amnionbildung eng an die Uteruswand angepreßt ist, so daß gelegentlich Uterindrüsen sich bis in die Neuralrinne einsenken und daß die Amnionfalten sich höchst mühsam zwischen Keimblase und Endometrium vorschieben müssen [491], ein wichtiger Hinweis auf die primäre Natur des Faltamnions gegenüber dem Spaltamnion bei Eutheria (S. 79). Ein derartiges Verhalten wäre unverständlich, wenn man annimmt, daß das Faltamnion eine Neubildung wäre und daß ihm eine ancestrale Spaltamnionbildung vorausgegangen wäre.

Der Dottersack ist zunächst recht ausgedehnt und bildet schon vor der Anheftung des Keimes eine bilaminäre Omphalopleura. Die Mesodermumwachsung ist vollständig und führt zur Bildung einer transitorischen, nicht vaskularisierten trilaminären Omphalopleura. Schließlich bildet sich diese durch Eindringen der Dottersackgefäße vollständig in eine Choriovitellinplacenta um (frühes Somiten-Stadium). Anschließend wird der Dottersack durch den sich ausdehnenden Exocoelspalt vom Chorion abgedrängt, bleibt aber durch einen Mesenchymstrang mit dem Chorion verbunden. Der Dottersack persistiert bis zur Geburt und ist offenbar noch in den Spätphasen der Gravidität als Resorptionsorgan tätig [15].

Bei Carnivoren tritt als Zwischenstadium vor Bildung der Allantochorionplacenta eine echte Chorionplacenta (nicht vaskularisierte Somatopleura) auf, die, wie bereits bei Besprechung der Sciuridae (S. 199) erwähnt, als Austauschorgan zwischen Exocoel und maternem Organismus dienen mag.

Die Allantois der Raubtiere ist sehr ausgedehnt und umhüllt den Embryo vollständig. Der Nabelstrang, dessen allantoider Anteil sehr kurz ist, inseriert zentral am mesometralen Abschnitt des Placentargürtels. Die Allantois erreicht das Chorion zunächst im antimesometralen Bereich (Katze 18. Tag, Hund 20. Tag). Wie bereits erwähnt, hat der Trophoblast bereits vor der Anlagerung der Allantois maternes Epithel arrodiert und ist bis in die Spongiosa vorgedrungen. Hierbei wird Symplasma und deciduales Gewebe phagozytiert, doch bleiben die maternen Gefäße, die in den interglandulären Septen verlaufen, intakt. Der Trophoblast ist in den basalen Teilen zunächst zellig, während er in den mehr fetalwärts gelegenen Abschnitten jetzt zu Syncytium transformiert wird. Inwieweit vereinzelte Deciduaelemente in den Trophoblasten eingeschlossen werden, ist unklar. Der Trophoblast umhüllt nun auf längere Strecken materne Blutgefäße (Abb. 141), deren Endothel anschwillt, aber dauernd erhalten bleibt (Placenta endotheliochorialis). Von innen her dringt das Allantoismesenchym mit seinen Gefäßen in die Trophoblaststränge ein und zerlegt diese bei der Katze in sehr regelmäßige Lamellen, beim Hund in unregelmäßig geformte Maschen. Damit ist das Placentarlabyrinth gebildet (Abb. 141). Die Lamellen bestehen also aus einer zentralen Lage von maternen Gefäßen, die von wenig Deciduagewebe begleitet sind. An diese schließt beiderseits trophoblastisches Syncytium an, auf das Cytotrophoblast und schließlich das fetale Mesenchym mit den fetalen Kapillaren folgt. Innerhalb der zentralen Anteile der Lamellen kommen große blasse oft mehrkernige Zellen (deciduale Riesenzellen?) vor. Gegen Ende der Gravidität schwindet der Cytotrophoblast zu einem großen Teil. Beim Hund liegen die maternen Kapillaren in einer relativ dicken Schicht von Syncytiotrophoblast (Abb. 141). Deciduariesenzellen fehlen bei *Canis*. Basalwärts von dem Labyrinth folgt die Durchdringungszone mit reichlich zerfallenem Gewebsmaterial und Deciduazellen. Auf diese folgt schließlich die tiefe Drüsenschicht, deren Lumina erweitert sind. Beim Hund bleibt zwischen tiefer Drüsenlage und Durchdringungszone die dünne Drüsendeckschicht (S. 212) erhalten. Diese besteht aus Deciduagewebe. Bei Pinnipedia ist die Drüsendeckschicht wesentlich stärker ausgebildet als bei Fissipedia. Während bei der Katze die fetomaternelle Grenze in Spätstadien schwer festzustellen ist, bildet beim Hund der Trophoblast an der basalen Seite gegen die Lumina der tiefen Drüsenschicht und gegen die Hämatome ein hohes prismatisches Grenzepithel (Abb. 141). An diesen Stellen findet lebhafte Resorption von Histiotrophe statt. Histiotrophe spielt bei Caniden eine wesentlich bedeutendere Rolle als bei Feliden.

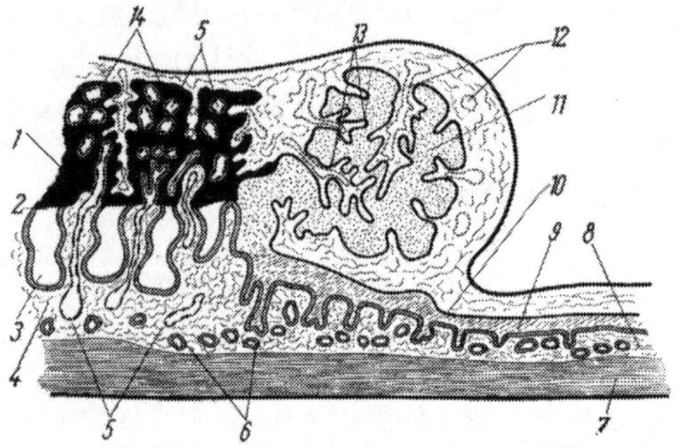

Abb. 141. *Canis familiaris* L. Schema des Baues der reifen Placenta. Randzone des Placentargürtels mit Labyrinth und Randhämatom. (Abgeändert nach einer Abbildung von Mossman)

*1* Syncytium
*2* Grenzepithel
*3* Drüsen
*4* Drüsendeckschicht
*5* Materne Gefäße
*6* Tiefe Drüsen
*7* Muscularis uteri
*8* Mucosa uteri
*9* Histiotrophe
*10* Chorion laeve
*11* Maternes Blut (Randhämatom)
*12* Fetale Gefäße
*13* Chorionlamellen
*14* Labyrinth

Extravasiertes Blut ist in der Hundeplacenta die wichtigste Quelle von Histiotrophe. Als Randhämatom (grüner Saum, S. 130, 212) findet sich derartiges Material zwischen Chorion und Endometrium in beiden Rändern des Gürtels. Auch in den basalen Zonen der Placenta finden sich verstreut derartige »grüne Inseln« (Abb. 75, 76, 141). Die Hämatome werden basal von mütterlichem Epithel begrenzt. Vom Chorion her ragen Lamellen in den Bluterguß hinein. Bei der Katze sind die Hämatome geringer und unregelmäßiger angeordnet. Auch nimmt das Extravasat nicht die grüne Farbe an (brauner Saum). Bei Musteliden findet sich ein zentraler Blutbeutel (*Putorius, Lutra, Meles, Gulo*). Bei der zweilappigen diskoidalen Placenta von *Zorilla* liegt jedem Diskus am äußeren Rande ein Hämatom an. Ursiden haben ein ringförmiges Randhämatom (Abb. 76). Hämatome fehlen bei *Procyon*, *Civetta* und Pinnipedia, soweit bekannt. Die Placenta von *Crocuta crocuta* (Erxleben) besitzt kein einheitliches Randhämatom, doch kommen Extravasate im Bereich der Placentarzone und im Paraplacentargebiet vor. Das Labyrinth soll hämochorialen Charakter besitzen [898a].

Elektronenmikroskopische Untersuchungen liegen bisher nur für die Katzenplacenta vor. Sie haben die morphologischen Schlußfolgerungen der bisherigen Untersuchungsmethoden bestätigen können und unsere Kenntnisse vor allem in Hinblick auf die Zellorganellen wesentlich erweitert. Im Paraplacentarbereich (Hämatome) finden sich hohe prismatische Chorionepithelzellen mit dichten Vakuolen und reichlich phagozytiertem Material. An der freien Zelloberfläche tragen sie Microvilli, die gelegentlich verzweigt sind. Benachbarte Zellen sind durch Zellfortsätze und Einbuchtungen verzahnt. Diese Chorionzellen können aktiv phagozytieren und resorbieren vor allem Eisen.

Im Labyrinth fanden sich folgende Besonderheiten. Das Endothel der maternen Bluträume ist besonders dick. Zahlreiche Vakuolen stehen mit dem Kapillarlumen in Verbindung; sie enthalten geronnenes Plasma. Zwischen diesen Wabenräumen liegt das Cytoplasma mit teilweise geschwollenen Mitochondrien, mit tubulären Räumen im Golgi-Feld und ergastoplasmatischen Granula. Auf das Endothel folgt eine sehr dicke amorphe Basalmembran von unregelmäßigem Durchmesser. Diese ist wahrscheinlich zum Teil ein Sekretionsprodukt der Endothelzellen. Deciduale Riesenzellen, oft zweikernig, meist mononukleär, konnten auch elektronenmikroskopisch bestätigt werden. Die Grenzfläche des Syncytiotrophoblasten gegen die Basalmembran des Endothels erweckt den Eindruck, als ob der Trophoblast die Basalmembran arrodieren würde. Der Syncytiotrophoblast ist durch unregelmäßige Kerne, wenig kleine Mitochondrien und grobe Vakuolen mit dichtem osmophilen Inhalt gekennzeichnet. Daneben kommen Mikrogranula vor. Der Syncytiotrophoblast schiebt füßchenartige Plasmafortsätze zwischen die Cytotrophoblastzellen bis zur Basalmembran vor. Zwischen dieser und den Cytoplasmafortsätzen bleiben extrazelluläre Spalträume ausgespart. Die Cytotrophoblastzellen besitzen große, vesikuläre Kerne, mäßig reichlich Mitochondrien und Fettröpfchen. Ihre Zelloberflächen sind glatt.

## L. Tubulidentata

Die Entwicklungsgeschichte von *Orycteropus* ist nur lückenhaft bekannt. Die Embryonalkörperbildung ist nicht untersucht worden, nur über Eihäute und Placenta liegen einige Angaben vor [1327, 779, 780, 652, 905]. Mit Ausnahme des von van der Horst [652] untersuchten Keimes (Embryo 8 mm) handelt es sich um Spätstadien. *Orycteropus* bringt stets ein einziges Junges zur Welt. van der Horst fand fünf identische Corpora lutea, und zwar zwei im Ovar der graviden Seite, drei in der Gegenseite, so daß multiple Ovulation vorkommen dürfte. Die Implantation erfolgt offensichtlich oberflächlich, eine Capsularis fehlt. Die erste Anheftung liegt antimesometral, die Embryonalanlage ist mesometral orientiert. Die Art der Amnionbildung ist nicht bekannt. Bei dem 8-mm-Stadium bestand ein sehr voluminöser Dottersack. Etwa ein Drittel der Keimblasenwand ist noch nicht vaskularisiert (bilaminäre Omphalopleura), besteht also nur aus Entoderm und Trophoblast. *Orycteropus* besitzt zwei Placentargebilde, einmal eine hochspezialisierte, nicht fetal vaskularisierte Dottersackplacenta, daneben eine einfache syndesmochoriale Allantochorion-Placenta. Die Dottersackplacenta ist durch eine massive Trophoblastinvasion gekennzeichnet. Der vordringende Trophoblast umscheidet die maternen Gefäße und gewinnt dadurch analogen Charakter wie eine endotheliochoriale Placenta. Im allgemeinen bleibt das Uterusepithel bei allen anderen Eutheria im Bereich der Dottersackplacenta intakt. Das Vorkommen einer invasiven Dottersackplacenta von hoher Spezialisation bei *Orycteropus* ist ein einmaliges Phänomen. Das spätere Schicksal dieses Organs kennen wir nicht. Im Bereich der Dottersackplacenta ist die Reichertsche Membran mächtig verdickt.

In späten Entwicklungsstadien besitzt *Orycteropus* eine unvollständige Placenta zonaria von endotheliochorialem Typ. Diese ist sehr breit und dünn. Die Allantois ist ausgedehnt, vierlappig und persistierend. Das Placentarlabyrinth ähnelt sehr den Befunden bei Equiden. Chorionblasen kommen vor. In den Randzonen finden sich als akzessorische Einrichtung Randhämatome. Diese sind jedoch in Ausdehnung und Blutfüllung den Randhämatomen der Carnivora nicht vergleichbar.

## M. Proboscidea

Die Placentation der Elefanten [901, 1338, 780, 37, 39, 966, 1911] ist ganz unzureichend bekannt. Frühstadien sind offenbar nicht untersucht. Die Placenta ist gürtelförmig und besitzt ein hämochoriales Labyrinth. Außerhalb der Placentarzone trägt das Chorion laeve knopf-

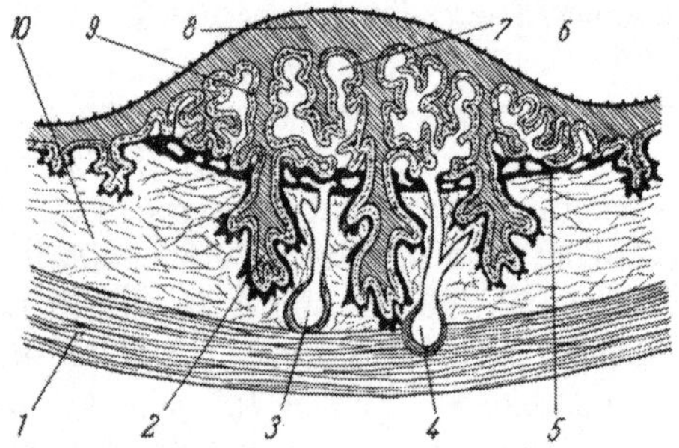


a)

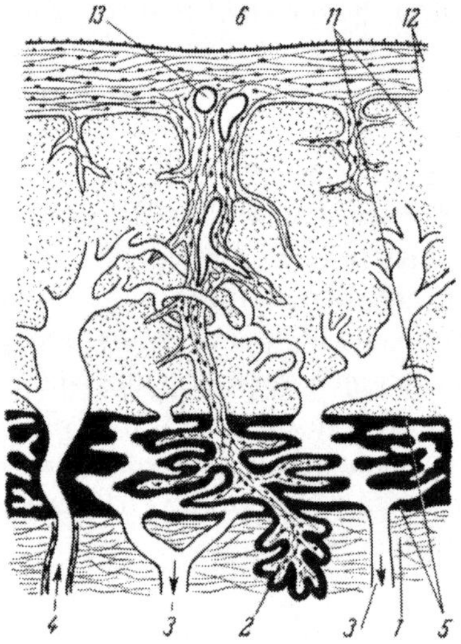


b)

Abb. 142. *Elephas maximus* L. Schema der Placentarstruktur. a) Querschnitt durch den Placentargürtel, b) Ausschnitt aus der Placenta. (Nach De Lange, 1933)

| | |
|---|---|
| *1* Myometrium | *8* Fetales Mesenchym |
| *2* Haftzotte | *9* Cytotrophoblast |
| *3* Materne Vene | *10* Endometrium |
| *4* Materne Arterie | *11* Placentarlabyrinth |
| *5* Ektoplacenta | *12* Fetales Mesenchym |
| *6* Allantois | *13* Fetales Gefäß |
| *7* Materner Blutraum | |

förmige Bezirke von 10 mm Durchmesser, die wahrscheinlich epitheliochoriale Bezirke darstellen (Resorption von Histiotrophe?), also weitgehend Anklänge an die Equidenplacenta aufweisen. Der Plancentargürtel zeigt basal eine Ektoplacenta (lakunärer Trophoblast, in dessen Lückenräumen maternes Blut zirkuliert). Diese Ektoplacenta wird durch einzelne größere Zottenstämme perforiert, die sich im maternen Gewebe als Haftzotten verankern (Abb. 142). Die innere Zone der Placenta besteht aus verzweigten fetalen Zotten, die von Syncytiotrophoblast umkleidet sind. Diese Zotten werden von maternen Blutbahnen umspült. De Lange [780] ist der Ansicht, daß dieser Typ des hämochorialen Labyrinths nicht über ein endotheliochoriales Zwischenstadium entstanden ist, sondern daß hier eine nachträgliche Kanalisierung von Blutextravasaten vorliegt. Die Koagulation des maternen Blutes würde durch den Trophoblasten verhindert. Demnach könnte der hämochoriale Placentartyp, jedenfalls in einigen Entwicklungsreihen, direkt vom syndesmochorialen Typ abgeleitet werden, eine Auffassung, die auch durch die Befunde an der endotheliochorialen Placenta gut gestützt ist. Die Allantois ist bei Proboscidea sehr groß und persistiert. Sie besitzt vier Aussackungen.

## N. Hyracoidea

Nur die Gattung *Procavia* ist embryologisch einigermaßen erforscht [37, 640, 1289, 1475, 1448]. Bei *Procavia capensis* Pallas kommt eine Gravidität im Jahre vor. Graviditätsdauer 225 Tage. Wurfgröße: 1 bis 6 (meist 2). Corpora lutea gestielt mit dichter Theca externa; eine Theca interna fehlt. Im Endometrium sind während des Proöstrus Degenerationserscheinungen nachweisbar, die vielleicht als Äquivalent einer Menstruation aufgefaßt werden können. Die Drüsen zeigen das Maximum ihrer Ausbildung in der frühen Gravidität vor Anheftung des Keimes, bilden sich aber sehr früh zurück (keine Embryotrophe). Die Implantation erfolgt zentral, circumferentiell (nicht oberflächlich) (Abb. 143). Rings um den Keim kommt es bereits frühzeitig zu fast völliger Epithelzerstörung. Der stark invasive Trophoblast, der rein zellig sein soll (?), differenziert sich in eine äußere phagozytierende Schicht (zelliger Invasionstrophoblast) und in den inneren lakunären Trophoblasten. Gleichzeitig werden materne Gefäße eröffnet.

Bereits vor Beginn der Trophoblastwucherung treten Deciduazellen auf, die später vielkernige materne Riesenzellen bilden. Die weitere Trophoblastdifferenzierung führt dazu, daß besonders im Polbereich fingerförmige Trophoblastfortsätze gebildet werden. Drei Schichten sind zu unterscheiden (Abb. 143, 144):

1. Innen: Dünnes Syncytium, bildet Septen um große Bluträume, liegt direkt dem Chorionmesoderm an.
2. Dicke Cytotrophoblastschicht mit engen, netzartig angeordneten Lakunen, Labyrinth.
3. Außen: Basaler Cytotrophoblast, hohes einschichtiges Epithel.

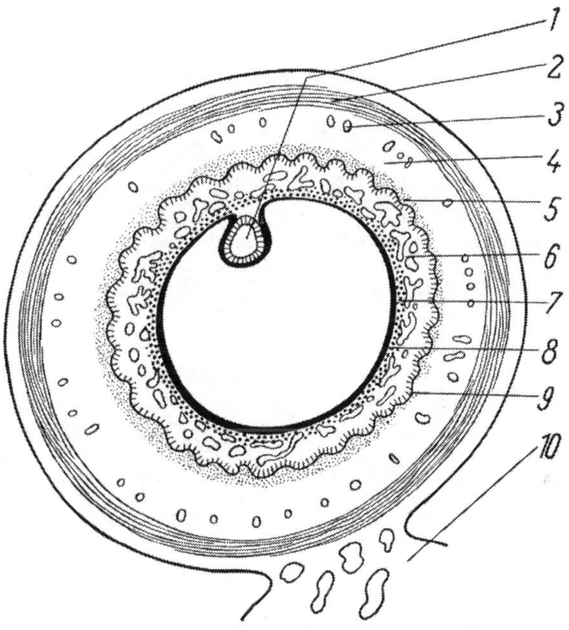


Abb. 143. *Procavia capensis* PALLAS. Junge Keimblase, angeheftet, schematisch. Circumferentielle aber invasive Placenta

*1* Amnionhöhle
*2* Muscularis
*3* Drüsen
*4* Stroma
*5* Decidua compacta
*6* Labyrinth
*7* Syncytium
*8* Entoderm
*9* Basaler Cytotrophoblast
*10* Mesometrium

Auf älteren Stadien (27-Somite) sind materne Arterien festzustellen, die die ganze Trophoblastschale durchbrechen. Um die Arterien bildet sich eine zweischichtige Trophoblastscheide. Auch die maternen Venen durchdringen den basalen Trophoblasten. Venöser Abfluß soll nur aus der Randzone der Placenta erfolgen. Die fetale Vaskularisation und die Mesenchymbildung erfolgen erstaunlich spät. Die basale Zone (3.) dürfte für die Austauschvorgänge kaum in Betracht kommen. Für die Resorption ist zweifellos das Gebiet der weiten Lakunen (Zone 1, Syncytium) am wichtigsten. In der Folgezeit dringt fetales Mesenchym in die Trophoblastzotten ein. Zunächst wird die innere Hälfte der syncytialen Zone vaskularisiert. Diese Zotten sind dann nur von Syncytium überkleidet. Die äußere Zone besitzt noch den Charakter eines netzartigen Labyrinths. Die Umbildung des Cytotrophoblasten in Syncytium erfolgt synchron mit der Mesenchymeinwanderung und wird offenbar von dieser stimuliert. In späteren Stadien bildet sich der Trophoblast an den Polen zurück; die Placenta wird gürtelförmig. *Procavia* besitzt also eine Placenta haemochorialis labyrinthica zonaria. Die fetal vaskularisierte Zone nimmt schließlich fast die ganze Dicke des Placentarkörpers ein. Die Zotten sind schlank, trabekelförmig und werden von Syncytium überkleidet. Vor den Zotten liegt eine schmale syncytiale Transformationszone. Der Rest der mittleren Cytotrophoblastschicht (2.) wird

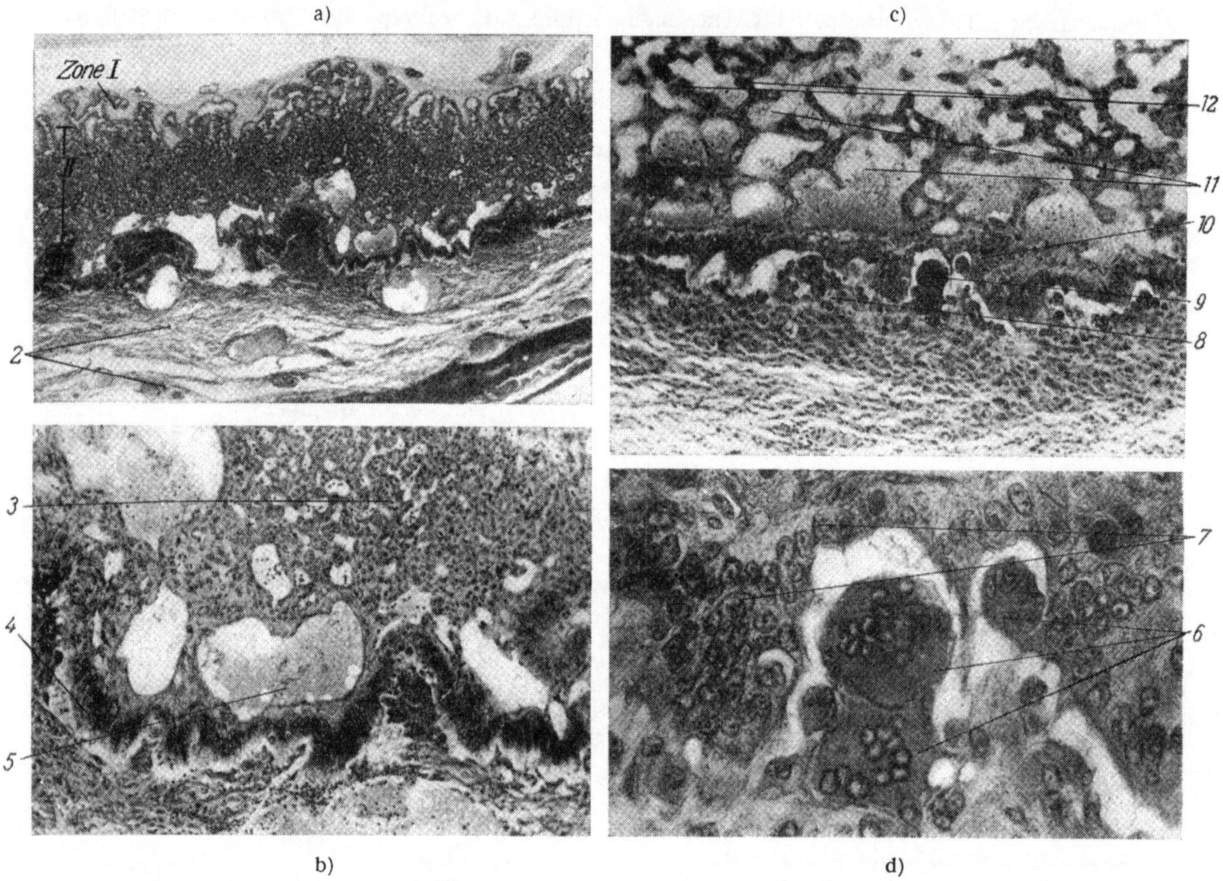


Abb. 144. *Procavia habessinica* Hemprich-Ehrenbg. (Mat. Äthiopienexp. Starck). Embryo 12 mm Scheitel-Steiß-Länge. a) Übersichtsbild über die Placenta in situ. Zone I: Syncytiotrophoblast, Chorionmesenchym, große materne Lakunen. Zone II: Labyrinth, reticulärer Cytotrophoblast. Zone III: Basaler Cytotrophoblast, aus hohen prismatischen Zellen bestehend. Darüber weite materne Venen. b) Ausschnitt aus den basalen Partien bei stärkerer Vergrößerung, Teile der Zone II und Zone III. c) Basale Partie der Placenta, weite Labyrinthlakunen, Decidua basalis mit Riesenzellen. d) Wie Abbildung c, aber stärker vergrößert. Trophoblastzellen dringen aktiv in das Endometrium vor und umfassen Decidua-Riesenzellen.

*2* Uteruswand
*3* Labyrinth mit Cytotrophoblast
*4* Basaler Cytotrophoblast
*5* Materne Vene
*6* Deciduale Riesenzellen
*7* Aktiver Trophoblast
*8* Decidua basalis
*9* Deciduale Riesenzelle
*10* Basaler Trophoblast
*11* Sinusartige Labyrinthlakunen
*12* Trophoblastbalken

peripherwärts vorgeschoben. Der basale Trophoblast bleibt nahezu unverändert (Abb. 144). Eine vollständige Mesenchyminvasion des ganzen Trophoblasten wird nie erreicht. Die Zone 2 persistiert also bis zur Geburt. Randhämatome fehlen. Trotz der Ähnlichkeit in der äußeren Form kann die *Procavia*-Placenta keineswegs mit der Gürtelplacenta der Carnivoren in Beziehung gebracht werden. Endovaskuläre Zellen der maternen Arterien werden von allen Untersuchern als trophoblastisch gedeutet.

Das Amnion entsteht als Spaltamnion. Ein ausgedehntes Exocoel tritt relativ spät auf. Die Angaben über das Vorkommen einer Choriovitellinplacenta sind nicht einheitlich [1338, 1475]. Jedenfalls zieht sich der Dottersack früh vom Chorion zurück. Er liegt dann als flaches, reich vaskularisiertes Gebilde im Exocoel und erhält sich lange Zeit. Die Allantois ist ausgedehnt, blasenförmig, und wird durch Gefäßstämme in vier Kammern zerlegt. Amnionkarunkeln kommen auf frühen Stadien vor, schwinden aber später völlig. Der Nabelstrang ist äußerst kurz (15 bis 20 mm bei Feten von 180 mm Länge). Er enthält zwei Arterien und eine Vene, sowie das Allantoislumen, aber keinen Dotterstiel.

Die Placenta von *Procavia* ist zweifellos am leichtesten an die der Proboscidea und der Sirenia anzuschließen, unterscheidet sich von diesen aber durch ihren stark invasiven Charakter. Sehr eigenartig ist die Kombination von zentraler Implantation mit invasivem Placentartyp. Eine gelappte Allantois kommt auch bei Halbaffen vor, doch dürfte dies auf Parallelbildung beruhen. HILLS Hypothese, daß die durch das Gefäßverhalten bedingte Lappung der Allantois als Vorstufe einer Haftstielbildung aufzufassen ist, verliert an Wahrscheinlichkeit, denn ein temporärer Haftstiel kommt auch bei *Procavia* vor, hat aber keinerlei Beziehungen zur Allantois (ähnlich *Cynocephalus*=*Galeopithecus*, abweichend von Simiae). Die Lappung kann nur als Beginn einer Vergrößerung der Allantois gedeutet werden, während Umwandlung zum Haftstiel die Reduktion der Allantois voraussetzen würde. *Procavia* zeigt in Frühentwicklung und Placentation also eine eigenartige Kombination verschiedener Merkmale, die teils als primitiv, teils als progressiv gedeutet werden. Nach STURGESS [1338] sind primitiv: zentrale Implantation, frei auswachsende Allantois, späte Vaskularisation des Chorion, späte Ausdehnung des Exocoels. Progressiv wären: direkte Anheftung der Blastocyste und frühe Destruktion des Endometriums, Spaltamnion, hämochorialer Placentartyp und invasive Fähigkeit des Cytotrophoblasten. Hervorgehoben sei, daß *Procavia* gerade als Kleinform eine invasive Placenta besitzt, während Großformen des gleichen Verwandtschaftskreises expansive Placentartypen aufweisen.

## O. Sirenia

Frühe Entwicklungsstadien sind nicht bekannt. Die Placentation eines *Trichechus manatus latirostris* HARLAN (Fet von 44 cm Länge) wurde durch WISLOCKI 1935 [1455] studiert. Fet und Eihäute waren auf das rechte Horn des Uterus beschränkt. Die Placenta ist gürtelförmig (Abb. 145). Der Nabelstrang ist kurz. Die Gefäße (zwei Arterien, eine Vena umbilicalis) teilen sich in etwa 2 cm Abstand vom Nabelring in vier Bündel mit je zwei Gefäßen auf und divergieren zur Placenta hin (Abb. 145). Eine aberrierende Arterie erreicht die Placenta selbständig. Die Placenta zonaria liegt etwas exzentrisch. Außerhalb der Placentarzone ist das Chorion glatt. Nur in der Nähe des Placentarrandes finden sich wenige, etwa halbzentimetergroße diskoidale Bezirke, die histologisch den gleichen Aufbau besitzen wie die Placenta. Die Allantois ist sehr ausgedehnt und legt sich von innen her dem ganzen Chorion an. Nur in einem kleinen dreieckigen Feld besteht eine direkte Kontaktzone zwischen Amnion und Chorion. Die Allantois besitzt vier Lappen, die zwischen den Gefäßbündeln des Nabelstranges zusammenhängen. Das untersuchte Stadium besitzt keinen Dottersack mehr.

Die Placenta zonaria ist wie die accessorischen Placentarbezirke deciduat, nach dem Typ einer Labyrinthplacenta von hämochorialem Charakter gebaut. Die fetalen Gefäße sind vorwiegend senkrecht von der fetalen zur basalen Fläche gerichtet, hängen aber durch Querverbindungen netzartig zusammen. Die maternen Bluträume sind zwischen die fetalen Gefäßbahnen eingeschoben. Zwischen fetalen und maternen Blutbahnen finden sich lamellenartige, zarte Gewebsstreifen syncytialen Charakters (Trophoblast). Die maternen Bluträume sind von diesem Gewebe umgeben. WISLOCKI [1455] deutet die Placenta als hämochorial, kann aber an Hand des einen, relativ alten Stadiums nicht mit Sicherheit ausschließen, daß endotheliochoriale Partien in der Placenta vorkommen. Es läßt sich jedenfalls sagen, daß der Trophoblast bei *Trichechus* stark invasiv ist und daß das Endometrium weitgehend abgebaut wird. In den basalen Zonen der Placenta schieben sich zottenartige Chorionstränge ins Endometrium vor. Diese sind von Cytotrophoblast bedeckt und enthalten einen Kern von fetalem Mesenchym. Diese Zotten haben die Tendenz, sich maternen Gefäßen von außen anzuschmiegen, sie zu umhüllen und die sekundäre Gefäßwand zu zerstören. Unter der Placenta sind inaktive Reste der Drüsen nachweisbar. Im Zusammenhang mit den maternen Blutbahnen kommen lakunenartige, von Trophoblast ausgekleidete Räume vor, die stagnierendes Blut enthalten. Der Trophoblast soll dieses Material phagozytotisch verarbeiten (Nachweis von Erythrozytentrümmern im Trophoblastepithel). Die Trophoblasttaschen sollen durch vakuoläre Degeneration von Trophoblast entstehen. Während noch manche Einzelheiten über den Feinbau und die Entwicklung der Placenta von *Trichechus* problematisch sind, kann über die morphologische Einordnung des Organs kein Zweifel bestehen. Über *Dugong dugong* Müller liegen keine modernen Untersuchungen vor. Harting [543] und Turner [1340] haben je einen Fetus mit Eihäuten beschrieben. Dieses Material war offensichtlich unzureichend konserviert und wurde auch nur mit groben Methoden untersucht. Das Verhalten der Eihäute und die grobe Anatomie der Placenta deuten darauf hin, daß beim Dugong sehr ähnliche Verhältnisse wie beim Manati vorliegen. Turner (Fet 163 cm) fand eine Placenta zonaria. Hartings Exemplar (27,8 cm) soll eine diffuse Placenta besessen haben. Nur die beiden Pole der Keimblase waren von Chorion laeve überkleidet. Die Angabe von Harting und Turner, daß Dugong eine adeciduate Placenta besitzt, dürfte auf unzureichender Konservierung des Materials beruhen. Die Placenta der Sirenen steht der der Hyracoidea und vor allem der Proboscidea recht nahe und weicht erheblich vom Typ der Cetacea, Perissodactyla und Artiodactyla ab.

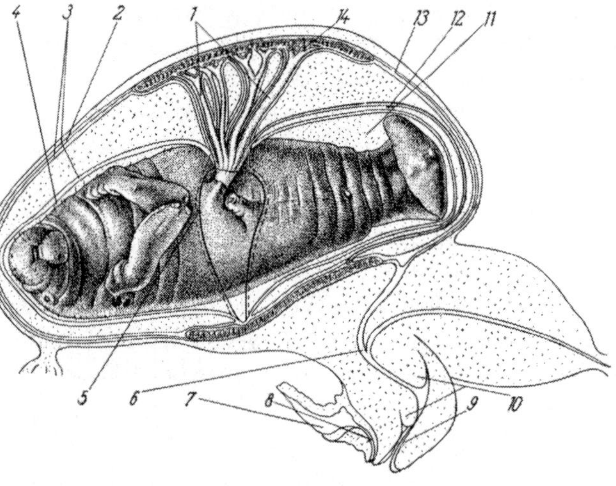


Abb. 145. *Trichechus manatus latirostris* Harlan. Fetus von 440 mm Länge mit Eihäuten und Placenta in utero (Nach Wislocki, 1935)

*1* Vasa umbilicalia
*2* Chorion laeve
*3* Allantois
*4* Amnion
*5* Amniochorion
*6* Corpus uteri
*7* Harnblase
*8* Urethra
*9* Vagina
*10* Cervix
*11* Amnionhöhle
*12* Akzessorische Arterie
*13* Chorion laeve
*14* Placenta

## P. Mesaxonia

Untersuchungen zur Frühentwicklung und Placentation bei Unpaarhufern wurden an *Equus caballus* L. [749—754, 1300, 761 a, 15, 19, 156, 841, 355, 356, 901, 1113, 1114] und *Tapirus terrestris* L. [1115, 1118] durchgeführt. Über die Placentation der Rhinocerotidae ist nichts bekannt. Nur Körperform und Organisation eines 22 m langen Embryos von *Diceros bicornis* L. wurde kurz beschrieben [299] (Abb. 58).

Hippomorpha: Die Blastocyste des Pferdes heftet sich außergewöhnlich spät (8. bis 10. Woche) an. Erst in der 14. Woche ist die Verzahnung von Chorionzotten und Endometrium so innig, daß das Cavum uteri praktisch verschwunden ist. In den ersten Wochen findet sich zwischen Chorion und Uteruswand reichlich Histiotrophe. Die Mesodermumwachsung geht ebenfalls sehr langsam vor sich. Bilaminäre Omphalopleura und Choriovitellinplacenta persistieren für eine beträchtliche Zeitspanne nebeneinander. Ausbildung und Verankerung der Chorioallantoisplacenta beginnt in einer ringförmigen äquatorialen Zone von der 7. Woche an. Die Choriovitellinplacenta tritt, entsprechend der Ausdehnung des Exocoelspaltes, zurück.

Die Amnionbildung erfolgt durch Falten und wird erst gegen Ende der 3. Woche beendet. Die Amnionhöhle wächst bis zur Mitte der Gravidität auf etwa das gleiche Maß wie die Allantois an, bleibt aber in der zweiten Hälfte der Schwangerschaft beträchtlich gegenüber der Allantois zurück. Das Amnion trägt reichlich warzenartige Protuberanzen (Abb. 146) des Ektoderms, die Glykogen enthalten. Die Allantois entsteht als entodermales Divertikel (3. Woche), das sich rasch ausdehnt und am Ende der 4. Woche bereits das Amnion rings umschlossen hat. Beim Pferd besteht also, im Gegensatz zu *Sus* und *Hippopotamus*, keine Verschmelzungszone des Amnions mit dem Chorion. Stattdessen wird der distale Teil des Nabelstranges von Allantois umschlossen und ein vaskularisiertes Allantoamnion gebildet (Abb. 146). Das Allantochorion ist ausgedehnt und besitzt mit Ausnahme der beiden Enden des Chorionsackes und des cervikalen Abschnittes überall Zotten. Diese sind nicht gleichmäßig verteilt, sondern stehen in kleinen, enggestellten cotyledoartigen Büscheln. Den Verzweigungen der Zotten entsprechen analog gefaltete Taschen des Endometriums. Zwischen den Cotyledonen bleiben schmale, rinnenartige Streifen mit glattem Chorion übrig. Der Trophoblast ist zellig und ist an den Spitzen der Zotten höher als an der Basis. Ein Bürstensaum ist vorhanden. Chorionzotten und materne Kryptenwand sind überaus reich vaskularisiert, enthalten aber nur spärliches Bindegewebe. Die Placenta besitzt also typisch epitheliochorialen Charakter und ist nahezu diffus. Während der Mitte der Gravidität treten im Endometrium Degenerationsherde auf (6. bis 20. Woche [1113]), die mit histiotrophem Material gefüllt sind. Diese Schleimhaut-Krater (Schauder, „endometrial cups" englischer Autoren) sollen auch große Mengen gonadotropen Hormons enthalten. Ihre Größe wechselt von wenigen Millimetern bis zu 5 cm. Ihr Chorionüberzug ist zottenfrei. Die Uterindrüsen im Bereich dieser Bezirke sind aktiv. Man hat diese Gebilde auch als syndesmochoriale Bezirke gedeutet [486, 1118], doch sei nicht übersehen, daß in ihrem Bereich eine eigentliche Anheftung fehlt. Im 6. Monat verschwinden die Schleimhaut-Krater, das Uterusepithel schließt sich vor der Geburt vollständig. Im Allantoiscavum des Pferdes finden sich regelmäßig freie Körper, die »Hippomanes« (Abb. 146), die bis zu 10 cm Durchmesser erreichen können. Sie enthalten eingedicktes Uterinsekret, reichlich Harnsäure, Gewebsdetritus und Fett. Ihre Färbung ist dunkelbraun. Sie entstehen keinesfalls, wie vielfach angenommen wurde, durch Eindickung in der Allantoisflüssigkeit, sondern nehmen ihren Ursprung von gestielten Körpern, die mit Uterinsekret gefüllt, vom Chorion her eingestülpt werden. Schauder nimmt an, daß sie aus den Schleimhaut-Kratern gebildet würden.

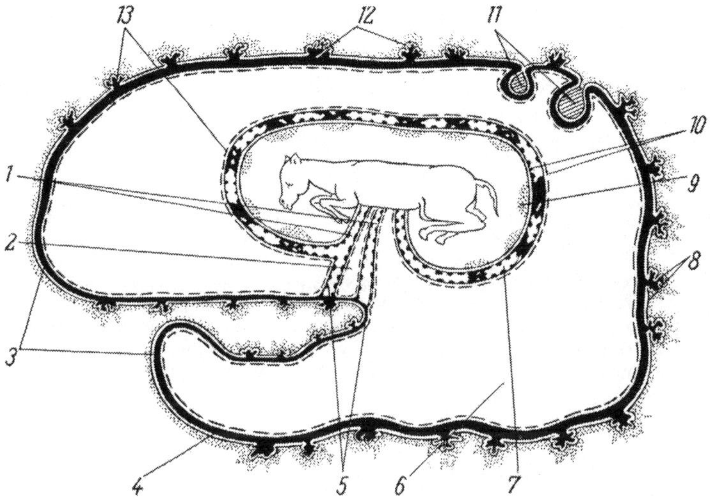


Abb. 146. *Equus caballus* L. Schema der Eihäute und der Placenta. (Nach Amoroso, 1952, fig. 15. 27)

*1* Amnionteil des Nabelstranges
*2* Dottersack
*3* Zottenfreier Bezirk
*4* Mesenchym des Allantochorions
*5* Allantoisteil des Nabelstranges
*6* Allantoishöhle
*7* Amnion
*8* Allantochorion
*9* Amnionwarzen
*10* Allantoamnion
*11* Hippomanes
*12* Chorionzotten
*13* Allantoisentoderm

*Tapirus terrestris* L. [1115, 1118]: Die Placenta des Tapirs ist ebenfalls diffus und epitheliochorial. Sie ähnelt sehr stark der des Pferdes. Der Haftapparat ist einfach und differenziert sich spät. Erst gegen Mitte der Gravidität verzweigen sich die zunächst blatt- und faltenartigen Zottenanlagen stärker. Entsprechend verhalten sich die Krypten mit ihren Septen. Einzelne Zottenbüschel können sich stärker verästeln und kommen so dem bei *Equus* gefundenen Bild nahe. Chorionblasen fehlen bei Pferd und Tapir. Im Bereich der Zotten finden sich reichlich sub- und intraepithelial gelegene Kapillargeflechte. Schauder [1118] nimmt an, daß diese Bezirke vorwiegend dem Austausch der Atemgase dienen. Daneben könnte hier auch hämotrophe Ernährung stattfinden. Die basalen Bezirke zwischen den Zottenbüscheln hingegen dürften in erster Linie Histiotrophe aufnehmen. Im Bereich der kleineren Krümmung der Keimblase findet sich eine durchverlaufende zottenfreie Chorionfalte. Die kraterförmigen Gewebseinschmelzungen der Equiden fehlen beim Tapir.

## Q. Paraxonia, Artiodactyla

### Suiformes

Die Frühentwicklung von *Sus scrofa* L. ist, ebenso wie dessen Placentation, häufig untersucht worden [1464, 34, 15, 155a, 483, 486, 456, 591, 593a, 177, 315, 1117, 625, 1305, 1067, 758, 1441]. Über *Dicotyles labiatus* (= *Tayassu albirostris* Illiger [317]) und *Pecari angulatus* Cope (= *Tayassu tajacu* L. [1451]) liegen einige Angaben vor. Unsere Kenntnisse über die Entwicklung der Hippopotamidae beschränken sich auf einige Placentationsstadien von *Hippopotamus amphibius* L. und *Choeropsis liberiensis* Mort. [21, 1299, 1313, 719, 414].

Alle Suiformes besitzen eine Placenta epitheliochorialis im Sinne von Grosser. Die Verbindung zwischen Chorion und dem intakt bleibenden Uterusepithel ist relativ locker und löst sich leicht kurz vor der Geburt. Die Placenta ist also adeciduat. Sie hat diffusen Charakter.

Die bilaminäre Keimblase des Schweines (Abb. 147) wächst außerordentlich schnell zu einem langgestreckten Schlauch aus, der in seiner Mitte die Embryonalanlage enthält. Zwischen dem 13. und 18. Tag wird aus einem Gebilde von wenigen Millimetern Durchmesser ein dünner, langer, fadenförmiger Schlauch von etwa 1,50 Meter. Dieser enthält eine Keimscheibe von etwa 3 mm Durchmesser. Er liegt in vielen Windungen im Uterus. Die Anheftung erfolgt oberflächlich und circumferentiell in der 3. Woche. Die Embryonalanlage ist stets antimesometral gerichtet. Amnionbildung erfolgt durch Faltung. Der Dottersack ist relativ klein, besitzt aber vorübergehend eine Verbindung mit dem Chorion. Er schrumpft später zu einem hepatoiden Organ unbekannter Bedeutung ein und bildet sich vor der Geburt zurück. Das Amnion wird durch die sich stark ausdehnende Allantois von innen gegen die Keimblasenwand gepreßt und verwächst mit dem Chorion. Dadurch wird die Allantois in zwei miteinander kommunizierende Abschnitte unterteilt. Ein Bezirk der Keimblasenwand bleibt während der ganzen Graviditätsdauer als Amnio-Chorion erhalten, wird also nicht von der Allantois umwachsen. Gegen Ende der Schwangerschaft vermindert sich der Inhalt der Allantois, so daß der Amnionsack sich dem Allantochorion anlegt. Die beiden Enden des schlauchartigen Chorionsackes sind in den späteren Phasen der Gravidität atrophiert und erwecken den Eindruck, als ob sie abgestorben wären. Diese Rückbildung soll im Endbezirk dadurch zustande kommen, daß die Allantois nicht bis an die Pole des Chorions vorwächst und diese daher nicht vaskularisiert werden [486, 1499]. Amoroso betrachtet diesen Modus der Rückbildung als Ausnahme [15] und nimmt (mit [704, 591]) an, daß die Allantois zwar bis zu den Enden des Chorionsackes durchwächst; doch soll der Zipfel der Allantois durch einen muskelhaltigen Ringwulst abgeschnürt werden und atrophieren, eine Auffassung, die bereits von Baer 1837 vertreten hat.

Das prägravide Endometrium ist stark ödematös aufgelockert und von hohem prismatischen Epithel bedeckt. Drüsenschläuche finden sich in der oberen kompakten Schleimhautzone und bilden ein mächtiges basales Lager (Spongiosa). Während der Gravidität erfährt das Epithel einen beträchtlichen Formwandel. In der dritten Woche flacht es sich außerordentlich stark ab, erreicht aber bereits in der 4. Woche die alte Höhe wieder. Aus diesem Strukturwechsel erklären sich Widersprüche zwischen den Angaben verschiedener Autoren. Die Epithelzellen enthalten reichlich saure Phosphatase, Eisen, Calcium und Lipoide, aber kein Glykogen.

Abb. 147

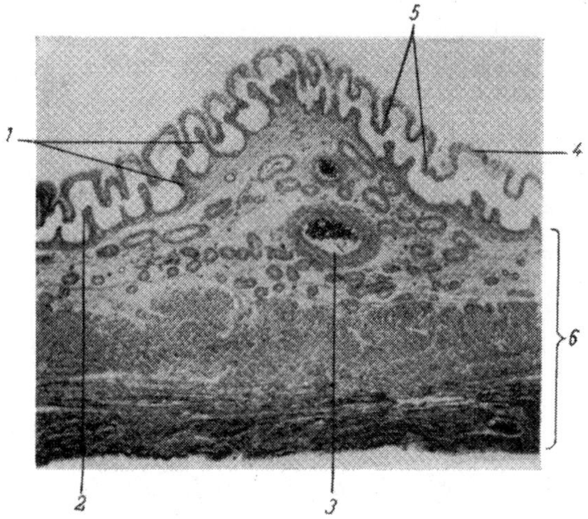


Abb. 148

Abb. 147. *Sus scrofa dom.* L. 11 Tage alte Keimblase in situ. (Nach GREEN und WINTERS, J. Morphol. 78, 1946)

Abb. 148. *Sus scrofa dom* L. Anlagerung des Chorions an das Endometrium. Übersicht. Epitheliochoriale, diffuse Placenta. Der weite Spalt zwischen Chorion und Uterusepithel ist artefiziell. (Aus STARCK, 1955, a. a. O., S. 267)

*1* Materne Mucosafalten *2* Uterusepithel *3* Materne Arterie *4* Chorion *5* Chorionfalten *6* Uteruswand

Das Allanto-Chorion, der fetale Anteil der Placenta, wird gewöhnlich als sehr einfach und primitiv gedeutet. Neuere Untersuchungen haben jedoch gezeigt, daß auch in der Schweine-Placenta sehr differenzierte Strukturen vorkommen, und daß alte Vorstellungen einer Revision bedürfen [625, 1117, 1305]. Vor allem sei mit Nachdruck betont, daß die wechselseitige Abhängigkeit von Struktur und Funktion nicht so eng ist, daß wir — ohne exakte physiologische Untersuchung der Leistung — aus dem Strukturbild ohne weiteres Rückschlüsse auf die funktionelle Wertigkeit der Placenta ziehen dürfen. Zweckmäßigerweise unterscheidet man das interareoläre zottentragende Allantochorion und die Areolae. Die im Schnittbild als Zotten (Abb. 148) erscheinenden Gebilde sind in der Tat Falten. In älteren Placentarstadien tragen diese Falten auf ihrer Oberfläche Zotten. Das Oberflächenrelief des Endometriums formt ein entsprechendes Negativbild. Zwischen Chorionoberfläche und Uterusepithel ist zunächst eine Sekretschicht nachweisbar. Im älteren Schrifttum [483] wird angenommen, daß eine engere Verankerung des Trophoblasten am Uterusepithel nicht vorkommt und daß das Uteruslumen während der ganzen Graviditätsdauer persistiert. Demgegenüber haben neue Untersuchungen an vorsichtig fixiertem Material nachgewiesen, daß der weite Uterusspalt ein Kunstprodukt ist und daß von der 3. Woche an tatsächlich eine Verankerung des Chorionepithels am Uterusepithel stattfindet [15, 625, 1117, 1305]. Die elektronenmikroskopischen Untersuchungen [315] haben diese Auffassung bestätigt und die überaus enge Verzahnung materner und fetaler Oberfläche nachgewiesen (S. 124). Diese Verbindung löst sich erst kurz vor der Geburt. Nur im Bereich der Areolae fehlt der Kontakt. Das Chorionepithel besteht aus einem einschichtigen prismatischen Epithel, das der stark vaskularisierten, allantoiden Mesenchymlage aufliegt. Nach Robinson und Amoroso [15, 1067] ist der Trophoblast in der 3. Woche stellenweise syncytial, nimmt aber in der 4. Woche wieder zellige Struktur an. Demgegenüber betont Hitzig [625], daß die zellige Struktur während der ganzen Gravidität bestehen bleibt. Während aber im ersten Graviditätsmonat alle Trophoblastzellen einheitlich strukturiert sind, treten in der 4. Woche zwei Zelltypen deutlich hervor. Die Epithelzellen der Zottenbasis sind hoch, hell mit wabigem, reich vakuolisiertem Plasma. Schlußleisten sind vorhanden. Oft läßt sich ein Bürstensaum nachweisen. Die Zellen der Zottenspitzen sind niedrig, dunkel granuliert und frei von Vakuolen. Im Bereich der Zottenspitzen und der Seiten der Zotten dringen von der 7. Woche an fetale Kapillaren bis in das Epithel vor. Ähnliches findet sich nie an der Zottenbasis und in den Areolae. Bereits 1886 hatte Tafani [1295] die intraepithelialen Kapillaren beschrieben. Goldstein [456] gab an, daß der Trophoblast stellenweise über dem Kapillarendothel völlig verschwindet (epithelio-endothelialer Placentartyp). Die Untersuchungen von Hitzig, Töndury und Schauder haben den Nachweis erbracht, daß auch an Stellen starker Epithelverdünnung stets eine trophoblastische Plasmaschicht über dem Endothel erhalten bleibt. Jede Kapillare ist außerdem durch ein feines Netz argyrophiler Fasern vom Epithel getrennt. Auch elektronenmikroskopisch wurde nachgewiesen, daß die fetalen Kapillaren stets außerhalb der Basalmembran des Epithels liegen. (S. 124).

Besondere Differenzierungen der Schweineplacenta sind die Areolae, die in unregelmäßiger und rundlicher Form (Rosetten) auftreten können. Sie kommen in großer Zahl (etwa 10000) auf der ganzen Chorionoberfläche vor und finden sich angeblich während der Mitte der Gravidität am zahlreichsten [15]. Es handelt sich um Bezirke, in denen das Chorion nicht am Uterusepithel verankert ist. Nur hier finden sich Drüsenmündungen. Die Areolae differenzieren sich zu regelrechten Chorionblasen, in denen Uterinmilch gespeichert und resorbiert wird. Das Epithel ist einschichtig, kubisch und läßt zwei Zellarten unterscheiden, dunkle Zellen mit Flimmerbesatz und helle, granuläre ohne Flimmerhaare. Im Zellplasma finden sich Einschlüsse von resobiertem Material.

Die verschieden strukturierten Bezirke der Placenta entsprechen offensichtlich Orten differenter Leistung. Im Bereich der Areolae findet Resorption von Histiotrophe statt. An der Zottenbasis wird aus dem maternen Blut resorbiert (hämotrophe Ernährung). Außerdem dürfte an diesen Stellen auch Exkretion stattfinden. Die durch intraepitheliale Kapillaren gekennzeichneten Zottenbezirke sind offensichtlich die Stellen des Gasaustausches. Diese hohe Spezialisierung in der Schweineplacenta zeigt deutlich, daß die Schematisierung im Sinne der Grosserschen Typen nicht ausreicht, um die Besonderheiten einer Placentarform zu charakterisieren.

Die Placenta der Hippopotamiden ähnelt der der Schweine. *Hippopotamus* soll in der reifen Placenta auf der Höhe der Falten Syncytium besitzen [21], wovon ich mich an eigenen Präparaten allerdings nicht überzeugen konnte. Teuscher [1299] findet bei *Choeropsis liberiensis* Morton ebenfalls zelligen Trophoblast. Intraepitheliale Kapillaren und cytologische Differenzen des Epithels an Zottenbasis und Spitze finden sich ähnlich wie bei *Sus*. Bei *Hippopotamus* sind die Enden des Chorionsackes und der in die Cervix hineinreichende Anteil avaskulär. Bei *Choeropsis* sollen die nekrotischen Chorionzipfel fehlen. Areolae finden sich bei *Hippopotamus*, bei *Choeropsis*, offenbar aber in vereinfachter Form. Beim Flußpferd ist die Zottenverteilung nicht ganz gleichmäßig. Stärker verzweigte Zotten finden sich im mesometralen Bereich. Das Gebiet des Amniochorions trägt verkümmerte Zotten. Bei beiden Arten kommen warzenartige Gebilde (Epitheliome) sehr reichlich auf Amnion und Nabelstrang vor [21, 719]. Sie entstehen offenbar aus Epithelcysten und sind von Bindegewebe umhüllt. Es handelt sich um regelmäßige Bildungen, die auch am Ende der Gravidität persistieren. Über ihre Bedeutung ist nichts bekannt. Die WHARTONsche Sulze des Nabelstranges ist bei *Sus*, *Hippopotamus* und *Choeropsis* stark kapillär vaskularisiert [21, 1299, 1454]).

**Tylopoda**

Neuere Untersuchungen über die Frühentwicklung und Placentation der Tylopoda fehlen. Die Placenta ist diffus und epitheliochorial. Die Zotten sind plump und kurz [965].

**Ruminantia**

Traguloidea — Die Placentation der Traguloidea ist von besonderem Interesse, da diese Gruppe, im Gegensatz zu den übrigen Ruminantia, eine diffuse epitheliochoriale Placenta besitzen soll, also den Tylopoden und Suiformes in ihrer Placentarbildung näher steht, als den Pecora. Leider sind wir nur lückenhaft über diese interessanten Primitivformen orientiert. Neben älteren Arbeiten [59]) liegen Mitteilungen über *Tragulus javanicus* OSBECK vor [1143, 1243, 1250]. Über *Hyemoschus aquaticus* OGILB. berichten GARROD und TURNER [415, 1323]. Die Allantois ist ausgedehnt und persistend. *Tragulus* hat stets nur ein Junges. Der Chorionsack reicht in das nicht gravide Uterushorn und bildet auch hier eine Semiplacenta, die sich strukturell nicht von der des trächtigen Hornes unterscheidet. Im Bereich eines nicht sehr ausgedehnten Feldes an der antimesometralen Seite ist das Chorion zottenfrei (Amniochorion?). Der Placentarbezirk hat unregelmäßige Form und besteht aus kleinen, dicht beieinander stehenden Zotten, denen entsprechende Grübchen des Endometriums gegenüberstehen. Gegen Ende der Gravidität nimmt das zottenfreie Feld an Ausdehnung zu. In der Übergangszone zum Placentarfeld finden sich jetzt zahlreiche abgesprengte kleine Inseln von zottentragendem Chorion. Sie dürften kaum den Cotyledonen der übrigen Wiederkäuer entsprechen. Nach BARBIERI [66] fand sich bei *Tragulus meminna* ERXL. (Fet 87 mm) kein zottenfreies Feld. STRAHL [1250] gibt an, daß die Placenta von *Tragulus* syndesmochoriale Struktur erreiche.

Pecora — Die Placenta der höheren Wiederkäuer (Cervoidea, Giraffoidea, Bovoidea) ist dadurch gekennzeichnet, daß die Zotten auf bestimmte größere Bezirke der Chorionoberfläche beschränkt und dann diese Bezirke durch zottenfreies Chorion voneinander getrennt sind. Die stark differenzierten Zottenkomplexe werden als Cotyledonen bezeichnet. Ihnen entspricht jeweils ein bereits im nichtgraviden Uterus vorgebildeter Schleimhautbezirk, die Caruncula. Cotyledo und Caruncula bilden zusammen ein Placentom. Die Zahl, Form und Größe der Placentome wechselt erheblich (S. 129).

Diese Placentarform wird daher auch als Placenta cotyledonaria oder als Placenta multiplex bezeichnet. Als Regel läßt sich angeben, daß die Cervoidea eine geringe Anzahl großer Placentome, die Bovoidea und Giraffoidea aber zahlreiche kleine Placentome besitzen. Wie groß die individuelle Schwankungsbreite ist, wissen wir nur von den Hauswiederkäuern (S. 229). Zahlenangaben an Einzelindividuen von Arten, die selten zur Untersuchung kommen, sind nur mit Vorsicht zu verwerten. An den von mir untersuchten Antilopen (*Limnotragus*, *Rhynchotragus*, *Madoqua*, *Sylvicapra*) finde ich durchweg viel niedrigere Werte, als im Schrifttum angegeben werden [26]. Die Placenta der Pecora wird als diffuse Placenta angelegt. Auf der ganzen Chorionoberfläche bilden sich vor der Anheftung kleine Zotten aus (Rind 3. Woche, Zeit des Amnionschlusses), die sich nicht am Endometrium verankern. Offenbar induzieren die Karunkeln der Uterusmucosa das Zottenwachstum des Allantochorions. Nur im Bereich der Karunkeln, auf denen das Endometrium drüsenfrei ist, wuchern die Zotten zu Cotyledonen aus. Zwischen den Placentomen bilden sich die Zotten in der Regel zurück; Reste können erhalten bleiben. Gelegentlich findet sich beim Rind auch in älteren Schwangerschaftsstadien eine Placenta diffusa. Diese ist stets pathologisch zu bewerten und entsteht, wenn die Karunkeln durch Überalterung oder Erkrankung geschädigt sind.

Giraffoidea — Moderne Untersuchungen über Giraffe und Okapi fehlen. Die Zahl der Placentome ist bei *Giraffa* sehr hoch (180). Sie sind in regelmäßigen Reihen angeordnet.

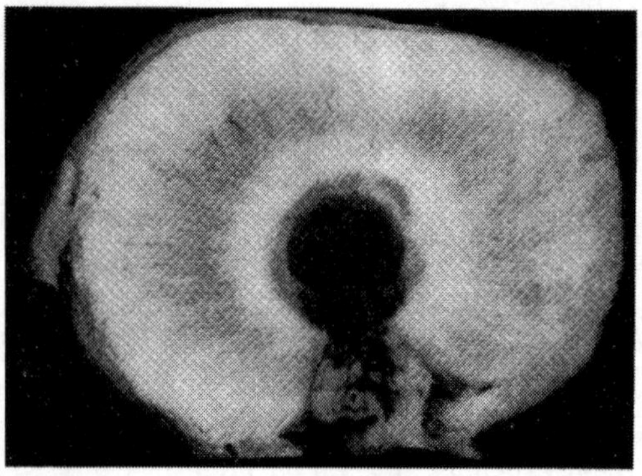

Abb. 149

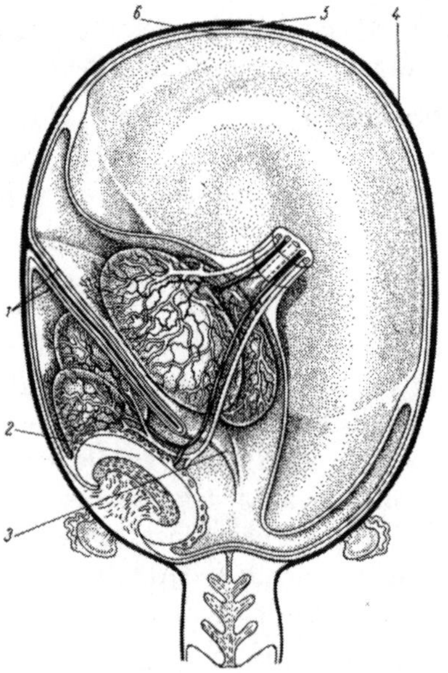


Abb. 150

Abb. 149. *Capreolus capreolus* L. Schnitt durch ein reifes Placentom. Das Placentom ist konvex und gestielt. Fetale Seite oben, etwa 2× nat. Gr.

Abb. 150. *Elaphurus davidianus* Milne Edw. Anordnung der Eihäute und der Cotyledonen im Uterus (Fet 380 mm Länge). (Nach Harrison, R. J. und W. J. Hamilton, J. Anat. 86)

*1* Allantois *3* Septum im Uterus *5* Chorion
*2* Placentom *4* Uteruswand *6* Amnion

Unregelmäßige Zottengruppen persistieren zwischen den Cotyledonen. Die Zotten der großen Placentome sind lang, dünn und stark verzweigt. In den kleinen Placentomen sind sie plump [26, 963, 964].

Cervoidea — Lückenlose Entwicklungsreihen der Placentation sind von Cervoidea kaum untersucht. Die meisten Angaben beziehen sich auf wenige, ältere Stadien (Tab. XV). Die wenigen Placentome sind groß, rundlich bis eiförmig, flach; Napfform kommt nie vor. Deutliche Differenzen bestehen offenbar auch in der Placentarstruktur zwischen tele- und plesimetacarpalen Hirschen. Bei den Telemetacarpalia (*Capreolus, Hydropotes, Mazama, Rangifer, Odocoileus*) sind die Placentome knopf- bis eiförmig und sitzen auf einem leistenartigen Stiel (Abb. 149). Die großen Umbilikalgefäße verlaufen in einer mesometralen Rinne, zu deren beiden Seiten die Placentome angeordnet sind. Bei den Plesimetacarpalia (*Cervus, Elaphurus, Dama*) sind die Placentome flach und niemals gestielt (Abb. 150). Sie ordnen sich in einer Reihe, lateral der mesometralen Rinne an.

Die fetale Fläche des Placentoms wird von Allantois überzogen. Der Verzweigungsmodus der Chorionzotten ist in den einzelnen Gruppen verschieden. Bei den Plesimetacarpalia sind die Zotten dünn und fadenförmig. Jeder der kurzen Zottenstämme trägt wenige Sekundärzotten (bei *Elaphurus davidianus* Mil. Edw. [540] drei bis fünf). Weitere Verzweigungen der Sekundärzotten kommen nicht vor (Abb. 151). Jede Sekundärzotte steckt in einer röhrenförmigen Epithelkrypte der Uterusmucosa. Beim Reh finden sich auch mehr horizontal verlaufende

Tabelle XV
Tabellarische Übersicht: Placentation der Cervoidea

| Species | Zahl der Jungen in einer Gravidität | Placentome | Autor |
|---|---|---|---|
| Superfam. Cervoidea SIMPSON<br>Fam. Cervidae GRAY<br>Subfam. Moschinae ZITTEL | | | |
| *Moschus moschiferus* L. | | | WELDON 1884 [1392]<br>BEAUREGARD und BOULART 1885 [93] |
| Subfam. Cervinae BAIRD | | diffus epitheliochor. Placentome sind bei Cervinae stets konvex und relativ groß | |
| *Dama dama* L. | 1 | 6 | ANDRESEN 1927 [26] |
| | | 8 (6—12)<br>flach, ungestielt | HARRISON und HYETT 1954 [541] |
| *Cervus elaphus* L. | 1, selten 2 | 6—10<br>flach, ungestielt | STRAHL 1906 [1249]<br>ANDRESEN 1927 [26] |
| *Cervus nippon* TEMMINCK (*Sika*) | | 6 | BEAUREGARD und BOULART 1895 [93] |
| *Cervus eldi* GUTHRIE | | 9 | BOULART 1877 [166] |
| *Cervus duvaucelii* CUV | | 8? | GARROD 1877 [415] |
| *Axis porcinus* ZIMM | | 4—8 | BEAUREGARD und BOULART 1885, TURNER 1879 [93, 1332] |
| *Elaphurus davidianus* MIL. EDW. | 1 | 5 groß, konvex<br>wenig gestielt | HARRISON und HAMILTON 1952 [540] |
| Subfam. Odocoileinae | | | |
| *Odocoileus virginianus mexicanus* GMELIN | 2 | 6 gestielt und akzess. diffuse epith. chor. pl. | WELDON 1884 [1392], BOULART 1888 [166], TURNER 1879 [1329, 1335] |
| *Blastocerus bezoarticus* L. | 1 | 9 | GARROD 1877 [415] |
| *Mazama americana* ERXLEBEN | 1 | 6—9 gestielt | ANDRESEN 1922 [25], STRAHL 1906 [1249] |
| *Rangifer tarandus* L. | 1 | 6—7 gestielt | GARROD 1877, TURNER 1878, BEAUREGARD und BOULART 1885, KOLSTER 1908, ANDRESEN 1927, MOSSMAN 1937 [901, 26, 1331, 415, 93, 752] |
| *Hydropotes inermis* SWINH. | 2—7 | 7—8 gestielt | EWART 1878 [354] |
| *Capreolus capreolus* L. | 1—2 | 6—12 gestielt | BISCHOFF 1854 [121], STRAHL 1906 [1294]<br>ANDRESEN 1922, 27 [25, 26] |

Verzweigungen der Sekundärzotten. HARRISON und HAMILTON beobachteten in einem Placentom von 10:6 cm Durchmesser beim Davidshirsch 10000 bis 12000 Zottenstämme und 46000 bis 47000 Sekundärzotten [540]. Das entspricht einer Zottenoberfläche von rund 45 qm in einem Placentom der genannten Größe. Am reifen Placentom lassen sich drei Zonen (Abb. 151) unterscheiden. Die Innenzone liegt gegen die fetale Seite und besteht aus der Chorionplatte. Eine schmale Intermediärzone entspricht den primären Zottenstämmen. Die Außenzone (Sekundärzotten) macht die Hauptmasse des Placentomes aus. ANDRESEN [26] unterscheidet ebenfalls drei Zonen, Wachstumszone, Umwandlungszone und Rückbildungszone in der Richtung von der maternen zur fetalen Seite. Die indifferente Terminologie verdient zweifellos den Vorzug, da die Gliederung vorwiegend funktionell histologisch und kaum entwicklungsgeschichtlich begründet erscheint. Die maternen Septen sind sehr schmal und nehmen nach oben hin an Dicke ab. Die Spitzen können kolbig aufgetrieben sein. Räumlich gesehen formen die Septen natürlich keine isolierten Lamellen, sondern bilden einen zusammenhängenden Gewebsblock, der von den Krypten durchsetzt wird (Abb. 151). Das materne Epithel ist im intercotyledonären Gebiet und in der Außenschicht des Placentoms erhalten (epitheliochorial). Im Bereich der Intermediärzone wird das materne Epithel zerstört und zweikernige trophoblastische Riesenzellen dringen bis ans materne Stroma vor (syndesmochorial). In der Innenzone bricht das materne Epithel vollständig zusammen. Das Stroma der Septen besteht aus gefäßfreien Stromaresten. Harrison und Hamilton haben für diese Zone, die offenbar für einen Stoffaustausch nicht in Frage kommt, den Ausdruck »diaphtoro-epitheliochorial« geprägt [540]. Das Zottenepithel (Trophoblast) besteht im Bereich der basalen Zottenstämme aus blassen kubischen Zellen, die reich an Glykogen sind.

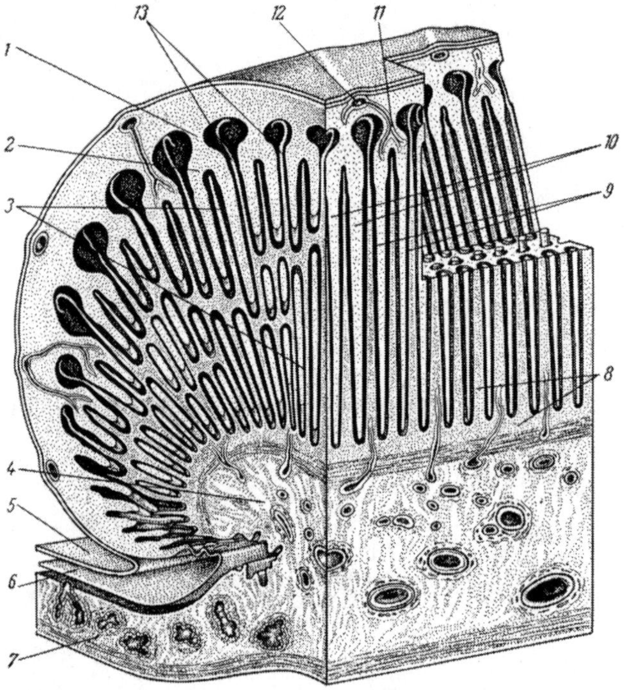


Abb. 151. *Elaphurus davidianus* Milne Edw. Schema des Aufbaues eines Placentoms. (Nach Harrison, R. J. und W. J. Hamilton, J. Anat. 86)

*1* Innenzone
*2* Intermediärzone
*3* Außenzone
*4* Unterbau des Placentoms
*5* Allantois
*6* Chorion
*7* Uteruswand
*8* Maternes Stroma
*9* Krypten
*10* Sekundärzotten
*11* Zottenstamm
*12* Fetale Gefäße
*13* Spitzen materner Septen

Das gleiche Epithel setzt sich für eine kurze Strecke auf die sekundären Zotten fort. Dann ändert sich jedoch die Epithelbeschaffenheit plötzlich. Der zellige Charakter bleibt zwar erhalten, doch wird das Epithel unregelmäßig, zwei- bis dreischichtig. Die Zellen enthalten häufig Granula und Vakuolen. Die gegen maternes Gewebe gewandten Zellabschnitte sind acidophil. Daneben treten reichlich zwei- bis vierkernige Riesenzellen (Diplokaryocyten) auf, die ebenfalls sicher trophoblastischer Herkunft sind. Das Cytoplasma dieser Zellen ist basophil und enthält Schiff-positives Material. In diesem Gebiet kommen auch reichlich intraepitheliale Kapillaren vor. Überall bleibt aber das Endothel dieser Gefäße von einer cytoplasmatischen Schicht trophoblastischer Genese überkleidet. Nach den Zottenspitzen hin ist das fetale Epithel mehrschichtig, das bindegewebige Zottenstroma wird allerdings reduziert. Das membranöse, intercotyledonäre Chorion wird von einem einschichtigen prismatischen Epithel bedeckt. Ihm gegenüber bleibt das materne Epithel intakt. Es besteht aus einer Schicht relativ flacher Zellen, gelegentlich auch aus prismatischen Zellen. Ähnlich wie bei Suiformes, läßt sich also auch dieser Placentartyp schlecht in ein starres Schema einordnen und die Grossersche Klassifikation wird der funktionellen Differenzierung des Organes nicht gerecht. Offenbar herrscht im Cotyledo, besonders in der Außenzone, hämotrophe Ernährung vor, während das intercotyledonäre Gebiet histiotropher Ernährung dient.

Die entwicklungsphysiologischen Korrelationen zwischen Karunkel und Cotyledo sind noch nicht ausreichend bekannt. An einem größeren Material von *Dama dama* L. kommen HARRISON und HYETT [541] zu der Auffassung, daß die Bildung von Cotyledonen durch die Karunkeln stimuliert wird, daß aber dort, wo Uterinsekret gebildet wird, keine Cotyledobildung erfolgen kann. Hingegen besteht offenbar primär keine strenge Korrelation zwischen der Größe des Cotyledo und der Zahl der Zotten. Diese entstehen zunächst in regelmäßiger Reihenanordnung, wobei der Abstand der Reihen konstant ist. Auch die Zahl der Zotten und der Krypten ist nicht von vorneherein korreliert. Häufig kommen zunächst mehr Zotten als Krypten zur Ausbildung. Wachstum der Placentome erfolgt durch Zotten-Neubildung in den Randpartien. Die regelmäßige lineare Anordnung der Zotten verschwindet bei Feten zwischen 40 und 100 mm Länge. Zottenvermehrung durch Sprossung spielt in den Spätphasen eine gewisse Rolle.

Bovoidea — Wenn auch alle Bovoidea eine Placenta cotyledonaria aufweisen, sind doch die Unterschiede in Einzelheiten recht beträchtlich. Die Zahl der Placentome ist bei Rind, Schaf, Ziege, *Rupicapra, Taurotragus, Hippotragus* recht hoch ($\pm$ 100). Viele Antilopen (*Rhynchotragus, Madoqua* (Abb. 152), *Limnotragus*) nähern sich den Oligocotyledontophoren. Bei *Sylvicapra grimmia abyssinica* THOMAS finde ich nur sechs Placentome, ein Befund, wie er nur noch von einigen Cerviden bekannt ist (Tab. XV). Die individuelle Variabilität ist beträchtlich (*Bos taurus* 70 bis 142). Auch die Unterschiede in der Form der Placentome und in der Art der Zottenverzweigung sind groß. Konvexe, pilz- oder knopfförmige gestielte Placentome finden sich beim Rind (Abb. 153). Flach ausgebreitete linsen- oder scheibenförmige Placentome kommen bei vielen Antilopen (Abb. 152) vor. Beim Schaf sind die Placentome »napfförmig«, das heißt, ihr Rand ist wallartig erhaben und Zotten dringen nur vom Zentrum der Vertiefung aus in die Karunkel ein. Ähnlich verhält sich die Ziege, nur sind die Gebärmutternäpfe hier flacher, schalenartig (Abb. 74, 153).

Fingerförmige, wenig verzweigte Zotten, ähnlich wie bei Cerviden, finden sich bei vielen Antilopen (Abb. 152). Das Rind besitzt sehr stark verzweigte blattartige, dünne Zotten (Abb. 153). Bei Schaf und Ziege sind die Zottenstämme dick, verzweigen sich aber terminal büschelartig und streben radiär auseinander (Abb. 154). Einige Autoren [1247a, 26, 1138] bezeichnen die wenig verzweigten, fingerförmigen Zotten als »schlank«, den Typ, der sich bei Rind und Schaf findet, als »breit«. Diese Bezeichnung trifft zweifellos nicht zu, wenn man die Dicke der Einzelzotte im Schnittbild betrachtet, sondern bezieht sich höchstens auf den gesamten Zottenbaum eines Stammes mit allen Verästelungen. Die Caruncula e sind im nicht graviden Uterus vorgebildet und schwellen in der Gravidität erheblich an. Sie werden vaskularisiert, bleiben aber drüsenfrei.

Die Boviden zeigen ein ähnlich starkes Wachstum der Blastocyste in der dritten Woche wie *Sus* (S. 222). Auch nekrotische Chorionzipfel kommen bei *Ovis* und weniger ausgeprägt bei *Bos* vor. Der Dottersack wächst zunächst stark und bildet in der 3. Woche eine Choriovitellinplacenta und wird in der 4. Woche rückgebildet (Schaf) (Abb. 155). Bei Rind und Schaf findet sich ein sehr ausgedehntes Amniochorion. Die Allantois ist keineswegs so ausgedehnt wie beim Pferd. Bei *Rhynchotragus, Antilope cervicapra* L. und Cerviden (Abb. 150) ist die Allantois noch kleiner als bei *Bos*. Der Nabelstrang wird überall von Amnion überkleidet (Allantoisanteil fehlt) und die WHARTONsche Sulze ist reich vaskularisiert.

Die Uterusmucosa vieler Boviden (besonders Schaf) enthält reichlich dunkles Pigment. Es handelt sich nicht, wie vielfach angenommen wurde [153, 154, 486], um Reste von Extravasaten (Hämosiderin), sondern um echtes, an Melanophoren gebundenes Melaninpigment [466].

Die feinere Struktur der Grenzmembran in der Bovidenplacenta ist sehr problematisch. Offenbar kommen auch erhebliche Artunterschiede vor. Für das Rind wird im allgemeinen mit keinen oder nur sehr geringen degenerativen Veränderungen am Endometrium gerechnet, während bei *Ovis* (Abb. 155) erhebliche Zerstörungen angenommen werden. Epitheliochorial ist die Rinderplacenta nach GROSSER, LEDERMANN [486, 786].

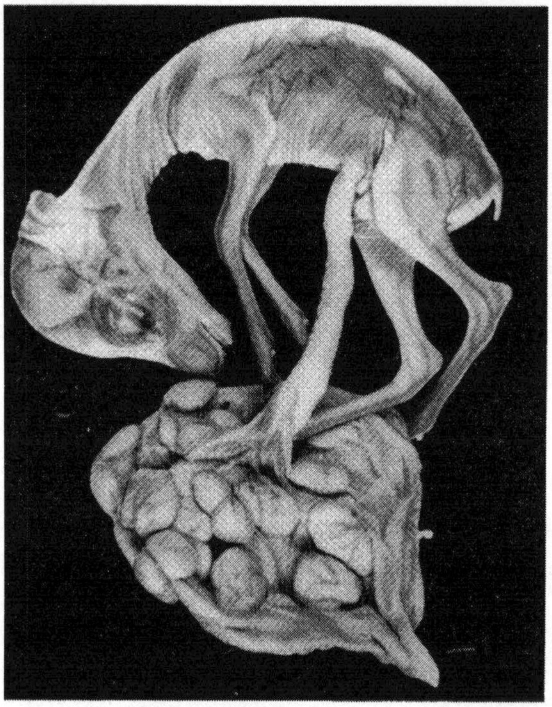

a)

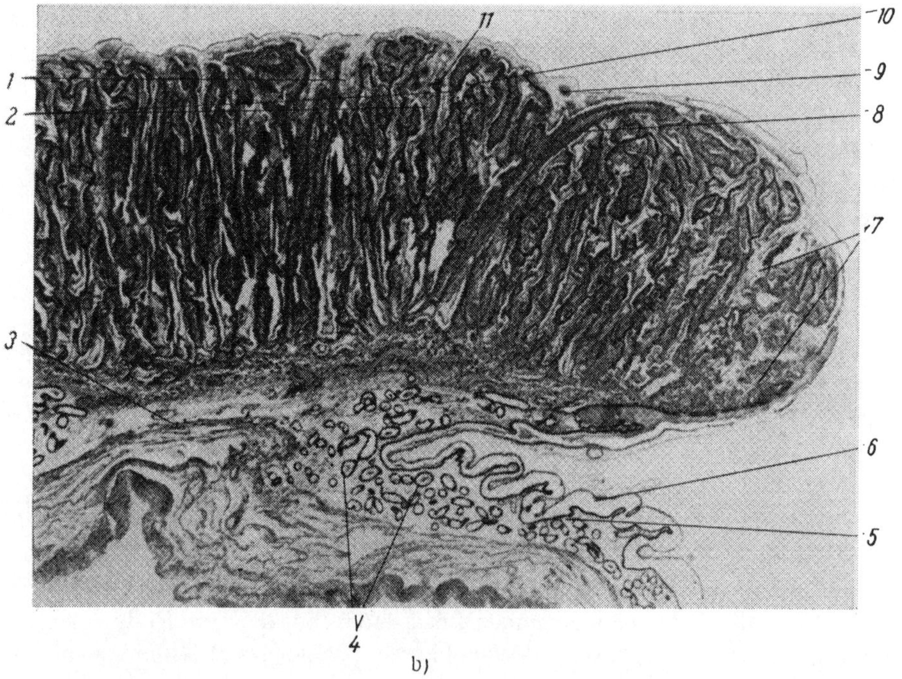


b)

Abb. 152. *Madoqua phillipsi hararensis* NEUMANN, Fet 111 mm, 28 Placentome. (Mat. der Äthiopienexp. des Verf.)
a) Fet mit Placenta in situ
b) Übersicht über die Struktur eines Placentoms. Perforierende materne Arterie, verzweigt sich an der fetalen Seite der Placenta, der Blutstrom folgt der MOSSMANschen Regel

*1* Zottenmesenchym
*2* Kryptenepithel
*3* drüsenfreier Bezirk
*4* materne Drüsen
*5* Uterusepithel
*6* Chorion
*7* Rand des Placentoms
*8* materne Arterie
*9* Allantochorion
*10* Riesenzellen
*11* fetale Zotte
*12* Cytotrophoblast
*13* maternes Kryptenepithel
*14* Trophoblast
*15* Zotten
*16* fetale Zotte mit Gefäßen
*17* intraepitheliale Kapillaren
*18* fetales Mesenchym

c) 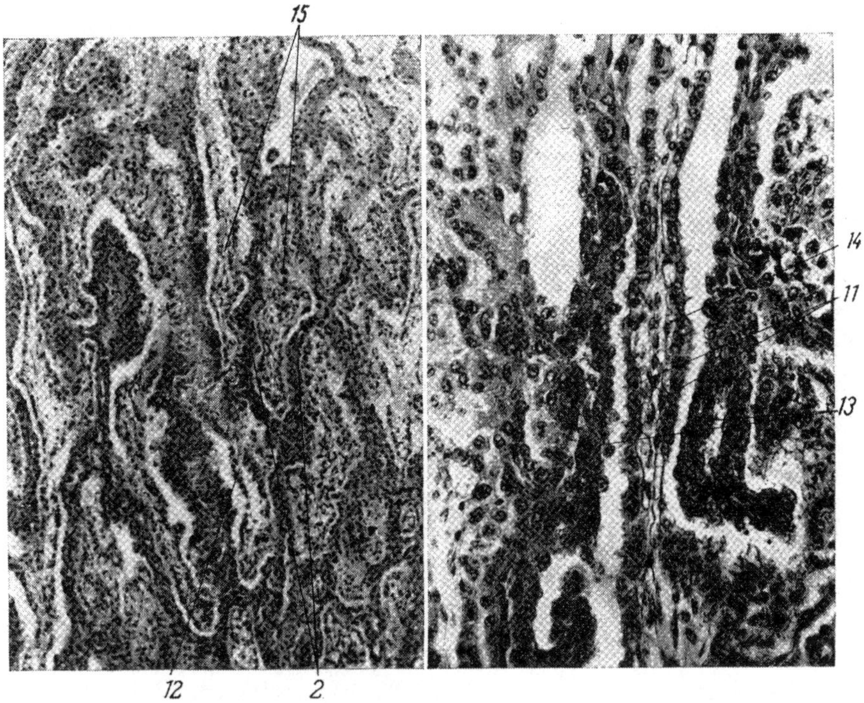 d)


c, d) Ausschnitte aus b) bei stärkerer Vergrößerung. Fetale Zotten sind in den maternen Krypten sichtbar. Die Verzahnung zwischen Cytotrophoblast und Kryptenepithel hat sich teilweise gelöst. Die Placenta hat hier epitheliochorialen Charakter

e) 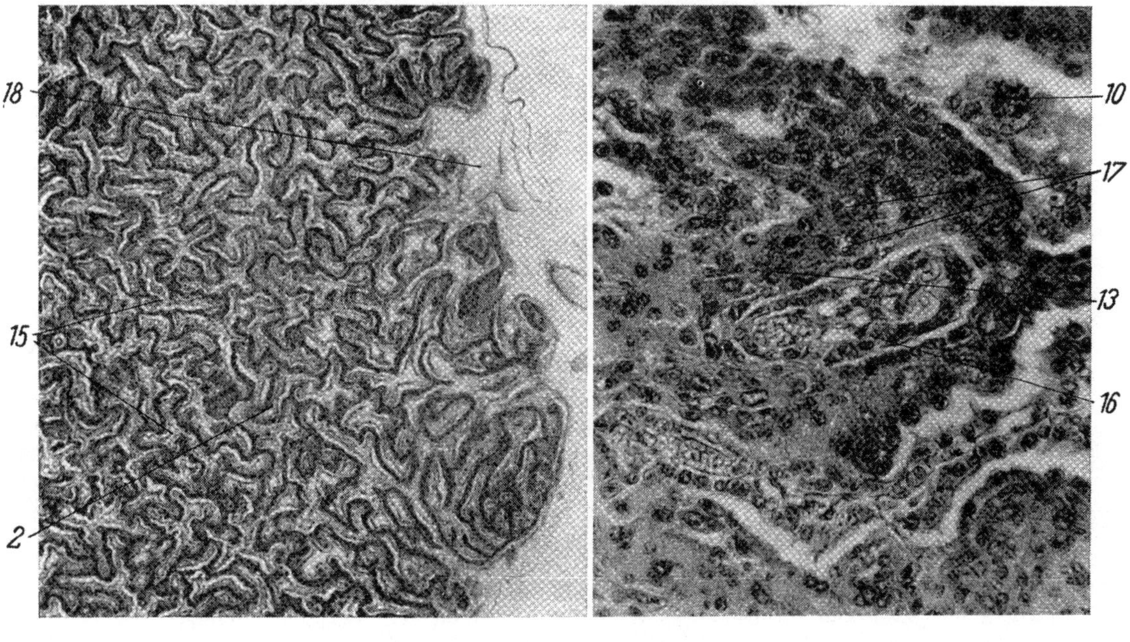 f)


e, f) Flachschnitte aus einem Placentom der gleichen Placenta in Übersicht (e) und bei stärkerer Vergrößerung (f) Intraepitheliale Kapillaren

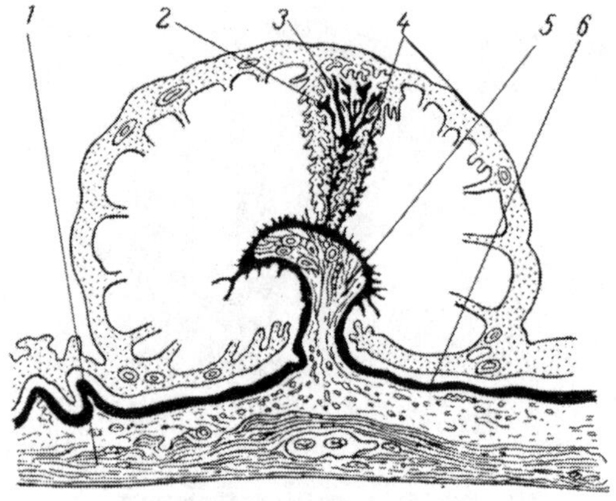


Abb. 153

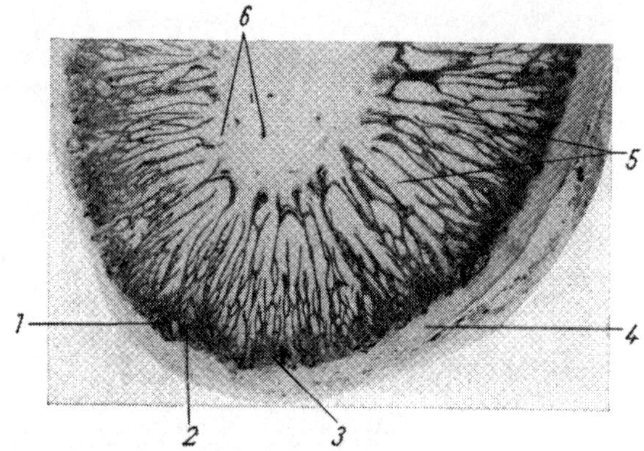


Abb. 154

Abb. 153. *Bos taurus* L. Schema des Baues eines konvexen Placentoms. (Nach Amoroso, 1952, fig. 15, 34)
*1* Uteruswand *2* Fetale Zotten *3* Materne Zotte *4* Cotyledo *5* Caruncula *6* Uterusepithel

Abb. 154. *Ovis aries.* L. Längsschnitt durch ein konkaves Placentom. (Nach Starck, 1955, a. a. O., S. 268)
*1* Reste uteriner Drüsen *2* Mucosa uteri *3* Maternes Gefäß *4* Tiefe Schicht der Uteruswand *5* Chorionzotten (Bindegewebsstroma mit fetalen Gefäßen, Chorionektoderm) *6* Chorionplatte mit fetalen Gefäßen

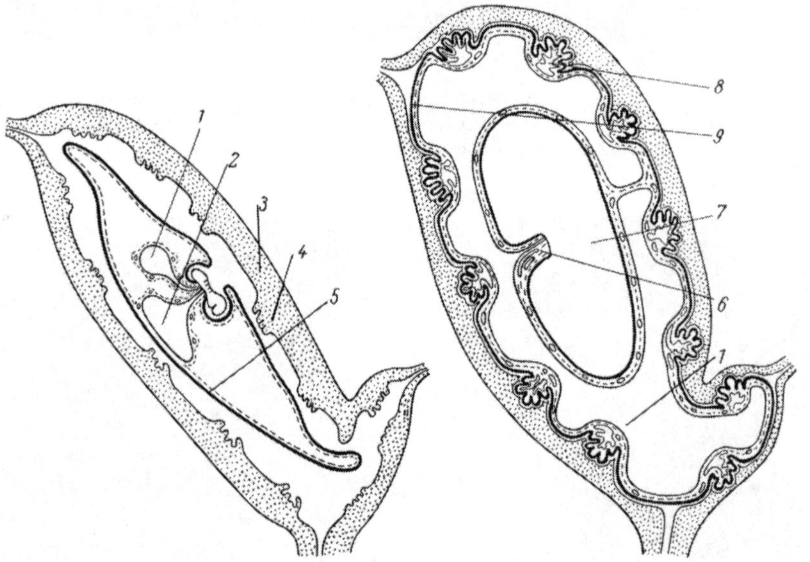


Abb. 155. *Ovis aries.* L. Schema der Anordnung der Eihäute und der Placenta. (Nach Mossman, 1937, pl. 24)
*1* Allantois *2* Dottersack *3* Uteruswand *4* Caruncula *5* Chorion *6* Nabelstrang *7* Amnionhöhle *8* Placentom *9* Allantochorion

Nach Assheton [37] wird beim Schaf das Kryptenepithel völlig zerstört und durch fetale Elemente ersetzt. Der Trophoblast der Zotten besteht aus hohen prismatischen Zellen (Antilopen, *Capra*) (Abb. 152) oder aus niedrigem kubischem Epithel (*Bos*). Zweikernige Riesenzellen kommen stets reichlich in ihm vor. Syncytiale Umbildung des Trophoblasten findet sich an den Zottenspitzen, wird aber für *Bos* als Artefakt angesehen [125, 126]. Extravasate beobachtet man in den Krypten. Offenbar besteht eine Korrelation in der Weise, daß reich verzweigte dünne Zotten (*Bos taurus* L.) mit geringem Zerfall maternen Gewebes kombiniert sind, während fingerförmige, wenig verzweigte Zotten (Hirsch, Schaf) mit stärkerer Histiolyse des Endometriums gekoppelt sind. AMOROSO, FOLEY und REECE 1953, MOSS 1956 [391, 899] 1955 (1952, 15) nehmen für Bovidae allgemein an, daß ein Ersatz der maternen Kryptenauskleidung durch fetale, trophoblastische Elemente vorkommt. Danach ist die Placenta also syndesmochorial. Auch die Herkunft der die Krypten auskleidenden Zellen von mesenchymalen Zellen (Deciduazellen) wird diskutiert. Demgegenüber hat BJÖRKMAN [126, 125, 127] für das Rind mit Nachdruck die epitheliochoriale Struktur der Placentarschranke betont. Zweikernige Zellen im Kryptenepithel sollen danach materne Riesenzellen sein, während die Riesenzellen der Zottenüberkleidung fetaler Herkunft sind. Diese Untersuchungen scheinen gut fundiert zu sein, da ihnen ein sehr umfangreiches und gut fixiertes Untersuchungsgut zugrunde liegt. BJÖRKMAN hat seine These auch durch elektronenmikroskopische Untersuchungen zu stützen gesucht (Abb. 157). Das Vorkommen von Mikrovilli wird als Kriterium der fetomaternellen Kontaktfläche benutzt. Trophoblastzellen und materne Kryptenzellen sind elektronenmikroskopisch sehr different. Eine Trophoblastzelle deckt meist mehrere materne Epithelzellen. Da beide Zellagen durch elektronenmikroskopisch nachweisbare Mikrovilli verzahnt sind, nimmt BJÖRKMAN epitheliochoriale Struktur der Rinderplacenta an. Im intercotyledonären Bereich bleibt das materne Epithel stets intakt (Placenta epitheliochorialis). Am Epithel selbst kommt ein erheblicher Formwandel vor. Die Zellen verlieren ihren Bürstenbesatz, der Glykogengehalt nimmt ab, statt dessen treten Fetttröpfchen auf.

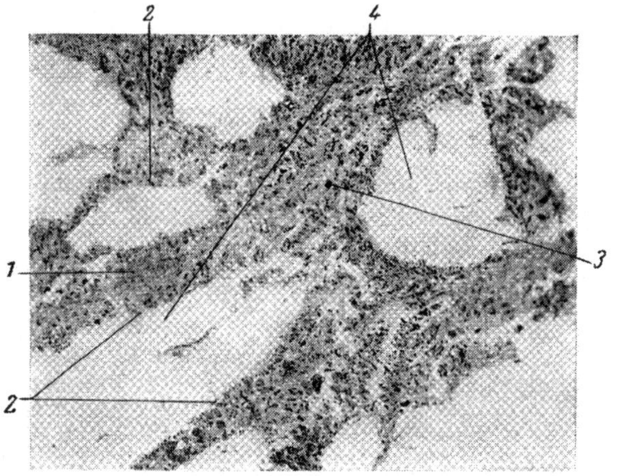


Abb. 156. *Ovis aries*. L. Aus einem Querschnitt durch ein Placentom. (Aus STARCK, 1955, a. a. O., S. 268)

*1* Maternes Bindegewebe
*2* Zottenepithel
*3* Degenerierendes Symplasma
*4* Bindegewebskern von Chorionzotten

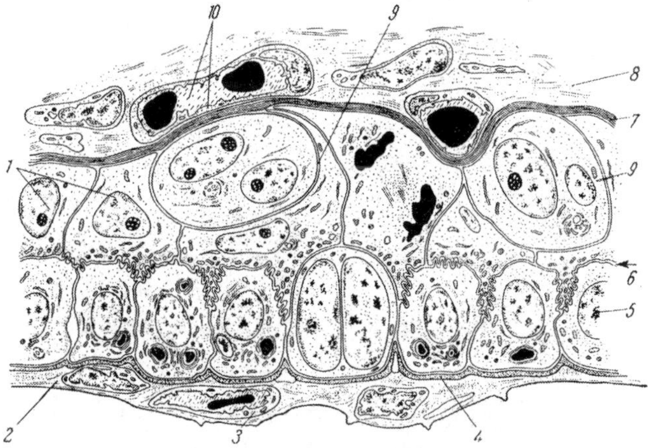


Abb. 157. Schematische Darstellung der feto-maternen Grenzschicht im Placentom des Rindes (*Bos taurus* L.) auf Grund elektronenoptischer Befunde. Die maternen Kryptenepithelien sitzen auf einer gut differenzierten Basalmembran. Unter dieser folgt eine Mesenchymschicht mit Kapillaren. Im Bereich der fetomaternen Grenze kommt es zu inniger Verzahnung von Mikrovilli der Kryptenepithelzellen und der Trophoblastzellen. Der Trophoblast ist zellig. Er läßt neben den gewöhnlichen Elementen auch Riesenzellen erkennen. Unter dem Trophoblasten findet sich eine sehr kräftige Basalmembran. (Aus BJÖRKMAN und BLOOM, Z. Zellfg. 45, 1957, pg. 657, fig. 12)

*1* Trophoblastzellen
*2* Maternes Bindegewebe
*3* Materne Kapillare
*4* Basalmembran
*5* Maternes Kryptenepithel
*6* Fetomaterne Grenze
*7* Basalmembran
*8* Fetales Mesenchym
*9* Trophoblastische Riesenzelle
*10* Fetale Kapillare

Zotten kommen hier und da auch im intercotyledonären Bereich zur Ausbildung. Dem gleichen Autor sind auch histiochemische Studien an der Rinderplacenta in verschiedenen Entwicklungsstadien zu verdanken. Im Placentom ist zunächst das Kryptenepithel reich an sudanophilen Tropfen. Später sinkt der Gehalt an sudanophilen Lipiden stark ab, steigt aber gleichzeitig im Trophoblasten, nicht in den Riesenzellen, an. Doppelbrechende Sphärokristalle sind im Kryptenepithel vorhanden. Die Plasmalreaktion ist zunächst im Kryptenepithel stark positiv. Im intercotyledonaren Areal ist das Uterusepithel plasmalnegativ, der Trophoblast stark positiv (Spätphase). Die Bildung der Choriongonadotropine wird in die Trophoblastriesenzellen verlegt (Kombination von PAS-positiven Substanzen mit RNA wie in den gonadotropen Zellen des Hypophysenvorderlappens). Alkalische Phosphatase findet sich im Kryptenepithel, in den Wänden materner Gefäße und besonders reichlich in den trophoblastischen Riesenzellen, fehlt aber in den undifferenzierten Trophoblastzellen. Stark positiv sind auch die dunklen Epithelzellen des intercotyledonären Endometriums. Saure Phosphatase findet sich im Kryptenepithel, im Trophoblasten und besonders in dessen Riesenzellen. Die Phosphatasen werden in Beziehung zur Fructosebildung in der Placenta gebracht. In den Karunkeln ist, besonders in den Oberflächenbezirken, zunächst starke Basophilie (RNA) nachweisbar.

Funktionell ergibt sich folgendes Bild: Die Ernährung des Keimes erfolgt vor der Ausbildung der Placentome rein histiotroph (reichlich Uterinmilch). Später tritt hämotrophe Ernährung hinzu. Die Placentome dienen dieser hämotrophen Ernährung und dem Gasaustausch in der zweiten Hälfte der Gravidität im Bereich der Krypten, während an der Basis der Zottenstämme (Arkaden) Histiotrophie vorkommt. Histiotrophe Ernährung findet sich auch noch in späteren Phasen im intercotyledonären Bereich.

Als Ausscheidungsorgan tritt die Placenta der Boviden ganz in den Hintergrund. Die ausgedehnte Allantoisblase dient offenbar als Speicher für den fetalen Urin.

Während die Rinderplacenta adeciduat ist, soll ein erheblicher Teil der Zotten beim Schaf während der Geburt abreißen und in der Karunkel resorbiert werden (contradeciduat). Nach Strahl und Martin [1251] wird jedoch auch beim Schaf die Placenta restlos ausgestoßen. Hippomanes kommen auch bei Paraxonia im Allantoissack vor.

## 6. Evolution der Placentarbildungen und Bedeutung der fetalen Anhangsorgane für die Phylogenese der Säugetiere

### a) Allgemeines

Erscheinungen des Ontogeneseablaufes und die mit diesem Geschehen verbundenen Strukturen können nur an rezenten Formen untersucht werden. Will man ein Bild über die Evolution der embryonalen Anhangsorgane gewinnen, so muß man versuchen, die außerordentlich mannigfachen Strukturen sinnvoll zu ordnen und wird prüfen, inwieweit diese Befunde sich mit gesicherten Daten zur Phylogenese in Beziehung setzen lassen. Die außerordentliche Verschiedenheit der Placentarbildungen bei Eutheria und die auf den ersten Blick sehr verschiedene »Entwicklungshöhe« der Placenta in verschiedenen Gruppen hat leider häufig Anlaß gegeben, phylogenetische Spekulationen ausschließlich auf Grund von Befunden an der Placenta zu wagen. Phylogenetische Schlußfolgerungen sind bis zu einem gewissen Grad stets Hypothesen. Doch lassen sich diese Hypothesen in einem sehr erheblichen Umfang sichern. Dazu ist das gesamte Rüstzeug phylogenetischer Methodik nötig. Die Grundlage phylogenetischer Forschung sind die Taxonomie, die Palaeontologie und die vergleichende Morphologie. Daneben haben Tiergeographie, Domestikationsforschung, Ethologie und Embryologie Wesentliches beigetragen. Evolutionsforschung und speziell auch Phylogenese stützt sich auf eine großartige Synthese von Ergebnissen verschiedener Disziplinen. Dieser synthetische Charakter der modernen Evolutionsforschung ist von fundamentaler Wichtigkeit. Nur aus dieser Zusammenarbeit stammen ernst zu nehmende Erkenntnisse. Der Anteil der Embryologie an dem Beweismaterial ist gering. Behauptungen, die nur auf embryologischen Daten basieren, sind nur mit Reserve verwertbar, besonders dann, wenn sie taxonomischen oder paläontologischen Ergebnissen widersprechen. Die Auswertung embryologischer Daten für evolutive Fragestellungen wird weiterhin dadurch sehr erschwert, daß der Einfluß funktioneller Bedingungen oft schwer zu eliminieren ist.

In der ersten Ära der phylogenetischen Forschung spielte die Embryologie zweifellos eine sehr viel bedeutsamere Rolle als heute, weil man annahm, daß die jungen Embryonalstadien mehr oder weniger funktionslos seien. Man ging von dem Grundaxiom aus, je jünger das Stadium, um so weniger wird es funktionell geprägt (Palingenese) und um so sicherer müssen Rückschlüsse auf die Deszendenz möglich sein. Wir wissen heute von dem ungeheuer komplizierten Zusammenspiel fetaler und materner Faktoren im Entwicklungsgeschehen, besonders in der Frühphase. Wir wissen, daß früh in der Ontogenese auftretende Bildungen eine sehr bedeutende entwicklungsphysiologische oder wachstumsmechanische Aufgabe haben können (Chorda, praechordale Platte, Kiemendarm als Induktionssysteme, Knorpelgewebe als embryonale Anpassung usw.). Daher sind wir heute geneigt, den funktionellen Bedingungen gerade in den Frühphasen des Ontogeneseablaufes eine viel größere Bedeutung einzuräumen und nehmen an, daß gerade diese Frühphasen besonders stark durch entwicklungsphysiologische Besonderheiten bestimmt, also kainogenetisch abgeändert sind, ja daß gerade derartige Abänderungen des Ontogeneseablaufes gegenüber der Stammesgeschichte Ausgangspunkt für neue Evolutionslinien werden können.

Eine weitere Schwierigkeit ist offenbar darin gegeben, daß zu leicht und aus zu oberflächlicher Argumentation von der Form auf die Funktion geschlossen wird. Die Erkenntnis, daß Form und Funktion sich wechselseitig bedingen, war in der deszendenztheoretischen Ära der Morphologie vernachlässigt worden. Die Neuentdeckung der Funktion und ihrer Koppelung an das Substrat hatte zur Folge, daß historisches Denken in der Morphologie zurückgedrängt wurde. Doch waren, wie unzählige Beispiele lehren, die funktionell-morphologischen Spekulationen sehr oft nicht weniger hypothetisch, als die phylogenetischen. Es darf nicht übersehen werden, daß die Funktion nur mit eigener physiologischer Methodik untersucht und analysiert werden kann. Die Morphologie erlaubt in den seltensten Fällen Schlüsse auf die Funktion; in sehr vielen Bereichen versagt sie völlig (viele Stoffwechselfunktionen). Eine gewisse Annäherung ist erst neuerdings wieder erreicht durch den Ausbau der Histochemie und durch den Vorstoß in molekulare Größenbereiche mit dem Elektronenmikroskop. An einem Beispiel sei die Konsequenz für die uns hier beschäftigenden Fragen erläutert. Man nahm auf Grund der morphologischen Strukturanalyse an, daß die epitheliochoriale Placenta primitiver und funktionell weniger leistungsfähig sei als invasive Placentartypen. Kann man aber tatsächlich die Placenta epitheliochorialis des Rindes als minderwertig im Vergleich zu der Placenta haemochorialis des Menschen bezeichnen? Die Graviditätsdauer beträgt in beiden Fällen $\pm$ 280 Tage. In dieser Zeit wird bei *Bos* ein Neonatus von 35 kg Körpergewicht, bei *Homo* aber ein Neonatus von nur 3,2 kg aufgebaut. Dabei ist zu berücksichtigen, daß das Rind als Nestflüchter mit ausgereiften Koordinationsmechanismen zur Welt kommt, der Mensch aber als Nesthocker geboren wird. Nehmen wir Masse und Reifegrad des Neugeborenen als Maßstab für die Leistungsfähigkeit der Placenta, so wird man gewiß die epitheliochoriale Placenta von *Bos* nicht als unvollkommenes Organ bezeichnen können. Nun ist sicher die Erforschung der Placentarfunktion technisch schwierig und für die meisten Placentarformen überhaupt noch nicht in Angriff genommen. So liegt die Versuchung nahe, aus gestaltlichen Phänomenen funktionelle Leistungen zu erschließen. Es war gezeigt worden, daß dies nur in sehr beschränktem Umfange und unter großer Vorsicht möglich ist. Aber auch die verfeinerte morphologische Analyse der sogenannten »primitiven Placentarformen«, — die auf Grund dieses Vorurteils auch als Semiplacentae bezeichnet wurden —, hat bereits erwiesen, daß die Beziehungen zwischen Mutter und Keim (*Sus*, *Bos* [625,

1305, 1117, 125, 126, 128]) sehr viel inniger und komplexer sind, als man bisher annahm. So hat sich auch die Grossersche Typisierung der Placentarschranke (S. 123) als ungeeignet erwiesen, phylogenetische Schlüsse zu begründen oder die funktionelle Wertigkeit des Organs zu beurteilen.

In diesem Zusammenhang ist es von Wert, sich klar zu machen, daß die Einführung der Grosserschen Terminologie im Jahre 1909 [483] zwar einen sehr wesentlichen Fortschritt bedeutete, weil sie gestattete, die Vielfalt der Erscheinungsbilder in übersichtlicher Weise zu ordnen. Sie ist für eine rein embryologische Analyse zweifellos von Wert, weil sie zugleich eine Aussage über die Intensität der Wechselwirkungen zwischen Mutter und Frucht gestattet (Invasionskraft des Trophoblasten, Abbau des Endometriums). Die Grossersche Reihe, die vom epitheliochorialen schließlich zum hämochorialen Zustand führt, ist auch eine ontogenetische Reihe, denn auch bei hämochorialer Placentation wird der Endzustand immer erst über epithelio- und syndesmochoriale Vorstufen erreicht. Die Einfachheit dieser Schematisierung führte jedoch dazu, sehr früh schon die ontogenetische Reihe auch bedenkenlos als phylogenetische Reihe zu lesen und zugleich den verschiedenen Stufen eine verschiedene biologische Wertigkeit zuzumessen. Die Einseitigkeit dieser Betrachtungsweise wird ad absurdum geführt, wenn schließlich die verschiedenen Placentarformen in Parallele zu den Malignitätsgraden von Tumoren gesetzt werden und wenn der Keim, ohne Beachtung des Wechselspieles fein aufeinander abgestimmter materner und fetaler Leistungen, als Parasit betrachtet wird [1073]. Mit einer Ausnahme [901] haben, seit sich Grossers Konzeption durchsetzte, alle Bearbeiter größerer Zusammenfassungen über das Placentationsproblem, diese Einteilung auch ihrer Darstellung zugrunde gelegt, ohne die Ergebnisse der Taxonomie zu berücksichtigen. Der Fortschritt in der Erkenntnis der evolutiven Zusammenhänge wurde dadurch nicht gefördert. Erst die Verfeinerung der Untersuchungsmethodik und die Einbeziehung vieler bisher nicht studierter Placentarformen in den letzten 20 Jahren führte zu einem wesentlichen Fortschritt.

### b) Die Abstammung der Säugetiere und die embryologischen Argumente

Die Auffassung, daß die Säugetiere sich am Ende der Triaszeit aus Reptilien entwickelt haben, ist heute paläontologisch sehr gut begründet. Die Gruppe der »säugetierähnlichen Reptilien« umfaßt zahlreiche Formen, die das Evolutionsniveau der Mammalia nahezu oder vollständig erreicht hatten (Theriodontia, Ictidosauria). Mehrere Spezialisationsreihen entwickelten sich aus dieser Wurzel nebeneinander. In einer von ihnen ist die Stammwurzel der echten Säugetiere zu sehen. Die Möglichkeit, daß mehrere Zweige dieser Stammgruppe Säugetier-Niveau erreicht haben, ist nicht ausgeschlossen. Für entscheidende Merkmale (paarige Hinterhauptscondylen, sekundärer Gaumen, Umbildung des Kiefergelenkes im Sinne der Reichertschen Theorie, Gebißdifferenzierung, Schultergürtel usw.) ist auf Grund der Fossilfunde der Anschluß der Säuger an Reptilien wohl endgültig gesichert. Damit sind andere Hypothesen, wie etwa die Herleitung der Säuger aus Amphibien, gegenstandslos geworden. Die Bedenken, die einst (Gegenbaur, Maurer, Klaatsch) der Herleitung der Säuger aus Reptilien entgegenstanden, sind überwunden.

In der Embryologie hat die Entstehung der Eihäute und der fetalen Anhangsorgane Anlaß zu phylogenetischen Spekulationen gegeben. Zur Vollständigkeit sollen hier die wissenschaftshistorisch bedeutsamen Überlegungen kurz zusammengestellt werden.

Die Tatsache, daß Reptilien und Säugetiere homologe Eihäute (Amnion und Chorion) besitzen und daß diese vielfach in gleicher Weise gebildet werden, ist der Grund gewesen, die Sauropsiden und Mammalia als Amniota den Anamnia (Fische und Amphibien) gegenüberzustellen und einen näheren evolutiven Zusammenhang der Säuger und Reptilien anzunehmen.

Dabei wurde zunächst wohl im allgemeinen an eine Herleitung der Mammalia aus primitiven Reptilien gedacht. HAECKEL (1866) läßt aber bereits einen in den Amphibien wurzelnden Amniotenstamm sich dichotomisch in Reptilia und Aves einerseits, Mammalia andererseits gabeln. Auf den Ontogeneseablauf übertragen, würde die Annahme einer Herleitung der Mammalia von den Reptilia bedeuten, daß

a) die Eier der Säugetiere sekundär dotterarm sind, daß also die Mammalia von polylecithalen Formen abstammen,

b) daß der bei Reptilien allein vorkommende Modus der Amnionbildung durch Faltung (Pleuramnion), gegenüber der Spaltamnionbildung primär ist.

Einige Forscher sahen in dieser Konsequenz allerdings unüberwindbare Schwierigkeiten, weil die Bildung einer von vornherein geschlossenen Amnionblase (Schizamnion) leichter verständlich sei, als die Bildung eines Faltamnions. Wir haben diese Überlegungen und die Argumente gegen derartige Hypothesen im Zusammenhang mit der Amnionbildung zuvor eingehend besprochen und können hier auf Kapitel 4 (S. 80) verweisen. Hier sollen die verschiedenen Auffassungen nur übersichtlich zusammengestellt werden.

I. Theorie a von HUBRECHT [665, 667]: Die Säugerblastocyste entspricht der Amphibienblastula. Der Trophoblast ist der Deckschicht der Amphibienepidermis homolog. Lokale Abhebung der Deckschicht führt zur Bildung der Amnionhöhle. Spaltamnion- und Entypie sind primitiv, ebenso die relative Dotterarmut. Der Dotterreichtum der Reptilien ist ein erst in dieser Klasse erworbenes Merkmal.

II. Theorie b von HUBRECHT [678, 679]: HUBRECHT hat später seine Hypothese (1909, 1912) modifiziert. Der Trophoblast soll auf eine larvale Hülle der Nemertinen zurückgehen. Diese sei bei Anamnia mehr oder weniger rückgebildet, aber bei Säugetieren hoch differenziert worden. Das Amnion soll als Abhebung der Hülle vom Ektoderm entstehen.

III. Theorie von DE LANGE [776a, b, 780]: Die Blastocyste der Säugetiere ist primär dotterarm. Die Protoamnioten waren vivipar. Die intrauterine Entwicklung führt zur Entypie des Keimfeldes. Heftet sich die Blastocyste früh ans Endometrium mit der Embryonalregion an, so kommt es zur Schizamnionbildung. Erfolgt die Anheftung spät, so ist die Entypie bereits ausgeglichen, der Keim in die Blastocystenwand eingeschaltet. Das Amnion entsteht sekundär durch Faltung. Der Dotterreichtum und die in dessen Folge auftretenden Entwicklungsprozesse bei Sauropsiden und Monotremen sind als sekundär zu betrachten.

IV. DA COSTA [271], BLUNTSCHLI [137—139], GOETZ [450]: Spaltamnionbildung ist onto- und phylogenetisch primär, wird daher auch als Archamnion bezeichnet. Die Begründung für diese Auffassung wird in der funktionellen Bedeutung einer geschlossenen Flüssigkeitsblase gesehen (s. dagegen S. 80).

V. Die Säuger sind sekundär dotterarm, ihr Ontogeneseablauf leitet sich von Zuständen ab, wie wir sie bei rezenten Sauropsiden und Monotremen finden. Primär ist Dotterreichtum und Faltamnionbildung. Die Blastocyste der Eutheria ist nicht der Amphibienblastula homolog. Nur der Embryoblast ist mit der Blastula vergleichbar (GROSSER, HILL, MOSSMANN, PETER, STARCK u. a. [602a, 605, 901, 904a, 991a, b, 1195a, 1199, 486, 491, 495]).

Nur diese letzte Auffassung ist mit den Befunden der Palaeontologie vereinbar. Es besteht kein Grund zu der Annahme, daß erloschene Reptilgruppen keine dotterreichen Eier besessen hätten. Fossile ,offensichtlich polylecithale Reptilieneier sind bereits aus dem Perm bekannt. Aber auch die Befunde an rezenten Formen zeigen wohl eindeutig, daß die Eutheria sekundär dotterarm sind und daß das Faltamnion primär ist. Die Argumente sind von GROSSER [495] klar herausgestellt worden. Keimscheibenbildung und Entstehung eines flach ausgebreiteten Keimes bei Eutheria sind nur zu verstehen, wenn wir Ableitung von polylecithalen Ahnen annehmen. Primitivstreifenbildung, Dottersack und Bildung des Chordakanales deuten in der gleichen Richtung. Die Verdoppelung des Herzschlauches als Folge des breiten Zusammenhanges von Darmrinne und Dottersack ist ebenfalls nur unter diesem Blickwinkel voll verständlich. Faltamnionbildung kommt unter den Eutheria nicht selten vor (*Sorex*, *Centetes*, *Manis*, Lagomorpha, Sciuromorpha, Carnivora, Paraxonia, Mesaxonia, *Tupaia*, *Tarsius*, Lemuroidea). Wichtig aber ist vor allem, daß Faltamnion und Spaltamnion nicht ohne Zwischenformen einander gegenüberstehen. Außerordentlich häufig ist ein Spaltamnion mit dem Auftreten rudimentärer Amnionfalten kombiniert (*Erinaceus*, viele Microchiroptera, viele Myomorpha, Hystricomorpha). In diesem Zusammenhang sei auch auf die bei Simiae und *Homo* beobachteten Amnionstrangbildungen verwiesen, die wenigstens zum Teil als rudimentärer Amnionnabel gedeutet werden können. Bei menschlichen Embryonen sind sogar ununterbrochene Strangverbindungen zwischen Amnion und Chorion beschrieben worden (Embryo Strahl-Benecke, Florian Bi I [491 a, 495]). Grosser hat besonders auf die Verhältnisse bei Carnivoren verwiesen, bei denen in einem engen Uterus »die Amnionfalten sich förmlich mit Mühe, angepreßt an die Schleimhaut, über die Embryonalanlage vorschieben« [491]. Es ist nicht einzusehen, warum bei einzelnen Säugergruppen ein primäres Spaltamnion aufgegeben sein sollte zugunsten eines Faltamnions, dessen Entstehung kein funktioneller Grund verständlich machen kann.

Entypie und Art der Amnionbildung sind nicht gekoppelt. Bei Huftieren mit extrem später Anheftung und Faltamnionbildung kommt die Entypie in sehr ausgeprägter Form vor. Bei *Ctenodactylus*, *Talpa*, *Tupaia* u. a. wird trotz beengter Verhältnisse in einem kleinen Uterus die anfänglich bestehende Entypie rückgängig gemacht und das Amnion entsteht durch Faltung. Die Entypie ist also sicher nicht ursächlich an das Schizamnion gekoppelt, sondern hängt nach Grosser [495] offenbar mit der Differenzierung der Säugermorula in Trophoblast und Embryoblast zusammen. Schließlich sei noch betont, daß eine Übersicht über die Verteilung der Amnionbildung in den taxonomischen Einheiten des Systems kein klares Bild vermitteln kann, denn Faltamnionbildung kommt ebenso bei Primitivformen (Soricidae, *Talpa*, *Tupaia*, Lagomorpha, Sciuromorpha) vor wie Spaltamnionbildung (*Erinaceus*, Centetidae, Macroscelididae, Dermoptera, viele Chiroptera). Schließlich sei nochmals hervorgehoben, daß die Ableitung des Ontogeneseablaufes von den Verhältnissen bei Reptilien zumindest modellartig in idealer Weise über die Zwischenformen der Prototheria und Metatheria möglich ist, über Formenkreise also, die auch nach ihrem Evolutionsniveau als Zwischenformen betrachtet werden können (S. 13).

### c) Die Phylogenese der Placenta

Versuchen wir, ein Bild der Evolution der Placenta in der Gruppe der Eutheria zu entwerfen, so ist es zweckmäßig, zuvor einige Voraussetzungen für derartige Überlegungen zu überprüfen. Als wichtigste Frage sollte zunächst untersucht werden, ob die Fetalanhänge der Säuger überhaupt als phylogenetisch bedeutsames Merkmal gewertet werden können, ob sich also mit anderen Worten eine Klassifikation auf Grund der Morphologie der Fetalanhänge gewinnen läßt, die mehr oder weniger vollkommen mit den auf andere Weise gewonnenen Erkenntnissen zur Dekkung zu bringen ist. Nur wenn diese Frage positiv beantwortet werden kann, ergeben sich vielleicht Möglichkeiten, aus den Befunden an rezenten Formen Anhaltspunkte für eine Evolution der Placentareinrichtungen zu gewinnen.

Einige Autoren [901, 904a] haben den Fetalanhängen einen bedeutenden Wert als phylogenetisches Merkmal zuerkannt. Wenn wir auch diese extremen Meinungen für eine Überbewertung von Einzelmerkmalen halten, deren evolutive Bedeutung relativ gering ist, so kann doch kein Zweifel darüber bestehen, daß die Fetalanhänge häufig gruppenspezifische Merkmale zeigen. Erwähnt sei das häufige Vorkommen einer endotheliochorialen Placenta zonaria bei Fissipedia und Pinnipedia, die Placenta cotyledonaria der Ruminatia, die epitheliochoriale diffuse Placenta bei Perissodactyla, Tylopoda, Cetacea. Auch die Beziehungen zwischen Ursidae und Mustelidae kommen in der Morphologie der Placenta zum Ausdruck. Man wird (Tabelle XVI) aber feststellen müssen, daß unter den Eutheria neben den genannten Gruppen, die sich hinsichtlich der Placentarstruktur in sich einheitlich verhalten, andere taxonomische Einheiten zu finden sind, die sehr inhomogen erscheinen (Chiroptera, Insectivora, Rodentia, Primates). Die Bewertung derartiger Befunde ist schwierig. Der Unterschied in Eihautbildung und Placentarmorphologie zwischen Lagomorpha und Rodentia dürfte die von den Systematikern seit langem geforderte Sonderung beider Formenkreise bestätigen. Die Verschiedenheiten innerhalb der Rodentia und der Primates (Sonderstellung der Lemuriformes, S. 171) ist zwar beträchtlich, doch läßt sich, wie im speziellen Teil ausgeführt wurde, in beiden Gruppen eine fortschreitende Differenzierung und eine bestimmte Evolutionsrichtung ohne Schwierigkeit erkennen. Die außerordentlichen Verschiedenheiten innerhalb der Insectivora sind wahrscheinlich anders zu beurteilen. Diese Gruppe ist ancestral und inhomogen. Sie nimmt in der Deutung der Zusammenhänge eine besondere Stellung ein.

Placentartyp und Placentarstruktur allein sind nicht entscheidend. Bei den Primaten finden sich alle Ausbildungsstufen und Übergänge von labyrinthärer zur villösen Placenta. Die Inhomogenität bedeutet zweifellos nicht Verschiedenheit des Ursprunges, sondern zeigt, daß die einzelnen Superfamilien in diesem Merkmal verschiedenes Evolutionsniveau erreicht haben. Die Entwicklung geht nicht in divergenten Linien, im Gegensatz zu den Insectivora. Wir werden sehen, daß die Grossersche Typisierung nur mit sehr großer Reserve für phylogenetische Überlegungen verwertbar ist.

Man wird weiterhin zu beachten haben, daß gesicherte Ergebnisse der Phylogenese nicht außer Acht gelassen werden dürfen, wenn man ein Bild der Evolution der Placenta gewinnen will. So müssen derartigen Überlegungen die folgenden Schlußfolgerungen zugrunde gelegt werden:

1. Die Eutheria stammen von dotterreichen Ahnen ab. Die Dotterarmut des Eies der Eutheria ist sekundär entstanden.
2. Die bei Sauropsiden allein vorkommende Art der Amnionbildung als Faltamnion ist auch für die Ahnen der Eutheria primär (S. 80, 237). Das Amnion der Sauropsiden, Monotremen, Metatheria und Eutheria ist eine homologe Bildung.
3. Die Mammalia stammen von Reptilien ab.
4. Die äußere Schicht des Säugerkeimes besteht aus Trophoblast. Dieser ist das funktionell wichtige Material bei der Placentarbildung. Der Keim gelangt in der Embryonalentwicklung stets in ein Uteruscavum, das von intaktem Epithel ausgekleidet ist. Es entsteht primär zwangsläufig also stets eine fetomaterne Verbindung von epitheliochorialem Charakter. Nimmt diese Verbindung unter Umständen schon in sehr frühen Ontogenesestadien invasiven Charakter an, so ist das stets ein sekundärer Zustand. Damit ergibt sich zwingend, daß auch in der Phylogenese einmal das epitheliochoriale Stadium am Anfang gestanden haben muß. Das besagt jedoch nicht, daß dieses bei Formen der Fall war, die bereits die übrigen Säugermerkmale besaßen. Es besagt ferner nicht, daß die epitheliochorialen Placenten rezenter Eutheria (Huftiere, Wale) primitiv sind.
5. Einfache Struktur beweist nicht Unvollkommenheit der Funktion (S. 235).

Versuchen wir nun, die Placentarstruktur in den einzelnen Ordnungen und Familien der Eutheria vergleichsweise zu ordnen und die Zuordnung bestimmter Typen zu taxonomischen Einheiten zu prüfen, so ergeben sich erhebliche Schwierigkeiten (Tab. XVI). Grosser [483] war geneigt, nicht nur den epitheliochorialen Placentationstyp an den Anfang der onto- und phylogenetischen Entwicklung zu stellen, sondern er sah in seiner Typenreihe eine Evolutionsreihe. Dabei sollte der einfachste Placentartyp, die epitheliochoriale Placenta, etwa gleichzeitig mit den übrigen Säugermerkmalen erworben sein. Die Placenta der Lemuren geht auf dieses Ausgangsstadium zurück, während zugegeben wird, daß die epithelio- und syndesmochoriale Placenta der Huftiere möglicherweise sekundär erworben wurde.

Placenta villosa hämochorialis
↑
Placenta labyrinthica hämochorialis
↑
Placenta labyrinthica endotheliochorialis ↘
↑
Placenta syndesmochorialis → Placenta cotyledonaria
↑ ↗
Placenta diffusa epitheliochorialis

Tabelle XVI

Tabellarische Übersicht über das Verhalten von Plancenta, Allantois und Dottersack bei Eutheria

Die Angaben über die Placenta beziehen sich in der Regel auf die reife Hauptplacenta und berücksichtigen nicht früh durchlaufene Stadien

bidisk = bidiskoidal; cot = cotyledonär; diff = diffus; disk = einfach diskoidal; ench = endotheliochorial; epch = epitheliochorial; hch = hämochorial; inv = invertiert; la = labyrinthär; red = reduziert; sek = sekundär; sych = syndesmochorial; v = villös; z = zonar

| | Placentartyp nach Grosser | Placentartyp nach Assheton und Portmann | Struktur | Äußere Form | Nebenplacenten und Paraplacentar-einrichtungen | Allantois | Dottersack |
|---|---|---|---|---|---|---|---|
| Insectivora | | | | | | | |
| Tenrecoidea | hch | Massig | 1a; teilweise Übergang zu v | disk | Blutbeutel, Semi-placentarring, Tr.-Kissen | Groß | Groß |
| Solenodontidae | hch | Massig | 1a | disk | Tr.-Kissen | Fehlt | Groß |
| Potamogalidae | hch | Massig | 1a | disk | diffuse epch Semiplacenta | Groß | Klein |
| Chrysochloridae | hch | Massig | 1a | disk | — | Mittel | Groß |
| Erinaceidae | hch | Massig | 1a | disk | — | Mittel | Mittel |
| Soricidae | hch, ench | Massig | 1a | disk | Trophoblastring, -scheide | Klein | Groß |
| Talpidae<br>*Scalopus* | hch<br>prim: ench<br>sek: epch | Massig<br>Gedehnt | 1a | disk<br>diff | Chorionblasen | Mittel | Klein |
| Macroscelididae | hch | Massig | 1a | disk | Semiplacenta | Mittelgr., Haftstiel | Groß |
| Dermoptera | hch | Massig | 1a | disk | — | Groß, Haftstiel | Groß |
| Megachiroptera | ench | Massig | 1a | disk | — | Reduziert | Klein, Dottersack-drüse |
| Microchiroptera | Meist ench (Molossidae: hch) | Massig | 1a | disk | Nebenplacenta bei Miniopterus | Reduziert | Klein, teilweise Dottersackdrüse |
| Primates | | | | | | | |
| Tupaioidea | ench | Massig | 1a | bidisk | — | Groß | Groß |
| Lemuroidea | epch | Gedehnt | — | diff | Chorionblasen | Groß | Groß |
| Lorisidae | epch | Gedehnt | — | diff | Chorionblasen | Groß | Groß |
| Galagidae | epch | Gedehnt | | | | | |
| *Galago demidovii* Fischer | epch + ench | Mischform | — | diff | Chorionblasen | — | — |
| Tarsiidae | hch | Massig | 1a | disk | — | Klein, Haftstiel | Klein |
| Ceboidea | hch | Massig | prim: la<br>dann: v | bidisk, selten disk | — | Klein, Haftstiel | Klein |

| | | | | | | | |
|---|---|---|---|---|---|---|---|
| Cercopithecoidea | hch | Massig | prim.: la, dann: v | bidisk, (Paviane disk) | — | Klein-fehlend, Haftstiel | Klein |
| Hominoidea | hch | Massig | prim.: la dann: v | disk | — | Klein-fehlend, Haftstiel | Klein |
| Xenarthra | | | | | | | |
| Myrmecophagidae | hch | Massig | la; Überg. zu v | disk | — | Klein | Klein |
| Bradypodidae | ench (Vorübergehend epch, sych) | Übergang | la | diff, dann bidisk | — | Klein | Klein |
| Dasypodidae | hch | Massig | v | disk | — | Klein | Groß invers. |
| Pholidota | epch | Gedehnt | — | diff | — | Groß | Groß |
| Lagomorpha | hch | Massig | la | disk | — | Mittel | Groß, part. Invers. |
| Rodentia | | | | | | | |
| Sciuromorpha | hch | Massig | la; teilweise v | disk | — | Reduziert | Groß, part. Invers. |
| Geomyoidea | hch | Massig | la | disk | — | Reduziert | Inversion |
| Myomorpha | hch | Massig | la | disk | — | Reduziert | Inversion |
| Hystricomorpha | hch | Massig | la | disk | Subplat., interlob. Syncytium | Reduziert | Inversion |
| Cetacea | epch | Gedehnt | — | diff | — | Groß | — |
| Fissipedia | ench | Mischform | la | meist z | Hämatome | Groß | Relativ groß |
| Pinnipedia | ench | Mischform | la | z | Hämatome | Groß | Relativ groß |
| Tubulidentata | ench | Mischform | la | z | — | Ausgedehnt | Invasive Dottersackplacenta |
| Proboscidea | hch + epch | Mischform | la | z | epch-Bezirke | Sehr groß | — |
| Hyracoidea | hch | Mischform | la | z | — | Groß | Mittel-klein |
| Sirenia | hch? | Mischform | la | z | — | Sehr groß | — |
| Mesaxonia | epch | Gedehnt | — | diff | Mucosakrater | Groß | Sehr klein, früh reduziert |
| Paraxonia | | | | | | | |
| Suiformes | epch | Gedehnt | — | diff | Areolae | Sehr groß | Sehr klein, früh reduziert |
| Tylopoda | epch | Gedehnt | — | diff | ? | Sehr groß | Sehr klein, früh reduziert |
| Tragulina | epch | Gedehnt | — | diff | — | Sehr groß | Sehr klein, früh reduziert |
| Cervoidea | epch-sych | Gedehnt | — | cot | Intercotyl. Bezirk | Sehr groß | Sehr klein, früh reduziert |
| Giraffoidea | epch-sych | Gedehnt | — | cot | Intercotyl. Bezirk | Sehr groß | Sehr klein, früh reduziert |
| Bovoidea | epch-sych | Gedehnt | — | cot | Intercotyl. Bezirk | Sehr groß | Sehr klein, früh reduziert |

Diese Vorstellung wurde vielfach akzeptiert [602a, 605]. Nun ist auffallend, daß viele Formen, die zweifellos primitiv und wenig evoluiert sind (Insectivora, Chiroptera, Rodentia), hochinvasive, hämochoriale Placenten besitzen, während so extrem spezialisierte und differenzierte Endformen des Säugerstammes, wie die Perissodactyla, Paraxonia und Cetacea gerade die »einfachsten« Placenten aufweisen sollen. Diese Schwierigkeiten haben dazu geführt, daß viele Autoren (Wislocki [137, 138, 780, 1015, 1443 bis 1457]) das soeben angeführte phyletische Schema von Grosser umkehrten und invasive Placentarformen an den Anfang der Säugerentfaltung stellten (Abb. 159).

Auch diese Deutung kann nicht befriedigen, weil sie sehr wahrscheinliche Annahmen (primäre Natur des Faltamnions, sekundäre Dotterarmut) außer acht läßt. Die beiden genannten wichtigsten Hypothesen können also kaum ein befriedigendes Bild der komplizierten Evolutionsabläufe geben.

Eine sehr große Schwierigkeit in den Auseinandersetzungen um dieses Problem liegt darin, daß viele Autoren nur einzelne Gruppen des Säugerstammes genauer studiert haben und in ihren Überlegungen einzelne Stammreihen — besonders die Primaten — stark in den Vordergrund rücken. Nur ein Überblick über das gesamte Material kann aber als Grundlage für phylogenetische Deutungen dienen.

Auffallenderweise spielen die tatsächlichen Befunde an Reptilien in all diesen Überlegungen kaum eine Rolle, obgleich sie sehr wichtige Hinweise für einige Teilprobleme vermitteln können. Wir wissen nichts über die Ontogenese jener Reptilien, die an der Wurzel des Säugerstammes stehen. Befunde an rezenten Reptilien können also keine Beweise über den Ontogeneseablauf der Säugerahnen vermitteln, sie können aber etwas aussagen über Differenzierungsmöglichkeiten im Reptilienstamm überhaupt und über einige Evolutionsmöglichkeiten bei Nichtsäugern. Sie können in diesem Sinne also Modellvorstellungen im Sinne einer Merkmalsphylogenie stützen, ohne damit den Anspruch zu erheben, die Auffindung realer Deszendenzen zu ermöglichen.

Zunächst ist die Feststellung wichtig, daß sehr viele Reptilieneier beträchtlich abhängig vom Feuchtigkeitsgehalt des Milieus sind und in erheblicher Menge Wasser aufnehmen können. Bei *Malaclemys terrapin centrata* Latreille beträgt der Zuwachs 3,07 g bei einem Gesamtgewicht des Eies von 10,58 g [921].

Für *Natrix natrix* L. hat Portmann [1015] erhebliche Wasseraufnahme durch das Ei nachgewiesen. Die Monotremen, deren Eier früh Uterussekret aufnehmen, schließen sich hier zwanglos an (S. 2). Viviparität kommt bei Reptilien recht verbreitet vor [234a]. Es handelt sich meist um spezialisierte Formen (Scincidae, *Egernia, Tiliqua, Chalcides, Seps*, einige Ophidia), und zwar liegt echte Viviparität vor, das heißt, es kommt zur Ausbildung hochkomplizierter fetomaterner Austauschorgane. Beachtenswert ist nun, daß sich nahe verwandte Formen oft durch verschiedenen Ontogeneseablauf auszeichnen. Dabei ist hervorzuheben, daß die Eier viviparer Formen sich in Größe und Dotterreichtum nicht nennenswert von denen nahe verwandter oviparer Arten unterscheiden müssen. Die Schalenhaut ist auch bei Viviparen vorhanden und geht meist nur teilweise zugrunde. Bei einigen viviparen Arten ist allerdings Eigröße und Dottermasse reduziert. Die sehr große Allantois mit ihren Gefäßen bildet mit dem Chorion ein echtes Allantochorion. Chorion und Uterusepithel legen sich aneinander und verzahnen sich durch Zotten. Syncytiale Umwandlung ist sowohl am maternen wie am fetalen Epithel möglich. Beide Epithellagen können schwinden, so daß sich materne und fetale Kapillarwände eng aneinanderlegen. Ein Übertritt von Stoffen wird durch eine derartige Reduktion der Grenzschicht erleichtert. Neben epitheliochorialen kommen also auch endothelio-endotheliale Strukturen vor. Beachtenswert ist nun, daß einmal echte fetomaterne Austauschorgane in Form einer allantoiden Placentation bei Reptilien gar nicht selten sind. Diese können durch Abbau von Gewebsschichten bereits invasiven Charakter annehmen. Nun ist weiterhin bedeutsam, daß bei ein und derselben Art verschieden strukturierte Placentarbezirke nebeneinander vorkommen. So besitzt *Seps* neben einem hoch differenzierten epitheliochorialen Placentarorgan noch endothelio-endotheliale Paraplacentareinrichtungen. Diese regionalen Strukturunterschiede dürften, ähnlich wie bei Säugern (*Sus* S. 224), Verschiedenheiten in der Leistung entsprechen. Derartige Befunde zeigen also, daß bei Nichtsäugern echte und komplizierte Allantoisplacenten vorkommen und daß diese invasiv sein können. Während Grosser [495] noch annimmt, daß »die oberflächliche Implantation und der einfachste Placentartyp während der Ausbildung der übrigen Säugermerkmale« erworben wurden, lehren die zitierten Befunde unseres Erachtens, daß eine Vielgestaltigkeit und eine hohe Differenzierung der Placentareinrichtungen möglicherweise bereits vor Erreichen des Säugerniveaus in gewissen Stammreihen erworben sein kann. Damit ist aber die Möglichkeit gegeben, daß zwar die epitheliochoriale Placenta am Anfang der Evolutionsreihe, die zu den Eutheria steht, vorhanden war, daß aber bei ancestralen Eutheria bereits hochdifferente invasive Typen erreicht werden konnten. Wir möchten aber besonderen Nachdruck darauf legen, daß nicht einer der Grosserschen Typen charakteristisch für eine Art sein muß. Die Befunde an Reptilien wie die an Säugern (Tab. XVI, S. 240) haben immer wieder gelehrt, daß verschiedene Formen und Strukturen der Placenta bei ein und derselben Form nebeneinander vorkommen können. Dabei kann offenbar in einzelnen Stammreihen dann der eine, in anderen der andere Strukturtyp bevorzugt weiter entwickelt und spezialisiert werden. Auch strukturelle Rückbildungen kommen vor. So kann das epitheliochoriale Stadium zweifellos sekundär von Formen wieder erreicht werden, die von Arten mit invasivem Placentartyp abstammen. Wäre unter den Insectivoren nur die reife Placenta von *Scalopus* bekannt, so würde wohl kaum bezweifelt werden, daß hier eine echt primitive epitheliochoriale Placenta bei einer primitiven Form vorläge. Dennoch geht dieser Placenta ein invasives Stadium noch in der Ontogenese voraus. So besteht durchaus die Möglichkeit, daß an der Wurzel des Eutheriastammes bereits invasive Typen der Placenta vorkamen. Wahrscheinlich aber ist, daß diese Formen mehrere Placentarbezirke nebeneinander besaßen. In verschiedenen Stammeslinien können dann bevorzugt einzelne Bezirke weiter differenziert worden sein. Es darf nicht übersehen werden, daß die funktionelle Wertigkeit der Placentarschranke nicht aus dem histologischen Befund erschlossen werden kann. Einfach erscheinende Strukturen können Substrat höchst komplexer Leistung sein, man denke etwa an die Funktionen einer Leberzelle. So besteht durchaus die Möglichkeit, daß die epitheliochoriale Placenta der Lemuroidea primitiv oder zumindest direkt von primitiven Placentarformen ableitbar ist, während die Semiplacenta der Huftiere offenbar sekundär erworben wurde und keineswegs als »Vereinfachung« aufgefaßt werden darf. Völlig verfehlt aber ist es, entgegen allen Befunden der vergleichenden Anatomie und Palaeontologie, die Lemuren auf Grund der Placentarstruktur aus dem Primatenstamm abzusondern und zu den Ungulaten zu stellen [901].

Bevor wir die Schlußfolgerungen aus unseren Darlegungen ziehen, müssen kurz die verschiedenen Hypothesen über die Evolution der Placenta charakterisiert werden, da bei aller Einseitigkeit der meisten Auffassungen doch der Ansatzpunkt zu neuen Überlegungen und zur Überwindung allzu starrer Denkschemata in ihnen zu finden ist.

a) Hypothese von de Lange [776a, b. 780] (Abb. 158). An der Wurzel des Eutheriastammes stehen Formen mit hämochorialer Placenta und stark invasivem Trophoblasten. Die oviparen Sauropsida und Prototheria sind sekundär abgeleitete Formen, die nicht in die direkte Stammeslinie der Eutheria gehören. Die invasiven Placentarformen der Simiae, der Insectivora, Chiroptera und Rodentia leiten sich von dieser primären Placenta ab. Die Placenten der Huftiere, Wale, Carnivora sind durch Rückbildung oder Vereinfachung entstanden (Abb. 158). Die Auffassung von de Lange ist im wesentlichen geformt durch seine zuvor erwähnte Hypothese (S. 237) der Phylogenese der Eihäute. Sie trägt den tatsächlichen phylogenetischen und taxonomischen Beziehungen nicht genügend Rechnung.

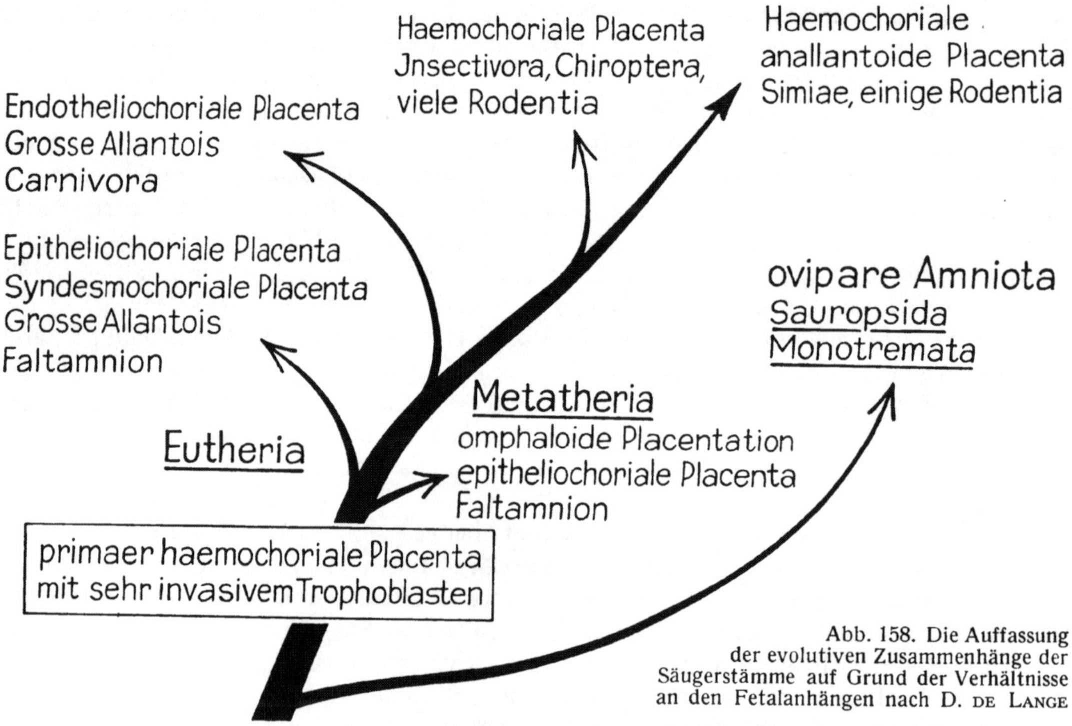


Abb. 158. Die Auffassung der evolutiven Zusammenhänge der Säugerstämme auf Grund der Verhältnisse an den Fetalanhängen nach D. DE LANGE

b) Auch WISLOCKI (Abb. 159 [1443—1457] stellt an den Anfang der Evolution der Eutheria invasive Formen (Rodentia, Insectivora). Dieses Schema berücksichtigt für die Aufspaltung innerhalb der Eutheria im wesentlichen die Befunde der Phylogenetik und zeigt klar, daß der gleiche Placentartyp mehrfach und unabhängig voneinander im Säugerstamm aufgetreten sein kann. WISLOCKI rechnet also mit dem Auftreten von Konvergenzen. Im wesentlichen handelt es sich also um eine Übertragung der Placentarbefunde auf das natürliche System und eine Deutung der Placentarphylogenie aus diesem System. Allerdings scheint die zentrale Stellung der Insectivora noch nicht klar erkannt zu sein.

c) Sehr eingehende Untersuchungen zur Phylogenie der Fetalanhänge liegen von MOSSMAN [901] vor, die vor allem beachtenswert sind, weil ein sehr umfangreiches Tatsachenmaterial verarbeitet wurde und weil neben der Placenta auch Allantois, Dottersack und der ganze Ontogeneseablauf gewertet werden (Abb. 160). Die Schwäche von MOSSMANS Theorie liegt darin, daß er den Fetalanhängen einen zu hohen Wert als Kriterium der phyletischen Zusammenhänge beimißt. Es widerspricht allen Fakten, wenn die fetalen Anhangsorgane höher eingeschätzt werden, als Skelet, Muskulatur, Gebiß oder Integument. Die Auffassung, daß Konvergenzen bei der Placentar-Evolution praktisch keine Rolle spielen, ist kaum begründbar. MOSSMAN hält Faltamnion und epitheliochoriale Placentation [mit 602a, 495] für primär. Er hat das große Verdienst, neue Übergangsformen zwischen Pleur- und Schizamnion nachgewiesen und viele neue Befunde ermittelt zu haben. Auch das enge Zusammenspiel fetaler und materner Faktoren in der Frühentwicklung ist richtig erkannt. In systematisch-phylogenetischer Hinsicht spielt die Art der Amnionbildung keine wesentliche Rolle. Hoch bewertet werden hingegen Verhalten der Allantois, erste Orientierung der Keimanlage und Placentarstruktur. So gründet sich das von MOSSMAN entworfene Stammbaumschema (Abb. 160) auch ausschließlich auf Merkmale der fetalen Anhangsorgane ohne den Ergebnissen der vergleichenden Anatomie und Palaeontologie Rechnung zu tragen. MOSSMAN geht von der Annahme aus (Abb. 160), daß die primitiven, viviparen Säuger eine diffuse Choriovitellin-Placenta und eine epitheliochoriale Allantochorionplacenta besessen haben. Als Seitenzweig stammen von dieser Gruppe die Marsupialia ab. Die Heterogenität der Insectivora in Hinblick auf Placentartyp und auf das Verhalten der vaskularisierten Dottersack-Splanchnopleura entspricht der Vielgestaltigkeit innerhalb einer primitiven Gruppe, von der viele Stammeslinien ausgehen. MOSSMAN nimmt nun an, daß sehr früh in der Placentalierreihe materne Drüsen unter Epitheldestruktion zunächst von Zotten der Choriovitellin-Membran, dann von Zotten des Allantochorions besetzt wurden, ein Vorgang, der sich in der frühen Ontogenese bei Insectivora, Carnivora, Rodentia usw. nachweisen läßt. Mit der Invasion des Trophoblasten kommt es zum Schwund mütterlichen Epithels und zur Umschließung materner Gefäße durch Trophoblasten. Es wäre damit ein primitives endotheliochoriales Placentationsstadium erreicht. Bei derartigen Abbauprozessen wird vorübergehend eine dünne subepitheliale Bindegewebsmembran erhalten bleiben. Im strengen Sinn des Wortes würde also ein syndesmochoriales Stadium vorliegen. MOSSMAN weist aber mit Recht darauf hin, daß ein derartiges, transitorisches Stadium nichts mit der hoch differenzierten syndesmochorialen Placenta rezenter Ungulata zu tun hat. Die syndesmochoriale Placenta steht an sich der epitheliochorialen Placenta nahe, wie vor allem die Tatsache beweist, daß innerhalb einer Gruppe beide Typen vorkommen können (*Moschus* und *Cervus*)

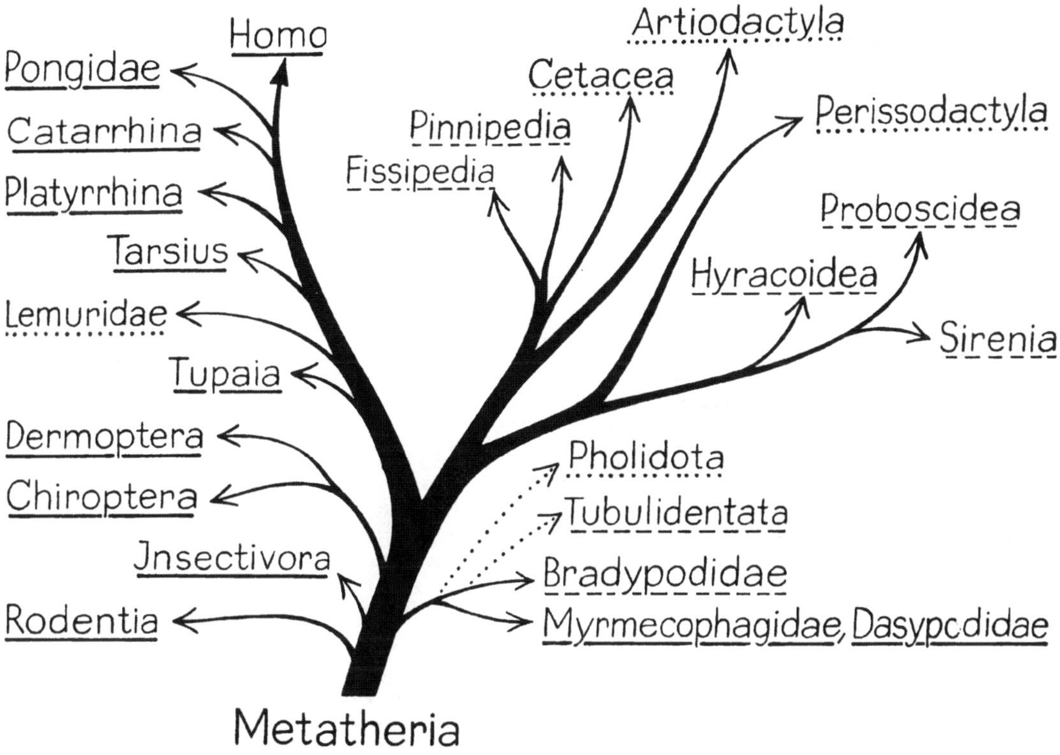


Abb. 159. Schema der Auffassung von G. B. Wislocki über die Phylogenese der Placentarformen. Unterstrichen: Hämochoriale Placenten. Gestrichelte Unterstreichung: Deciduate, nichthämochoriale Formen. Punktierte Unterstreichung: Adeciduate Formen (epithelio- und syndesmochorial

und wie vor allem das gleichzeitige Vorkommen komplizierter syndesmochorialer Placentome und epitheliochorialer Bezirke zwischen den Placentomen bei vielen Ungulata (Cervidae) zeigt. Derartige hochdifferenzierte Strukturen sind das Ergebnis einer eigenen Evolutionslinie. Diese läßt Mossman unter Anerkennung palaeontologischer Befunde nicht von ancestralen Formen entspringen, sondern leitet sie von einem höheren Evolutionsniveau her, für das er ebenfalls endotheliochoriale Placentation annimmt. Mossman sieht mit guter Begründung Argumente für eine sekundäre Natur der extensiven Semiplacenta der Mesaxonia, Paraxonia und Cetacea in der Tatsache, daß Karunkeln im virginellen Uterus vorgebildet sind und darin, daß die Allantois stark vergrößert, der Dottersack aber reduziert ist. Die endotheliochoriale Labyrinthplacenta steht der hämochorialen Labyrinthplacenta recht nahe, wenn auch Übergänge selten sind und die Aufrechterhaltung beider Typen berechtigt ist. Die Haematome der Carnivorenplacenta sind vermutlich eher den Chorionblasen als einer hämochorialen Placenta vergleichbar; denn die Blutextravasate finden sich zwischen Allantochorionplatte und Trophoblast, nicht innerhalb von trophoblastischen Bluträumen. Für die Sonderstellung der Ungulatenplacenta am Ende einer eigenen Evolutionsreihe spricht auch, daß nie wieder endotheliochoriale Strukturen in ihr auftreten. Allerdings könnte dieses Argument auch gegen eine Ableitung von invasiven Placentarformen gewertet werden.

Zusammenfassend läßt sich also feststellen, daß Mossman von seinem primitiven endotheliochorialen Placentationstyp vier Hauptdifferenzierungslinien ausgehen läßt, die kurz charakterisiert seien (Abb. 160).

1. Linie der rezenten Carnivoren, gekennzeichnet durch Neigung zur Beibehaltung des endotheliochorialen Placentartyps bei mittlerer bis starker Entfaltung von Allantois und Dottersack.
2. Linie die zu den Insectivora und Microchiroptera führt und durch stärker invasive Tendenzen und vollständiger oder unvollständiger Dottersackinversion gekennzeichnet ist. Neigung zur Reduktion der Allantois. Von dieser Stammlinie zweigt ein Seitenzweig ab, der mesometrale Orientierung der Keimanlage und invasive Placenta aufweist. Er führt zu den Rodentia, Dasypodidae und Megachiroptera.
3. Von 1 oder 2 entspringt eine Reihe, die durch Reduktion der Allantoisblase und des Dottersackes bei stark invasiver Placenta ausgezeichnet ist. Der Placentartyp zeigt alle Übergänge und Ausbildungsgrade zwischen labyrinthärer und villöser hämochorialer Placenta. Primates (ausschließlich Lemuridae), Dermoptera, Myrmecophagidae.
4. Aus der primitiven endotheliochorialen Placentationsform mit großem Dottersack und großer Allantoisblase leiten sich die Formen mit extensiver, epithelio- oder syndesmochorialer Placenta, mit extremer Allantoisvergrößerung und Reduktion des Dottersackes her. Pholidota, Lemuroidea, Cetacea, Mesaxonia, Paraxonia.

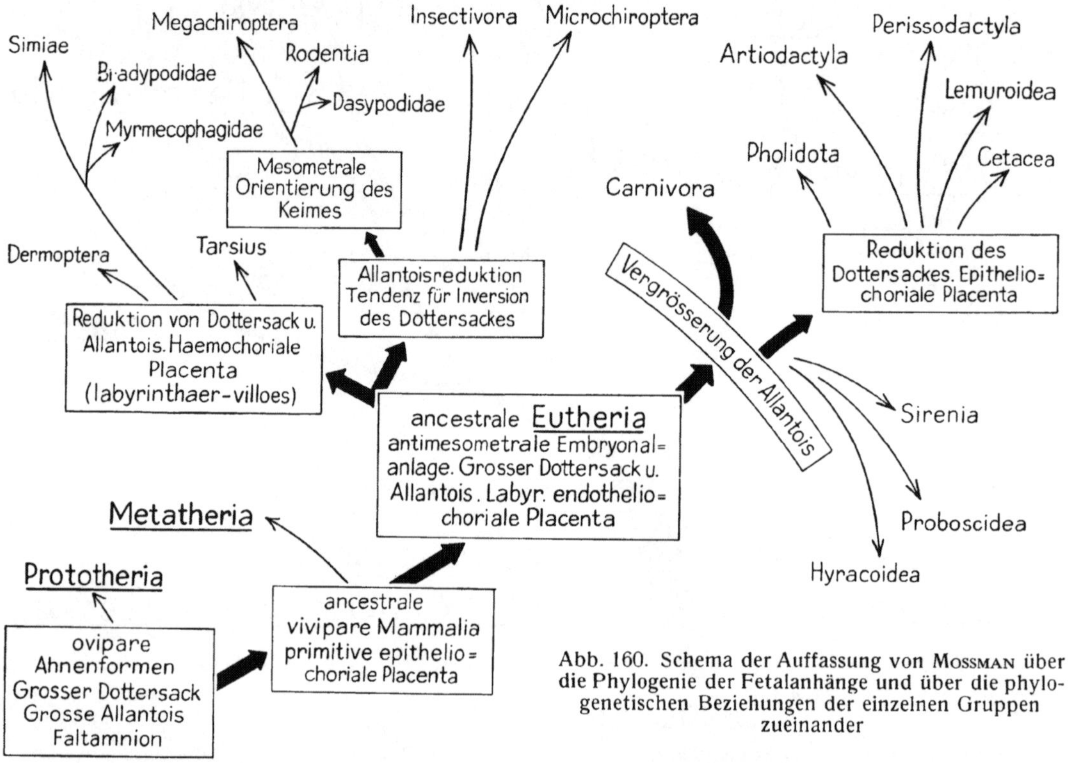


Abb. 160. Schema der Auffassung von Mossman über die Phylogenie der Fetalanhänge und über die phylogenetischen Beziehungen der einzelnen Gruppen zueinander

Die Grundkonzeption von Mossman ist beachtenswert und dürfte heute als eine der wichtigsten Hypothesen zur Placentarphylogenie zur Diskussion stehen. Viele Einzelheiten, die eindeutigen Ergebnissen der vergleichenden Morphologie und Palaeontologie widersprechen, können nicht aufrecht erhalten werden. Sie sind offensichtlich durch Überbewertung embryologischer Einzelmerkmale entstanden und würden geeignet sein, ein gut fundiertes natürliches System unberechtigterweise umzustoßen.

Man wird dem Autor nicht folgen können, wenn er die Lemuridae weit von der Primatenreihe abrückt und zu den Ungulaten stellt. Ebensowenig findet die Auffassung, daß die Megachiroptera den Rodentia näher stehen als den Microchiroptera, eine Stütze in den morphologischen Befunden. Die von Mossman angenommene Beziehung der Dasypodidae zu den Rodentia und die der Bradypodidae und Myrmecophagidae zu den Primaten sind ebenfalls nicht vertretbar. Mit diesen Hinweisen soll keineswegs der große Wert der Abhandlung von Mossman herabgesetzt werden. Sie wird für lange Zeit eine Fundgrube für embryologische Beobachtungen und beachtenswerte Schlußfolgerungen sein. Die Kritik richtet sich gegen die Begründung eines Evolutionsschemas auf Grund einzelner embryologischer Merkmale unter Vernachlässigung palaeontologischer und vergleichend morphologischer Argumente.

d) Ein Versuch von Portmann [1015], die phylogenetischen Zusammenhänge der Säugerontogenese unter neuen Gesichtspunkten zu ordnen, verdient Beachtung, da das Placentationsverhalten in den größeren Rahmen der Evolution der Fortpflanzungserscheinungen gestellt wird. Portmann baut auf den Hypothesen von Hubrecht [678] und de Lange [780] auf und nimmt an, daß die Entwicklung der Sauropsiden und Mammalia sich von früh an auf getrennten Wegen vollzog. Portmann hält die Unterschiede in der Eistruktur und im Furchungstyp zwischen Eutheria und Sauropsida für so wesentlich, daß er keinen Übergang sieht. Er stellt konsequenterweise auch die Monotremen weit ab von der Stammeslinie der Säuger, trägt allerdings dem umfangreichen Tatsachenmaterial aus der Entwicklung der Prototheria kaum Rechnung.

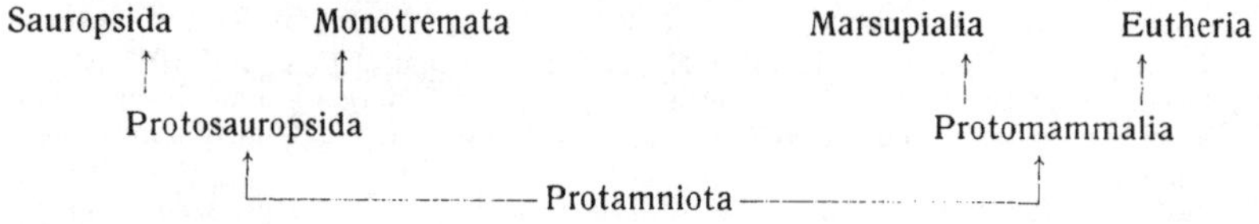


Wichtig erscheint der Hinweis, daß der phylogenetische und funktionelle Wert der Grosserschen Typen gering ist und daß innerhalb einer Gruppe verschiedene Placentartypen auftreten können. Dabei kann, was im übrigen bereits GROSSER erwähnt hat, die spezialisiertere und größere Form den weniger invasiven Typ der Placenta besitzen, während Formen geringer Körpergröße invasive Placenten aufweisen. Hierfür einige Beispiele.

| Invasive Placenta (endothelio- oder hämochorial) | Extensive Placenta (epithelio- oder syndesmochorial) |
|---|---|
| *Tupaia* | *Lemur* |
| *Tarsius* | |
| *Galago demidovii* FISCHER | *Galago crassicaudatus* E. GEOFFR. |
| Carnivora | Cetacea |
| Hyracoidea | Perissodactyla |

Diese Regel ist allerdings kein allgemeingültiges Gesetz. So finden wir bei den relativ kleinen Tragulina und bei *Moschus* eine diffuse Placenta, bei den Cerviden aber eine cotyledonäre mit teilweise invasiven Bezirken. Bei *Scalopus* kommt, allerdings sekundär, eine epitheliochoriale Placenta vor trotz geringer Körpergröße. Die Placenta der Callithricidae ist nicht stärker insasiv als die der großen Cebiden. *Elephas* hat hämochoriale Bezirke neben epitheliochorialen.

PORTMANN weist nachdrücklich darauf hin, daß die GROSSERschen Typen weder für phylogenetische noch für funktionelle Rückschlüsse eine sichere Grundlage abgeben. Er greift auf ASSHETONS Einteilung der Placentartypen zurück und unterscheidet massige (»cumulate«) und gedehnte (»plicate« bei ASSHETON) Placenten. Beide entsprechen verschiedenen Evolutionstendenzen. Unter Berücksichtigung von Allantois, Nabelblase (deren Homologie mit dem Dottersack bezweifelt wird) und Ausbildung des Mesonephros ergeben sich folgende Gruppen:

1. Massige Placenta mit großer Nabelblase, teilweise Inversion, Allantois klein oder fehlend, Mesonephros gering entwickelt: Rodentia, Dasypodidae;
2. Massige Placenta mit kleiner Nabelblase. Allantois fehlend oder klein. Mesonephros gering entwickelt: Myrmecophagidae, Bradypodidae, Simiae, *Tarsius*, Chiroptera;
3. Placenta massig. Nabelblase mittelgroß, Allantois mittelgroß, Mesonephros gering entwickelt: Insectivora, Tupaiidae, Dermoptera;
4. Placenta vom Mischtyp, Nabelblase klein (?), Allantois sehr groß, Mesonephros relativ groß. Carnivora, Hyracoidea, Proboscidea, Sirenia.
5. Placenta gedehnt, Nabelblase sehr klein, Allantois sehr groß, Mesonephros sehr groß, lange funktionierend: Cetacea, Perissodactyla, Artiodactyla.

Diese Gruppierung entspricht in den Hauptzügen den Entwicklungslinien von MOSSMAN. Die Lemuren werden ausdrücklich aus der Übersicht herausgelassen, weil sie eine isolierte Sonderentwicklung zeigen und, wie das Beispiel von *Galago demidovii* FISCHER zeigt, wahrscheinlich einen direkten Anschluß an invasive Typen gestatten. Nach PORTMANNS Auffassung ist die Gruppe 3 (Insectivora, Tupaiidae) archaisch und steht am Beginn. In ihr wurzeln zwei Hauptstämme, die einmal durch die Gruppen 4,5 und zum anderen durch die Gruppen 1,2 charakterisiert werden. Über die Beziehungen zwischen den einzelnen Ordnungen werden keine Angaben gemacht. Hervorzuheben ist die Einbeziehung der Korrelation zwischen Placentartyp und Urniere und die völlige Preisgabe der GROSSERschen Typisierung im Vergleich zu MOSSMAN. Nun setzt PORTMANN seine Befunde zu dem Ontogenesetyp der Säugergruppen in Beziehung. Danach ist für Eutheria der Zustand primär bei dem viele Junge in einem Wurf nach kurzer Tragzeit geboren werden. Ebenso wird der Nesthockerzustand als archaisch gewertet. Das stimmt gut mit den Verhältnissen bei Insectivora (außer Macroscelididae und Tupaiidae!) und bei »nicht-hystricomorphen« Nager zusammen. Extremer Nestflüchterzustand mit langer Tragzeit und geringer Zahl von Jungen ist abgeleitet. Dieser Zustand wurde zweimal unabhängig voneinander erreicht, bei Formen mit kleiner Allantois (Hystricomorpha) und solchen mit großer Allantois (Ungulata). Die Carnivora nehmen auch in dieser Hinsicht eine Mittelstellung ein, (weniger große Zahl von Jungen, Nesthocker, oft aber nicht extrem, Reifezustand der Neugeborenen weiterentwickelt als bei Insectivora, aber verlängerte Tragzeit). Auf Besonderheiten in spezialisierten Gruppen (geringe Zahl von Jungen bei Chiroptera als Anpassung an das Fliegen, sekundärer Nesthockerzustand bei *Homo*) kann hier nur verwiesen werden. PORTMANNS Versuch erscheint uns beachtenswert, weil hier die Vorgänge bei der Eihautbildung und Placentation nicht isoliert betrachtet, sondern unter den Aspekt des gesamten Ontogeneseablaufes gestellt werden. Diese Überlegungen führen zur Einführung des Begriffes der »evolutiven Wertigkeit« des Ontogeneseablaufes einer Gruppe. Einzelheiten bedürfen allerdings noch der Fundierung. Die Ableitung der Sauropsiden und Monotremen aus eigenem Stamm und ihre Isolierung von den Säugetieren wird ebensowenig allgemeine Zustimmung finden können wie die Ablehnung eines primitiven epitheliochorialen Placentationstyps.

Zusammenfassung des eigenen Standpunktes (Abb. 161): Aus unseren Ausführungen ergibt sich, daß für eine Deutung der Phylogenese von Eihäuten und Placenta nichts gewonnen ist, wenn wir die GROSSERsche Typenreihe als Evolutionsreihe lesen. Dennoch stimmen wir GROSSER bei, indem wir an den Anfang der Stammeslinie, die zu den Eutheria führt, Formen mit Faltamnion, sekundärer Dotterreduktion und epitheliochorialer Placentation stellen. Es muß offen bleiben, ob dieser Zustand erreicht war, bevor die übrigen Säugermerkmale entstanden

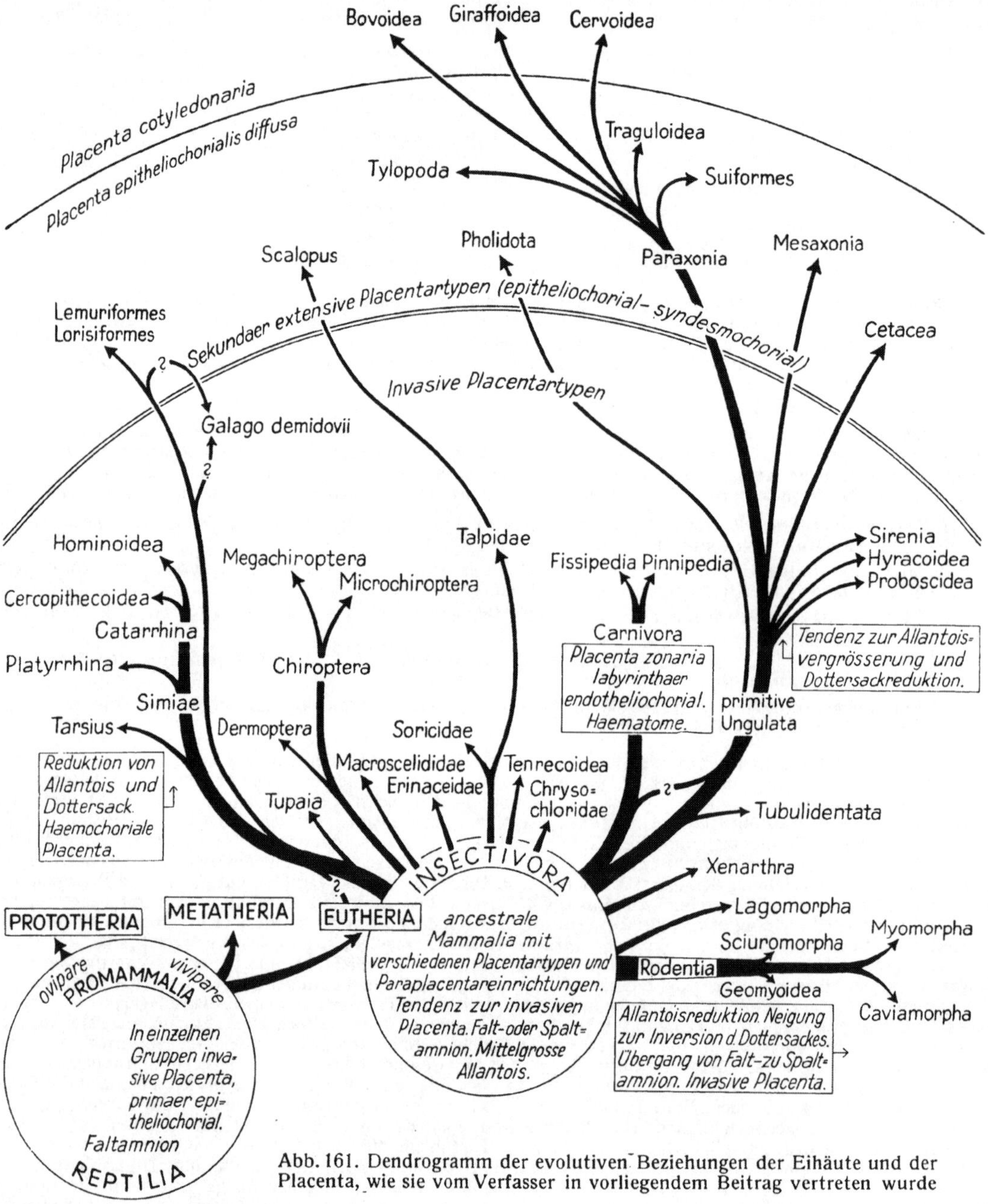


Abb. 161. Dendrogramm der evolutiven Beziehungen der Eihäute und der Placenta, wie sie vom Verfasser in vorliegendem Beitrag vertreten wurde

waren oder später. Wir neigen auf Grund der erwähnten Beobachtungen an Reptilien im Gegensatz zu Grosser zu der ersten Auffassung. Die extensiven (gedehnten) Placentarformen mit extrem großer Allantois und Reduktion des Dottersackes sind offensichtlich sekundär, zumindest in phylogenetischen Endstadien, entstanden und stellen selbst funktionell hochwertige und spezialisierte Organe dar, die kaum direkt auf die primitiven epitheliochorialen Typen zurückführbar sind. Konvergenzerscheinungen kommen auch in der Evolution der Fetalanhänge vor.

Die Befunde an Lemuroidea sind zwar denen der Ungulata sehr ähnlich, können aber nicht in näheren genetischen Zusammenhang mit diesen gebracht werden. Invasive Placentartypen entstanden früh im Säugerstamm, wahrscheinlich schon bei viviparen Promammalia. Zahlreiche Besonderheiten der Ontogenese der Prototheria weisen darauf hin, daß diese Gruppe eng an die Sauropsida anzuschließen ist. Andererseits leiten sie in vielen Merkmalen zu den Metatheria über. Intermediäres Verhalten findet sich für folgende Charaktere: Bau und Lebenszyklus des Corpus luteum, frühe Resorption von Sekret durch die Keimblase, Entodermbildung, Embryonalkörperbildung, Urdarmbildung, Verhalten des Primitivstreifens, Verhalten des extraembryonalen Bezirkes usw. Auch in anderen Merkmalen finden sich Hinweise darauf, daß die Monotremata ein Evolutionsniveau erreicht haben, das über dem der Reptilien liegt, aber noch nicht die Marsupialia-Stufe erreicht hat (Hirnmorphologie, Chondrocranium). Damit soll nun keineswegs behauptet werden, daß die Monotremen Ahnenformen der Beutler wären. In auffallend zahlreichen Merkmalen, so besonders im Ontogeneseverhalten, zeigen sie aber so eindeutig das Verhalten einer Zwischenform, daß wir berechtigt sind, anzunehmen, die Ahnen der Metatheria hätten sich jedenfalls in den genannten Merkmalen ähnlich verhalten (Merkmalsphylogenie, nicht Sippenphylogenie). Auch Gregory [474] weist auf enge Beziehungen zwischen Monotremen und Beutlern hin und möchte die Prototheria als frühen Seitenzweig der Metatheria-Ahnen verstanden wissen.

Während die Prototheria im ganzen Verhalten des Ontogeneseablaufes den Sauropsiden sehr nahe stehen und gewissermaßen nur Ansätze in Richtung auf die Evolution zu den Marsupialia zeigen, sind die Metatheria im Ontogeneseverhalten echte Zwischenformen zwischen Prototheria und Eutheria. Auch damit soll keine reale Sippenverwandtschaft postuliert werden. Vieles spricht dafür, daß die fossilen Pantotheria und nicht die Marsupialia die wirklichen Zwischenformen sind [636]. Wir müssen aber annehmen, daß der Ontogeneseablauf der Ahnen der Eutheria in den entscheidenden Merkmalen sich marsupialierähnlich verhalten haben. Als Zwischenformen erweisen sich die Marsupialia in folgenden Merkmalen der Ontogenese: Eigröße und Eistruktur (S. 13), Eiweißhülle, Corpus luteum, Furchung, Entodermbildung, Dotterelimination, Blastocystenbildung, Sonderung des formativen vom nicht-formativen Areal, Ausbildung der fetomaternellen Beziehungen. Sonderspezialisierungen betreffen die Mechanismen der Brutpflege (Marsupium), das Verhalten der Genitalmorphologie usw.

Die aus vergleichend morphologischen und palaeontologischen Befunden gefolgerte ancestrale Stellung der Insectivora kommt auch in ihrem Ontogeneseverhalten zum Ausdruck. Wir sehen besonders in der Vielgestaltigkeit dieser heterogenen Primitivgruppe einen Beweis für unsere Anschauung. Finden wir doch unter den Insectivora-Formen mit Faltamnion- und mit Spaltamnionbildung, Gruppen mit mesometraler, ortho- und antimesometraler Orientierung der Keimanlage, Formen mit großer, mittlerer und mit stark reduzierter Allantois. Auch das Verhalten des Dottersackes zeigt große Verschiedenheiten. Wesentlich ist aber das Vorkommen zahlreicher verschiedener Strukturmerkmale in der Placenta. Wenn auch der Typ der diskoidalen, labyrinthären, hämochorialen Placenta vorherrscht, so sind doch gruppenspezifische Unterschiede der einzelnen Familien vorhanden. Hier sei auf die sehr verschiedenartigen Paraplacentareinrichtungen verwiesen. Die Eingruppierung einer Placentarform in das Grossersche Schema ist sehr oft unmöglich — dieses gilt in ganz besonderem Maße für die Insectivora —, weil neben der Hauptplacenta zentrale Blutbeutel, Chorionblasen, Semiplacentarringe, Trophoblastscheiden und andere Nebeneinrichtungen sehr verschiedener Struktur vorkommen. Gerade diese Vielgestaltigkeit und Formenmannigfaltigkeit scheint uns aber ein Hinweis darauf zu sein, daß es sich um eine Stammgruppe handelt und daß von dieser aus verschiedene Evolutionslinien ihren Ausgang nahmen. Eine derartige Linie führte zu den Chiroptera. Die Aufspaltung in Mega- und

Microchiroptera ist offensichtlich in der Chiropterenstammlinie selbst erfolgt [1127]. Eine zweite Linie gab Ursprung für die im Ontogeneseverhalten sehr einheitliche Gruppe der Carnivora. Palaeontologische Befunde weisen daraufhin, daß die Perissodactyla, Paraxonia und Cetacea von höher evoluierten Formen abstammen, daß offenbar ein invasives Placentarstadium diesem sekundären, spezialisierten Typ einer extensiven Placenta mit großer Allantois und kleinem Dottersack vorausging. Die Nagetiere trennen sich früh in Lagomorpha und Rodentia. Sie wurzeln offenbar in der ancestralen Gruppe und sind durch Tendenz zur Dottersackinversion, zur Reduktion der Allantois und zur Ausbildung eines sehr invasiven Placentartyps gekennzeichnet. Innerhalb der Rodentia kommen große Unterschiede des Ontogeneseablaufes vor, doch ist diese Formenvielfalt anders als bei den Insectivora zu bewerten, da sich eine einzelne Evolutionsetappen herausarbeiten lassen (S. 198). Unklar ist die Stellung der wenig bekannten Gruppen Xenarthra, Tubulidentata, Sirenia, Proboscidea, Hyracoidea, da die Befunde noch zu spärlich sind. Die Evolutionslinie der Primaten ist durch Neigung zur Reduktion der Allantois und des Dottersackes bei hämochorialem Placentartyp gekennzeichnet. Die Problematik der Stellung der Tupaiidae und Lemuriformes war zuvor erörtert worden. Wir betrachten den epitheliochorialen Typ der Lemuriformes als Konvergenzerscheinung zu den Huftieren und möchten annehmen, daß diese Ordnung tief im Säugerstamm wurzelt. Über die Tupaiformes besitzen wir nur unzureichende Kenntnisse. Die einzigen genauer untersuchten Formen, *Tupaia minor* Günther und *T. javanica* Horsfifld gehören zu den kleinwüchsigen Arten. Wir wissen nicht, ob diese Befunde verallgemeinert werden dürfen. *Ptilocercus* und *Tana* sind unbekannt. Von besonderem Interesse sind die Verhältnisse bei der Zwergform *Galago demidovii* Fischfr. Wir finden hier einen invasiven, endotheliochorialen Placentarbezirk neben einer epitheliochorialen Semiplacenta (S. 172). Ob es sich um einen besonders altertümlichen Zustand handelt, der dem der Insectivora nahesteht, oder ob eine sekundäre Spezialisierung bei einer vom Lemurenstamm abzuleitenden Zwergform vorliegt, kann derzeit kaum entschieden werden. Die Differenzen im Verhalten der Tarsiiformes, Platyrrhina, Cercopithecoidea und Hominoidea lassen sich ohne Schwierigkeit in eine Evolutionsreihe, die von typischen labyrinthären Placenten über Zwischenformen zur villösen, hämochorialen Placenta der Pongiden und des Menschen führen, einordnen.

# Literatur

(Die Literatur wurde berücksichtigt bis Dezember 1958)


1. Embryology of the rhesus monkey (*Macaca mulatta*). Collected papers of the Contrib. to Embryol. Carneg. Inst. Washington Publ. 538 (1941).
2. ABRAMOVICH, jr. C. E.: The morphology and distribution of the rosettes on the fetal placenta of the pig. Anat. Rec. *33*, 69—72 (1926).
3. ADAMS, C. E.: The experimental shortening of the generation interval. Proc. Brit. Soc. Anim. Product. 97—108 (1954).
4. ADAMS, F. W. and H. H. HILLEMANN: Morphogenesis of the vitelline and allantoic placentae of the golden hamster (Cricetus auratus). Anat. Rec. *108*, (1950).
5. ADLER, U. P.: Untersuchungen der Gefäßverhältnisse an Zwillingsplacenten und ihre Bedeutung. Diss. Bern 1949).
6. ALDEN, R. H.: Implantation of the rat egg I. Experimental alteration of uterine polarity. J. exp. Zool. *100*, (1945).
7. ALDEN, R. H.: Implantation of the rat egg. II. Alteration in osmiophilic epithelial lipids of rat uterus under normal and experimental conditions. Anat. Rec. *97*, 1 (1947).
8. Alden, R. H.: Implantation of the rat egg. III. Origin and development of primary trophoblast giant cells. Am. J. Anat. *83*, 1 (1948).
9. ALLEN, B. M.: The embryonic development of the ovary and testis of the mammals. Amer. J. Anat. *3*, (1904).
9a. ALLEN, E.: The oestrus cycle in the mouse. Am. J. Anat. *30*, (1922).
10. ALLEN, E.: Ovogenesis during sexual naturity. Am. J. Anat. *31*, 439—482 (1923).
11. ALLEN, E.: An unfertilized tubal ovum from *Macacus rhesus*. Anat. Rec. *37*, 351—356 (1928).
11a. ALLEN, E. und E. A. DOISY: The induction of a sexually mature condition in immature females by injection of the ovarian follicular hormone. Amer. J. Physiol. *69*, (1924).
11b. ALLEN, E. and others: Hormone of the ovarian follocle. Its localization and action in test animals and additional points bearing upon the internal secretion of the ovary. Amer. J. anat. *34*, (1924).
12. ALLEN, E. — J. P. PRATT, — Q. U. NEWELL u. L. J. BLAND: Human tubal ova, related early corpora lutea and uterine tubes. Contr. Embryol. *22*, 45—76 (1930).
13. Amado, Dias, L.: L'Epithelium placentaire du cobaye. Livro da II. Reun. biol. Portuguessa Lisboa 1947.
14. AMOROSO, E. C.: The interaction of the trophoplast and endometrium at the time of implantation in the sheep. J. Anat. Lond. *85*, 428—429 (1951).
15. AMOROSO, E. C.: Placentation, chap. 15 in Marshall's. Physiology of reproduction 3d ed. London, New York, Toronto (1952).
16. AMOROSO, E. C.: The comparative anatomy and histology of the placental barrier. In Gestation. Trans. Ist. Conference. N. Y. p. 119—224 (1954).
17. AMOROSO, E. C.: Endocrinology of pregnancy. British Med. Bull. 1955, II No. 2 (Hormones in Reproduction) 117—125 (1955).
18. AMOROSO, E. C.: De la signifigation du placenta dans l'évolution de la gestation chez les animaux vivipares. Les Annales d'Endocrinologie *16*, 435—447 (1955).
19. AMOROSO, E. C., W. F. B. GRIFFITHS and W. J. HAMILTON: A living tubal ovum of the horse. Vet. Rec. *51*, 168 (1939).
20. AMOROSO, E. C., GRIFFITHS, W. F. B. and HAMILTON, W. J.: The early development of the goat (Capra hircus). J. Anat. Lond. *76*, 377 (1942).
21. AMOROSO, E. C., N. A. HANCOCK, L. KELLAS: The foetal membranes and placenta of the hippopotamus (Hippopotamus amphibius [LINNAEUS]). Proc. zool. soc. London *130*, 437—447 (1958).
22. ÅNBERG, A.: The Ultrastructure of the human spermatozoon. Acta Obstetr. Gyn. Scand. 36 Suppl. 2., 1—133 (1957).
23. ANDERSON, J. W. and A. W. WIMSATT: The fetal membranes and placentation of the tropical american Noctilionid bat, Dirias albiventer minor. Anat. Rec. *117*, 373. (Abstr.) Amer. Soc. Zool. (1953).
24. ANDREASSI, G.: Recenti ricerche e interpretazioni sulle prime fasi dello sviluppo dell'uovo umano. Biol. sper. *3* 1950 (E. M. V/5 —218).
25. ANDRESEN, A.: Über die Semiplacenta multiplex des Cervus rufus Cuv. Z. Anat. *65*, 544—569 (1922).
26. ANDRESEN, A.: Die Placenta der Wiederkäuer. Morphol. Jb. *57*, 410—485 (1927).
27. ANTHONY, R.: Note sur un foetus de propithèque et ses membranes. Ann. sci. nat. Zool. 7, 243—248 (1908).
28. APPELLÖF, A.: Demonstration eines sehr jungen Embryos von Balaenoptera rostrata. Verh. 8. Intern. Zool. Kongr. Graz, *483*, (1912).
29. AREY, L.: Developmental Anatomy. Philadelphia 1940.
30. ARGAUD, R. et J. K. GAN: Les premiers stades du développement des Primates (Singes et Anthropoides). La Revue scientifique *84*, 529—540 (1946).
31. ASDELL, S. A.: Patterns of Mammalian reproduction. Ithaca, New York (1946).
32. ASSHETON, R.: A re-investigation into the early stages of the development of the rabbit. Quart. J. micr. sci. *37*, 113—164. (1895).
33. ASSHETON, R.: The segmentation of the ovum of the sheep, with observations on the hypothesis of a hypoblastic origin of the trophoblast. Quart. J. mikr. sci. *41*, 205—262 (1898).
34. ASSHETON, R.: The development of the pig during the first ten days. Quart. J. micr. sci. *41*, 329—359 (1898).
35. ASSHETON, R.: An account of the blastodermic vesicle of the sheep of the 7th day with twin germinal areas. J. Anat. Phys. *35*, NS *12*, (1898).
36. ASSHETON, R.: On the fetus and placenta of the spiny mouse (Acomys cahirinus). Proc. zool. soc. London *2*, 280—288 (1905).
37. ASSHETON, R.: The morphology of the ungulate placenta. Particularly the development of that organ in the sheep, and notes upon the placenta of the elephant and hyrax. Phil. Transact. Roy. soc. London *198* B, 143—220 (1906).
38. ASSHETON, R.: Tropidonotus and the „archenteric knot" of Ornithorhynchus. Quart. J. mic. sci. *54*, (1910).
39. ASSHETON, R. & T. G. STEVENS: Notes on the structure and the development of the elephant's placenta. Quart. J. Micr. Sci. vol. *49*, 1—37 (1905).
40. ATHIAS, M.: Cristalloides dans l'oeuf de Cercopithecus callitrichus et de Cercopithecus sabaeus. Bull. soc. portug. sci. nat. *7*, 67—76 (1915).
41. ATHIAS, M.: Effets de la castration sur le mouvement automatique de l'utérus chez le cobaye. J. de Physiol. et Pathol. Générale *16*, 731 (1919).
42. ATHIAS, M.: Recherches sur les cellules interstitielles de l'ovaire des Chéiroptères. Arch. de Biol. *30*, (1920).
43. ATKINSON, W. B.: Persistence of deciduomata in the mouse. Anat. Rec. *88*, 271 (1944).
44. ATWELL, W. J.: A human embryo with 17 pairs of Somites. Contr. to Embryology 21, Carn. Inst. Wash. publ. *407*, 1—24 (1930).
45. AUSTIN, C. R.: The formation, growth and conjugation of the pronuclei in the rat egg. J. R. Mic. Soc., *71*, 295—306 (1951).
46. AUSTIN, C. R.: Observations on the penetration of the sperm into the mammalian egg. Austr. J. Sci. Res. B *4*, 581—596 (1951).
47. AUSTIN, C. R.: Polyspermy after induced hyperthermia in rats. Nature London *175*, 1038 (1955).
48. AUSTIN, C. R.: Ovulation, fertilization and early cleavage in the hamster (Mesocricetus auratus). J. R. Micr. Soc. *75*, 141—154 (1955).
49. AUSTIN, C. R.: Activation of eggs by hypothermia in rats and hamsters. J. exp. Biol. *33*, 338—347 (1956).
50. AUSTIN, C. R.: Effects of hypothermia and hyperthermia on fertilitation in rat eggs. J. exp. Biol. *33*, 348—357 (1956).
51. AUSTIN, C. R.: Cortical granules in the hamster egg. Exp. Cell. Res. (1956).
52. AUSTIN, C. R.: Fertilization, early cleavage and associated phenomena in the field vole (Microtus agrestis). J. Anat. *91*, 1—11 (1957).
53. AUSTIN, C. R. and M. W. H. BISHOP: Preliminaries to fertilization in mammals. „The beginnings of embryonic development", Washington 1957. 71—107.
53a. AUSTIN, C. R. and BRADEN, A. W. H.: The distribution of nucleic acids in rat eggs in fertilisation and early segmentation. I. Studies on living eggs by ultraviolet microscopy. Austr. J. Biol. Sci. *6*, 324—333 (1953).
54. AUSTIN, C. R. and A. W. H. BRADEN: Time relations and their significance in the ovulation and penetration of eggs in rats and rabbits. Austr. J. Biol. sci. *7*, 179—194 (1954).
54a. AUSTIN, C. R. and BRADEN, A. W. H.: Anomalies in rat-mouse, and rabbit eggs. Austr. J. Biol. Sci. *7*, 537—542 (1954).

54b. AUSTIN, C. R. and A. W. H. BRADEN: Nucleus formation and cleavage induced in unfertilized rat eggs. Nature, Lond. *173*, 999 (1954).

55. AUSTIN, C. R. and A. W. H. BRADEN: Induction and inhibition of the second polar division in the rat egg, and subsequent fertilization. Austr. J. Biol. Sci. *7*, 195—210 (1954).

56. AUSTIN, C. R. and A. W. H. BRADEN: Early reactions of the rodent egg to spermatozoon penetration. J. exp. Biol. *33*, 358—365 (1956).

57. AUSTIN, C. R. and J. SMILES: Phase contrast microskopy in the study of fertilization and early development of the rat egg. J. of the Royal Micr. Soc., London *68*, 1—4. (1948).

58. AYKROYD, O.: The effects of ultracentrifuging human oocytes. Proc. Roy. Soc. Irish Acad., *46*, 101 (1941).

59. v. BABO, F.: Über die äußere Eihaut des javanischen Moschustieres und einiger anderer fremder Wiederkäuer. Heidelberg 1847.

59a. BACHMANN, R.: Untersuchungen über den Ovulationstermin. Z. mikr. anat. Fg. *40*, (1936).

59b. BACKHOUSE, K. u. H. R. HEWER: Delayed implantation in the grey seal Halichoerus gryphus (Fab.). Nature *178*, 550 (1956).

60. BACKMAN, G. und C. H. HJORTSJÖ: Zeit der spontanen Motilitaet und Gebärzeit bei Säugetieren und beim Menschen. Lunds Univ. Arsskr. NF avd. 2. Bd. *42*. Nr. 14 (1946).

61. BACSICH, P. and C. F. V. SMOUT: Some observations on the foetal vessel of the human plazenta with an account of the corrosion technique. Journ. of Anat. 72 (1938).

62. BACSICH, P. and G. M. WYBURN: Parthenogenesis of atretic ova in the rodent ovary. J. Anat. *78*, (Brit.) (1944).

62a. BAER, v. C. E.: De ovi mammalium atque hominis genesi Lipsiae 1827.

62b. BAER, v. C. E.: Über Entwicklungsgeschichte der Tiere. Beobachtung und Reflexion I. 1828, II. 1837.

63. BAER, v. K. E.: Untersuchungen über die Gefäßverbindung zwischen Mutter und Frucht in den Säugetieren. Leipzig, (1828).

64. BALFOUR, F. M.: On the evolution of the placenta, and on the possibility of employing the characters of the placenta in the classification. Proceed. Zool. Soc. London, (1881).

65. BALLOWITZ, E.: Zur Kenntnis der Spermien der frugivoren Chiropteren und der Prosimier mit Einschluß von Chyromys madagascariensis Desm. Anat. Anz. *34*, 275—286 (1909).

65a. BALTZER, F. und P. S. CHEN: Über xenoplastisch-chimärische Haftfäden aus Triton- und Bombinatorgeweben. 14. Jb. Schweiz. Ges. Vererbungsfg. 352—359 (1954).

66. BARBIERI, C.: Intorno alla placenta del Tragulus meminna Erxl. Anat. Anz. Bd. *28*, 327—336 (1906).

67. Barclay, A. E., J. BARCROFT, D. H. BARRON and J. K. FRANKLIN: A radiographic demonstration of the circulation through the heart in the adult and in the foetus and the identification of the ductus arteriosus. Brit. J. Radiol. *12*, 505—517 (1939).

68. BARCLAY, E. A., K. J. FRANKLIN and M. L. PRICHARD: The foetal circulation and cardiovascular system and the changes they undergo at birth. Oxford 1944.

69. BARCROFT, J.: Foetal circulation and respiration. Physiol. rev. *16*, 103—128 (1936).

70. BARCROFT, J.: Foetal respiration and circulation chap. 17 in Marshall's Physiology of Reproduction Vol. II. 3d ed. London New York Toronto, 398—441 (1952).

71. BARCROFT, J. and D. H. BARRON: Observations upon the form and relations of the maternal and fetal vessels in the placenta of the sheep. Anat. Rec. *94*, (1946).

72. v. BARDELEBEN, K.: Über den feineren Bau der menschlichen Spermatozoen. Anat. Anz. 6 Erg. Bd. 157—165 (1891).

73. v. Bardeleben, K.: Spermatogenese bei Säugetieren, besonders beim Menschen. Anat. Anz. 7. Erg. Bd. 202—208 (1892).

74. v. BARDELEBEN, K.: Über die Entstehung der Achsenfäden bei menschlichen und Säugetierspermatozoen. Anat. Anz. *14*, 145—147 (1898).

74a. BARGMANN, W.: Über den Bildungsort der Choriongonadotropine und der Plazentarsteroide. Geburtsh. u. Frauenhlkde. *17*, 865—875 (1957).

75. BARRON, D. H.: The sphincter of the ductus venosus. Anat. Rec. *82*, 398 (1942).

76. BARRON, D. H.: The changes in the fetal circulation at birth. Physiol. Rev. *24*, 277—295 (1944).

77. BARRON, D. H. and G. ALEXANDER: Placental morphology and fetal respiration. II. oxygen transfer across the haemochorial placenta. Amer. Ass. Anat. 65. Sess. Anat. Rec. *112*, 308 (1952).

78. BARTELMEZ, G. W.: The human uterine mucous membrane during menstruation. Am. J. Obst. Gyn. *27*, (1931).

79. BARTELMEZ, G. W.: Histological studies on the menstruating mucous membrane of the human uterus. Contr. Embryol. *24*, 141—186 (1933).

80. BARTELMEZ, G. W.: The follicular phase of the menstrual cycle in the rhesus monkey. Science *111*, (1950).

81. BARTELMEZ, G. W. and H. M. EVANS: The development of the human embryo during the period of somite formation, including embryos with 2—16 pairs of somites. Contr. Embryol. Vol. 17. Carn. Inst. Wash. publ. *362*, 1—67 (1926).

81a. BASSETT, D. L.: The changes in the vascular pattern of the albino rat during the estrous cycle. Amer. J. Anat. *73*, 251 (1953).

82. BAUMEISTER, T.: Die Entwicklungsvorgänge am Keime des Igels (Erinaceus europaeus, L.) von seinem Übertritt in dem Uterus bis zur Ausbildung des Mesoderms. Z. f. wiss. Zool., *105*, 1—86 (1913).

83. BAUR, H.: Die äußere Überwanderung des Tier- und Menscheneies. Münch. med. Wschr., *68*, 1103 (1921).

84. BAUTZMANN, H.: Die Bedingungen der embryonalen Gestaltung. Verh. deutsch. path. Ges. (1935).

85. BAUTZMANN, H.: Natur und Entfaltung organischer Gestalten. Hamburg (1948).

86. BAUTZMANN, H.: Zur „Zeitgestalt" der frühen Wirbeltierentwicklung. In „Neue Ergebnisse und Probleme der Zoologie" Klatt Festschrift. (1950).

87. BAUTZMANN, H.: Fruchthüllenmotorik und Embryokinese, ihre Natur und ihre Bedeutung für eine physiologische Embryonalentwicklung bei Tier und Mensch. Arch. Gyn. *187*, 519—545 (1956).

88. BAUTZMANN, H. und CH. HERTENSTEIN: Vergleichende Studien über Bau und Funktion des Amnions. Neuere Befunde bei Vögeln und Säugern (Gallus, Insectivora, Rodentia, Primates). Z. Zellfg. *45*, 676—701 (1957).

89. BAYER, G. und TH. WENSE: Hodentransplantationen in das Auge bei Kaninchen. Roux Archiv *137*, 3 (1937).

90. BEAMS, H. W. and J. F. SHEEHAN: The yolk-nucleus complex of the human ovum. Anat. Rec. 81, 545—557 (1941).

91. BEATTIE, J.: The Anatomy of the common Marmoset (Hapale jacchus Kuhl.). Proc. zool. Soc. London, 393—718 (1927).

92. BEATTY, R. A.: Transplantation of mouse eggs. Nature, Lond. *168*, 995 (1951).

92a. BEATTY, R. A.: Parthenogenesis and polyploidy in mammalian development. Cambridge 1957.

93. BEAUREGARD & BOULART: Note sur le placenta du cerf sica. Comptes rend. de la Soc. de Biol. *2*, 10. sér. (1895).

94. BEAUREGARD & BOULART: Note sur le placenta du Tragelaphus gratus. Bull. du museum d'hist. nat., Bd. III, (1897).

95. BECHER, H.: Die Entwicklung des Mesoplacentariums und die Placenta bei Aguti (Dasyprocta azarae Schl.). Z. Anat. Entwg. *61*, 337—364 (1920).

96. BECHER, H.: Zur Kenntnis der Placenta von Bradypus tridactylus. Z. Anat. Entwg. *61*, 114—136 (1921).

97. BECHER, H.: Der feinere Bau der reifen Placenta von Aguti (Dasyprocta azarae Schl.) Z. Anat. Entwg. *61*, 439—454 (1921).

98. BECHER, H.: Placenta und Uterusschleimhaut von Tamandua tetradactyla (Myrmecophaga). Morphol. Jb. *67*, 381—458 (1931).

99. BEDDARD, F. E.: Contributions to the knowledge of the anatomy of the sperm-whale (Physeter macrocephalus) based upon an examination of a young foetus. Ann. Durban Mus. 1. 107 (1917).

100. BEDDARD, F. E.: Further contributions to the anatomy of the sperm whale (Physeter macrocephalus) based upon an examination of two additional foetus. Ann. Durban Mus. *2*, 129 (1920).

100a. DE BEER, G. R.: The differentiation of neural crest cells into visceral cartilages and odontoblasts in Amblystoma and a re-examination of the germ layer theory. Proc. R. Soc. B. *134*, 377—398 (1947).

101. DE BEER, G. R. and W. A. FELL: The development of the Monotremata p. III. The development of the skull of Ornithonhynchus. Trans. zool. soc. London *23*, 1 (1936).

102. BELONOSCHKIN, B. und H. FERNANDEZ-MORÁN: Von Leeuwenhoek (1632—1723) bis zum Elektronenmikroskop. DMW. *78*, 1038—1039.

103. BENDA, C.: Über die Spermatogenese der Säugetiere. Arch. Anat. Phys. 186—187 (1886).

104. BENDA, C.: Untersuchungen über den Bau des funktionierenden Samenkanälchens einiger Säugetiere und Folgerungen für die Spermatogenese dieser Wirbeltierklasse. Arch. mikr. Anat. *30*, 49—110 (1887).

105. BENDA, C.: Neue Mitteilungen über die Entwicklung der Genitaldrüsen und über die Metamorphose der Samenzellen (Histogenese der Spermatozoen). Arch. Phys. 549—552 (1891).

106. BENDA, C.: Über die Entstehung der Spiralfaser des Verbindungsstückes der Säugetierspermien Anat. Anz. *14*. Erg. Bd., 264—266 (1898).

107. VAN BENEDEN, E.: La maturation de l'oeuf, la fécondation et les premières phases du développement embryonnaire des mammifères, d'après des recherches faites chez le lapin. Bull. Acad. Méd. Belg. *40*, 686 (1875).

108. VAN BENEDEN, E.: Recherches sur l'embryologie des mammifères: Le formation des feuillets chez le lapin. Arch. de Biol. *1*, 156—224 (1880).

109. BENEDEN, E. VAN: De la formation et de la constitution du placenta chez le murin. (Vespertilio murinus). Bull. de l'Acad. Roy. des Sciencs de Belgique, Ser. 3. *15*, 351—364 (1888).

110. VAN BENEDEN, E.: Recherches sur les premiers stades du développement du murin (Vespertilio murinus). Anat. Anz., *16*, 305—334 (1899).

111. VAN BENEDEN, E.: Recherches sur l'embryologie des Mammifères. I: De la segmentation de la formation de la cavité blastodermique et de l'embryon didermique chez le Murin. Arch. Biol. Paris, *26*, 1—64 (1911).
112. VAN BENEDEN, E. et CH. JULIN: Recherches sur la formation des annexes foetales chez les Mammifères (Lapin et Chéiroptères). Arch. de. Biol. *5*, 369—434 (1884).
113. BENESCH, F.: Über den Haftmechanismus in der Schweineplacenta (vorl. Mitt.). Wiener tierärztl. Monatsschr. (1925).
114. BERENBERG-GOSSLER, H. VON: Die Urgeschlechtszellen des Hühnerembryos am 3. und 4. Bebrütungstage mit besonderer Berücksichtigung der Kern- und Plasmastrukturen. Arch. mikr. A. *87*, (1912).
115. BERENBERG-GOSSLER, H. VON: Über Herkunft und Wesen der sogenannten primaeren Urgeschlechtszellen der Amnioten. Anat. Anz. *47*, 241—264 (1914).
116. BERRIAN, J. H. and E. J. DORNFELD: Cellular proliferation in the germinal epithelium of immature rat ovaries. J. exp. Zool. *115*, *3*, 493—511 (1950).
117. BERTALANFFY, L. V.: Kritische Theorie der Formbildung. Abh. z. theor. Biol. H. 27. Berlin (1928).
117a. BIEDL. A. H. u. a.: Eiverpflanzung Kaninchen. Z. Geburtshilfe Gyn. *84*, 59 (1922).
118. BISCHOFF, T. L. W.: Entwicklungsgeschichte des Kanincheneies. Braunschweig, (1842).
119. BISCHOFF, T. L. W.: Entwicklungsgeschichte des Hunde-Eies. Braunschweig. (1845).
120. BISCHOFF, T. L. W.: Entwicklungsgeschichte des Meerschweinchens. Gießen. (1853).
121. BISCHOFF, T. L. W.: Entwicklungsgeschichte des Rehes. Gießen. (1854).
122. BISCHOFF, T. L. W.: a) Über das Vorkommen eines eigenthümlichen Blut und Haematoidin enthaltenden Beutels an der Plazenta der Fischotter (Lutra vulgaris). b) Über die Ei und Plazentabildung des Hain- u. Edelmarders (Mustela foina u. martes) und des Wiesels (M. vulgaris). Sitzungsber. Akad. Wiss. München 1. a) 214—225. b) 339—348 (1865).
123. BISHOP, D. W.: Silver impregnation of spermatozoa. Exper. Cell. Res. *2*, 147—149 (1951).
124. BISHOP, M. W. H. und C. R. AUSTIN: Die Spermien der Säuger. Endeavour *16*, 137—150 (1957).
124a. BITTNER, J. J.; C. C. LITTLE: Transmission of breast and lung cancer in mice. J. Hered., *28*, 117—21 (1937).
125. BJÖRKMAN, N.: Morphological and histochemical studies on the Bovine Placenta. Acta Anat. Suppl. 2 ad vol. *22*, 1—91 (1945).
126. BJÖRKMAN, N.: Morphological studies of the epithelia of the intercotyledonery componet of the bovine placenta. Acta Morph. Neerl. Scand. *1*, 1—8 (1956).
127. BJÖRKMAN, N.: A histological study of the foetal-maternal relationship in the paraplacenta of the cat. Acta Morph. Neerl. Scand. *1*, 203—208 (1957).
128. BJÖRKMAN, N. and G. BLOOM: On the fine structure of the foetal-maternal junction in the bovine placentome. Z. Zellfg. *45*, 649—659 (1957).
129. BLANDAU, R. J.: Observations in implantation of the guinea pig ovum. Anat. Rec. *103*, 19—41 (1949).
130. BLANDAU, R. J.: Embryo-endometrial interrelationship in the rat and guinea-pig. Anat. Rec. *104*, 331—359 (1949).
131. BLANDAU, R. J. and R. E. RUMERY: The attachment cone of the guinea-pig blastocyst as observed under time-lapse cinematography. Fert. and Ster. *8*, 570—585 (1957).
132. BLANDAU, R. J. and A. L. SONDERWALL: Post-parturitional heat and the time of ovulation in the albino rat. Anat. Rec. *81*, 419—432 (1941).
133. BLANDAU, R. J. and W. C. YOUNG: The effects of delayed fertilisation on the development of the guinea-pig ovum. Amer. J. Anat. *64*, 303 (1939).
134. BLOCH, S.: Contribution to research on the female sex hormones. The implantation of the mouse egg. J. Endocrinol. *1*, (1939).
135. BLOCH, S.: Untersuchungen über endokrinologische Probleme der Fortpflanzung an der Maus. Verh. natf. Ges. Basel *67*, 269—297 (1956).
136. BLUNTSCHLI, H.: Entwicklungsgeschichte platyrrhiner Affen, von Didelphis marsupialis, Tamandua bivittata und Bradypus marmoratus. Verh. Anat. Ges. 196—202 (1913).
137. BLUNTSCHLI, H.: Le développement primaire et la formation d'un placenta perforé très compliqué et du type labyrinthe chez Hemicentetes 35. Bull. Acad. Malgache *20*, 1—3 (1937).
138. BLUNTSCHLI, H.: Die Frühentwicklung eines Centetinen (Hemicentetes semispinosus). Rev. Suisse Zool. *44*, 271—282 (1937).
139. BLUNTSCHLI, H.: Die Frühentwicklung eines tief stehenden Plazentaliers und ihre Bedeutung für die Auffassung der Säugetierentogenese überhaupt. Mitt. naturf. Ges. Bern. I—IV (1937).
140. BLUNTSCHLI, H.: Frühe Entwicklungsstadien von Microcebus murinus. Biomorphosis I, 333—334 (1939).
141. BLUNTSCHLI, H.: Über das Problem der Implantation des Säugetiereies. Kli. Wo. *26*, (1949).
142. BLUNTSCHLI, H und O. SPÜHLER: Vorkommen von vier Reifungsteilungen in der Spermiogenese von Microcebus. Naturwiss. *23*, 287 (1935).
143. BOE, F.: Studies on placental circulation in rats. I. Vascular pattern illustrated by experiments with Indian ink. II. Vascular pattern illustrated by corrosion preparations. Acta endocrinol. Kbh. 5/4 (1950).
144. BOE, F.: Studies on placental circulation in rats III. Vascularization of the yolk sac. Acta endocrin. *7*, (1951).
145. BØE, FINN: Studies on the vascularization of the human placenta. Acta obst. scand. 32 Suppl. *5*, 1—92 (1953).
146. BOECKER, E.: Zur Kenntnis des Baues der Placenta von Elephas indicus L. Arch. mikr. Anat. *71*, 297—324 (1907).
147. BOERNER-PATZELT, D. und SCHWARZACHER: Ein junges menschliches Ei in situ. Z. Anat. *68*, 204—229 (1923).
148. BÖVING, B.: Rabbit trophoblast invades uterine epithelium overlying blood vessels. Amer. Assoc. Anat. *65*. Sess. Anat. Rec. 112, 314 (1952).
149. BÖVING, B. G.: Blastocyst-uterine relationships. Cold Spring Harb. Symp. quant. Biol. *19*, 9—28 (1954).
150. BÖVING, B. G.: Rabbit blasocyst distribution. Am. J. Anat. *98*, 403—434 (1956).
151. DU BOIS, A. et S. DUCOMMUN: Développement et teneur en glycogène du placenta de cobaye. Rev. Suisse zool. *62*, 118—138 (1955).
152. BOLK, L.: Beiträge zur Affenanatomie I. Untersuchungen am schwangeren Uterus von Semnopithecus. Morph. Jhrb. *28*, 565—623 (1900). Irrige Bestimmung des Materials. Arbeit widerrufen Anat. Anz. *30*, 95—96 (1901).
153. BONNET, R.: Über Melanose der Uterinschleimhaut bei Schafen. Dtsch. Z. Tiermed. *6*, 419 (1880).
154. BONNET, R.: Über Melanose der Uterinschleimhaut bei brünstigen und kurze Zeit trächtigen Schafen. Dtsch. Z. Tiermed. *7*, 365 (1882).
155. BONNET, R.: Die Uterinmilch und ihre Bedeutung für die Frucht. Stuttgart. (1882).
155a. BONNET, R.: Beiträge zur Embryologie der Wiederkäuer, gewonnen am Schaf. Arch. Anat. Phys. Anat. Abt. 170 (1884).
156. BONNET, R.: Die Eihäute des Pferdes. Verh. anat. Ges. *3*, 17—38 (1889).
157. BONNET, R.: Beiträge zur Embryologie des Hundes. I. II. III. Anat. Hefte *9*, 419—512 (1897). *16*, 231—332 (1901. *20*, 323—499 (1902).
158. BONNET, R. — K. PETER: Lehrbuch der Entwicklungsgeschichte. Berlin 1929.
159. BONNEVIE, K.: New facts on mesoderm formation and proamnion derivatives in the normal mouse embryo. J. Morph. *86*, 495—545 (1950).
161. BOOT, L. M.; O. MÜHLBOCK: Transplantations of ova in mice. Acta physiol. pharm. neer., *3*, (1953).
162. BOTELLA-LLUSIA, J.: La physiologie de la placenta. Gynéc. et Obstétr. *48*, 346—357 (1949).
163. BOUIN, M.: Ebauche génitale primordiale chez Rana temporaria. Bibliogr. Anat. *8*, (1909).
164. BOUIN, M.: Histogenèse de la glande génitale femelle chez Rana temporaria. Arch. de Biol. *17*, (1901).
165. BOUIN, M. et P. ANCEL: Recherches sur les cellules interstitielles du testicule des mammifères. Arch. Zool. exp. et gen. *4*, (1903).
166. BOULART, R.: Note sur le placenta du cerf frontal (Panolia frontalis). Bull. société philomat. de Paris, 7. série, I, (1877).
167. BOVENSIEPEN, F. G.: Studien über den Eiabnahmenmechanismus beim Menschen. Zbl. Gynäk. *66*, 1101 (1942).
168. BOYD, M. M.: The oviduct, foetal membranes and placentation of Hoplodactylus maculatus (Gray). Proc. Zool. Soc., Series A., *112*, (1942).
168a. BOYD, J. D. and W. J. HAMILTON: Cleavage, early development and implantation of the egg in Marshall's Physiology of Reproduction II. 3 d ed. London New York Toronto 1952. 1—126.
169. BOYD, J. D. — W. J. HAMILTON and J. HAMMOND: Transuterine (internal) migration of the ovum in sheep and other mammals. J. Anat. (Brit.) *78*, (1944).
170. BOYD, J. D. and A. F. W. HUGHES: Observations on human chorionic villi using the electron microscope. J. Anat. *88*, 356—362 (1954).
171. BOYER, C.: Chronology of development for the golden hamster. J. Morph. *92*, 1—39 (1953).
172. BRACHET, A.: Traité d'embryologie des vertébrés. ed. Dalcq et Gérard. Paris (1935).
173. BRADEN, A. W. H.: Properties of the membranes of rat and rabbit eggs. Austr. J. sci. Res. B. *5*. 460 (1952).
174. BRADEN, A. W. H. and C. R. AUSTIN: Fertilization of the mouse egg and the effects of delayed coitus and of hotshock treatment. Austr. J. Biol. *7*, 552—65 (1954).
175. BRADEN, A. W. H. and C. R. AUSTIN: Reactions of unfertilized mouse eggs to some experimental stimuli. Exp. Cell. Res. *7*, 277—280 (1954).
176. BRADEN, A. W. H., C. R. AUSTIN and H. A. DAVID: The reaction of the zona pellucida to sperm penetration. Austr. J. Biol. Sci. *7*, 391—409 (1954).
177. BRAMBEL, C. E.: Allantochorionic differentiations of the pig studies morphologically and histochemically. Amer. J. Anat. *52*, 397—460 (1933).
178. BRAMBELL, F. W. R.: The development and morphology of the gonads of the mouse I. Proc. Roy. soc. B. *101*, (1927).

179. BRAMBELL, F. W. R.: Reproduction in the common shrew (Sorex araneus). Philos. Trans. B. *225*, 1 (1935).
180. BRAMBELL, F. W. R.: Intra-uterine mortality of the wild rabbit Oryctolagus cuniculus (L). Proc. Roy. Soc. B. *130*, 462 (1942).
181. BRAMBELL, F. W. R.: The reproduction of the wild rabbit Oryctolagus cuniculus (L.) Proc. zool. Soc. Lond. *114*, 1 (1944).
182. BRAMBELL, F. W. R.: Ovarian changes in Marshalls Physiology of reproduction I. 397—542. 3d ed. London New York Toronto. (1956).
183. BRAMBELL, F. W. R. and K. HALL: Reproduction of the lesser shrew (Sorex minutus Linn.). Proc. zool. Soc. Lond. *IV*, 957 (1936).
183a. BRAMBELL, F. W. R. und K. HALL: Reproduction of the field vole, Microtus agrestis hirtus Bellamy. Proc. Zool. Soc. Lond. *109* A, 133 (1939).
184. BRAMBELL, F. W. R., W. A. HEMMINGS, M. HENDERSON and W. T. ROWLANDS: The selective admission of antibodies to the foetus by the yolk-sac splanchnopleure in rabbits. Proc. roy. Soc. 137/887 (1950).
185. BRAMBELL, F. W. R. and J. S. PERRY: The development of the embryonic membranes of the shrews Sorex araneus Linn. and Sorex minutus Linn. Proc. zool. Soc. Lond. *115*, 251 (1945).
185a. BRAMBELL, F. W. R. und I. W. ROWLANDS: Reproduction of the bank vole (Evotomys glareolus Schreber). Philos. Trans. B. *226*, 71 (1936).
186. BRANCA, A.: Les canalicules séminipares chez les Lémuriens en captivité. C. r. soc. biol. *55*, 1034—1035 (1903).
187. BRANCA, A.: La croissance des spermatocytes chez Lemur rufifrons. C. r. soc. Biol. Paris *55*, 1035—1036 (1903).
188. BRANCA, A.: Dégénérescences cellulaires dans le testicule des Lémuriens en captivité. C. r. soc. Biol. *55*, 1117—1119 (1903).
189. BRANCA, A.: Les voies spermatiques chez Lemur rufifrons. C. r. soc. biol. *55*, 1119—1120 (1903).
190. BRANCA, A.: Les mitoses spermatocytaires chez l'homme. Bibliogr. anat. *21*, 233—255 (1911).
191. BRANCA, A.: Sur le developpement morphologique de la vesicule ombilicale chez le Murin. C. R. Ass. Anat., *14*, 1—14 (1912).
192. BRANCA, A.: Les canalicules testiculaires et la spermatogenèse de l'Homme. Arch. Zool. *62*, 53—252 (1924).
193. BRANCA, A.: Les disques du Placenta chez le Minioptère. C. rend. Assoc. Anat. *24*. Ré., (1927).
194. BRANCA, A.: Recherches sur la placentation des Chéiropteres. Arch. Zool. Exper., vol. *66*, 291—450 (1927).
195. BRANCA, A. et A. CRETIN: Sur un placenta d'Anomalurus perei (Schuppenflughörnchen). C. r. Ass. Anat. *20*, 139 (1925).
196. BRANDES, M. J.: La genèse du bec de lièvre. Le Scalpel No. *15*, 1—8 (1941).
197. BRANDT, W.: Die Entstehungsursachen der Gliedmaßenmißbildungen und ihre Bedeutung für das Verebungsproblem beim Menschen. Barth Leipzig (1937).
198. BRATTON, R. W., R. H. FOOTE, S. D. MUSGRAVE and N. L. VANDEMARK: Liability and fertility of bovine spermatozoa in different diluents. J. of Dairy Science. *32/6*, (1949).
199. BREITINGER, E.: Lebende Vierlinge. Umschau 50. H. *22*, (1950).
199a. BREMER, J. L.: On the lung of the opossum Am. J. Anat. *3*, 67—73 (1904).
200. BREMER, J. L.: The interrelations of the mesonephros, kidney and placenta in different classes of mammals. Amer. J. Anat. *19*, 179—210 (1916).
201. BRETSCHNEIDER, L. H.: An electron-microscopical study of bull sperm III. An electron-microscopical study of bull sperm IV. Proc. Kon. Ned. Akad. v. Wetensch. *52*, 301 (1949), *52*, 526 (1949).
202. BRETSCHNEIDER, L. H.: Elektronenmikroskopische Strukturuntersuchung an Spermien. V. Proc. Kon. Ned. Akad. v. Wetensch. *53*, 531—543 (1950).
203. BRETSCHNEIDER, L. H.: Die Morphogenese und Pathogenese der Spermien vom Stier I. II. Verh. k. Akad. Wet. Amsterdam C. *58*, 495—522 (1955).
204. BRETSCHNEIDER, L. H. and W. VAN ITERSON: An electron-microscopical study of bull sperm. Proc. Kon. Ned. Akad. v. Wetensch. *50*, 88—97 (1947).
205. BREWER, J.: A normal human ovum in a stage preceding the primitive streak (The Edwards-Jones-Brewer ovum) Am. J. Anat. *61*, 429—481 (1937).
206. BREWER, J. und H. BAIRD: A human embryo in the bilaminar blastodisc stage (The Edward-jones-Brewer ovum). Anat. Rec. *67* Suppl., 59 (1937).
206a. BREWER, J. I.: Studies of the human corpus luteum. Am. J. Obst. Gyn. *44*, (1942).
207. BREWER, J. and H. BAIRD: A human embryo in the bilaminar blastodisc stage (Publ. Carn. Inst. Washington). Contr. Embryology *27*, 85—93 (1938).
208. BRIDGMAN, J.: A morphological study of the development of the rat. II. An histological and cytological study of the development of the chorioallantoic placenta of the white rat. J. Morph. *83*, 2 (1948).
209. BROCA, P.: Sur la généalogie de l'homme d'après. M. Haeckel. Le placenta des lémuriens Bull. soc. Anthrop. Paris *12*, 267—270 (1877).
210. BRODAUF, H.: Hämatom mit Knochenbildung in der Elhaut einer Stute. Med. vet. Diss. Hannover. (1941).
211. BRODY, S.: Interrelations between nucleic acids and growth of the human placenta. Exp. cell. Res. *3*, 702—705 (1952).
212. VAN DEN BROEK, A. J. P.: The fetal membranes and placenta of Phoca vitulina. Proc. Akad. van Wetensch. Amsterdam *6*, 610—619 (1904).
213. VAN DEN BROEK, A. J. P.: Einige Bemerkungen über den Bau der inneren Geschlechtsorgane der Monotremen. Morph. Jhrb. *67*, 134—156 (1931).
214. VAN DEN BROEK, A. J. P.: Die Eihüllen und die Placenta von Phoca vitulina. Petrus Camper Dl. II. afl. *4*, 1904, 546—574,
215. BROMAN, I.: Normale und abnormale Entwicklung des Menschen. Wiesbaden 1911.
216. BRONSKI, M.: Transplantation of guinea-pig embryonic reproductive tissue in to the anterior chamber of the eye in adult hosts. J. exp. Zool. *124*, 347—381 (1953).
217. BROOM, R.: Note on the period of gestation in Echidna. Proc. Linn. soc. N. S. W. *Y*, (1895).
218. BRYCE, TH. H.: Observations on the early development of the Human Embryo. Transact. Royal Soc. Edinburgh. *53*, 533 (1921—22).
219. BÜCHI, E. C.: Über das Verhältnis zwischen Mißbildungen und Gebäralter. Bull. schweiz. Ges. Anthrop. Enthnol. *26*, (1950).
220. BÜCHNER, F.: Die angeborenen Mißbildungen des Menschen in der Sicht der modernen Pathologie. D. med. W. 81. 1341—1345 (1956).
221. BULL, M. M.: Repair of the placental site in the rabbit. J. Obstetr. *56*, (1949).
222. BUMM, E.: Über die Entwicklung des mütterlichen Blutkreislaufes in der menschlichen Plazenta. Arch. Gynäk. *43*, (1893).
223. BURCKHARDT, G.: Die Implantation des Eies der Maus in die Uterusschleimhaut. Arch. f. mikr. Anat. *57*, 528—569 (1901).
224. BURKL, W. und G. KELLER: Der Ablauf der Follokelreifung und die postnatale Oogenese bei der Ratte, studiert mit Hilfe des Mylerans. Z. Zell. *41*, 172—185 (1954).
225. BURRELL, H.: The Platypus. its discovery etc. Sydney Angus u. Robertson Ltd. (1927).
226. CAFFIER, P.: Die proteolytischen Fähigkeiten von Ei und Eibett. Zbl. Gynäk. *53*, 2410 (1929).
227. CALDWELL, H. W.: On the arrangement of embryonic membranes in marsupial animals. Quart. J. Micr. Sci., *24*, 655—658 (1884).
228. CALDWELL, W. H.: Telegram »Monotremes oviparous, ovum meroblastic«. Brit. Assoc. Reports, Montreal Meeting. (1884).
229. CALDWELL, W. H.: The embryology of Monotremata and Marsupialia. p. I. Phil. Trans. *178* B. (1887).
230. CALDWELL, W. H.: On the development of Monotremes and Ceratodus. Roy. soc. of N. S. W. J. and Proc. *18*, (1888).
231. VAN CAMPENHOUT, E.: Les cellules sympathicotropes du testicule des Primates. Bull. Acad. Roy. de Méd. Belg. *13*, 435—444 (1948).
232. CANIVENC, R.: L'activité endocrine du placenta de la rat. Arch. d'Anat. *34*, (1952).
233. CARAZZI, D.: La formazione dell'amnio nell'embrione di Cavia. Monit. Zool. Ital. *29*, 141—146 (1918).
233a. CARUS, G.: Handbuch der Zoologie I, 65. Leipzig 1868.
234. TEN CATE HOEDEMAKER, N. J.: Mitteilung über eine reife Placenta von Phocaena phocaena (Linnaeus). Arch. néerl. zool. *1*, 330 (1935).
234a. TEN CATE-HOEDEMAKER, N. J.: Beiträge zur Kenntnis der Placentation bei Haien und Reptilien. Z. Zellfg. *18* (1933).
235. VAN CAUWENBERGHE, A.: Étude sur les cellules géantes du placenta de la taupe. Archives de Biologie 25, 99—168 (1910).
239. CHABRY, L. et R. BOULART: Note sur un foetus de dauphin et ses membranes. J. d. anat. physiol. *19*, 572 (1883).
240. CHACKO, A. W. and S. R. M. REYNOLDS: Architecture of distended and nondistended human umbilical cord tissues, with special reference to the arteries and veins. Contrib. Embryol. *35*, 135—150 (1954).
240a. CHANG, M. C.: Artificial production of monstrosities in the rabbit. Nature, Lond., *154*, 150 (1944).
240b. CHANG, M. C.: Cleavage of unfertilized ova in immature ferrets. Anat. Rec. *108*, 31—44 (1950).
241. CHANG, M. C.: The effect of seminal plasma on fertilized rabbit ova. Proc. nat. Acad. Sci. USA. *1*, (1950).
242. CHANG, M. C.: Development and fate of transfered rabbit ova or blastocysts in relation to the ovulation time of recipients. J. Exp. Zool. *114*, 197—226 (1950).
243. CHANG, M. C.: Der gegenwärtige Stand der Säugetiereitransplantation. Wien. tierärztl. Mschr. *37*, (1950).
244. CHANG, M. C.: Development of bovine blastocyst with a note on implantation. Anat. Rec. *113*, 143—161 (1952).
244a. CHANG, M. C.: Fertilizability of rabbit ova and the effects of temperature in vitro on their subsequent fertilization and activation in vivo. J. Exp. Zool. *121*, 351—381 (1952).
244b. CHANG, M. C.: Development of parthenogenetic rabbit blastocysts induced by low temperature storage of unfertilized ova. J. Exp. Zool. *125*, 127—150 (1954).

245. CHANG, M. C.: Some aspects of mammalian fertilization. The beginnings of embryonic development, Washington 1957. 109—134.
246. CHANG, M. C. and D. M. HUNT: Effects of proteolytic enzymes on the zona pellucida of fertilized and unfertilized mammalian eggs. Exp. Cell. Res. *11*, 497—499 (1956).
246a. CHANG, M. C. and J. J. MCDONOUGH: An experiment to cross the cottontail and the domestic rabbit. J. Hered. *46*, 41—4 (1955).
247. CHAPMAN, H. C.: Placenta of Macacus cynomolgus. Proc. Acad. Nat. sci. Philadelphia , 146—147 (1879).
248. CHAPMAN, H. C.: (Elephant placenta). J. Acad. Nat. Sci. Philad., *8*, (1880).
249. CHAPMAN, H. C.: La gestation et le placenta de l'éléphant (Elephas asiaticus). C. R. Soc. Biol. Paris, vol. *51*, 525—526 (1899).
250. CHAUVEAU, M. A.: De la membrane interne de l'uterus considéré, chez la femme et nos femelles domestiques, sous le rapport de l'anatomie et de la physiologie. J. de méd. vétérinaire, publié à l'école de Lyon. *5*, (1849).
251. CHILD, C. M.: Patterns and problems of development. Chicago 1941.
252. CHIPMAN, W.: Observations on the placenta of the rabbit with special reference to the presence of glycogen, fat and iron. Lab. Rep. of the Roy. Coll. of Phys. Edinb. *8*, 227—485 (1903).
253. CHOMETTE, G.: Entwicklungsstörungen nach Insulinschock beim trächtigen Kaninchen. Beitrg. path. Anat. allg. Path. *115*, 439—451 (1955).
254. CLARK, R. T.: Studies on the physiology of reproduction in the sheep. Anat. Rec. *60*, 135 (1934).
255. CLERMONT, Y.: The peroforatorium, an extension on the nuclear membrane of the head of the rat spermatozoen. Anat. Rec. 118. 288. (1954).
256. CLERMONT, Y. and CH. LEBLOND: Renewal of spermatogonia in the rat. Am. J. Anat. *93*, 475 (1953).
257. CLOETTE, J. H. L.: Prenatal growth in the merino sheep. J. Vet. Sci., *13*, 417 (1939).
257a. COHN, F.: Zur Histologie und Histogenese des Corpus luteum und des interstitiellen Ovarialgewebes. Arch. mikr. Anat. *62*, 745 (1903).
258. COHRS, P.: Verwachsung der Fruchtsäcke und Intersexualität beim Hausschwein. Z. Anat. Entwg. *102*, 584—593. (1934).
258a. COLE, H. E., C. E. HOWELL, G. H. HART: The changes occuring in the ovary of the mare during pregnancy. Anat. Rec. *49*, 199—209 (1931).
259. COLWIN, A. L. and L. H. COLWIN: Morphology of fertilization: Acrosome filament formation and sperm entry. The beginnings of embryonic development Washington 1957. 135 bis 168.
260. COMBS, J. D.: Maternal circulation of the Torpin ovum. Anat. Rec. 81, 1941.
261. COMER, G. W.: A well-preserved human of 10 Somites. Contr. Embryology 20, 81—101 Carn. Inst. Wash. publ. 394 (1928).
262. COOPER, K. E., A. D. M. GREENFIELD, A. ST. G. HUGGETT and D. MC. K. KERSLAKE: Umbilical blood flow in the foetal sheep. 17. Internat. Congr. Physiol. Oxford (1947).
263. COOPER, K. E., A. D. M. GREENFIELD and A. ST. G. HUGGETT: The umbilical blood flow in the foetal sheep. J. of Physiol. *108*, (1949).
264. CORLISS, C. E.: A study of mitotic activity in the early rat embryo. J. exp. Zool. *122*, 193—227 (1953).
264a. CORNER, G. W.: The corpus luteum of pregnancy as it is in swine. Contr. Embryol. *5*, 69 (1915).
264b. CORNER, G. W.: On the origin of the corpus luteum of the sow from both, granulosa and theca interna. Am. J. Anat. *26*, 117 (1919).
264c. CORNER, G. W.: Cyclic changes in the ovaries and uterus of the sow and their relation to the mechanism of implantation. Contr. Embryol. *13*, 119 (1921).
265. CORNER, G. W.: Internal migration of ovum. Johns Hopkins Hosp. Bull. *32*, (1921).
266. CORNER, G. W.: Cyclic variation in uterine and tubal contraction waves. Am. J. Anat. *32*, 345—351 (1923).
267. CORNER, G. W.: Ovulation and menstruation in Macacus rhesus. Contrib. to Embryol. *15*, 73—101 (1923).
267a. CORNER, G. W.: Accessory corpora lutea in the ovary of the monkey Macaca rhesus. An. Fac. Med. Montevideo *25*, 553 (1940).
267b. CORNER, G. W.: The fate of the corpora lutea and the nature of the corpora aberrantia in the rhesus monkey. Contr. Embryol. *30*, 85—95 (1942).
267c. CORNER, G. W.: Eversion and herniation of the corpus luteum. Johns Hopkins Hosp. Bull. *72*, 333 (1943).
268. CORNER, G. W.: Ourselves unborn. An Embryologist's essay on man. New Haven 4 ed. (1948).
269. CORNER, G. W. and G. W. BARTELMEZ: Early abnormal embryos of the Rhesus monkey. Contrib. Embryol. *35*, 1—9 (1954).
269a. CORNER, G. W., G. W. BARTELMEZ, C. G. HARTMAN: On the normal and aberrant corpora lutea of the rhesus monkey. Am. J. Anat. *59*, 433 (1936).
269b. CORNER, G. W., C. G. HARTMANN and G. W. BARTELMEZ: Development, organization and breakdown of the corpus luteum in the rhesus monkey. Contr. Embryol. *31*, 117—146 (1945).
270. CORNING, H. K.: Lehrbuch der Entwicklungsgeschichte des Menschen. Wiesbaden 1921.
271. DA COSTA, A. C.: Sur la formation de l'amnios chez les Chéiroptères (Minopterus schreibersii) et, en général, chez les Mammifères. Mémoires publiés par la Sociéte Portugaise de Sciences Naturelles. Biol. Ser. Nr. *3*, 1—51 (1920).
271a. DA COSTA, A. C. et J. PIRES-SOARES: Developpement d'embryons de Mammifères in vitro. Cpt. rend. Soc. Biol. Lisbonne 113 (1932).
272. DA COSTA, A. CEL.: Les Gonocytes primaires chez les Mammifères. C. rend. Assoc. Anat. 27. Ré. (1932).
272a. DA COSTA, A. C.: Amniogénese no ourico. Actas Congr. Nac. Cienc. Naturais III. 699—704 (1941).
273. DA COSTA, A. CELESTINO: Éléments d'Embryologie. 2. ed. Paris, (1948).
273a. DA COSTA, A. C.: O embrao humano das primeiras semanas. Act. 2. Congr. Luso-Espan. Obstetr. 1—20 Lisaboa (1948).
274. COVENTRY, A. F.: The placenta of the Guinea baboon (Cynocephalus papio, Desmar). Anat. Rec., *25*, 237—255 (1923).
275. CREIGHTON, CH.: On the formation of the placenta in the guinea-pig. J. Anat. Physiol. *12*, 534—590 (1878).
276. DALCQ, A. M.: L'organisation de l'oeuf chez les Chordés étude d'Embryologie causale. Gauthier-Villars Editeur Paris (1935).
277. DALCQ, A. M.: Form and causality in early development. Cambridge 1938.
278. DALCQ, A. M.: L'organisation de l'oocyte et du follicule ovarien chez les mammifères. C. R. Assoc. Anat. 37e Réun. *90*, (1950).
279. DALCQ, A. M.: L'organisation de l'oocyte et du follicule ovarien chez les mammifères. C. r. Assoc. Anat. 37. ré. 1—11 (1951).
280. DALCQ, A. M.: L'oeuf des Mammifères comme objet cytologique (avec une technique de montage „in toto" et ses premiers résultats). Bull. Acad. Méd. Belg. *17*, 236—264 (1952).
281. DALCQ, A. M.: Modifications nucléaires et chimiodifferenciation dans la segmentation et le début de la morphogénèse chez les petits mammifères. Ann. soc. r. zool. Belg. *84*, 283—292 (1953/54).
282. DALCQ, A. M.: Nouvelles données structurales et cytochimiques sur l'oeuf des Mammifères. Rev. gén. sci. *61*, 19—41 (1954).
283. DALCQ, A. M.: Fonctions cellulaires et cytochimie structurale dans l'oeuf de quelques rongeurs. C. R. Soc. Biol. Paris *148*, 1332—1373 (1954).
284. DALCQ, A. M.: Vers une embryologie causale des mammifères. Gaz. Med. Port. *7*, 177—188 (1954).
285. DALCQ, A. M.: Sur la prévalence du pronucléus mâle chez le rat. Arch. d'Anat. d'Histol. et d'Embryol. *37*, 61—68 (1955).
286. DALCQ, A. M. et A. SEATON-JONES: La répartition des éléments basophiles dans l'oeuf du rat et du lapin et son intérêt pour la morphogénèse. Bull. Cl. sc. Acad. Roy. Belg. 5. ser. *35*, 500 (1949).
287. DALCQ, A. M. et A. SEATON-JONES: L'organisation cytoplasmique de l'oeuf chez les mammifères et son intérêt pour la compréhension de la morphogénèse. C. R. Assoc. Anat. 36e. Réun. 170 (1949).
288. DANDY, W. G.: A human embryo with 7 pairs of Somites, measuring about 2 mm in length. Amer. J. Anat. *10*, 85—106 (1910).
289. DANESINO, V.: Anastomosi artero-venose e dispositivi di blocco bei vasi fetali. Boll. soc. ital. Biol. sper. *26*, (1950).
290. DANESINO, V. e K. WIEDERMANN: I vasi moniliformi della placenta umana. Boll. soc. ital. Biol. sper, *26*, (1950).
291. DANESINO, V. e K. WIEDERMANN: Studio macroscopico sulla disposizione e sulle caratteristiche dei vasi fetali nella placenta umana. Arch. Obst. *55*, (1950).
292. DANFORTH, C. H., S. B. DE ABERLE: The functional interrelation of the ovaries as indicated by the distribution of foetuses in mouse uteri. Am. J. Anat. *41*, 65—74 (1928).
293. LE DANOIS, E.: Déscription d'un embryon du Grampus griseus Gray. Arch. zool. exp. gn. sér. 5. to *399*, (1912).
294. DANTSCHAKOFF, W.: Der Aufbau des Geschlechts beim höheren Wirbeltier. Jena 1941.
295. DANTCHAKOFF, V.: La différentiation du sexe chez les vetébrés. Arch. Anat. micr. Morph. exp. *39*, 367—394 (1951).
296. DARLINGTON, D. D. u. A. HAQUE: Chromosomes of monkeys and men. Nature *175*, 32 (1955).
297. DARON, G. H.: The arterial pattern of the tunica mucosa of the uterus in Macacus rhesus. Amer. J. Anat., vol. *58*, 349—420 (1936).
298. DAVIES, J.: Correlated anatomical and histochemical studies on the mesonephros and placenta of the sheep. Am. J. Anat. *91*, 263—299 (1952).
299. DAVIES, J.: The anatomy of a twenty-two millimetre embryo of the African Rhinoceros (Rhinoceros bicornis). Proc. Zool. Soc. Lond. *122*, 593—613. (1953).
300. DAVIES, J.: Permeability of the rabbit placenta to glucose and fructose. Anat. Rec. *118* (AAA 67) (1954).

301. DAVIES, J. and N. S. HALMI: A note on the myogenic origin of the obplacental giant cells of the rabbit uterus. Anat. Rec. *116*, 227—235 (1953).
302. DAVIS, C. L.: Description of a human embryo having 20 paired somites. Contr. Embryol. 19. Carn. Inst. Wash. *332*, 3—51 (1923).
302a. DAWSON, A. B.: The development and morphology of the corpus luteum of the cat. Anat. Rec. *79*, 155 (1941).
302b. DAWSON, A. B.: The post-partum history of the corpus luteum of the cat. Anat. Rec. *95*, 29 (1946).
303. DAWSON, A. B.: Histogenetic interrelationships of oocytes and follicle cells. A possible explantation of the mode origin of certain polyovular follicles in the immature rat. Anat. Rec. *110*, 181—197 (1951).
304. DAWSON, A. B.: Argyrophilic inclusions in the cytoplasm of the ova of the rat in normal and atretic follicles. Anat. Rec. *112*, 37—59 (1952).
305. DAWSON, A. B. and M. MCCABE: The interstitial tissue of the ovary in infantile and juvenile rats. J. of Morph. *88*, 543—547 (1951).
306. DAWSON, A. B. and B. A. KOSTERS: Pre-implantation changes in the mucosa of the cat. Amer. J. Anat. *75*, 1 (1944).
306a. DEANESLEY, R.: The development and vascularization of the corpus luteum in the rabbit and mouse. Proc. Roy. soc. B. *107*, 60 (1930).
306b. DEANESLEY, R.: The reproductive processes of certain mammals VI. The reproductive cycle of the female hedgehog. Phil. Trans. B. *223*, 239 (1934).
306c. DEANESLY, R.: The reproductive processes of certain mammals. Part IX. Groeth and reproduction in the stoat (Mustela erminea). Philos. Trans. B. *225*, 459 (1935).
306d. DEANESLY, R.: The reproductive cycle of the golden hamster. Proc. Zool. Soc. Lond. A. *108*, 31 (1938).
306e. DEANESLY, R. und A. S. PARKES: The oestrous cycle in the grey squirrel (Sciurus carolinensis). Philos. Trans. *222*, 60 (1933).
307. DEFRISE, A.: Some observations on living eggs and blastulae of the albino rat. Anat. Rec. *57*, 239 (1933).
307a. DEMPSEY, E. W.: The reproductive cycle of the new world monkeys. Am. J. Anat. *64*, 381 (1939).
308. DEMPSEY, E. W.: Electron microscopy of the visceral yolksac epithelium of the guinea pig. Amer. J. Anat. *93*, 331—363 (1953).
309. DEMPSEY, E. W. und G. B. WISLOCKI: The structure of the ovary of the humpback whale (Megaptera nodosa). Anat. Rec. *80*, 243—257 (1941).
310. DEMPSEY, E. W. and G. B. WISLOCKI: Observations on some histochemical reactions in the human placenta with special reference to the significance of the lipoids, glycogen and iron. Endocrin *35*, (1944).
311. DEMPSEY, E. W. and G. B. WISLOCKI: Histochemical reactions associated with basophilia and acidophilia in the placenta and pituitary gland. Amer. J. Anat. *76*, 277—301 (1945).
312. DEMPSEY, E. W. and G. B. WISLOCKI: Histochemical contributions to physiology. Physiol. Rev. *26*, (1946).
313. DEMPSEY, E. W. and G. B. WISLOCKI: Further observations on the distribution of phosphatases in mammalian placentas. Amer. J. Anat. *80*, (1947).
314. DEMPSEY, E. W. and G. B. WISLOCKI: Electron microscopic observations on the placenta of the cat. J. Biophys. and Biochem. Cytol. *2*, 743—754 (1956).
315. DEMPSEY, E. W., G. B. WISLOCKI, C. AMOROSO: Electron microscopy of the pig's placenta with special reference to the cell membranes of the endometrium and Chorion. Am. J. Anat. *96*, 65—103 (1955).
316. DIBBLE, G. H. and C. M. WEST: A human ovum at the previllous stage. J. Anat. *75*, 269 (1941).
317. DIEFFENBACH, L.: Über die Semiplacenta diffusa incompleta von Dicotyles labiatus Cuv. Anat. Hefte *34*, 527—553 (1907).
318. DIEMER, I.: Über Tubenstumpfgravidität. Monatsschrft. Geburtsh. Gynaek. *57*, (1921).
319. DISSE, J.: Die Eikammer bei Nagern, Insectivoren und Primaten. Ergebn. Anat., vol. *15*, 530—580 (1905).
319a. DÖRING, H.: Beitrag zur Streitfrage über die Bildung des Corpus luteum. Anat. Anz. *16*, 299—301 (1899).
320. DOTT, H. M.: Dark-ground illumination of Ram spermatozoa. Nature *172*, 626 (1955).
321. DRIEUX, H. and G. THIERY: La placentation chez les mammifères domestiques. III. Placenta des Bovidés. Rec. méd. vét., Paris. 127/1. (1951).
322. DROOGLEVER FORTUYN, A. B.: Demonstratie van een dubbelmonstrum van Tursiops tursio. Hand. v. h. 17e ned. nat. geneesk. Congr. *229*, (1920).
322a. DUBREUIL, G.: Origine et nature des cellules folliculeuses et thécales des follicules de Graaf. C. r. soc. biol. Paris *136*, (1942).
322b. DUBREUIL, G.: De quelques caratères propres des corps gestatifs de la Femme. C. R. Soc. Biol., Paris*138*, 699 (1944).
323. DUBREUIL, G.: Les glandes endocrines de l'ovaire féminin. Leur variabilité, leurs variations d'après des observations morphologique personnelles. Gynék. Obstét. *49*/*2*, (1950).
323a. DUBREUIL, G. und M. RIVIÈRE: Morphologie et histologie des corps progestatifs corpsjaunesde l'ovaire féminin. Gynécologie *43*, 65, 97 and 130 (1946).
324. DUCKWORTH, W. L. H.: The histology of the early placenta of Macacus nemestrinus. Proc. Cambridge Phil. Soc., *14*, 299—312 (1907).
324a. DUESBERG, J.: Cytoplasmio structures in the seminal epithelium of the opossum. Contr. Embryol. *9*, 47—84 (1920).
325. DUKE, L. K.: Monozygotic twins in the dog. Anat. Rec. *94*, (1946).
326. DUMONT, M.: La glycérophosphatase alcaline du placenta. Bull. Féder. soc. gynek. et obst. *4*, (1952).
327. DUVAL, M.: Le placenta des Carnassiers. J. de l'Anat. Physiol. *29*, 249—340, *30*, 426—456. 663—729. *30*, 189—240. 649—715. vol. *31*, 38—80. (Hund und Katze).
328. DUVAL, M.: Les placentas discoidales en général à propos du placenta des rongeurs. C. R. soc. Biol. Paris ser. 8. *5*, 675—676 (1888).
329. DUVAL, M.: Le placenta des rongeurs: Le placenta du lapin. J. de l'Anat. et de Physiol. *25*, 309—342, 573—627, vol. *26*, 1—48. 273—344, 521—592 (1889 u. 1890).
330. DUVAL, M.: Le placenta des rongeurs III. Le placenta de la souris et du rat. J. de l'Anat. et de Physiol. *27*, 24—73. 344—395. 515—612 (1891).
331. DUVAL, M.: Le placenta des rongeurs III. Le placenta du cochon d'Inde. J. de l'Anat. et de Physiol. *28*, 57—98, 333—452 (1892).
332. DUVAL, M.: Études sur l'embryologie des Chéiroptères. J. de l'Anat., et de la Physiol. vol. *31*, 93—160, 427—474; *32*, 105—164, 420—454; *33*, 1—31 (1894, 1895, 1896).
333. DUVAL, M.: Sur la vésicule ombilicale du murin. C. R. Acad. des Sciences, Paris. *124*, 1252—1254 (1897).
334. EARN, A. A. and D. NICHOLSON: The placental circulation maternal and fetal. Am. J. Obst. Gyn. *63*, (1952).
335. EDEL, V.: Les facteurs nutritionnels dans l'étiologie des malformations congénitales. I. Les avitaminoses. Pédiatrie *4*/*5*, (1949).
336. EFIMOVA, S.: Einige Faktoren, welche das Einheilen und die Funktionen des Ovars nach Homoplastik bei Ratten verursachen. Dok. Akad. Nauk. Moskau *84*, 385—388 (1953).
337. EISENTRAUT, M.: Beobachtung über Begattung bei Fledermäusen im Winterquartier. Zool. Jb. Abt. Syst. Ökol. *73*, 3 (1949).
338. ELDER, J. H., C. G. HARTMANN and C. H. HEUSER: A ten and one half day chimpanzee embryo „Yerkes A". J. Amer. med. ass. *111*, 1156—1159 (1938).
339. ELERT, R.: Der Mechanismus der Eiabnahme im Laparoskop. Zbl. Gynaek. *69*, 38—43 (1947).
340. EMMERT, L. A.: Morphological and histochemical observations of placentation in the cotton rat, Sigmodon hispidus hispidus. Anat. Rec. *124*, 285 (1956).
341. ENDERS, A. C.: Histological observations on the chorio-allantoic placenta of the mink. Anat. Rec. *127*, 231—246 (1957).
342. ENDERS, R. K., O. P. PEARSON, A. K. PREASON: Certain aspects of reproduction in the fur seal. Anat. Rec. *94*, 2 (1946).
343. ENGLE, E. T.: Pregnancy following super-ovulation in the mouse. Proc. Soc. Exp. Biol. N. Y. *25*, 84—85 (1927).
344. EVANS, E. I.: Transport of spermatozoa in the dog. Am. J. Physiol. *105*, (1933).
345. EVANS, E. I. and F. W. MILLER: An unfertilized tubal ovum in the cow. Anat. Rec. *62*, 25 (1935).
346. EVANS, H. M. and H. H. COLE: An introduction to the study of the oestrous cycle in the dog. Mem. Univ. Calif. *9*, 65 (1931).
347. EVANS, H. M. and O. SWEZY: The chromosomes in man, sex and somatic. Mem. Univ. Calif. *9*, 1—64 (1929).
348. EVANS, H. M. and O. SWEZY: Ovogenesis and the normal follicular cycle in adult mammalia. Mem. Univ. Calif. *9*, 119—188 (1931).
349. EVERETT, J. W.: Morphological and physiological studies of the placenta in the albino rat. J. exp. Zool. *70*, 243—285 (1935).
350. EVERETT, N. B.: The origin of ova in the adult opossum. Anat. Rec. *82*, (1942).
351. EVERETT, N. B.: Observational and experimental evidences relating to the origin and differentiation of the definitive germ cells in mice. J. exp. Zool. *92*, 49—78 (1943).
352. EVERETT, N. B.: The present status of the germ cell problem in vertebrates. Biol. Rev. *20*, (1945).
353. EVERETT, N. B. and R. J. JOHNSON: The use of radioactive phosphorus in studies of fetal circulation. Anat. Rec. *103*/*3*, (1949).
354. EWART, J. C.: The fecundity and placentation of the Shanghai River deer. J. Anat., Lond. *12*, 225—228 (1878).
355. EWART, J. C.: A critical period in the development of the horse. London (1898).
356. EWART, J. C.: Studies on the development of the horse. I. Development during the 3 d week. Trans. Roy. Soc. Edinb. *51*, 287—329 (1915).
357. FABER, V.: Beobachtungen an einem etwa 2 Wochen alten menschlichen Ei. Z. mikrosk. anat. Forsch. *48*, 375—386 (1940).
358. FAHRENHOLZ, C.: Ein junges menschliches Abortivei. Z. mikr. anat. F. *8*, 250—324 (1927).

359. FAWCETT, D. W.: The development of mouse ova under the capsule of the kidney. Anat. Rec. *108/1*, 71—91 (1950).
360. FAWCETT, D. W., G. B. WISLOCKI, C. M. WALDO: The developnent of mouse ova in the anterior chamber of the eye and in the abdominal cavity. Amer. J. Anat. *81*, 413—432 (1947).
360a. FEKETE, E., C. C. LITTLE: Observations on the mammary tumour incidence of mice born from transferred ova. Anat. Rec. *98*, 409—415 (1947).
361. FELIX, W.: Die Entwicklung der Harn- und Geschlechtsorgane. In Handb. d. Entwgsch. Keibel-Mall 732—955. Leipzig (1911).
362. FELLERund STERNBERG: Über Sirenenbildung. Frankf. Z. f. Pathol. *47*, 98 (1934).
363. FEREMUTSCH, K.: Der praegravide Genitaltrakt und die Praeimplantation. Rev. Suisse Zool. *55*, 567—622 (1948).
364. FEREMUTSCH, K. und F. STRAUSS: Beitrag zum weiblichen Genitalzyklus der madagassischen Centetinen. Rev. Suisse Zool. 56 suppl. *1*, 1—110 (1949).
365. FERNANDEZ, M.: Beiträge zur Embryologie der Gürteltiere. I. Zur Keimblätterinversion und spezifische Polyembryonie der Mulita (Tatusia hybrida Desm.). Morphol. Jb. *39*, 302—333 (1909).
366. FERNANDEZ, M: Zur Anordnung der Embryonen und Form der Placenta bei Tatu (Tatusia novemcincta). Anat. Anz. *46*, 253—258 (1914).
367. FERNANDEZ, M.: Die Entstehung der Einzelembryonen aus dem einheitlichen Keim beim Gürteltier, Tatusia hybrida Desm. 9th Congrès internat. de Zool., Monaco, 401—414 (1914).
368. FERNANDEZ, M.: Die Entwicklung der Mulita. Revista d. Museo de la Plata, vol. *21*, 1—519 (1915).
369. FERNANDEZ, M.: Über einige Entwicklungsstadien des Peludo (Dasypus villosus) und ihre Beziehung zum Problem der spezifischen Polyembryonie des Genus Tatusia. Anat. Anz., *48*, 306—327 (1915).
370. FETZER, M.: Über ein durch Operation gewonnenes menschliches Ei. Verh. Anat. Ges. Brüssel 116—126 (1910).
371. FIORENTINI: Alcune osservazioni istologische interno ai cotiledoni dell'utero dei bovini. Clin. vet. (1896).
371a. FISCHEL, A.: Über Variabilität und Wachstum des embryonalen Körpers. Morph. Jahrb. 24, 369—404 (1896).
372. FISCHEL, A.: Entwicklung des Menschen. Wien, Berlin. 1929.
373. FISCHER, E.: Beiträge zur Anatomie der weiblichen Urogenitalorgane des Orang-Utan. Morph. Arb. *8*, 153—218 (1898).
374. FLEAY, D.: New facts about the family life of the Australian Platypus. Zoo Life *5*, 2 (1950).
375. FLEISCHMANN, A.: Mittelblatt und Amnion der Katze. Erlangen Diss. (1887).
376. FLEISCHMANN, A.: Entwicklung und Struktur der Placenta bei Raubtieren. Sitzungsber. k. preuß. Akad. Wiss. Berlin 661—670 (1891).
377. FLEISCHMANN, A.: Der einheitliche Plan der Placentarbildung bei Nagetieren. Sitzungsber. preuß. Akad. Wiss. Berlin 445—457 (1892).
378. FLEISCHMANN, A.: Embryologische Untersuchungen. Die Morphologie der Placenta bei Nagern und Raubtieren. Wiesbaden *3*, 153—213 (1893).
379. FLEMMING, W.: Beiträge zur Kenntnis der Zelle und ihrer Lebenserscheinungen 2. Arch. mikr. Anat. *18*, 151—259 (1880).
380. FLEXNER, L. B. and A. GELLHORN: Comparative physiology of placental transfer. Amer. J. Obstetr. Gynec. *43*, 965 (1942).
381. FLORIAN, J.: Die Entwicklung des Blastoporus beim Menschen. Verh. Anat. Ges. Milano 3—4 (1936).
382. FLORIAN, J.: The formation of the connecting stalk and the extension of the amniotic cavity towards the tissue of the connecting stalk in young human embryos. J. Anat. *64*, 454—476 (1930).
383. FLYNN, T. T.: The phylogenetic significance of the marsupial allanto-placenta. Proc. Linn. Soc. N. S. Wales, *47*, 541—544 (1922).
384. FLYNN, T. T.: The yolk-sac and allantoic placenta in Perameles. Quart. J. Mic. Sci., *67*, 123—183 (1923).
385. FLYNN, T. T.: The uterine cycle of pregnancy and pseudopregnancy as it is in the diprotodont marsupial, Bettongia cuniculus. Proc. Linn. soc. N. S. Wales, *55*, 506—531 (1930).
386. FLYNN, T. T.: On the unsegmented ovum of Echidna. Quart. J. mic. sci. *74* (1930).
387. FLYNN, T. T. and J. P. HILL: The development of the Monotremata IV. Growth of the ovarian ovum, maturation, fertilization and early clevage. Transact. zool. Soc. London. *24*, 445—622 (1939).
388. FLYNN, T. T. and J. P. HILL: The later stages of cleavage and the formation of the primary germ layers in the Monotremata. Proc. Zool. Soc. London. A *111*, 233—253 (1942).
389. FLYNN, T. T. and J. P. HILL: The development of the Monotremata part VI. The later stages of cleavage and the formation of the primary germ layers. Trans. zool. Soc. *26*. I. (1947).
390. FOLEY, R. C., R. REECE and J. H. LEATHAM: Histochemical observations of the bovine uterus, placenta and corpus luteum during early pregnancy. J. anim. sci. *13* (1954).
391. FOLEY, R. C. and R. P. REECE: Histological studies of the bovine uterus, placenta and corpus luteum. Agric. Exp. Stat. Univ. Massach. Bull. Nr. 468. *62* (1953).
392. FOLK, jr.: The longvity of sperm in the female bat. Anat. Rec. *76*, (1940).
393. FOOTE, CH. L., W. P. NORMAN, F. M. FOOTE: Formation of the extraembryonic cavities of the Hamster. Am . J. Anat. *95*, 291—307 (1954).
394. FORBES, TH. R.: The origin of Freemartin. Bull. of the History of Med. *20* (1946).
395. FOTHERGILL, W. E.: Decidual Cells. Ddin. Med. J. *5*, 265 (1899).
396. FRÄDRICH, G.: Beitrag zur Frage der Sirenenbildung. Virchows Arch. 297. *3*, 485 (1936).
396a. FRAENKEL, L. und F. COHN: Experimentelle Untersuchungen über den Einfluß des Cprus luteum auf die Insertion des Eies. Anat. Anz. *20*, 294—300 (1902).
397. FRANCK, L.: Accessorische Placenten beim Rinde. Dtsch. Z. f. Tiermed. u. vergl. Pathol. Bd. 1. (1875).
398. FRANCOIS, R.: Les facteurs nutritionnels dans l'étiologie des malformations congénitales. II. Les carences alimentaires extravitaminiques. Pédiatrie *4/5* (1949).
399. FRANKENBERGER, Z.: Pupecnik gorily (Nabelstrang des Gorilla). Bratislavske lekars. List. *9*, 728—732 (1929).
400. FRANKLIN, K. J.: The foetal circulation. In Barclay, A. E., Franklin, K. J. and Prichard, M. L. Oxford (1944).
401. FRANKLIN, K. J., A. E. Barclay and M. M. L. PRICHARD: The circulation in the foetus. Oxford 1949.
402. FRECHKOP, S.: Le placenta du daman et la valeur systématique de cet organ. Ann. soc. roy. zool. Belg. *72*, 150—156 (1941).
403. FRIEDHEIM, ERNST A. H.: Die Züchtung von menschlichen Chorionepithel in vitro, ein Beitrag zur Lehre vom Chorionepitheliom. Virchows Archiv path. Anat. *272*, 1 (1929).
404. FRIEDLÄNDER, M. H. G.: Observations on the structure of human spermatozoa. Proc. roy. Sov. B *140*, 60—69 (1952/53).
405. FRIEDLÄNDER, M. H. G. and M. J. FRASER: Cytochemical reactions of ram spermatozoa. Exper. Cell. Res. *3*, 462—474 (1952).
405a. FROBÖSE, H.: Beiträge zur mikroskopischen Anatomie des Kaninchenuterus I. Die einkernigen Riesenzellen in der Obplacenta und über die „glande myométriale endocrine". Z. mikr. anat. Fg. *23*, 121 (1931).
406. FRÖHLICH, K.: Experimentelle Erzeugung von Sirenen beim Hühnchen und Bemerkungen zur sekundären Körperentwicklung. Roux Arch. *134*, 348 (1936).
407. FROMMEL, R.: Über die Entwicklung der Placenta von Myotis murinus, ein Beitrag zur Entwicklung der diskoidalen Placenta. Wiesbaden (1888).
408. FROMMOLT, G.: Untersuchungen an Makaken. I. Mitt. Der Makakenuterus am Ende der Gravidität. Zbl. Gynaek. *55*, *2*, 1768—1775 (1931).
409. FROMMOLT, G.: Über die Makakusplacenta. Z. Geburtsh. Gyn. *100*, 168—170 (1931).
410. FÜRST, K. M.: Über die Entwicklung der Samenkörperchen bei den Beuteltieren. Arch. mikr. Anat. *30*, 336 (1887).
411. FÜRST, K. M.: Bidrag till kännedomen om sädeskropparns struktur och utveckling. Nord. med. Ark. *19* (1887).
412. GAILLARD, P. J.: Sex cell formation in explants of the foetal human ovarian cortex L. II. Proc. Koninkl. Akad. v. Wetensch. Amsterdam sec. sci. *53*, pp. 1300 und 1337 (1950).
413. GARDE, M. L.: The ovary of Ornithorhynchus, with special reference to follicular atresia. J. Anat. *64* (1930).
414. GARROD, A. H.: Note on the placenta of the Hippopottamus. Proc. zool. soc. London. 821—822 (1872).
415. GARROD, A. H.: Notes on the visceral anatomy and osteology of the ruminants, with a suggestion regarding a method of expressing the relations of species by means of formulae. Proceed. Zool. Soc. London (1877).
416. GARROD, A. H. and W. TURNER: On the gravid uterus and placenta of Hyomoschus aquaticus. Proc. zool. soc. London, 682—686 (1878).
417. GATENBY, J. B.: Some notes on the gametogenesis of Ornithorhynchus paradoxus. Quart. J. mic. sci. *66*, (1922).
418. GATENBY, J. B. and J. P. HILL: On an ovum of Ornithorhynchus exhibiting polar bodies and polyspermy. Quart. J. mic. Sci. *68*, 229 (1924).
419. DE GEETER, L.: Études sue la structure de l'oeuf vierge et les premiers stades du développement chez le Cobaye et le Lapin. Arch. biol. *65*, 363—436 (1954).
420. VAN GELDEREN, C.: Über die zeitliche Folge der Entstehung der Dotter- und Placentarkreisläufe bei Primaten. Zool. Anz. *66*, 103—114 (1926).
421. GEORGE, W. C.: A presomite human embryo with chorda canal and prochordal plate Contrib. Embryol. *30*, 1—7 (1942).
422. GÉRARD, P.: Contribution à l'étude de l'ovaire des mammifères. L'ovaire de Galago mossambicus YOUNG. Arch. Biol. *30*, 357—392 (1920).
423. GÉRARD, Pol.: Étude sur les modifications de l'utérus pendant la gestation chez Nasilio brachyrhynchus (Smith). Arch. de biol. vol. *33*, 197—227 (1923).
423a. GÉRARD, P.: Recherches morphologiques et expérimentales sur la vésicule ombilicale des Rongeurs à feuillets inversés. Arch. Biol. *35* (1926).

424. Gérard, Pol.: Contriburions à l'étude morphologique de la vésicule ombilicale chez les Chéiroptères (Vesperugo noctula Schreib.). Arch. de biol., vol. 38, 203—218 (1928).
425. Gérard, Pol.: Recherches histologiques sur les annexes foetales des Chéiroptères (Vesperugo noctula, Schreib.). Arch. de biol. 38, 327—354 (1928).
426. Gérard, P.: Contribution à l'étude de la placentation chez les lémuriens à propos d'une anomalie da la placentation chez Galago Demidoffi (Fisch.). Arch. Anat. micr. 25, 56—68 (1929).
427. Gérard, P.: Sur l'histophysiologie des annexes foetales des mammifères. Biol. Rev. 5, 114—125 (1930).
428. Gérard, P.: Les stades précoces de l'ontogénèse chez Galago Demidoffi et le problème de mésoblaste primitif chez l'embryon humain. Bull. Acad. Méd. Belg. 11, 662—682 (1931).
429. Gérard, P.: Études sur l'ovogenèse et l'ontogenèse chez les Lemuriens du genre Galago. Arch. de biol., vol. 43, 93—151 (1932).
429a. Gerebtzoff, M. A.: Nouvelles recherches histochimiques sur l'acétylcholinestérase dans le placenta de cobaye. Ann. Histochim. 2, 3—13 (1957).
430. Gersh, I.: The correlation of structure and function in the developing mesonephros and metanephros. Contr. Embryol. Carneg. Inst. 26, 33 (1937).
431. Gervais, H.: Sur un utérus gravide de Pontoporia Blainvillei. C. rend acad. sci. Paris 97, 760 (1883).
432. Gey, G. O., G. E. Seegar Jones & L. M. Hellman: The production of a gonadotropic substance (prolan) by placental cells in tissue culture. Science, 88, 306 (1938).
433. Ghindi, G. M.: Feti di mammiferi. Missione Biologica Sagan-Omo. R. Accad. d'Italia Zool. I. 83—117 (1943).
434. Gilchrist, F. und G. Pincus: Living rat eggs. Anat. Rec. 54, 275—287 (1932).
435. Gilbert, Ch. and Ch. H. Heuser: Studies in the development of the baboon (Papio ursinus). A description of two presomite and two late somite stage embryos. Contrib. Embryol. 35, 11—54 (1954).
436. Gillman, J.: The lipines in the human endometrium during the menstrual cycle and pregnancy and their relations to the metabolism of oestrogen and progestogen. S. Afr. J. med. Sci., 6, 59 (1941).
437. Gillman, J.: The development of the gonads in man, with a consideration of the rôle of the fetal endocrines and the histogenesis of ovarian tumors. Contrib. to Embryol. 32, 81—131 (1948).
438. Giroud, A.: Malformations embryonnaires d'origine carentielle. Biol. Rev. 29, 220—250 (1954).
439. Giroud, A.: Les malformations congénitales et leurs causes. Biol. Méd. 44, 1—86 (1955).
440. Giroud, A., J. Lefebvres et H. Prost: Anomalies des membres chez le foetus de rat par carence en riboflavine. Arch. Anat. micr. et de Morph. gén. 42, 41—48 (1953).
441. Giroud, A., J. Lefebvres, H. Prost et R. Dupuis: Malformations des membres dues á des lésions vasculaires chez le foetus de rat déficient en acide pantothénique. J. Embryol. exp. Morph. 3, 1—12 (1955).
442. Giroud, A. et M. Martinet: Hydramnios et Anencéphalie. Gynéc. et Obst. 54, 391—399 (1955).
443. Giroud, A. et M. Martinet: Hypervitaminose »A« et malformations congénitales. Sém. des Hopitaux 32, 1—6 (1956).
444. Glatthaar, E. und G. Töndury: Untersuchungen an Rubeolaerkrankung der Mutter in der Frühschwangerschaft. Gynaecologia, Basel 129, 315 (1950).
445. Gloor, H. und H. R. Schinz: Kurze Einführung in die allgemeine Mißbildungslehre. D. med. Wochenschft. 75. 911—918 (1950).
446. Glueckssohn-Schoenheimer, S.: The effects of a lethal mutation responsible for duplications and twinning in mouse embryos. J. exp. zool. 110, 47 (1949).
447. Glueckssohn-Schoenheimer, S. and L. C. Dunn: Sirens, aprosopi and intestinal abnormalities in the house mouse. Anat. Rec. 92, 201 (1945).
448. Godet, R.: Greffes de sinus uro-génital d'embryons de lapins dans la chambre antérieur de l'oeil. C. r. soc. Biol (Paris) 145 (1951).
448a. Göhre, R.: Keimbildung des Kalong (Pteropus edulis) Selenkas Stud. Entw. Wiesbaden 5, 209—217 (1892) und Dottersack und Placenta von Pteropus edulis dto. pp. 218—233.
448b. Goerling, A.: Western Mail (Perth) for 3. January 1913, zit. nach Troughton, E. Furred animals of Australia, Sydney London (1954).
449. Goetz, R. H.: Studien zur Placentation der Centetiden I. Eine Neu-Untersuchung der Centetesplacenta. Z. Anat. Entwg. 106, 315—342 (1936).
450. Goetz, R. H.: Studien zur Placentation der Centetiden II. Die Implantation u. Frühentwicklung von Hemicentetes semispinosus (Cuvier). Z. Anat. Entwg. 107, 274—318 (1937).
451. Goetz, R. H.: Studien zur Placentation der Centetiden. III. Die Entwicklung der Fruchthüllen und der Placenta bei Hemicentetes semispinosus (Cuvier). Z. Anat. u. Entwg. Bd. 108, 161—200 (1938).
452. Goetz, R. H.: On the early development of the Tenrecoidea (Hemicentetes semispinosus). Biomorphosis 1, 67—79 (1939).
454. Goldmann, E. E.: Neue Untersuchungen über die äußere und innere Sekretion des gesunden und kranken Organismus im Lichte der »Vitalen Färbung«. Beitr. klin. Chir., 64, 192 (1912).
455. Goldschmidt, R.: Die sexuellen Zwischenstufen. Berlin 1931.
456. Goldstein, S. R.: A note on the vascular relations and areolae in the placenta of the pig. Anat. Rec. 34, 25—36 (1926).
457. Gopalakrishna, A.: Studies on the embryology of Microchiroptera. I. Reproduction and breeding season in the South Indian Vespertilionid bat Scotophilus wroughtoni (Thomas). Proc. Indian, Acad. Sci. 25. B. (1947).
458. Gopalakrishna, A.: Studies on the embryology of Microchiroptera II. Reproduction in the male vespertilionid bat Scotophilus wrougthoni (Thomas). Proc. Ind. Acad. Sci. 27. B. (1948).
459. Gopalakrishna, A.: Studies on the embryology of microchiroptera. Part III. The histological changes in the genital organs and accessory reproductive structures during the sexcycle of vespertilionid bat Scotophilus wroughtoni (Thomas). Proc. Indian Acad. Sci. Sect. B. 30 (B w B 70/3—4) (1949).
460. Gopalakrishna, A.: Studies on the embryology of Microchiroptera p. IV. An analysis of implantation and early development in Scotophilus wroughtoni (Thomas). Proc. Indian Acad. Sci.
461. Gopalakrishna, A.: Studies on the embryology of Microchiroptera p. V. Placentation in the Vespertilionid bat Scotophilus wroughtoni (Thomas). Proc. Indian Acad. Sci. 31 (1950).
462. Gopalakrishna, A.: Studies on the embryology of Microchiroptera part VI. Structure of the placenta in the Indian vampire bat Lyroderma lyra lyra (Geoffroy) (Megadermatidae). Proc. Nat. Inst. of sciences of India 16. No. 2, (1950).
463. Gopalakrishna, A.: Observations on the breeding habits and ovarian cycle in the Indian sheath-tailed Bat, Taphozous longimanus (Hardwicke). Proc. Nat. Inst. Sci. India, 21, 29—41 (1955).
464. Goss, L. W.: The early diagnosis of free-martin. North. Amer. Vet. 31/10 (1950).
464a. Graeper, L.: Die Primitiventwicklung des Hühnchens Roux Arch. 116 (1929).
465. Gramiccia, G. and F. Navazio: Sulla possibile sopravvivenza di tessuto placentare umano su membrana corion-allantoidea di pollo. R. C. Ist. sup. San. 13/5 (1950).
466. Grant, R.: The pigmentation of the uterine muscosa in ewe. Vet. J. 89, 271 (1933).
467. Graumann, W.: Die Histotopik von Polysaccharidverbindungen während der Eiimplantation. Verh. Anat. Ges. 50. Vers. Marburg (1952).
468. Graves, A. P.: Development of the golden hamster Cricetus auratus Waterhouse during the first 9 days. Am. J. Anat. 77, 219—251 (1945).
469. Green, H. L. H. H.: A description of the egg tooth of Ornithorhynchus, together with some notes on the development of the palatine processes of the premaxillae. J. Anat. Lond. 64 (1930).
470. Green, H. L. H. H.: The development and morphology of the teeth of Ornithorhynchus. Phil. Trans. 228 (1937).
471. Green, S. H. and S. Zuckermann: The number of oocytes in the mature rhesus monkey (Macaca mulatta). J. of Endocrin. 7 (1951).
472. Green, W. W. and L. M. Winters: Cleavage and attachment stages of the pig. J. Morph. 78, 305 (1946).
473. Gregory, P. W.: The early embryology of the rabbit. Contr. Embryol. Carneg. Inst. 21, 141 (1930).
474. Gregory, W. K.: Evolution emerging I, II. New York (1951).
475. Gresson, R. A. R.: Cytoplasmic inclusions and nucleolar phenomena during cogenesis of the mouse. Quart. J. micr. sci. 75, 4 (1933).
476. Gresson, R. A. R.: A cytological study of the centrifuged oocyte of the mouse. Quar. J. micr. sci. 87, 369 (1940).
477. Gresson, R. A. R.: A study of the cytoplasmic inclusions during maturation, fertilization and the first clevage division of the egg of the mouse. Quart. J. micr. sci. 82, 35 (1941).
478. Gresson, R. A. R.: The structure and formation of mammalian spermatozoon. Cellule 54, 79—102 (1951).
479. Greulich, W. W.: Artificially induced ovulation in the cat (Felis domesticus). Anat. Rec. 58, 217 (1934).
480. Grobstein, C.: Behavior of the mouse embryonic shield in plasma clot culture. J. Exp. Zool. 115 (1950).
481. Grobstein, C.: Intra-ocular growth and differentation of the mouse embryonic shield implanted directly and following in vitro cultivation. J. Exp. Zool. 116, 501—525 (1951).
482. Grobstein, C.: Intra-ocular growth and differentiation of clusters of mouse embryonic shields cultured with and without primitive endoderm and in the presence of possible inductors. J. of Exp. Zool. 119, 355—379 (1952).
483. Grosser, O.: Vergleichende Anatomie und Entwicklungsgeschichte der Eihäute und der Placenta. Wien. Leipzig (1909).
484. Grosser, O.: Zur Kenntnis der Trophoblastschale bei jungen menschlichen Eiern. Z. Anat. 66, 179—198 (1922).
485. Grosser, O.: Junge menschliche Embryonen der dritten und vierten Woche. Ergeb. Anat. 25, 391—447 (1924).

**486.** Grosser, O.: Frühentwicklung, Eihautbildung und Placentation des Menschen und der Säugetierte. Dtsche Frauenhlkde *5*, 1—454 (1927).
**487.** Grosser, O.: Die systematische Stellung der menschlichen Placenta und deren biologische Bedeutung. Med. Klin. *24*, 20—22 (1928).
**488.** Grosser, O.: Die Placenta von Centetes und ihre Lehren betreffs der Stoffaufnahme in den Placenten. Zs. f. Anat. u. Entwgesch. *88*, 509—521 (1928).
**489.** Grosser, O.: Über die Bedeutung des intervillösen Raumes. Arch. Gynäk. *137*, 681—689 (1929).
**490.** Grosser, O.: Human and comparative placentation. The Lancet, *224*, 1—8 (1933).
**491.** Grosser, O.: Über vergleichende Anatomie und Phylogenese der Placenta. Verh. Anat. Ges. 43. Vers. Jena (1935).
**491a.** Grosser, O.: Entwicklungsgeschichtliche Grundlagen. amniotischer Mißbildungen. Verh. Deutsch. pathol. Ges. (1938)
**492.** Grosser, O.: Die Herkunft des Mesoderms beim Menschen. Z. mikrosk. anat. F. *46*, 640—654 (1939).
**493.** Grosser, O.: Die Wahrung der Eigenart von Mutter und Kind bis zur Geburt. Forsch. Fortschr. *16*, 34 (1940).
**494.** Grosser, O.: Jüngste menschliche Embryonen. Wien. Klin. Woschr. *54*, 1—5 (1941).
**495.** Grosser, O.: Zur Frage der Abstammung der Säugetiere. Ergeb. Anat. *33*, 1—30 (1941).
**495a.** Grosser, O.: Entwicklungsgeschichte des Menschen von der Keimzelle bis zur Ausbildung der äußeren Körperform. Vergl. und menschl. Placentation. In Seitz Amreich. Biol. u. Pathol. d. Weibes 2. Aufl. *7*, 1. Berlin, Wien (1942).
**496.** Grosser, O.: Zur Kenntnis des Synzytiums in der menschlichen Placenta. Abh. dtsch. Akad. Wiss. Prag math. naturw. Kl. H. *12*, 1—7 (1943).
**496a.** Grosser, O. Gastrulation und Primitivstreifenbildung bei der Ringelnatter. Abh. Deutsch. Akad. W. Prag, Math. Natw. Kl. *10*, 1—19 (1943).
**497.** Gruber, G. B.: Die Entwicklungsstörungen der menschichen Gliedmaßen in Schwalbe, Morph. der Mißbildungen der lMenschen und der Tiere III. 1. K. 7. 271—328.
**498.** Grünwald, P.: Die Entstehung der sog. Eventration und der Sympodie, erörtert an Hand eines fehlgebildeten 19 mm langen menschlichen Embryo. Zieglers Beiträge path. Anat. *97*, 3 (1936).
**499.** Gruner, W.: Die 10 ersten Lebenstage des menschlichen Eies. Zbl. Gynaek. *67*, 693—720 (1943).
**500.** Guggisberg, H. und W. Neuweiler: Über Züchtungsversuche der menschlichen Placenta in vitro. Zbl. Gynaek. *50* (1926).
**501.** Guldberg, G. A.: Beitrag zur Kenntnis des Eierstockeies bei Echidna. Jen. Z. Med. Nat. (1885).
**502.** Guldberg, G. and F. Nansen: On the development and structure of the Whale p. I. On the development of the Dolphin. Bergens Mus. *5* (1894).
**503.** Gurwitsch, A.: Die histologischen Grundlagen der Biologie. Jena 1930.
**504.** Guthmann, H. und K. H. Henrich: Der Arsengehalt der Uterusschleimhaut und des Blutes. Arch. Gynaek. *172*, 380—391 (1941).
**505.** Guthrie, M. J.: Reproductive cycles of some cave bats. J. Mammal. *14*, 199—215 (1933).
**506.** Guthrie, J. M. and K. R. Jeffers: The ovaries of the bat Myotis lucifugus lucif. after injection of hypophyseal extract. Anat. Rec. *72*, 11—36 (1938).
**507.** Guthrie, M. J. and K. R. Jeffers: Growth of follicles in the ovaries of the bat Myotis lucifugus lucifugus. Anat. Rec. *71*, 477—496 (1938).
**508.** Guthrie, M. J. and K. R. Jeffers: A cytological study of the ovaries of the bats Myotis, lucifugus and Myotis grisescens. J. Morph. *62*, 523—557 (1938).
**509.** Guthrie, J. M., K. R. Jeffers and E. W. Smith: Growth of follicles in the ovaries of the Myotis grisescens. J. Morph. 88, 127—144 (1951).
**510.** Haacke, W.: Exhibit of egg-shells of Echidna. Trans. Proc. roy. soc. S. Austr. (1884).
**510a.** Haeckel, E.: Generelle Morphologie der Organismen I, II. Berlin (1866).
**510b.** Halban, J.: Die innere Sekretion von Ovarium und Placenta und ihre Bedeutung für die Funktion der Milchdrüse. Arch. Gynaek. *75*, 426 (1905).
**510c.** Hale, F.: Pigs born without eyballs. J. Hered. *24*, 105—106 (1933).
**510d.** Hale, F.: The relation of Vitamin A deficiency to anophthalmos in pigs. Am. J. Ophth. *18*, 1087 (1935).
**510e.** Hale, F.: Relation of maternal Vitamin A deficiency to microphthalmia in pigs. Texas State J. Med. *33*, 228 (1937).
**511.** Hall, V. E. & G. N. Pierce: Litter size, birth weight and growth to weaning in the cat. Anat. Rec. *60*, 111 (1934).
**512.** Hamburgh, M.: Malformations in mouse embryos induced by trypan blue. Nature (Lond.) *169* (1952).
**513.** Hamilton, W. J.: The early stages in the development of the ferret. Fertilization to the formation of the prochordal plate. Transact. Roy. soc. Edinburgh *58*, 251—278 (1934).
**514.** Hamilton, W. J.: The early stages in the development of the ferret. The formation of the mesoblast and notochord. Trans. roy. sec. Edinburgh *59* (1937).
**515.** Hamilton, W. J.: Phases of maturation and fertilization in human ova. J. Anat. *78* (1944.)
**516.** Hamilton, W. J.: Early stages of human development. Ann. Roy. Coll. of Surgeons of England, London *4*, *5* (1949).
**517.** Hamilton, W. J. and J. D. Boyd,: Observations on the human placenta. Proc. R. Soc. Med. 44/6 1951.
**518.** Hamilton, W. J., J. D. Boyd, H. W. Mossman: Human Embryology. Baltimore 1952.
**519.** Hamilton, W. J., J. D. Boyd and D. M. Samuel: Observations on blastocysts and chorionoc vesicles of the sheep. J. Anat. Lond., Proc. Anat. Soc. of G. B. and N. I. (1943).
**520.** Hamilton, W. J. and F. T. Day: Cleavage stages of the ova of the horse with notes on ovulation. J. Anat. *78*, (1944).
**521.** Hamilton, W. J. and R. J. Harrison: Placentation in Père David's deer, Elaphurus davidianus. Nature, Lond., *167*, 443 (1951).
**522.** Hamilton, W. J. and J. A. Laing: Development of the egg of the cow up to the stage of blastocyst formation. J. Anat. *80*, 4 (1946).
**523.** Hamilton, W. J. and D. M. Samuel: The early development of the golden Hamster (Cricetus auratus). J. Anat. *90* 395—416 (1956).
**523a.** Hamlett, G. W. D.: The reproduction cycle in the armadillo. Z. wiss. Zool. *141*, 143 (1932).
**524.** Hamlett, G. W. D.: Implantation und Embryonalhüllen bei zwei südamerikanischen Fledermäusen. Anat. Anz. *79*, 146—149 (1934).
**524a.** Hamlett, G. W. D.: Delayed implantation and discontinous development in the mammals. Quart. Rev. Biol. *10*, 432 (1935).
**525.** Hamlett, G. W. D.: Notes on the embryology of a phyllostomid bat. Amer. J. Anat. *56*, 327—353 (1935).
**526.** Hamlett, G. W. D.: The occurence of hippomanes within the yolk sac of lemurs. Anat. Rec. *62*, 279—289 (1935).
**527.** Hamlett, G. W. D.: Positive Friedmann tests in the pregnant Rhesus monkey Macaca mulatta. Amer. J. Physiol. *118*, 664—666 (1937).
**528.** Hamlett, G. W. D. and G. B. Wislocki: A proposed classification for types of twins in Mammals. Anat. Rec. *61*, 81—96 (1934).
**529.** Hammen, R. and J. Schultz-Larsen: The construction of galea capitis in human sperm. Ann. Obstetr. *78*, 154—165 (1956).
**530.** Hammond, J.: The physiology of reproduction in the cow. Cambridge (1927).
**531.** Hammond, J. and F. H. A. Marshall: Reproduction in the rabbit. Edinburgh London (1925).
**532.** Hammond, J. and F. H. A. Marshall: Oestrus and pseudopregnancy in the ferret. Proc. Roy. Soc., *105*, 607 (1930).
**533.** Hansson, A.: The physiology of reproduction in the mink (Mustela vison Schreb.) with special reference to delayed implantation. Acta Zool. *28*, 1—136 (1947).
**534.** Hara, N.: V-t curves of uterine muscle of the rat. Dobutsugaku Zasshi Tokyo *62*, 314—317 (1953).
**534a.** Hard, W.: A histochemical and quantitative study of phosphatase in the placenta and fetal membranes of the guinea pig. Am. J. Anat. *78*, 47 (1946).
**535.** Harms, J.: Körper und Keimzellen I. II. Berlin (1926).
**535a.** Harrison, R. J.: The early development of the corpus luteum in the mare. J. Anat. Lond. *80*, 160 (1946).
**535b.** Harrison, R. J.: The development and fate of the corpus luteum in the vertebrate series. Biol. Rev. *23*, 296—331 (1948).
**536.** Harrison, M. L.: Cyclic changes in the uterine mucosa of balaenopterid whales. J. Anat. *82*, 4 (1948).
**537.** Harrison, R. J.: The changes occuring in the ovary of the goat during the oestrous cycle and in the early pregnancy. J. Anat. Lond. *82*, 21 (1948).
**538.** Harrison, R. J.: Multiovular follicles in the ovaries of lower primates. Nature *164* (1949).
**539.** Harrison, R. J.: Observations on the female reproductive organs of the Ca'aing whale, Globiocephala melaena Trail. J. Anat., Lond. *83*, 238—253 (1949).
**540.** Harrison, R. J. and W. J. Hamilton: The reproductive trakt and the placenta and membranes of Père David's deer (Elaphurus davidianus Milne Edwards). J. of Anat. *86*, 203—225 (1952).
**541.** Harrison, R. J. and A. R. Hyett: The development and growth of the placentomes in the fallow deer (Dama dama L.). J. Anat. *88*, 338—355 (1954).
**542.** Hart, D. B. and G. L. Gulland: The anatomy of advanced pregnancy in Macacus rhesus studied by frozen sections, by casts and microscopically. J. Anat. London *27*, 361—376 (1893).
**542a.** Communication to the pathological and bacteriological society. Nach Hugets cit. (1949).
**543.** Harting. P.: On the ovum and placenta of the dugong (Halicore dugong). J. Anat. Physiol., *13*, 116—117 (1878).
**544.** Hartmann, Carl, G.: Studies in the development of the opossum (Didelphys virginiana L.). I. History of the early cleavage. II. Formation of the blastocyst. J. Morph. *27*, 1—83 (1916).
**545.** Hartmann, C. G.: III. Description of new material on maturation, cleavage and entoderm formation. IV. The bilaminar blastocyst. J. Morph., *32*, 1—142 (1919).
**545a.** Hartmann, C. G.: Studies in the development of the opossum (Didelphys virginiana L.) V. The phenomena of parturition. Anat. Rec. *19*, 1—11 (1920).

546. HARTMAN, C. G.: Description of parturition in the monkey Pithecus (Macacus) rhesus, together with data on the gestation period and the phenomena incident to pregnancy and labor. Bull. Johns Hopkins Hosp. *43*, 33—51 (1928).
547. HARTMANN, CARL, G.: The breeding season of the opossum (Didelphys virginiana) and the rate of intra-uterine and postnatal development. J. Morph. and Physiol., *46*, 143—215 (1928).
548. HARTMAN, C. G.: How large is the mammalian egg? A review. Quart. Rev. Biol. *4*, 373—388 (1929).
548a. HARTMANN, C. G.: The phylogeny of menstruation. J. Am. Med. Ass. *27* (1931).
549. HARTMAN, C. D.: Studies in the reproduction of the monkey Macacus (Pithecus) rhesus, with especial reference to menstruation and pregnancy. Carneg. Inst. Washingt. Publ. No. 433. Contrib. to Embryol. No. 134 *23*, 1—161 (1932).
550. HARTMAN, C. G.: Physiology of eggs and sperms. in „Allen-Sex and internal secretion London" (1939).
551. HARTMAN, C. G.: Contribution of studies on Primate animals to gynecologic thought. Amer. J. Obst. Gynec. *44*, (1942).
552. HARTMAN, C. G.: The mating of mammals. Ann. N. Y. Acad. Sci., *44*, 23 (1945).
553. HARTMANN, C. G. and J. BALL: On the almost instantaneous transport of spermatozoa through the cervix and uterus of the rat. Proc. soc. exp. Biol. and Med. *28* (1939).
554. HARTMAN, C. G. and G. W. CORNER: The frist maturation division of the Macaque Ovum. Carneg. Inst. Washingt. Publ. 525. Contrib. to Embryol. *29*, 1—6 (1941).
555. HARTMAN, C. G., W. H. LEWIS, F. W. MILLER and W. W. SWETT: First findings of tubal ova in the cow, together with notes on oestrous. Anat. Rec. *48*, 267 (1931).
556. HARTMANN, M.: Die Sexualität. Jena 1943.
557. HARTMANN, M.: Allgemeine Biologie. 3. Aufl. Jena 1947.
558. HAUPTMANN, E.: Über den Bau des Nabelstranges beim Pferde mit besonderer Berücksichtigung der natürlichen Rißstelle. Arch. Anat. Physiol., Anat. Abt. *103*.
559. HAY, D.: Étude d'un free-martin spontané chez les ruminants. Arch. Anat. Histol. Embryol. *33*, 1—3 (1950).
560. HEAPE, W.: The development of the mole. Quart. J. Micr. Sci., *23*, 412—452 (1883), *26*, 157—174 (1886), *27*, 123—164 (1887).
561. HEAPE, W.: Preliminary note on the transplantation and growth of mammalian ova within a uterine foster-mother. Proc. Roy. Soc. *48*, 457—458 (1890).
562. HEBERER, G.: Die Ergebnisse der Chromosomenforschung beim Menschen. Z. Konstl. *19*, (1935).
563. HEBERER, G.: Die Chromosomenverhältnisse des Menschen. Hdb. Erbbiol. d. Menschen 1. Berlin (1940).
564. HEBERER, G.: Die Chromosomenverhältnisse des Menschen im Licht der Cytogenetik. Jen. Z. Naturw. *77*, 151—178 (1944).
565. HEDBERG, E.: The chemical composition of the human ovarian oocyte. Acta Endocrin. *14*. Suppl. *15*, 1—89 (1953).
566a. HEDIGER, H.: Verhalten der Beuteltiere (Marsupialia). Hdb. d. Zool. Helmcke, v. Lengerken, Starck *8*, *18*, 1—28 (1958).
567. HEINE und J. HOFBAUER: Beitrag zur frühesten Ei-Einbettung. Z. Geburtsh. Gyn. *134* (1911).
568. HENNEBERG, B.: Normentafel zur Entwicklungsgeschichte der Wanderratte (Rattus norvegicus. Erxleben). Normentafel z. Entwgsch. d. Wirbeltiere *15*, (Ergz. H.) (1937).
569. HENNIG, C.: Über die Eihüllen einiger Säugetiere.Sitz.-Ber. d. Naturforsch. Ges. Leipzig (1874).
570. HENRICIUS, G.: Über die Entwicklung und Struktur der Placenta bei der Katze. Arch. f. mikr. Anat. *37*, 357—374 (1891).
571. HENRICIUS, G.: Über die Entwicklung und Struktur der Placenta beim Hund. Arch. mikr. Anat. Entwg. *33*, 419—440 (1889).
572. HENRICIUS, G.: Über die Embryotrophe der Raubtiere (Hund, Fuchs und Katze) in morphologischer Hinsicht. Anat. Hefte *50*, 115—192 (1914).
573. HERBERG, H. P.: Utero-placentargefäße bei Makaken. Z. f. mikr.-anat. Forschg., *37*, 1—16 (1935).
574. HERRMANN, E. und L. STOPLER: Zur Syncytiogenese beim Meerschweinchen. Sitzungsber. k. Akad. d. Wiss. Math. natw. Kl. T. 3. *114*, 793—850 (1905).
575. HERTIG, A. T.: Angiogenesis in the early human chorion and in the primary placenta of the macaque monkey. Carneg. Inst. Washing. Publ. No. 459. Contrib. to Embryol. No. 146. *25*, 37—82 (1935).
576. HERTIG, A. T.: On the development of the amnion and exocoelomic membrane in the previllous human ovum. Yale J. Biol. Med. *78* (1945).
577. HERTIG, A. T. and J. ROCK: Two human ova of the previllous stage having an ovulation age of about 11 and 12 days respectively. Contrib. Embryol. *29*, 127—156 (1941).
578. HERTIG, A. T. and J. ROCK: On a normal human ovum of approximately $7^1/_2$—8 days of age. Anat. Rec. *88* (1944).
579. HERTIG, A. T. and J. ROCK: On development of early human ovum, with special reference to trophoblast of previllous stage; description of 7 normal and 5 pathologic human ova. Amer. J. Obst. Gyn. *47*, 149—184 (1944).
580. HERTIG, A. T. and J. ROCK: Two human ova of the previllous stage, having a development age of about 7 and 9 days respectively. Contrib. Embryol. *31*, 65—84 (1945).
581. HERTIG, A. T. and J. ROCK: On a human blastula recovered from the uterine cavity 4 days after ovulation. Anat. Rec. *94*, 469 (1946).
582. HERTIG, A. T. and J. ROCK: Two human ova of the previllous stage having a development age of about 8 and 9 days respectively. Contrib. Embryol. *33*, 169—186 (1949).
583. HERTIG, A. T. and J. ROCK: A series of potentially abortive ova recovered from fertile woman prior to the first missed menstrual period. Amer. J. Obst. Gyn. *58* (1949).
584. HERTIG, A. T., J. ROCK, E. C. ADAMS and W. J. MULLIGAN: On the preimplantation stages of the human ovum. Adescription of four normal and four abnormal specimens ranging from the second to the fifth day development. Contrib. Embryol. *35*, 221—237 (1954).
585. HERTWIG, G.: Gibt es in der Spermiogenese des Menschen eine dritte Reifeteilung? Sitzungsber. u. Abh. naturf. Ges. Rostock. 3. F. Bd. *3* (1932).
586. HERTWIG, O.: Handbuch der vergleichenden und experimentellen Entwicklungslehre der Wirbeltiere. 3 in 6 Bänden Jena (1906).
586a. HERTWIG, O.: Die Lehre von den Keimblättern. Hdb. vergl. exp. Entwl. d. Wirbeltiere I, 1906 Jena.
586b. HERTWIG, O. und R.: Studien zur Blättertheorie Jena (1879—1881).
586c. HERTWIG, O. und R.: Die Coelomtheorie. Jen. Z. Naturw. *15* (1881).
587. HERTWIG, R.: Eireife und Befruchtung. Hdb. vgl. u. exp. Entwgsch. d. Wirbeltiere i. Jena (1906).
588. VAN HERWERDEN, M.: Bijdrage tot de kennis van menstruellen cyclus en puerperium. Diss. Leiden (1905). (Cercocebus, Tarsius, niedere Säuger).
589. VAN HERWERDEN, M. A.: Die pueralen Vorgänge in der Mucosa von Tupaja javanica. Anat. H. *32*, 155—169 (1906).
590. VAN HERWERDEN, M.: Beitrag zur Kenntnis des menstruellen Cyclus. Mschr. Geburtsh. Gyn. *24*, 730—748 (1906).
591. HEUSER, C. H.: A study of the implantation of the ovum of the pig from the stage of the bilaminar blastocyst to the completion of the fetal membranes. Carneg. Inst. Washington Publ. No. 380. Contrib. to Embryol. No. 106. *19*, 229—243 (1927).
592. HEUSER, C. H.: Early development of the primitive mesoblast in embryos of the rhesus monkey. Coop. Res. Carneg. Inst. 383—388 (1938).
593. HEUSER, C. H., A. T. HERTIG and J. ROCK: Two human embryos showing early stages of definitive yolk sac. Contrib. Embryol. *31*, 85—99 (1945).
593a. HEUSER, C. H. und G. L. STREETER: Early stages in the development of the pig from the period of the initial cell cleavage to the time of appearance of limb buds. Contr. Embryol. *20*, 1—30, (1928).
594. HEUSER, C. H. and G. L. STREETER: Development of the Macaque embryo. Contrib. to Embryol. *29*, 15—55 (Carneg. Inst. Washingt. Publ. 525) (1941).
595. HEUSER, C. H. and G. B. WISLOCKI: Early development of the sloth (Bradypus griseus) and its similarity to that of man. Carnegie Inst. Wash. Pub. Nr. 459, Contrib. Embryol. Nr. 144, *25*, 1—13 (1935).
596. HIGUCHI, K., Y. WATANABE and T. SHIMADA: A fluoromicroscopical study of normal human placenta. Jikeikai Med. J. *2*, 127—144 (1955).
597. HILL, C. J.: The development of the Monotremata p. I. The histology of the oviduct during gestation. Trans. zool. Soc. *24*, 5 (1933).
598. HILL, C. J.: The development of the Monotremata p. V. Further observations on the histology and secretory activities of the oviduct prior to and during gestation. Trans. zool. soc. London *25*, 1 (1941).
598a. HILL, E. S.: On the passage of the young to the pouch in the kangaroos (Macropus and Halmaturus). Proc. zool. soc. London *21*, 475—477 (1867).
599. HILL, J. P.: Preliminary note on the occurence of a placental connection in Perameles obesula and on the foeral membranes of certain macropods. Proc. Linn. soc. *10* (1895).
600. HILL, J. P.: The Placentation of Perameles. Quart. J. Mic. Sci., *40*, 385—446 (1897).
601. HILL, J. P.: On the foetal membranes, placentation and parturition of the native cat (Dasyurus viverrinus). Anat. Anz., vol. *18*, 364—373 (1900).
602. HILL, J. P.: On a further stage in the placentation of Perameles. Quart. J. Mic. Sci., *43*, 1—22 (1900).
602a. HLIL, J. P.: The early development of the Marsupialia, with special reference to the native cat (Dasyurus viverrinus). Quart. J. micr. Sci. *56*, 1—134 (1910).
603. HILL, J. P.: The early development of Didelphys aurita. Quart. J. Mic. Sci., *63*, 91—140 (1918).
604. HILL, J. P.: The affinities of Tarsius from the embryological aspect. Proc. zool. soc. London 476—493 (1919).
605. HILL, J. P.: The developmental history of the Primates. Phil. Trans. Roy. Soc. London, B. vol. *221*, 45—178 (1932).
606. HILL, J. P.: The development of the Monotremata p. II. The structure of the egg shell. Transact. zool. soc. *24*, 5 (1933).
607. HILL, J. P.: The allantoic placenta of Perameles. Proc. Linn. Soc. London *161*, 1948 (1949).

608. Hill, J. P. and G. R. de Beer: Development of the Monotremata part VII. The development and structure of the egg-tooth and the carunale in the Monotremes and on the occurrence of vestiges of the egg tooth and caruncle in Marsupials. Transact. Zool. soc. London *26*, 6 (1950).
609. Hill, J. P. and R. H. Burne: The foetal membranes and placentation of Chiromys madagascariensis. Proc. Zool. Soc. London. 1145—1170 (1922).
610. Hill, J. P. and C. J. Hill: An early Blastocyst of Hapale. Démonstration. C. rend. Assoc. Anat. 22. Ré. pg. 264 (1927).
611. Hill, J. P. and J. B. Gatenby: The corpus luteum of the Monotremata. Proc. zool. soc. London *47* (1926).
612. Hill, J. P., F. E. Ince and A. Subba Rau: The development of the fetal membranes in Loris, with special reference to the mode of vascularization of the chorion in the Lemuroidea and its phylogenetic significance. Proc. Zool. Soc. London, vol. *2*, 699—716 (1928).
613. Hill, J. P., F. R. Ince and A. Subba Rau: The mode of vascularization of the chorion in the Lemuroidea and its phylogenetic significance. C. rend. Assoc. Anat. *23*, Ré. 196—200 (1928).
614. Hill, J. P. and C. J. Martin: On a Platypus embryo from the intrauterine egg. Proc. Linn. Soc. N. S. W. *10*, und ser. (1894).
615. Hill, J. P. and M. Tribe: Early development of the cat (Felis domestica). Quart. J. micr. sci. *68*, 513—602 (1924).
615a. Hill, J. P. and J. H. Woodger: The origin of the endoderm in the sparrow. Biomorphosis *1*, 326 (1938).
615b. Hill, R. T., E. Allen, T. C. Kramer: Cinematographic studies of rabbit ovulation. Anat. Rec. *63*, 239 (1935).
616. Hill, W. C. Osman: The prenatal development of the grey langur, Semnopithecus priam. Thersites Spolia Ceylancia. (Ceylon J. of sci.) *20*, 211—251 (1937).
617. Hill, W. C. Osman: Primates, comparative anatomy and taxonomy I. Strepsirhini. Edinburgh (1953).
618. Hinselmann, H.: Die Pathologie der menschlichen Plazenta. Biol. Path. d. Weibes 2. Aufl. 2. Erg. Bd. München, Berlin, Wien. 1—217 (1957).
619. Hintzsche, E.: Über Beziehungen zwischen Placentarbau, Urniere und Allantois (nach Untersuchungen an Microcebus murinus und an Centetidae). Z. mikr. anat. Forschg. *48, 1*, 54—107 (1940).
620. Hintzsche, E.: Über regressive Veränderungen in der prämenstruellen Uterusschleimhaut. Bull. d'Hist. Appl. et de Techn. micr. *25* (1948).
621. Hintzsche, E.: Änderungen der Kerngröße in Oberflächenepithel und Drüsen des menschlichen Uterus. Gynaecologia *128* (1949).
622. Hiramatsu, K.: Ein junges Menschenei (Ei Ando). Fol. Anat. Jap. *14*, 15—45 (1936).
622a. His, W.: Untersuchungen über die erste Anlage des Wirbeltierleibes. Die erste Entwicklung des Hühnchens im Ei. Leipzig 1868.
622b. His, W.: Die Lehre vom Bindesubstanzkeim (Parablast). Arch. Anat. Phys. Anat. Abt. (1882).
623. Hisaw, F. L.: The physiology of menstruation in Macacus rhesus monkeys, I. Influence of the follicular and corpus luteum hormones. Amer. J. Obstet. Gynec. *29*, 638—653 (1935).
624. Hisaw, F. L.: Effects of simultaneous oestrin-corporin treatment on the uterus, cervix, vagina, and sex skin of castrated monkeys. Anat. Rec. *64*, 54 (1935).
625. Hitzig, W. H.: Über die Entwicklung der Schweineplacenta. Acta Anat. 7f (1949).
626. Hochstetter, F.: Über die Bildung der inneren Nasengänge oder primitiven Choanen. Verh. Anat. Ges. München (1891).
627. Hochstetter, F.: Über die Bildung der primitiven Choanen beim Menschen. Verh. Anat. Ges. Wien (1892).
628. Hochstetter, F.: Beiträge zur Entwicklungsgeschichte des menschlichen Gaumens. Morph. Jhrb. *77*, 179—272 (1936).
629. Hochstetter, F.: Über die von Bolk als Verschlußleiste, Konkreszenzfurche und frenulum tectolabiale des menschlichen Keimlings bezeichneten Bildungen. Morph. Jhrb. *78*, 266—313 (1936).
630. Hochstetter, F.: Über die Art und Weise in welcher sich bei Säugetieren und beim Menschen aus der sog. Riechgrube die Nasenhöhle entwickelt. Z. Anat. Entwg. *113*, 105—144 (1944).
631. Hochstetter, F.: Über einen Fall von geringgradiger Hasenscharte bei einem menschlichen Keimling X 27 von 21,3 mm S. St. Länge. Sitzungsb. österr. Ak. Wiss. math. natw. Kl. Abt. *1*, 157 (1948).
631a. Hochstetter, F.: Über die Entwicklung der Form der menschlichen Gliedmaßen. Denkschr. Österr. Akad. Wiss. math. naturw. Kl. 1091—34 (1952).
632. Hochstetter, F.: Über die Entwicklung der Formverhältnisse des menschlichen Antlitzes. Denkschr. Akad. W. Wien Math. Natw. Kl. *109*, 1—26 (1953).
632a. Höflinger, H.: Das Ovar des Rindes in den verschiedenen Lebensperioden unter besonderer Berücksichtigung seiner funktionellen Feinstruktur. Acta Anatomica, 3. Suppl. V. 1 (1947).
633. Maurer H. Die Entstehung der Lippen-Kieferspalte bei einem Keimling von 22 mm. Z. Anat. Entwg. *105*, 358—373 (1938).
634. Hörmann, G.: Die Reifung der menschlichen Chorionzotte im Lichte der ökonomischen Zweckmäßigkeit. Zbl. Gynaek. *70*, 625 (1948).
635. Hörmann, G.: Ein Beitrag zur funktionellen Morphologie der menschlichen Placenta. Arch. Gynaek. *184*, 109—123 (1953).
635a. Hörstadius, S.: The neural crest. London, New York, Toronto 1950.
635b. Hofbauer, J.: Der menschlichen Placenta fettassimilierende Funktion. Hoppe-Seyler. Z. *39*, 458 (1903).
635c. Hofbauer, J.: Grundzüge einer Biologie der menschlichen Placenta mit besonderer Berücksichtigung der Fragen von foetaler Ernährung. Biol. d. menschl. Placenta. Wien, Lpzg. (1905).
636. Hofer, H.: Über das gegenwärtige Bild der Evolution der Beuteltiere. Zool. Jhrb. Anat. *72*, 365—437 (1952).
637. Hollander, W. F. and L. C. Strong: Intra-uterine mortality and placental fusions in the mouse. J. exp. Zool. *115/1*, 131—149 (1950).
638. Holmdahl, D. E.: Eine ganz junge (etwa 10 Tage alte) menschliche Embryonalanlage. Upsala Läkareför. Förhandl., N. F. 441—4, 363—371, 7 Abb. (1939).
638a. Holmdahl, D. F.: Die zweifache Morphogenese des Vertebratenorganismus. Die primäre (indirekte) und sekundäre (direkte) Körperentwicklung. Peter, K.: Die zweifache Entwicklung des Wirbeltierkörpers in finaler, erhaltungsfunktioneller Betrachtung. Z. mikr. anat. Forschg. *57*, 3 (1951).
639. Holyoke, E. A.: The differentiation of embryonic gonads transplanted to the adult omentum in the albino rat. Anat. Rec. *103* (1949).
639a. Honoré, C. H.: Recherches sur l'ovaire du lapin II, Recherches sur la formation du corps jaune. Arch. de Biol. *16*, 563 (1900).
639b. ter Horst, J.: Beitrag zur Frage der Determination des Neurulamesoderms von Triton. Z. Naturfg. *1*, 594—596 (1946).
640. van der Horst, C. J.: On the size of the litter and the gestation period of Procavia capensis. Science *93*, 2418 (1941).
641. van der Horst, C. J.: Early stages in the embryonic development of Elephantulus. S. Afr. J. Med. Sci. 7 Biol. Suppl. 55—65 (1942).
642. von der Horst, C. J.: The mechanism of egg transport from the ovary to the Uterus in Elephantulus. S. Afr. J. Med. Sci. *8*, 41 (1943).
643. van der Horst, C. J.: Further stages in the embryonic development of Elephantulus. S. Afr. J. Med. Sci. 9 Biol. Suppl. 29—59 (1944).
645. van der Horst, C. J.: The mammalian Trophoblast as interpreted by the development of Elephantulus. Proc. Zool. soc. 115. I. II. 14—18 (1945).
646. van der Horst, C. J.: Some remarks on the biology of reproduction in the Female of Elephantulus. Transact. roy. soc. of S. Africa. *31*, II. 181—199 (1946).
647. van der Horst, J. C.: A humanlike Embryo of Elephantulus. Proc. Zool. Soc. *117*, 334—344 (1947).
648. van der Horst, C. J.: Some early embryological stages of the golden mole, Eremitalpa granti (Broom). Rob. Broom Commem. Volume 225—239 (1948).
649. van der Horst, C. J.: Amniogenesis. Bijdr. tot de Dierkde *28*, 205—211 (1949).
650. van der Horst, C. J.: Some natural experiments in the embryological development of Elephantulus. Arch. Biol. *60*, 1, 25—38 (1949).
651. van der Horst, C. J.: The placentation of Tupaia javanica. Proc. k. nederl. Akad. Wet. Amsterdam *52*, 3—11 (1949).
652. van der Horst, C. J.: An early stage of placentation in the Aard Vark, Orycteropus. Proc. Zool. soc. *119*, 1 (1949).
653. van der Horst, C. J.: The placentation of Elephantulus. Transact. Roy. Soc. of SouthAfr. *32*, 5, 435—629 (1950).
654. van der Horst, C. J.: The effect of insemination on the uterine epithelium of Elephantulus. Proc. koninkl. Akad. v. Wet. Amsterdam sec. sci. *53*, 1511 (1950).
655. van der Horst, C. J. and J. Gillman: Extreme polyovulation and the factors determining the survival of a single embryo in each uterine horn in Elephantulus. S. Africa J. of Sci. *37*, 249 (1940).
655a. van der Horst, C. J. and J. Gillman: Ovulation and corpus luteum formation in Elephantulus. S. Afr. J. Med. Sci., *5*, 73 (1940a).
655b. van der Horst, C. J. and J. Gillman: Mechanism of ovulation and corpus luteum formation in Elephantulus. Nature, Lond., *145*, 974 (1940b).
656. van der Horst, C. J. and J. Gillman: The Menstrual cycle in Elephantulus S. Afr. J. Med. Sci. *6*, 27—47 (1941).
657. van der Horst, C. J. and J. Gillman: The number of eggs and surviving embryos in Elephantulus. Anat. Rec. 80. *4*, 443—452 (1941).
658. van der Horst, C. J. and J. Gillman: Preimplantation abortion in Elephantulus. S. Afr. J. Med. sci. *7*, 120—126 (1942).
658b. van der Horst, C. J. and J. Gillman: The life history of the corpus luteum of menstruation in Elephantulus. S. Afr. J. Med. Sci. *7*, 21 (1942).

659. van der Horst, C. J. and J. Gillman: The spontaneous development of Deciduomata in Elephantulus. S. Afr. j. med. sci. *7*, 127—132 (1942).
660. van der Horst, C. J. and J. Gillman: On abnormal blastulas in Elephantulus. Anat. Rec. *90*, 101—106 (1944).
661. van der Horst, C. J. and J. Gillman: The reactions of the uterine blood vessels before, during and after pregnancy in Elephantulus. S. Afr. J. Med. Sci. 11. Biol. Suppl. 103—111 (1946).
661a. van der Horst, C. J. and J. Gillman: The corpus luteum of Elephantulus during pregnancy — its form and function. S. Afr. J. Med. Sci. II, Biol. Suppl. 87 (1946).
662. Huber, G. Karl: The development of the albino Rat, Mus norvegicus albinus. I/II. Memoirs of the Wistar Institute of Anatomy and Biology No. 5. Philadelphia (1915). (J. of Morphol. vol. *26*, No. 2.).
663. Huber, W.: Die Gaumenspalte beim Pekingesen. 8. Jahresb. d. schweiz. Ges. f. Vererbungsf. Arch. Jul. Klausst. *23*, (1948).
664. Huber, W.: Sur une fente médiane intéressant del'os intermaxillaire chez le chien. Arch. Julius Klaus-Stiftung Zürich *25*, 3—4 (1950).
665. Hubrecht, A. A. W.: Studies in mammalian embryology. I: The placentation of Erinaceus europaeus, with remarks on the phylogeny of the placenta. Quart. J. Micr. Sci. *30*, 283—404 (1889). II: The development of the germinal layers in Sorex vulgaris. Quart. J. Micr. Sci. *31*, 499—562 (1890). III: The placentation of the shrew (Sorex vulgaris, L.). Quart. J. Micr. Sci. *35*, 481—537 (1893). or Verh. Koninklijke Akad. van Wetenschappen Amsterdam, vol. *3*, 1—56.
666. Hubrecht, A. A. W.: Spolia nemoris. Quart. J. mikr. sci. n. s. *36*, 77—125 (1894).
667. Hubrecht, A. A. W.: Die Phylogenese des Amnions und die Bedeutung des Trophoblastes. Verh. Kon. Akad. Amsterdam 2. sect. *4*, 1—66 (1895).
668. Hubrecht, A. A. W.: Embryologisch onderzoek van zoogdieren uit Nederlandsch Indie. Natuurk. Tijdsch. Ned. Ind. *54*, 25—92 (1895).
669. Hubrecht, A. A. W.: Die Keimblase von Tarsius, ein Hülfsmittel zur schärferen Definition gewisser Säugetierordnungen. ,,Festschrift für C. Gegenbaur", Lpz: Engelmann (1896).
670. Hubrecht, A. A. W.: Over de kiemblase van mensch en aap en hare beteekenis voor de phylogenie der primaten. Versl. gewone vergad. Akad. Amsterdam *5*, 23—25 (1896).
671. Hubrecht, A. A. W.: Die Rolle des embryonalen Trophoblasts bei der Placentation. Zbl. Gynaek. *21*, 1206—1207 (1897).
672. Hubrecht, A. A. W.: Relation of Tarsius to the lemurs and apes. Science, n. s., vol. *5*, 550—551 (1897).
673. Hubrecht, A. A. W.: La formation de la decidua reflexa chez les genres Erinaceus et Gymnura. Ann. du Jardin botanique de Buitenzorg Suppl. II, 159—167 (1898).
674. Hubrecht, A. A. W.: Blattumkehr im Ei der Affen? Biol. Zbl. *19*, 171—175 (1899).
675. Hubrecht, A. A. W.: Über die Entwicklung der Placenta von Tarsius und Tupaja, nebst Bemerken über deren Bedeutung als haemotopoietische Organe. Proc. 4th Internat. Congress of Zool., Cambridge 343—411 (1899).
676. Hubrecht, A. A. W.: Keimblattbildung bei Tarsius spectrum. 5th Intern. Congr. Zool. Berlin. 651—657 (1901).
677. Hubrecht, A. A. W.: Furchung und Keimblattbildung bei Tarsius spectrum. Verhandl. der Koninkl. Akad. van Wetenschappen, Amsterdam, Part 2, *8*, 1—113 (1902).
677a. Hubrecht, A. A. W.: Die Gastrulation der Wirbeltiere. Anat. Anz. *26*, 353—366 (1905).
678. Hubrecht, A. A. W.: Die Säugetierontogenese in ihrer Bedeutung für die Phylogenie der Wirbeltiere. G. Fischer Jena (1909).
679. Hubrecht, A. A. W.: Frühe Entwicklungsstadien des Igels und ihre Bedeutung für die Vorgeschichte (Phylogenese) des amnions. Zool. Jb. Suppl. 15. vol. *2*, 739—774 (1912).
680. Hubrecht, A. A. W. und F. Keibel: Normentafeln zur Entwicklungsgeschichte des Koboldmaki (Tarsius spectrum) und des Plumplori (Nycticebus tardigradus). Normentafeln Wirbelt. *7* (1907).
681. Hübner, H.: Die Doppelbildungen des Menschen und der Tiere. Ergeb. allg. Pathol. u. pathol. Anat. *15*, (1911).
682. Hueck, W.: Halbseitiger Riesenwuchs als Doppelbildung. Ber. math. phys. Kl. sächs. Akad. Wiss. Lpzg. *83*, (1931).
683. Hueck, W.: Über die Bedeutung der menschlichen Doppelbildungen insbesondere für eine Logik der Morphologie. Ber. math. phys. Kl. sächs. Akad. d. Wiss. Lpzg. *83*, (1931).
684. Huettner, A. F.: Fundamentals of comparative embryology of the vertebrates. New York 1949.
685. Huggett, A. St. G.: The rôle of the placenta in foetal nutrition. Influence of diet on pregnancy I (1944).
686. Huggett, A. St. G.: Diet in pregnancy. Proc. of the nutr. Soc. 2. No. 1/2 (1944).
687. Huggett, A. St. G.: Some applications of prenatal nutrition to infant development. Brit. Med. Bull. 4, No. *3* (1946).
688. Huggett, A. St. G.: Nutrirtion and viable Young. Brit. Jl. Nutr. 3 (1949).
689. Huggett, A. St. G.: Foetal physiology and Child health. Arch. of Disease of Childhood *25*, No. 122 (1950).
690. Huggett, A. St. G. and J. Hammond: Physiology of the placenta. Chap. 16 in Marshall's Physiology of reproduction II. 3d ed. London New York Toronto (1952).
691. Huggett, A. St. G., F. L. Warren and V. N. Winterton: Fructose metabolism in the foetus. 1. Intern. Congr. Biochem. Cambridge (1949).
692. Huggett, A. St. G. — F. L. Warren and V. N. Winterton: Origin and site of formation of fructose in the foetal sheep. Nature *164*, 271 (1949).
693. Huggett, A. St. G. and W. F. Widdas: Iron supplies in foetal and newborn rats. J. of Physiol. *110* (1949).
694. Huisman, F. J. und D. de Lang jr.: Tabellarische Übersicht der Entwicklung von Manis javanica Desm. Ontogenese der Wirbeltiere in Übersichten H. 2. Utrecht (1937).
695. Hulein, H.: Ovogenese in der Geschlechtsreife. Wien. klin. Wschr. (1949).
696. Hunt, E. L.: Developmental abnormalities in chick embryos treated with sugar. Sience (Lancaster, Pa.) 113 (1951).
697. Huxley, J. S. and G. R. de Beer: Elements of experimental embryology Cambridge 1934.
698. Imchantzky-Ries, M. u. J. Ries: Die arsenspeichernde Funktion der Uterindrüsen als Ursache der Menstruation. Münch. Med. Wochenschrift. 59/1084 (1912).
699. Ince, F. E.: A contribution to a normal table of the development of Loris lydekkerianus. Tr. Zool. soc. London. *26*, (1937).
700. James, L. H.: Birth of a porpoise at the Brighton Aquarium. Proc. zool. soc. London 1061 (1914).
700a. Janssen, A.: Über die Plazenta und Paraplazenta bei der Katze. Diss. med. vet. Hannover 1933, 1—65.
701. Javert, C. T. and C. Reiss: The origin and significance of macroscopic intervillous coagulation hematomas (red in farcts) of the human placenta. Surg. etc. *94* (1952).
702. Jenkinson, J. W.: A reinvestigation of the early stages in the development of the mouse. Quart. J. micr. sci. *43*, 61—81 (1900).
703. Jenkinson, J. W.: Observations on the histology and physiology of the placenta of the mouse. Tijdsch. Neder. dierk. Vereen. ser. 2 *7*, 124—198 (1902).
704. Jenkinson, J. W.: Notes on the histology and physiologv of the placenta in Ungulata. Proc. zool. soc. London, 73—96 (1906).
705. Jenkinson, J. W.: The placenta of the lemur. Quart. J. Mikr. Sci. *61*, 171—184 (1915).
706. Joachimovits, R.: Studien zu Menstruation, Ovulation, Aufbau und Pathologie des weiblichen Genitales bei Mensch und Affe (Pithecus fascicularis mordax). Biol. gen. *4*, 447—540 (1928).
707. Johnson, F. P.: A human embryo of 24 pairs of Somites. Contributions to Embryologie 6. Carnegie Inst. Wash. No. *226*, 125—168 (1917).
708. Jolly, J. et Férester-Tadié: Recherches sur l'oeuf du rat et de la souris. Arch. Anat. Micr. *32*, 323—390 (1936).
709. Jones, H. O. and J. I. Brewer: A normal human ovum in the primitive streak stage) approximately 18 1/2 days Surg., Gynec. and Obst., etc. *60*, (1935).
710. Jones, H. O. and J. I. Brewer: A human embryo in the primitive-streak stage (Jones-Brewer Ovum I). Contrib. Embryol. *29*, 157—165 (1941).
711. Jones-Seaton, A.: Etude de l'organisation cytoplasmique de l'oeuf des rongeurs, principalement quant à la basophilie ribonucléique. Arch. Biol. *61* 291—444. (1950)
712. Jourdain, S.: Sur la parturition du Marsouin commun. Cpt. rend. acad. sci. Paris. *90*, 138 (1880).
713. Jung, P.: Die Entwicklung des Schweine-Eierstockes bis zur Geburt. Z. mikr. anat. Forschg. *41*, 27—74 (1937).
714. Kaeser, O.: Studien an menschlichen Aborteiern mit besonderer Berücksichtigung der frühen Fehlbildungen und ihren Ursachen. I. II. III. Schw. Med. Wo. *79*, (1949).
715. Kaiser, I. H.: Histologivcal appaerance of coiled arterioles in the endometrium of rhesus monkey, baboon, chimpanzee und gibbon. Anat. Rec. *99*, 199—225 (1947).
716. Kaiser, J. H.: Absence of coiled arterioles in the andometrium of menstruating New World monkeys. Anat. Rec. *99*, 353—367 (1947).
717. Kaku, M.: Placental polysaccharide and the aetiology of the Toxaemia of pregnancy. J. Obstet. *60*, (1953).
717a. Kaven, A.: Das Auftreten von Gehirnmißbildungen nach Röntgenbestrahlung von Mäuseembryonen. Ztschft. menschl. Vererb. Konst.lehre *22*, *2* (1938).
717b. Kaven, A.: Röntgenmodifikationen bei Mäusen. Zeitschrift menschl. Vererb. u. Konst.lehre 22. 2 (1938).
718. Kearns, P. J.: Changes in the uterus and placental circulation during different stages of pregnancy. Amer. J. Obstet. Gynaec. *38*, 400 (1939).
719. Keibel, F.: Über den Nabelstrang des Nilpferdes. Anat. Anz. *8*, 497—504 (1893).
719a. Keibel, F.: Studien zur Entwicklungsgeschichte des Schweines I, II. Morph. Arb. Schwalbe (1893 1895).
719b. Keibel, F.: Normentafeln zur Entwicklungsgeschichte der Wirbeltiere. Anat. Anz. 11, 225—234 (1895).
720. Keibel, F.: Zur Entwicklungsgeschichte des Rehes. Verh. Anat. Ges. Tübingen 64—66 (1899).

720a. KEIBEL, F.: Mehnerts Bemerkungen über meine Kritiken und Referate. Anat. Hefte *12*, 567—573 (1899).

721. KEIBEL, F.: Frühe Entwicklungsstadien des Rehes und die Gastrulation der Säuger. Verh. Anat. Ges. 15. Vers. 184—191 (1901).

721a. KEIBEL, F.: Die Gastrulation und die Keimblattbildung der Wirbeltiere. Ergeb. Anat. *10*, 1002—1119 (1901).

722. KEIBEL, F.: Die Entwicklung des Rehes bis zur Anlage des Mesoblast. Arch. Anat. Physiol. Anat. Sect. 292—314 (1902).

722a. KEIBEL, F.: Zur Gastrulationsfrage. Anat. Anz. *26*, 366 bis 368 (1905).

723. KEIBEL, F.: Über die Grenze zwischen mütterlichem und fetalem Gewebe. Anat. Anz. *48*, 255 (1915).

724. KEIBEL, F. und F. P. MALL: Handbuch der Entwicklungsgeschichte des Menschen. 2 Bde. Leipzig (1910 bis 1911).

725. KEIBEL, F.: Zur Entwicklungsgeschichte einer Großfledermaus (Cynopterus marginatus). Arch. mikr. Anat., *96*, 528—554 (1922).

726. KEITH, A.: Uterus of Macacus rhesus. J. Anat. and Physiol. *34*, 46—48 (1900).

726a. KELLER, K.: Vergleichende Physiologie der weiblichen Sexualorgane bei den Säugetieren. Biol. u. Pathol. d. Weibes I. (1924).

727. KELLER, L.: Das Bindegewebsgerüst des Eierstockes und seine funktionelle Bedeutung I. II. Morph. Jb. *88*, 351—376 (1943).

728. KELLER, L.: Beobachtungen über die Genese der Luteinzellen. Arch. Gynäk. 177/6 (1950).

720. KELLER, K. und J. TANDLER: Über das Verhalten der Eihäute bei Zwillingsträchtigkeit des Rindes. Wiener tierärztl. Monatsschrift. *3* (1916).

730. KELLER, R. u. B.: Implantation eines sehr jungen menschlichen Eies (wahrscheinlich weniger als 13 Tage alt) am äußeren Muttermund. Zentralbl. Gynäk. *76*, 1 (1954).

731. KEMPERMANN, C. TH.: Die Placenta der Fledermaus Miniopterus schreibersii und ihre funktionelle Bedeutung. Z. f. Anat. u. Entwgsch., *91*, 292—303 (1929).

732. KERNAN, J. D. and H. W. VON SCHULTE: Memoranda upon the anatomy of the respiratory tract, foregut and thoracic viscera of a foetal Kogia breviceps. Bull. Amer. Mus. nat. Hist. *38*, 231 (1918).

733. KERR, T.: Notes on the development of the germ layers in diprotodont marsupials. Quart. J. Mic. Sci., *77*, 305—315 (1934).

734. KEYE, J. D.: Periodic variations in spontaneous contractions of uterine muscle in relation to estrous cycle and early pregnancy. Johns Hopkins Hosp. Bull. *34* (1923).

734a. KIESSELBACH, A.: Der physiologische Nabelbruch. Ergeb. Anat. *34*, 82—143 (1946).

735. KINDREY, J. E.: The trophoblast of a young human embryo. Anat. Rec. (Am. Ass. A.) *103* (1949).

736. KINGSBURY, B. F.:, The morphogenisis of the mammalian ovary: Felis domestica. A. J. Anat. *15*, 345—387 (1913).

737. KLAATSCH, H.: Die Eihüllen von Phocaena communis. Arch. mikr. Anat. *26*, 1 (1886) .

737a. KLAATSCH, H.: Über den jetzigen Stand der Keimblattfrage mit Rücksicht auf die Pathologie. Münchn. med. W. 1—14 (1899).

738. KLADETZKY—HAUBRICH, A. L. ST.: Beobachtungen über den venösen Abfluß aus der Placenta an Hand von Befunden an einer in situ fixierten Placenta aus dem 5. Monat. Acta Anatom. *14*, 168—177 (1952).

739. KLEIN, M.: Le corps jaune de grossesse, recherches histologiques et physiologiques. Arch. d. histol. d'embryol. *18*, 1 bi 143 (1934).

740. KLEIN, WASSA: Beitrag zur Kenntnis der Mycetesplacenta. Anat. Hefte, Hefte, *41*, 339—371 (1910).

740a. KLEINENBERG, N.: Die Entstehung des Annelids aus der Larve von Lopadorhynchus. Z. wiss. Zool. *44*, 1—227 (1886).

740b. KLINCKOWSTRÖM, A. V.: Zur Anatomie der Edentaten. Diss. Würzburg 1895.

741. KLINE, B. S.: Microscopic ovservations of the development of the human placenta. Am. J. Obst. *61*, (1951).

742. KLINGER, H. P. und K. S. LUDWIG: Sind die Septen und die großzelligen Inseln der Placenta aus mütterlichem oder kindlichem Gewebe aufgebaut. Z. Anat. *120*, 95—100 (1957).

743. KÖLLIKER, A.: Über die Placenta der Gattung Tragulus. Verhandl. d. physikal.-medizin. Ges. Würzburg, neue Folge. Bd. 10 (1876).

743a. KOELLIKER, A. v.: Entwicklungsgeschichte des Menschen 2. Aufl. (1879).

744. KOHLBRUGGE, J. F. H.: Befruchtung und Keimbildung bei der Fledermaus Xantharpya amplexicaudata. Verhandl. Koninkl. Akad. van Wetenschappen, Amsterdam, Part 2, *17*, 1—37 (1913).

745. KOHN, A.: Über den Bau des embryonalen Pferdeeierstockes (Ein Beitrag zur Kenntnis der Zwischenzellen). Z. Anat. Entwgesch. *79*, 3 (1926).

746. KOIKE, K.: Die Herausbildung der äußeren Körperform und der Entwicklungsgrad der Organe bei einer javanischen Kleinfledermaus (Scotophilus temmincki (HORSFIELD). Z. Anat. *72*, 510—541 (1924).

747. KOLLMAN, J.: Über die Entwicklung der Placenta bei den Makaken. Anat. Anz., *17*, 465—479( 1900).

748. KOLMER, W.: Zur Organologie und mikroskopischen Anatomie von Proechidna (zaglossus) bruynii. Z. wiss. Zool. *125* (1925).

749. KOLSTER, R.: Die Embryotrophe placentarer Säuger mit besonderer Berücksichtigung der Stute. Anat. Hefte *18*, 455 — 505 (1902).

750. KOLSTER, R.: Weitere Beiträge zur Kenntnis der Embryotrophe bei Indeciduaten (Rind, Schaf, Schwein, Reh, Hirsch). Anat. Hefte *20*, 231—321 (1903).

751. KOLSTER, R.: Über die Zusammsetzung der Embryotrophe der Wirbeltiere. Ergeb. Anat. Entwg. 16, 794—842 (1906).

752. KOLSTER, R.: Weitere Beiträge zur Kenntnis der Embryotrophe III. Über den Uterus gravidus von Rangifer tarandus Anat. Hefte *38*, 101—192 (1908).

754. KOLSTER, R.: Weitere Beiträge zur Kenntnis der Embryotrophe IV. Zur Kenntnis des Chorionepithels. Anat. Hefte *40* 149—178 (1910).

754a. KOPSCH, F.: Bildung und Längenwachstum des Embryons, Gastrulation und Konkrescenz bei Scyllium canicula und Scyllium catulus. Z. mikr. anat. Fg. *56*, 1—101 (1950).

754b. KOPSCH, FR.: Die Lage des Materials für Kopf, Primitivstreifen u. Gefäßhof in der Keimscheibe des unbebrüteten Hühnereies u. seine Entwicklung während der ersten beiden Tage der Bebrütung. Ztschft mikr. anat. Forschg. *35*, 254—328 (1934).

755. KRAFKA, jr. J.: The Torpin Ovum, a presomite human embryo. Contri. Embryol. *29*, 167—193. Carneg. Inst. Washington Publ. 525 (1941).

756. KRAFKA jr. J. and L. BOWLES: The amniotic duct as key to the direction of growth of the human placenta and its orientation in the uterus. Anat. Rec. *94*, (1946).

757. KREHBIEL, R. H.: Cytological studies of the decidual reaction in the rat during early pregnancy and in the production of deciduomata. Physiol. Zool. *10*, 212—234 (1934).

758. KREHBIEL, R. H.: The production of deciduomata in the pregnant lactating rat. Anat. Rec. 81, (1941).

759. KREHBIEL, R. H.: The effects of lactation on the implantation of ova of a concurrent pregnancy in the rat. Anat. Rec. 81 (1941).

760. KREHBEIL, R. H.: Pregnancy in the rat after by-passing or moval of the cervix. Anat. Rec. *94*, 476—477. (1946) abstr.

761. KRÖLLING, O.: Die Form- und Organentwicklung des Hausrindes (Bos taurus L.) im ersten Embryonalmonat. Z. Anat. *72*, 1—54 (1924).

761a. KRÖLLING, O.: Fruchthüllen und Placenta in Stang-Wirth Tierheilkunde u. Tierzucht, III, (1927).

762. KRÖLLING, O.: Über den Bau der Placentome der Ziege und Gemse (Rupicapra rupicapra). Baum Festschrift 125—138 (1929).

763. KRÖLLING, O.: Über den Bau der Antilopenplacentome. Z. mikr. anat. Forschg. *27*, 211—232 (1931).

764. KRUMBIEGEL, I.: Biologie der Säugetiere I. II Krefeld (1945).

765. KÜKENTHAL, W.: Vergleichend anatomische und entwicklungsgeschichtliche Untersuchungen an Walthieren. Denkschr. med. naturw. Ges. Jena *3* (1893).

765a. KÜPFER, M.: Beiträge zur Morphologie der weiblichen Geschlechtsorgane bei den Säugetieren. Denkschr. schweiz. natf. Ges. *66*, 1—128 (1920).

766. KÜPFER, M.: Beiträge zur Morphologie der weiblichen Geschlechtsorgane bei den Säugetieren. Vierteljhrschft. naturf. Ges. Zürich *68* (1923).

767. KÜPFER, M.: Experimenteller Entscheid der Frage, ob extra- oder intrauterine Eiüberwanderung. Vjhrschft naturf. Ges. Zürich *83* (1938).

768. KUHL, W.: Untersuchungen über die Cytodynamik der Furchung und Frühentwicklung des Eies der weißen Maus. Abh. Senckenberg. naturf. Ges. Ffm. 456, 1—17 (1941).

769. KUHL, W. und H. FRIEDRICH-FRESKA: Richtungskörperbildung und Furchung des Eies sowie das Verhalten des Trophoblasten der weißen Maus. Verh. d. zool. Ges. *38*, (1936).

770. KINGSBURY, B. F.: The post-partum formation of egg cells in the cat. J. Morph. *63* (1938).

771. KURZ, W.: Der Uterus von Tarsius spectum nach dem Wurf. Diss. Gießen 1904. Anat. Hefte *23*, 619—654 (1904).

772. LADMAN, A. J. and A. J. MITCHEL: Histological observations on placental apposition in mice. Anat. Rec. *125*, 41—53 (1956).

772c. LAMS, H.: L'étude de l'oeuf de Cobaye aux premiers stades de l'embryogénèse. Arch. Biol. *28*, 229—323 (1913).

772b. LAMS, H. et J. DOORMÉ: Nouvelles recherches sur la maturation et la fécondation de l'oeuf des Mammifères. Arch. Biol. *23*, 259—365 (1908).

772a. LANDACRE, F. L.: The fate of the neural crest in the head of Urodeles. J. comp. Neurol. *33*, 1—44 (1921).

773. LANDAU, R.: Der ovariale und tubale Abschnittt des Genitaltractus beim nicht-graviden und beim früh-graviden Hemicentetes-Weibchen Biomorphosis, *1*, 228—264 (1939).

773a. LANDAUER, W.: Insulin-induced abnormalities of beak extremities and eyes in chickens. J. exp. Zool. *105*, 145—172 1947).

773b. LANDAUER, W.: The phenotypic modification of hereditary polydactylism of fowl by selection and by Insulin. Genetics 33, 133—157 (1948).

773c. LANDAUER, W.: Hereditary abnormalities and their chemically induced phenocopies. Growth Symp. 12, 171—200 (1948).

773d. LANDAUER, W.: The effect of Insulin on development of duck embryos. J. exp. Zool. 117, 3 (1951).

773e. LANDAUER, W.: Malformations of chicken embryos produced by boric acid and the probable rôle of riboflavin in their origin. J. Exp. Zool. 120, 469—508 (1952).

774. LANE, H. H.: Some observations on the habits and placentation of Tatusia novemcinctum. Research Bull. State Univ. Okla. Nr. 1, 1—18 (1909).

775. LANGE, D. DE, jr.: Früheste Entwicklungsstadien und Placentation von Galeopithecus. Verhandl. Koninkl. Akad. van Wetenschappen, Part. 2, vol. 16, 1—39 (1919).

776. LANGE, D. DE, jr.: Contribution to the knowledge of the placentation of the Cape Goldmole (Chrysochloris). Bijdragen tot de Dierkunde te Amsterdam, 21, 161—173 (1919).

776a. LANGE, D. DE, jr.: Die Bildung der Fötalanhänge und der Placenta bei den Amnioten. Anat. Anz. 58, 287—303 (1924).

776b. LANGE, D. DE, jr.: Quelques remarques sur le développement phylogenetique possible des annexes foetales chez les vertébrés amniotes. C. rend. Ass. Anat. 18. Ré. (1923).

777. LANGE, D. DE, jr.: Eenige opmerkingen over de eerste ontwikkeling van Tupaia. Werken Genootsch. Nat. Gen. en Heelk. Amsterdam 2 er ser. D. XI. afl. 1 (1924).

778. LANGE, D. DE, jr.: Quelques remarques sur la placentation de „Bradypus". C. R. Assn. Anat. 21, 321—333 (1926).

779. LANGE, D. DE, jr.: Le Placenta des Edentés. C. rend. Assoc. Anat. 3. Congr. Fédér. internat. Amsterdam (1930).

780. LANGE, D. DE, jr.: Placentarbildung in Handb. d. vergl. Anatomie d. Wirbeltiere, Bolk. Göppert. Kallius. Lubosch. 6. Berlin Wien (1933). 155—234.

781. LANGE, D. DE, jr.: Communication on the attachment and the early development of Macroscelides (= Elephantulus) rozeti Duv. the North Afr. jumping shrew. Bijdr. tot de Dierkde. 28, 255—285 (1949).

782. LANGE, D. DE, jr. und H. F. NIERSTRASZ: Tabellarische Übersicht der Entwicklung von Tupaia iavanica Horsf. Ontogenese der Wirbeltiere in Übersichten H. 1. Utrecht (1932).

783. LATIMER, H. B.: Variation in the number and the weights of the fetuses in each litter in a series of puppies. Growth 14/1 (1950).

784. LATTA, S. and CH. R. BEBER: Cells with metachromatic cytoplasmic granules in the stroma of human chorionic villi. Science 117 (Washington) (1953).

785. LEAGUE, B. und C. G. HARTMAN: Anovular Graafian follicles in mammalian ovaries. Anat. Rec. 30, 1—13 (1925).

786. LEDERMANN, H.: Über den Bau der Cotyledonen im Uterus von Bos in verschiedenen Schwangerschaftsperioden. Ing. Diss. Berlin (1903).

787. LEE, T. G.: On the early development of Spermophilus tridecimlineatus, a new type of mammalian placentation. Science n. s. 15, 525—526 (1902).

788. LEE, T. G.: Notes on the early development of rodents. Amer. J. Anat. 2. proc. 10—11 (1903).

789. LEE, T. G.: Implantation of the ovum of Spermophilus tridecimlineatus. Mark Anniversary Vol. art. 21, 417—436 (1903).

790. LEE, T. G.: The early development of Geomys bursarius. Lancet 2, 868—869 oder Brit. Med. J. 2, 1702—1703 (1906).

791. LEE, T. G.: The preplacental development in Geomys bursarius. Science n. s. 25, 777—778 (1907).

792. LEE, T. G.: The formation of the decidual cavity in Geomys bursarius. Anat. Rec. 1, 51—52 (1907).

793. LEE, T. G.: The implantation stages of various North American rodents. Int. Cong. Anat. Bruxelles Verh. Anat. Ges. 24, 115—116 (1910).

794. LEE, T. G.: The passage of the ovum through the uterine epithelium in Geomys bursarius. Anat. Rec. 8, 126 (1914).

795. LEE, T. G.: On the implantation and placentation in the sciuroid rodents. Anat. Rec. 9, 100 (1915).

796. LEE, T. G.: The implantation of the blastocyst and the formation of the decidual cavity in Dipodomys. Anat. Rec. 14, 43 (1918).

797. LEFEBVRES-BOISSELOT, J.: Rôle tératogène de la déficience en acide pantothénique chez le rat. Ann. Méd. 52, 225—298 (1951).

798. LEGAL, E.: Zur Entwicklung des Tränennasenganges bei Säugetieren. Diss. Breslau (1881).

799. LEGENDRE, R.: Note sur un foetus de dauphin. Bull. soc. France 51, 84 (1926).

799a. LEHMANN, F. K.: Regionale Verschiedenheiten des Organisators von Triton, insbesondere in der vorderen u. hinteren Kopfregion, nachgewiesen durch phasenspezifische Erzeugung von lithiumbedingten und operativ bewirkten Regionaldefekten. W. Roux' Archiv f. Entw. mech. 138, 1938 28.

799b. LEHMANN, F. E.: Die Sonderstellung des Zwischenhirns in der vergl. u. experim. Embryologie Schweiz. Med. Wochenschr. 71 Nr. 12 (1941).

800. LEHMANN, F. E.: Die embryonale Entwicklung, Entwicklungsphysiologie und experimentelle Teratologie. Hdb. allgem. Path. VI. 1, 1—57. Berlin, Göttingen, Heidelberg (1955).

801. LEMSER, H.: Zur Eiigkeitsdiagnose bei Zwillingen und über die Grenzen ihrer Sicherheit. Der Erbarzt 9, 1—16 (1937).

802. LEMTIS, H.: Über die Architektonik des Zottengefäßapparates der menschlichen Placenta. Anat. Anz. 102, 106—133 (1955).

803. LEUCHTENBERGER, C., F. SCHRADER, D. WEIR and P. GENTILE: The desoxyribonucleid acid (DNA) content in spermatozoa of fertile and infertile human males. Chromosoma 6, 61—78 (1953/54.).

804. LEVI, G.: Le modalità dell fissazione dell'ovo dei Chirotteri alla parete uterina. Monit. Zool. Ital., vol. 25, 101—107 (1914).

805. LEVI, G.: Sul modo di formazione della cavita amniotica nei Chirotteri. Monit. Zool. Ital., vol. 32, 49—66 (1922).

806. LEWIS, W. H. and C. G. HARTMAN: Early cleavage stages of the egg of the monkey (Macacus rhesus). Carnegie Inst. Wash. Pub. Nr. 443, Contrib. Embryol. 24, 187—201 (1933).

807. LEWIS, W. H. and C. G. HARTMAN: Tubal ova of the rhesus monkey. Contrib. to Embryol. 29, 7—14. Carneg. Inst. Washington Publ. 525 (1941).

808. LEWIS, W. H. and E. S. WRIGHT: On the early development of the mouse egg. Carneg. Inst. Wash. Publ. No. 459 Contrib. to Embryol. No. 148 25 pp. 113—114 (1935).

809. LIEBERKÜHN, N.: Der grüne Saum der Hundeplacenta. Arch. Anat. Physiol. Anat. Sect., 196—212 (1889).

810. LILLIE, F. R.: The free-martin: a study of the action of sex hormones in the foetal life of cattle. J. exp. zool. 23, 371—452 (1917).

811. LILLIE, F. R.: Supplementary notes on twins in cattle. Biol. Bull. 44, 47—78 (1923).

812. LINZENMEIER, G.: Ein junges menschliches Ei in situ. Arch. Gyn. 102 (1914).

813. LIPKOW, J.: Der Sexualzyklus und die Wasserstoffionenkonzentration in der Scheide der weißen Maus. (Mus musculus L.). Z. vergl. Physiol. 40, 593—609 (1958).

814. LIPKOW, J.: Unterkühlung von Mäuseembryonen. Naturwiss. 45, 322 (1958).

814a. LOEB, L.: Über die Entwicklung des Corpus luteum beim Meerschweinchen. Anat. Anz. 28, 102 (19C6a).

814b. LOEB, L.: The formation of the corpus luteum in the guinea pig. J. Amer. Med. Assoc. 46, 416 (1906b).

815. LOEB, L.: Über die experimentelle Erzeugung von Knoten von Deziduagewebe in dem Uterus des Meerschweinchens nach stattgefundener Copulation. Zbl. Path. 18, (1907).

815a. LOEB, L.: The cyclic changes in the ovary of the guinea pig. J. Morph. 22, 37 (1911).

815b. LONG, J. A. and H. M. EVANS: The estrous cycle in the rat and its associated phenomena. Mem. Univ. Calif. 6, 1 (1922).

816. LOR, A.: Description of a human embryo of 13—14 mesodermic somites. Journ. Anat. and Physiol. W. 42 pp. 237—251 (1908).

817. LOUSTALOT, P.: Über Mißbildungen des caudalen Körperendes; ein Beitrag zur Frage der sirenoiden Fehlbildungen. Acta anat., 9, 366—415 (1950).

818. LÜDIKE-SPANNENKREBS, R.: Studien über die Anzahl der Eizellen von Wildkaninchen und verschiedenen Hauskaninchenrassen. Z. mikr. anat. F. 61, 454—486 (1955).

819. LÜSEBRINK, F. W.: Die erste Entwicklung der Zotten in der Hundeplacenta. Anat. Hefte 1, 163—185 (1892).

820. LÜTKEN, C.: Was die Grönländer von der Geburt der Wale wissen wollen. Zool. Jb. Syst. 3, 802 (1888).

821. LUDWIG, E.: Über einen operativ gewonnenen menschlichen Embryo mit einem Ursegmente. (Embryo Da 1). Morph. J. 59, 41—104 (1928).

822. LUDWIG, K. S.: Die Architektur der Muskelwand im Rattenuterus. Acta Anat. 15, 1. 2. 23—41 (1952).

823. LUDWIG, W. und CH. BOOST: Über Certation und Spermiendimorphionus bei Tier und Mensch. Z. f. Naturf. 2. B. H. 5/6, 222—226 (1947).

824. LUDWIG, W. und CH. BOOST: Über Beziehungen zwischen Elternalter, Wurfgröße und Geschlechtsverhältnis bei Hunden. Z. Vererbungslehre 83, (1951).

825a. MACKINTOSH, N. A.: The natural history of whalbone whales. Biol. Rev. 21, 60 (1946).

825. MACLAREN, N.: Development of Cavia-Implantation. Transact. of the royal Soc. of Edinburgh 55 (1926/27).

826. MACLAREN, N. and T. H. BRYCE: The early stages in the development of Cavia. Trans. r. soc. Edinb. 57, 647—664 (1933).

826a. MCLAREN, A. and D. MICHIE: Studies on the transfer of fertilized mouse eggs to uterine fostermothers. I. Factors affecting the implantation and survival of native and transfered eggs. J. exp. Biol. 33, 394—416 (1956).

827. MAHADEVAN, A.: Preliminary observations on the structure of the uterus and the placenta of a few Indian elasmobranchs. Proc. Ind. Acad. Sci. B, 11, 1 (1940).

828. MANDL, A. M., S. ZUCKERMAN: Ovarian autografts in monkeys. J. Anat. 83, 315—323 (1949).

829. MANDL, A. M., S. ZUCKERMAN: The numbers of normal and atretic ova in the mature rat. J. Endocrin. 6, 426—435 (1950).

830. MANDL, A. M. and S. ZUCKERMAN: The relation of age to numbers of oocytes. J. of Endocrin. 7 (1951).

831. MANDL, A. M., S. ZUCKERMAN: Changes in the ovarian structure following the injection of carbolic acid into the ovarian bursa. J. Endocrin, 7, 227 (1951).

832. MANDL, A. M. and S. ZUCKERMAN: The growth of the ovocyte and follicle in the adult rat. J. Endocrin, *8*, 126—132 (1952).
832a. MANGOLD, O.: Transplantationsversuche zur Frage der Spezifität und der Bildung der Keimblätter. Arch. mikr. Anat. Entwmech. *100*, 198—301 (1923).
833. MARCHAND, F.: Beiträge zur Kenntnis der Placentarbildung; die Placenta des Kaninchens mit Bemerkungen über die Placenta der Katze. Schriften z. Beförd. d. ges. Naturw. Marburg *13*, 55 (1898).
834. MARCHAND, F.: Einige Beobachtungen an jungen menschlichen Eiern. Verh. Anat. Ges. Halle 16. Vers. 172—183 (1902).
835. MARCHETTI, A. A.: A previllous human ovum accidentally recovered from a curettage specimen. Contrib. Embryol. *31*, 107—115 (1945).
835a. MARCUS, H.: Über die Struktur des menschlichen Spermiums. Arch. Zellfg. *15*, 445—448 (1921).
836. MARKEE, J. E.: Menstruation in intraocular endometrial transplants in the Rhesus monkey. Contrib. to Embryol. *28*, 219—308. Carneg. Inst. 518 (1940).
837. MARKEE, J. E.: Intrauterine distribution of ova in the rabbit. Anat. Rec. *88* (1944).
838. MARKEE, J. E. and J. C. HINSEY: Internal migration of ova in the cat. Proc. soc. exp. Biol. and Med. *31* (1933).
839. MARSHALL, A. J.: The unilateral endometrial reaction in the giant fruit bat (Pteropus giganteus BRÜNNICH). J. Endicrin. *9*, 42—44 (1953).
839a. MARSHALL, F. H. A.: The oestrous cycle and the formation of the corpus luteum in the sheep. Philos. Trans. B, *196*, 47 (1904).
839b. MARSHALL, F. H. A.: The development of the corpus luteum — a review. Quart. J. Micr. Sci. *49*, 189 (1905).
840. MARSHALL, F. H. A.: Physiology of reproduction. I. II. London (1952, 1956).
841. MARTIN, P.: Ein Pferdeei von 21 Tagen. Schweiz. Arch. f. Tierheilk. (1890).
842. MARTIN, ST., G. J. ANGE: Placenta à deux lobes symètriques chez un foetus de singe à terme du genre ouistiti (Hapale). Mag. Zool. de Guérin Méneville *6*, 1844 auch Rev. Zool. *7*, 73—74 (1844).
843. MARTINET, M.: Hémorragies embryonnaires par déficience en acide linoléique. Ann. Méd. *53*, 286—333 (1952).
843a. MARTINEZ-ESTEVE, P. P.: Observations on the histology of the opossum ovary. Cont. Embryol. *30*, 18 (1942).
844a. MATTHEWS, L. H.: The oestrous cycle and intersexuality in the female mole (Talpa europaea L.) Proc. zool. soc. London p. *347* (1935).
844b. MATTHEWS, L. H.: The female sexual cycle in the British horseshoe bats Trans. zool. soc. London *23*, 224 (1937/38).
844c. MATTHEWS, L. H.: The genitalia and reproduction of some African bats Proc. zool. soc. London B, *111*, 289 (1941).
844d. MATTHEWS, L. H.: Reproduction in the spotted Hyaena Crocuta crocuta Erxleben. Phil. Trans. Roy. Soc. London B. *230*, 1—78 (1941).
844e. MATHEWS, L. H.: Reproduction in the Scottish wild cat, Felis silvestris grampia Miller. Proc. Zool. Soc. Lond. B, *111*, *59* (1941/42).
845. MATTHEWS, L. H.: Parturition in the Kangaroo. Proc. zool. soc. London *113*, 117—120 (1943/44).
846. MATTHEY, R.: Les chromosomes des vertébrés. Lausanne (1949).
847. MATTHEY, R.: Les chromosomes de Galago senegalensis Geoffroy (Prosimii Lorisidae Galaginae). Rev. Suisse de Zool. *62*, 190—197 (1955).
848. MAURER, H.: Die Entstehung der Lippenkieferspalte bei einem Keimling von 22 mm. Z. Anat. Entwg. *105*, 358—373 (1936).
849. MAURER, H.: Heilungsvorgänge an den Lippenkieferspalten eines Keimlings von 23,3 mm. Z. Anat. Entwg. *107*, 203—211 (1937).
850. MAURER, H.: Bildung und Mißbildung des Riechgrübchens. Verh. anat. Ges. Leipzig. 46. Vers. 388—394 (1938).
851. MAXIMOW, A.: Zur Kenntnis des feineren Baues der Kaninchenplacenta. Arch. f. mikr. Anat. *51*, 68—136 (1898).
852. MAXIMOW, A.: Die ersten Entwicklungsstadien der Kaninchenplacenta. Arch. f. mikr. Anat. *56*, 699—740 (1900).
853. MAYER, A., E. VOGT und L. SEITZ: Biologie der Placenta. I: Physiolog. Teil. II: Patholog. Teil. Arch. Gynäk., *137* (I) 1—321, and (II) 322—635. (Short papers and discussion concerning problems of the placenta and pregnancy by various people, 681—773) (1929).
854. MCCRADY, jr., E.: The Embryology of the Opossum. The American Anat. Mem. *16*, 1—226 (1938).
855. MCLAREN, A.; D. MICHIE: Transmigration of unborn mice. Nature, Lond. *174*, 844 (1954).
856. MCLAREN, A. and D. MICHIE: Studies on the transfer of fertilized mouse eggs to uterine fostermothers. 1. Factors affecting the implantation and survival of native and transferred eggs. J. exp. Biol. *33*, 394—416 (1956).
856a. MCNUTT, G. W.: The corpus luteum of the ox ovary in relation to the estrous cycle. J. Amer. Vet. Med. Ass. *65*, 556 (1924).
857. MEEK, A.: The reproductive organs of Cetacea. J. Anat. Physiol. *52*. Anat. 186 (1928).
857a. MEHNERT: Die individuelle Variation des Wirbeltierembryos. Eine Zusammenstellung Morph. Arbeiten (Schwalbe) *5*, (1885).
857b. MEHNERT, E.: Gastrulation und Keimblätterbildung der Emys lutaria taurica. Morph. Arb. Schwalbe *1*, 367—377 (1891).
857c. MEHNERT, E.: K. E. von Baer als Begründer der Erkenntnis der individuellen Variation im Embryonalleben. Bio. Zbl. *19*, (1899).
858. MEIGS, CH. D.: Observations of the reproductive organs and on the foetus of the Delphinus Nesarnak. J. Acad. Nat. si.c Philadelphia ser. *2*, 1 (1850).
859. MEISENHEIMER, J.: Geschlecht und Geschlechter im Tierreiche. Jena I. 1921. II. 1930.
860. MEISTER, W. and D. D. DAVIS: Placentation of a primitive Insectivore Echinosorex gymnura. Fieldiana Zoology *35*, 11—26 (1953).
861. MEISTER, W. and D. DWIGHT DAVIS: Placentation of the pigmy treeshrew Tupaia minor. Fieldiana Zool. *35*, 73—84. (1956).
862. MELISSINOS, K.: Die Entwicklung des Eies der Mäuse. Arch. f. mikr. Anat. Entwg. *70*, 577—628 (1907).
863. MERTTENS, J.: Beiträge zur normalen und pathologischen Anatomie der menschlichen Placenta. Z. Gebh. Gyn. *30* (1894).
864. MEVES, F.: Über das Verhalten der Zentralkörper bei der Histogenese der Samenfäden von Mensch und Ratte. Anat. Anz. *14*. Ergbd. 91—100 (1898).
865. MEVES, F.: Zur Entstehung der Achsenfäden menschlicher Spermatozoen. Anat. Anz. *14*, 168—170 (1898).
866. MEVES, FR.: Über Struktur und Histogenese der Samenfäden des Meerschweinchens. Arch. mikr. Anat. u. Entwg. *54*, 329 (1899).
867. MEYER D. SCHNALL: Electronmicroscopic study of human spermatozoa. Fertility and Sterility *3*, 62—82 (1952).
867a. MEYER, R.: Über Corpus luteum Bildung beim Menschen. Arch. Gynaek. *93*, 354 (1911).
868. MEYER, R.: Die pathologische Anatomie der Gebärmutter. Der mensuelle Zyklus und die Menstruation; Menstruation und Corpus luteum. Hdb. spez. path. Ant. Hist. Berlin *7*, 1 (1930).
868a. MEYER, R.: Über das stadium proliferationis s. hyperaemicum sowie über den Begriff und die Abgrenzung des Blühestadiums des Corpus luteum. Arch. Gynaek. *149*, 315 (1932).
868b. MICHEL, M.: Researches on generation and development of the opossum. Proc. Am. Assoc. Adv. Sci. *3*, 60—63 (1850).
869. MIEGEL, B.: Die Biologie und Morphologie der Fortpflanzung der Bisamratte (Ondatra zibethica L.). Z. mikr. anat. F. *58*, 531—598 (1952).
870. MILLER, E. J. and S. P. REIMANN: Effect of DL-methionine and L-apteine on the cleavage rate of mammalian eggs. Arch. Path. Lab. Med. *29*, 181 (1940).
871. MILLER, J. W.: Corpus luteum und Schwangerschaft. Das jüngste operativ erhaltene menschliche Ei. Berl. klin. Wo. *50* (1913).
872. MILLES, G. and D. B. DORSEY: Intra-uterine respiration-like movements in relation to development of the fetal vascular system. A discussion of intra-uterine physiology based upon cases of congenital absence of the trachea, abnormal vascular development and other anomalies. Amer. J. Path. *26/3*, (1950).
873. MILNE-EDWARDS, A.: Observations on some points in the embryology of the Lemuroidea, and on the zoological affinities of these animals. Ann. Mag. nat. Hist. *8*, 438—440 (1871).
874. MILNE-EDWARDS, A.: Observations sur quelques points de l'embryologie des lémuriens et sur les affinités zoologiques de ces animauc. C. r. Acad. sci. Paris *73*, 422—424 (1871). Ann. sci. zool. *15*. no. 6. 7 (1872). Bull. soc. Anthrop. Paris *6*, 396—403 (1871).
875. MILNE-EDWARDS, A.: Sur la disposition des enveloppes foetales de l'aye-aye (Chiromys madagascariensis). C. r. acad. sci. Paris *99*, 266—267 (1884).
876. MIN CHUEH CHANG: Cleavage of unfertilized ova in immature ferrets. Anat. Rec. *108*, 31—43 (1950).
877. MINOT, C. S.: Uterus and embryo I. Rabbit. II. Man. J. of Morph. *2*, 341—462 (1889).
878. MINOT, C. S.: Die Placenta des Kaninchens. Biol. Cbl. *10*, 114—122 (1889).
879. MINOT, C. S.: Über die mesothelialen Zotten der Allantois bei Schweinsembryonen. Anat. Anz. *18*, 127—136 (1900).
880. MINOT, C. S. and E. TAYLOR: Normal plates of the development of the rabbit (Lepus cuniculus L.). Normentafeln zur Entwg. d. Wirbelt. 5. H. (1905).
881. MINTZ, B. und E. WOLFF: The development of embryonic chick ovarian medulla and its feminizing acton in intracoelomic grafts. J. exp. Zool. *126*, 511—535 (1954).
881a. MITROPHANOW, P. J.: Étude embryogénique sur les Sélaciens. Arch. zool. exp. 3. Sér. *1*, 161—220 (1893).
882. MÖLLENDORFF, W. v.: Über das jüngste bisher bekannte menschliche Abortivei (Ei SCH), ein Beitrag zur Lehre von der Einbettung des menschlichen Eies. Z. Anat. *62*, 352—405 (1921).
883. MÖLLENDORFF, W. v.: Über einen jungen, operativ gewonnenen menschlichen Keim. (Ei OP.) Z. Anat. *62*, 406—432 (1921).

884. MÖLLENDORFF, W. v.: Zur Frage der Bildung der Decidua capsularis nach Präparaten vom Ei (Wolfring). Z. Anat. 74, 231—239 (1924).
885. MÖLLENDORFF, W. v.: Das menschliche Ei Wo(lfring), Implantation: Verschluß der Implantationsöffnung und Keimesentwicklung beim Menschen vor Bildung des Primitivstreifens. Z. Anat. 76, 16—42 (1925).
886. MÖLLENDORFF, W. v.: Über die Bildung der Decidua capsularis und die Schicksale des Embryonalknotens bei der Implantation des menschlichen Eies. Zs. mikr.-anat. Forsch., 5, 688—705 (1926).
887. MÖLLENDORFF, W. v.: Über die Implantation des Eies beim Menschen. Jkurse ärztl. Fortb. 28 (1937).
888. MÖLLERBERG, H.: Om spermiogenesen hos mannen. Medicinska Föreningens Tidskrift 27/3—4 (1949).
889. MOGHE, M. A.: Development and placentation of the indian fruit bat, Pteropus giganteus giganteus (Brünnich). Proc. zool. soc. London 121. III, 703 (1951).
890. MOGHE, M. A.: Some observations on the foetal membranes of the Indian palmcivet, Paradoxurus hermaphroditus (SCHRATER). Prorc. Nat. Inst. Sci. India p. B. 22, 41—47 (1956).
891. MOGHE, M. A.: On the development and placentation of a megachiropteran bat, Cynopterus sphinx gangeticus (Anderson). Proc. Nat. Inst. Sci. India B, 22, 48—55 (1956).
892. MOGHE, S.: On the morphogenesis of the yolk sac gland in Chiroptera. Proc. Nat. Inst. Sci. India p. B. 22, 34—40 (1956).
893. MOHR, H.: Zur Histologie der übertragenen Placenta. Zbl. Gyn. 72 (1950).
894. MONTUORO FR.: Qualche osservazioni sull'origine e sulla sviluppo della placenta nei Chirotteri. Arch. ital. di anat. e di embriol. vol. 18, Suppl. 498—521 (1922).
895. MOORE, C. R.: Embryonic sex hormones and sexual differentiation. Thomas Springfield III. 90 pg. (1948).
896. MOREAUX, R.: Sur la spermiogenèse chez le macaque. C. R. soc. biol. Paris 67, 369—371 (1909).
897. MORRIS, B.: The structure of the foetal yolksac splanchnopleur of the rabbit. Quart. J. micr. Sci. 91/3. (1950).
898. MORTON, A.: On the egg of Echidna. Papers and Proc. Roy. soc. Tasm. (1888).
898a. MORTON, W. R. M.: Placentation in the spotted Hyena (Crocuta crocuta ERXLEBEN). J. Anat. (Br.) 91, 374—382 (1957).
899. MOSS, S., J. F. SYKES & T. R. WRENN: Some observations on the bovine corpus luteum and endometrium during early stages of pregnancy. Amer. J. Vet. Res. 17, 607—614 (1956).
900. MOSSMAN, H. W.: The rabbit placenta and the problem of placental transmission. Amer. J. Anat. 37, 433—497 (1926)·
900a. MOSSMAN, H. W.: The thecal gland and its relation to the reproductive cycle. A study of the cyclic changes in the ovary of the pocket gopher, Geomys bursarius (Shaw). Amer. J. Anat. 61, 289 (1937).
901. MOSSMAN, H. W.: Comparative morphogenesis of the fetal membranes and accessory uterine structures. (24 plates, 12 textfig.). Contributions to embryology, 26, Nr. 158 (1937). 129—246.
902. MOSSMAN, H. W.: The epitheliochorial placenta of an American Mole, Scalopus aquaticus. Proc. Zool. Soc. ser. B. 109, 373—375 (1939).
903. MOSSMAN, H. W.: The fetal membranes of Insectivora. Anat. Rec. 75, Suppl. 102 (1939).
904. MOSSMAN, H. W.: Origin of placental trophoblast. Lancet I pg. 977—978 (1950).
904a. MOSSMAN. H. W.: The genital system and the fetal membranes as criteria for mammalian phylogeny and taxonomy. J. Mammal. 34, 289—298 (1953).
905. MOSSMAN, H. W.: The fetal membranes of the aard vark. Mitt. naturf. Ges. Bern n. F. 14, 119—128 (1957).
906. MOSSMAN, H. W. and F. L. HISAW: The fetal membranes of the pocket gopher, illustrating an intermediate type of rodent membrane formation. 1. From the unfertilized tubal egg to the beginning of the allantois. Am. J. Anat. 66, 367—391 (1940).
906a. MOSSMAN, H. W., I. JUDAS: Accessory corpora lutea, lutein cell origin and the ovarian cycle in the Canadian porcupine. Am. J. Anat. 85, 1—39 (1949).
907. MOSSMAN, H. W. u. L. A. WEISSFELDT: The fetal membranes of a primitive rodent, the 13-striped ground squirrel. Am. J. Anat. 64, 59—109 (1939).
908. MÜLLER, F.: De wederzijdsche verhouding tuschen ei en uterus bij de knaagdieren meer en het bijzoder bij Sciurus vulgaris. Tijdsch. Nederl. Dierk. Veren. 9, 329—585 (1905).
909. MÜLLER, H. C.: Zur Entwicklungsgeschichte von Phocaena communis Less. Arch. Naturgesch. 86, A. 7 (1920).
910. MÜLLER, S.: Ein jüngstes menschliches Ei. Z. miktr.-anat. Forschg. 20, 175—184 (1930).
911. MÜLLER, W.: Untersuchungen über einen trächtigen Uterus von Cercopithecus sabaeus. Diss. München (1890).
912. MULNARD, J.: Contribution à la connaissance des enzymes dans l'ontogénèse. Les phosphomonoestérases acide et alcaeine dans le developpement du rat et de la souris. Arch. Biol. 66, 525—685 (1955).
913. MULNARD, J.: La phosphatase alcaline dans les premiers stades du développement du rat et de la souris. Essai de localisation intracellulaire de l'enzyme. Bull. Acad. r. Belg. cl. sci. 5. sér. 41, 224—237 (1955).
913a. MULLIGAN, R. M.: Histological studies on the canine female genital tract. J. Morph. 71, 431 (1942).
914. MUSHETT, CH. W.: Elektive Differenzierungsstörungen des Zentralnervensystems am Hühnchenkeim nach kurzfristigem Sauerstoffmangel. Beitr. path. Anat. allg. Path. 113, 367—387 (1953).
915. NAGER, F. R.: Die Labyrinthmißbildungen im Lichte der heutigen Vererbungslehre. Pract. oto-rhino. laryng. 13, 3 (1951).
916. NARAYAN RAO, C. R.: On the structure of the ovary and the ovarian ovum of Loris lydekkerianus. Quart. J. micr. sci. n. s. 71. Cabr. 57—74 (1957).
917. NASSE, O.: Die Eihüllen der Spitzmaus und des Igels. Arch. f. Anat. u. Physiol. 730—738 (1863).
918. NATTAN-LARRIER, L.: Fonction sécrétoire du placenta. C. R. Acad. Sci., Paris 52, 1111 (1900).
919. NAUJOKS, H.: Der Einfluß kurzfristigen Sauerstoffmangels auf die Entwicklung des Hühnchens in den ersten fünf Bruttagen. Beitg. path. Anat. allg. Path. 113, 221—252 (1953).
920. NEEDHAM, J.: Chemical embryology. Cambridge 1931.
921. NEEDHAM, J.: Biochemistry and Morphogenesis. Cambridge 1950.
922. NEHRING, A.: Einige Beobachtungen über Phocaena communis Less. namentlich über die Wurfzeit dieser Art. Zool. Anz. 27, 713 (1904).
923. NELSEN, O. E.: Comparative Embryology of the Vertebrates. London 1953.
924. NELSEN, O. E. and E. L. WHITE: A method for inducing ovulation in the aneostrous opossum (Didelphys virginiana). Anat. Rec. 81 (1941).
925. NEUWEILER, W.: Über Explantationsversuche menschlicher Placenta. Mschr. Gebh. Gyn. 77, 437 (1927).
926. NEUWEILER, W.: Über den diaplacentaren Stoffaustausch. Schweiz. Med. W. 53—56 (1948).
927. NEWMAN, H. H.: Multiple human birds: Twins, triplets quadruplets and quintuplets. New York (1940).
928. NEWMAN, H. H., F. N. FREEMAN and K. J. HOLZINGER: Twins: a study of heredity and environment. Chicago 1937.
929. NEWMAN, H. H. and J. T. PATTERSON: The development of the nine-banded Armadillo from the primitive streak Stage to birth; with especial reference to the question of specific polyembryony. J. Morph. 21, 359 (1910).
930. NICHOLAS, J. S.: Experiments on developing rats. I. Limmits of foetal regeneration. Behavior of embryonic material in abnormal environment. Anat. Rec. 58, 387—414 (1934).
931. NICHOLAS, J. S.: Experimental approaches to problems of early development of the rat. Quart. Rev. Biol. 22, 179—195 (1947).
932. NICHOLAS, J. S.: Experiments on developing rats. VII. Transplantations to intestinal mucosa. J. of exp. Zool. 113, 741—759 (1950).
933. NICHOLAS, J. S. and D. RUDNICK: Development of rat embryos of eggcylinder to headfold stages in plasma cultures. J. exp. Zool. 78, 205—232 (1938).
934. NICOL, TH.: Notes on irregularities of ovogenesis and abnormal development of the embryo in Cavia. J. Anat. 68, 75 bis 84 (1933).
935. NIHOUL, J.: Recherches sur l'appareil endocellulaire de Golgi dans les premiers stades du developpement des mammifères. Cellule 37, 23 (1927).
936. NIKLAUS, S.: Die Kerngröße des Follikelepithels während des Sexualzyklus beim Borstenigel. Z. Zellforschg., 35/3—4 (1950).
937. NOBACK, C. R.: Placentation and Angiogenesis in the Amnion of a Baboon (Papio papio). Anat. Rec. 94, 553—567 (1946).
938. NOBILI, L.: Contributo allo studio delle sostanze cromotrope nella placenta umana. Riv. ital. Ginec. 34/3 (1951).
939. NOER, R.: A study of the effect of flow direction the placental transmission, using artificial placentas. Anat. Rec. 96, 383—389 (1946).
940. NOER, H. R. and H. W. MOSSMAN: Surgical investigation of the function of the inverted yolk sac placenta in the rat. Anat. Rec. 98, 1 (1947).
941. NOLD, B.: Über den fetalen Placentarkreislauf. Z. Geburtsh. u. Gyn. 150, 146—166 (1958).
942. NOLD, B.: Gefäßbefunde an Zwillingsplacenten. Das medizin. Bild 1, 71—74 (1958).
943. NOLF, P.: Étude de modifications de la muqueuse utérine pendant la gestation chez le murin (Vespertilio murinus). Arch. de biol., vol. 14, 561—693 (1896).
944. NUSBAUM, J.: Zur Entwicklungsgeschichte der Placenta bei der Maus (weiße Varietät). Anat. Anz. 5, 233—236 (1890).
945. NUSSBAUM, M.: Zur Differenzierung der Geschlechter im Tierreich. Arch. mikr. Anat. 18 (1880).
946. OCHS, A.: Die intrauterine Embryonalentwicklung des Hamsters bis zum Beginn der Herzbildung. Z. wiss. Zool. 89, 193—229 (1908).
946a. O'DONOGHUE, C. H.: The corpus luteum in non pregnant Dasyurus and the occurence of polyovular follicles. Anat. Anz. 41, 353 (1912). zit. 611.
946b. O'DONOGHUE, C. H.: On the corpora lutea and interstitial tissue of the ovary in the Marsupialia. Quart. J. micr. sci. 61, 433 1916).

**947.** Odor, B. und Székelly: Ein Beitrag zur Frage der Abortiveier. Gynaecologia *128* (1949).
**948.** Oehler, I. E.: Beitrag zur Kenntnis des Ovarialepithels und seiner Beziehungen zur Oogenese. Untersuchungen an fetalen und kindlichen Ovarien. Acta Anat. *12*, 1—29 (1951).
**949.** Okamura, T.: Über den Genitaltrakt von Proechidna bruynii. Z. Anat. *84*, 175—191 (1927).
**950.** Olcese, O., J. R. Couch, J. H. Quisenberry and P. B. Pearson: Congenital anomalies in the chick due to vitamine B 12 deficiency. J. Nurtit 41/3, (1950).
**951.** Oordt, G. J. van: Early developmental stages of Manis javanica, Desm. Verhandlg. Koninkl. Akad. van Wetenschappen te Amsterdam. Part. 2, vol. *21*, 1—102 (1921).
**952.** Opitz, E.: Vergleich der Placentarbildung bei Meerschweinchen, Kaninchen und Katze mit derjenigen beim Menschen. Zs. Geburtsh. Gynäk., *41*, 120—146 (Discussion 288—300) (1899).
**953.** Ortmann, R.: Über die Placenta einer in situ fixierten menschlichen Keimblase aus der 4. Woche. Z. Anat. *108*, 427—458 (1938).
**954.** Ortmann, R.: Die Frage der Zottenanastomosen in der menschlichen Placenta. Z. Anat. *111*, 173—185 (1941).
**955.** Ortmann, R.: Untersuchungen an einer in situ fixierten menschlichen Placenta vom 4.—5. Schwangerschaftsmonat. Arch. Gyn. *172*, 161—172 (1941).
**956.** Ortmann, R.: Über Kernsekretion, Kolloid- und Vakuolenbildung in Beziehung zum Nukleinsäuregehalt in Trophoblast-Riesenzellen der menschlichen Placenta. Z. Zellf. *34*, 562—583 (1949).
**957.** Ortmann, R.: Neue cytologische Untersuchungen an Trophoblastzellen der menschlichen Placenta. Anat. Nachr. *1*, 94 (1950).
**958.** Ortmann, R.: Zur Darstellung der Gesamtlipoide an Pflügerschen Schläuchen und Oozyten im Hundeovar. Morph. Jb. *95*, 142—150 (1955).
**959.** Ortmann, R.: Histochemische Untersuchungen an menschlicher Placenta mit besonderer Berücksichtigung der Kernkugeln (Kerneinschlüsse) und der Plasmalipoideinschlüsse. Z. Anat. *119*, 28—54 (1955).
**960.** Osborne, H. F.: Observations upon the foetal membranes of the opossum and other marsupials. Quart. J. Mic. Sci., *23*, 473—484 (1883).
**961.** Otis Emik, L. and G. M. Sidwell: Tailless sperm from rams. J. of Animal Science 8/1 (1949).
**962.** Owen, R.: On the young of Ornithorhynchus paradoxus (Blum.). Trans. zool. soc. London, *1*, (1835).
**963.** Owen, R.: Notes on the anatomy of the Nubian Giraffe. Transaction of the Zool. Soc. of London, Vol. II (1841).
**964.** Owen, R.: Notes on the birth of the Giraffe at the Zool. soc. gardens and description of the fetal membranes and some of the natural and morbid appearances observed in the dissection of the young animal. Trans. zool. soc. London *3*, 21 28 (1849).
**965.** Owen, R.: Anatomy of vertebrate animals. London (1857).
**966.** Owen, R.: Description of the fetal membranes and placenta of the elephant (Elephas indicus, Cuv.), with remarks on the value of placentary characters in the classification of the Mammalia. Trans. Roy. Soc. London, *147*, 347—353 (1857).
**967.** Owen, R.: On the marsupial pouches, mammary foetus of Echidna hystrix. Phil. Trans. *155* (1865).
**968.** Owen, R.: On the ovum of the Echidna hystrix. Phil. Transact. *171* (1881).
**969.** Owers, N.: Studies on the cytochemistry of the placenta. I. The occurence and distribution of glycogen and iron in the embryonic stages of an insectivore, Crocidura caerulea. Proc. nat. Inst. Sci. India *17*, 499—511 (1951).
**970.** Painter, T. S.: The sex chromosomes of the monkey. Science n. s. *56*, 286—287 (1922).
**971.** Painter, T. S.: Studies in mammalian spermatogenesis IV. The sex chromosomes of monkeys. J. exp.Zool. *39*, 433 bis 463 (1924).
**972.** Painter, T. S.: A comparative study of the chromosomes of mammals. Amer. Naturalist *59*, (1925)
**972a.** Pander, H. C.: Beiträge zur Entwicklungsgeschichte des Hühnchens im Ei. Diss. Würzburg 1817.
**973.** Parker, W. N.: On some points in the structure of the young of Echidna aculeata. Proc. zool. soc. London (1894.)
**973a.** Parkes, A. S.: Reproductive processess of certain mammals. Part I. Oestrous cycle of the Chinese hamster (Cricetulus griseus Milne-Edwards). Proc. Roy. Soc. B, *108*, 138 (1931).
**974.** Parkes, A. S.: Induction of superovulation and superfecundation in rabbits. J. Endocrin. *3*, 268—279 (1942).
**975.** Parkes, A. S.: Marshall's physiology of reproduction. London. vol. 1, 2 (1952, 1956) 3d ed.
**976.** Parkes, A. S. and A. U. Smith: Regeneration of rat ovariantissue grafted after exposure to low temperatures. Proc. roy. soc. London *140*. B. *901*, 455—470 (1953).
**977.** Parry, H.: The vascular structure of the extra-placental uterine mucosa of the rabbit. J. Endocrinol. 7/1 (1950).
**977a.** Pasteels, J.: Études sur la gastrulation des vertébrés méroblastiques I, II, III, IV. Arch. Biol. 47, 48 (1936, 1937).
**978.** Patten, B.: Human embryology New-York (1946)..
**979.** Patterson, J. Th.: A preliminary report on the demonstration of polyembryonic development in the Armadillo (Tatu novemcinctus). Anat. Anz. *41*, 369—381 (1912).
**980.** Patterson, J. T.: Polyembryonivc development in Tatusia novemcinctus. J. Morph. *24*, 559—684 (1913).
**980a.** Patzelt, V.: Über das Ovarium der Karnivoren und seine Zwischenzellen. Z. mikr. anat. Fg. *61*, 309—359 (1955).
**981.** Patzelt, V.: Der Eierstock der Säugetiere und die Phylogenese. Ergeb. Anat. *35*, 99—132 (1956).
**982.** Patzelt, V.: Über das Ovarium der Huftiere. Z. mikr. anat. Fg. *62*, 187—193 (1956).
**983.** Payne, F.: General description of a 7 somites human embryo. Contrib. to !Embryol. 12. Carneg. Inst. Wash. publ. No. *301*, 117—124 (1924).
**984.** Pearson, O. P.: Reproduction in the shrew (Blarina brevicauda). Amer. J. Anat. *75* (1944).
**985.** Pearson, O. P.: Reproduction of a South American rodent the mountain viscacha. Amer. J. Anat. *84*, 143—173 (1949).
**985a.** Pearson, O. P. und R. K. Enders: Ovulation, maturation and fertilisation in the fox. Anat. Rec. *85*, 69 (1943).
**986.** Penrose, L. S.: Heredity and environment in the causation of foetal malformation. Practitioner *166/995* (1951).
**986a.** Perry, J. S.: The reproduction of the African Elephant Loxodonta africana. Phil. Transact. Roy. s. London *237*, 93 149 (1953).
**987.** Pescetto, G.: Su particolari elementi cromofili (metacromatici) della porzione fetale della placenta umana. Monit. zool. ital. *58* Suppl. (1950).
**988.** Pescetto, G.: Histological and histochemical observations on the so-called Hofbauer cells in the human chorionic villus. Riv. Biol. *44*, (1952).
**989.** Peter, K.: Entwicklung des Geruchsorgans. Ergeb. Anat. *20*, 43—95 (1911).
**990.** Peter, K.: Modelle zur Entwicklung des menschlichen Gesichtes. Anat. Anz. *39*, 41—66 (1911).
**990a.** Peter, K.: Betrachtungen über die Aufgaben der Keimblätter. Z. mikr. anat. Fg. *5*, 95—119 (1926).
**991.** Peter, K.: Atlas der Entwicklung der Nase und des Gaumens beim Menschen. Fischer Jena (1913).
**991a.** Peter, K.: Die erste Entwicklung des Chamäleons (Chamaeleo vulgaris) verglichen mit der Eidechse. Z. Anat. *103*, 147—188 (1934).
**991b.** Peter, K.: Die innere Entwicklung des Chamäleonkeimes nach der Furchung bis zum Durchbruch des Urdarmes. Z. Anat. *104*, 1—60 (1935).
**992.** Peter, K.: Neue Anschauungen von der formalen Genese der Gesichtsspalten. Kinderärztl. Praxis *4*, 335—339 (1935).
**992a.** Peter, K.: Untersuchungen über die Entwicklung des Dotterentoderms I, II, III, IV. Z. mikr. anat. Fg. *43*, 362—415, *44*, 416—450, 498—531, *46*, 627—639 (1938, 1939).
**992c.** Peter, K.: Gastrulation ind Homologie. Anat. Anz. *86*, 81—128 (1938).
**993.** Peter, K.: Die Genese des Entoderms bei den Wirbeltieren. Ergebnisse d. Anat. Bd. *33*, 285—369 (1941).
**994.** Peter, K.: Placenta-Studien 1. Zotten und Zwischenzottenräume zweier Placenten aus den letzten Monaten der Schwangerschaft. Z. mikr. anat. Fosch. *53*, 142—174 (1943).
**995.** Peter, K.: Die Beteiligung der Gesichtsfortsätze an der Bildung des primitiven Gaumens. Anat. Anz. *97*, 111—116 (1949).
**996.** Peter, K.: Placenta-Studien 2. Verzweigung und Verankerung der Chorionzottenstämme und ihrer Äste in geborenen Placenten. Z. mikr.-anat. Forschg. *56*, 129—172 (1950).
**997.** Peters, H.: Über die Einbettung des menschlichen Eies und das früheste, bisher bekannte Placentastadium. Leipzig, Wien 1899.
**998.** Petry, G.: Die Konstruktion des Eierstockbindegewebes und dessen Bedeutung für den ovariellen Zyklus. Z. Zellf. *35*, 1—32 (1950).
**999.** Petry, G. und S. Zuleger: Vergleichende Studie über den Bau der Eihüllen der Ratte. Z. Zellfg. *47*, 683—712 (1958).
**999a.** Phelps, D.: Endometrial vascular reactions and the mechanism of nidation. Am. J. Anat. *79*, 167—197 (1946).
**999a.** Philipp, E.: Sexualhormone, Placenta und Neugeborenes. Zbl. ges. Gyn. Gebh. *53*, 2386 (1929).
**999b.** Philipp, E.: Die innere Sekretion der Placenta I. Ihre Beziehung zum Ovar. Zbl. Gyn. *54*, 2754 (1930).
**999c.** Philipp, E.: Die Hormone der Placenta. Seitz-Amreich, Biol. Path. d. Weibes I. 1953.
**1000.** Philipp, E.: Die inkretorische Funktion der Placenta und ihre Wirkung auf den mütterlichen und fetalen Organismus. 3. Symp. deut. Ges. Endokrin. Bonn. 131—146 (1955).
**1000a.** Philipp, E. und H. Huber: Die hormonale Rolle der Placenta. Ein Beitrag zur Frage der Herkunft des Schwangerschaftshormons. Zbl. ges. Gyn. Gebh. *60*, 2706 (1936).
**1001.** Pilz, A.: Das Verhalten der Säugetierspermien im elektrischen Feld. Z. Tierzüchtung *60*, 315—330.
**1001a.** Pincus, G.: Observations on the living eggs of the rabbit. Proc. Roy. Soc. B, *107*, *132*, (1930).
**1001b.** Pincus, G.: The parthenogenetic activation of rabbit eggs. Anat. Rec. *67*, 34. (1936).
**1002.** Pincus, G.: The eggs of mammals. New York 1936.

1002a. PINCUS, G.: The breeding of some rabbits produced by recipients of artificially activated ova. Proc. Nat. Acad. Sci. Wash., *25*, 557—559 (1939a).
1002b. PINCUS, G.: The comparative behavior of mammalian eggs in vivo and in vitro. IV. The development of fertilized and artificiallay activated rabbit eggs. J. Exp. Zool. *82*, 85—130 (1939 b).
1002c. PINCUS, G. and E. V. ENZMANN: The comparative behavior of mammalian eggs in vivo and in vitro. II. The activation of tubal eggs of the rabbit. J. Exp. Zool. *73*, 195—208 (1936).
1002d. PINCUS, G. and E. V. ENZMANN: The comparative behavior of mammaliane ggs in vivo and in vitro. VII. Further studies on the activation of rabbit eggs. Proc. Amer. Phil. Soc. *83*, 631—647 (1940 a).
1003. PINCUS, G. and B. SAUNDERS: The comparative behavior of mammalian eggs in vivo and in vitro. VI. The maturation of human ovarian ova. Anat. Rec. *75*, 537—545 (1939).
1003a. PINCUS, G. and H. SHAPIRO: Further studies on the parthenogenetic activation of rabbit eggs. Proc. Nat. Acad. Sci., Wash., *26*, 163—165 (1940 b).
1003b. PINCUS, G. and C. H. WADDINGTON: The effects of mitosis-inhibiting treatments on normally fertilized pre-cleavage rabbit eggs. J. Hered. *30*, 515—518 (1939).
1004. PINTHUS, B.: Ein Beitrag zur Entwicklung der Nasenhöhlen und des Gaumens bei menschlichen Embryonen von 13—37 mm Scheitelsteißlänge. Med. dent. Diss. Zürich (1955).
1004a. PLATT, J.: The development of the cartilaginous skull and of the branchial and hypoglossal musculature in Necturus. Morph. Jb. *25*, 377—464 (1897).
1005. POHLMANN, E. H.: Die embryonale Metamorphose der Physiognomie und der Mundhöhle des Katzenkopfes. Morph. Jhrb. *41*, 617—680 (1910).
1006. POLITZER, G.: Über einen menschlichen Embryo mit 18 Ursegmentpaaren. Zeitschrift f. Anat. u. Entwicklgg. *87*, 674—727 (1928).
1007. POLITZER, G.: Die Keimbahn des Menschen. Z. Anat. *100*, 331—361 (1933).
1008. POLITZER, G.: Die Grenzfurche des Oberkieferfortsatzes und die Tränenrinne beim Menschen. Z. Anat. Entwg. *105*, 329—332 (1936).
1009. POLITZER, G.: Neue Untersuchungen über die Entstehung der Gesichtsspalte. Mschr. Ohrenhlkde. *71* 63—73 (1937).
1010. POLITZER, G. und STERNBERG: Über einen mißbildeten menschlichen Embryo des ersten Monats. Frankf. Z. Pathol. *37*, 147 (1929).
1011. POLLACK, W.: Über Kristalloide in Eizellen von Macacus rhesus. Anat. Anz. *61*, 202—204 (1926).
1012. PONSE, K.: La différenciation du sexe et l'intersexualité chez les vertébrés. Lausanne 1949.
1013. POPJÂK, G.: Maternal and foetal tissue and plasmalipids in normal and cholesterol-fed rabbits. J. Physiol. *105*, 236 (1946).
1014. POPJÂK, G.: Synthesis of phospholipids in foetus. Nature London *160*, 841 (1947).
1014a. POPOFF, N.: Le tissu interstitiel et corps jaune de l'ovaire. Arch. Biol. *26*, 483 (1911).
1015. PORTMANN, A.: Die Ontogenese der Säugetiere als Evolutionsproblem. I: Die Ausbildung der Keimblase. II: Zahl der Jungen, Tragzeit und Ausbildungsgrad der Jungen bei der Geburt. Bio-Morphosis, *1*, S. 49—66 und 109—126 (1939).
1016. PORTMANN, A.: Die Tragzeit der Primaten und die Dauer der Schwangerschaft beim Menschen ein Problem der vergleichenden Biologie. Rev. Siusse de Zool. *48*, 511—518 (1941).
1017. PORTMANN, A.: Die Ontogenese und das Problem der morphologischen Wertigkeit. Schweiz. Zool. Ges. Freiburg, 169—185 (1942).
1018. PORTMANN, A.: Biologische Fragmente zu einer Lehre vom Menschen. Schwabe Basel (1944).
1019. PORTMANN, A.: Die Ontogenese des Menschen als Problem der Evolutionsforschung. Verh. Schweiz. naturf. Ges. Freiburg *44—53* (1945).
1020. POULTON, E. B.: The structures connected with the ovarian ovum of Marsupialia and Monotremata. Quart. J. mic. sci. *24* (1884).
1020a. PRASAD, M. R. N. and H. W. MOSSMAN: The epitheliochorial placenta of the American moles. Anat. Rec. *127*, 477—478 abstr. (1957).
1021. PREUSS, F.: Beschreibung und Einteilung des Rinderuterus nach funktionellen Gesichtspunkten. Anat. Anz. *100*, 46—64 (1953).
1022. PREUSS, F.: Untersuchungen zu einer funktionellen Betrachtung des Myometriums vom Rind. Morph. Jb. *93*, 193—319 (1954).
1023. PRICE, M.: The reproductive cycle of the water shrew, Neomys fodiens bicolor SHAW. Proc. zool. soc. London *123*, 599—621 (1953).
1024. PURDY, D. M. and H. H. HILLEMANN: Changes in the weights of placental tissue per embryo for each day of gestation in the golden hamster (Cricetus auratus). Anat. Rec. *106*, 585 bis 590 (1950).
1025. PURDY, D. M. and H. H. HILLEMANN: Prenatal growth in golden hamster (Cricetus auratus). Anat. Rec. *106*, 591—597 (1950).
1026. PYCRAFT, W. P.: On the genital organs of a female common delphin (Delphinus delphis). Proc. zool. soc. London 807 (1932).
1027. PYTLER, R. und H. STRASSER: Die Vorgänge im Meerschweinchenuterus von der Inokulation des Eies bis zur Bildung des Placentardiskus. Z. Anat. Entwg. *76*, 386—420 (1925).
1028. RAMAKRISHNA, P. A.: Gestation in the oriental vampires. Current Sci 18. (1949).
1029. RAMAKRISHNA, P. A.: Studies on reproduction in bats, I. Some aspects of reproduction in the oriental vampires, Lyroderma lyra lyra and Megaderma spasma. Half-yrly J. Mysore Univ. 11 B. 107—118 (1951).
1030. RAMSEY, E. M.: The Yale embryo. Contrib. Embryol. *27*, 67—84 (1938).
1031. RAMSEY, E. M.: The vascular pattern of the endometrium of the pregnant Rhesus monkey (Macaca mulatta). Contrib. Embryol. *33*, 113—147. Carneg. Inst. 583 (1949).
1032. RAMSEY, E. M.: Circulation in the maternal placenta. Anat. Rec. *118*, 434 (1954).
1033. RAMSEY, E. M.: Circulation in the maternal placenta of primates. Am. J. Obst. Gyn. *67*, 1—15 (1954).
1034. RAMSEY, E. M.: Venous drainage of the placenta of the Rhesus monkey (Macaca mulatta). Contrib. Embryol. *35*, 151—173 (1954).
1035. RANDALL, J. T. and M. G. H. FRIEDLÄNDER: The Microstructure of Ram Spermatozoa. Exp. Cell. Res. *1*, 1—32 (1950).
1036. RAU, A. SUBBA: Contributions to our knowledge of the structure of the placenta of Mustelidae, Ursidae and Sciuridae. Proc. zool. soc. London 1027—1070 (1925).
1036a. RAVEN, C. P.: Zur Entwicklung der Ganglienleiste I. Roux Arch., 125, 210—292 (1932).
1037. RAYNAUD, A.: Développement des organes sexuels des mammifères. Recherches d'embryologie normale et expérimentale. Congr. int. Zool. Paris (1948).
1038. RAYNAUD, A.: Variations saisonnières des organs génitaux des mulots (Apodemus sylvaticus L.) de sexe male. Données pondérales et histologiques. C. R. Soc. Biol. Paris *144*, 13—14 (1950).
1039. RAYNAUD, A. et M. FRILLAY: Développement intrautérin des embryons de souris dont les ébauches de l'hypophyse ont été détruites au 13 e jour de la gestation. I. Développement de l'appareil génital. C. r. Acad. Sci. Paris, 225 (1947).
1039a. REISINGER, E.: Entwicklungsgeschichtliche Untersuchungen am Amphibienvorderdarm. Roux Arch., 129 445—501 (1933).
1040. REJSEK, J.: Anheftung (Implantation) des Säugetiereies an die Uteruswand, insbesondere des Eies von Spermophilus citellus. Arch. f. mikr. Anat. Entwg. *63*, 259—273 (1903).
1041. RESINK, A. J.: Bydrage tot de kennis des placentatie van Erinaceus europaeus. Tijdschrift Ned. Dierk. Vereen. Ser. 2. vol. 7, 199—243 (1902).
1042. RETTERER, E.: Structure des disques placentaires du Macaque rhesus. C. R. Soc. Biol. Paris, *78*, 323—327 (1915).
1043. RETTERER, E. et H. NEUVILLE: Disques placentaires d'un macaque rhésus. C. r. soc. Biol. Paris *78*, 271—274 (1915).
1044. RETTERER, E. et S. VORNOFF: Du placenta de la chèvre. C. rend. soc. Biol. *84*, 296—298 (1921).
1045. RETZIUS, G.: Zur Kenntnis der Entwicklungsgeschichte des Renntieres und des Rehes. Biol. Unters. von G. Retzius N. F. *9*, 109—117 (1900).
1045a. RETZIUS, G.: Weitere Beiträge zur Kenntnis der Spermien des Menschen und einiger Säugetiere. Biol. Unters. *10*, 45—60 (1902).
1046. RETZIUS, G.: Die Spermien der Halbaffen. Biol. Unters. n. f. *14*, 199—200 (1909).
1047. RETZIUS, G.: Die Spermien der Affen. Biol. Unters. n. f. *14*. 201—204 (1909).
1047a. RETZIUS, G.: Spermien der Säugetiere. Biol. Unters. N. F. Bd. *14*, 217—230 (1909).
1048. RETZIUS, G.: Über die Form der Spermien bei den anthropoiden Affen. Biol. Unters. n. f. *15*, 83—86 (1910).
1049. RETZIUS, G.: Om spermiernas form hos de antropoida aporna. Ark. zool. *6*, 6 (1910).
1050. RETZIUS, G.: Die Spermien des Schimpansen. Biol. Unters. n. f. *16*, 79—81 (1911).
1051. RETZIUS, G.: Blick auf die jetzige Kenntnis der Spermienformen der Primaten. Biol. Unters. n. f. *17*, 100—108 (1912).
1052. RETZIUS, G.: Über die Spermien des Gorilla. Anat. Anz. *43*, 577—582 (1913).
1053. RETZIUS, G.: Zur Kenntnis der Spermien der Insektivoren, Carnivoren und Prosimier. Biol. Unters. n. f. *18*, 85—90 (1914).
1054. RETZIUS, G.: Zur Kenntnis der Spermien der Simier. Biol. Unters. n. f. *18*, 91—94 (1914).
1055. RETZIUS, G.: Noch einige Beiträge zur Kenntnis der Spermien bei den Affen. Biol. Unters. n. f. *19*, 57—61 (1921).
1056. REYNOLDS, H. C.: Studies on reproduction in the opossum (Didelphis virginiana virginiana). Univ. of California Publ. in Zool. 52, No. *3*, 223—284 (1952).
1057. REYNOLDS, S. R. M.: Studies on uterus, method of recording uterine activity in chronic experiments on unanaesthetized animals. Am. J. Physiol. *92* (1930).
1058. REYNOLDS, S. R. M.: Nature of uterine contractility survey of recent trends. Physiol. Reviewas *17* (1937).

1059. REYNOLDS, S. R. M.: The relation of hydrostatic conditions in the uterus to the size and shape of the conceptus during pregnancy; a concept of uterine accomodation. Anat. Rec. *95*, 283—296 (1946).
1060. REYNOLDS, S. R. M.: Adaption of uterine blood vessels and accomodation of the products of conception. Contrib. Embryol. *33*, 1—19 (1949).
1061. REYNOLDS, S. R. M.: The proportion of Wharton's jelly in the umbilical cord in relation to distension of the umbilical arteries and vein, with observations on the folds of Hoboken. Anat. Rec., 113, 365—377 (1952).
1062. REYNOLDS, S. R. M. and M. H. FRIEDMAN: Studies on uterus, activity of uretine fistula in unanesthetized rabbits following coitus and during pseudopregnancy. Am. J. Physiol. *94* (1930).
1063. REYNOLDS, S. R. M., F. W. LIGHT, G. M. ADRIAN, M. M. L. PRICHARD: The qualitative nature of pulsatile flow in umbilical blood vessels, with observations on flow in the Aorta. Bull. of the Johns Hopkins Hosp. *91* (1952).
1064. RISTING, S.: Whales and Whale Fetusses. Rapp. et proc. verb. des réun. du cons. perman. internat. pour l'explor. d. l. mer t. *50*, 1 (1928).
1065. ROBERTSON, G. G., S. L. O'NEILL, R. H. CHAPPELL: On a normal human embryo of seventeen days development. Anat. Rec., 100, 9—28 (1948).
1066. ROBINS, J. P.: Ovulation and pregnancy corpora lutea in the ovaries of the humpback whale. Nature, 173 (1954).
1067. ROBINSON, A.: Lectures on the early stages in the development of mammalian ova and on the differentiation of the placenta in different groups of mammals. J. of anat. a. physiol. *38*. (1904).
1068. ROBINSON, A.: The formation, rupture and closure of ovarian follicles in ferrets and ferret-polecat hybrids. Transact. Roy. Soc. Edinb. *52* (1918).
1069. ROCK, J. and A. T. HERTIG: Some aspects of early human development. Amer. J. Obst. Gnec. *44*, 973—983 (1942).
1070. ROCKENSCHAUB, A.: Eigenfluoreszenz und Hormonbildung in der Placenta. Mikr. *7* (1952).
1071. RÖRIK, H.: Berechnung der Oberfläche der Uteruskarunkeln (Semiolacenta materna) beim Rind. Arch. f. wiss. u. prakt. Tierheilkunde *33* (1907).
1072. RÖRIK, H. H. und A. GUILLEBEAU: Die Oberfläche der Semiplacenta materna beim Rind. Anat. Anz. *32*, 277—284 (1908).
1073. RÖSSLE, R.: Stufen der Malignität. Sitzungsbericht d. deutsch. Akad. d. Wiss. Math. natw. Kl. 1949. Nr. V. Berlin 1950.
1074. ROLLESTON, G.: On the placental structures of the Tenrec (Centetes ecaudatus), and those of certain other Mammalia; with remarks on the value of the placental system of classification. Trans. Zool. Soc. London, *5*, 285—316 (1863).
1074a. ROLSHOVEN, E.: Zur Morphologie und Funktion der Sertol-Zellen. Verh. Anat. Ges. 47. Vers. Budapest 1939.
1074b. ROLSHOVEN, E.: Die funktionelle Polymorphie des Sertoli-Syncytiums und ihr Zusammenhang mit der Spermatogenese. Z. Zellfg. *31*, 156—164 (1940).
1074c. ROLSHOVEN, E.: Zur Frage des „Alterns" der generativen Elemente in den Hodenkanälchen. Anat. Anz. *91*, 1—32 (1941).
1075. ROMNEY, S. L.: Spiral arterial structures in the fetal placenta. Proc. soc. exp. Biol. Med. *71* (1949).
1076. ROMNEY, S. L. and D. E. REID: Observations on the fetal aspects of placental circulation. Amer. J. Obstet. Gynec. *61*, 1 (1951).
1077. ROOSEN-RUNGE, E. C.: Kinetics of spermatogenesis in mammals. Ann. New York Acad. Sci. *55*, 574—584 (1952).
1078. ROOSEN-RUNGE, E.: Untersuchungen über die Degeneration samenbildender Zellen in der normalen Spermatogenese der Ratte. Z. Zellfschg. *41*, 221—235 (1955).
1079. ROOSEN-RUNGE, E. C. and F. D. BARLOW: Quantitative studies on human spermatogenesis. I. Spermatogonia. Am. J. Anat. *93*, 143 (1953).
1080. ROSENBAUER, E. A.: Untersuchung eines menschlichen Embryos mit 24 Somiten, unter besonderer Berücksichtigung des Blutgefäßsystems. Z. Anat. *118*, 236—276 (1955).
1081. ROSSENBECK, H.: Ein junges menschliches Ei. Ovum humanum Peh 1 Hochstetter. Z. Anat. *68*, 325—385 (1923).
1082. ROSSI, F. and G. PESCETTO: La localizzazione delle sostanze inorganische nella placenta umana nel corso della gravidanza. Studio on campo oscuro ed in contrasto di fase. Biol. Latina, Milan *2*, 2 (1949).
1083. ROSSMANN, I.: Uterine contractions and the transport of sperm in the rat. Anat. Rec. *69*, 133—150 (1937).
1084. ROSSMAN, I.: The deciduomal reaction in the Rhesus monkey (Macaca mulatta). Am. J. Anat. *66*, 277—365 (1940).
1085. ROSSMAN, I.: Cyclic changes in the endometrial lipins of the rhesus monkey. A. J. Anat. *69* (1941).
1086. ROTERMUND, H.: Über Zwillingsfruchtsäcke kleiner Wiederkäuer. Morph. Jhrb. *64*, 178—222 (1930).
1087. ROTHSCHILD, G. M.: Spermatozoa. Sci. Progr. *40*, 1—10.
1088. ROUSSEL DE VAUZÈME, M.: Recherches anatomiques sur un foetus de baleine. Ann. sci. nat. sér. 2. zool. t. *2*, 125 (1834).
1089. RUBASCHKIN, W.: Zur Lehre von der Keimbahn bei Säugetieren. Über die Entwicklung der Keimdrüsen. Anat. H. *46*, 343—412 (1912).
1090. RUBASCHKIN, W.: Über die Reifungs- und Befruchtungsprozesse des Meerschweincheneies. Anat. Hefte *29*, 507—554 (1905).
1091. RUBASCHKIN, W.: Zur Frage von der Entstehung der Keimzellen der Säugetierembryonen. Anat. Anz. *32*, 222—224 (1908).
1092. RUBASCHKIN, W.: Über die Urgeschlechtszellen bei Säugetieren. Anat. H. *39*, 603—652 (1909).
1093. RÜBSAAMEN, H.: Über die teratogenetische Wirkung des Sauerstoffmangels in der Frühentwicklung, ein Beitrag zur Kausalgenese der Mißbildungen bei Mensch und Tier. Beitr. path. Anat. allg. Path. *112*, 336—379 (1952).
1094. RÜBSAAMEN, H.: Mißbildungen durch Sauerstoffmangel im Experiment und in der menschlichen Pathologie. Naturw. *42*, 319—325 (1955).
1095. RÜBSAAMEN, H. und O. LEDER: Zu den Ursachen menschlicher Mißbildungen. Beitr. path. Anat. allg. Path. *115*, 348—372 (1955).
1096. DE RUDDER, B.: Knabengeburt und Krieg. Deut. Med. Wo. *75*, 313—315 (1950).
1097. RUDOLPHI, C. A.: Über den Embryo der Affen und einiger anderer Säugetiere. Abh. preuß. Akad. Wiss. phys. Kl., 35—42 (1828).
1098. RUNNER, M. N.: The development of the mesonephros of the albino rat in intraocular grafts. J. esp. Zool. *103*, 305—320 (1946).
1099. RUNNER, M. N.: Differentiation of intrinsic and maternal factors governing intra-uterine survival of mammalian young J. exp. Zool. *116*, 1—20 (1951).
1100. RUNNER, M. N. and J. PALM: Transplantation and su - vival of unfertilized ova of the mouse in relation to postovulatory age. J. Exp. Zool. *124*, 303—316 (1953).
1101. RUSSEL, L. B.: X-ray induced developmental abnormalities in the mouse and their use in the analysis of embryological patterns. I. External and gross visceral changes. J. of exp. Zool. *114*, 545—601 (1950).
1102. RYDER, J. A.: A theory of the origin of placental types and on certain vestigiary structures in the placentae of the mouse, rat und field mouse. 2) The inversion of the germinal layers in Hesperomys (now Peromyscus). 3) The vestiges of a zonary decidua in the mouse. Amer. Nat. *21* (1), 780—784, (2), 863—864, (3), 1037—1038 (1887).
1103. SAGER, V. J. and S. L. LEONARD: Relation of oestrin and pregnancy urine hormone in influencing uterine motility. Proc. Soc. exp. Biol. and Med. *35* (1936).
1104. SAGLIK, S.: Ovaries of Gorilla, Chimpanzee, Orang Utan and Gibbon. Carneg. Inst. Washingt. Publ. 496. Contrib. to Embryol. 27. No. *165*, 180—189 (1938).
1105. SAKURAI, T. und F. KEIBEL: Normentafel zur Entwicklungsgeschichte des Rehes (Cervus capreolus). Jena Fischer (1906).
1105a. SANDERS, F. P.: The corpus luteum of Dasyurus viverrinus with observations of the growth and atrophy of the Graafian follicle. Proc. Linn. soc. NSW. 1903.
1106. SANSOM, G. S.: Early development and placentation in Arvicola (Microtus) amphibius with special reference to the origin of placental giant cells. J. Anat. Lond. *56*, 333 (1922).
1107. SANSOM, G. S.: The giant cells in the placenta of the rabbit. Proc. roy. soc. London B *101*, 354 (1927).
1108. SANSOM, G. S.: Notes on some early blastocysts of the south American bat, Molossus. Proc. Zool. Soc. London, Part *1*, 113—118 (1932).
1109. SANSOM, G. S.: The placentation of the Indian Musk shrew (Crocidura coerulea). Transact. Zool. soc. London, *23*, 267—314 (1937).
1110. SANSOM, G. S. and J. P. HILL: Observations of the structure and mode of implantation of the blastocyst of Cavia. Trans. zool. soc. *21*, 295—354 (1931).
1111. SAURAMO, H.: Histology of the placenta in normal, premature and other term cases and in gestosis. Am. chir. et gyn. fenn. *40* (1951).
1112. SAWAYA, P.: Sobre a placenta bidiscoidal de Hapale jacchus L. Rev. Biol. Hyg. S. Paulo *7*, 53—58 (1937).
1112a. SCHAFER,: Essentials of histology. London 11th ed. 1920.
1113. SCHAUDER, W.: Untersuchungen über die Eihäute und Embryotrophe des Pferdes. Arch. Anat. Physiol., 192—259 (1912).
1114. SCHAUDER, W.: Morphologie der embryonalen Ernährung bei den Haushuftieren. Arch. wiss. prakt. Tierhlkde. *46*, (1921).
1115. SCHAUDER, W.: Über Anatomie, Histologie und Entwicklung der Embryonalanhänge des Tapirs. Morph. Jhrb. *60*, 166 (1929).
1116. SCHAUDER, W.: Histologische Untersuchungen über die Entwicklung der Semiplacentome des Schafes in den verschiedenen Stadien der Trächtigkeit. Z. mikr. anat. Forschg. *22*, 9—141 (1930).
1117. SCHAUDER, W.: Über das Uterusepithel und den Trophoblasten der Placenta des Schweines. Tierärztl. Rundschau *47* (1941).
1118. SCHAUDER, W.: Der gravide Uterus und die Placenta des Tapirs mit Vergleich von Uterus und Placenta des Schweines und Pferdes. Morph. Jhrb. *89*, 407 (1940).

1119. Schenk, R.: Die Herkunft der Keimzellen und ihr Nachweis bei jungen menschlichen Embryonen. Vjschft. natf. Ges. Zürich, *101*, 169—179 (1956).
1120. Schenk, R.: Implantation und deciduale Reaktion in der Embryonalentwicklung des Goldhamsters (Mesocricetus auratus). Z. Anat. *120*, 75—94 (1957).
1121. Schiebler, Th. H.: Mitteilungen über die Riesenzellen der Nagetierplacenta. Verh. anat. Ges. Freiburg i. Br. 1957.
1122. Schlangenhaufer, F. und J. Verocay: Ein junges menschliches Ei. Arch. Gyn. *105* (1916).
1123. Schlossmann, H.: Der Stoffaustausch zwischen Mutter und Frucht durch die Placenta. München J. F. Bergmann (1933).
1124. Schmidt, W. J.: Die Doppelbrechung von Karyoplasma usw. Protoplasma. Monogr. Borntraeger Berlin 1937.
1125. Schmitt, F. O.: Advances in Protein. Chemistry *1*, 25 (1944).
1126. Schnall, M. D.: Electronmicroscopic study of human spermatozoa. Fertility and Sterility *3*, 62—82 (1952).
1127. Schneider, R.: Morphologische Untersuchungen am Gehirn der Chiroptera (Mammalia). Abh. Senckenb. natf. Ges. *495*, 1—92 (1957).
1128. Schoenfeld, H.: Contribution a l'étude de la fixation de l'oeuf des mammifères dans la cavité utérine, et de premiers stades de la placentation (Lapin et chien). Arch. de Biol. *19*, 701—817 (1903).
1129. Schooley, J. P.: Early development in some Sciuridae. J. Morphol. *56*, 477—511 (1934).
1130. Schröder, R.: Über das Verhalten der Uterusschleimhaut um die Zeit der Menstruation. Mschr. Gebh. Gyn. *39* (1914).
1131. Schröder, R.: Weibliche Genitalorgane in v. Möllendorffs Hdb. der Mikr. Anat. d. Menschen 7. I. Ber in (1929).
1132. von Schulte, H. W.: Anatomy of a foetus of Balaenoptera borealis. Monogr. of the Pacific Cetacea. 2. Mem. A. Mus. Nat. Hist. N. S. 1. pt. *6*, 389 (1916).
1132a. Schultz, A. H.: The occurence and frequency of pathological and teratological conditions and of twinning among nonhuman Primates. Primatologia I, 965—1014, Basel, New York (1956).
1133. Schultz, A. H. and F. F. Snyder: Observations on reproduction in the chimpanzee. Bull. Johns Hopkins Hosp. *57*, 193—205 (1935).
1134. Schwalbe, E.: Morphologie der Mißbildungen des Menschen und der Tiere. Jena (1906/07—1959).
1135. Schwarz, O. H., C. C. Young and J. C. Crouse: Ovogenesis in the adult human ovary. Amer. J. Obstet. and Gynec. *58*, 1 (1949).
1136. Schwarz, O. H. and C. C. Young jr.: The structure and function of the cortex of the human ovary. Amer. J. Obstet. Gynec. *59*, 4 (1950).
1137. Schwarz, W.: Elektronenoptische Untersuchungen über die Glaskörperstrukturen im Rinderauge. Z. Zellforschg. *36*, 45—61 (1951).
1138. Sedlaczek, S.: Über Placentarbildung bei Antilopen. Anat. Hefte *46*, 573—598 (1912).
1139. Seidel, F.: Die Entwicklungspotenzen einer isolierten Balstomere des Zweizellenstadiums im Säugetierei. Naturw. *39*, 15, 355 (1952).
1140. Seidel, F.: Das entwicklungsphysiologische Verhalten des Säugerkeimes beim Beginn seiner Uteruswanderung. Verh. Deutsch. Zool. Ges. Tübingen, 371—380 (1954).
1141. Seidel, F.: Nachweis eines Zentrums zur Bildung der Keimscheibe im Säugetierei. Naturw. *43*, 306/07 (1956).
1141a. Seiferle, E.: Bauplan und Arbeittweise des Säuger-Eierstockes. D. tierärztl. W. *50*, 1—15 (1942).
1142. Šejnis, S. A.: Der Dottersack des menschlichen Embryos bis zum Alter von 2 Monaten, seine Struktur und Entwicklung. Dokl. Akad. Nauk SSSR N. S. russisch 70 (1950).
1142a. Selenka, E.: Über die Entwicklung des Opossums (Didelphis virginiana). Biol. Cbl. *5* (3), 294—295 (1885).
1142b. Selenka, E.: Studien über Entwicklungsgeschichte. 4. Heft. Das Opossum. Wiesbaden 1887.
1142c. Selenka, E.: Das Stirnorgan der Wirbeltiere. Biol. Cbl. *10*, 323—326 (1890).
1143. Selenka, E.: Das Kantjil (Tragulus javanicus). Studien über Entwicklungsgeschichte der Tiere. *5*, 189—194 (1892).
1144. Selenka, E.: Affen Ostindiens. Studien über Entwicklungsgesch. der Tiere, Wiesbaden, *5*, 195—208 (1892).
1145. Selenka, E.: Keimblätter und Primitivorgane der Maus. Studien über Entwg. *1*, 1—23 (1883).
1146. Selenka, E.: Die Blätterumkehr im Ei der Nagetiere. Studien über Entwg. *3*, 67—99 (1884).
1147. Selenka, E.: Blattumkehr im Ei der Affen. Biol. Centralbl., *18*, 551—557 und 808—809 (1898).
1148. Selenka, E.: Atypische Placentation eines altweltlichen Schwanzaffen. Ann. Jard. Bot. Buitenzorg Suppl. *2*, 85—88 (1898).
1149. Selenka, E.: Über ein junges Entwicklungsstadium des Hylobates rafflesii. Sitz. Ber. d. Gesellschaft f. Morphol. u. Physiol., München, *15*, 133 (1900).
1150. Selenka, E.: Zur Entwicklung des Gibbon (Hylobates und Siamanga). Studien üb. Entwgesch., *8*, 165—208 (1900).
1151. Selenka, E.: Placentaranlage des Lutung (Semnopithecus pruinosus, von Borneo). Sitz. Ber. d. k. Akad. d. Wiss. Math.-phys. Kl., vol. *1*, 3—14 (1901).
1152. Selenka, E.: Zur vergleichenden Keimesgeschichte der Primaten. Studien über Entwgsch. *10*, 329—372 (1903).
1153. Selye, H. and T. McKeown: Studies on the physiology of the maternal placenta in the rat. Proc. roy. soc. London B. *119*, 1—31 (1935).
1154. Semon. R.: Zur Entwicklungsgeschichte der Monotremen. Zool. Forschungsreisen in Australien usw. 2. Lfg. *1*, Jena (1894).
1155. Sengupta, B.: Placenta in der Gewebekultur. Archiv f. exper. Zellforschg. *17*, 281 (1935).
1156. Seydel, O.: Der Eizahn von Echidna, seine Entwicklung und sein Bau. Semon Zool. Forschungsreisen in Australien usw. *3*, Jena (1899).
1157. Shettles, L. B.: Observations on human follicular and tubal ova. Am. J. obstetr. Gynec. *66*, 235 (1953).
1158. Shettles, L. B.: Exposition scientifique. Congr. Intern. Gynecol. Geènve 1954.
1159. Shettles, L. B.: Further observations on living human oocytes and ova. Am. J. Obst. Gynec. *69*, 365 (1955).
1160. Shettles, L. B.: Early human development. Bull. Sloane Hosp. Women, *1*, 12 (1955).
1161. Shettles, L. B.: Observations on maturation, fertilization and cleavage of human follicular and tubal ova. Tendances actuelles en Gynécol. et obst. Genève, 1—4 (1955).
1162. Shettles, L. B.: A morula stage of human ovum developed in vitro. Fertil. Steril. *6*, 287 (1955).
1163. Shettles, L. B.: Intrafollicular cleavage of human ovum. Nature London *178*, 1131 (1956).
1164. Shettles, L. B.: The living human ovum. Obstetr. Gynec. *10*, 359—365 (1957).
1165. Shettles, L. B.: Parthenogenetic cleavage of human ovum. Bull. Sloane H osp. Women *3*, 59—61 (1957).
1166. Shiwago, P. J.: Recherches sur le caryotype du Rhesus macacus. Bull. Biol. et Méd. exp. URSS *8* (1939).
1167. Shordania, J.: Über das Gefäßsystem der Nabelschnur. Zs. Anat. Entw.Gesch. *89*, 696—726 (1929).
1168. Simon, D.: Sur la localisation des cellules germinales primordiales chez l'embryon de poulet et leur mode de migration vers les ébauches gonadiques. C. r. Acad. Sci. (Paris) *244*, 1541—1543 (1957).
1169. Singer, M. and G. B. Wislocki: The affinity of syncytium, fibrin and fibrinoid of the human placenta for acid and basic dyes under controled conditions of staining. Anat. Rec. *102*, 175—193 (1948).
1170. Slijper, E. J.: Die Cetaceen, vergleichend anatomisch und systematisch. Capita Zoologica VI. VII, 1—590 (1936).
1171. Slijper, E. J.: On some phenomena concerning pregnancy and parturition of the Cetacea. Bijdr. tot de Dierk. 28, 416—448 (1949).
1172. Snell, G. D.: The early embryology of the mouse. Biology of the Laboratory Mouse. Philadelphia (1941).
1173. Snell, G. E., E. Fekete, K. P. Hummel, L. W. Low: The relation of mating, ovulation and the estrous smear in the house mouse to time of day. Anat. Rec. *90*, 243—253 (1940).
1174. Snoeck, J.: Le Placenta humain. Masson, Paris 1958.
1174a. de Snoo, K.: Das Problem der Menschwerdung im Lichte der vergleichenden Geburtshilfe. Jena 1942.
1175. de Snoo, K.: De bouw der baarmoeder. Ned. Tijdschr. Geneesk. *3*, 27 (1949).
1176. Sobotta, J.: Die Befruchtung und Furchung des Eies der Maus. Arch. f. mikr. Anat. *45*, 15—93 (1895).
1176a. Sobotta, J.: Über die Bildung des Corpus luteum bei der Maus. Anat. Anz. *10*, 482 (1895).
1176b. Sobotta, J.: Über die Bildung des Corpus luteum bei der Maus. Arch. mikr. Anat. *47*, 261 (1896).
1176c. Sobotta, J.: Über die Bildung des Corpus luteum bei Kaninchen. Anat. Hefte *8*, 469 (1897).
1176d. Sobotta, J.: Über die Entstehung des Corpus luteum der Säugetiere. Ergebn. Ant. Entw.Gesch. *8*, 923 (1899).
1177. Sobotta, J.: Die Entwicklung des Eies der Maus vom Schlusse der Furchungsperiode bis zum Auftreten der Amnionsfalten. Arch. f. mikr. Anat. *61*, 274—330 (1903).
1177a. Sobotta, J.: Über die Bildung des Corpus luteum beim Meerschweinchen. Anat. Hefte *32*, 89 (1906).
1178. Sobotta, J.: Eineiige Zwillinge und Doppelmißbildungen des Menschen im Lichte neuerer Forschungsergebnisse der Säugetierembryologie. Stud. z. Pathol. d. Entwicklung *1*, 3 (1914).
1179. Solomons, B. and J. B. Gatenby: Notes on the formation, structure and physiology of the corpus luteum of Man, and the Duck-billed Platypus. J. Obst. & Gynec. *31*, (1924).
1180. Spanner, R.: Mütterlicher und kindlicher Kreislauf der menschlichen Placenta und seine Strombahnen. Z. Anat. *105*, 163—292 (1935).
1181. Spanner, R.: Beitrag zur Kenntnis des Baues der Plazentarsepten, gleichzeitig ein Versuch z. Deutung ihrer Entstehung. Morphol. Jahrb. *75*, 374—392 (1935).
1182. Spanner, R.: Betrachtungen zum Placentarkreislauf des Menschen. Zbl. Gyn. *64*, 2002—2011 (1940).
1183. Spanner, R.: Zellinseln und Zottenepithel in der 2. Hälfte der Schwangerschaft. Morph. J. *86*, 407—461 (1941).

1184. SPEE, F. Graf: Neue Beobachtungen über sehr frühe Entwicklungsstufen des menschlichen Eies. Arch. Anat. Phys. Anat. Abt., 1—30 (1896).
1185. SPEE, F. Graf: Die Implantation des Meerschweincheneies in die Uteruswand. Z. Morph. Anthropol. *3*, 130—182 (1901).
1186. SPEE, F. Graf: Anatomie und Physiologie der Schwangerschaft. Döderleins Hdb. d. Geburtsh., 1 (1915).
1187. SPIEGEL, A.: Beobachtungen und Untersuchungen an Javamakaken. Zool. Garten N. F. *20*, 227—270 (1954).
1188. SPIEGELBERG, O.: Über die Placenta der Wiederkäuer. Z. f. rationelle Med. Bd. *21* (1864).
1189. SPRENKEL, H. B. VAN DER: Persistenz der Dottergefäße in den Embryonen der Fledermäuse und ihre Ursache. Z. mikr.-anat. Forsch. *28*, 185—268 (1932).
1190. SPÜHLER, O.: Genitalcyklus und Spermiogenese des Mausmaki (Microcebus murinus MILLER). Z. Zellf. *23*, 442—463 (1935).
1191. SPURGEON, C. H. and R. J. BROOKS: Implantation and early segmentation of the opossum ovum. Anat. Rec., *10*, 385—395 (1916).
1192. SQUIER, R. R.: The living egg and early stages of its development in the guinea pig. Carneg. Inst. Wash. Publ. No. 433. Contrib. to Embryol. No. 137, *23*, 223—250 (1932).
1193. SRIVASTAVA, S. C.: Placentation in the mousetailed bat, Rhinopoma kinneari (Chiroptera). Proc. zool. soc. Bengal *5*, No. 2. 105—131 (1952).
1193a. SRIVASTAVA, S. C.: Contributions to our knowledge of the structure of the placenta of Panthera tigris tigris (LINN). Agra Univ. J. of Research *1*, 37—45 (1952).
1194. STAHL, W. und A. RADU: Geburtsvorgang und Nachgeburt beim Schwein. Z. Tierzüchtg. *53*, 219—226 (1942).
1194a. STARCK, D.: Über einige Entwicklungsvorgänge am Kopf der Urodelen. Morph. Jb. *79*, 358—435 (1937).
1195. STARCK, D.: Vergleichende Entwicklungsgeschichte der Wirbeltiere. Fortschritte d. Zoologie N. F. *8* (1947), 1—97.
1195a. STARCK, D.: Was lehrt die Embryologie für die Stammesgeschichte der Säugetiere? Aufs. Red. Senckenberg, nf. Ges. *8*, 1—26 (1948).
1196. STARCK, D.: Ein Beitrag zur Kenntnis der Placentation bei den Macroscelididen. Z. Anat. *114*, 319—339 (1949).
1197. STARCK, D.: Neue Befunde und neue Deutungen zur Frühentwicklung des Menschen. Asklepios. *11*, 1—13 (1951).
1198. STARCK, D.: Vergleichende Entwicklungsgeschichte der Wirbeltiere. Fortschr. Zool. N. F. *9*, 249—367 (1952).
1199. STARCK, D.: Embryologie, ein Lehrbuch auf allgemein biologischer Grundlage. Thieme Stuttgart 1955.
1199a. STARCK, D.: Die Frühphase der menschlichen Embryonalentwicklung und ihre Bedeutung für die Beurteilung der Säugerontogenese. Erg. Anat. *35*, 133—175 (1956).
1200. STARCK, D.: Primitiventwicklung und Plazentation der Primaten. Primatologia I. 723—886. Basel, New York (1956).
1201. STARCK, D.: Über die Länge der Nabelschnur bei Säugetieren. Z. Säugetierkunde *22*, 77—86 (1957).
1202. STARCK, D. und H. FRICK: Beobachtungen an aethiopischen Primaten. Zool. Jb. Syst. *86*, 41—70 (1958).
1203. STEINIGER, F.: Neue Beobachtungen an der erblichen Hasenscharte der Maus. Z. menschl. Vererb. u. Konstl. *23*, 427—462 (1939).
1204. STEINIGER, F.: Polare Genmanifestierung am Zwischenkiefer bei der erblichen Hasenscharte. Dtsche. Zahn-Mund-Kieferhlkde. *7*, 137—142 (1940).
1205. STEINIGER, F.: Die Entstehung und Vererbung der Hasenscharte. Fortschr. Erbpath. Rassenhyg. u. i. Grenzgeb. *4*, 98—144 (1940).
1206. STEINIGER, F.: Über Hasenschartencysten. Z. menschl. Vererb. Konstl. *25*, 1—27 (1940).
1207. STEINIGER, F.: Die erbliche Hasenscharte der Maus als Modell der menschlichen Hasenscharte. I. II. Reichsgesundheitsblatt (1940).
1208. STEINIGER, F.: Die erbliche Hasenscharte des Hundes. Z. d. Fachschft. f. dtsche. Schäferhde. (1941).
1209. STEINIGER, F.: Fragen der Vererbung und der Umweltwirkung bei der Entstehung der Hasenscharte. D. Dtsche Sonderschule *7* (1941).
1210. STIEVE, H.: Ein $13^1/_2$ Tage altes, in der Gebärmutter erhaltenes menschliches Ei. Z. mikrosk. anat. Forsch. *7*, 295—402 (1926).
1211. STIEVE, H.: Die Entwicklung der Keimzellen und der Zwischenzellen in der Hodenanlage des Menschen. Ein Beitrag zur Keimbahnfrage. Z. mikr. anat. Forschg. *10*, 225—285 (1927).
1212. STIEVE, H.: Männliche Geschlechtsorgane. Hdb. mikr. Anat. d. Menschen, v. Möllendorff *7*, 2 (1930), Berlin.
1212a. STIEVE, H.: Beobachtungen an menschlichen Eierstöcken. Z. mikr. anat. Fg. *22*, 591—659 (1930).
1213. STIEVE, H.: Die Dottersackbildung beim Ei des Menschen. Anat. Anz. Erg. Heft *72*, 44—56 (1931).
1214. STIEVE, H.: Ein ganz junges, in der Gebärmutter erhaltenes menschliches Ei (Keimling WERNER). Z. mikrosk. anat. Forsch., 40, 281—322 (1936).
2115. STIEVE, H.: Über das Wachstum der menschlichen Placenta. Anat. Anz. *90*, 225—242 (1940).
1216. STIEVE, H.: Die Entwicklung und der Bau der menschlichen Placenta. 1. Zotten, Trophoblastinseln und Scheidewände in der ersten Hälfte der Schwangerschaft. Z. mikr.-anat. Forsch. *48*, 287—358 (1940).
1217. STIEVE, H.: Das Zottenraumgitter der reifen menschlichen Placenta. Z. Gebh. und Gyn. *122*, 289—316 (1941).
1218. STIEVE, H.: Die Entwicklung und der Bau der menschlichen Placenta 2. Zotten, Zottenraumgitter und Gefäße in der zweiten Hälfte der Schwangerschaft. Z. mikr.-anat. Forsch. *50*, 1—120 (1941).
1219. STIEVE, H.: Anatomie der Placenta und des intervillösen Raumes. Biol. Path. d. Weibes 2. Aufl. Berlin, Wien (1942).
1220. STIEVE, H.: Der Einfluß des Nervensystems auf Bau und Leistungen der weiblichen Geschlechtsorgane des Menschen. Z. mikr. anat. Forschg. *52*, 189—266 (1942).
1221. STIEVE, H.: Anatomische Bemerkungen zu der Frage: Wann wird das Ei aus dem Eierstock ausgestoßen? Zbl. Gynaek. *66*, 997—989 (1942).
1222. STIEVE, H.: Vergleichend anatomische Untersuchungen über das Zottenraumgitter in der Primatenplacenta. Z. mikr. anat. F. *54*, 480—542 (1944).
1223. STIEVE, H.: Der Bau der Primatenplacenta. Anat. Anz. *96*, 299—329 (1948).
1224. STIEVE, H.: Zur Fortpflanzungsbiologie des Igels. Verh. dtsch. Zool. Kiel. 1948 (1949).
1225. STIEVE, H.: Der Einfluß des Nervensystems auf Bau und Tätigkeit der Geschlechtsorgane des Menschen. Thieme Stuttgart (1952).
1226. STIEVE, H.: Cyklus, Physiologie, Anatomie und Pathologie. Arch. Gynaek. *183*, 178—203 (1953).
1227. STIEVE, H. und J. STRUBE: Über die Entwicklung des Dottersackkreislaufes beim Menschen. Z. mikr.-anat. Forsch. *32*, 107—175 (1933).
1228. STOCKER, A.: Ein Beitrag zur Kenntnis der Embryopathia rubeolosa. Über die Wirkung des Rubeolaerregers auf die Zahnentwicklung. Med. dent. Diss. Zürich (1951).
1229. STOCKINGER, L.: Über die fluoreszensmikroskopische Untersuchung menschlicher Spermien nach Fluorochromierung mit Acridinorange. Mikroskopie *4*, 1—2 (1949).
1229a. STONE, L. S.: Experiments showing the rôle of migrating neural crest (mesectoderm) in the formation of head skeleton and loose connective tissue in Rana palustris. Roux Arch., 118, 40—77 (1929).
1230. STOLK, J. C.: Transplantatie van embryonale goanden bij de witte muis. Thesis Med. Leiden, 1—116 (1951).
1231. STOSS, A. sen.: Zur Blastogenese des Pferdes. Z. mikr. anat. Forschg. *47*, 247—274 (1940).
1232. STRAHL, H.: Über die Placenta von Putorius furo. Anat. Anz. *4*, 375—377 (1889).
1233. STRAHL, H.: Untersuchungen über den Bau der Placenta. I. Die Anlagerung des Eies an der Uteruswand. Arch. Anat. Physiol., 213—230 (1889).
1234. STRAHL, H.: Untersuchungen über den Bau der Placenta. III. Der Bau der Hundeplacenta. Arch. Anat. Physiol. Anat. Sect., 185—202 (1890).
1235. STRAHL, H.: Untersuchungen über den Bau der Placenta. V: Die Placenta von Talpa europaea. Anat. Hefte, 1. 113—161 (1892).
1236. STRAHL, H.: Zur Kenntnis der Frettchen-placenta. Anat. Anz. *12*, 539—543 (1896).
1237. STRAHL, H.: Über die Placenta der Raubtiere. Verh. Ges. dtsch. Naturf. u. Ärzte *69*, 167 (1898).
1238. STRAHL, H.: Der Uterus gravidus von Galago agisymbanus. Abhandl. d. Senckenberg. naturf. Gesellsch., *26*, 155—199 (1899).
1239. STRAHL, H.: Die Verarbeitung von Blutextravassaten durch Uterindrüsen. Anat. Anz. *16*, 266—269 (1899).
1240. STRAHL, H.: Uteri gravidi des Orang-Utan. Anat. Anz. *22*, 170—175 (1902).
1241. STRAHL, H.: Die Rückbildung der Uterusschleimhaut nach dem Wurf bei Tarsius spectrum. Verh. Koninkl. Akad. v. Wetensch. Amsterdam (1903).
1242. STRAHL, H.: Primaten-Placenten. Selenka's Studien über Entwgsch. *12*, 417—491 (1903).
1243. STRAHL, H.: Zur Kenntnis der Placenta von Tragulus javanicus. Anat. Anz. *26*, 425—428 (1905).
1244. STRAHL, H.: Doppelt-diskoidale Placenten bei amerikanischen Affen. Anat. Anz. *26*, 429—430 (1905).
1245. STRAHL, H.: Eine Placenta mit einem Mesoplacentarium. Anat. Anz. *26*, 524—528 (1905).
1246. STRAHL, H.: Beiträge zur vergleichenden Anatomie der Placenta (Lemuriden, Viverra civetta, und Centetes ecaudatus). Abhandl. Senckenberg. naturf. Ges. *27*, 263—319 (1905).
1247. STRAHL, H.: Über die Placenta der Schwanzaffen. Selenka's Studien über Entwgsch. *13*, 493—551 (1905).
1247a. STRAHL, H.: Die Embryonalhüllen der Säuger und die Placenta in O. Hertwig, Hdb. d. vergl. u. exp. Entwicklungslehre d. Wirbeltiere. *1*, 2 Fischer Jena 1906.
1248. STRAHL, H.: Über Placentarsyncytien. Verh. Anat. Ges. Rostock *20*. Vers. 69—73 (1906).
1249. STRAHL, H.: Über die Semiplacenta multiplex von Cervus elaphus L. Anat. Hefte *31*, 199—218 (1906).
1250. STRAHL, H.: Über Zwischenformen in der Placentarreihe. (Tragulus javanicus). Med. nat. Arch. *1* (1908).

1251. Strahl, H.: Zur Kenntnis der Wiederkäuerplacentome. Anat. Anz. *40*, 257—264 (1911).
1252. Strahl, H.: Zur Kenntnis der Wiederkäuerplacentome. Anat. Anz. *40*, 257—264 (1912).
1253. Strahl, H.: Zur Entwicklung von Mycetes und Cebus. Anat. Anz. *43*, 501—510 (1913).
1254. Strahl, H.: Über den Bau der Placenta von Dasypus novemcinctus. I: Anat. Anz. *44*, 440—447 1913). II: *47*, 472—476 (1914).
1255. Strahl, H.: Über einen jungen menschlichen Embryo nebst Bemerkungen zu C. Rabls Gastrulationstheorie. Anat. H. *54*, 31—112 (1916).
1256. Strahl, H.: Beiträge zur Entwicklungsgeschichte von Tatusia novemcincta, L .Z. f. Konstitutionslehre, *2*, (1917).
1257. Strahl, H. und E. Ballmann: Embryonalhüllen und Placenta von Putorius furo. Abh. kgl. preuß. Akad. Wiss. Berlin (phys. math. Cl.) 1—69 (1915).
1258. Strahl, H. und R. Beneke: Ein junger menschlicher Embryo. Wiesbaden 1910.
1259. Strahl, H. und H. Happe: Neue Beiträge zur Kenntnis von Affenplacenten. Anat. Anz. *24*, 454—464 (1904).
1260. Strahl, H. und H. Happe: Über die Placenta der Schwanzaffen. E. Selenka Studien über d. Entwgesch. d. Tiere *3* (1905).
1261. Strahl, H. und P. Martin: Die puerperale Involution des Uterus beim Schaf. Anat. Anz. *32*, 273—276 (1908).
1261a. Strauss, F.: Die Bildung des Corpus luteum bei Centetiden. Biomorph. *1*, 489—544 (1939).
1262. Strauss, F.: Die Befruchtung und der Vorgang der Ovulation bei Ericulus aus der Familie der Centetiden. Bio-Morphosis, *1*, 281—312 (1939).
1263. Strauss, F.: Ovarialbeutelkissen bei einem Centetiden. Schweiz. med. Wsch. *71* (1941).
1264. Strauss, F.: Vergleichende Beurteilung der Placentation bei den Insektivoren. Rev. Suisse de Zool. *49*, 269—282 (1942).
1265. Strauss, F.: Die Placentation von Ericulus setosus. Rev. Suisse Zool. *50*, 17—87 (1943).
1265a. Strauss, F.: Kritische Bemerkungen zur Dreikeimblättertheorie. Verh. Schweiz. Naturf. Ges. 134—135 (1944).
1266. Strauss, F.: Die Implantation des Keimes, die Frühphase der Placentation und die Menstruation im Lichte vergleichend-embryologischer Erfahrungen. P. Haupt Bern, 1—72 (1944).
1267. Strauss, F.: Gedanken zur Entwicklung des Amnions und des Dottersackes beim Menschen. Rev. Suisse Zool. *52*, 213—229 (1945).
1268. Strauss, F.: Ein Deutungsversuch des uterinen Zyklus von Ericulus. Rev. Suisse de Zool. *53*, 511—517 (1946).
1268a. Strauss, F.: Der Befruchtungsort des Säugetier-Eies. Schweiz. Anat. Tagung Genf 1953.
1268b. Strauss, F.: Das Problem des Befruchtungsortes des Säugetiereies. Bull. Schweiz. Akad. Med. Wiss. *10*, 239—248 (1954).
1268c. Strauss, F.: The time and place of fertilization of the golden hamster egg. J. Embryol. Exp. Morph. *4*, 42—56 (1956).
1269. Strauss, F.: Die Placenta des Feldhasen. Acta Anat. *30*, 815—826 (1957).
1270. Strauss, F.: Implantationsvorbereitungen im Hamster-Uterus. Verh. Anat. Ges. 53. Vers. Stockholm 1956. 92—98 (1957).
1271. Strauss, F.: Theodor Langhans und die Placentologie. Mitt. Naturf. Ges. Bern. NF *14*, 33—48 (1957).
1272. Strauss, F.: Neue Gesichtspunkte über Bau und Leistung der Placenta. Mitt. natf. Ges. Bern NF *15* (1957).
1273. Strauss, F. und F. Bracher: Das Epoophoron des Goldhamsters. Rev. Suisse Zool. *61*, 494—503 (1954).
1274. Strebel, M.: Un cas d'absence de cotyledons, ou placenta analogue à celui de la jument, observé sur une vache. J. de méd. véterinaire publ. à l'école de Lyon, 2. série, T. 4 (1868).
1275. Streeter, G. L.: A human embryo (Mateer) of the presomite period. Contrib. to Embryol. *9* (1919).
1276. Streeter, G. L.: Weight, sitting hight, head size, foot length and menstrual age of the human embryo. Contrib. to Embryol. *11* (1920).
1277. Streeter, G. L.: The „Miller" ovum the youngest normal human embryo, thus far known. Contrib. Embryol. *31*, 31—48 (1926).
1278. Streeter, G. L.: Development of the mesoblast and notochord in pig embryos. Carneg. Inst. Wash. Publ. no. 380. Contrib. to Embryol.*19*, 73—92 (1927).
1279. Streeter, G. L.: Characteristics of the primate egg immediately preceding its attachment to the uterine wall. Carneg. Inst. Wash. publ. 501 Coop. in Res. (1938).
1280. Streeter, G. L.: Advances in our knowledge of early primate embryo. Amer. J. Obstetr. Gynec. *36*, 747—749 (1938).
1281. Streeter, G.: Origin of the gut endoderm in macacque embryos. Anat. Rec. 70. Supl. 76 (1938).
1282. Streeter, G. L.: New data on embryogenesis in monkey and man. Transact. and stud. Coll. Phys. Philadelphia *9*, 71—85 (1941).
1283. Streiter, A.: Ein menschlicher Keimling mit 7 Urwirbelpaaren (Keimling Ludwig). Z. mikr.-anat. Forsch. *57*, 181—248 (1951).
1284. Stricht, O. van der: La fixation de l'oeuf de chauve-souris a l'intérieeur de l'uterus (Vesperugo noctula). Verhandl. d. anat. Ges. 13. Vers. 76—88 (1899).
1284a. Stricht, O. van der: La rupture du follicule ovarique et l'histogénèse du corps jaune. C. r. ass. Anat. 3. Lyon 1901.
1284b. Stricht, O. van der: La ponte ovarique et l'histogénèse du corps jaune. Bull. Acad. Méd. Belg. *15*, 216 (1901).
1285. Stricht, O. van der: Méchanisme de la fixation de l'oeuf de chauve-souris (V. noctula) dans l'utérus. C. R. Assn. Anat., *13*, 1—9 (1911).
1285a. Stricht, O. van der: Étude comparée des ovules des mammifères aux différents périodes de l'ovogenèse d'après les travaux du Laboratoire d'Histologie et d'Embryologie de l'Université de Gand. Arch. Biol. *33*, 229—300 (1923).
1286. Stroer, W. F. H.: Über die Hasenscharte eines menschlichen Embryo von 18 mm. Z. Anat. *109*, 339—343 (1939).
1287. Stroer, W. F. H.: Über das Zusammentreffen von Hasenscharte mit ernsten Extremitätenmißbildungen. Der Erbarzt *7* (1939).
1288. Stroer, W. F. H.: Zum vierten Mal die Frage: Über das Zusammentreffen von Lippen-Kiefer-Gaumenspalten mit Extremitätenmißbildungen. Der Erbarzt. *9* (1941).
1289. Sturgess, I.: The early embryology and placentation of Procavia capensis. Acta Zool. *29*, 393—479 (1948).
1291. Sturgis, S. H.: The mechanism and control of primate ovulation. Fertility and Sterility, New York *1*/40—52 (1950).
1292. Subba Rau: Contributions to our knowledge of the structure of the Placenta of Mustelidae Ursidee and Sciuridae. Proc. zool. soc. London. 1027 (1925).
1293. Swartz, G. E.: Heteroplastic transplantation of variously aged intact and macerated kidney tissue of the rat to the chorio-allantoic membrane of the chick. J. exp. Zool. *103*, 335—364 (1946).
1293a. Swezy, O.: Ovogenesis and its relation to the hypophysis. Lancaster sc. Press 1933.
1293b. Swezy, O.: The changing concept of ovarian rhythms. Quart. Rev. Biol. *8*, 423—433 (1933).
1293c. Swezy, O. and H. M. Evans: Ovogenesis in the mammalia. Proc. soc. exp. biol. med. *27*, 11 (1929).
1294. Szymanovicz, J.: Die cyclischen Veränderungen der Uterusschleimhaut bei Ziegen usw. (polnisch). Ginek. Polska *2* (1923).
1295. Tafani: Sulla condizione utero placentare della vita fetale. Arch. della scuola d'anatomia pathologica. Firenze (1886).
1296. Tandler, J. und K. Keller: Über das Verhalten des Chorions bei verschieden geschlechtlichen Zwillingsgraviditäten des Rindes. Dtsch. tierärztl. Wschr. (1911).
1297. Tauvry, D.: Traité de la génération et de la nourriture du foetus. Paris 1700.
1298. Teacher, J. H.: On the implantation of the human ovum and development of the trophoblast. Z. Anat. *76*, 360—385 (1925).
1299. Teuscher, R.: Anatomische Untersuchungen über die Fruchthüllen des Zwergflußpferdes. (Choeropsis liberiensis Mort.). Z. Anat. Entwg. *107*, 5 (1937).
1300. Thieke, A.: Die Hippomanes des Pferdes. Anat. Anz. *38*, 465—468 (1911).
1301. Thomson, A.: The maturation of the human ovum. J. Anat. *53*, (1919).
1302. Thursby-Pelham, D.: The placentation of Hyrax capensis. Phil. Trans. Roy. Soc. London. B. *213*, 1—20 (1923).
1303. Tiedemann, G.: Erstgeburt, mütterliches Alter und sonstige Umwelteinflüsse bei der Entstehung der erblichen Lippen-Kiefer-Gaumenspalte. Z. menschl. Vererb. u. Konstl. *7*, 29 (1949).
1304. Tiemann, H.: Über die Bildung der primitiven Choane bei Säugetieren. Verh. phys. med. Ges. Würzburg *30* (1896).
1305. Töndury, G.: Zum Feinbau des Chorionepitheles der Schweineplacenta. Rev. Suisse de Zool. *51*, 15 (1944).
1306. Töndury, G.: Zur Kenntnis der Fehlbildungen mit Defekten des hinteren Körperendes. Arch. J. Klausstiftg. *19*, 225 (1944).
1307. Töndury, G.: Zum Problem der Gesichtsentwicklung und der Genese der Hasenscharte. Acta Anatomica *11*, 300—328 (1950).
1308. Töndury, G.: Beitrag zur Kenntnis der Embryopathia rubeolosa und ihrer Wirkung auf die Entwicklung des Auges. Klin. Monatsbl. f. Augenheilkde. *119* (1951).
1309. Töndury, G.: Embryopathia rubeolosa. Zur Wirkung der Rubeola in graviditate auf das Kind. Rev. Suisse de Zool. *54* (1951),
1310. Töndury, G.: Zur Wirkung des Erregers der Rubeolen auf den menschlichen Keimling. Helvetica Paediatr. Acta *7*, *2*, 105 (1952).
1310a. Togari, C.: On the origin of the corpus luteum of the mouse. Arch. J. exp. Med. Nagoya, I, 2, I (1923).
1310b. Togari, C.: On the retrogression of the corpus luteum of the mouse. Arch. J. exp. Med. Nagoya, I, *4*, *23*, (1924).
1310c. Togari, C.: On the corpus luteum of the rabbit. Folia anat. japon. *4*, 337 (1926).
1311. Toldt, jr., K.: Über die äußere Körpergestalt eines Fetus von Elephas maximus. Denkschr. math. natw. Kl. K. Akad. Wiss. Wien *90*, 1—42 (1913

1312. TOLDT, jr., K.: Über den Wert der äußerlichen Untersuchung vorgeschrittener Entwicklungsstadien von Säugetieren. Verh. k. k. zool. bot. Ges. Wien *64*, 1—35 (1914).

1313. TOLDT, jr., K.: Bemerkungen über einen Fetus von Hippopotamus amphibius L. und über einen 9 Monate alten Elephas maximus L. Zool. Anz. *50*, 65—91 (1917).

1314. TORREY, TH. W.: Intraocular grafts of embryonic gonads of the rat. J. exp. Zool. *115/1*, 37—58 (1950).

1315. TRATZ, E. P.: Beiträge zur Kenntnis der embryonalen Entwicklung der Gemse (Rupicapra rupicapra). Zool. Garten NF *23*, 194—220 (1957).

1316. TSUKAGUCHI, R.: Zur Entwicklungsgeschichte der Ziege (Capra hircus). Anat. Hefte *46*, 415—492 (1912).

1317. TUCHMANN-DUPLESSIS, H. et R. BORTALAMI: Les constituants histochimiques de l'allanto-placenta du lapin. Bull. micr. appl. 2. sér. *4*, 73—88 (1954).

1318. TUCHMANN-DUPLESSIS, H. et L. MERCIER-PAROT: Rôle des facteurs externes dans la production des anomalies. Gaz. des Hopitaux *511* (1956).

1319. TÜFFERS, P.: Die Entwicklung des nasalen Endes des Tränenganges bei einigen Säugetieren. Anat. H. *49*, 399—440 (1913).

1320. TURNER, W. M.: An account of the Great Finner Whale (Balaenoptera sibbaldii) stranded at Longniddry. Pt. I: The soft parts. Trans. Roy. Soc. Edin., *25*, 197—251 (1870).

1321. TURNER, W. M.: On the gravid uterus and the arrangement of the fetal membranes in the Cetacea (Orca gladiator). Trans. Roy. soc. Edin. *26*, 467—504 (1871).

1322. TURNER, W. M.: On the placentation of the sloths (Choloepus hoffmanni). Trans. Roy. Soc. Edin., *27*, 71—104 (1873).

1323. TURNER, W. M.: The placenta in Ruminanta—a deciduate placenta. Proc. royal Soc. Edinburgh, *8* (1875).

1324. TURNER, W. M.: Lectures on the comparative anatomy of the placenta. 1. ser., royal College of Surgeons of England (1875).

1325. TURNER, W. M.: On the placentation of seals. (Halichoerus gryphus). Trans. Roy. Soc. Edinburgh *27*, 275—304 (1875).

1326. TURNER, W. M.: A further contribution to the placentation of the Cetacea (Monodon monoceros). Proc. Roy. Soc. Edin., *9*, 103—110 (1876).

1327. TURNER, W. M.: On the placentation of the Cape-Anteater (Orycteropus capensis). J. Anat. Phys. *10*, 693 (1876).

1328. TURNER, W. M.: On the placentation of the lemurs. Trans. Roy. Soc. London, *166*, 569—587 (1876).

1329. TURNER, W. M.: On the structure of the diffused, the polycotyledonary and the zonary forms of placenta. J. of Anat. and Physiol. *5* (1876).

1330. TURNER, W. M.: Some general observations on the placenta, with especial reference to the theory of evolution. J. of Anat. and Physiol. *11* (1877).

1331. TURNER, W. M.: Note on the foetal membranes of the raindeer (Rangifer tarandus). J. of Anat. and Physiol. *12* (1878).

1332. TURNER, W. M.: On the placenta of the Hog-deer (Cervus porcinus). J. Anat. Physiol. *13*, 94—98 (1878).

1333. TURNER, W. M.: The placentation of the lemurs. J. Anat. Lond. *12*, 147 (1878).

1335. TURNER, W. M.: On the cotyledonary and diffused placenta of the Mexican Deer (Cervus mexicanus). J. Anat. Physiol. *13*, 195—200 (1879).

1336. TURNER, W. M.: On the fetal membranes of the eland (Oreas canna). J. Phys. *18*, 241—243 (1879).

1337. TURNER, W. M.: On the placentation of the apes, with a comparison of the structure of their placenta with that of the human female. Phil. Trans. Roy. Soc. London, *169*, 523—562 (1879).

1338. TURNER, W. M.: The form and proportions of a foetal Indian Elephant. J. Anat. Phys. *15*, 519—522 (1881).

1339. TURNER, W. M.: An additional contribution to the placentation of the lemurs. Proc. roy. soc. *44*, 277—282 (1888).

1340. TURNER, W. M.: On the placentation of Halicore dugong. Trans. Roy. Soc. Edin., *35*, 641—622 (1889).

1341. ed. TYLER, A., R. C. v. BORSTEL, C. B. METZ: The Beginnings of embryonic Development. Washington 1957.

1342. URBANI, E.: Ricerche comparative sui nuclei vitellini di alcune specie animali. Riv. di Biol. n. s. *41*. 1—27 (1949).

1343. VÀCZY, L. and D. JUHOS: Die histochemische Untersuchung der Chorionzotten. Mag. noorv. Lapja *1*, 8—14 (1950).

1344. VEAU, V.: Étude anatomique du bec de lièvre unilateral total. Ann. d'Anat. pathol. et d'Anat. norm. *5* (1928).

1345. VEAU, V.: Le squelette du bec de lièvre. Ann. Anat. pathol. et d'Anat. norm. *11* (1934).

1346. VEAU, V.: Bec de lièvre. Ann. d'Anat. path. et d'Anat. norm. *12* (1935).

1347. VEAU, V.: Die klinischen Formen der einseitigen Hasenscharte. Dtsche Z. f. Chir. *244* (1935).

1348. VEAU, V.: Embryologie de la face et bec de lièvre. Bull. de l'Acad. de Med. *120* (1938).

1349. VEAU, V.: Hasenscharten menschlicher Keimlinge auf der Stufe 21—23 mm S. St. Länge. Z. Anat. Entwg. *108*, 459—493 (1938).

1350. VEAU, V.: Embryos de chien bec de lièvre. Mem. de l'Acad. de Chir. *67* (1941).

1351. VEAU, V.: Fünf Hasenscharten bei Hundekeimlingen von 11—14 mm S. Stlge. Z. Anat. Entwg. *111*, 433—447 (1941).

1352. VEAU, V. und G. POLITZER: Embryologie du bec de lièvre. Le palais primaire (Formation, Anomalie). Ann. Anat. path. et d'Anat. norm. *13* (1936).

1352a. VEIT, O.: Die Lehre von der Spezifitaet der Keimblätter bei den Wirbeltieren. Naturw. Rundschau (55—59) 1912.

1353. VEIT, O.: Über einen menschlichen Embryo aus dem Anfang der 4. Woche. Sitzb. Ges. Beförd. ges. Naturwi. Marburg (1920).

1354. VEIT, O.: Untersuchungen eines in situ fixierten operativ gewonnenen menschlichen Eies der vierten Woche. Z. Anat. *63*, 343—414 (1922).

1355. VEIT, O.: Die Entwicklung des Menschen bis zur Geburt. Lebenskunde *4*, Leipzig 1922.

1355a. VEIT, O.: Über Blastodermwucherungen und die sog. Amnionbildung bei Pristiuruskeimscheiben. Anat. Anz. *56*, 266—271 (1923).

1356. VENABLE, J. H.: Preimplantation stages in the golden hamster (Cricetus auratus). Anat. Rec. *94*, 105—120 (1946).

1357. VENABLE, J. H.: Volume changes in the early development of the golden hamster. Anat. Rec. *94*, 128—138 (1946).

1358. VENGE, O.: Studies of the maternal influence on the birth weight in rabbits. Acta Zool., Stockh. *31/1* (1950).

1359. VERNHOUT, J. H.: Über die Placenta des Maulwurfs (Talpa europaea L.). Anat. Hefte, *5*, 1—49 (1895).

1359a. VIRCHOW, H.: Der Dottersack des Huhnes. Festschrift R. Virchow Intern. Beitr. wiss. Med. *1* (1891).

1359b. VIRCHOW, H.: Das Dotterorgan der Wirbeltiere. Z. Zool. Suppl. *53* (1892).

1360. VIVIEN, J. H.: Comportement des cellules coronaires accompagnant les ovocytes vierges après la ponte dans les annexes tubaires greffées en même temps que l'ovaire, chez la souris albinos. C. R. Soc. Biol. 144/7—9 (1950).

1360a. VOGT, W.: Gestaltungsanalyse am Amphibienkeim mit örtlicher Vitalfärbung I, II. Roux Arch. *106*, 1925. *120*, 1929.

1361. VÖLKER, O.: Über die Entwicklung der Allantois beim Ziesel. Arch. Anat. Physiol. Anat. Sec. 263—272 (1905).

1362. VÖLKER, O.: Über die ersten Entwicklungsvorgänge beim Ziesel. Anat. Anz. *33*, 98—111 (1908).

1363. VÖLKER, O.: Normentafel zur Entwicklungsgeschichte des Ziesels (Spermophilus citellus). Keibels Normentafeln z. Entwg. d. Wirbeltiere. *13*, 1—332 (1922).

1364. VÖLKER, O. und A. OSTRCIL: Vyvni uteru sysla za březnosti. Histogenesa jeho placenty a zařódecnych blau. I. změmy uteru prêd placentaci. II. Začatky placentace. III. Plnê vyvinutà placenta a konĕcné doby březnosti./Rospravy Ceskè Akademie Cisaře Františka Josefa, Třida II (Rošnik 19. Cislo 7 (I) 1—32. Cislo 11 (II) 1—35. Cislo 31 (III) 1—29. (1910).

1365. WAGNER, FR.: Zur Kenntnis der sirenoiden, anchipodalen Mißbildungen. Z. Kinderhlkde. 59. *3*, 379 (1937).

1365a. WAGNER, G.: Die Bedeutung der Neuralleiste für die Kopfgestaltung der Amphibienlarven. Rev. Suisse Zool. *56*, 519—620 (1949).

1366. WAGNER, G. A.: Der intervillöse Raum. Arch. Gynäk., *137*, 699—708 (1929).

1367. WAGNER, H.: Ein Beitrag zur Kenntnis der Struktur der menschlichen Uterusmuskulatur und der Faserverschiebung bei der Kontraktion. Arch. Gynäk. 179/1 (1950).

1368. WALDEYER, A.: Ein junges menschliches Ei in situ (Ei Schönholz) Z. Anat. *90*, 412—457(1929).

1369. WALDEYER, W.: Eierstock und Ei. Leipzig 412—457 1870.

1370. WALDEYER, W.: Bau und Entwicklung der Samenfäden. Anat. Anz. *2*, 345—368 (1887).

1371. WALDEYER, W.: Die Placenta von Inuus nemestrinus. Sitzungsber. preuß. Akad. Wiss. *35*, 697—710 (1889).

1372. WALDEYER, W.: Bemerkungen über den Bau der Menschen- und Affen-placenta. Arch. f. mikr. Anat., *35*, 1—51 (1890).

1373. WALDEYER, W.: Die Geschlechtszellen. Hdb. vgl. exp. Entwgslehre d. Wbt. O. Hertwig I. *1*, 86—476, Jena (1906).

1374. WALL VAN DER, G.: Bursa ovarica des Schafes, der Ziege und des Kaninchens. Med. vet. Diss. Hannover 1951.

1375. WALLIN, I. E.: A human embryo of 13 somites. Amer. Journ. Anat. *15*, 319—331 (1913).

1375a. WARBRITTON, V.: The cytology of the corpus luteum of the ewe. J. Morph. *56*, 181 (1934).

1376. WARD, M. C.: A study of the estrous cycle and the breding of the golden hamster Cricetus auratus. Anat. Rec. *94*, 129—138 (1946).

1377. WARD, M. C.: The early development and implantation of the golden hamster Cricetus auratus and the associated endometrial changes. Am. J. Anat. *82*, 231—275 (1948).

1378. WARD, O. W.: The Trophoblastic giant cells and endovascular cells associated with pregnancy in the Hamster cricetus auratus. Amer. J. Anat. *94*, 273—321 (1954).

1379. WARKANY, J.: Congenital anomalies. Pediatrics *7/5* (1951).

1380. WATSON, M.: On the female organs and placentation of the rac (Procyon lotor). Proc. roy. soc. London *32*, 272—298 (1881).

1381. WATSON, M. L.: Spermatogenesis in the albino rat as revealed by electron microscopy. A preliminary report. Biochim. et Biophysica Acta *8*, 369—374 (1952).

1382. WATT, J. C.: Description of 2 young twin human embryos with 17—19 somites. Contrib. to Embryol. *2*. Carn. Inst. Wash. Pub. *222*, 1—44 (1915).

1383. WATZKA, M.: Mikroskopisch anatom. Untersuchungen über die Ranzzeit u. Tragdauer des Hermelins (Putorius ermineus). Z. mikr. anat. Forschg. Bd. *48*, 359—374 (1940).

1384. WATZKA, M.: Tragzeitprobleme bei den einheimischen marderartigen Raubtieren. Kliwo *26* (1948).

1385. WATZKA, M.: Über die Beziehungen zwischen Corpus luteum und verlängerter Tragzeit. Z. Anat. Entwg. *114*, 366—374 (1949

1386. WATZKA, M.: Weibliche Geschlechtsorgane, das Ovarium. Hdb. mikr. Anat. d. Menschen 7. III. Ergänzung zu 7, I. Berlin, Göttingen, Heidelberg 1957.

1387. WEBER, M.: Beitrag zur Anatomie und Entwicklung der Gattung Manis. Zool. Ergeb. Reise Niederl. Ost-Indien Bd. II, (1892).

1388. WEBER, M.: Die Säugetiere I. II. 2. Aufl. Jena Fischer (1928).

1388a. WEBER, R.: Transitorische Verschlüsse von Fernsinnesorganen in der Embryonalperiode bei Amnioten. Rev. Suisse Zool., *57*, 16—108 (1950).

1389. WEBER, W.: Über Art, Häufigkeit, Genfrequenz der Mißbildungen unserer Haustiere nebst einem Fall von Agenesie des Geruchsapparates bei einem Kalb. Schweiz. Arch. Tierheilk. *88*, 497 (1946).

1390. WEISMANN, A.: Die Kontinuität des Keimplasmas. Jena (1885).

1391. WEISS, P.: Principles of development. New York (1939).

1392. WELDON, W. F. R.: Note on the placentation of Tetraceros quadricornis. Proc. zool. soc. London, 2—6 (1884).

1393. WELLS, L. J. and G. VAN WAGENEN: Androgen-induced female pseudohermaphroditism in the monkey (Macaca mulatta). Anatomy of the reproductive organs. Contrib. Embryol. *35*, 93—106 (1954).

1394. WEN, J. C.: The anatomy of human embryos with 17 bis 23 somites. Journ. comp. Neurol. *45*, 301—376 (1928).

1395. WENNER, R.: Über den placentaren Blutkreislauf bei eineiigen Zwillingen. Schweiz. Med. Wo. *77*, (1947).

1396. WERTHEMANN, A.: Allgemeine Teratologie mit besonderer Berücksichtigung der Verhältnisse beim Menschen. Hdb. allgem. Path. 6, *1*, 58—138. Berlin, Göttingen, Heidelberg (1955).

1397. WEST, C. M.: Description of a human embryo of 8 somites. Contribut. to Embryol *21*. Carn. Inst. Wash. publ. *407*, 25—35 (1930).

1398. WEST, C. M.: Two presomite human embryos. J. Obstetr. Gynec. Brit. Emp. *59*, 336—351 (1952).

1399. WEST, C. M. and J. H. DIBLE: A very early human embryo. J. Anat. *74*, 139 (1939) abstr.

1400. WEYSSE, A. W.: On the blastodermic vesicle of Sus scrofa dom. Provc. Americ. Acad. Arts Sciences *30*, 283—321 (1894).

1401. WHEELER, J. F. G.: The age of Fin Whales at physical maturity, with a note on multiple ovulations. Discovery Reports *2*, 403 (1930).

1401a. WHITTEN, W. K.: Culture of tubal ova. Nature *179*, 1081—1082 (1957).

1402. WHITTEN, W. K. and K. A. FERGUSON: Occurence of identical twins among sheep. Austral. Veterin. J. *24*, 6 (1948).

1403. WIDAKOVICH, V.: Über die erste Bildung der Körperform bei Entypie des Keimes. Beiträge zur Entwg. der Ratte. Z. wiss. Zool. *94*, 240—298 (1902).

1404. WIDAKOWICH, V.: Über die regelmäßige Orientierung der Eier im Uterus der Ratte. Anat. Anz. *38*, 233—240 (1902).

1405. WIDAKOVICH, V.: Développement des membranes ovulaires, sans ébauche embryonnaire, chez des trijumeaux de vache. C. rend. soc. biol. Paris *87* (1922).

1406. WIEDERSPERG, G. v.: Beiträge zur Entwicklungsgeschichte der Samenkörper. Arch. mikr. anat. *25*, 113 (1885).

1407. WIENBECK, JOACHIM: Beitrag zur Histologie und Physiologie der Plazentarzotte. Zs. mikr.-anat. Forsch. *39*, 135—150 (1936).

1408. WILL, L.: Beiträge zur Entswicklunggeschichte der Reptilien. I. Zool. Jb. Anat. *6* (1892). II. dto. 1893. III. dto. *9* (1895).

1409. WILLEY, A.: Fetal membranes of the American beaver (Castor canadensis). Zool. Jb. Suppl. *15*, *2*, 191—218 (1912).

1410. WILLEY, A.: The blastocyst and placenta of the beaver. Quart. J. mikr. Sci. *60*, 175—259 (1914).

1411. WILLIAMS, M. F.: The vascular architecture of the rat uterus as influenced by estrogen and progesterone. Amer. J. Anat. *83*, 247—308 (1948).

1412. WILLIAMS, W. L. and W. J. GIBBONS: The equine vascular allantois. Cornell Veterinarian *19*, 3—16 (1929).

1413. WILLIER, H. B.: Sterile gonads and the problem of the origin of germ cells in the chick embryo. Arch. d'Anat. *39*, 269—273 (1951).

1414. WILLIER, B. H., P. A. WEISS, v. HAMBURGER ed.: Analysis of Development. Saunders Comp. Philadelphia London (1955).

1415. WILSON, E. B.: The cell in development and heredity. 3d ed. McMillan, New York (1928).

1416. WILSON, K. M.: A normal human ovum of sixteen days development (The Rochester Ovum). Contrib. Embryol. *31*, 101—106 (1945).

1417. WILSON, J. T.: Description of a young specimen of Ornithorhynchus anatinus from the collection of the Australian Museum Sydney. Proc. Linn. soc. N. S. W. ser. 2. *9* (1894).

1418. WILSON, J. T.: On the skeleton of the snout and os caruncula of the mammary foetus of the Monotremes. Proc. Linn. soc. N. S. W. *25* (1900).

1419. WILSON, J. T.: On the skeleton of the snout of the mammary foetus of the Monotremes. Proc. Linn. soc. N. S. W. *26*, (1901).

1420. WILSON, J. T.: On the question of the interpretation of the structural features of the early blastocyst of the guinea pig. J. Anat. *62*, 346—358 (1928).

1421. WILSON, J. T. and J. P. HILL: Primitive knot early gastrulation cavity co-existing with independent primitive streak in Ornithorhynchus. Proc. roy. soc. London. *71* (1903).

1422. WILSON, J. T. and J. P. HILL: Observations on the Development of Ornithorhynchus. Phil. Transact. roy. soc. London 31—168 (1907).

1423. WILSON, J. T. and J. P. HILL: Observations onto the development in Ornithorhynchus. Quart. J. mic. sci. *51* (1907).

1424. WILSON, J. T. and J. P. HILL: The embryonic area and so-called „primitive knot“ in the early Monotreme egg. Quart. J. mic. sci. *61* (1915).

1425. WIMSATT, W. A.: An analysis of implantation of the bat Myotis lucifugus lucifugus. Amer. J. Anat. *74*, 355—411 (1944).

1425a. WIMSATT, W. A.: Growth of the ovarian follicle and ovulation in Myotis lucifugus lucifugus. Am. J. Anat. *74*, 129—173 (1944).

1426. WIMSATT, W. A.: The placentation of a vespertilionid bat Myotis lucifugus lucifugus. Amer. J. Anat. *77*, 1—52 (1945).

1427. WIMSATT, W. A.: The nature and distribution of lipoids in the placenta of the bat (Myotis lucifugus lucifugus) with observations on the mitochondria and Golgi apparatus. Amer. J. Anat. *82*, 393—468 (1948).

1428. WIMSATT, W. A.: Cytochemical observations on the fetal membranes and placenta of the bat Myotis lucifufgus lucifugus. Amer. J. Anat. *84*, 27—62 (1949).

1429. WIMSATT, W. A.: Some important cytological and cytochemical features of the binucleate giant cells characteristic of the placenta of ruminants and their interpretation. Anat. Rec. *103*, 522 (1949).

1430. WIMSATT, W. A.: New histological observations on the placenta of the sheep. Amer. J. Anat. *87*, 391—458 (1950).

1431. WIMSATT, W. A.: Observations on the morphogenesis, cytochemistry and significance of the binucleate giant cells of the placenta of ruminants. Am. J. Anat. *89*, 233—282 (1951).

1432. WIMSATT, W. A.: A reinterpretation of the structure of the placental barrier in Chiroptera. Anat. Rec. *117*, *574* (Abstr.) Amer. Soc. Zool. 574 (1953).

1432a. WIMSATT, W. A.: The fetal membranes and placentation of the tropical American vampire bat Desmodus rotundus murinus. Acta Anat. *21*, 285—341 (1954).

1433. WIMSATT, W. A.: The allantoic placental barrier in Chiroptera: a new concept of its organization and histochemistry. Acta Anatom. *32*, 141—186 (1958).

1434. WIMSATT, W. A. and H. TRAPIDO: Reproduction and the female reproductive cycle in the tropical American Vampire bat, Desmodus rotundus murinus. Am. J. Anat. *91*, 415—445 (1952).

1435. WIMSATT, W. A. and H. TRAPIDO: The reproductive cycle of the vampire bat bat Desmodus rotundus murinus. Anat. Rec. *112*. *437* (1952) Abstr.

1436. WIMSATT, W. A. and G. B. WISLOCKI: The placentation of the American shrews, Blarina brevicauda und Sorex fumeus. Am. J. Anat. *80*, 361—436 (1947).

1437. WINDLE, W. F.: Physiology of the foetus. Saunders Philad. London (1940).

1438. WINIWARTER, H. VON: Études sur la spermatogénèse humaine. Arch. de Biol. *27* (1912).

1439. WINIWARTER, H. de et K. OGUMA: Nouvelles recherches sur la spermatogénèse humaine. Arch. de Biol. *36* (1926).

1440. WINTERS, L. M., W. W. GREEN & R. COMSTOCK: Placental development of the bovine. Minn. Agricuet. Exper. Techn. Bull. *151* (1942).

1441. WISLOCKI, G. B.: Saliva-insoluble glycoproteins, stained by the peirodic acid Schiff procedure in placentas of pig, cat, mouse, rat and man. J. nat. Canc. Inst. *10*.

1442. WISLOCKI, G. B.: On the placentation of the sloth (Bradypus griseus). Carnegie Inst. Wash. Pub. Nr. 361, Contrib. Embryol. Nr. 78. *16*, 5—21 (1925).

1443. WISLOCKI, G. B.: Remarks on the placentation of a platyrrhine monkey (Ateles geoffroyi). Amer. J. Anat., *36*, 467—487 (1926).

1444. WISLOCKI, G. B.: On the placentation of the tridactyl sloth (Bradypus griseus) with a description of the characters ol the fetus. Carnegie Inst. Wash. Pub. Nr. 380, Contrib. Embryol. Nr. 105, *19*, 209—228 (1927).

1445. WISLOCKI, G. B.: On the placentation of the twotoed ant-eater (Cyclopes didactylus). Anat. Rec., *39*, 69—79 (1928).

1446. WISLOCKI, G. B.: Further observations upon the minute structure of the placentation of the sloth (B. griseus). Anat. Rec., *40*, 385—395 (1928).

1447. WISLOCKI, G. B.: On the placentation of the primates, with a consideration of the phylogeny of the placenta. Carnegie Inst. Wash. Pub. Nr. 394, Contrib. Embryol. Nr. 111. *20*, 51—80 (1929).

1448. WISLOCKI, G. B.: An unusual placental form in the Hyracoidea. Carnegie Inst. Wash.Pub. Nr. 407. Contrib. Embryol. Nr. 122, *21*, 83—95 (1930).

1449. WISLOCKI, G. B.: On a series of placental stages of a platyrrhine monkey (Ateles geoffroyi), with some remarks upon age, sex, and breeding period in platyrrhines. Carnegie Inst. Wash. Pub. Nr. 414, Contrib. Embryol. Nr. 133. *22*, 173—192 (1930).

1450. WISLOCKI, G. B.: Notes on the female reproductive tract (ovaries, Uterus and placenta) of the collared Peccary (Pecari angulatus bangsi Goldman). J. Mammal. *12*, 143—149 (1931).

1451. WISLOCKI, G. B.: On the female reproductive tract of the Gorilla, with a comparison of that of other primates. Carneg. Inst. Wash. Publ. 433. Contrib. to Embryol. 135. *23*, 163—204 (1932).

1452. WISLOCKI. G. B.: Placentation in the marmoset (Oedipomidas geoffroyi) with remarks on twinning in monkeys. Anat. Rec. *52*, 381—400 (1932).

1453. WISLOCKI, G. B.: Gravid reproductive tract and placenta of the chimpanzee. Amer. J. Phys. Anthropol., *18*, 81—92 (1933).

1454. WISLOCKI, G. B.: On the placentation of the harbor porpoise (Phocaena phocaena L.). Biol. Bull., *65*, 80—98 (1933).

1455. WISLOCKI, G. B.: The placentation of the manatee (Trichechus latirostris). Mem. Mus. Comp. Zool., Harvard Coll. *54*, 159—178 (1935).

1456. WISLOCKI, G. B.: The placentation of Solenodon paradoxus. Amer. J. Anat. *66*, 497—531 (1940).

1457. WISLOCKI, G. B.: The placentation of an Antelope. (Rhynchothegus Kirkii Nyikae Helce). Anat. Rec. *81*, *2*, 221—240 (1941).

1458. WISLOCKI, G. B.: Cytochemical reactions of human spermatozoa and seminal plasma. Anat. Rec. *108*, 4 (1950).

1459. WISLOCKI, G. B.: The histology and cytochemistry of the basal plate and septa placentae of the normal placenta delivered at full term. Am. Ass. Anat. Rec. 109 (1951).

1459a. WISLOCKI, G. B. and E. C. AMOROSO. The placenta of the wolverine (Gulo gulo luscus (LINNAEUS)). Bull. Mus. comp. Zool. *114*, 91—100 (1956).

1460. WISLOCKI, G. B. and H. S. BENNETT: The histology and cytology of the human and monkey placenta, with special reference to the trophoblast. Am. J. Anat. *73*, 335—449 (1943).

1461. WISLOCKI, G. B. and H. S. BENNETT: Foamy, lacunar, vacuolated and vesicular appearances of the syncytial trophoblast in the normal placenta of man and rhesus monkey. Anat. Rec. *85*, 58 (1943).

1462. WISLOCKI, G. B., H. W. DEANE and E. W. DEMPSEY: The histochemistry of the rodents placenta. Amer. J. Anat. *78*, 281—345 (1946).

1463. WISLOCKI, G. B. and E. W. DEMPSEY: Histochemical reactions in the placenta of the cat. Americ. J. Anat. *78*, 1—45 (1946).

1464. WISLOCKI, B. G. and E. W. DEMPSEY: Histochemical reactions of the placenta of the pig. Amer. J. Anat. *78*, 2 (1946).

1465. WISLOCKI, B. G. and E. W. DEMPSEY: The chemical histology of the human placenta and decidua with reference to mucopolysaccharids, glycogen, lipids and acid phosphatase. Americ. J. Anat. *83*, 1—42 (1948).

1466. WISLOCKI, G. B. and E. W. DEMPSEY: Electron microscopy of the placenta of the rat. Anat. Rec. *123*, 33—63 (1955).

1467. WISLOCKI, G. B. and E. W. DEMPSEY: Electron microscopy of the human placenta. The Anat. Rec. *123*, 133—169 (1955).

1468. WISLOCKI, G. B. and R. K. ENDERS: The placentation of the bottle-nosed porpoise. Amer. J. Anat. *68*, 97—125 (1941).

1469. WISLOCKI, G. B. and D. W. FAWCETT: The placentation of the Jamaican bat (Artibeus jamaicensis parvipes). Anat. Rec. *81*, 307—318 (1941).

1470. WISLOCKI, G. B. and A. F. GUTTMACHER: Spontaneous peristalsis of excised whole uterus and Fallopian tubes of sow with reference to ovulation cycle. Johns Hopk. Hosp. Bull. *35*, (1924).

1471. WISLOCKI, G. B. and C. G. HARTMAN: On the placentation of the macaque (Macacus rhesus), with observations on the origin of the blood constituting the placental sign. Johns. Hopkins Hosp. Bull. *44*, 165—185 (1929).

1472. WISLOCKI, G. B. and J. A. KEY: The distribution of mitochondria in the Placenta. Contrib. Embryol. *13*, 105—115 (1921).

1473. WISLOCKI, G. B. and R. RUGH: The placentation of the Jamaican bat (Artibeus jamaicensis parvipes). Anat. Rec. *81* 3 (1941).

1474. WISLOCKI, G. B. and G. L. STREETER: On the placentation of the Macaque (Macaca mulatta) from the time of implantation until the formation of the definitive placenta. Carneg. Inst. Wash. Publ. 496. Contrib. to Embryol. No 160, *27*, 1—66 (1938).

1475. WISLOCKI, G. B. and O. P. VAN DER WESTHUYSEN: The placentation of Procavia capensis with a discussion of the placental affinities of the Hyracoidea. Contrib. to Embryol. *28*, 65—88, 171 Carneg. Inst. 518 (1940).

1476. WISLOCKI, G. B. and W. A. WIMSATT: Chemical cytology of the placenta of two North American shrews (Blarina brevicauda and Sorex fumeus). Am. J. Anat. *81*, 2 (1947).

1477. WITHERINGTON, ST.: A human blastocyst in situ. 10 Tafeln Transcat. royal. Soc. Edinburgh *56*, (1929).

1478. WITSCHI, E.: Experimentelle Untersuchungen über die Entwicklungsgeschichte der Keimdrüsen von Rana temporaria. Arch. mikr. Anat. *85*, 86 (1914).

1479. WITSCHI, E.: Migration of germ cells of human embryos from the yolk sac to the primitive gonadal folds. Contr. to Embryol. *32*, 67—80 (1948).

1480. WOLFF, E.: Production expérimentale de la symélie chez le poulet. Cpt. rend. Soc. Biol. Paris *116*, 780 (1934).

1481. WOLFF, E.: Les bases de la tératogénèse expérimentale des vertébrés amniotes, d'après les résultats de méthodes directes. Arch. d'Anat. *22*, (1936).

1482. WOOD, J. E.: Reproductive pattern of the pocket gopher (Geomys breviceps brazensis). J. Mammal. *30* (1949).

1483. WOTTON, R. M. and P. A. VILLAGE: The transfer function of certain cells in the wall of the Graafian follicle as revealed by their reaction to previously stained fat in the cat. Anat. Rec. *110*, (1951).

1485. WRBA, H.: Befunde aus der Frühentwicklung des Rattenkeimes als Beitrag zur Rhythmik der Entwicklung. Exper. *12*, 189 (1956).

1486. WRBA, H.: Zum Verhalten des befruchteten Ratteneies in vitro. Naturw. *43*, 334 (1956).

1487. WRBA, H.: Dissoziation von Wachstum und Differenzierung explantierter Säugetierkeime. Verh. Dtsch. Pathol. Ges. Zürich 1955. 345—349 (1956).

1488. WRBA, H.: Die Bedeutung der Eihüllen für die Normogenese und die pathologische Entwicklung des Säugetierkeimes in vitro. Verh. Dtsch. Ges. Path. 40. Düsseldorf 1956. 268—272 (1957).

1489. WRETE, M.: Die kongenitalen Mißbildungen ,ihre Ursache und Prophylaxe. Stockholm 321 (1955).

1489a. Wright, P. L.: Delayed implantation in the long-tailed weasel (Mustela frenata), the short-tailed weasel (M. cicognani) and the marten (Martens americana). Anat. Rec. *83*, 341 (1942).

1490. Wright, P. L.: Preimplantation stages in the longtailed weasel (Mustela frenata). Anat. Rec. *100*, 593 (1948).

1491. Wright, S.: Genetics of abnormal growth in the guinea pig. Cold Spring Harb. Symp. quant. biol. *2*, 137 (1934).

1492. Wright, S. and K. Wagner: Types of subnormal development of the head from inbred strains of guinea pigs and their bearing on the classification and interpretation of vertebrate monsters. Am. J. Anat. *54*, 383 (1934).

1493. Yasuzumi, G. Spermatogenesis in animals as revealed by electron microscopy. I. Formation and sucmicroscopic structure of the middle-piece of the Albino rat. J. Biophys. and Biochem. Cytol. *2*, 445—450 (1956).

1494. Yasuzumi, G.: Electron microscopy of the developing sperm-head in the sparrow testis. Exper. Cell. Res. *11*, 240—243 (1956).

1495. Yeager, C. H., T. S. Painter and R. M. Yerkes: The chromosomes of the Chimpanzee. Science (1940) I.

1496. Young, W. C., E. W. Dempsey and H. I. Myers: Cyclic reproductive behavior in the female guinea pig. J. comp Psychol. *19*, 131—335 (1935).

1497. Zemkova, Z. P.: Die Entwicklung der placentaren Anteile der Gebärmutterwandung des Kaninchens und die Beziehungen zwischen den mütterlichen und fetalen Gewebsanteilen der Placenta. Dokl. Akad. Nauk SSSR N. S. *78* (1951).

1498. Zemkova, Z.: Ribonukleinsäure im Placentagewebe des Kaninchens. Dokl. Akad. Nauk. Moskau *86*, 1219—1221 (1952).

1499. Zietzschmann, O. und O. Krölling: Lehrbuch der Entwicklungsgeschichte der Haustiere. 2. Aufl. Berlin, Hamburg 1955.

1499a. Zuckerman, S. and A. S. Parkes: The menstrual cycle of the primates V. The cycle of the baboon. Proc. zool. soc. London 138 (1932).

1500. Zwilling, E.: Insulin-induced hypoglycemia and rumplessness in chick embryos. J. exp. Zool. *117*, 1 (1951).

Nachtrag zum Literaturverzeichnis.

Während der Drucklegung des Beitrages erschienen folgende wichtigen Publikationen, die bei der Bearbeitung nicht mehr berücksichtigt werden konnten:

Gopalakrishna, A. Foetal membranes in some Indian Microchiroptera. J. Morphol. *102*, 157—197 (1958).

Mayersbach, H. Zur Frage des Proteinüberganges von der Mutter zum Foeten. I. Befunde an Ratten am Ende der Schwangerschaft. Z. Zellfg. *48*, 479—504 (1958)

Mazanec, K. Blastogenese des Menschen. *179* S. Fischer, Jena (1959).

## Sachregister


Abstammung der Säugetiere 13, 236
Äußere Körperform siehe Körperformbildung
Äußere Körperform von Didelphis 23
Akrosom 33
Albumenschicht 13, 41, 42
Allantantochorionplacenta 26, 120f., 122, 128, 199, 213
Allantois 12, 23, 26, 86, 143, 163, 193, 198, 203, 213, 221, 249
Allantoisplacenta 26, 120f., 170
Amniogene Zellen 76
Amnion 75, 99, 149f., 155, 159, 204, 221, 222, 229, 237
Amnion, evolutive Deutung 79
Amnion, funktionelle Deutung 79
Amniongang 77
Amnionhöhle 75, 81, 155, 191
Analmembran 12
Archamnionhöhle 75, 159
Archenteron 11
Area opaca 12
Area pellucida 12
Area vasculosa 83
Areolae 224
Augenanlage 20f., 23

Basophilie 40, 91
Befruchtung 4, 56f., 200
Befruchtungsmembran 56
Befruchtungsort 61f.
Befruchtungszeitpunkt 61
Besamung 13, 45, 56
Bilaminaere Dottersackplacenta 119f. 151, 198
Blastocyste 15, 64, 71f.
Blastoderm 9
Blastodermwucherungen bei Elasmobranchii 80
Blastomeren siehe Furchung
Blastoporus 11
Blastula 64
Blut- und Gefäßentwicklung 12
Blutbeutel 136, 143, 249
Branchialapparat 20 f., 25, 30
Brutdauer bei Monotremata 1
Brutpflege 111f.

Canalis neurentericus 82
Caruncula 225
Chemodifferenzierung 90
Chorda dorsalis 11, 19, 82
Chordafortsatz 11, 82
Chordakanal 82
Chorioallantoisplacenta siehe Allantochorionplacenta
Chorion 27, 143, 171, 178, 184, 211, 221, 223f.
Chorion frondosum 149, 178, 184
Chorion laeve 143, 147, 162, 178, 211
Chorionblasen 172, 221, 249
Choriongonadotropine 141
Chorionplacenta 120, 121, 199, 213
Chorionplatte 181, 187
Choriovitellinplacenta 120f., 143, 149 170, 198, 199, 205, 218, 220
Coelom 12, 26, 84
Compacta 212
Contradeciduate Placentation 155, 199
Corona radiata, Zerstreuung 60
Corpus luteum, Bildung und Struktur in den einzelnen Gruppen 51f.
Corpus luteum der Eutheria 48f., 51f.
Corpus luteum -Eversion 47, 50
Corpus luteum der Metatheria 14
Corpus luteum der Prototheria 4
Cotyledo 187, 221, 225
Cyklopie 95f.
Cytotrophoblast 29, 127, 143, 148, 153, 177, 205

Darmentwicklung 85
Decidua 118, 199
Decidua basalis 183f., 205
Decidua capsularis 148, 151, 182f., 203, 204, 161, 168
Decidua parietalis 183, 184
Deciduale Umwandlung des Endometriums 118
Deciduazellen 118f., 199, 205
Deciduome 116, 118
Delamination 10
Delaminationsentoderm 10, 72, 78
Determination 64, 66f., 89
Determination in der Primitiventwicklung 89f.
Deutoplasma siehe Dotter
Deutoplasmolyse (: Dotterelemination) 42
Doppelbildungen 92f.
Dotter 1, 13, 41
Dotterbett 2
Dotterbildung 2, 41
Dotterelimination 14, 42
Dotterkern 40
Dottersack 27, 72f., 85, 119, 121f., 143f., 145, 157, 161f., 167, 193, 196f., 205, 210, 213, 215, 222, 229, 237, 240f.
Dottersackplacenta 119f., 143, 150, 215
Durchdringungszone 194, 209

Eigröße 1, 13, 39
Eihäute der Eutheria (siehe auch Tiernamenregister) 71f., 119f., 142f.
Eihäute der Metatheria 25f.
Eileiter 47, 59, 62f.
Eireifung 4, 38
Eitransplantation 59
Eitransport, Mechanismus des 62
Eiweißschicht siehe Albumen
Eizelle 1, 13, 38f., 40
Eizelle, Polarität der 13, 40
Ektoderm 8f., 17, 71, 109, 196
Ektodermhöhle 75, 202
Ektodermwulst 194
Ektoplacenta 83, 147, 149, 157f., 175, 190, 203, 205, 209
Ektoplacentarconus 75, 203, 204f.
Ektoplacentares Entoderm (Hystricomorpha) 208, 210
Ektoplacentarhöhle 75
Embryobildung d. Monotremata 10
Embryoblast 66, 71f., 72
Embryocystis 74
Embryonalbezirk (Marsupialia) 75
Embryonalbildungscentrum 89
Embryonalkörperbildung bei Didelphis 19
Embryonalkörperbildung, Variabilität 88
Embryonalknoten (s. auch Embryoblast) 64, 66, 71f.
Embryonalschild 11
Embryotrophe 136
Endometrium 177
Entoderm 8, 15f., 72f., 77
Entodermbildung 8, 15f., 72f.
Entodermplatte 77
Entwicklungsanregung 58
Entypie des Keimfeldes 74, 75, 159, 238
Epamnionhöhle 75, 202, 203, 208
Epithelkörperchen (Marsupialia) 25
Evolution der Placentarbildungen 234, 238
Exkretion durch die Placenta 140
Exocoel 84, 173, 204
Extravasate 136, 143, 151, 189, 214, 229
Extremitätenentwicklung 23, 100, 102

Faltamnion 75, 150, 237
Fetalanhänge siehe Eihäute, Placenta
Fibrinoid 185, 187
Follikel 3, 4, 14, 45, 46, 47, 48
Follikelatresie 45
Follikelepithel 3, 4, 5, 45, 48
Follikelsprung 47
Furchung, Determination der 66
Furchung der Eutheria 64f.
Furchung, formaler Ablauf 6, 15, 64f., 163
Furchung der Metatheria 15
Furchung der Monotremata 6f.
Furchung, stoffliche Beeinflussung 69
Furchung, zeitlicher Ablauf 69f.

Gastrulation 82
Gaumenbildung 104f.
Gaumenmißbildungen 106
Gaumenspalte 106
Gefäßentwicklung 12
Gehörgangsverschluß 108
Gesichtsentwicklung 104f.
Gesichtsmißbildungen 106
Gonocyten 36, 91
Granulosafaltung 48f.
Granulosaluteinzellen 49f.
Graviditätsdauer von Didelphis 22
Grüner Saum 214

Haematome s. Extravasate
Haemotrophe 136, 147
Haftstiel 86, 159, 173, 219
Haftzotten 178, 185
Harnorgane 20
Hasenscharte 106
Hauptplacenta 175f., 249
HENSENscher Knoten 19, 82
Herzanlage 25, 84
HEUSERsche Membran 78
Hinterkopfregion 96
Hippomanes 221
Histiotrophe 136, 143, 177, 213, 220
Histochemie siehe Chemodifferenzierung
Histochemie d. Endometriums während der Implantation 118f.
Histochemie der Frühentwicklung (Furchung, Blastocyste) 90
Histochemie der Placenta 121
Histochemie d. Zona pellucida 43
HOFBAUER Zellen 186
Hormone (Placenta) 140f.

Implantation 63, 112f.
Implantationsconus 198
Implantationsmechanismen 115
Implantationsort 63
Implantationssyncytium 179
Implantationstiefe 113f., 177, 184
Implantationsverzögerung 117
Implantationszeitpunkt 70, 116
Imprägnation siehe Besamung
Innere Zellmasse (s. auch Embryoblast) 64
Interstitialmembran 166
Interamnionhöhle (: Proexocoel) 208
Intervillöser Raum 147, 186, 191

Kaudales Körperende 90
Kaudales Körperende, Mißbildungen 96f.
Keimbahn 91
Keimblase 6, 15, 66, 71f.
Keimblattlehre 109f.
Keimblattumkehr 75
Keimhaut 8, 9
Keimring 8
Keimscheibe (Monotremata) 6, 7, 8
Keimzellbildung 31f.
Keimzellen 31f.
Kiefergelenk (Marsupialia) 23
Körperbildung, primäre und sekundäre 90
Körperformbildung, Eutheria, allgemein 100
Körperformbildung bei
*Bos* 100
Chiroptera 103
*Diceros* 101
*Didelphis* 23f.
*Homo* 83, 183
*Macaca* 79
Kopffortsatz (= Chordafortsatz) 11
Kopfmißbildungen 93
Kreislauf in der Placenta 133, 196

Labyrinthorgan 22
Labyrinthplacenta s. Placenta labyrinthica
LANGHANS Zellen 127, 128, 185f.
Latebra 2
Lidschluß 107
Lippenspalte 106
Lunge der Marsupialia 20, 24f.
Luteinzellen 48f.
Markamnionhöhle 75, 204, 208
Mehrlinge 92f.
Menstruation 49, 51, 53, 117, 118
Menstruationspolyp 115, 155
Mesektoderm 12
Mesenchym 19, 108f.
Mesenchymbildung 19, 108f., 151, 173, 182
Mesenchymbildung aus Trophoblast 151, 179, 182
Mesoderm 11, 12, 19, 22, 81, 83, 108f.
Mesodermbildungszone 11, 83, 111
mesodermfreie Sichel 83
Mesodermumwachsung 19, 74f., 220
Mesonephros 20, 36
Mesoplacentarium 211
Mikrovilli (Placenta) 124f., 233
Mißbildungen 91
Mißbildungen d. Gesichtes und Gaumens 106
Mißbildungen, Häufigkeit 92
Mißbildungen des kaudalen Körperendes 86f.
Mißbildungen, Ursachen 97f.
Mißbildungslehre, allgemeine 91f.
Morula 15, 64, 200, 201
MOSSMANsche Regel 133f.

Nabelgefäße 87
Nabelschnur siehe Nabelstrang
Nabelstrang 86, 175, 219, 229
Nabelstranglänge 87
Nasenentwicklung 104f.
Nebenplacenta 175f.
Nervensystem 12, 20, 84
Nestflüchter 235
Nesthocker 235
Neuralleiste 12, 83, 91, 110, 111

Obplacenta 194, 196
Öffnung der Lidspalte 108
Omphalopleura 119f.
Oogenese d. Eutheria 44f.
Oogenese d. Monotremata 2
Oogenese, postnatale 44
Oralschild der Marsupialia 24
Organisationszentrum 89
Ostien der Fernsinnesorgane 107
Otokephalie 96
Ovulation 1, 2, 13, 46
Paraluteinzellen 49
Paraplacentareinrichtungen 124, 143, 214, 249
Parthenogenese 58
Placenta, allgemeines 111f., 238f.
Placenta, Austausch in der 136
Placenta, äußere Form 128
Placenta, elektronenoptisch 124f., 233
Placenta als Ernährungsorgan 136
Placenta, Funktion 134
Placenta, Definition 119
Placenta, Evolution, Phylogenese 234, 238f.
Placenta, Exkretion durch die 140
Placenta, Histochemie 121
Placenta als Hormonbildungsstätte 141
Placenta, Kreislauf 133, 196
Placenta labyrinthica 130, 143f., 149, 159, 160, 167, 175, 177f., 200, 205, 209, 216, 240f.
Placenta olliformis 130, 134, 143, 149, 187
Placenta, Riesenzellen 131f., 143, 159, 197, 199, 210, 233
Placenta, unilaminaere 119
Placenta villosa 130, 134, 177f., 191, 200, 240f.
Placentarhormone 140f.
Placentarsepten 186, 188
Placentarsteroide 141
Placentartypen 119
Placentarzotten 126, 130, 177f., 226f.
Placentation, Allgemeines 111f.
Placentation d. Metatheria 25f.
Placentation bei Nichtsäugern 111
Placentation, Spezielles 142
Placentation in den einzelnen Gruppen der Eutheria 142f., 240 (siehe auch Tiernamenregister)
Placentation, tabellarische Übersicht 240
Placentome, Anzahl 129, 227
Plakoden 12
Plektamnion siehe Faltamnion
Pleuramnion siehe Faltamnion
Polarität der Eizelle 13, 40
Polyembryonie, physiologische P. der Gürteltiere 93f.
Polyinvagination 10
Polyovulation 46, 51, 116, 155
Polyspermie 57
Prächordale Platte 82
Prägravide Schleimhautphase 117
Präimplantative Schleimhautphase 117
Primärer Gaumen 104
Primitiventwicklung in den einzelnen Gruppen der Eutheria (siehe auch Tiernamenregister) 71f., 142f.
Primitiventwicklung der Metatheria 15, 17f.
Primitivgrube 82
Primitivknoten 11, 81, 82
Primitivplatte 11
Primitivrinne 82
Primitivstreifen 11, 19, 83, 193
Proamnion 26f., 83

Proexocoel 208
Progesteron 141
Pronephros 20
Protochordalplatte 11, 193
Protosomite 11

Randhaematom 136, 214
Randsinus 147, 188
RAUBERsche Deckschicht 15, 74
REICHERTsche Membran 75, 151, 152, 204
Riechgrube 104f.
Riesenzellen der Placenta 131f., 143, 159, 197, 199, 210, 233

Schizamnion siehe Spaltamnion
Schleimhautkrater 221
Schwanz 90, 102
Schwanz der Spermie 34
Schwanzknospe 89, 90, 102
Segregation 10
Seitenplatte 84
Semiplacenta 123, 235
Semiplacentarring 145, 249
Somite 11, 83, 84
Somatopleura 12, 84
Spaltamnion 75, 149, 155, 159, 204, 237
Spaltbildungen 97
Spermien 31f., 56f.
Spermien, Morphologie in den einzelnen Gruppen 34f.
Spermiogenese 36
Spermiohistogenese 38
Spezifität der Keimblätter 109f.
Splanchnopleura 12, 84
Spongiosa 212
Stammplatte 12, 84
Subplacenta 209
Symplasma 194, 199, 204
Syncytiotrophoblast 31, 127, 148, 152f., 181, 194

Teratologie siehe Mißbildungslehre
Topfplacenta s. Pl. olliformis
Träger 75, 201, 203, 204f.
Trophoblast 15, 17, 71f., 119, 143
Trophoblastring 151
Trophoblastscheide 145, 153, 249
Trophospongia 171, 174
Tubenwanderung 13

Überlaufprinzip 188
Überwanderung der Eizelle 63
Umlagerungszone 205, 209
Unterbau siehe Ectoplacenta
Urdarm 11
Urdarmplatte 11
Urkeimzellen 36, 44, 91
Urniere siehe Mesonephros
Uterinmilch siehe Histiotrophe

Variabilität in der Embryonalkörperbildung 88
Vasa allantoidea 87
Verlängerte Tragzeit 117
Verschluß der Nasenöffnung 107
Verschluß der Ostien der Fernsinnesorgane 107
Vorniere siehe Pronephros

Wachstum des Keimschildes 82
WHARTONsche Sulze 87
WOLFFscher Gang 20

Zentrale Excavation 209
Zona pellucida 2, 3, 42, 43, 45, 60, 206
Zona pellucida, Auflösung 60, 206
Zona pellucida, Histochemie 43
Zotten s. Placentarzotten
Zottenanastomosen 179
Zottenplacenta s. Placenta villosa
Zweiphasentheorie der Gastrulation 82
Zwischenzellen 50

# Register der Tiernamen


*Acomys* 203
*Aepyprymnus* 25
*Alouatta* 51, 114, 130, 175
*Ambystoma punctatum* (LINNÉ 1758) (Amphibia, Urodela) 110
*Ambystoma tigrinum* (GREEN 1825) (Amphibia, Urodela) 110
Amphibia 80, 90, 110, 236
*Anas* (Aves, Anseriformes) 88
*Anomalurus pelii* (SCHLEGEL u. MÜLLER 1843) 200
*Antilope cervicapra* (LINNÉ 1758) 229
*Aplodontia* 189
*Apodemus* 75, 108, 203
*Artibeus* 168
Artiodactyla (s. Paraxonia) 114, 122f., 129, 222
*Arvicola* 75, 203
Aves 8, 10, 88, 90, 91, 111, 237
*Axis porcinus* (ZIMMERMANN 1780) 227
Axolotl siehe *Ambystoma*

*Balaenoptera musculus* (LINNÉ 1758) 211
*Blarina brevicauda* (SAY 1823) 51, 86, 113, 150f.
*Blastocerus* siehe *Odocoileus* 227
*Bos taurus* LINNÉ 1758. 31f., 39, 56, 85, 100, 107, 112, 123f., 129, 229, 232f.
Bovoidea 229
Bradypodiae 188
*Bradypus* 87, 114, 130, 188

*Cabassus hispidus* BURMEISTER 192
Callithricidae, *Callithrix* 35, 39, 175
*Callorhinus ursinus* (LINNÉ 1785) 55
Camelidae (s. auch Tylopoda) 106
*Canis familiaris* LINNÉ 1758. 31, 36, 39, 42, 54, 55, 82, 83, 87, 105, 108, 114, 130, 212f.
*Canis vulpes* LINNÉ 1758. 45, 83, 108, 114, 130, 212f.
*Canis vulpes fulva* (DESMAREST 1820) 54
*Capra hircus* LINNÉ 1756. 32, 39, 56, 129, 229f.
*Capreolus capreolus* (LINNÉ 1758) 39, 102, 117, 129, 226f.
Carnivora 36, 54, 73, 88, 114, 117, 122f., 124, 130, 212
*Castor canadensis* KUHL 1820. 114, 130, 198, 200
Catarrhina. 40, 76f., 175f.
*Cavia porcellus* (LINNÉ 1758) 34, 36, 42, 44, 48, 54, 61, 64, 85, 87, 96, 105, 112, 114, 116, 119, 121, 139, 206f.

Caviamorpha 248
Ceboidea 131, 175, 178f.
Centetidae siehe Tenrecidae
*Centetes* siehe *Tenrec*
Cercopithecoidea 178
Cervoidea 226
*Cervus duvauceli* CUVIER 1823. 227
*Cervus elaphus* LINNÉ 1758. 123, 129, 227
*Cervus eldi* M'CLELLAND 1842. 227
*Cervus nippon* TEMMINCK 1838. 227
Cetacea 36, 39, 44, 54, 87, 88, 114, 211, 241, 246, 248
*Chalcides* (Reptilia, Lacertilia) 242
*Chamaeleo* (Reptilia, Lacertilia) 8
*Chiropotes satanas* HOFFMANNSEGG. 131, 179
Chiroptera (siehe auch Megachiroptera, Microchiroptera) 34, 36, 39, 44, 54, 85, 87, 88, 106, 112, 114, 117, 119, 122, 130, 160, 240, 244, 246, 248
*Choeropsis liberiensis* (MORTON 1844) 225
Chrysochloridae 144, 149, 240, 248
*Chrysochloris asiatica* (LINNÉ 1758) 80, 113
*Citellus citellus* (LINNÉ 1766) 54, 75, 114, 198f.
*Citellus t. tridecimlineatus* (MITCHELL 1821) 198
*Clethrionomys glareolus* (SCHREBER 1821) 54
*Cricetulus barabensis griseus* MILNE EDWARDS 1867. 48, 54
*Cricetus* 203
*Crocidura* 113, 151f.
*Crocidura coerulea* siehe *Suncus murinus* (LINNÉ 1766)
*Crocidura russula* (HERMANN 1780) 152f.
Crocodilia (Reptilia) 105
*Crocotta* siehe *Crocuta*
*Crocuta crocuta* (ERXLEBEN 1777) 55, 130, 212, 214
*Ctenodactylus* 238
*Cuniculus* 87
*Cyclopes didactylus* (LINNÉ 1766) 189
*Cynocephalus* BODDAERT 1768 (= *Galeopithecus* PALLAS 1780) 87, 113, 123, 159f., 240
Cynomorpha 175
*Cynomys* 75, 114, 198
*Cynopterus sphinx* VAHL 1797. 85, 113
*Cynopterus sphinx gangeticus* ANDERSEN 1910. 160, 162

*Dama dama* (LINNÉ 1758) 227f.
Dasypodidae 88, 93, 114, 119, 190, f.241
*Dasypus hybridus* (DESMAREST 1820) 93
*Dasypus novemcinctus* LINNÉ 1766. 53, 69, 93
*Dasyprocta azarae* LICHTENSTEIN 1823. 87, 206, 211
*Dasyurops maculatus* (KERR 1792) 34
*Dasyurus quoll* (ZIMMERMANN 1777) = *D. viverrinus* SHAW 1800. 13f., 17. 39
*Daubentonia* 35, 172
Dermoptera 113, 159f., 240
Desmodontidae 76, 80, 114, 163, 166f.
*Desmodus rotundus murinus* WAGNER 1840. 168f.
*Diceros bicornis* (LINNÉ 1758) 101
*Dicotyles labiatus* G. CUVIER (= *Tayassu albirostris* ILLIGER 1811) 222
*Didelphis* 13f., 39, 44, 45, 89
*Didelphis marsupialis aurita* WIED 1826. 13f., 34
*Didelphis marsupialis virginiana* KERR 1792. 13f., 34
*Dipodomys merriami* MEARNS 1890. 75, 80, 114, 202
*Dugong dugong* (MÜLLER 1776) 220

*Echidna* siehe *Tachyglossus*
*Echinosorex gymnurus* (RAFFLES 1821) = *Gymnura* 113, 135, 144, 149
*Egernia* (Reptilia, Lacertilia) 111, 242
*Elaphurus davidianus* MILNE EDWARDS 1866. 129, 226, 227, 229
*Elephantulus* 43, 46, 61, 64, 69, 72, 117, 135, 155f.
*Elephantulus rozeti* (DUVERNOY 1830) 155, 144
*Elephantulus rupestris jamesoni* CHUBB 1909. 51, 76, 115, 144, 155f.
*Elephas maximus* LINNÉ 1758. 56, 216, 247

Emballonuridae 166
*Eptesicus fuscus* Pal de Beauv. 51
*Equus caballus* Linné 1758. 31, 39, 42, 44, 56, 114, 220f.
*Eremitalpa grantii* (Broom 1907) 61
Erenaceidae 149f. 240, 248
*Erinaceus europaeus* Linné 1758. 34, 37, 39, 51, 75, 80, 83, 108, 112, 113, 130, 149f., 240
*Erethizon dorsatum* (Linné 1796) 50, 54
*Eutamias* 75, 198
Eutheria 31, 51f., 72, 81, 104, 142f., 240, 243f., 248

Felidae, *Felis* 106, 114, 119, 124, 130, 139, 212f.
*Felis catus* Linné 1758. 36, 39, 42, 54, 105, 212f.
*Felis silvestris* Schreber 1777. 108
*Felis silvestris grampia* Miller 1907. 54
Fissipedia 54, 212f., 240

*Galago* 35, 171f., 240
*Galago crassicaudatus* E. Geoffr. 1812. 172
*Galago demidovii* A. Fischer 1808. 114, 171, 240, 247
*Galago senegalensis* E. Geoffr. 1796. 172
*Galeopithecus* siehe *Cynocephalus*
Geomyoidae 200, 241
*Geomys bursarius* (Shaw 1800) 48, 54, 57, 75, 80, 114, 129, 200
*Giraffa camelopardalis* (Linné 1758) 129, 226
Giraffoidea 226, 240
*Glaucomys* 75, 198
*Glis glis* (Linné 1766) 108
*Globiocephala melaena* (Traill 1809) 39
Glossophaga 168
*Gorilla gorilla* (Savage u. Wyman 1847) 35, 39, 53
*Gulo gulo* (Linné 1758) 130, 212
*Gymnura* siehe *Echinosorex*

*Halichoerus grypus* (Fabricius 1791) 117
*Halicore* siehe *Dugong*
*Hemicentetes semispinosus* (G. Cuvier 1798) 50, 51, 61, 64, 72, 113, 117, 143, 144, 147
Heteromyidae 202
*Hippopotamus amphibius* Linné 1758. 87, 88, 224f.
Hipposideridae 163, 166
Hominidae 181f.
Hominoidea 76, 80, 178, 181f., 241, 248
*Homo* 31f., 35, 39, 40, 44, 48, 53, 61, 64, 67, 69, 70, 76f., 83, 87, 92, 93, 97, 105, 113, 114, 116, 117, 119, 124f., 130, 139f., 181f.
*Hydrochoerus hydrochoerus* (Linné 1766) 206, 211
*Hydropotes inermis* Swinhoe 1870. 226, 227
*Hyemoschus aquaticus* (Ogilby1840) 225
Hylobatidae, *Hylobates* 35, 39, 175, 178
*Hypsiprymnus* 25
Hyracoidea 114, 216f., 241, 248
Hystricomorpha 80, 206f., 241

*Ictonyx striatus* (Perry 1810) (= *Zorilla*) 212
Insectivora 34, 51, 86, 87, 113, 122f., 142f., 240f., 248

*Lagidium peruanum* (Meyen 1833) 63
*Lagomorpha* 35, 114, 124f., 130, 194f., 240, 248
*Lemur*, Lemuridae, Lemuriformes, Lemuroidea 35, 86, 171f., 240, 242, 248
*Lemur macaco fulvus* E. Geoffr. 1812. 172
*Lemur mongoz* Linné 1766. 172
*Lepilemur* 35, 172
*Lepus americanus* Erxleben 1777. 194
*Lepus europaeus* Pallas 1778. 194, 198
*Limnotragus* siehe *Tragelaphus*
*Loris* 39, 40, 114, 172
Lorisiformes, Lorisidae 80, 86, 171f.
*Loxodonta africana* (Blumenbach 1797) 36, 39, 55
*Lutra lutra* (Linné 1758) 130, 212

*Macaca mulatta* (Zimmermann 1780) 39, 40, 45, 48, 51, 61, 64, 70, 76f., 84, 89, 114, 118, 135, 176f.
*Macropus rufus* (Desmarest 1822) 27, 44
*Macroscelides*, Macroscelididae 63, 76, 80, 133, 155f., 240, 248
*Madoqua phillipsi hararensis* Neumann 1905. 129, 229, 230, 231
*Malaclemys terrapin centrata* (Latreille 1802) (Reptilia, Chelonia) 242
*Manis javanica* Desmarest 1822. 114, 192, 193
*Marmota* 54
Marsupialia siehe Metatheria
*Martes americana* (Turton 1806) 55
*Martes americana caurina* (Merriam 1890) 55
*Martes foina* (Erxleben 1777) 130, 212
*Martes martes* (Linné 1758) 108, 130, 212
Megachiroptera 160f., 240, 248, 249
Megadermatidae 163, 166
*Megaptera* 39
*Meles meles* (Linné 1758) 44, 117, 212
Mesaxonia 114, 122f., 220f., 241, 248
*Mesocricetus auratus* (Waterhouse 1839) 39, 46, 54, 57, 59, 61, 64, 70, 90, 108, 116, 132, 135, 203f.
*Metachirops opossum quica* (Temminck 1827) 34
Methatheria 13f., 34, 72, 244, 246, 248
*Microcebus murinus* (J. F. Miller 1777) 35, 140
Microchiroptera 39, 76, 105, 114, 163f., 240, 248, 250
*Microtus agrestis* Linné 1858. 39, 54, 60, 61, 71, 75, 203
*Microtus arvalis* Pallas 1779. 108
*Miniopterus schreibersi* (Kuhl 1819) 80, 113, 167f.
Molossidae 163, 166
*Molossus* 63. 114
*Monodon monoceros* Linné 1758. 211
Monotremata siehe Prototheria
*Moschus moschiferus* Linné 1758. 227, 247
Muridae 75, 80, 85, 112, 114, 119, 203f.
*Mus musculus* Linné 1758. 36, 39, 46, 54, 57, 64, 75, 94, 97, 105, 108, 112, 135, 203f.
*Mustela erminea* Linné 1758. 45, 55, 117
*Mustela erminea cicognanii* Bonaparte 1838. 55
*Mustela frenata* Lichtenstein 1831. 55
*Mustela putorius furo* Linné 1758. 39, 42, 54, 67, 114, 130, 212
*Mustela vison* Schreber 1777. 55, 117, 212
*Mustelus laevis* Günther 1870 (= M. canis Mitchell 1815) (Chondrichthyes, Elasmobranchii) 111
Myomorpha 203, 241, 248
*Myotis* 63, 76, 80, 113, 117, 119, 121, 163f., 167
*Myotis lucifugus* (Le Conte 1831) 51, 61, 67, 124f., 139, 163f.
*Myotis myotis* (Borkhausen 1779) (= *Vespertilio murinus* Schreber 1774) 108, 165
*Myrmecophaga* 189
Myrmecophagidae 189f., 241

*Nasalis larvatus* Wurmb. 78
*Nasilio* 135
*Nasilio brachyrhynchus* (A. Smith 1836) 113, 155f.
*Natrix* (Reptilia, Ophidia) 242
*Necturus* (Amphibia, Urodela) 110
*Neomys* 39
*Neomys fodiens bicolor* (Shaw 1791) 51
*Neurotrichus* 155
Noctilionidae 163, 166
*Nyctalus noctula* (Schreber 1774) 42, 80, 114, 166, 167

*Nycteris luteola* THOMAS 1901. 51
*Nycticebus coucang* (BODDAERT 1785) 61, 172
*Nyctinomus* 80, 114

*Odocoileus virginianus mexicanus* (GMELIN 1788) 227, 226
Ophidia (Reptilia) 111, 242
*Orcinus orca* (LINNÉ 1758) 211
*Ornithorhynchus anatinus* SHAW u. NODDER 1799. 1—12, 39
*Orycteropus* 121, 123, 215
*Oryctolagus cuniculus* (LINNÉ 1758) 36, 39, 42, 45, 54, 58, 59, 62, 64, 67, 70, 73, 75, 83, 85, 105, 108, 118, 124f., 135, 139, 194f.
*Ovis aries* LINNÉ 1758. 31, 39, 60, 81, 83, 114, 129, 229f.

*Pan troglodytes* (BLUMENBACH 1799) 35, 87, 107, 181f. 185
*Panthera leo* (LINNÉ 1758) 108, 212
*Panthera pardus* (LINNÉ 1758) 212
*Panthera tigris* (LINNÉ 1758) 130, 212
*Papio* 130
*Papio doguera* (PUCHERAN 1856) 52, 180
*Papio hamadryas* (LINNÉ 1758) 47, 52, 181
*Papio ursinus* (KERR 1792) (= P. comatus GEOFFR. 1812) 52
*Paradoxurus hermaphroditus* (PALLAS 1777) 130, 212
*Parascalops* 155
Paraxonia 56, 114, 122f., 124, 129, 222f., 240, 248
Passer (AVES) 8
*Pecari angulatus* siehe *Tayassu*
Pecora 225f.
*Perameles* 14, 29, 34, 111, 122
*Perameles nasuta* GEOFFR. 1804. 14, 29, 34, 111
Perissodactyla siehe Mesaxonia
*Perodicticus* 172
*Petrogale* 44
*Phaner furcifer* (BLAINVILLE 1839) 172
*Phascolarctos cinereus* (GOLDFUSS 1817) 13f.
*Phascologale* siehe *Sminthopsis*
*Phoca vitulina* LINNÉ 1758. 87
*Phocaena phocaena* (LINNÉ 1758) 211
Pholidota 114, 192, 240, 246, 248
Phyllostomatidae 76, 80, 163, 166
Pinnipedia 55, 130, 212
*Pipistrellus* 61, 63
*Plecotus* 51
Placentalia siehe Eutheria
*Platanista* 211
Platyrrhina 40, 175f., 240, 248
Pongidae 31, 112, 114, 130, 178, 181f., 245
*Pongo pygmaeus* (HOPPIUS 1763) 35
*Potamogale velox* DU CHAILLU 1860. 148
Potamogalidae 148
*Presbytis* 114
Primates 32, 35, 117, 170f., 240, 245, 248
*Pristiurus* (Chondrichthyes, Elasmobranchii) 80
Proboscidea 36, 39, 55, 216, 241, 248
*Procavia* 44, 61, 86, 216f.
*Procavia capensis* (PALLAS 1766) 216f.
Procynidae 212
*Procyon lotor* (LINNÉ 1758) 130, 212
*Propithecus* 172
Prosimiea 35, 122f., 170f., 240, 245f., 248f.
Prototheria 1—12, 31, 34, 72, 79, 244, 246, 248f.
Pteropodidae 63, 75, 80, 85, 113, 160
*Pteropus edulis* E. GEOFFR. 1810 (= *melanotus* BLYTH 1863) 160
*Pteropus giganteus giganteus* (BRÜNNICH 1782) 160f.
*Ptilocercus* 250
*Putorius* siehe *Mustela putorius furo* LINNÉ 1758

*Rangifer tarandus* (LINNÉ 1758) 226, 227
*Rattus* 36, 121, 135, 139
*Rattus norvegicus* (BERKENHOUT 1769) 36, 37, 39, 44, 57, 90, 108, 124f., 203f.
Reptilia 72, 105, 111, 123, 237, 242, 248
Rhinolophidae 163, 166f.
*Rhinolophus* 63, 80, 85
*Rhinolophus ferrum equinum* (SCHREBER 1774) 51
*Rhinolophus hipposideros* (BECHSTEIN 1800) 51, 108
*Rhinopoma kinneari* WROUGTHON 1912. 67, 85, 129
Rhinopomatidae 163, 166
*Rhynchotragus guentheri* (THOMAS 1894) 129, 229
*Rhynchotragus kirki* (GÜNTHER 1880) 129
Rodentia 36, 74, 88, 112, 114, 118, 122f., 130, 139, 198f., 240, 248
*Rousettus amplexicaudatus* (E. GEOFFR. 1810) 160
*Rousettus leschenaulti* DESMAREST 162
*Rucervus* siehe *Cervus*
Ruminantia 225
*Rusa* siehe *Axis*

*Saimiri sciureus* (LINNÉ 1766) 45, 175
Sauropsida 1, 6, 72, 79, 81, 85, 86, 105, 237, 239, 246
*Scalopus* 123, 130, 144, 155, 243, 248
*Scapanus* 155
Scincidae (Reptilia, Lacertilia) 242
Sciuridae 36, 80, 119, 198f.
Sciuromorpha 198f., 241
*Sciurus vulgaris* LINNÉ 1758. 36, 75, 108, 114, 198
*Scotophilus temmincki* HORSFIELD. 103, 113
*Seps* (Reptilia, Lacertilia) 111, 242
*Setifer setosus* (SCHREBER 1777) 34, 48, 50, 51, 61, 113, 115, 117, 143, 144f.
*Sika* siehe *Cervus nippon*
Simiae 76, 80, 86, 88, 93, 122f., 175f., 240, 248
Sirenia 114, 122f., 219
*Sminthopsis murina albipes* (WATERHOUSE 1842) (= *Phascologale albipes*) 34, 44
*Solenodon paradoxus* BRANDT 1833. 113, 144, 148
Solenodontidae 144, 148
*Sorex*, Soricidae 48, 73, 80, 83, 113, 121, 135, 139, 150f., 240, 248
*Sorex araneus* LINNÉ 1758. 63, 108
*Sorex cylindricauda cylindricauda* MILNE EDWARDS 1872 (= *S. fumeus*) 144, 150f.
*Sorex minutus* LINNÉ 1766. 63
*Spermophilus* siehe *Citellus*
*Stenodelphis blainvillei* (GERVAIS 1844) 211
Suiformes 114, 241, 248
*Suncus murinus* (LINNÉ 1766) (= *Crocidura coerulea*) 144, 150f.
*Sus scrofa* LINNÉ 1758. 39, 42, 44, 48, 56, 64, 68f., 87, 119, 124, 129, 139f., 222f.
*Sylvicapra grimmia abyssinica* (THOMAS 1892) 129, 229f.
*Sylvilagus floridanus* (J. A. ALLEN 1890) 194

*Tachyglossus aculeatus* SHAW u. NODDER 1792 (=*Echidna*) 1—12, 31, 39
*Tadarida* 114
*Talpa europaea* LINNÉ 1758. 34, 39, 44, 61, 74, 80, 88, 113, 144, 154f.
Talpidae 154f., 240, 248
*Tamandua tetradactyla* (LINNÉ 1766) 189f.
*Tamias* 75, 114, 198
*Tana* 250
*Taphozous longimanus* HARDWICKE 1825. 85, 162, 167
*Tapirus terrestris* (LINNÉ 1766) 114, 220, 222
*Tapirella* 87

Tarsiiformes 172f., 240
*Tarsius* 39, 40, 80, 86, 112, 114, 122, 172f., 248
*Tayassu tajacu* (LINNÉ 1758) 222
*Tatusia* siehe *Dasypus*
*Tenrec ecaudatus* (SCHREBER 1777) (= *Centetes*) 34, 61, 113, 135, 142, 143, 144, 237
Tenrecidae, Tenrecoidea 48, 50, 61, 80, 117, 144, 240f.
*Thomomys bottae aureus* J. A. ALLEN 1893. 200
*Tiliqua* (Reptilia, Lacertilia) 111, 242
*Torpedo* (Chondrichthyes, Elesmobranchii) 80
*Tragelaphus spekei gratus* SCLATER 1880 (= *Limnotragus*) 129, 229
Traguloidea 225, 241, 247, 248
*Tragulus meminna* (ERXLEBEN 1777) 225
*Trichechus manatus latirostris* (HARLAN 1824) 219
Tubulidentata 114, 215, 241, 248
*Tupaia*, Tupaiidae, Tupaiformes 61, 67, 71, 72, 74, 114, 118, 122,f. 130, 170f., 240, 248
*Tupaia javanica* HORSFIELD 1822. 61, 67, 71, 72, 74, 114, 118, 122, 170
*Tupaia minor* GUENTHER 1876. 250
Tylopoda 225, 241, 248

Ungulata siehe Mesaxonia und Paraxonia
*Ursus arctos* LINNÉ 1758. 44, 108, 130, 212
*Ursus arctos horribilis* ORD 1815. 212

Vespertilionidae 163, 166f.
*Viverra civetta* SCHREBER 1776. 212
*Vulpes* siehe *Canis vulpes*

*Xantharpyia* siehe *Rousettus*
Xenarthra 87, 114, 122f., 130, 188f., 241, 248
*Xerus rutilus intensus* THOMAS 1904. 87, 200

*Zorilla* siehe *Ictonyx*

FSC
www.fsc.org
MIX
Papier | Fördert gute Waldnutzung
FSC® C083411

Kolibri 360 GmbH
Ferdinand-Jühlke-Straße 7
99095 Erfurt, Deutschland
produktsicherheit@kolibri360.de